谨以此书献给我的夫人——郭锡娟！感谢她在我体弱多病时对我无微不至的照顾，使此书得以完成.

作者简介

　　沈世镒，1956 年进入南开大学学习，1961年考取南开大学数学系研究生（导师胡国定）. 1977 年由山西调入南开大学数学系任教. 1986年国务院学位委员会聘任为南开大学博士生指导教师. 1997 年，任南开大学数学科学学院院长. 1997 年，任天津市数学会第八届理事会理事长. 曾任康奈尔大学访问学者.

　　主要研究方向：代数编码；信息的度量及其应用；组合密码学；神经网络系统理论及其应用；近代密码学.

　　主要研究成果及获奖：出版著作 12 部；发表论文 50 多篇，其中SCI 收录 12 篇. 1993 年，获"天津市自然科学技术领域中青年授衔专家"称号，天津市优秀教师. 四次获天津市、教育部科技进步奖.

统计与数据科学丛书 1

智能计算中的算法、原理和应用

沈世镒 著

科 学 出 版 社

北 京

内 容 简 介

智能的概念和内容很多，其核心思想是模拟人或其他生物的神经系统，实现各种运算和操作过程，尤其是人的智能操作.

本书由四部分组成，第一部分是概论，讨论智能计算的类型、特征、发展过程和应用问题，并介绍和其他学科的关系问题. 这些学科主要是生命科学、信息科学等. 第二部分是算法篇，介绍智能计算中多种不同类型的算法，详细介绍它们的计算步骤、特征、原理等有关问题，重点是讨论它们的定位问题. 第三部分讨论智能的智能化问题，即这些智能计算算法在计算机和神经网络系统中的实现问题. 第四部分是附录，对本书常用的数学公式、符号、名称及所涉及的一些(如数学)学科的基础知识作简单介绍和说明.

本书可作为数学、统计、计算机专业的本科生、研究生的教材或教学参考书，也可为从事智能计算的有关人员参考.

图书在版编目(CIP)数据

智能计算中的算法、原理和应用/沈世镒著.—北京：科学出版社，2020.4
(统计与数据科学丛书)
ISBN 978-7-03-063255-5

I.①智… II.①沈… III.①人工智能–算法 IV.①TP18

中国版本图书馆 CIP 数据核字(2019) 第 250788 号

责任编辑：李 欣 李香叶／责任校对：彭珍珍
责任印制：吴兆东／封面设计：无极书装

科 学 出 版 社 出版
北京东黄城根北街 16 号
邮政编码：100717
http://www.sciencep.com

北京虎彩文化传播有限公司印刷
科学出版社发行 各地新华书店经销
*
2020 年 4 月第 一 版 开本：720×1000 B5
2022 年 1 月第二次印刷 印张：29
字数：580 000
定价：198.00 元
(如有印装质量问题，我社负责调换)

"统计与数据科学丛书" 序

　　统计学是一门集收集、处理、分析与解释量化的数据的科学. 统计学也包含了一些实验科学的因素, 例如通过设计收集数据的实验方案获取有价值的数据, 为提供优化的决策以及推断问题中的因果关系提供依据.

　　统计学主要起源对国家经济以及人口的描述, 那时统计研究基本上是经济学的范畴. 之后, 因心理学、医学、人体测量学、遗传学和农业的需要逐渐发展壮大, 20世纪上半叶是统计学发展的辉煌时代. 世界各国学者在共同努力下, 逐渐建立了统计学的框架, 并将其发展成为一个成熟的学科. 随着科学技术的进步, 作为信息处理的重要手段, 统计学已经从政府决策机构收集数据的管理工具发展成为各行各业必备的基础知识.

　　从 20 世纪 60 年代开始, 计算机技术的发展给统计学注入了新的发展动力. 特别是近二十年来, 社会生产活动与科学技术的数字化进程不断加快, 人们越来越多地希望能够从大量的数据中总结出一些经验规律, 对各行各业的发展提供数据科学的方法论, 统计学在其中扮演了越来越重要的角色. 从 20 世纪 80 年代开始, 科学家就阐明了统计学与数据科学的紧密关系. 进入 21 世纪, 把统计学扩展到数据计算的前沿领域已经成为当前重要的研究方向. 针对这一发展趋势, 进一步提高我国的统计学与数据处理的研究水平, 应用与数据分析有关的技术和理论服务社会, 加快青年人才的培养, 是我们当今面临的重要和紧迫的任务. "统计与数据科学丛书"因此应运而生.

　　这套丛书旨在针对一些重要的统计学及其计算的相关领域与研究方向作较系统的介绍. 既阐述该领域的基础知识, 又反映其新发展, 力求深入浅出, 简明扼要, 注重创新. 丛书面向统计学、计算机科学、管理科学、经济金融等领域的高校师生、科研人员以及实际应用人员, 也可以作为大学相关专业的高年级本科生、研究生的教材或参考书.

朱力行

2019 年 11 月

前　言

在大数据、云计算、人工智能迅速发展和大量应用中, 智能计算中的算法理论仍然是它的核心和关键内容.

智能计算的算法理论已形成一个庞大的学科理论体系, 其中算法类型、方法和运算步骤等内容十分繁多. 在它发展的 60 多年的时间内, 经历了多次大起大落的过程. 而且这些观点还在影响智能计算、人工智能的发展方向和应用范围.

国内外的许多学者①都在对这些算法进行总结或小结, 讨论它们的类型、意义和存在的问题. 这也是本书的写作目的和内容.

本书的内容由以下四部分组成.

第一部分概论

内容由两部分组成. 即

(1) 关于智能计算的类型、特征和发展历史的讨论.

(2) 介绍和讨论和其他学科的关系问题, 主要是和生命科学、信息科学和其他学科的关系问题.

第二部分算法

这是智能计算中关于算法的理论体系. 其中的内容包括算法的计算步骤、基本特征和类型, 以及它们的应用和定位问题.

在这算法的理论体系中, 分别讨论了几种重要算法, 其中的重要类型有如 NNS 中的算法、机器学习中的算法等. 其中每一类型的算法中又包含多种不同类型的算法. 分别用五大特征、三个层次和二种类型来作说明和区别.

在对这些算法的讨论中, 除了算法的一般模型和应用问题外, 重点的问题是它们的定位问题.

所谓算法的定位问题, 就是这些算法在整个人工智能、乃至其他学科在研究、发展和应用中的作用和意义的问题.

第三部分对智能的智能化问题的讨论

智能的概念是一个心理科学和神经科学中的术语, 是知识和能力的总称. 按霍华德·加德纳 (Howard Gardner) 的《多元智能理论》一书所述, 人类的智能可以分成七个范畴: 即语言 (Verbal/Linguistic)、逻辑 (Logical/Mathematical)、空间

---

① 如智能计算的三位大师 Yann LeCun, Yoshua Bengio, Geoffrey Hinton 在 *Nature* 上发表了纪念人工智能发展 60 年的综述性论文: *Deep learning* (见 [1, 2] 文), 又如国内的钟义信、张文修、徐宗本等教授在 [9-11, 13, 15, 16, 25-28, 37] 等文中的讨论, 其中的一些内容我们在以后的章节中给出说明.

(Visual/Spatial)、肢体运作 (Bodily/Kinesthetic)、音乐 (Musical/Rhythmic)、人际 (Inter-personal/Social) 和内省 (Intra-personal/Introspective).

而高级智能是指高级逻辑 (或高级思维) 的能力, 其中也包括对工具 (尤其是计算机的工具) 的创造和使用能力.

在讨论这种智能的智能化问题, 需要的数学工具有如张量、张量分析、集合论、逻辑学、NNS 理论.

智能化工程系统中, 除了要实现人的思维、语言、逻辑和神经网络系统运算的这种四位一体的等价关系外, 还要和大数据、云系统的结合. 其中大数据和云系统是指各种不同类型的信息系统、网络移动通信和人工智能的结合.

第四部分附录

这部分包括一些基础知识和预备知识的介绍, 我们重点介绍和智能计算有关的数学和计算机科学的知识, 这些知识在正文中出现, 便不再详细叙述.

本书讨论的虽然是智能计算中的算法问题, 但涉及问题很多, 许多问题需要继续讨论.

首先是生命科学、神经科学中的问题, 这是智能计算形成的生物学背景和理论基础. 但在生物、医学中, 对其中的结构、特征和功能性质的了解还很不够. 尤其是许多定量化的性质了解更少.

在信息科学中, 有关 3C 和 4C 的理论, 它们和智能计算中的算法都有密切关系. 尤其是在大数据、网络技术的发展中, 它们是如何结合的需进一步研究.

这种多学科相结合问题的研究, 还都是十分初步的, 需要继续讨论和解决.

由于作者的水平所限, 许多内容又涉及多学科的领域和专门性的课题, 因此不当之处在所难免. 有的论述或结论可能与他人重复, 在此也未能全部进行说明, 对此务请原谅. 也请有关作者或读者给以批评、指正, 并希望能作进一步的讨论.

感谢我的妻子郭锡娟, 对我的支持和照顾, 使本书能得以顺利完成.

本书由南开大学统计与数据科学学院、数学科学学院资助出版, 特此表示感谢.

沈世镒

2018 年 10 月于南开园

目　　录

第二部分　算　法　篇

第三部分　智能的智能化问题

第四部分　附　　录

和本书有关的理论、模型和缩写记号

为了简单起见, 在本书中出现的有关的理论、模型、名称和它们的简称、缩写记号说明如下.

1. 神经网络系统: Neural Network Systems (NNS).

2. 随机 NNS : Random NNS (RNNS).

3. 生物 NNS : Biological NNS (BNNS).

4. 人体 NNS : Human boby NNS (HBNNS).

5. 人工 NNS : Artificial NNS (ANNS).

6. 人工智能: Artificial Intelligence (AI).

7. 机器学习: Machine Learning (ML).

机器学习中的算法有统计智能计算法、生物智能计算 (如遗传算法、蚁群算法、细胞 NNS 等).

8. Hopfield NNS (HNNS).

9. 具有时空结构的 NNS : Times - Space NNS (T-SNNS).

在本书中, 我们提出 T-SNNS 理论, 并利用该理论来讨论智能的智能化中的问题.

10. Expectation - Maximization 算法 (EM 算法) .

11. Yin-Yang Bayes 算法 (YYB 算法) . 这是由香港中文大学徐雷教授提出的算法, 是 EM 算法的推广. 对此算法, 徐雷教授并有大量论文发表 [85,87].

12. 通信理论、控制论和计算机科学: Communication, Control, Computer (3C 理论).

13. 密码学(Cryptology) 也是信息科学中的重要组成部分, 在本书中我们把 3C 理论 + 密码学合称为 4C 理论.

14. 4Q 理论: 这就是

量子物理学中的量子力学(Quantum Mechanics).

量子化学(Quantum Chemistry).

量子统计学(quantum Statistics).

量子场论(Quantum Quantum Field Theory).

它们合称为量子 4 论 (4Q 理论).

15. 4C 理论的量子化(Quantum Theory) 形成量子 4C 理论 (4QC 理论), 或新 4Q 理论 (N4Q 理论).

更多的缩写符号在本书的附录 (表 A.1.2) 中还有说明.

第一部分

概　论

在这部分, 我们主要讨论智能计算算法的基本情况, 其中包括分算法的情况和多学科的情况来进行. 如第 1 章中, 我们对这些算法的类型、层次和特征作进一步的说明和讨论, 对它们的含义、关系、发展过程等基本情况进行介绍和讨论.

第 2 章是对智能计算和其他学科关系的讨论, 这些学科是生命科学、神经科学、信息科学、计算机科学和逻辑学等.

在生命科学的研究中, 我们强调的是它的系统化和数字化理论和应用的研究, 其中系统化是指 NNS 是由许多系统、子系统组成的复杂系统, 在这些子系统之间存在不同的类型和层次的区别. 其中的类型有如视、听、嗅、触、味觉的区别, 而层次的概念是指在不同的子系统之间有低、中、高级的区分, 其中较高级的子系统对它所属的较低级的子系统中的信息有管理的功能, 如特征提取、信息的存放和调用、内容的改变等多种信息处理的功能.

生命科学中的数字化概念是指其中的神经细胞 (神经元和神经胶质细胞)的状态、内部电位、电流信号等最终都是以数字化的形式出现. 因此在整个 NNS 中, 所有的系统和子系统最终都是以数字化的模式出现. 这些系统和子系统的状态、运动和相互作用都是以这种数字化的模式结构在发生运动和作用. 由此形成 NNS 中的一系列模型、算法和理论.

因此生命科学、神经科学是我们发展智能计算、NNS 的理论基础和基本出发点. 对它们作定量化和信息化的研究是这些学科未来科学发展的基本方向, 这也是我们研究智能计算的基本途径, 在 [114] 文中, 我们讨论了这些问题. 但还远远不够.

3C 理论是通信理论、控制论和计算机科学理论的简称. 如果把密码学也看作是信息科学中的组成部分, 那么它们就可合称为 4C 理论.

智能计算和 4C 理论有密切关系, 但更广泛地说, 智能计算是模拟人类思维、逻辑学和语言学中的理论和功能, 因此有更深层次的含义需要讨论.

因此, 对智能计算和多学科的关系的讨论有着十分广泛的意义. 其中不仅存在各种信息处理的关系问题, 也涉及人的思维模式、逻辑学语言学中的一系列问题. 对这种问题的讨论有更深层次的意义.

在第 2 章中, 我们讨论这些问题. 由这种多学科的关系问题的讨论, 可使我们对整个智能计算研究和发展的全貌有进一步的了解. 由此产生或形成的一些理论结果、原则、原理的一系列问题, 将会成为智能计算在研究和发展中的理论基础与根本关键. 如我们由此建立的人类的思维过程、逻辑学、语言学和 NNS 的运算算法之间存在 "四位一体" 的等价关系理论、关于 HNNS 是一种具有自动机功能的定位. 这些结论对发展智能计算和 NNS 理论都是具有根本性意义的.

第1章　智能计算概述

智能计算的基本情况包括它的总体情况、发展情况和多学科的关系情况, 在本章中先讨论其中的前两部分内容.

1.1　智能计算的总体情况

智能计算的总体情况可以用"两大类型、三个层次、五个特征"来概括、总结. 在本节中, 我们将对这些概念作详细的讨论和说明.

1.1.1　智能计算的两大类型、三个层次和五个特征

智能计算中的算法已形成一个庞大的理论体系, 其中包含多种不同类型的算法, 它们的来源、特征、应用都不相同, 因此必须对它的情况作一个总体的了解. 我们用不同的类型、层次和特征来进行说明.

1. 智能计算中的基本特征

这个问题实际上就是回答什么是智能计算的问题. 我们通过它们的基本特征来回答这个问题.

(1) 智能计算算法的前三大特征是:

特征之一　是具有大规模的平行计算特征的算法.

特征之二　在实现它的运算目标时采用通过学习、训练的计算算法. 这种学习、训练的方法是人类和生物所共有的, 它们通过学习、训练的经验积累来实现各种运算目标.

特征之三　这种算法能和自动机、计算机结合 (硬件和软件), 由此实现所要完成的运算目标. 只有具有这种特征, 相应的算法才能在自动机、计算机中实现它们的运算目标.

(2) 由此我们称具有这三大特征的计算算法是智能计算的算法.

(3) 因为这类算法的基本特征是利用数据结构关系形成的算法. 又因为数据结构中的关系有很多, 如微分、积分的关系, 各种方程式中的关系等. 所以它们的特征和类型也很多.

我们称这类算法为第一类智能计算的算法. 在如计算数学、统计计算、机器学习 (ML) 中有许多算法, 都具有这种特征.

2. 智能计算中的第四、五特征

在智能计算中, 除了以上在三个基本特征外, 还有第四、五特征.

有些算法除了具有这三大特征外, 还具有生物体 NNS 的运算特征, 即具有生物体 NNS 所有的特征算法. 在这种算法中, 我们又把它们分为一般生物体的 NNS 算法和具有人类高级智能的算法. 为了区别, 我们把它们分别称为具有特征四、特征五的算法.

现在所流行的一些 NNS 型的算法都是特征四中的算法, 如感知器系列、HNNS 系列中的系列算法, 它们都是以神经元、神经细胞为特征和背景所形成的算法. 特征五就是具有人类高级智能的 NNS 算法.

3. 智能计算中的层次和类型

根据以上五大特征就可把智能计算分为两大类型和三个层次.

(1) 两大类型的算法就是以数据结构关系为特征和以 NNS 为特征所形成的算法.

(2) 在以 NNS 为特征所形成的算法中, 我们又把它们分成具有一般生物 NNS 的算法和具有人类高级智能的 NNS 算法 (特征五大算法) 的不同类型.

真正的第三层次 (或具有第五特征) 的算法还没有出现, 这也正是本书要讨论的重点.

在发展智能计算中, 我们必须把工作的重点转移到研究和发展这些算法及如何对这些算法进行有效的管理和使用上来.

1.1.2　有关智能计算算法的类型表

我们已经将智能计算中的算法归纳为两大类型、三个层次和五个特征, 见表 1.1.1.

表 1.1.1　智能计算中的算法类型和特征关系表

类型	类型特征	包含算法的来源	主要特征	所属层次和特征
I	利用数据结构关系特征而形成的算法	计算数学、统计计算和机器学习中的有关算法	利用数据之间的结构关系而形成的算法	第一层次,前三特征
II	NNS 型的算法	感知器系列和HNNS 系列中的算法	和神经元有关的算法	第二层次, 第四特征第三层次, 第五特征

对表 1.1.1 说明如下.

在计算数学、统计计算、机器学习的理论中, 有的算法符合智能计算的前三大特征, 因此它们都是智能计算的组成部分. 我们把它分为第 1 类型、第一层次中的算法, 其算法和神经元无关.

例如, 在计算数学中, 存在大量近似、逼近、递推的算法, 如样条理论、数值解理论等, 它们是智能计算中的算法, 但和神经元无关.

表 1.1.1 的算法中, 有一些算法的类型是交叉的, 如矩阵的特征根和特征向量的求解问题, 它是计算数学中的基本算法, 也可在 HNNS 系列中求解.

又如在遗传算法中, 该算法是模拟生物基因的操作规律而形成的算法. 因此它既是 AI 中的算法, 又是重要的 ML 算法.

在统计计算法中, 一些可直接归结成 AI 中的算法, 如聚类分析法. 这种算法不仅可以直接归结成感知器模型下的算法, 而且是一种在零知识条件下的算法, 它们具有自我优化、自我分类的特征. 因此是感知器理论的发展.

在表 1.1.1 的这些算法中, 如何寻找统一的算法也是智能计算算法所需要考虑的. 如优化问题的统一模型可记为

$$
\begin{cases}
\text{优化目标}: & \text{求函数 } f(x_1, x_2, \cdots, x_n) \text{ 的最大 (或最小) 值}, \\
\text{约束条件 I}: & g_i(x_1, x_2, \cdots, x_n) \geqslant 0, i = 1, 2, \cdots, s, \\
\text{约束条件 II}: & q_j(x_1, x_2, \cdots, x_n) = 0, j = 1, 2, \cdots, t.
\end{cases} \tag{1.1.1}
$$

在计算数学中经常采用拉格朗日乘子算法来求解, 但在此求解的过程中会经常出现超越方程.

它们在智能计算中, 可以转化成多种计算方法, 如遗传算法等.

其他的算法类型还有多种. 在这些智能计算算法中, 许多算法是可以相互转化、相互引用的.

本书将引进 NNS 中的算法. 希望用这种算法来取代逻辑学中的算法, 由此产生 NNS 型的计算机等一系列问题是本书要讨论的重点问题之一.

对这些智能计算的算法的类型、名称功能特征、应用范围我们列表说明如下.

我们把其中的这些理论问题归结为和生命科学的结合问题与 3C 理论的结合问题这两大重要主题.

对表 1.1.1 中算法的进一步说明.

(i) NNS 算法. 模拟生物或人体神经网络系统的算法, 其中包括感知器、多重感知器、HNNS 等模型及它们在实现分类、计算中的许多功能研究的理论和算法.

(ii) 遗传算法. 遗传算法是仿照遗传学中选择机理的算法.

在生物的进化、演变过程中, 生物种群按照一定的优化准则 (如达尔文进化准则, 即适应环境、优胜劣汰等) 进行. 这种进化过程和结果反映在基因组的结构上, 它们通过基因组的结构关系来反映其中的相互关系.

表 1.1.1   智能计算中的算法类型、名称、功能特征和应用范围的关系结构表

算法类型	名称	功能特征	应用范围	补充说明
NNS 类	感知器	状态分类	识别、分类	和逻辑学、布尔函数的相互表达
ML 类	支持向量机	状态精确分类		产生最优切割距离的运算理论
NNS 类	多层感知器	多目标分类		产生深度学习、卷积运算等理论
NNS 类	模糊感知器	有许多误差的存在	模糊识别、分类	产生模糊学习算法、误差分析等理论
NNS 类	多层次模糊感知器	多目标模糊分类	大规模图像识别	多重理论相结合的综合研究理论
NNS 类	零知识感知器理论	无先验知识的分类	零知识的识别、分类	聚类分析和感知器理论的结合
HNNS 类	原始 HNNS 模型	试图作图像识别分析	识别、分类	但没有成功, 它的模型有意义
	重新定位的 HNNS	多神经元系统的运动	复杂网络的运动模型	具有自动机特征和功能的模型
	前馈 HNNS 模型	一些特殊计算	矩阵计算	对原始 HNNS 模型的改进
	玻尔兹曼机	HNNS 特殊运动	图像拟合	由 HNNS 产生的随机 NNS 运动
ML 类	统计中的 EM 算法	特殊超越方程求解	统计估计理论的计算	对不同参数的比较、优化计算
ML 类	最优投资决策算法	投资决策优化计算	金融分析计算理论	和 EM 算法相似
ML 类	YYB 算法	最优统计估计计算	统计分析中的计算方法	EM 算法的推广
ML 类	遗传算法			基因操作的模拟算法
ML 类	蚁群算法			
DNA 计算		综合性的计算算法	具有平行计算的特征	生物计算机研究中的理论问题
计算数学	递推、迭代、逼近	求解、优化计算	多种拟合、逼近计算	大量数学问题的综合计算算法

(iii) 模拟退火算法 (Simulated Annealing).

这是仿照工程中固体退火原理而命名的算法, 也就是当高温固体突然冷却后, 使固体内部的分子得到一次重新排列的机会, 使其内部能量减为最小. 因此形成局部最优解. 因此这种局部最优解未必是总体最优 (最大解).

这种思路在数学中可形成特定的算法, 就是对局部最优解做一次随机扰动, 使系统离开局部最优状态, 在继续优化过程中经多次反复, 就可得到它的总体最优解.

(iv) 有关计算数学 (或计算科学) 中的算法. 在计算数学中有许多问题的计算都是采用递推、修正和最后收敛来获得问题的解. 因此部分智能计算可以归结为计算数学中的一些特殊方法.

(v) DNA 计算和计算数学类中的算法不是指一些单一的算法, 它们都可形成一组算法类. 其中 DNA 计算可实现大规模平行计算, 是设计生物计算机而研究的理论问题.

计算数学是数学学科中的一个重要学科分支, 在许多基础计算、工程计算中已经积累了大量的算法和理论分析方法, 它的算法特点是通过递推、迭代计算, 实现数值代数、数值计算中的用序列求解、优化、拟合、逼近计算.

对表 1.1.2 中的这些算法都具有智能计算的特征, 我们将介绍其中的一些典型算法及其理论与原理.

围绕计算数学所产生的算法.

在计算数学中, 许多算法具有智能计算特征中的前三大特征, 这些特征的形成是由于在这些算法的计算目标中, 存在它们的数据结构关系.

和计算数学类似的还有统计计算与 ML, 它们之间实际上是同一类的算法. 我们关心的问题是这些算法之间的关系问题, 实际上, 其中的一些算法是相互交叉的.

在本书中, 我们把计算数学、统计计算和 ML 中的有些算法也归结在智能计算的大框架中, 并进一步讨论它们的特征和相互关系问题.

1.2　智能计算的发展历史

最近, LeCun, Bengio, Hinton 三人在 *Nature* 上发表了纪念人工智能发展 60 年的综述性论文: *Deep learning*. 该文系统介绍了智能计算在近 60 年来发展的一些情况. 现在结合该论文中的介绍, 以及本人对智能计算的学习、体会来讨论它的发展过程.

智能计算的发展过程分为早期阶段, Hopfield NNS (HNNS) 阶段, 后 HNNS 阶段 (其中包括对 ML 的研究), 脑科学阶段和大数据、云计算智能计算结合五个阶段. 我们还讨论了智能计算、智能化的发展问题, 其中包括它的发展内容、方向和存在问题等.

1.2.1　智能计算的几个发展阶段

1. 早期阶段

在对神经元研究的早期, 已出现**感知器和 BP 模型**, 有如: 1943 年心理学家 McCulloch 和数理逻辑学家 Pitts 提出了 MP-模型, 此为 ANNS 研究的早期阶段.

在早期阶段, 出现的 ANNS 模型有如 1949 年由心理学家 D. O. Hebb 提出的 Hebb 学习规则, 在 NNS 的研究中有普遍意义.

1957 年, Rosenblatt 提出感知器 (Perceptron) 模型, 1962 年 Widrow 和 Hoff 提出自适应线性元件 (Adaline) 模型. 这些模型丰富了 NNS 的早期研究内容.

但 20 世纪 60—70 年代 NNS 处于一个研究停滞的低潮期, 这种现象的发生主要原因是在硬件实现上出现了困难. 这个困难主要是电子线路的交叉困难. 如果有 n 个神经元, 那么由它们相互连接所产生的电子线路有 n^2 条, 这些线路在有限的空间内连接就会产生线路的交叉、重叠.

这种线路的大量交叉在当时的条件下 (线路是通过绝缘导线组成的) 是无法实现的. 因此关于 ANNS 的研究也就停滞下来.

2. HNNS 阶段

1982 年, Hopfield 在美国计算机期刊上发表了有关 ANNS 的论文 [82], 引发了 20 世纪 80—90 年代关于 ANNS 的热潮, 简称该模型为 HNNS.

该模型试图模拟人脑的 NNS 模型, 讨论它们的运动规则, 并得到了一系列性质.

一个 HNNS 包含 n 个神经元, 它们的状态可用向量 $x^n = (x_1, x_2, \cdots, x_n)$, $x_i = \pm 1$ 来表示.

在 HNNS 中, n 个神经元 $x_1, x_2, \cdots, x_n$ 通过神经胶质细胞连接, 这些神经胶质细胞通过权矩阵 $W = (w_{i,j})_{i,j=1,2,\cdots,n}$ 来实现这种连接.

这时 HNNS 的 n 个神经元在权矩阵 W 的驱动下产生运动. 由此产生 HBNNS 的一个运动模型, Hopfield 给出了该运动过程所需要的能量, 关于图像目标的拟合过程及相应的学习算法和拟合的收敛计算.

Hopfield 试图利用该模型研究 TSP(货郎担问题), 并给出它的一个解决方案. TSP 问题是一个 NP-完全问题 (数学中的非易计算问题). HNNS 给出的方案为解决这种数学难题提供了一种解决方案.

因此在 20 世纪 80—90 年代, HNNS 的这些研究结果, 引发了关于 ANNS 研究的热潮.

但是到 20 世纪 90 年代, HNNS 中出现的问题, 使该理论出现了一些负面的评价, 这导致这个热潮很快消退, 出现一个大起大落的局面.

分析 HNNS 理论所出现的问题, 主要有二. 其一是交叉线路问题仍然没有解决, 一个具有 1000 个神经元的 HNNS(这是个规模不大的 NNS), 它所形成的交叉线路数目是 10^6 条, 这个数量级在当时的集成电路条件下形成芯片仍然是困难的. 其二是在理论上出现了大量伪吸引点的问题. 当时人们试图用 HNNS 理论来解决图像识别问题, 把需要识别的图像作为 HNNS 的吸引点, 在此吸引点的设计中, 出现了大量伪吸引点, 使这种图像识别无法实现. 这个困难是理论性的, 也是致命性的.

分析 HNNS 理论所出现的问题, 其根本原因还是没有充分反映 BNNS 中的基本特征, 究竟在哪里出现了问题, 下面有详细讨论.

本书的一个基本观点: HNNS 的模型和理论是有意义的, 不能全部否定, 对其中出现的问题需要给出进一步的条件, 找到这些问题出现的原因, 这也是对该理论的定位问题.

3. 后 HNNS 阶段

20 世纪 90 年代, 在 HNNS 理论形成高潮时出现了一批 ANNS 的研究和应用工作者. 后来, HNNS 出现问题之后, 大部分 ANNS 的研究者的研究工作是寻找人工智能的其他算法. 由此形成后 HNNS 阶段.

在后 HNNS 阶段, 出现了多种符合以上智能计算特征的算法 (智能计算的前三大特征), 为了表示和 ANNS 区别, 有人称其中的这些算法为机器学习 (ML)

算法.

这时出现的主要算法类型有对 HNNS 的改进的算法, 如前馈网络理论、玻尔兹曼机理论等, 它们仍然以 HNNS 为基础, 但不以人脑为模拟对象, 是一种单纯的数学算法.

在统计理论中也出现了多种不同类型的智能算法, 如 EM 算法、最优投资决策算法、YYB 算法等.

这些统计算法的主要特点是实现了一些超越方程的求解问题, 许多统计分布函数都是超越函数 (指数、对数、高幂次函数), 因此需要一些特殊的计算方法 (智能计算) 才能求解.

除了 ANNS 和统计中的智能算法外, 在 ML 理论中还出现了其他智能算法, 如遗传算法、蚁群算法、细胞 NNS 理论等.

4. 脑科学阶段

后 Hopfield 阶段的一个重要发展是 "脑科学" 发展.

2013 年 4 月 2 日美国正式公布脑计划项目, 它的全称是 "推进创新神经技术脑研究计划", 简称 "脑计划".

该计划由美国国家卫生研究院、美国国防部高级研究项目局、美国国家科学基金会等单位负责. 美国白宫公布了这个计划, 奥巴马总统在 2013 年初的美国国情咨文中称这个计划是 "未来新兴旗舰技术项目".

业内专家普遍认为: 它的意义可与 "人类基因组计划" 媲美, 是美国的第四个重大科技计划.

该计划的主要特点是模拟生物系统的运算规则而形成的智能计算.

在此之前后, 日本、欧盟也也有相应的 "脑科学、脑计划" 等项目提出, 如在日本, 就有一些学者 (如 Hun-Ichi Amari 等), 很早就已开始脑科学方面的研究, 他们在 ANNS 方面也有系列工作.

在脑科学的发展阶段, 出现了一批智能计算的科学家, 如 2015 年 5 月 28 日由 LeCun、Bengio 和 Hinton 在 *Nature* 上发表一篇题为深度学习 (*Deep learning*) 的综述性论文. 开创了智能计算的新篇章.

现在看来, 此项计划不仅和军事技术有密切关系, 而且和大数据、云计算、无人智能化技术、产业等理论和应用发展有密切相关. 脑计划是该阶段发展的前期准备项目.

从理论上看, 深度学习是把感知器推广成多层次、多输出感知器. 这种推广和大数据、计算机科学结合, 得到极大的应用.

尤其是在 Alpha-Go 的人机的围棋比赛之后, 机器的完胜, 使人工智能、智能计算、深度学习等理论在社会上得到广泛的认可和了解, 并产生了许多应用造成很大的影响. 由此引发了智能计算发展的一个新的热潮.

1.2.2　大数据、云计算智能计算阶段

我们把这个阶段看作是智能计算发展的第五阶段.

1. 第五阶段的基本特征

它的基本特征有以下几个方面.

在理论上出现了深度学习、零知识学习等算法和理论, 这都是感知器理论的发展和应用.

这种理论发展和大数据、云计算结合, 产生了大量应用, 形成智能计算发展的热潮.

在此阶段中, 发生了多个重大事件, 使这种发展和应用为人们认可, 产生很大的影响.

2. Alpha-Go 事件

Alpha-Go 事件是人机的围棋比赛, 它是人机之间的一种智能较量测试.

Alpha-Go 是利用深度学习原理, 把大量棋局、棋谱及最后的胜负结果输入 IBM 超级计算机, 由此确定棋手的每一步都下子结果.

2016 年 Alpha-Go 和围棋高手进行比赛, 结果是 Alpha-Go 取得完胜. 因此围棋的比赛已进入机器之间的竞赛阶段. 最近, 一种叫 Alpha-Go-Zero 的算法在机器的竞争中取得胜利. 这实际上已进入了智能计算中算法的竞争阶段.

由此可见, 智能计算的发展结果是向大数据 + 智能计算算法方向发展. 继而又向大数据 + 智能计算算法 + 其他学科理论相结合的方向发展.

3. Imagei Net 竞赛

为适应这种智能化的发展要求, 对算法的研究进入激烈的国际竞争状态. 由此出现 Imagei Net 的国际图像识别竞赛. 对此简介如下.

这是一个大规模图像识别的竞赛的名称. Imagei Net 图像数据库由美国斯坦福大学计算机科学系教授李飞飞组织和建立, 并由此形成国际图像识别竞赛.

Imagei Net 竞赛每年举行, 每年的比赛规模、规则略有不同. 信息发布网站是: http://imagei-net.org/.

2016 年度竞赛的学习样本是带标记的 500 万幅图像, 它们分别具有 2000 个不同类型的图像名称 (词汇量). 对此样本的学习、训练时间是三个月.

竞赛规则: 对无标记的 14000 万幅图像进行识别, 每幅图像作 5 个名称的标记, 并要求在一个月内提交. 在 5 个标记中, 它们的得分数分别是 5, 4, 3, 2, 1 分, 如果全部不对为 0 分. 最后以得分的多少确定竞赛名次.

由此可见, Imagei Net 竞赛是智能计算中的制高点. 不仅是算法的竞赛, 也是对大数据、云计算掌控能力的测试. 参加竞赛有相当难度, 学习、训练、比赛时间短 (这是对算法和运算能力的考验), 参加单位都有各自专门的团队, 集中多方面的人才.

这是大数据、云计算、智能计算综合能力的竞赛, 也是一种具有指标性标准化的国际竞赛.

2017 年 Imagei Net 竞赛是最后一次, 这说明, 智能计算在图像识别的比赛中已发生变化, 图像识别向更实用的方向发展 (如医学图像诊断多方向).

这个智能计算也有许多发展, 如向无人化的技术、产业和应用方向发展, 这方面的进展迅速.

4. Imagei Net 后的动向

美国斯坦福大学在组织多届 Imagei Net 竞赛之后的动向之一是转向医学图像的识别.

在医学中已经积累了许多医学图像, 对其中病变的识别就是医学诊断, 因此是智能识别的组成部分. 例如通过肿瘤图像来判定病变是否发生、发生部位、病变的类型和状况等情况.

这种医学图像的识别的基本原理仍然是通过 NNS 理论作深度学习、分析, 并且把这种识别、判定和医生的诊断结果进行比较.

因此这种医学图像的识别是一种 AI 辅助诊断, 它可以发现早期病变, 进行辅助、医导等工作. 因此有十分明显的应用价值.

但是, 关于智能计算发展的定位问题仍然存在. 这就是如何理解关于智能计算算法中的一系列问题. 我们在下面还有一系列专门的讨论, 这正是本书的写作目的.

Imagei Net 竞赛之后的动向, 除了医学图像识别方向外, 还有其他许多新的发展.

不少城市和企业开展智慧城市、人脸识别等项目, 这是分别针对城市交通、摄像镜头、图像扫描等大数据的处理, 开展识别、分析等应用, 人工智能的应用得到空前的发展.

1.3　关于智能计算算法的分析和定位问题

智能计算虽已取得许多进展, 但是在理论研究和应用中仍然存在许多问题. 其中包括有些算法的分析和定位问题.

本节重点讨论 NNS, 尤其是 HNNS 的定位问题. 在此定位过程中, 我们提出了多项自己的观点和意见. 有些观点是有趣而又出人意料的.

由于这种定位必然会引发关于智能计算乃至多种学科理论的一系列讨论和认识. 这些问题的讨论关系到智能计算发展中的一些根本性的. 这正是我们所要讨论的核心问题.

1.3.1   什么是智能计算算法的定位问题

关于智能计算算法的讨论, 除了它们的基本方向问题外, 我们已对它的类型、层次和特征作了分析与讨论. 除此之外, 还有它们的定位问题. 这种定位问题实际上也是一种分析问题.

1. 智能计算算法定位的几种类型

智能计算的定位问题有狭义和广义的区别.

狭义的定位就是对这些算法本身的讨论, 如它的运算步骤、可计算性、计算复杂度、不同算法的相互关系等.

从广义上讲, 这种定位问题就是这些算法在整个智能计算、NNS 理论中的意义和作用.

这也包括这些算法和其他学科的关系问题的讨论, 因此具有十分广泛的意义. 第 2 章有详细讨论.

2. 智能计算算法定位的意义

HNNS 的模型和理论是一种研究多神经元的 NNS 理论, 对它的定位问题是一个绕不开的话题. 如果这个问题得不到解决会影响这个智能计算和 NNS 理论的研究和发展.

1.3.2   关于感知器系列算法的分析和定位

感知器系列中的算法包括感知器、非线性感知器、模糊感知器、多层次、多输出感知器、支持向量机和由零知识学习的感知器等多种模型和理论. 我们先讨论它们的分析和定位问题.

我们已说明, 感知器在 NNS 研究中是一种最典型的 AI 的算法理论. 从生物、数学的角度来分析, 它都是严格、完美的. 因此感知器的模型、算法和理论是 NNS 中最基本、最基础的一种算法.

由感知器出发, 在此系列中, 还有多种不同算法, 这些不同类型的算法具有不同的模型结构和应用方向. 感知器系列算法的定位问题就是对这些不同类型的算法的定位问题.

关于感知器系列的定位问题, 我们把它分成两大类型.

一是一般应用方向的定位. 这就是关于感知器系列中各种模型、算法的应用定位.

二是向逻辑学方向的定位, 这就是对感知器系列中的算法和逻辑学中的算法进行讨论, 建立它们的等价关系.

在本小节中, 我们先初步说明这些算法的定位问题. 以后章节将详细论证.

1. 关于感知器的定位

感知器的生物学背景是神经元. 神经元是神经系统中最基本的单元.

感知器和神经元, 它们的生物学背景、模型结构和运算特征完全一致.

感知器的分类目标、运算算法和收敛性在数学上是严格、可靠的. 因此, 这种模型和理论在生物学与数学中是一种完美的结合.

感知器的模型和理论是 NNS 理论中最基本的模型和理论, 因此由它的推广而产生的感知器系列的模型、算法和理论在数学的意义下也是严格、可靠、完美的.

但是, 在应用方向上还存在多种模型和理论, 因此对这些模型和算法还要进行定位.

2. 感知器系列算法的定位

我们已经说明, 感知器系列包含多种模型和算法, 我们主要讨论支持向量机、模糊感知器、多层次、多输出感知器和零知识感知器, 它们分别代表感知器模型和理论的不同发展方向. 我们分别讨论它们的定位问题.

1) **支持向量机**的定位

首先, 支持向量机的理论最后可以归结成一种感知器的运算, 它仍然是一种分类器. 但是对它的分类计算有更多的要求. 这就是支持向量机在分类过程中, 对切割平面要实现切割距离的最大化.

因此支持向量机的这种分类、学习、训练算法较感知器算法更复杂些.

2) **模糊感知器及其定位问题**

模糊感知器是指感知器在分类过程中可以有一定的误差存在, 我们称之为**模糊度**.

这种具有模糊度的分类要求普遍存在, 在人的各种识别过程中, 都存在这种模糊度的指标. 在其他生物体中也同样存在.

模糊度的存在, 可以大大提高分类识别的实际效果, 而且可以和信息论中的一系列数据压缩、特征提取等理论结合.

LeCun, Bengio, Hinton [1] 把建立随机 NNS(RNNS) 作为智能计算的发展方向. 实际上, 它就是一种模糊感知器, 我们在 20 世纪 90 年代, 在 [117] 文中就给出了它们的学习算法和收敛性定理.

该理论可以在图像识别等理论中有进一步的应用. 用概率、统计中的大数定律和中心极限定理可以进一步得到它们的一系列性质.

3) 多层次、多输出感知器的定位

这是实现多目标的分类模型, 因此是感知器的直接推广.

该模型的算法被称为深度学习算法, 它实际上也是感知器算法的直接推广.

该模型和理论的主要特点是可以和大数据的结合, 由此产生了大量的应用, 尤其是 2016 年 Alpha-Go 和围棋高手进行比赛取得完胜之后, 使人们了解到这种模型和算法的力量.

由此形成了目前智能计算的新的热潮. 但这种推广只是感知器理论的一种直接推广. 因此我们称这种推广是理论上的一小步、应用上的一大步.

这种多层次、多输出感知器的发展方向是和模糊感知器理论的结合, 由此形成多层次、多输出模糊感知器理论, 可以实现大规模的图像分类、识别计算.

4) 零知识感知器的定位.

零知识的概念来自密码学. 这就是在没有任何先验信息条件下的密码分析.

在感知器的分类理论中, 零知识就是在没有任何目标信息条件下的分类、识别、计算. 因此, 这是一种系统的自我优化、自我分类的理论.

这种系统的自我优化、自我分类在生物学中是一种常见的现象. 人体中的许多功能也具有这种自我优化、自我修复、自我分类的功能.

统计中的一些算法, 如聚类分析算法、EM 算法、最优投资决策算法、YYB 算法等, 也是具有这种特征的算法.

由此可见, 感知器系列有多种重要的应用和发展方向, 它们都有各自的重要意义.

3. 感知器系列算法的第二定位

我们对感知器系列中的算法给出了一系列的定位, 并给出了它们的一系列模型、算法和应用, 称之为定位方向之一.

定位方向之二是对它们应用方向的另一种考虑. 即向逻辑学运算方向的考虑, 或是和逻辑学关系的定位.

感知器系列中的算法和逻辑学中的运算算法存在多种等价关系.

感知器系列是一种分类器, 而逻辑运算在本质上也是一种分类问题, 因此在它们之间存在内在的连通关系.

在本书中, 我们在理论上证明了任何布尔函数都可在多层感知器中进行表达的基本定理. 这就是感知器系列的定位方向之二. 由此可以看到, 感知器系列应用发展的另一个方向是和逻辑学结合的方向.

这种发展方向有更加深远的意义. 逻辑学是人类逻辑、思维和各种学科的建立和发展的根本. 因此它们的结合具有更大、更深远的意义. 我们在下面还有进一步的讨论.

1.3.3 对 HNNS 系列模型和理论的定位

和感知器系列相似, HNNS 系列也是由多种模型和理论组成的算法系统.

1. HNNS 系列中的算法

HNNS 系列中的算法、模型和理论包括 HNNS 、玻尔兹曼机和前馈 HNNS 理论等, 它们都是以 HNNS 模型为基础形成的算法、模型和理论.

2. 对 HNNS 定位的问题

对 HNNS 定位的核心问题是要确定该理论在人工智能、NNS 理论中的作用和意义问题, 我们不同意对该理论全盘否定的评价和观点, 主要理由如下.

HNNS 是研究多神经元的运动问题. 这种模型和结构在人体、生物体中大量存在.

HNNS 的理论基础是神经元的理论, 这种理论在数学和生物学中都是严格和可靠的.

如果没有 HNNS, 那么必须有其他的模型和理论来研究这种网络系统, 但是我们还没有看到这种模型.

由此可见, 关于 HNNS 的定位问题在智能计算中是一个绕不开的话题. 而 HNNS 理论所出现的问题不在于它的模型本身, 而在于它的应用方向的定位上.

3. 我们的观点

HNNS 模型的研究对象是多神经元的系统, 这种系统在人体、生物体中大量存在. 因此对这种模型和理论的研究是不可避免的.

构成 HNNS 模型的基础是神经元及其运算算法, 这种结构和运算是合理的, 它的生物背景是存在的、明确的.

但把它的应用方向定位在图像识别和 NP-问题上是不全面的.

因此, 我们对 HNNS 理论给出了的定位是一种多神经元系统的运动模型和理论, 这是一个具有普遍意义的、绕不开的模型和理论.

对这种多神经元系统的运动模型和理论的构造与类型可以有多种.

在本书中, 我们讨论了两种模型, 即具有联系记忆的模型和具有自动机运动特征的模型与理论.

这些模型和理论的定位是有趣, 而又出人意料, 它们反映了多神经元系统运动的多样性和复杂性.

4. 对这种定位的理由说明如下

HNNS 定位的重要性, 使我们必须对这种定位的合理性作进一步论证和说明.

首先, HNNS 既然是一种多神经元的模型和理论, 那么它是对整个人体或生物体的 NNS 的模拟, 因此它的研究目标就不应该把着眼点放在这些特殊问题上 (图像识别、NP-问题).

在多神经元的运动理论中, 状态的**位移**运动是一种重要运动. 但在 NNS 的模型中, 没有反映这种运动的模型和理论.

如果对 HNNS 的模型和理论作进一步的讨论和分析, 就可发现, HNNS 的模型和理论可以实现这种运动理论. 在本书中, 我们给出了相应的表达计算.

由此可见, HNNS 理论既是一种多神经元的模型和理论, 又是整个人体或生物体 NNS 中的模型和理论, 并可实现状态的位移运算. 因此把 HNNS 的模型和理论定位成一种自动机的模型和理论是完全合理的.

1.4　由 NNS 的定位对各学科产生的影响

由于 HNNS 模型和理论的这种定位, 以及我们已经对感知器系列的定位, 就可确定对向的整个 NNS 理论的定位. 这种定位必然会引发关于整个智能计算的内容、发展方一系列讨论. 也会产生对其他多种学科的影响. 这里重点讨论对生命科学、神经科学的意义和影响, 并讨论对逻辑学、计算机科学、第四次科技和产业革命的意义和影响, 对第四次科技和产业革命其中的主要内容、发展方向等问题进行预测.

1.4.1　对生命科学与神经科学的影响

本书先讨论对神经科学的影响. 即我们应该从什么样的角度来理解和研究神经系统.

1. 神经系统的功能和特征

我们用计算机的语言来说明神经科学的功能和特征.

如果把 HNNS 定位成一种自动机, 那么整个人体或生物体的 NNS 就是一个由大量自动机和分类器组成的复杂网络系统. 例如, 在人的 NNS 中, 包含有 $10^9 - 10^{11}$ 个数量级的神经元, 还有 $10^{14} - 10^{17}$ 个数量级的神经胶质细胞.

对此复杂网络系统, 我们应该从什么样的角度、用什么样的理论去理解和构建它们的模型是 "智能技术、NNS 理论" 中的重要问题. 这种系统是由许多系统和子系统组合而成的复杂网络系统. 它们的组合如图 1.4.1 所示.

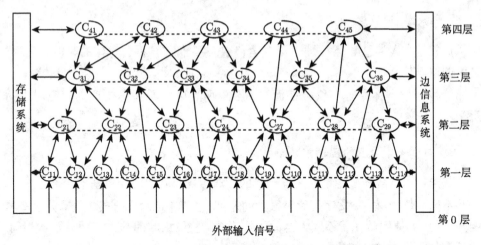

图 1.4.1　NNS 和它的子系统关系示意图

这种系统具有四大基本特征, 即系统和子系统的组合特征、数字化的特征、知识和经验积累的规则与投资、演化和进化中的优化规则和特征.

2. 对这些功能和特征的理论探讨

这些系统和特征的存在, 必然引发更多学科的介入和讨论.

在数学中, 就存在对这些系统的描述和分析问题.

如描述的工具和理论分析的体系有张量分析、逻辑代数等. 这些问题将在第三部分做详细讨论.

在这些系统和子系统之间存在一系列信息处理的问题. 因此必然涉及信息论和信息科学中的一系列问题.

如信源、信道编码中的一系列问题, 即数据压缩、特征提取、信号处理、多用户通信、编码和密码中的一系列问题.

在计算机科学中, 涉及自动机的构造和工作的原理与实现问题及它们与生物神经系统的一系列关系问题.

在医学中, 涉及 NNS 中的各种参数和医学、卫生、健康的一系列关系问题. 这种影响是全面而有意义的.

这些问题将在第 2 章中详细讨论.

1.4.2　逻辑学、计算机科学的意义和影响

我们已经讨论并建立了逻辑学和 NNS 算法之间的等价关系. 这种关系必然会对逻辑学、计算机科学的研究和发展产生与影响.

1. 四位一体原理

这就是在人类思维、逻辑学、语言学和 NNS 之间形成四位一体的等价关系. 称之为四位一体原理.

这种四位一体原理不仅神秘而又有趣, 而且可以看到它在理论和应用中的意义.

2. 四位一体原理的理论意义

首先可以理解和确定这种四位一体的形成过程与其中的物质基础.

不同人群的语言、文字虽然有很大的差别, 但其中的思维方式、逻辑关系基本相同. 其中的原因就在于不同人群的神经系统、神经细胞的结构和功能基本相同, 这是这种四位一体的物质基础.

它是我们研究人类学、语言学、心理学、逻辑学的理论基础和基本出发点.

这种四位一体的理论和观点也是我们研究和发展未来智能计算的理论基础与基本出发点. 未来智能计算的研究和理论体系的建立将围绕这种四位一体的特点而展开.

3. 智能计算在研究和发展中的几个基本规律

第一规律　逻辑运算在 NNS 的实现规律. 任何布尔函数或布尔代数中的逻辑运算都可通过多层感知器的运算算法实现.

第二规律　自动机运算在 HNNS 的实现规律. 自动机或移位寄存器的运算可在 HNNS 的运算算法下实现.

第三规律　人类思维、逻辑学、语言学和 NNS 的四位一体的等价规律. 由第一、第二规律可以推导出这四种不同的表现模式存在四位一体的等价关系, 其中包括逻辑学中的运算关系和 NNS 中的运算算法存在可以相互表达的等价关系.

第四规律　可认知和可实现的规律. 客观世界中, 所有的结构、运动和变化规则都是可认知的, 因此都可以在 NNS 下实现的规律. 这种认知和实现的过程是由已知向无知逐步推进的过程.

第五规律　和大数据结合的规律. 智能计算在研究和发展的过程中, 可以实现和大数据结合. 这种结合必将大大加快智能计算在研究、发展和应用中的进程.

后面我们详细讨论并论证这些规律. 这些规律是指导我们开展和实现第四次科技和产业革命中的理论基础与研究、发展中的基本原则. 如最近讨论十分热烈的深度学习理论就是在此五项基本规律下实现第一类和第二类智能计算算法和汇合. 这种汇合可以产生一系列的智能化工程系统和算法.

4. 此四位一体的另一理论意义

具有人类高级智能的计算算法一定会出现, 且一定会不断强大. 它们的智商指标一定会远远超过人类智商的指标.

因此我们必须把考虑的主要精力放在如何理解、发展、应用和管理这种超智能时代的到来.

这将涉及哲学、伦理学、人类学、社会学、政治经济学的一系列问题.

任何科学、技术的进步都是一把双刃剑. 智能计算也不会例外. 这种发展必然会带来许多新的问题和争论.

如人机的关系问题、新的社会分工和分配问题、公平和均衡问题、社会发展的趋势问题等.

1.4.3　对第四次科技和产业革命的预测

1. 关于主要内容的预测

第四次科技和产业革命将围绕大数据、网络化、智能化内容展开, 对其中的一些重要方向预测如下.

实现 NNS 型计算机. NNS 型计算机是指用 NNS 的计算算法来取代现有计算机中以逻辑学的算法为基础的构造理论.

它的主要特点是具有 NNS 中的学习、训练的特点和生物体 NNS 的组织、结构和运行特征等. 其中的一些特点和优点在现有计算机构造中是没有的 (如自动挡学习、训练和高效率的, 自动挡组织、规律和运行的能力等).

发展这种计算机的最终目标是实现这种第三层次的智能计算也就是实现人类高级智能的目标.

对这种智能计算的研究和设计可以从软、硬件的不同方向考虑. 其中硬件的方向就是直接设计、构造具有 NNS 运算特征的芯片和系统. 而软件的方向就是现有的计算机不变, 在语言、算法、程序上实现这种计算机的功能目标.

2. 关于 NNS 计算机的研究

我们又把 NNS 计算机称为**人工脑**. 这是一种用 NNS 的计算算法来取代现有计算机中逻辑运算的思路.

我们已经建立人的思维、逻辑、语言和 NNS 算法的四位一体的原理, 这为建立这种 NNS 计算机提供了可能性. 但实施过程中还有许多问题需要讨论.

3. 关于智能化工程系统的实现

对其内容特点、研究历史、发展方向、需要注意到的问题的研究和讨论.

第 2 章   智能计算和其他学科的关系

本章讨论和生命科学、信息科学等学科的关系问题,这些学科不仅和智能计算理论有密切关系,而且是生命科学研究和发展的理论基础与思考方向.

2.1   和生命科学、神经科学的关系

这种关系问题包括生命科学、神经科学对智能计算研究和发展的影响,也包括智能计算中的研究成果对生命科学、神经科学在研究和发展中的影响.

首先,智能计算的产生和来源是研究、模拟人体、生物体神经系统中的功能而形成的. 因此,在此过程中,我们必须研究、了解和比较在人体或生物体神经系统中的运动规律和特征. 只有这样,才能使智能计算具有或实现人或生物体的智能功能和特征.

另一方面,对智能计算的研究已经进入 NNS 的阶段,这是一种具有数字化和定量化的研究. 这种研究的模型、方法、规则和理论来自生物神经系统,因此所得到的结果也应符合生物神经系统中结构和运动的特征与规则.

对人体或生物体神经系统的观察和测量是困难的,尤其是对人脑的观察和测量在许多情况下是不可能的. 但在 NNS 的研究中,有许多分析、推理、测量的结果,这些结果有可能在人体或生物体的神经系统的研究中发挥作用, 它们是有参考意义的.

由此可见,智能计算和生命科学、神经科学之间的研究存在相互推动与促进的关系. 开展这种多学科的综合研究正是本书的写作目的之一.

2.1.1   生物神经系统的结构特征

为讨论智能计算和生命科学的结合问题,就必须了解生物神经系统中的一些基本特征. 我们从系统、子系统的关系,神经系统的定量化表达和研究这两个角度来讨论这个问题.

1. 神经元和神经胶质细胞

在医学、神经科学的研究中,对神经系统的结构情形已有较深入的了解.

构成生物神经系统 (BNNS) 中的基本单元是神经元、神经胶质细胞 (它们统称为神经细胞). 人体 NNS 中包含神经元的数目在 10^9(10 亿) 个数量级, 每个神经元表面和 $10^4 - 10^6$ 个神经胶质细胞连接, 由此形成一个复杂的网络系统.

神经元和神经胶质细胞是生物 NNS 中信息处理的基本单元, 但它们的结构和功能不同. 神经元是系统中的状态特征表示部分, 每个神经元通过膜内外电荷的交换, 可以积累电荷、电量, 并在一定的条件下形成兴奋或抑制的不同状态. 当它们处于兴奋状态时就会产生电流, 并输出电荷.

神经胶质细胞是连接神经元的神经细胞, 它们的状态影响神经元之间的电荷、电流的流通情况, 因此它们之间的关系可以通过一个 RLC(电阻、电容、电感) 线路来进行描述. 从信息传递角度来看, 它们之间形成一个电子通信单元.

神经胶质细胞的这种信息传递特征可以用一个权矩阵 $W = [w_i^j]$ 来描述, 其中 w_i^j 表示神经元 i 对神经元 j 发生作用的影响系数.

神经胶质细胞具有可塑性, 它体现在权矩阵 W 的取值可以通过学习、训练发生改变, 而且在未经新的学习、训练结果产生之前保持稳定性. 因此, 神经胶质细胞具有信息存储、记忆的功能.

因为神经胶质细胞的数量比神经元的数量多 (是 $10^4 - 10^6$ 倍), 而且权矩阵 $W = [w_i^j]$ 的状态比较复杂, 所以在生物学中把神经胶质细胞的状态看作是 NNS 中信息存储的主要承担者.

而神经元的状态可随时改变, 因此不承担 (或很少承担) 信息存储的功能. 而且神经胶质细胞决定 NNS 的运动方向和过程, 因此它们是决定系统运动的主要因素.

神经胶质细胞的结构具有可塑性和时延性, 因此承担 NNS 中的记忆和信息存储的功能.

2. 生物神经系统

BNNS 是一个十分复杂的网络系统, 我们把它们分为系统和子系统来进行讨论. 这就是一个 NNS 由许多子系统组成的复合系统.

在这些不同的子系统中, 可按照它们在信息处理过程中的作用来区分, 也可以按它们对信息处理的不同方式来区分.

在这些子系统之间又可分为较高级、较低级的子系统. 我们称其中最基本的系统是初级子系统, 它又可分为初级感知系统和初级感觉系统.

初级感知系统有如眼、鼻、耳、舌、皮肤等器官, 它们的主要功能是把多种不同类型的外部信号转换成电信号, 并由此形成固定的电信号模式.

初级感觉系统是把初级感知系统形成的电信号模式, 在生物体内能使这种模式形成各种初级生理反应特征, 如人体的初级感受特征可以分为视、听、嗅、味、触觉中的各种反应模式.

这种反应模式都有它们固定的信号特征模式, 如视觉信号中的色彩 (光电频谱)、清晰度 (信号的距离) 等不同的特征, 在听觉信号中的音调 (频谱)、节奏特征.

在嗅、味觉中的化学分子特征, 有如味觉中的甜、酸、苦、辣等的反应特征, 这种反应特征也有固定的信号模式进行表达.

这种初级反应不仅有不同的强、弱程度的区别, 还可上升到喜、怒、哀、乐等多种情绪的反应, 它们还可继续上升到感情、情感、特殊爱好等较高级感觉的反应.

3. 初、中、高级系统的类型

在复杂的 BNNS 中, 不同子系统之间存在隶属关系. 其中较高级系统对它所属的较低级系统中的信息不仅具有提取、交换、协调的功能, 而且在信息处理过程中还存在存储、管理和控制的功能.

其中喜、怒、哀、乐的情绪反应等模式, 可继续上升到的感情、情感、特殊爱好的较高级感觉. 它们是 NNS 中的中级子系统.

这种感情、情感、特殊爱好的较高级感觉, 在 NNS 中同样具有固定的数据模式, 这种模式在中级子系统中经过存储、记忆等方式产生联想、推导、运算等功能, 由此形成高级思维的模式关系.

在各种不同类型的子系统中, 各种信息得到合理、协调的安排, 并能够快速、有效地提取和使用. 这种信息处理的内容和功能就是智能计算中的组成部分.

4. 对图 1.4.1 的网络结构关系说明如下

0 层次的外来信号有不同的类型, 如光、电、热、声、机械力和外来分子所特有的化学信号等, 其他各层次的信号都是电信号, 其中也包括电磁场的信号 (热也是电磁场的信号).

高层次的系统对低层次的信息处理过程是对低层次中已经稳定的信息进行识别和特征提取, 在高层次系统中同样采用学习、训练和稳定、收敛的信息处理过程.

例如图中 C_{32} 系统是 C_{15}, C_{22}, C_{23} 的高层次系统, 那么 C_{32} 对子系统 $C_{15},$ C_{22}, C_{23} 中的像和权进行识别、特征提取等信息处理.

NNS 中的所有子系统都处在不停地学习和训练中, 它们最后都进入收敛和稳定的状态 (否则系统就不正常, NNS 进入疾病状态).

无论是信号传递过程, 还是信息存储、优化过程, 在这些信息的处理过程中都有酶的参与, 酶的催化效应可以大大加快它们的运行过程.

5. 信息的存储系统和边信息系统

在各种子系统中还包括存储系统和边信息系统, 它们独立于其他子系统, 而且可实现信息的相互共享和共同处理.

所有的神经细胞都有信息存储功能, 因此各种子系统对信号的结构模式有存储和记忆功能, 但记忆有瞬时、短期、中期、长期的区别.

边信息系统是一种特殊的子系统. 有关信息可独立存在, 而且有它自己的发展过程.

例如, 遗传信息系统, 其中包括多种神经元、神经胶质细胞及它们所携带的信息是通过生物遗传得到, 它们和其他子系统都有关联, 而且在发育成长中不断强化, 并在下一代生物体继续遗传 (或部分遗传).

信息存储系统和边信息系统, 也都处在不断地学习和训练过程中, 最后形成稳定的信息结构和存储的模式.

它们虽独立于其他各子系统, 但仍然具有信息交换和共享的功能. 它们可以指导、优化各子系统的学习、训练过程, 也接受各子系统的相互反馈, 实现它们的自身优化.

由此可见, 这种信息存储系统和边信息系统是各中、高级系统中有机的组成部分.

6. 对高级 NNS 的有关特征说明如下

在 HBNNS 中, 由初级感知器、初级感觉系统上升到中、高级感觉、思维的过程.

它们还可以通过学习、训练可以产生科技、文化、音乐、体育等各种专门、特殊的技能. 由此还可上升到逻辑推理、思维、思考等高级运动系统.

对这些特殊的技能都可发挥到极致水平, 这就是专门人才或特殊人才.

在这种高级思维的过程中, 还包括工具的使用. 工具的类型由简单的机械工具, 上升到复杂的计算机工具, 如果这种计算机工具的信息处理能力和生命科学的结合就是智能计算、NNS 中的人工智能中的各种能力.

在其他生物体中可以产生各种特殊的功能, 如昆虫群体 (蚁群、蜂群) 中的许多信息传递、协调和控制的功能.

鸟类、鱼类对各种环境有特殊感受, 它们会产生对光、电、化、能的特殊感受和反应.

一些动物在视、听、嗅、味、触觉及在运动方面会产生许多特殊的功能. 实现这种生物仿真技术也是无人化、智能化的组成部分.

2.1.2 生物神经系统中的数字化表达

在生物神经系统中, 除了存在各种不同类型的子系统外, **系统结构的数字化表达**也是生命科学、神经科学中的重要组成部分.

1. 什么是数字化的表达

我们通过以下情形来说明生物神经系统中的数字化表达.

神经元的状态可以通过兴奋或抑制来表达, 这种表示在实际上已具有数字化的特征, 我们可以把兴奋或抑制用 1, 0 符号来表示.

神经元内部电位变化情况如图 2.1.1 所示.

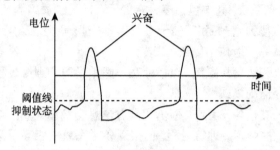

图 2.1.1　　NNS 神经元内部电位变化的示意图

在神经细胞中, 在细胞膜的内外可产生一个膜电位或电位差, 在生物学中已经测量确定这个电位差为 20—100 mV.

这时神经元的抑制或兴奋状态可通过一个电位阈值来区分. 经测量, 阈值电位的大小为 -80—-40 mV.

神经元的电位由外部电荷输出与电流输出来确定. 当神经元处在抑制状态时, 外部电荷不断输入, 因此累积电位升高. 当胞内电位升高到一定程度 (超过阈值) 时, 神经元进入兴奋状态.

当神经元进入兴奋状态后, 它的内部电位明显高于胞外电位, 这时神经元就会向外输出电流. 输出电流后的神经元又恢复到抑制状态. 因此神经元的状态和输出的电流呈脉冲状态.

2. 数字化表达的数学模型

由此可见, 由神经元的状态和输出电流可以用一定的数学模型来表达.

在神经元的表面存在大量跨膜蛋白, 这种跨膜蛋白实际上是一种离子通道, 它们可不断地向神经元输入电荷.

这种输入电荷的过程使神经元内部的电荷积累具有泊松流的特征. 这种变化过程如图 2.1.2 和图 2.1.3 所示.

3. 对图 2.1.2 说明如下

图 2.1.2 (a) 是外部电荷 (离子数) 进入神经元的积累图, 这时的电位量积累是一个泊松流, 用随机过程 $\xi_t(t \geqslant 0)$ 来表达. 这里随机序列 $t_i^*(i = 0, 1, 2, \cdots)$ 是随机过程 $\xi_t(t \geqslant 0)$ 的对偶过程, 也就是离子进入细胞的时间, 它也是一个随机过程.

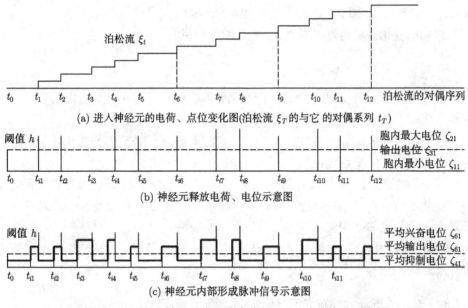

(a) 进入神经元的电荷、点位变化图(泊松流 ξ_T 的与它 的对偶系列 t_T)

(b) 神经元释放电荷、电位示意图

(c) 神经元内部形成脉冲信号示意图

图 2.1.2 NNS 神经元内部所产生的电位、电流变化示意图

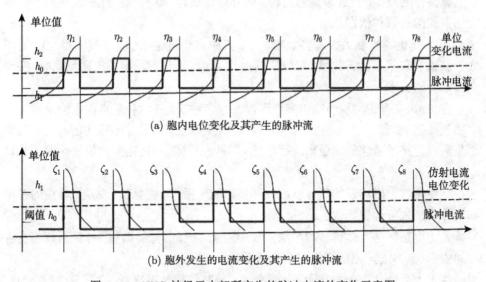

(a) 胞内电位变化及其产生的脉冲流

(b) 胞外发生的电流变化及其产生的脉冲流

图 2.1.3 NNS 神经元内部所产生的脉冲电流的变化示意图

图 2.1.2(b) 是细胞向外输出电流的示意图, 其中每一条竖线表示输出电荷的大小 (或细胞内电位下降的幅度), t_{ij} 表示每次输出电流的时间.

当神经元内部的电荷积累到一定程度 (大于某个电位阈值 h) 时, 神经元进入兴奋状态, 输出电流. 这时输出的电荷量也是随机的, 我们也可用随机序列 $\zeta_t(t =$

$0, 1, 2, \cdots$) 来表达. 图 2.1.2 (c) 是输出电流强度的平均值.

它们的变化情况可结合图 2.1.3 进行考虑和说明.

4. 对图 2.1.3 说明如下

其中图 2.1.3 (a) 是细胞内的电荷变化图, 其中 $\eta_t (t > 0)$ 是细胞内的实际电位大小变化图, h_0, h_1, h_2 分别是电位的三个阈值.

当细胞内的电荷 $\eta_t > h_0$ 时, 细胞就要释放电流, h_1, h_2 分别是细胞处在抑制状态和兴奋状态时的平均电位值.

其中图 2.1.3 (b) 是细胞外的电荷变化图, 其中 $\zeta_t (t > 0)$ 是细胞外的实际电流强度变化图, h_0, h_1 分别是电位的两个阈值, 它们分别是细胞处在抑制和兴奋状态下输出电流强度的平均值.

神经系统的特征可以通过电位、电流来表达. 因此人体、生物体是一个复杂的电磁场系统.

2.1.3　数字化的表示和意义的分析

重要性之一是: 神经系统的结构、运行可以进行. 这种数字化的表达是未来智能化发展的基础和依据.

2017 年世界机器人大赛在北京举行, 其中有一组是 BCI (脑控机器人). 清华大学脑机接口组参加了比赛, 实现了脑控打印. 这正是利用脑的电磁场系统, 实现人机结合的技术.

在 *Nature* 有论文说明脑电刺激可以治疗多种疾病. 这种观点在人们日常生活中都已知道, 如快乐使人健康, 长期抑郁会引发癌症等. 其实中医中的针灸、艾灸都是通过对神经系统的刺激来进行治疗. 对针灸、艾灸、经络和穴位等研究可从这个角度切入.

这种生物电磁场系统还可以产生许多新的应用. 如由昆虫、鸟类、鱼类的种电磁场可以产生各种生物仿生系统.

人体电磁场是人体科学的组成部分. 生物、人体的神经细胞、神经系统都有各自的由电荷、电位、电流产生的电磁场系统.

关于人体 NNS 的结构是十分复杂的. 就其结构情况来看, 它又分中枢 NNS、周围 NNS 及多种子系统.

中枢 NNS 包括脑与脊髓两部分, 脑是各种不同类型信息的汇合处, 也是各种不同类型指令的发源处.

现在对这些信息的处理 (传递、汇合、分类整理、成形、存储、判定、反应与控制) 过程了解还是很少. 因此存在无穷无尽的研究课题.

2.1.4 关于 NNS 的综合分析

对 NNS 的结构和它们是数字化特征作综合分析.

1. 关于中枢神经系统的结构讨论

中枢神经系统包括脑、脊髓及一些其他类型的子系统.

脑是人体 NNS 的主要部分, 几乎所有的复杂活动, 如学习、思维、记忆与知觉等都与脑有关.

脑又分前、中、后三部分. 其中前脑包含大脑、丘脑、丘脑下部等组织. 中脑分上丘、下丘组织. 后脑分延髓、脑桥、小脑. 它们分别承担各自的信号处理功能.

脊髓位于人体的脊柱之内, 上接脑部, 外联周围的神经系统, 是脑与周围神经系统连接的通道, 并负责它们之间的信息传递.

一些特殊的系统有如周围 NNS(或体干 NNS). 这是一种特殊的自主 NNS, 它的活动有一定的独立自主性, 不受人体意志指挥, 而是按照这些器官的生理功能进行协调活动.

NNS 对肌肉骨干的控制可以产生人体的运动、平衡、各种技巧动作, 它们是高级 HBNNS 的组成部分.

这种 HBNNS 和肌肉、骨干形成特殊的信息输入、输出关系. 它们可以驱动肌肉的收缩和放松, 由此产生骨干 (关节) 的运动. 最终实现对人体运动的控制.

这种控制信息来自识别的结果. 因此是 HBNNS 中的特殊子系统.

2. 由初级子系统产生的信号结构分析

我们已经说明, 在 BNNS 中存在各种不同类型的子系统, 它们不仅具有低、中、高级的区别, 而且都以特定的信号结构模式存在, 因此如何对它们作综合分析是发展 AI 理论的关键问题之一.

例如, 由初级感受系统可以产生七情六欲, 即喜、怒、哀、惧、爱、恶、欲的七情 (见《礼记·礼运》) 和由眼、耳、鼻、舌、身、意产生的六欲, 见欲 (视觉)、听欲 (听觉)、香欲 (嗅觉)、味欲 (味觉)、触欲 (触觉)、意欲. 这是由初级感知器 (眼、耳、鼻、身、意) 将外部的光、声、电、分 (分子刺激) 和触 (压力、温度等) 信号转化成电信号, 形成不同类型的结构模式 (在诸多的神经元中的不同电荷分布结构), 形成初级感觉系统中不同感受效果 (七情六欲中的效果).

因此, 七情六欲的效果最终是神经系统中电荷分布的效果. 这种电荷分布模式最终输入中枢神经系统, 并在其中作进一步的信息处理.

3. 中、高级子系统及对它们的信息处理分析

当初级感觉系统所产生的电荷分布结构模式在进入中枢神经系统后, 就可得到进一步的信息处理, 对其中的有关特征说明如下.

在中枢神经系统中, 存在多种不同类型的中、高级子系统, 它们仍然具有神经细胞的统一结构特征, 只不过它们的所在区域 (如脑区域) 不同, 记系统连接的层次不同.

在中、高级子系统中, 较高级的系统对较低级的系统进行信息管理和控制, 如信息的共享、特征的提取、不同子系统之间的通信联络 (信息的传递) 和刺激反应 (不同子系统的运动或模式结构的变化).

这种初级感觉系统在中、高级系统中, 可上升到感情、情感、特殊爱好等水平, 进而通过学习、训练还可以产生科技、文化、音乐、体育等各种专门的或特殊的技能.

还可上升到逻辑推理、思维、思考等高级运动形式. 这些特殊的技能都可发挥到极致水平, 形成专门人才.

所有这些特殊技能或高级智能, 它们在 NNS 中最终仍然是以特定的数据模式来体现, 我们把这种中、高级的结构模式统称为智能的中、高级的结构模式.

这种初、中、高级系统在 BNNS 中都可用数字结构模式表达, 这是发展智能计算的基础和根本.

因此研究和了解生命科学、神经系统中的这些结构特征, 尤其是它们的定量化、数字化的结构和运动的特征是发展智能计算理论的关键问题之一.

智能计算在和生命科学的结合中, 我们强调的是 NNS 具有网络化和数字化的特征, 这就是整个 NNS 是一个由许多子系统组成的、复杂度网络系统. 而各种神经细胞的特征最后都可作数字化、定量化的表达.

这种网络化、数字化和定量化的研究是智能计算算法研究和发展的根本依据、理论基础、考虑途径和主要内容. 这也是生命科学、神经科学在智能计算理论中的意义.

2.2　和 3C、4C 理论的关系

3C 是信息论 (Communication)、控制论 (Cybernetics) 和计算机科学 (Computer Science) 的简称, 如果把**密码学**(Cryptology) 也看作是信息科学中的重要组成部分, 那么就是信息科学中的 4C 理论. 它们是信息科学, 也是智能计算中的基本理论.

关于 3C 的一些基本知识在附录中有说明、介绍. 在本节中我们重点讨论这些理论和智能计算的关系问题及它们在智能计算中可能产生的应用问题.

2.2.1 3C 理论概述

因为 ANNS 是要通过计算机实现生物智能中的各种计算, 其中的许多问题都和 3C 理论有密切关系. 所以我们必须了解 3C 理论中的有关基本知识和内容.

1. 3C 理论的产生和发展过程

1948 年是个不寻常的年份. 香农[①]、维纳[②]、冯·诺依曼[③]分别开创了信息论、控制论和计算机科学.

这些理论都是在总结第二次世界大战时期实际操作经验而产生的 (它们分别和通信、雷达、密码分析有关).

3C 理论发展至今已有 70 多年, 它们的经历过程十分相似. 在这 70 多年里, 它们都经历了理论的消化期、发展期和最近的应用爆发期.

消化期是指在前 20 多年的许多学者是要搞清楚这些理论的内容、目的和含义. 20 世纪 70—80 年代的一系列论文和著作的出现反映了这个阶段的完成.

在以后的 20 年, 是理论的发展期, 主要体现在理论的完善和发展, 一系列应用问题、新模型和理论问题的产生与解决, 由此体现了这个阶段的发展情况.

在此期间微电子 (半导体、集成电路、计算机的小型化) 的一系列发展促使各种应用问题能得以实现, 使理论和应用相互促进、相互推动、迅速发展.

最近 30 年的发展是爆发期, 一系列 IT 的产业、市场、应用, 由此形成当今的信息社会和信息大爆炸的结果.

2. 3C 理论产生的启示

由 3C 理论的发展可以得到以下启示.

理论的发展是它们发展的基础. 一旦理论问题能得到解决, 就会产生爆发性的效果.

高新技术发展的周期非常迅速. 近百年的文明进程超过以往数千年, 而且这种加速度还在扩大.

因此智能计算的发展和爆发过程会继续缩短、规模更大.

实现多学科的综合研究是实现这种发展的原动力. 在 3C 理论的发展过程中, 一大批从事电子、计算机理论和应用的工程师与从事数学的学者密切结合, 由此推进一系列理论和应用问题的解决与发展.

---

① 克劳德·艾尔伍德·香农 (Claude Elwood Shannon, 1916.4 — 2001.2), 美国数学家、电子工程师、信息论的创始人.

② 诺伯特·维纳 (Norbert Wiener, 1894.11 — 1964.3), 美国应用数学家、电子工程师、控制论的创始人.

③ 约翰·冯·诺依曼 (John von Neumann, 1903 –1957), 匈牙利籍美国科学家, 是现代计算机的创始人, 在博弈论、核武器和生化武器等领域都有重要贡献.

在此过程中, 无论在理论还是应用领域产生了一系列新的概念、技术、产品和市场, 并由此产生大量的专利和标准.

3. 3C 理论和智能计算关系

3C 理论中的核心问题及它们和智能计算可能发生的关系我们作图 2.2.1 说明如下.

对图 2.2.1 的说明如下.

计算机科学的主要内容由两部分组成, 即计算机的硬件和软件, 其中还包括它们的构造原理、运算规则、元器件和算法结构.

硬件部分可以通过计算机、自动机、图灵机的构造和运算规则元器件实现.

智能计算是软件发展中的最新阶段, 它们所对应的理论是 NNS 或 ML 中的智能计算算法.

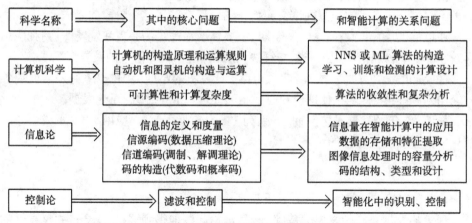

图 2.2.1　3C 理论和智能计算中核心问题的关系示意图

计算机科学中, 除了计算机的构造和运算规则的研究外, 还包括可计算性和计算复杂度的讨论, 它们在智能计算中同样存在这些问题, 其中可计算性问题还包括学习算法收敛性问题及在学习、收敛过程中的复杂度分析.

在信息论的研究中, 主要内容包含信息的定义和度量, 信源、信道的编码理论和码的构造理论. 其中信源的编码理论的核心问题是数据的压缩理论, 而信道编码理论包括调制、解调理论, 码的构造理论包括代数码和概率码的构造理论.

在信息论的这些研究中, 和智能计算所对应的问题是信息量在智能计算中的应用, 数据的存储和特征提取, 图像信息处理时的容量分析, 码的结构、类型和设计等问题.

其中容量分析分析问题是指神经元的数目和处理图像规模的关系问题. 我们这里表示将系统中各种信息存储模式都看作一种图像数据, 而它们的编码方式是码的结构、类型, 其中包括误差的扩散和纠正问题, 因此存在码的构造设计等问题.

控制论的主要问题是滤波、识别和控制问题, 它们是智能化、无人化中的核心理论问题.

在信息科学中, 除了 3C 理论外, 还有其他多种信息处理的理论, 如密码学和数据安全理论、多媒体理论和技术 (数据压缩理论的应用). 这些理论下面将陆续讨论.

2.2.2 和计算机科学的关系问题

在前言中我们已经说明, 人类智能的基本特征、它们的产生和形成过程、人的高级智能的一些基本特征. 智能化的基本特征是通过计算机来实现人的这种智能. 因此智能计算理论必然会与计算机科学发生密切关系.

计算机科学的硬件部分是从集成电路开始, 最后形成自动机、计算机. 因为智能计算算法的三大特征之一就是这些算法要通过计算机来实现它们的算法. 所以要研究智能计算算法及其发展方向, 就必须了解自动机、计算机的工作原理.

计算机的软件部分是它的算法语言. 语言的概念是大家熟悉的. 算法语言是一种人工语言或能为自动机读懂并能执行的语言.

如果把计算机、语言、算法三者结合起来考虑, 还有可计算性和复杂度等问题. 这些理论都是计算机科学中的基本理论, 它们和智能计算中的算法融为一体, 是不可分割的.

1. 计算机和自动机的构造理论

计算机的硬件构造包括它的构造原理和电子线路. 其中电子线路由电子元器件、集成电路等电子器件来实现, 这些器件的组合最后形成自动机、图灵机, 它们都是计算机构造中的基本模型.

自动机、图灵机按照一定的规则运动, 这些规则是实现数据序列的运算. 这种运算的数学模式是布尔代数 (或逻辑代数) 的运算规则.

关于自动机、图灵机的运动规则和布尔代数都可用一定的数学模式来进行描述. 因此它们都有确切的运动规律.

这就是当它们的运动规则和初始状态给定后, 就可形成固定的数据序列. 这个数据序列就是计算机的计算结果.

例如有限自动机的定义可以通过 $M = \{X, Y, S, \delta, \lambda\}$ 或 $M^* = \{X^*, Y^*, S^*, \delta, \lambda\}$ 来说明它们的结构和运行规则.

其中 $S = S_M$ 是 M 的状态字母表, V_M 是 S 中的点偶集合.

这时 $(s, s') \in V_M$ 的充分必要条件是存在 $x \in X$ 使 $\delta(s, x) = s' \in S$. 因此对固定的 $s \in S$, 可能存在多条出弧. 这时记 $(s, s'_x) \in V_M$ 是图中的弧, 其中 $s'_x = \delta(s, x)$,

因此对固定的 $s \in S$, 而 s'_x 可能是不同的.

因此自动机的运行规则可以通过图论 (点线图) 来进行表示.

这时自动机的运动状态变化的点线图记为 $G_M = \{S_M, V_M\}$.

自动机的表示和它的运动规则 (状态变化的规则) 在附录 F 中有详细说明.

2. 移位寄存器

自动机的类型很多, 如有限自动机、概率自动机、图灵机等, 它们都是一种自动机, 在 M 的结构中赋予不同的定义.

自动机中最典型例子是移位寄存器, 移位寄存器的定义、构造和运动规则如附录 F 及附录中的图 F.2.1 所示.

3. 计算机中的语言问题

这就是指能够为计算机读懂, 并且能够为之执行的语言.

计算机语言的类型有很多, 其中最基础的是汇编语言, 适合多种不同应用设计所需要的是各种高级语言.

在计算机的构造中, 各种元器件都已标准化, 因此汇编语言是对这些标准化器件的计算机语言, 故是其他语言的基础性语言.

在不同的应用问题中会出现许多不同的情况, 针对这些不同的情况所产生的语言就是计算机的高级语言.

在不同的应用问题中, 我们把不同类型的问题称为系统. 在不同的系统中, 会产生许多不同类型的变量和它们之间的不相互作用就是其中的运算规则. 不同类型的高级语言就是针对这些不同的系统所产生的语言.

4. 可计算性和计算复杂度的理论

计算机科学理论由三部分内容组成, 即硬件、软件和算法.

计算机科学理论中的算法是指某种运算过程 (如计算公式) 或推理过程的实现过程. 这种实现过程是在自动机、计算机的运算规则下的实现过程. 因此存在可计算和计算复杂度问题. 可计算性问题就是在这种自动机、计算机的运算规则下能否实现的问题. 因此存在可计算和计算复杂度问题.

由此产生理论上的不可计算性. 这是指在理论上根本不可实现的计算目标, 如无解方程的求解问题, 因为它们的解根本不存在, 所以是不可计算的.

另外还有一些计算在理论上是可计算的, 但在实际上是不可计算的. 如求无理数 (如 π, e 等) 的精确解问题, 在理论上是可解的, 但在计算机的实际计算中是无法求解的.

5. 计算复杂度的问题

复杂度的问题是指在可计算性的条件下, 实现该计算目标的复杂度问题, 因此这种复杂度是一种定量化的指标.

复杂度的类型有计算复杂度 (又称时间复杂度)、空间复杂度、语言复杂度, 它们分别针对某个计算问题, 在计算量 (或时间)、存储空间、程序规模上的复杂度指标.

复杂度指标是和数据量的规模相联系, 而数据量的规模是通过它们的位数 n 来表示.

一个具有 n 位的系统 X^n, 它的数据量规模是 a^n, 其中 $a = \|X\|$ 是该集合中的元素个数.

如果 $f(x^n)(x^n \in X^n)$ 是系统 X^n 中的一个函数, 完成这个函数的计算过程 $A_\tau = A_\tau[f(x^n)]$, 其中 $\tau = 0, 1, 2$ 分别是完成这个计算所需要的计算量 (或时间)、存储空间和程序规模.

显然 $A_\tau = A_\tau(n)$ 是一个与 n 有关的函数, 依据它们之间的关系可以确定函数 (或算法) f 的复杂度, 不同类型的复杂度定义如下.

$$\text{算法 } f \text{ 的复杂度类型} \begin{cases} A(n) \sim O(n), & \text{线性复杂度}, \\ A(n) \sim O(n^\alpha), & \text{幂 (或多项式) 复杂度}, \\ A(n) \sim O(\alpha^{n\beta}), & \text{指数复杂度}, \end{cases} \quad (2.2.1)$$

其中 $\alpha, \beta > 0$ 是适当正数.

在计算机科学中, 称线性复杂度、多项式复杂度的计算问题为易计算问题, 而指数复杂度的计算问题是非易计算问题.

2.3 和信息论、控制论与其他学科的关系

信息论的主要内容是指信息的度量, 信源、信道的编码问题, 编码理论的实现, 而控制论的主要内容包括识别和控制. 其中识别问题又称为信号处理理论, 它是信息处理的组成部分, 又是控制论中的有机组成部分. 它们密不可分, 也是智能计算中的重要组成部分. 生物体、人体中的识别和控制过程本身就是一种智能计算的过程. 我们更关心这些问题在智能计算中 (尤其是在 NNS 系统理论中) 的实现.

各种不同类型的信号会以不同类型的特征 (如不同的频率、编码形式、时空结构等特征) 出现, 它们会在不同的区域存储和处理, 而信号处理的一个重要内容就是信号的特征提取问题, 这是智能识别中的关键问题, 也是信息论中的重要组成部分. 如何和这些理论结合是发展智能计算理论与应用的重要问题.

2.3.1　信息论的基本内容

1. 信息的度量问题

香农发展信息论的最大贡献之一是对信息给出了定量化的定义, 和其他物理量一样, 信息的度量 (信息量) 类型有多种, 其中最基本的是香农熵, 这是一种不肯定性的度量. 香农从概率分布出发, 在公理化的性质条件下, 给出了它们的数学表达式.

在信息科学中, 信息的度量有多种不同的类型, 如不肯定性、差异度、相关性等度量, 它们都是这种概念的定量化表达.

在信息的这些度量中, 它们还和其他更复杂的关系相联系, 如香农熵和热力熵、计算复杂度①、几何复杂度②、一般复杂度, 在数学中已经证明了, 它们都是一种复杂度的度量, 并在一定条件下证明了它们的等价性③.

在香农之前, 关于信息的度量也有许多讨论, 并得到一些性质. 香农关系信息度量的突出贡献是把这种信息量的定义和通信理论结合, 因此产生信号体积、信道容量等一系列基本概念和通信中的度量指标, 使通信理论成为精确的、可作定量化研究的科学.

在信息论的核心内容中, 除了关于信息的度量问题外, 还有信源和信道的编码理论.

2. 信息论中的信源编码理论

信源的编码理论就是把不同的信号作数字化的表达, 这种表达不只要求编码后的数字信号能够恢复 (或基本恢复) 原来信号所携带的信息.

因此信源编码理论有两种不同的类型, 这就是无失真编码和有失真编码理论.

其中无失真编码理论就是要求编码后的数字信号能够全部恢复原来信号所携带的信息, 但要求编码后的平均长度尽可能小.

因此这种无失真的信源编码理论又称为无失真的数据压缩理论.

无失真的信源编码理论是利用原始数据中的相关性, 使部分数据能被其他数据确定. 由此形成多种无失真数据压缩的编码算法.

这种无失真的信源编码算法在计算机的数据处理中得到广泛应用, 这些算法使数据在计算机中的存储量大大减少 (数据压缩率大约是 1/8).

---

① 这里的计算复杂度是指算法语言的复杂度, 由苏联数学家科尔莫戈罗夫提出, 对计算机程序给出的复杂度定义.

② 几何复杂度又称豪斯多夫 (Hausdorff) 维数, 这是数学家豪斯多夫在 1919 年提出的空间结构中有关维数的概念, 这就是空间结构的维数不一定是我们所理解的正整数, 它们在空间结构的相似性中产生, 并由此产生分形几何学.

③ 这些不同类型复杂度的等价性证明在 [29] 中给出讨论.

另外就是有失真的数据压缩. 对数据的编码可以允许有一定的误差存在, 这些误差的产生不影响这些数据的使用效果.

例如在卫星的图像处理中, 对气象卫星和侦察卫星的误差要求是不同的, 在气象卫星中, 对云图的要求可以有较大的误差 (数米或数十米), 而在侦察卫星中, 对误差要求很高 (在厘米以下的数量级).

在多媒体技术中, 对动态、彩色图像的要求是不影响视觉效果, 因此压缩率大约是 1/60. 这种数据压缩的理论和 "标准化" 的实现, 使多媒体技术能够进入实用化的市场应用.

3. 信道编码理论

当信号在通信系统中传递时, 要求把信源中的信号能够及时地、无误差地实现传递.

在通信系统中, 由于种种原因, 在信号的传递过程中总是有误差的存在, 因此首先要求降低这种误差的发生率. 这就是信道的纠错编码理论.

信道的纠错编码理论是分析这种误差产生的原因, 采用编码理论的方法对这种误差实现自动纠正.

为了实现这种误差的自动纠正, 需要利用这些数字信号的特征和它们的空间结构原理来构造多种不同类型的纠错码. 纠错码的类型有多种, 如代数码 (利用群、环、域、线性空间等代数方法构造的码)、卷积码、概论码 (利用概率分布的方法来构造纠错码).

为适应不同类型的通信系统 (如有线、无线、卫星、移动、网络等系统), 有多种不同的纠错码理论产生, 它们已是这些通信系统中不可缺少的组成部分.

4. 信息论中的其他问题

由于通信系统的迅速发展, 对信息论也产生了多种不同的要求, 对有关问题说明如下.

多路通信问题. 由于信道资源的有限性, 对已经形成的信道必须充分利用, 由此产生多路通信的理论.

多路通信的概念是把信道中发生的时间、频率、编码结构成分利用, 由此产生时分、频分、码分等不同的类型, 在同一信道中采用多种不同的形式, 同时进行多种不同类型的信息传递.

网络通信. 一个通信系统, 一般都不是由单一的输入、输出信号组成的, 而是由许多信号形成网络式的通信模型.

量子通信. 是指通信系统中的信号不是普通的电子脉冲信号, 而是量子信号, 现在的量子通信采用激光信号. 它们的通信效率得到大大提高.

2.3.2　控制论

控制论最早是在对雷达信号的处理以后发展成的导弹、卫星及其他航天器的轨道、姿态的控制.

1.　主要研究内容

这是指在动物 (包括人) 和机器内部所产生的通信、识别和控制过程中的一般规律的学科.

在这些不同的研究对象中, 存在各种不同的信息和信息处理问题, 其中包括信息的存储、传递 (交换)、反馈调节和不同子系统的相互控制问题.

因此控制论的首要内容就是有关信息的处理问题, 其中包括对信号的识别、整理 (滤波)、判定和存储, 这些都是信息处理的问题.

控制的概念是一些子系统对另外的一些子系统的运动状况进行控制 (确定它们的运动状态). 因此一个控制系统由许多子系统组成, 在这些不同的子系统之间存在信息的交换、处理和控制问题.

2.　控制的类型

依据不同的运动特征, 可以产生不同类型的控制.

运动轨迹的控制. 在不同的子系统之间存在固定的连接和运动关系. 这种轨迹控制就是在一定的约束条件下产生不同类型的运动 (如移动、旋转、相互作用等).

状态特征的控制. 对系统的运动状态进行预先设定, 如预定稳定状态或平衡状态的控制, 这种平衡稳定的控制也包括对外部环境的适应控制和动态平衡控制.

在此平衡控制中, 一般采用状态校正的控制. 这就是当实际的运动状态偏离预设的状态时, 需要设置专门的校正装置来纠正这种偏离误差.

状态转换的控制. 一个系统有许多不同类型的运动状态 (如速度、移动和旋转、作用力和加速度的产生等).

3.　控制过程中的数学问题

除了在信息处理过程中存在大量的数学问题外, 在运动的控制过程中也存在许多数学问题.

如在滤波问题中, 滤波的过程实际上是一种信号的转换过程. 一个滤波过程应同时包括输入、输出函数和滤波响应函数.

滤波响应函数就是实现对输入、输出函数进行变换的函数. 依据对输入、输出函数的不同要求, 可以产生多种不同类型的滤波响应函数. 如线性滤波、脉冲滤波 (一种非线性滤波).

运动的控制问题. 对各子系统的运动目标提出控制要求, 该问题实际上涉及一系列的数学、力学中的问题. 它们的控制要求是对各子系统实现固定模式的运动.

优化控制问题. 对系统、各子系统的运动目标实现优化控制. 所谓优化控制就是需满足一些预先设定的优化条件. 如消耗能量最小, 运动轨迹合理 (如达到运动平衡、实现平衡的收敛速度最快等). 各种不同类型的优化要求会产生不同类型的控制.

4. 控制论的应用范围

控制论是一门涉及多学科的科学, 所涉及学科有如人类工程学、控制工程学、通信工程学、计算机工程学、一般生理学、神经生理学、心理学、数学、逻辑学、社会学等众多学科的交叉学科.

在 AI 理论中, 控制论是一门不可缺失的学科, 机器人、无人化的各个领域都和控制论相关.

2.4　和其他学科的关系问题

其他学科包括逻辑学、语言学等学科, 这些学科的内容已接近哲学、人文科学等领域中的问题, 因此这些问题以已不仅是个算法的问题, 而是涉及更深层次的理论问题, 即人的思维、语言、逻辑和 NNS 之间的四位一体的问题. 这个问题神秘而有趣, 对这个问题的讨论和解决, 在智能计算的研究和发展过程中, 具有根本性和方向性的意义, 是值得我们注意到的内容.

2.4.1　对语言学和逻辑学的概要说明

1. 语言学的结构特征

对语言学和逻辑学的结构特征在附录 6 (F.4 节)、附录 7 (G.3 节) 中已有讨论和说明, 那里作为自动机、计算机中的理论提出. 在此基础上, 我们继续讨论如下.

语言结构中的基本要素是**字母**、**字母表和字母串**. 计算机中所使用的字母表是 ASCII 码表, 该码表包含 256 个不同的字符, 它们通过 8bit(一字节) 的二进制数字进行表达.

当字母串有了确切含义时, 就成为词. 词法分析的内容包括: 词的类型和它们的变化分析, 不同类型的词有不同的变化方式.

词的类型分名词、动词、形容词、副词、代词、冠词、联结词, 它们的变化类型如附录 6 及其中的有关计算式所示.

词典是对这些词的类型和它们的变化情况的说明, 因此也是词法分析的组成部分.

句和句法分析. 不同类型词的组合形成句, 句法分析的内容包括句的类型和它们的变化模式.

句的类型分: 基本结构、结构扩张、复合句等. 其中基本结构的成分: 主语、谓语. 扩张句的成分: 主语、谓语、宾语. 扩张句的组合形成复合句, 它们通过联结词连接.

句法分析和词法分析的结合. 这就是在不同类型词的组合中, 这些词有不同的类型和变化, 这些词的变化也是句法的组成部分.

如主语由名词、代词组成, 它们有数的变化, 还有形容词、副词、冠词的修饰. 而谓语由动词、直接宾语组成, 它们有时式 (正在进行、过去、将来式) 的变化.

在句法分析和词法分析的结合中, 所涉及的词都是一个词的集合. 这附录 6 有进一步的说明, 在此不再重复.

各种语言由大量的词和句组成, 由此形成这些语言中的词典、文库等概念.

2. 逻辑学的结构特征

逻辑学的主要内容有形式逻辑和辩证逻辑之分.

形式逻辑的创始人 (被称为逻辑学之父) 的是古希腊哲学家亚里士多德 (Aristotle, 公元前 384 — 前 322), 他为逻辑学提出逻辑学三段论. 三段论由大前提、小前提、结论这三个部分组成, 它们是演绎、推理中的一种简单推理判断.

在以后的二千多年, 中外哲学家对逻辑学研究有许多讨论和成果. 如中世纪的著名逻辑学家有如罗杰·培根 (Roger Bacon, 约 1214—1293), 英国哲学家和自然科学家, 在逻辑学中发展了归纳法. 该理论发展和丰富了形式逻辑理论.

一些逻辑学家认为归纳法是科学研究中的唯一方法. 这种说法是否正确暂且不论, 但由此可见归纳法的重要性. 我们对它作专门研究和讨论.

德国古典哲学家康德 (伊曼努尔·康德, Immanuel Kant, 1724. 4. 22—1804. 2. 12), 尤其是黑格尔 (格奥尔格·威廉·弗里德里希·黑格尔, Georg Wilhelm Friedrich Hegel) 或 (G. W. F. Hegel, 1770. 8. 27—1831. 11. 14) 是辩证法的奠基人和创造者.

逻辑学的这些基本概念和发展过程, 附录 6 中有简单介绍和说明.

3. 语言学和逻辑学的关系问题

自从出现了人工语言之后, 语言学和逻辑学发生了密切关系. 这时的人工语言学就和数理逻辑形成了等价关系.

这时在数理逻辑和语言学中出现的一些基本概念或名词, 我们在表 G.1.1 中说明.

这时句的类型有如陈述句、命令句、疑问句、惊叹句等不同类型. 它们在逻辑学中就形成多种不同的逻辑关系. 表 G.1.1 说明了这种关系.

词、句、文的产生和形成与它们的结构特征都是人的思维反映, 这就是各种外部信息在人的思维 (神经系统结构) 中的反映. 即使是不同的民族, 他们的语言形式不同, 但是语言结构相同.

这种相同的逻辑结构关系是人类神经系统中神经细胞运动规律的反应.

在不同的生物体中, 它们的神经系统会有很大的差别, 但也有许多共同点. 智能计算是用电子器件的运动和工作来模拟人或其他生物神经系统的运动和功能的这种特征. 了解这种细胞功能、逻辑学和语言学的这种关系对发展智能计算有重要意义.

2.4.2 语言学、逻辑学和 NNS 的关系问题

这种四位一体关系存在的关键是存在这种逻辑运算和 NNS 中的运算的等价. 这是本书要重点讨论的问题之一.

我们在本书的第二部分算法篇中详细论证这种等价性.

第二部分

算 法 篇

　　在第一部分中, 我们已对智能计算算法的类型、特征、发展过程作了初步讨论和分析, 现在重点讨论 NNS 中的算法.

　　NNS 中的算法已经经历了 60 多年的发展历史, 在此期间, 它们又经历了多个不同的发展阶段.

　　在这部分内容中, 我们对智能计算中的几种典型而又重要的算法进行比较深入的讨论. 在这些算法中, 首先讨论在 NNS 中的算法, 如感知器、多层次、多输出感知器 (多感知器)模型和 HNNS 理论有关的算法等. 对这些算法作一次小结性的讨论. 不仅要给出它们的算法步骤, 还要讨论其中的理论问题. 即对这些算法中的可计算性、收敛性、计算复杂度、解的存在性、唯一性 (或解的取值范围) 等问题进行讨论.

　　在这些理论问题中, 一个重要的问题是对这些算法的定位问题. 这就是指确定这些算法的应用范围及它们在整个智能计算理论中的作用和地位问题.

　　由这种定位问题的讨论, 必将引发对整个 NNS 的研究和发展方向的讨论. 例如, 关于 HNNS 的定位问题. 首先要确定, 对该理论定位的必要性和可能性. 其次, 我们把它定位成一种自动机的模型和理论. 这种定位, 就会引发对智能计算、NNS 理论中的一系列问题的讨论, 如关于人或生物体 NNS 的结构和功能的讨论. 这时, 它们的 NNS 是由大量自动机和感知器组成的、复杂的网络系统. 我们就要从这种新的角度来研究与理解人和生物体的这种 NNS 结构和功能.

　　如果 HNNS 是一种自动机的模型和理论, 那么 NNS 中的算法就会和逻辑算法形成等价关系. 这种关系可上升到对这些问题研究的哲学层面. 这已不再是一个算法的问题, 而是人、机关系中的一个哲学问题.

　　如果这种定位关系成立, 那么就可设计和构造 NNS 型计算机. 对这种计算机的构造原理、其中的关键问题和它的应用与意义将在第三部分中进一步的讨论.

　　除了 NNS 中的算法外, 还有符合智能计算特征的算法, 如计算数学、统计计算和机器学习中的有关算法. 在这部分内容中, 我们介绍和讨论这些算法的特点、内容与意义.

第3章 感 知 器

感知器是 NNS 中最典型、最完整的智能计算算法, 它不仅十分符合 BNNS 中的工作原理和特征, 而且具有非常完整、严格的数学推导过程, 也是其他 NNS 中的理论基础, 因此我们作重点讨论.

3.1 感知器的基本模型和算法

感知器的类型有多种, 如线性、非线性、多输出多层次、模糊感知器等, 在本节中我们介绍它的基本概念, 如它的生物背景、实现的基本目标 (分类的目标)、学习训练算法、收敛性定理等. 通过这些讨论可以了解它的基本特征, 这也是 ANNS 理论的基本特征和规则.

3.1.1 感知器的学习目标、算法和收敛性定理

感知器是 ANNS 中最典型的智能计算模型, 对它的研究可以了解 ANNS 的基本特征.

1. 神经元的结构

神经元是一种神经细胞. 它具有神经细胞的基本特征, 如有细胞核、细胞壁、细胞器的构造. 图 3.1.1 是神经元的结构的不同示意图.

2. 感知器的运算模型

一个神经元可以看作一个感知器, 对它的运算模型和特征说明如下.

称 $x^n = (x_1, x_2, \cdots, x_n)$ 是感知器的**输入向量**, 其中 $x^n \in R^n$ 或 $x^n \in X^n$, 这时 $R, X = \{-1, 1\}$, 它们分别是实数空间和二进制的状态空间.

因此感知器的输入向量可能是连续型 (取值是任意实数) 或离散型 (取值是二进制整数) 的数据.

感知器的生物学背景是神经元, 该神经元将输入向量 x^n 中的数据进行整合, 由此产生该神经元的整合电位值是 $u(x^n|w^n) = \sum_{i=1}^n w_i x_i$, 其中 $w^n = (w_1, w_2, \cdots, w_n)$ 是该神经元和输入向量连接的权向量.

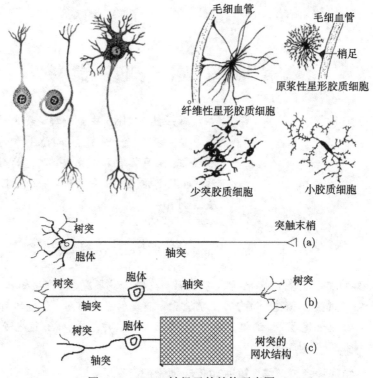

图 3.1.1   NNS 神经元的结构示意图

该感知器具有一个固定的阈值 h, 这就是该神经元的整合电位值 $u(x^n|w^n) \geqslant h$ 时就进入兴奋状态, 否则就是抑制状态.

由此得到该神经元的状态函数 (或输出函数)是

$$y = g[x^n|(w^n, h)] = \text{Sgn}\left(\sum_{i=1}^{n} w_i x_i - h\right), \tag{3.1.1}$$

其中 $\text{Sgn}(u) = \begin{cases} 1, & u \geqslant 0, \\ -1, & \text{否则} \end{cases}$ 是符号函数.

称由 (3.1.1) 给出的函数是感知器的运算函数 (感知器). 其中的 $w^{n+1} = (w^n, h)$ 分别是该感知器的权向量和阈值 (合称为该感知器的参数向量). 称 $u = \langle w^n, x^n \rangle = \sum_{i=1}^{n} w_i x_i$ 是该感知器的电位整合函数.

由此可见, 感知器的输出状态 $y = \pm 1$, 它们分别表示该神经元处在兴奋或抑制的状态. 这种状态是由它的整合电位 u 和阈值 h 确定的.

感知器的结构模型如图 3.1.2(a) 所示.

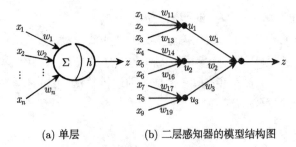

(a) 单层   (b) 二层感知器的模型结构图

图 3.1.2 单层和二层感知器的数学模型结构示意图

3. 感知器的学习目标

感知器的学习目标是实现输入状态集合的分类, 对它们的详细讨论见 [116,117] 等文, 对此概述如下.

记 A, B 分别为 R^n 空间中两个互不相交的集合, 感知器的学习目标就是要将它们实现分类.

感知器的方法是寻找适当的参数向量 (w^n, h), 使

$$g[x^n|(w^n, h)] = \mathrm{Sgn}\left(\sum_{i=1}^{n} w_i x_i - h\right) = \begin{cases} +1, & x^n \in A, \\ -1, & x^n \in B \end{cases} \tag{3.1.2}$$

成立. 因此 NNS 实现对 A, B 集合的分类问题就化为对方程组 (3.1.2) 的求解问题.

方程组 (3.1.2) 的等价方程组是

$$\sum_{i=1}^{n} w_i x_i - h \begin{cases} > 0, & x^n \in A, \\ < 0, & x^n \in B \end{cases} \quad \text{或} \quad \sum_{i=1}^{n+1} w_i x_i > 0, \quad \text{如果} \quad x_{n+1} \in D, \tag{3.1.3}$$

其中 $x_{n+1} = -1, w_{n+1} = h$, 而集合 $D = \{(x^n, -1), x^n \in A\} \cup \{(-x^n, 1), x^n \in B\}$.

4. 感知器的学习算法

为求方程组 (3.1.3) 的解, 它的学习迭代计算算法步骤如下.

算法步骤 3.1.1 取 w^{n+1} 的初始值 $w^{n+1}(0) = \lambda x^{n+1}(0)$, 其中 $\lambda > 0$ 为适当常数, 而 $x^{n+1}(0)$ 是集合 D 中任意一向量.

算法步骤 3.1.2 如果 $w^{n+1}(t) = (w_1(t), w_2(t), \cdots, w_{n+1}(t))$ 已知, 那么计算向量 $w^{n+1}(t)$ 和 x^{n+1} 的内积 $\langle w^{n+1}(t), x^{n+1} \rangle$.

如果所有的 $\langle w^{n+1}(t), x^{n+1} \rangle$ 都大于零, 那么 $w^{n+1}(t)$ 即所求的解. 否则进行算法步骤 3.1.1.

算法步骤 3.1.3 如果存在 $x^{n+1}(t) \in D$, 使 $\langle w^{n+1}(t), x^{n+1}(t) \rangle < 0$ 成立, 那么由此构造

$$w^{n+1}(t+1) = w^{n+1}(t) + \lambda_t \cdot x^{n+1}(t), \tag{3.1.4}$$

其中 λ_t 是一个随 t 增加而减少的函数, 如 $\lambda_t = 1/t$.

算法步骤 3.1.4 (学习算法的停止要求)　　如此继续, 直到有一个 t 使所有的 $x^{n+1} \in D$ 都有 $\langle w^{n+1}(t), x^{n+1}\rangle > 0$ 为止, $w^{n+1}(t)$ 就为所求的解.

算法步骤 3.1.1 — 算法步骤 3.1.3 是一种递推算法. 因此被称为感知器的学习算法 (或简称为学习算法).

5. 感知器的学习的补充算法

算法步骤 3.1.1 — 算法步骤 3.1.4 给出了感知器的学习算法步骤, 下面将会证明, 只要集合 A, B 是线性可分的, 那么这个算法一定是收敛的. 为了加快这种学习算法的收敛速度, 在此提出感知器的学习的补充算法如下.

算法步骤 3.1.5 (感知器的集体学习算法)　　在算法步骤 3.1.3 中, 定义集合

$$D'(t) = \{x^{n+1}(t) \in D, \langle w^{n+1}(t), x^{n+1}(t)\rangle < 0\}. \tag{3.1.5}$$

由此构造向量

$$w^{n+1}(t+1) = w^{n+1}(t) + \lambda_t \cdot \bar{x}^{n+1}(t), \tag{3.1.6}$$

其中 λ_t 的定义和算法步骤 3.1.3 相同, 而 $\bar{x}^{n+1}(t) = \dfrac{1}{\| D'(t) \|} \sum_{x^{n+1}(t) \in D'(t)} x^{n+1}(t)$.

称这种计算方法为感知器的集体学习算法, 采用这种算法可以大大加快感知器的学习、收敛速度.

在算法步骤 3.1.5 的条件下, 同样可以产生学习算法的停止条件, 这和算法步骤 3.1.4 相同.

6. 感知器学习算法的收敛性问题

感知器学习算法的收敛性问题是指在算法步骤的计算中, 能否终止或在什么样的条件下终止的问题.

定理 3.1.1 (感知器的收敛性定理)　　如果感知器的学习目标或方程组 (3.1.2) 有解, 那么由算法步骤 3.1.1 — 算法步骤 3.1.4 的运算一定在有限步的计算中停止, 并得到它的解. 这就是必有一个正整数 t_0 使 $w^{n+1}(t_0)$ 为方程组 (3.1.2) 成立.

称这个 t_0 数是该算法的计算停止步骤数, 如果 t_0 是个有限数, 那么这个算法是收敛的, 而且这个 t_0 就是该计算算法的复杂度.

证明　　如果学习目标方程组 (3.1.2) 或方程组 (3.1.3) 有解, 那么就有一个向量 w_*^{n+1}, 与常数 $\theta > 0$, 满足以下条件. $\| w_*^{n+1} \| = 1$, 且对所有的 $x^{n+1} \in D$ 都有 $\langle w_*^{n+1}, x^{n+1}\rangle > \theta > 0$ 成立.

如果记 $w^{n+1}(t), x^{n+1}(t)(t = 1, 2, \cdots)$ 是由算法步骤 3.1.1 — 算法步骤 3.1.3 计算所得到的向量序列, 那么由内积的性质可以得到

$$-1 \leqslant \frac{\langle w_*^{n+1}, w^{n+1}(t) \rangle}{\parallel w_*^{n+1} \parallel \cdot \parallel w^{n+1}(t) \parallel} \leqslant 1 \tag{3.1.7}$$

成立. 另一方面, 由 (3.1.4) 的定义式又可得到

$$
\begin{aligned}
\langle w_*^{n+1}, w^{n+1}(t+1) \rangle &= \langle w_*^{n+1}, w^{n+1}(t) + \lambda x^{n+1}(t) \rangle \\
&= \langle w_*^{n+1}, w^{n+1}(t) \rangle + \lambda \langle w_*^{n+1}, x^{n+1}(t) \rangle \\
&\geqslant \langle w_*^{n+1}, w^{n+1}(t) \rangle + \lambda \theta \\
&\geqslant \langle w_*^{n+1}, w^{n+1}(0) \rangle + (t+1)\lambda\theta \geqslant (t+2)\lambda\theta
\end{aligned} \tag{3.1.8}
$$

成立, 且有

$$
\begin{aligned}
&\langle w^{n+1}(t+1), w^{n+1}(t+1) \rangle \\
&= \langle w^{n+1}(t) + \lambda x^{n+1}(t), w^{n+1}(t) + \lambda x^{n+1}(t) \rangle \\
&= \langle w^{n+1}(t), w^{n+1}(t) \rangle + 2\lambda \langle w^{n+1}(t), x^{n+1}(t) \rangle + \lambda^2 \langle x^{n+1}(t), x^{n+1}(t) \rangle \\
&= \langle w^{n+1}(t), w^{n+1}(t) \rangle + \lambda^2 \langle x^{n+1}(t), x^{n+1}(t) \rangle \\
&\leqslant \langle w^{n+1}(t), w^{n+1}(t) \rangle + \lambda^2 M^2 \leqslant (t+1)\lambda^2 M^2
\end{aligned} \tag{3.1.9}
$$

成立, 其中 $M = \text{Max}\{\parallel x^{n+1}(t) \parallel, x^{n+1}(t) \in D\}$, 而第一个不等式由 $x^{n+1}(t)$ 的定义: $\langle w^{n+1}(t), x^{n+1}(t) \rangle < 0$ 得到. 由 (3.1.7)—(3.1.9) 就有

$$1 \geqslant \frac{\langle w_*^{n+1}, w^{n+1}(t) \rangle}{\parallel w_*^{n+1} \parallel \cdot \parallel w^{n+1}(t) \parallel} \geqslant \frac{\lambda t \theta}{t\lambda^2 M^2}$$

成立. 因此必有 $t \leqslant M^2/\theta^2$ 成立, 所以算法步骤 3.1.1 — 算法步骤 3.1.3 不可能无限继续, 最终必有一个正整数 t_0 使 $w^{n+1}(t_0)$ 为方程组 (3.1.5) 的所求解. 定理得证.

在该定理的证明过程中, 我们还可以得到 $t_0 \leqslant M^2/\theta^2$ 成立, 这就是运算算法步骤受参数 M^2/θ^2 的控制, 它一定在这些算法步骤内完成求解的搜索计算.

在定理 3.1.1 的证明过程中, 还得到该学习算法的运动算法步骤.

定理 3.1.2 (感知器的计算复杂度的估计公式) 在定理 3.1.1 的条件和它的运算算法步骤下, 它的计算停止步骤数 $t_0 \leqslant M^2/\theta^2$, 其中 M, θ 是方程组 (3.1.2) 在学习计算运算中的适当参数.

3.1.2 感知器模型的推广

感知器模型的推广沿以下三个方向进行, 即多层次、多输出感知器、非线性感知器与模糊感知器. 我们对此概述如下.

1. 多层次、多输出感知器

多层次、多输出感知器是感知器理论的重要推广, 其中多输出感知器可以实现对多目标的分类. 而多层感知器是在多输出感知器的基础上进行分类, 因此可以实现更复杂目标的分类.

如在 R^n 空间中有 A, B, C, D 四个集合, 要建立它们的分类判别函数. 这时我们可把 A, B, C, D 这四个集合组合成两个集合 $E = \{A, B\}, F = \{C, D\}$(或 $E = A \cup B, F = C \cup D$.

这样就可由感知器模型对学习目标 E, F 进行学习、分类, 得到相应感知器的权向量 w_0^n 与阈值 h_0.

然后再分别在 E, F 集合中, 对学习目标 A, B 与 C, D 进行学习与训练, 分别得到它们的权向量与阈值分别是 (w_1^n, h_1) 与 (w_2^n, h_2). 由此得到三个感知器

$$g_\tau(x^{n+1}) = g[x^{n+1}|(w^n, h)_\tau], \quad \tau = 0, 1, 2. \tag{3.1.10}$$

由此得到相应的分类集合

$$\begin{cases} D_0 = \{(x^n, -1), x^n \in E\} \cup \{(-x^n, 1), x^n \in F\}, \\ D_1 = \{(x^n, -1), x^n \in A\} \cup \{(-x^n, 1), x^n \in B\}, \\ D_2 = \{(x^n, -1), x^n \in C\} \cup \{(-x^n, 1), x^n \in D\} \end{cases} \tag{3.1.11}$$

及相应的分类方程

$$\begin{cases} g_\tau(x^{n+1}) = g[x^{n+1}|(w^n, h)_\tau] = 1, & x^{n+1} \in D_\tau, \quad \tau = 0, 1, 2, \\ \sum_{i=1}^{n+1} x_i w_{\tau,i} > 0, & x^{n+1} \in D_\tau, \quad \tau = 0, 1, 2, \end{cases} \tag{3.1.12}$$

其中第二组方程是第一组方程的等价方程, 而称

$$w_\tau^{n+1} = (w_\tau^n, h_\tau) = (w_{\tau,1}, w_{\tau,2}, \cdots, w_{\tau,n}, h_\tau)$$

为感知器 g_τ 的参数向量, 由此向量确定感知器的函数性质.

由此可见, 这种二层输出感知器是一个对四目标 $A, B, C, D \in R^n$ 的分类, 这时构造集合对 $(E, F), (A, B), (C, D)$ 或 $D_\tau(\tau = 0, 1, 2)$ 构造它们的感知器 $g_\tau(x^{n+1}) = g_\tau[x^{n+1}|(w^n, h)_\tau]$.

2. 非线性感知器

在感知器的学习训练运算中我们注意到, 在 R^n 空间中构造一空间超平面 L: $\sum_{i=1}^n w_i x_i - h = 0$, 由超平面 L 将 A, B 集合切割在它的两侧. 所以称这样的感知

器为线性感知器, 如果我们用曲面来代替切割平面, 那么相应的感知器就变成非线性感知器. 非线性感知器的结构模型在图 3.1.4(b) 中给出.

典型的非线性感知器如用多项式函数来取代线性函数:

$$u(w^n, h; x^n) = \sum_{i=1}^n w_i x_i - h,$$

如在该函数中增加若干非线性项: 取

$$u(w^n, w_{11}, w_{12}, h; x^n) = \sum_{i=1}^n w_i x_i + w_{11}x_1^2 + w_{12}x_1x_2 - h, \tag{3.1.13}$$

其中 x_1^2, x_1x_2 就是非线性项, 如果把 (3.1.11) 中的二非线性项设成二个新项, 记 $x_{n+1} = x_1^2, x_{n+2} = x_1x_2$, 并把学习目标 A, B 改变成

$$\begin{cases} C = \{x^{n+2} = (x^n, x_1^2, x_1x_2) : x^n \in A\}, \\ B' = \{x^{n+2} = (x^n, x_1^2, x_1x_2) : x^n \in B\}, \end{cases} \tag{3.1.14}$$

这时非线性感知器的识别问题就化为线性感知器识别问题.

对一些特殊的数据集合, 如集合 A 是一球内数据, 而集合 B 是一球外数据, 这时采用非线性感知器的学习训练与识别就会有效.

3. 模糊感知器

在感知器的分类学习与识别中, 要求空间超平面 Π 将 A, B 集合完全切割在它的两侧, 但在图像分析中很难做到, 许多数据往往是相互交叉的. 所以我们的学习目标不是要将 A, B 集合完全分隔开, 而在一定的比例条件下分开. 模糊感知器的结构模型在图 3.1.4 (c) 中给出.

以下记 $m_a = \| A \|, m_b = \| B \|$ 分别为集合 A, B 中所含的向量个数.

定义 3.1.1 在感知器的学习目标方程组 (3.1.3) 中, 如果我们要求所求的 (w^n, h) 满足以下条件:

(1) 集合 A 中有 $m_a(1 - \delta_a)$ 个向量, 使 $\sum_{i=1}^n w_i x_i - h > 0$ 成立.

(2) 集合 B 中有 $m_b(1 - \delta_b)$ 个向量, 使 $\sum_{i=1}^n w_i x_i - h < 0$ 成立.

那么称该感知器为模糊感知器, 其中 (δ_a, δ_b) 是两个非负数, 我们称之为感知器学习目标的**模糊度**, 相应的 (3.1.3) 方程的求解问题称为在模糊度 (δ_a, δ_b) 下的求解问题.

(3) 对集合 A, B 同样可以构建集合 D(见 (3.1.3) 式中的定义). 这时要求 w^n 对集合 D 中有 $m(1 - \delta)$ 个向量, 使 $\sum_{i=1}^{n+1} w_i x_i > 0$ 成立, 其中 $m = \| D \| = m_a + m_b$.

这时称所求的 w^n 为方程组 (3.1.12) 的 δ-解 (或在模糊度 δ 下的模糊解).

对模糊感知器在求方程组 (3.1.3) 的 δ-解时, 我们同样可建立它的学习算法, 相应的算法步骤如下.

算法步骤 3.1.6 (模糊感知器的学习算法) 取 w^n 的初始值 $w_0^n = \lambda x_0^n$, 其中 $\lambda > 0$ 为适当常数, 而 x_0^n 是集合 D 中一非零向量.

算法步骤 3.1.7 (模糊感知器的学习算法) 如果 $w^n(t) = (w_{t,1}, w_{t,2}, \cdots, w_{t,n})$ 已知, 那么计算向量 $w^n(t)$ 与 $x^n \in D$ 的内积: $\langle w^n(t), x^n \rangle$, 并定义

$$\begin{cases} D_+ = \{x^n \in D : \langle w^n(t), x^n \rangle > 0\}, \\ D_- = \{x^n \in D : \langle w^n(t), x^n \rangle < 0\}, \end{cases} \tag{3.1.15}$$

如果 $\| D_+ \| > m(1 - \delta)$, 那么 $w^n(t)$ 就为所求的解. 否则进行算法步骤 3.1.8.

算法步骤 3.1.8 (模糊感知器的学习算法) 如果 $\| D_+ \| \leqslant m(1 - \delta)$, 那么取

$$\begin{cases} D(t) = \{x^n \in D : \langle w^n(t), x^n \rangle < 0\}, \\ w^n(t+1) = w^n(t) + \dfrac{\lambda}{\| D(t) \|} \displaystyle\sum_{x^n \in D(t)} x^n. \end{cases} \tag{3.1.16}$$

如此继续, 直到有一个 t_0 使 $\| D_+ \| > m(1 - \delta)$ 成立为止, 这时 $w_{t_0}^n$ 即所求的解.

定义 3.1.2 在感知器的学习目标方程组 (3.1.3) 中, 如果存在一个 w_*^{n+1} 和一个 $\theta > 0$, 在集合 D 中有 $(1 - \delta)\|D\|$ 个 $x^n \in D$, 使方程组

$$\sum_{i=1}^{n+1} w_i x_i \geqslant \theta > 0 \tag{3.1.17}$$

成立, 那么称该感知器是**强 δ-可解的**.

定理 3.1.3 如果感知器的学习目标 (3.1.3) 是强 δ-可解的, 那么由算法步骤 3.1.6 — 算法步骤 3.1.8 的运算一定可求得它的解. 这时必有一个正整数 t_0 使 $w_{t_0}^n$ 为方程组 (3.1.3) 的 δ-解.

证明 对此定理我们同样利用内积的性质 (3.1.3) 来给以证明. 由 (3.1.16) 式的定义及方程组 (3.1.3) 是强 δ-可解性, 可得到一个 $w_*^{n+1} (\theta > 0)$ 和集合 D, 使在集合 D 中有 $(1 - \delta)\|D\|$ 个 $x^n \in D$, 使方程组 (3.1.17) 成立.

这时的 $w^n(t+1)$ 由算法步骤 3.1.8 中的 (3.1.16) 定义, 因此有

$$\langle w_*^n, w^n(t+1) \rangle = \left\langle w_*^n, w^n(t) + \frac{\lambda}{\| D(t) \|} \sum_{x^n \in D(t)} x^n \right\rangle$$

$$= \langle w_*^n, w^n(t) \rangle + \frac{\lambda}{\| D \|} \sum_{x^n \in D(t)} \langle w_*^n, x^n \rangle$$

$$\geqslant \langle w_*^n, w^n(t) \rangle + \lambda(1 - \delta)\theta \geqslant \langle w_*^n, w_0^n \rangle + \lambda(1 - \delta)(t+1)\theta \tag{3.1.18}$$

成立. 而且同样有

$$\langle w^n(t+1), w^n(t+1)\rangle$$

$$= \left\langle w^n(t) + \frac{\lambda}{\| D(t) \|} \sum_{x^n \in D(t)} x^n, w^n(t) + \frac{\lambda}{\| D(t) \|} \sum_{x^n \in D(t)} x^n \right\rangle$$

$$= \langle w^n(t), w^n(t)\rangle + 2\left\langle w^n(t), \frac{\lambda}{\| D(t) \|} \sum_{x^n \in D(t)} x^n(t) \right\rangle + \frac{\lambda^2}{\| D(t) \|^2} \sum_{x^n, y^n \in D(t)} \langle x^n, y^n\rangle$$

$$\leqslant \langle w^n(t), w^n(t)\rangle + \frac{\lambda^2}{\| D(t) \|^2} \sum_{x^n, y^n \in D(t)} \langle x^n, y^n\rangle$$

$$\leqslant \langle w^n(t), w^n(t)\rangle + \lambda^2 M \leqslant (t+1)\lambda^2 M \tag{3.1.19}$$

成立, 其中 $M = \mathrm{Max}\{\langle x^n, y^n\rangle, x^n, y^n \in D\}$. 由此得到

$$\lambda(1-\delta)\theta t \leqslant \langle w_*^n, w^n(t+1)\rangle \leqslant \| w_*^n \| \cdot \| w^n(t+1) \|$$

成立. 由 (3.1.19) 式得到

$$(1-\delta)\theta t \leqslant \| w_*^n \| \sqrt{(t+1)M}, \quad \text{或} \quad \frac{t}{\sqrt{(t+1)M}} \leqslant \frac{\| w_*^n \|}{(1-\delta)\theta}.$$

其中 $M, \| w_*^n \|, (1-\delta), \theta$ 都是固定正数, 因此该运算算法的步骤 3.1.6 — 步骤 3.1.8 必须在有限步骤内停止. 定理得证.

有关多层线性感知器、非线性、模糊感知器的学习目标、算法的结构图如图 3.1.3 和图 3.1.4 所示.

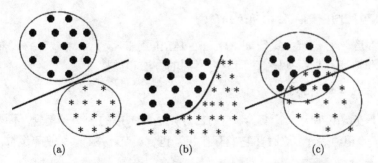

(a)   (b)   (c)

图 3.1.3 线性、非线性和模糊感知器的学习、分类目标示意图

这 3 个图分别是线性、非线性和模糊感知器关于目标分类类型特征的示意图.

我们已经在定义 3.1.1 中给出了模糊感知器的定义, 算法步骤 3.1.6—算法步骤 3.1.8 是模糊感知器的学习算法步骤, 而定理 3.1.1 是这些算法的收敛性定理.

这些理论都有普遍意义, 这就是它们的分类概念、算法、收敛性问题可以在多种不同场合推广. 由此形成一整套 NNS 的模糊分析理论.

如下面所讨论的多层次、多输出感知器及它们在大规模图像分类、识别中的应用等. 我们把它们统称为模糊 NNS 理论, 下面还有详细讨论.

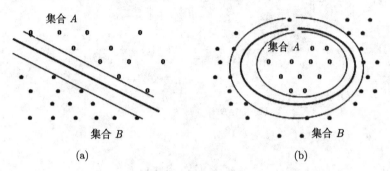

图 3.1.4 线性、非线性支持向量机的学习、分类目标示意图

3.2 一般空间结构的几何分析——感知器
理论分析的数学基础

感知器中的理论问题首先是它的可计算性和计算复杂度的问题. 这就是它的线性可分性的问题和它在学习、训练计算时的收敛速度问题.

感知器的这些理论分析问题和高维空间中的几何结构性质密切相关, 如一般区域的拓扑结构、凸区域、多面体等几何理论. 在本节中, 我们先讨论和介绍这些问题, 它们是数学中的一些基本知识, 部分性质在附录中还有详细说明.

3.2.1 R^n 空间中的集合论和拓扑结构

记 R^n 是一个 n 维欧氏空间, $\Omega \subset R^n$ 是空间中的一个区域, $x^n \in \Omega$. 对它们之间的关系和特征有一系列研究, 而且有不同的方法和类型.

1. 有关集合论的研究

这就是把 R^n 看作一个集合, 它的部分点是 R^n 中的一个子集合, 不同集合用 A, B, C, D 等记号表示, 这时在它们存在相互包含、交、并、余、差等运算, 它们的记号分别是

$$A \subset B, \quad A \cap B, \quad A \cup B, \quad A^c = R^n - A, \quad A - B = A \cap B^c.$$

在这些运算中还存在结合律、交换律、分配律等性质. 另外还有叠加、分隔 (或分割)、扩张等关系.

我们有时把子集合称为区域.

2. 有关拓扑结构的研究

这时对区域、区域中的点作拓扑学的定义, 有关的概念和定义如下.

记 Ω 是 R^n 空间中的一个区域, $x^n \in \Omega$ 是区域内的点, $\epsilon > 0$ 是正数, 记 $O(x^n, \epsilon)$ 是以 x^n 点为中心、ϵ 为半径的小球.

定义 3.2.1 (有关点的拓扑结构类型的定义)   由此定义点 x^n 的类型有如

(1) **内点** 存在一个 $\epsilon > 0$ 的正数, 使 $O(x^n, \epsilon) \subset \Omega$.

(2) **外点** 存在一个 $\epsilon > 0$ 的正数, 使 $O(x^n, \epsilon)$ 中无 Ω 中的点.

(3) **聚点** 对任何 $\epsilon > 0$ 的正数, 在 $O(x^n, \epsilon)$ 中总有 Ω 中的点.

(4) **边界点** 对任何 $\epsilon > 0$ 的正数, 在 $O(x^n, \epsilon)$ 中总有 Ω 和 Ω^c 中的点, 其中 $\Omega^c = R^n - \Omega$.

定义 3.2.2 (有关集合拓扑结构类型的定义)   由此产生集合拓扑结构类型的定义如下.

(1) **开区域** 所有的点都是内点的区域是开区域.

(2) **闭区域** 所有的聚点都是区域内的点的区域是闭区域.

(3) **闭包** 集合 A 的闭包是指 $\bar{A} = A \cup A^*$, 其中 A^* 是集合 A 的所有的聚点.

(4) **开核** 集合 A 的开核是指 $A^o = A - A^*$.

3. 有关集合关系的补充定义

定义 3.2.3 (集合之间的关系类型还有以下定义)

(1) **分离** 如果 $\bar{A} \cap \bar{B} = \varnothing$, 那么称 A, B 集合是分离的.

(2) **相交 (或开连通)** 如果 $A^o \cap B^o \neq \varnothing$, 那么称 A, B 是相交 (或开连通) 的.

(3) **连接 (或闭连通)** 如果 $A^o \cap B^o = \varnothing, \bar{A} \cap \bar{B} \neq \varnothing$, 那么称 A, B 是连接 (或闭连通) 的.

因为对任何集合 $A \subset R^n$, 总有 $A^o \subset \bar{A}$, 所以开连通的集合 A, B 一定是连通的.

3.2.2 R^n 空间中向量集合的深度分析

记 $A = \{x_1^n, x_2^n, \cdots, x_m^n\}$ 是 R^n 空间中的一个有限集合, 我们已经说明, 对该集合的结构和特征有多种不同的分析方法, 除了它们的集合论关系分析和拓扑结构分析外, 还有统计中的深度分析理论.

1. 深度的概念和几种不同定义

深度的概念是指在集合 A 中, 对不同点 (或向量) 的位置的描述, 在数学、统计学和生物学中有多种不同的定义.

在生物学中, 经常把不同的原子或分子看作集合 A 中的点, 它们的空间位置用向量来进行描述或表达.

疏水性的概念是指分子在水中易溶性的指标, 一般具有极性的分子易在水中溶解. 另外是指**分子基团**在生物大分子中的位置, 有些极性基团易在生物大分子的表面位置, 因此也是深度的概念.

这种深度概念比较直观, 而且易在实验中观察测量. 但没有确切的定义, 就氨基酸而言, 疏水性大小的版本就有几十种之多, 因此没有一个确切和统一的表达方式.

在数学和统计中, 对深度也有多种不同的定义, 它们都有确切的定义和计算公式, 只要在生物大分子中各原子的空间位置确定, 那么每个原子在该生物大分子中就有确切的深度指标.

因为我们的目的是讨论感知器的结构特征问题, 所以在本节中只介绍和讨论有关数学深度的定义和概念.

即使是数学深度, 也有几种不同的类型. 如 T-深度、L-深度、层次函数 (简称 H-深度) 等.

对一个固定的空间集合 A, 其中每个点 $a \in A$ 的深度实际上是一个函数 $D_Z(a|A)$, $a \in A$, 其中 Z 分别为 T, L, H 等, 它们实际上是对点 a 在集合 A 中空间位置的不同描述方法.

2. T-深度的定义

T-深度即 Tukey 深度, 它的概念最初来自统计, 是统计中位数概念的推广, 中位数的概念和均值概念相似, 但它是一种稳健统计量. 之后, 这个概念推广到一般空间质点系, 它对每个质点都有深度的定义.

记 A 是一个空间质点系, π_a 是过 a 点的一个空间平面, 这时 π_a 将集合 A 切割成两部分 $A_1(\pi_a)$ 和 $A_2(\pi_a)$, 它们分别在 π 平面的不同侧面, 记 $n_\tau(\pi_a)$ 是集合 $A_\tau(\pi_a)(\tau = 1, 2)$ 的元素个数, 为了方便起见, 总是取 $n_1(\pi_a) \leqslant n_2(\pi_a)$.

当空间平面 π_a 绕 a 点转动时, $n_1(\pi_a), n_2(\pi_a)$ 的取值也在变化, T-深度就是 $n_1(\pi_a)$ 可能取值的最小值.

定义 3.2.4 (i) 对固定的点 a 和集合 A, 那么称点 a 关于集合 A 中的T-深度的定义公式为

$$D_T(a|A) = \text{Min} \{n_1(\pi_a) : \pi \in \tilde{\Pi}(a)\}, \tag{3.2.1}$$

其中 $\tilde{\Pi}(a)$ 是过 a 点的全体空间平面.

(ii) 如果 $\pi_{a,0}$ 是一个过 a 点的空间平面, 而且使 $n_1(\pi_{a,0}) = D_T(a|A)$ 成立, 那么称 $\pi_{a,0}$ 为 a 点的一个 T-深度切割平面.

对固定的点 a 和集合 A, 它们的 T-深度是唯一确定的, 但深度切割平面不一定是唯一的.

(iii) 如果 $\pi_{a,0}$ 是点 a 的 T-深度切割平面, 这时称集合 $A_1(\pi_{a,0})$, $A_2(\pi_{a,0})$ 所在的侧面分别为 T-深度切割平面的外侧和内侧.

T-深度定义的图像说明. 在一维和二维数据中, T-深度的定义可由图 3.2.1 说明.

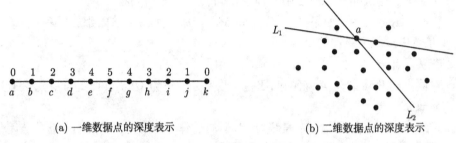

(a) 一维数据点的深度表示   (b) 二维数据点的深度表示

图 3.2.1 一维和二维数据点的深度表示图

3. T-深度计算的基本定理

在 T-深度的定义 3.2.1 中, 要求 π_a 是过 a 点的所有平面, 因此 (3.2.1) 式实际上是无法计算的, 因此对 T-深度的要求是给出一个可计算的等价公式.

我们已经假定, 集合 A 是一个有限、非退化的空间质点系, 如果 $a \in A$, 记 $\pi(a; i, j)$ 是一个过 (a, a_i, a_j) 三点的平面, 其中 $a, a_i, a_j \in A$, 这时 $\pi(a; i, j)$ 平面将集合 A 切割成 $A_\tau[\pi(a; i, j)] (\tau = 1, 2)$ 两部分, 它们的元素个数分别为 $n_\tau[\pi(a; i, j)], \tau = 1, 2$, 我们同样取 $n_1[\pi(a; i, j)] \leqslant n_2[\pi(a; i, j)]$.

当 a 点固定而 $a_i, a_j \in A$ 变化时, 同样记 $n_1[\pi(a; i, j)]$ 的最小值为 $D'_T(a|A)$, 这时显然有 $D_T(a|A) \leqslant D'_T(a|A)$ 成立. 由此得到 T-深度的可计算公式.

定理 3.2.1 (T-深度计算的基本定理) 点 a 在集合 A 中的 T-深度 $D_T(a|A)$ 的计算公式为

$$D_T(a|A) \leqslant D'_T(a|A) \leqslant \mathrm{Max}\{0, D_T(a|A) - 2\},$$

其中 $D'_T(a|A) = \mathrm{Min}\,\{n_1[\pi(a; i, j)] : a_i \neq a_j \in A\}$.

由该公式可以实现 T-深度的实际计算, 尤其是对 T-零深度的计算, 也就是当 $D_T(a|A) = 0$ 时, 必有 $D'_T(a|A) = 0$. 该定理的证明和它的计算步骤见 [116] 等文.

4. T-深度的其他性质

利用 T-深度的定义 3.2.4 和定理 3.2.1 的计算公式, 可以得到以下性质.

对固定的有限集合 A 和空间 R^3 中的任意一点 a, T-深度 $D_T(a|A)$ 唯一确定, 且总有 $0 \leqslant D_T(a|A) \leqslant \mathrm{Int}(n/2)$ 成立, 其中 $\mathrm{Int}(n/2)$ 是 $n/2$ 的整数部分.

如果 π_k 是 a_k 点的一个 T-深度切割平面, 如果 $a \in A$ 且在 π_k 平面上, 那么 $D_T(a|A) \leqslant D_T(a_k|D)$. 如果 $a \in A$ 且在 π_k 的外侧 (也就是在 $n_1(\pi_k)$ 这一侧), 那么必有 $D_T(a|A) < D_T(a_k|A)$.

定义 3.2.5 (i) 如果 $a \in A$, 而且 $D_T(a|A) = 0$, 那么就称该点为 A 集合中的 0 深度点或 0 层次的点. 记 A 中全体 0 深度点的集合为 A_0.

(ii) 在 $a_1 \in A$ 中, 如果 $D_T(a_1|A) = \mathrm{Max}\{D_T(a|A), a \in A\}$, 那么就称该 a_1 点为 A 集合中深度为最深的点.

在实际计算中可知, 集合 A 中最深点可能是不唯一的.

对固定的空间集合 A, 它的凸闭包、凸壳分别记为 $\Omega(A)$ 和 $\Omega_0(A)$. 那么有以下性质成立.

定理 3.2.2 如果记 A_0 是集合 A 中的全体零深度点, 那么 A_0 也是凸闭包 $\Omega(A)$ 的全体顶点, 反之亦然. 由此得到, $\Omega(A_0) = \Omega(A)$ 成立.

定理 3.2.3 如果 $a_i, a_j, a_k \in A_0$, 那么以下条件等价.

(i) $\pi(a_i, a_j, a_k)$ 平面是 a_i 的零深度切割平面.

(ii) $\pi(a_i, a_j, a_k)$ 平面同时是 a_i, a_j, a_k 的零深度切割平面.

(iii) $\delta(a_i, a_j, a_k)$ 是凸壳 $\Omega_0(A)$ 中的一个边界三角形.

(iv) 集合 A 中所有的点必在平面 $\pi(a_i, a_j, a_k)$ 的同一侧面.

定理 3.2.4 如记 A_1 是集合 A 中全体最深点的集合, $\Omega(A_1)$ 是集合 A_1 的凸闭包, 那么在 $\Omega(A_1)$ 内不可能再有集合 A 的点.

3.2.3 其他类型深度的定义和性质

除了 T-深度外, 还有 L-深度、H-深度 (层次函数) 和 γ 达到半径等, 对它们讨论如下.

1. 层次函数的定义

层次函数的概念是由 T-深度函数产生的, 因此也是 a 点在集合 A 中位置反映. 对 $D_H(a)$ 函数可用以下递推法进行定义.

在定义 3.2.4 中已经定义集合 $A_0 = \{a \in A, D_T(a|A) = 0\}$ 是集合 A 中所有 T-深度是 0 的点的集合. 这时对任何 $a \in A_0$, 取 $D_H(a|A) = 1$.

定理 3.2.3 已经证明, $\Omega(A) = \Omega(A_0)$, 因此 A_0 中的点和凸闭包 $\Omega(A)$ 的全体顶点等价.

记 $A_0' = A - A_0$, 并构造凸闭包 $\Omega(A_0')$, 记该凸闭包的全体顶点集合为 A_1, 这时对任何 $a \in A_1$, 取 $D_H(a|A) = 2$.

由此类推, 记 $A'_h = A - \sum_{i=0}^{h} A_i$, 并构造凸闭包 $\Omega(A'_h)$, 记该凸闭包的全体顶点集合为 A_{h+1}, 这时对任何 $a \in A_{h+1}$, 取 $D_H(a|A) = h+2$. 最后直到 A'_h 是空集为止. 这时称集合 A_h 中的点是集合 A 中第 $h+1$ 层次中的点.

2. 层次函数的性质

由此得到集合 $A_0, A_1, \cdots, A_{h-1}$ 互不相交, 而且有 $A = \bigcup_{i=0}^{h-1} A_i$ 成立, 这时将集合 A 分解成 h 个不同层次的点.

3. 关于 L-深度的讨论

固定空间集合 A 的 L-深度在 [102] 等文中提出, 在此有一定的推广和补充讨论.

L-深度的定义. 对 L-深度给出反 L-深度向量和绝对 L-深度函数 (简称 L-深度) 的定义. 对固定集合 A 和空间中的任意点 a, 它们的定义公式分别如下

$$\vec{D}_L(a|A) = \frac{1}{n} \sum_{i=1}^{n} \frac{\overrightarrow{aa_i}}{|aa_i|}, \quad D_L(a|A) = 1 - \frac{1}{n} \left| \sum_{i=1}^{n} \frac{\overrightarrow{aa_i}}{|aa_i|} \right|. \tag{3.2.2}$$

其中 $\vec{D}_L(a|A)$ 是一个空间向量, 而 $0 \leqslant D_L(a|A) \leqslant 1$.

在 (3.2.2) 的定义式中, 关于 L-深度的计算存在许多问题, 因此对 L-深度定义式改为

$$\vec{D}_L(a_j|A) = \frac{1}{n-1} \sum_{i \neq j} \frac{\overrightarrow{aa_i}}{|aa_i|}, \quad D_L(a_j|A) = 1 - \frac{1}{n-1} \left| \sum_{i \neq j} \frac{\overrightarrow{aa_i}}{|aa_i|} \right|. \tag{3.2.3}$$

L-深度也可在某种意义上反映空间点 a 和质点系 A 的位置关系, 当集合 A 中各点到 a 点的方向比较一致时, a 的 L-深度就小. 相反, 当集合 A 中各点到 a 点的方向不太一致时而相互抵消时, a 的 L-深度就大. 因此我们也可用它来分析生物大分子的空间结构特征.

表 3.2.1　图 3.2.1 (a) 集合中各点的深度取值表

点的记号	a	b	c	d	e	f	g	h	i	j	k
T-深度值	0	1	2	3	4	5	4	3	2	1	0
L-深度值	0	1/5	2/5	3/5	4/5	1	4/6	3/5	2/5	1/5	0
反 L-深度的 X 坐标	−1	−4/5	−3/5	−2/5	−1/5	0	1/6	2/5	3/5	4/5	1

4. 深度函数的其他性质

在集合 A 中, 我们已定义了点 $a_i \in A$ 的 T-深度、L-深度、反 L-深度和层次函数, 它们分别为 $D_T(i|A), D_L(i|A), \vec{D}_L(i|A), D_H(i|A)$, 它们的有关性质如下.

$D_T(i|A) = 0$ 的充分必要条件是 $D_H(i|A) = 0$. 如果 $D_T(i|A) = 1$, 那么必有 $D_H(i|A) = 1$ 成立. 一般情形则是 $D_H(i|A) \leqslant D_T(i|A)$ 成立.

深度分析的一个重要应用是对生物大分子的结构分析, 在生物大分子中, 如果把它们的基本单元的空间位置看作 R^3 中的点, 那么该分子中的所有基本单元的空间位置就是集合 $A \subset R^3$.

如在蛋白质的结构分析中可以看到, 相邻的两个 A 原子有时在同一层次中, 但大多数不在同一层次中, 有时还会跨越几个层次, 因此可以跨越更多的 T-深度.

L-深度的概念和 T-深度的概念不全相同, 它以一般实数的形式表现, 它有以下性质.

如果 a 是空间中的任意一点, 那么总有 $0 \leqslant D_L(a|A) < 1$ 成立. 对一固定、有限和不规则集合 A, $D_L(a|A) \to 0$ 成立的充分必要条件是 a 点的位置趋向无穷远. 对一些较规则的集合 A, 其中有些点的 L-深度可能为零.

L-最深点的定义和计算. 如果 A 是一个固定集合, 它的 L-最深深度记为

$$D_L(A) = \mathrm{Sup}\{D_L(a|A) : a \in R^3\}, \tag{3.2.4}$$

如果有一 $a_0 \in R^3$, 使 $D_L(a_0|A) = D_L(A)$ 成立, 那么就称 a_0 是集合 A 中的 L-最深点或集合 A 的 L-深度中心.

在 (3.2.4) 式中, 对集合 A 的 L-最深深度用上确界定义, 因为这个 L-最深点不一定存在. 在理论上, 对集合 A 的 L-最深深度和最深点的计算是比较困难的, 本书中我们采用 (3.2.2) 式的定义, 计算 $D_L(a_i|A)(i = 1, 2, \cdots, n)$ 的最大值, 这样可以避免许多数学问题的讨论, 而不影响对蛋白质的空间形态的讨论.

$D_L(a \in A) = 1$ 的充分必要条件是反 L-深度向量 $\vec{D}_L(a|A)$ 是一个零向量. 这时 a 点一定是集合 A 的 L-深度中心.

如果记 a, a_i 的空间坐标分别为 $\vec{r} = (x, y, z), \vec{r}_i = (x_i, y_i, z_i)$, 那么反 L-深度向量

$$\vec{D}_L(a|A) = \sum_{i=1}^{n} \frac{1}{|aa_i|}(x_i - x, y_i - y, z_i - z), \tag{3.2.5}$$

其中 $|aa_i| = [(x_i - x)^2 + (y_i - y)^2 + (z_i - z)^2]^{1/2}$.

深度理论在生物大分子结构分析中有许多应用, 对此不再详细讨论.

关于深度的这些定义和计算都可推广到高维欧氏空间的情形, 但它们涉及 R^n 空间中的点和超平面的一系列定义问题. 当这些定义确定后, 关于高维空间中的这些深度定义和它们的计算公式可自然成立和推广, 对此我们不再一一说明.

3.2.4 R^n 空间中的几何结构分析

R^n 空间是一种线性度量空间, 因此除了有拓扑、几何结构外, 还有线性空间的许多性质.

1. R^n 空间中的不相关向量组

在 R^n 空间中, 记 $A^m = \{x_i^n, i = 1, 2, \cdots, m\}$ 是 R^n 中的一个有限集合, 如果它们互不相关, 那么称它们是 R^n 空间中的不相关向量组.

定义 3.2.6 如果 $A^m = \{x_i^n, i = 1, 2, \cdots, m\}$ 是 R^n 中的一个不相关的向量组, 称 x^n 是和 A^m 中各向量关联的向量, 如果有关系式 $x^n = c_1 x_1^n + c_2 x_2^n + \cdots + c_m x_m^n$ 成立, 而且对任何 $i = 1, 2, \cdots, m, c_i \neq 0$.

特别是称向量 x^n 是和 A^m 中各向量是标准关联的, 如果有关系式 $x^n = (x_1^n + x_2^n + \cdots + x_m^n)/m$ 成立.

性质 3.2.1 在 R^n 空间中, 对集合 A^m 有以下性质成立.

(1) 当 $m \leqslant n$ 时, R^n 空间中的不相关向量组 A^m 一定存在. 当 $m > n$ 时, A^m 一定是 R^n 空间中的相关向量组.

(2) 如果 A^m 是 R^n 空间中的不相关向量组, 如果 x^n 是和 A^m 中各向量关联的 (可线性表达的), 那么在 $A^{m+1} = \{A^m, x^n\}$ 中一定存在一线性无关组 $A_1^m = \{A_1^{m-1}, x^n\}$, 其中 $A_1^{m-1} \subset A_1^m$.

证明 该命题由线性空间理论即得, 我们不做详细证明命题.

2. 欧氏空间中的凸分析

在 R^n 空间中, 除了有拓扑、几何结构和线性空间外, 还有凸分析的许多性质. 我们把凸区域作为基本出发点来定义和分析其他区域的性质.

记 Ω 是 R^n 空间中的区域, 最常见的形态有如**多面体和凸区域**, 我们先说明凸区域的定义.

定义 3.2.7 (凸区域、凸包的定义) (1) 称 Ω 是 R^n 空间中的凸区域, 如果对任何 $a, b \in \Omega$, 那么一定有 $|a, b| \subset \Omega$, 其中 $|a, b|$ 是以 a, b 为端点的线段.

(2) 对任何集合 $A \subset R^n$, 称 $\text{Conv}(A)$ 是集合 A 的凸闭包, 如果 $\text{Conv}(A)$ 是一个包含集合 A 的闭集合, 而且对任何包含集合 A 的闭集合 Ω, 必有 $\text{Conv}(A) \subset \Omega$ 成立.

性质 3.2.2 (凸闭包构造性质) 如果 $A = \{x_i^n, i = 1, 2, \cdots, m\}$ 是 R^n 中的一个有限集合, 那么它的凸闭包构造如下.

$$\text{Conv}(A) = \left\{ \sum_{i=1}^m \alpha_i x_i^n : \alpha_i \geqslant 0, i = 1, 2, \cdots, m, \sum_{i=1}^m \alpha_i = 1 \right\}. \tag{3.2.6}$$

由 (3.2.6) 式定义的 $\mathrm{Conv}(A)$ 显然是是一个凸、闭集合, 它一定是集合 A 的凸闭包.

3. 高维欧氏空间中的基本几何元素

在几何结构中, 点、线、面、多面体等概念大家是熟悉的, 在一般高维欧氏空间中, 这些基本几何元素的定义如下.

点　R^n 空间中的向量 $x^n = (x_1, x_2, \cdots, x_n) \in R^n$.

线　在 R^n 空间中, 任何不同两点 x_1^n, x_2^n 产生线, 线的类型有线段、射线、直线的区分, 它们的定义和记号分别是

$$
\begin{cases}
\text{线段} & \|x_1^n, x_2^n\| = \{\lambda x_1^n + (1-\lambda) x_2^n, 0 \leqslant \lambda \leqslant 1\}, \\
\text{射线} & \ell(x_1^n, x_2^n+) = \{\lambda x_1^n + (1-\lambda) x_2^n, -\infty < \lambda \leqslant 1\}, \\
\text{射线} & \ell(-x_1^n, x_2^n) = \{\lambda x_1^n + (1-\lambda) x_2^n, 0 \leqslant \lambda < \infty\}, \\
\text{直线} & \ell(-x_1^n, x_2^n+) = \{\lambda x_1^n + (1-\lambda) x_2^n, \lambda \in R\},
\end{cases}
\tag{3.2.7}
$$

其中 $\ell(x_1^n, x_2^n+), \ell(-x_1^n, x_2^n), \ell(-x_1^n, x_2^n+)$ 分别表示过 x_1^n, x_2^n 点 $(x_1^n, x_2^n \in \ell)$, 而且向不同方向无限延伸, 由此形成射线或直线.

在 (3.2.7) 的直线表达式中, x_1^n, x_2^n 是固定的两点, $\lambda \in R = (-\infty, \infty)$ 是参数变量. 因此是直线或单参数 (自由度为 1) 的空间区域.

同样可以定义 R^n 空间中的**超平面**. 这时 x_1^n, x_2^n, x_3^n 是 R^n 空间中不共线的三点, 由此三点确定不同类型的面. 如

$$
\begin{cases}
\text{三角形} & \delta(x_1^n, x_2^n, x_3^n) = \{\lambda_1 x_1^n + \lambda_2 x_2^n + \lambda_3 x_3^n, \lambda_1, \lambda_2, \lambda_3 \geqslant 0, \lambda_1 + \lambda_2 + \lambda_3 = 1\}, \\
\text{超平面} & \pi(x_1^n, x_2^n, x_3^n) = \{\lambda_1 x_1^n + \lambda_2 x_2^n + \lambda_3 x_3^n, \lambda_1 + \lambda_2 + \lambda_3 = 1, \lambda^3 \in R^3\}.
\end{cases}
\tag{3.2.8}
$$

这时面的概念是由空间中不共线的三点确定的, 而且参数 λ^3 在 R^3 中变化, 有一约束条件, 因此面是一个自由度为 2 的超平面.

其中三角形是相应超平面作的一个区域.

以此类推, 可以定义 R^n 空间中的**超平面** $(m < n)$. 这时记 $A = \{x_1^n, x_2^n, \cdots, x_m^n\}$ 是 R^n 空间中不相关的 m 个点 (向量) 由此定义

$$
\begin{cases}
\text{集合} A \text{的凸闭包 } \mathrm{Conv}(A) = \left\{\sum_{i=1}^m \lambda_i x_i^n, \lambda_i \geqslant 0, i = 1, 2, \cdots, m, \sum_{i=1}^m \lambda_i = 1\right\}, \\
\text{由集合} A \text{支撑的超平面 } \Pi(A) = \left\{\sum_{i=1}^m \lambda_i x_i^n, \sum_{i=1}^m \lambda_i = 1, \lambda^m \in R^m\right\}.
\end{cases}
\tag{3.2.9}
$$

由此得到, 在 R^n 空间中的**一般超平面**$(m < n)\Pi(A)$, 它由不相关的向量集合 $A = \{x_1^n, x_2^n, \cdots, x_m^n\}$ 确定, 这时的参变量 $\lambda^m \in R^m$, 它有一个约束条件. 因此该超

平面是一个自由度为 $m-1$ 的在 R^n 空间中变化的超平面.

在 R^n 空间中, 一般的 n 阶凸区域定义如下.

记 R^n 空间中 n 个不相关的向量集合为 $A = \{x_1^n, x_2^n, \cdots, x_n^n\}$(它们一定存在), 记

$$A^{n+1} = \{A, x_{n+1}^n\} = \{x_1^n, x_2^n, \cdots, x_n^n, x_{n+1}^n\}, \tag{3.2.10}$$

其中 x_{n+1}^n 是一个不在集合 A 中的向量, 这时一定存在一向量 $c^n = (c_1, c_2, \cdots, c_n)$, 使 $x_{n+1}^n = \sum_{i=1}^{n} c_i x_i^n$ 成立.

对 (i) 中定义的 A^{n+1} 集合产生它的凸闭包 $\mathrm{Conv}(A^{n+1})$ 和超平面 $\Pi(A^{n+1})$ 如 (3.2.9) 式定义.

这时 $\Pi(A^{n+1}) = R^n$, 因此 $\mathrm{Conv}(A^{n+1}), \Pi(A^{n+1})$ 的阶 (自由度) 都是 n. 称 $\mathrm{Conv}(A^{n+1})$ 是 R^n 空间中的 n 阶凸区域.

定义 3.2.8 (集合类型的补充定义)　(1) 称点 $a, b \in \Omega$ 在区域 Ω 中是连通的, 如果存在一组点 (向量) $a_1, a_2, \cdots, a_k$, 使线段 $|a_i, a_{i+1}| \subset \Omega(i = 1, 2, \cdots, k)$ 成立, 其中 $a_1 = a, a_{k+1} = b$.

这时称折线 $L_{a,b} = \{a_1 = a \to a_2 \to \cdots \to a_{k+1} = b\}$ 是 a, b 点在区域 Ω 中的连接线.

称区域 $\Omega \subset R^n$ 是一个连通区域, 如果对任何 $a, b \in \Omega$, 它们一定是连通的.

称点 $a, b \in \Omega$ 在区域 Ω 中是 $\delta(\delta > 0)$ 连通的, 如果存在一 a, b 点在区域 Ω 中的连接线 $L_{a,b}$, 对任何 $c \in L_{a,b}$ 必有 $O(c, \delta) \subset \Omega$ 成立, 其中 $O(c, \delta)$ 是以 c 为球心、δ 为半径的小球.

如果对任何 $a, b \in \Omega$, 总是存在一 $\delta_{a,b} > 0$, 使 a, b 是 $\delta_{a,b}$ 连通的, 那么称区域 Ω 是开连通的.

显然, 开连通的区域一定是开区域.

3.2.5　R^n 空间中的超多面体和超图理论

在 R^n 空间中, 常见的区域 Ω 的几何形态是多面体, 对这些区域形态的特征讨论如下.

1. 区域的约束条件和自由度

现在讨论 R^n 空间中的一般区域 Ω, 对该区域变化范围一般可以用约束条件

$$g_i(x^n) = 0, \quad i = 1, 2, \cdots, k \tag{3.2.11}$$

来限制. 这时在区域 Ω 中, 向量 $x^n \in \Omega$ 需满足条件 (3.2.5) 式, 因此在 x^n 中还有 $n-k$ 个变量可以独立变化, 这时称区域 Ω 中变量变化的**自由度**是 $n-k$.

由此得到, 当集合 $A = \{x_1^n, x_2^n, \cdots, x_m^n\}$ 是一个由 $m(m < n)$ 个点 (或不相关向量) 组成时, 相应的支撑的超平面 $\Pi(A)$ 可以独立变化的参数是 $\lambda^m \in R^m$, 它们具有约束条件 $\sum_{i=1}^{m} \lambda_i = 1$, 因此该平面的自由度是 $m - 1$.

2. 超多面体

在 R^n 空间中, 多面体是最常见的空间形态, 凸区域是一种特殊的多面体, 对它们的描述和表示如下.

定义 3.2.9 (空间多面体的定义)   (1) 如果 $\Sigma \subset R^n$ 是 R^n 空间中的一个区域, 如果它的边界面是由若干自由度为 $n-1$ 的超平面组成的, 那么称该空间区域 Σ 是 R^n 空间中的一个多面体. 这时记 $\Sigma = \Sigma_n$ 是 R^n 空间中的超多面体.

(2) R^n 空间中典型的超多面体有如

$$
\begin{cases}
\text{由集合} A \text{产生的凸闭包: } \mathrm{Conv}(A) \text{如 (3.2.6) 式定义,} \\
\text{超立方体,} \quad \Delta(a^n, b^n) = \prod_{i=1}^{n} \ell_i(a_i, b_i), \\
\text{超球,} \quad O(o^n, r) = \{x^n \in R^n, |x^n, o^n| \leqslant r\},
\end{cases}
\tag{3.2.12}
$$

其中

$$
\begin{cases}
A = \{x_1^n, x_2^n, \cdots, x_m^n\} \text{是 } R^n \text{ 空间中 } m \text{ 个不相关向量的集合,} \\
\ell_i(a_i, b_i) = \{x^n = (0, \cdots, 0, x_i, 0, \cdots, 0), a_i \leqslant x_i \leqslant b_i, a_i \leqslant b_i\}, \\
|x^n, o^n| = \left[\sum_{i=1}^{n} (o_i - x_i)^2\right]^{1/2}, \quad o^n = (o_1, o_2, \cdots, o_n).
\end{cases}
$$

由此可见, 凸闭包: $\mathrm{Conv}(A)$ 是一种特殊的超多面体.

3. 超多面体的边界面

现在对超多面体进行描述, 可以通过它的边界面确定该多面体.

在 R^n 空间中, 典型的超平面记为

$$
L = L(w^n, h) = \left\{x^n \in R^n, \sum_{i=1}^{n} w_i x_i - h = 0\right\},
\tag{3.2.13}
$$

其中 $w^n = (w_1, w_2, \cdots, w_n)$ 是该超平面的法向量. 如果记 o 是 R^n 空间中的坐标原点, o' 是 o 点在 L 平面的投影点, 它们的坐标分别是 $x_o^n, x_{o'}^n$. 那么有 $\langle w^n, x_{o'}^n - x_o^n \rangle = 0$, 这时

$$
\langle w^n, x_o^n - x_{o'}^n \rangle = \langle w^n, x_o^n \rangle - \langle w^n, x_{o'}^n \rangle = \langle w^n, x_o^n \rangle - h = 0,
$$

这时 $h = \langle w^n, x_o^n \rangle$ 是坐标原点到该超平面距离. 因此称 (3.2.13) 式是该超平面的**法、距式**.

该超平面只有一个约束条件, 因此它的自由度是 $n-1$. 这时记 (3.2.13) 式中的超平面为 L^1 是一个 $n-1$ 阶的超平面.

由此得到, Σ 的边界面的集合是

$$\mathcal{L} = \mathcal{L}(\Sigma) = \{L_1, L_2, \cdots, L_k\}, \tag{3.2.14}$$

其中每个 L_i 是一个自由度为 $n-1$ 的超平面.

如果记 $L_i = L(w_i^n, h_i)$ 是一个由 (3.2.13) 式表示的、法距式超平面. 这时记 $W = (w_{i,j})_{i=1,2,\cdots,m, j=1,2,\cdots,n}$ 是这些超平面的法向量的集合, 它是一个 $m \times n$ 的矩阵, 而 $H = h^m = (h_1, h_2, \cdots, h_m)$ 是一个 m 维向量.

这时每个 $L_i(\Sigma) = L_i \cap \Sigma$ 是一个在超平面 L_i 中的 $n-1$ 维多面体.

若干 $n-1$ 阶超平面之交仍然是超平面, 但它们的阶数要降低.

如在 (3.2.13) 式的边界面中, 如果 $i \neq j$, 而且 L_i 和 L_j 平面相交, 那么记

$$L_{i,j} = \left\{ x^n \in R^n, \quad \sum_{i=1}^n w_\tau x_i - h_\tau = 0, \tau = i, j \right\}. \tag{3.2.15}$$

这时 $L_{i,j}$ 具有 2 个约束条件, 因此是一个 $n-2$ 维超平面.

同样记 $L_{i,j}(\Sigma) = L_{i,j} \cap \Sigma$ 是一个在超平面 $L_{i,j}$ 中的 $n-2$ 维多面体.

以此类推, 可以得到 $L_{i,j,k}$ 等具有多个约束条件的、$n-3$ 维的超平面.

在 R^3 空间中, 相应的这些超平面分别构成多面体的边界面、棱和顶点.

在一般的 R^n 空间中, 称 0 阶的超平面的边界面为该多面体 Σ 的顶点, 称 1 阶的超平面的边界面为该多面体 Σ 的棱, 而其他高阶边界超平面是由这些顶点所支撑的超平面.

4. 多面体的超图结构

超图的概念是点、线图的推广. 在点、线图中, 弧的概念是点偶的概念, 在超图中, 弧的概念是子集合的概念.

定义 3.2.10 (有关多面体结构的定义) 记 $A = \{x_1^n, x_2^n, \cdots, x_m^n\}$ 是 R^n 空间中的一个有限集合, 因此产生的空间几何形态定义如下.

有限集合确定 (或生成) 的多面体. 如果 Σ 是 R^n 空间中的多面体, 它的全体顶点的集合为 A, 那么称这个多面体是由集合 A 生成的多面体. 并记为 $\Sigma = \Sigma_A$.

定理 3.2.5 (1) 在 R^n 空间中, 任何多面体 Σ, 总是存在一个有限集合 $A \subset R^n$, 使该多面体是由集合 A 生成的多面体. 这时有 $\Sigma = \Sigma_A$ 成立.

(2) 如果 $\Sigma = \Sigma_A$, 那么 Σ 中的边界面 L_i 总是由 A 的子集合生成的边界面. 这就是在 (3.2.13) 式的边界面的表示式中, 存在一组 $A_i \subset A (i = 1, 2, \cdots, m)$, 使 $L_i = \Pi(A_i)$ 是由 A_i 支撑的超平面 (见 (3.2.9) 式的定义).

定义 3.2.11 (超图的定义)　　称 $G = \{V^0, V^1, \cdots, V^{m_0}\}$ 是 R^n 空间中的一个超图, 如果其中每个 V^τ 是一个 R^n 空间中的一个子集合的集合, 其中每个 V^τ 包含 R^n 中的 τ 个点, 而且它们满足以下条件.

对任何 $1 \leqslant \tau < \tau' \leqslant m_0$, 总有 $A_{\tau'} \subset A_\tau$ 成立, 其中 $A_\tau = \bigcup_{B \in V^\tau} B$.

5. **超图的结构特征**

在超图 G 中, 称 V^τ 集合中的元 ($B \in V^\tau$ 是一个包含 R^n 空间中 τ 个向量的集合) 是该超图的 τ 阶弧.

当 $m_0 = 2$ 时, 超图 G 就是一个点线图, 其中 V^1, V^2 分别是该点线图中点和弧的集合.

多面体 $\Sigma = \Sigma_A$ 的超图表示是 $G_A = G(\Sigma_A)$, 其中

$V^1 = A_0 \subset A$ 是一个单点集合, 这时 A_0 中的点是 Σ_A 的顶点.

V^2 是一个 A 的点偶的集合, 其中 $(a, b) \in V^2$ 是 Σ_A 中的棱 (2 阶超平面).

一般情况是 V^τ 对应一个子集系

$$\mathcal{A}_\tau = \{A_{\tau,1}, A_{\tau,2}, \cdots, A_{\tau,m_\tau}\}, \quad \tau = 1, 2, \cdots, m_0,$$

其中 $|A_{\tau,j}| = \tau$, 而且对任何一个 $A_{\tau,j}$ 所对应的超平面 $\Pi(A_{\tau,j})$ 是 Σ 的边界面.

在超图的这些定义中, 以下定理成立.

定理 3.2.6　　如果 $A = \{x_1^n, x_2^n, \cdots, x_n^n\} \subset R^n$ 是由 n 个不相关向量组成的集合, 记 x_{n+1}^n 是和集合 A^{n+1} 中的各向量是关联的 (见 (3.2.10) 式中定义), 那么有以下性质成立.

$\mathrm{Conv}(A^{n+1})$ 是一个在 R^n 空间中的, n 阶凸多面体. 集合 A^{n+1} 中的点 (向量) 是该多面体的顶点.

记 $A_i = A^{n+1} - \{x_i^n\}$, 那么 $L_i = \mathrm{Conv}(A_i)$ 是 $\mathrm{Conv}(A^{n+1})$ 的一个边界面. 因此 $\mathrm{Conv}(A^{n+1})$ 在 R^n 空间中有 $n + 1$ 个 $n - 1$ 阶的边界面.

证明　　由性质 3.2.1 即得, 对此不再详细说明.

定理 3.2.7　　如果 $A \subset R^n$ 是一个由不相关向量组成的有限集合, A_0 是 A 的一个子集合, 那么以下条件等价.

(i) A_0 是 A 中全体 T-深度为零的子集合.

(ii) A_0 是 $\mathrm{Conv}(A)$ 中全体顶点的集合.

(iii) A_0 是使 $\mathrm{Conv}(A_0) = \mathrm{Conv}(A)$ 成立, 而且是使 $A_0 \subset A$ 成立, 而且是其中数量为最少的子集合.

(iv) 如果 $L_i = \Pi(A_{o,i})$, 那么

$$A_{0,i} = \{x_{i_1}^n, x_{i_2}^n, \cdots, x_{i_{n-1}}^n\} \subset A_0 \subset A \tag{3.2.16}$$

成立.

(v) 如果 L 是 R^n 空间中的一个超平面, 称 x^n 是区域 Ω 是该区域中的一个**边界点**, 如果对任何 $\epsilon > 0$ 的正数, 在小球 $O(w^{n+1}, \epsilon)$(以 w^{n+1} 为球心、ϵ 为半径的小球) 中, 总同时包含 Ω, Ω^c 中的点.

(vi) 称 Ω 是 R^n 空间中的一个凸区域, 如果对于任何 $x^n, y^n \in \Omega$ 那么必有 $|x^n y^n| \subset \Omega$.

其中 $|x^n y^n| = \{\alpha x^n + (1-\alpha)y^n, 0 \leqslant \alpha \leqslant 1\}$ 是以 x^n, y^n 为端点的线段.

(vii) 如果 $A \subset R^n$ 是一个固定的集合, 称 $\mathrm{Conv}(A)$ 是集合 A 的一个凸包, 如果 $\mathrm{Conv}(A)$ 是一个包含 A 的凸集合, 而且对于任何包含 A 的凸集合 $\Omega(A)$ 必有 $\mathrm{Conv}(A) \subset \Omega(A)$ 成立.

定义 3.2.12 (子空间和超平面的定义)   如果 $m < n$, 记

$$C = (c_{i,j})_{i=1,2,\cdots,n, j=1,2,\cdots,m}$$

是一个 $n \times m$ 矩阵, 这时取

$$Y^{n-m} = \{x^n : x^n \cdot C = a^m, x^n \in R^n\}, \qquad (3.2.17)$$

其中 $a^m \in R^m$ 是一个固定的向量. 这里把 $x^n \cdot C = a^m$ 看作约束条件, 这就是

$$\sum_{i=1}^{n} c_{i,j} x_i = a_j, \quad j = 1, 2, \cdots, m$$

是 m 个约束条件, 因此 Y^{n-m} 是一个在 R^n 空间中, 有自由度为 $n-m$ 的子空间 (或区域).

如果子集合 $\Omega \subset R^n$ 是该空间中的区域, 这时记 $\Omega^c = R^n - \Omega$ 是区域 Ω 的余.

6. 欧氏空间中不同区域的度量和它们的基本空间

在欧氏空间中, 对不同区域的大小都可进行度量, 而且有不同的量纲, 如长度、面积、体积等.

在 R^n 空间中, 基本区域是指一般区域都可以通过它的基本区域进行累积. 因此要求基本区域在该空间度量的量纲下, 它的度量值不为零.

定义 3.2.13 (基本区域的定义)   在 R^n 空间中, 如果 $A = \{x_1^n, x_2^n, \cdots, x_n^n\}$ 是该空间中不相关的一组向量, 那么称 $\mathrm{Conv}(A)$ 是 R^n 空间中的一个基本区域.

在不同维数的空间中, 基本区域有不同的类型. 如

$$\begin{cases} n = 1\text{维空间中基本区域}, & \text{线段 } (ab), \\ n = 2\text{维空间中基本区域}, & \text{三角形 } \delta(a, b, c), \\ n = 3\text{维空间中基本区域}, & \text{四面体 } \Delta(a, b, c, d), \\ n = m\text{高维空间中的区域}, & \text{凸区域 } \mathrm{Conv}(A), \text{多面体 } \Sigma(A). \end{cases} \qquad (3.2.18)$$

其中 A 是由该空间中 m 个不相关的向量组成的集合.

这时, 高维空间中基本区域的边界面是由较低维空间中基本区域组成的.

凸区域和多面体 $\mathrm{Conv}(A)$, $\Sigma(A)$ 分别是以 A 为顶点的凸区域和多面体. 对它们有时简记为 $C(A), S(A)$.

7. 空间多面体

定义 3.2.14 (空间多面体的定义)   如果 Ω 是 R^n 空间中的一个区域, 称 Ω 是 R^n 空间中的一个多面体, 如果 Ω 被若干 $n-1$ 阶边界面所包围, 这些边界面满足以下条件.

Ω 中的这些边界面记为

$$\mathcal{L}(\Omega) = \{L_1, L_2, \cdots, L_m\}, \tag{3.2.19}$$

其中每个 L_i 是一个 $n-1$ 维超平面.

对每个 $L_i \in \mathcal{L}(\Omega)$, 集合 $L_i \cap \Omega$ 不空, 而且是超平面 L_i 中的一个连通区域是 R^n 空间中的一个多面体, 如果 Ω 的边界面包含在 R^n 空间的若干超平面中.

定义 3.2.15   在凸闭包 $\mathrm{Conv}(A)$ 中, 它的点的类型有如:

称 x^n 是 $\mathrm{Conv}(A)$ 的一个**边界点**, 如果 $x^n \in \mathrm{Conv}(A)$, 而且对任何一个 $\epsilon > 0$, 使小球 $O(x^n, \epsilon)$ 总有一部分点在 $\mathrm{Conv}(A)$ 上, 另一部分不在 $\mathrm{Conv}(A)$ 上.

凸闭包 $\mathrm{Conv}(A)$ 的边界点也有多种类型, 如 $\mathrm{Conv}(A)$ 的边界的集合 δ 是 R^{n-1} 空间中的一个区域, 那么称 δ 是 $\mathrm{Conv}(A)$ 的一个**边界面**.

关于边界面 L 的描述实际上是 R^n 空间中的一个超平面. 它可以用一个平面方程

$$L_\delta: \quad L(w^n, h) = \left\{ x^n \in R^n, \sum_{i=1}^{n} w_i x_i = h \right\} \tag{3.2.20}$$

来描述, 其中 $w^n = (w_1, w_2, \cdots, w_n)$ 是该平面的**法向量**, h 是该平面和原点的距离.

定义 3.2.16   在一般的情况下, 对凸闭包 $\mathrm{Conv}(A)$ 可以用超图的语言进行描述, 对此说明如下.

称 $G = \{A, V^1, V^2, \cdots, V^{n-1}\}$ 是一个 $n-1$ 阶**超图**, 如果其中 V^τ 是集合 A 中向量的个数.

在一般的情况下, 凸闭包 $\mathrm{Conv}(A)$ 中的边界面记为 L, 它是 R^n 空间中, $n-1$ 维子空间中的一个连通区域. 它的点都是 $\mathrm{Conv}(A)$ 的边界点.

凸闭包 $\mathrm{Conv}(A)$ 中不同边界面 L, L' 之间的交线 ℓ 是 R^n 空间中, $n-2$ 维子空间中的一个连通区域, 我们称之为 $n-2$ 维的棱, 并记之为 ℓ^{n-2}.

以此类推, 关于凸闭包 $\mathrm{Conv}(A)$ 可以定义 $n-i(i=2, 3, \cdots, n-2)$ 的棱, 我们称之为 $n-i$ 维的**棱**.

所有二维棱的交点为凸闭包 $\text{Conv}(A)$ 的**顶点**.

性质 3.2.3 如果 A 是一个有限集合, 记凸闭包 $\text{Conv}(A)$ 中所有顶点的集合为 A_0, 那么必有 $A_0 \subset A$. 而且有 $\text{Conv}(A_0) = \text{Conv}(A)$ 成立.

8. 凸闭包的超图表示

超图概念是点、线图概念的推广, 在点、线图 $G = \{A, V\}$ 中, 弧的概念只是点偶的概念. 在超图中, 弧的概念可以是一个多点的集合.

性质 3.2.4 由此可见, 对任何 $A \subset R^n$ 中的一个有限集合, 那么它有以下性质.

(1) A 的凸闭包 $C(A)$ 可以用超图 $G[C(A)] = \{A, V^1, V^2, \cdots, V^{n-1}\}$ 表示.

其中 V^τ 是凸闭包 $\text{Conv}(A)$ 中 τ 阶棱, 因此 $V^1 = A_0$ 是凸闭包 $\text{Conv}(A)$ 的全体顶点, 而 V^{n-1} 是凸闭包 $\text{Conv}(A_0)$ 的全体边界面.

(2) 由 A 生成的多面体 $S(A)$ 也有类似的超图的表示.

3.3 感知器的理论分析

感知器的理论分析主要是指它的可计算性、计算复杂度、解的规模、类型和容量问题等. 在本节中我们先讨论前三个问题, 并讨论相应学习、训练算法的收敛性问题和对收敛速度的估计问题. 关于所有解的表达问题涉及高维空间中的几何结构性质, 对这些几何问题我们已在 3.2 节中说明和讨论. 感知器容量的含义和对它的分析讨论在 3.4 节中进行.

3.3.1 感知器的可计算性的基本定理

现在利用凸分析理论来讨论感知器的可计算性问题.

1. 感知器的可计算性问题

在 3.2 节的讨论中, 我们已经给出感知器的学习目标和学习算法, 现在讨论它们的可计算性和计算复杂度问题.

这个可计算问题就是这个学习目标能否实现的问题. 这就是对两个固定的集合 $A, B \subset R^n$, 能否实现它们的分隔 (或分割) 问题.

这就是对集合 $A, B \subset R^n$, 是否存在一个超平面 (或超曲面) $L = L(w^n, h)$, 将这两个集合进行分隔 (或分割), 因此称这种分隔 (或分割) 为线性可分性.

实现这种分隔 (或分割) 的意义在于对不同类型的目标进行识别, 这种识别正是智能计算的核心问题.

在对方程组 (3.1.2) 或 (3.1.3) 的求解过程中, 可产生多种等价方程组. 如 (3.1.3) 中的第二组方程等. 这时该方程组的解有以下性质.

定义 3.3.1 (线性可分的定义)　对集合 $A, B \subset R^n$, 如果存在一个超平面 $L = L(w^n, h)$, 将这两个集合进行分隔 (使方程组 (3.1.2) 或 (3.1.3) 成立), 这时称集合 $A, B \subset R^n$ 是线性可分的.

在 (3.1.3) 的方程组中, 对集合 A, B 的线性可分性问题可转化为对集合 $D = (A, -1) \cup (-B, 1)$ 的求解问题, 如果方程组 (3.1.3) 中的第二个方程组有解, 那么称集合 D 是线性可分的.

因此集合 D 的线性可分是指存在一个 R^{n+1} 空间中的超平面, 将集合 D 和原点 0^{n+1} 分隔 (或分割).

定理 3.1.1 给出了集合 A, B(或集合 D) 在线性可分条件下学习算法的收敛性 (利用这个学习算法可以得到这些方程组的解).

2. 感知器可计算性的一些性质

这些性质就是集合 A, B 或集合 D 的空间结构性质如下.

性质 3.3.1　对 R^n 空间中的集合 D, 一些性质成立.

(1) 如果集合 D 中有一列的取值同号 (也可以是零), 那么集合 D 一定是线性可分的.

(2) 如果集合 D 是线性可分的, 那么同时改变某一列的正负号, 或交换一些列的排列次序, 那么所形成的新集合 D' 一定也是线性可分的.

(3) 集合 D 是线性可分的充分必要条件是：它的凸闭包 Conv(D) 是线性可分的.

证明　其中性质 (1), (2) 是显然的, 性质 (3) 中的充分条件也是显然的, 我们主要证明命题 (3) 中的必要条件. 这就是如果集合 D 是线性可分的, 那么它的凸闭包 Conv(D) 一定也是线性可分的.

如果集合 D 是线性可分的, 那么存在一个超平面 $L = L(w^n, h)$, 使方程组 (3.1.2) 或 (3.1.3) 成立.

这时对这个固定的超平面 $L = L(w^n, h)$, 对任何 $x^{n+1}, y^{n+1} \in D$, 有关系式

$$\langle w^{n+1}, z^{n+1} \rangle = \sum_{i=1}^{n+1} w_i z_i > 0, \quad z = a, b$$

成立.

如果 $0 \leqslant \lambda \leqslant 1$ 是一个固定的常数, 那么必有

$$\langle w^{n+1}, \lambda x^{n+1} + (1-\lambda)y^{n+1} \rangle = \lambda \langle w^{n+1}, x^{n+1} \rangle + (1-\lambda)\langle w^{n+1}, y^{n+1} \rangle > 0$$

成立.

由此得到, 对这个固定的超平面 $L = L(w^n, h)$, 对任何 $z^{n+1} \in \text{Conv}\,(D)$, 总有 $\langle w^{n+1}, z^{n+1} \rangle > 0$ 成立, 这就是集合 $\text{Conv}\,(D)$ 的线性可分性, 命题得证.

定理 3.3.1 (感知器线性可分的基本定理)　关于集合 A, B 是线性可分的充分必要条件是在它们的凸闭包 $\text{Conv}(A)$, $\text{Conv}(B)$ 中无公共点.

证明　我们利用性质 3.3.1 来证明这个定理.

如果在集合 $\text{Conv}(A)$, $\text{Conv}(B)$ 中存在公共点 z^n, 那么在集合 A, B 存在两组点

$$x_i^n \in A, i = 1, 2, \cdots, m_a, \quad y_j^n \in B, j = 1, 2, \cdots, m_b$$

和参数

$$\alpha^{m_a} = (\alpha_1, \alpha_2, \cdots, \alpha_{m_a}), \quad \beta^{m_b} = (\beta_1, \beta_2, \cdots, \beta_{m_b}),$$

它们满足条件:

(i) $\alpha_i, \beta_j \geqslant 0, i = 1, 2, \cdots, m_a, j = 1, 2, \cdots, m_b$.

(ii) $\sum_{i=1}^{m_a} \alpha_i = \sum_{j=1}^{m_b} \beta_j = 1$.

(iii) $z^n = \sum_{i=1}^{m_a} \alpha_i x_i^n = \sum_{j=1}^{m_b} \beta_j y_j^n$.

由集合 D 的定义可以得到

$$(x_i^n, -1) \in D, i = 1, 2, \cdots, m_a, \quad (-y_j^n, 1) \in D, j = 1, 2, \cdots, m_b. \tag{3.3.1}$$

因此有 $z_1^{n+1} = (z^n, -1), z_2^{n+1} = (-z^n, 1) \in D$, 这时取 $\gamma_1 = \gamma_2 = 1/2 > 0$, 使 $\gamma_1 + \gamma_2 = 1$ 成立, 而且有

$$\gamma_1 z_1^{n+1} + \gamma_2 z_2^{n+1} = \gamma_1(z^n, -1) + \gamma_2(-z^n, 1) = \phi^{n+1} \in D, \tag{3.3.2}$$

其中 $\phi^{n+1} = (0, 0, \cdots, 0)$ 是 $n + 1$ 维零向量.

由性质 3.3.1 可以得到, 集合 A, B 是线性不可分的.

由此过程, 可以得到它的逆命题. 定理得证.

定理 3.3.2 (感知器线性可分的基本定理)　关于集合 D 线性可分的充分必要条件是零向量 ϕ^{n+1} 不在集合 D 的凸闭包 $\text{Conv}(D)$ 中.

该定理和定理 3.3.1 是对应的, 它们都是感知器线性可分的基本定理, 但表述方式不同.

证明　该定理虽在文献 [117] 中给出, 其中的必要性是显然的, 对其充分性的证明参考图 3.3.1(b), 并作补充说明如下.

对图 3.3.1 的说明如下.

在图 3.3.1(a) 中, 集合 $D = \{a, b, c, d, e\}$, $\Omega(D) = \text{Conv}(D)$ 是它的凸闭包.

这时集合 D 中的点是多面体 Ω 的顶点, 由这些顶点的组合产生多面体 Ω 的边界面.

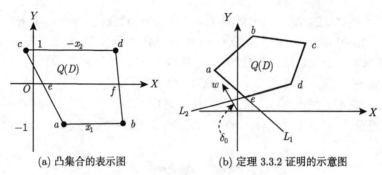

(a) 凸集合的表示图   (b) 定理 3.3.2 证明的示意图

图 3.3.1 关于集合 D 线性可分性的示意图

这时集合 D 是线性可分的充要条件是零向量 ϕ 不在 $\Omega = \Omega(D)$ 中.

它的等价条件就是存在超平面 L, 使零向量 ϕ 和集合 D 在超平面 L 的不同侧面.

在图 3.3.1 (b) 中, 凸闭包 Ω 中可能有多个边界面可能有多个.

而集合 D 线性可分的等价条件是存在超平面 L, 将零向量 ϕ 和集合 D 分隔 (或分割) 在该边界面的两侧.

在图 3.3.1 中, 边界面 $L_1 = ae, L_2 = ed$ 就是将零向量 ϕ 和集合 D 分隔 (或分割) 这些超平面.

由此得到定理 3.3.2 中充要条件的证明.

由定理 3.3.2 可以得到以下性质.

定理 3.3.3 对于任何正整数 $0 < m < n$, 如果 R^{n-m} 是 R^n 中的线性子空间, 集合 D_m 在 R^m 中是线性可分的, 那么 $D_m \oplus R^{n-m}$ 一定是线性可分的.

该定理的证明是显然的.

3.3.2 感知器解的讨论

我们已经说明, 感知器的解就是集合 A, B 之间切割平面的讨论. 感知器解的问题还包括对它的解变化范围的讨论.

1. 感知器解的类型

在以上感知器的讨论中, 给出了两种解的类型, 即在集合 $A, B \subset R^n$ 之间, 求它们的切割平面及求集合 D 的不等式方程组 (3.1.3) 的求解问题.

定理 3.3.4 关于感知器的求解问题以下的几种类型相互等价.

(i) 存在一个平面 $L = L(w^n, h)$ 将 $A, B \subset R^n$ 集合分隔.

(ii) 存在一个平面 $L = L(w^n, h)$ 将集合 $D \subset R^{n+1}$ 和零向量 ϕ^{n+1} 分隔.

(iii) 存在一个平面 $L = L(w^n, h)$ 将集合 $A, B \subset R^n$ 的凸闭包 Conv(A), Conv(B) 分隔.

(iv) 存在一个平面 $L = L(w^n, h)$ 将集合 $D \subset R^{n+1}$ 的凸闭包 $\text{Conv}(D)$ 和零向量 ϕ^{n+1} 分隔.

证明 命题 (i), (ii) 的等价性由集合 A, B, D 的定义得到.

命题 (i), (iii) 的等价性、命题 (ii), (iv) 的等价性由凸集合的性质得到.

因此在感知器理论中, 我们把这四种类型的求解问题等价处理.

2. 感知器解的集合

我们现在定义 $\mathcal{L} = \mathcal{L}_{A,B}$ 是 A, B 之间的全体切割平面的集合, 对此讨论如下.

集合 $\mathcal{L} = \mathcal{L}_{A,B}$ 是一个关于平面 $L = L(w^{n+1}) = L(w^n, h)$ 的集合, 其中每个 $L \in \mathcal{L}_{A,B}$ 是一个将集合 A, B 进行切割的平面 (这就是将集合 A, B 分隔 (或分割) 在该平面的不同两侧).

这时集合 $\mathcal{L} = \mathcal{L}_{A,B}$ 也可看作一个参数 $L = \{w^n, h\}_{A,B}$ 的集合, 对每个 $w^{n+1} = (w^n, h) \in \mathcal{L}_{A,B}$, 产生 R^n 空间中的平面 $L : \sum_{i=1}^n w_i x_i - h = 0$, 该平面将集合 A, B 切割在不同两侧.

定理 3.3.2 已经说明, 平面 $L = L(w^n, h)$ 将集合 A, B 进行切割的等价条件是该平面将集合 $D \subset R^{n+1}$ 和零向量 ϕ^{n+1} 进行分隔.

因此感知器全体解的集合 $\mathcal{L}_{A,B}$ 也可写成集合 $\mathcal{L}_D$, 集合 D 的定义在 (3.1.3) 中给出.

定义 3.3.2 对固定的集合 A, B, 称集合 $\mathcal{L}_{A,B}$ (或集合 $\mathcal{L}_D$) 是一个关于集合 A, B 进行切割的全体切割平面的集合或相应**感知器全体解**的集合.

我们这时又称解的集合 $\mathcal{L}_{A,B}$ 是感知器学习目标 (A, B) 的对偶集合. 或称集合 $\mathcal{L}_D$ 是**学习目标 D 的对偶集合**.

3. 对偶集合的基本性质

对固定的学习目标集合 A, B (或集合 D), 它们的对偶集合 $\mathcal{L}_{A,B}$ (或 $\mathcal{L}_D$) 有以下性质成立.

定理 3.3.5 (对偶集合的基本性质) 对固定的集合 A, B, 感知器的全体切割平面集合 $\mathcal{L}_{A,B}$ 是一个开、凸集合.

证明 (1) 先证集合 $\mathcal{L} = \mathcal{L}_{A,B}$ 的开性. 这就是如果 $w^{n+1} \in \mathcal{L}$, 那么对任何 $x^{n+1} \in D$ 都有 $\sum_{i=1}^{n+1} w_i x_i > 0$ 成立.

这就是对任何 $w^{n+1} \in \mathcal{L}$, 必有一个小球 $o(w^{n+1}, \epsilon) \subset \mathcal{L}$, 其中

$$o(w^{n+1}, \epsilon) = \{x^{n+1} : d(x^{n+1}, w^{n+1}) < \epsilon\}$$

是以 w^{n+1} 为球心、$\epsilon > 0$ 为半径在 R^{n+1} 空间中的球.

因为 D 是一个有限集合, 所以必有一个 $\delta > 0$, 使 $\sum_{i=1}^{n+1} w_i x_i > \delta > 0$ 成立.

这样必有一个充分小的 $\epsilon > 0$, 对任何 $|(w^{n+1})' - (w^{n+1})| \leqslant \epsilon$, 使 $\sum_{i=1}^{n+1} w_i' x_i > \delta/2 > 0$ 成立. 这就是 $(w^{n+1})' \in \mathcal{L}$, 命题得证.

(2) 现在证集合 $\mathcal{L}$ 的凸性.

为此我们只要验证对任何 $L, L' \in \mathcal{L}$ 及任何 $0 \leqslant \alpha \leqslant 1$, 总有 $\alpha L + (1-\alpha) L' \in \mathcal{L}$ 成立.

这时对任何 $x^{n+1} \in D$, 必有

$$\sum_{i=1}^{n+1} w_i x_i > 0, \quad \sum_{i=1}^{n+1} w_i' x_i > 0$$

成立, 那么有

$$\alpha \left[\sum_{i=1}^{n+1} w_i x_i \right] + (1-\alpha) \left[\sum_{i=1}^{n+1} w_i' x_i \right] = \sum_{i=1}^{n+1} [\alpha w_i + (1-\alpha) w_i'] x_i > 0$$

成立. 这就是 $L[\alpha w^{n+1} + (1-\alpha)(w^{n+1})'] \in \mathcal{L}$.

因此, 集合 $\mathcal{L}_D$ 是一个**开凸区域**, 命题得证.

为了以后讨论方便, 记集合 $\overline{\mathcal{L}}_D$ 是集合 $\mathcal{L}_D$ 的闭包. 把 $\mathcal{L}_D, \overline{\mathcal{L}}_D$ 这两个集合等价使用.

4. 对偶集合 $\mathcal{L}_D$ 的构造性质

因为集合 $\overline{\mathcal{L}}_D$ 是 R^{n+1} 空间中的一个凸闭包, 对它的构造有以下讨论.

因为集合 $\overline{\mathcal{L}}_D$ 是 R^{n+1} 空间中的一个多面体, 所以它的全体边界点是由若干边界面组成的, 这时记 $\mathcal{L}_D^1$ 是 $\mathcal{L}_D$ 的全体边界面, 这时有

$$\mathcal{L}_D^1 = \overline{\mathcal{L}}_D - \mathcal{L}_D = \{L_{D,1}^1, L_{D,2}^1, \cdots, L_{D,k_k}^1\}, \tag{3.3.3}$$

其中 $L_{D,i}^1$ 是 R^{n+1} 空间中的一个超平面, 它可以表示为

$$L_{D,i}^1 = L(w_i^{n+1}) = L(w_i^n, h_i) = \left\{ x^n \in R^n, \sum_{j=1}^n w_{i,j} x_j - h_i = 0 \right\} \tag{3.3.4}$$

是 $\mathrm{Conv}(D) \subset R^{n+1}$ 的一个**边界超平面**, 该超平面将集合 D 和零向量 ϕ^{n+1} 分隔 (或分割).

该超平面的定义式 (3.2.13) 中, w^{n+1} 是它的法向量, h 是该平面和原点的距离. 因此 (3.2.13) 式所给出的平面是它的法、距式.

在凸闭包 $\mathrm{Conv}(D)$ 中, 它的全体边界面记为

$$\mathcal{L}_D^0 = \{L_{D,1}^0, L_{D,2}^0, \cdots, L_{D,k}^0\}. \tag{3.3.5}$$

在 (3.3.5) 的这些边界面中, 定义

$$\mathcal{L}_D^2 = \{L_D^2, L_D^2 \in \mathcal{L}_D^0, \text{且将集合 } D \text{ 和零向量 } \phi^n \text{ 分隔}\} \tag{3.3.6}$$

是凸闭包 $\mathrm{Conv}(D)$ 的边界面, 它们将集合 D 和零向量 ϕ^{n+1} 分隔.

定理 3.3.6 (对偶集合构造的基本定理) 在感知器分类的对偶集合 $D_A, \mathcal{L}_D$ 中, 有关系式 $\mathcal{L}_D^1 = \mathcal{L}_D^2$ 成立.

这就是在 $\mathrm{Conv}(D)$ 中, 将 D 和零向量 ϕ^{n+1} 分隔 (或分割) 的边界面就是感知器其他解集合 $\mathcal{L}_D$(它是一个凸集合) 的边界面.

证明 对此定理证明如下.

如果 $L \in \mathcal{L}_D^2$, 记 $L = L(w^n, h)$ 是它的法、距式, 因为 $L \in \mathcal{L}_D^2 \subset \mathcal{L}_D^0$ 是 D 的边界面, 所以对任何 $x^n \in \mathrm{Conv}(D)$, 必有 $\langle w^n, x^n \rangle \geqslant 0$.

如果记 o, o' 分别是坐标原点和它在 L 平面上的投影点, 它们的坐标分别是 $x_o^n, x_{o'}^n$, 这时有关系式 $\langle w^n, x_o^n \rangle = h$ (见 (3.2.13) 式的讨论).

由此构造平面族

$$\mathcal{L}_{w^n, h} = \{L(w^n, h'), 0 \leqslant h' \leqslant h\} \tag{3.3.7}$$

是所有和 $L = L(w^n, h)$ 平面平行, 而且线段 oo' 相交的平面, 这时对任何 $L \in \mathcal{L}_{w^n, h}$, 它总是把集合 D 和原点分隔 (或分割) 在该平面的两侧, 所以有 $L \in \overline{\mathcal{L}_D}$ 或 $\mathcal{L}_{w^n, h} \in \overline{\mathcal{L}_D}$ 成立.

因此有 $\mathcal{L}_D^2 \subset \overline{\mathcal{L}_D}$ 成立.

另一方面, 对每一个 $L = L(w^n, h) \in \mathcal{L}_D^2$, 可以构造它的平面族 $\mathcal{L}_{w^n, h}$ 如 (3.3.7) 所示. 由此产生

$$\mathcal{L}_D^3 = \bigcup_{L=L(w^n, h) \in \mathcal{L}_D^2} \mathcal{L}_{w^n, h}. \tag{3.3.8}$$

这时有 $\mathrm{Conv}(\mathcal{L}_D^3) = \mathcal{L}_D$ 成立, 它们都是凸集. 而且 $\mathcal{L}_D^2$ 是 $\mathrm{Conv}(\mathcal{L}_D^3)$ 的其他边界面, 因此也是 $\mathcal{L}_D$ 的边界面. 定理得证.

3.3.3 感知器的计算复杂度

我们已经给出了感知器的可计算性问题 (线性可分性的基本定理), 现在讨论它们的复杂度.

感知器求解的计算复杂度

如果感知器的学习目标 A, B 或 D 是线性可分的 (或是可计算的), 那么就可考虑它的计算复杂度问题.

在 3.1 节中已经给出了在固定感知器学习目标下的算法步骤 3.1.1 — 算法步骤 3.1.3. 定理 3.1.2 给出了在 "学习目标线性可分条件下", 采用这些算法步骤, 实现收敛 (或终止) 的步骤数 t_0, 这个 t_0 就是该感知器在可计算条件下的计算复杂度.

定理 3.3.7[①]   如果 $D = D(n, m)$ 是 R^n 空间中线性可分的数据阵列, 那么采用学习算法步骤 3.1.1 — 算法步骤 3.1.3 的计算复杂度 (实现学习分类的运算算法步骤数) 的估计数是 $t_0(D) \leqslant K/\delta_0^2$, 其中

$$\begin{cases} K = \text{Max} \{\| x^n \|^2 = x_1^2 + x_2^2 + \cdots + x_n^2, x^n \in D\}, \\ \delta_0 = d[\, \text{Conv}(D)\,] = \text{Min} \{d(x^n), x^n \in \text{Conv}(D)\}, \end{cases} \tag{3.3.9}$$

其中 $\text{Conv}(D)$ 是集合 D 的凸闭包, $d(x^n) = \| x^n \|$.

该定理的证明见 [117] 文, 在此不再详细说明.

由此可见, 感知器的计算复杂度 (学习算法的收敛步数) 和参数 δ_0 密切相关, 它和参数 δ_0 的取值成反比, 和参数 K 成正比.

3.4   感知器的容量问题

在感知器模型和理论研究中, 除了可计算性和计算复杂度问题外, 就是它的容量估计问题.

容量问题就是感知器神经元的数目和学习目标规模的关系问题. 而学习目标的规模就是指分类集合 A, B (或集合 D) 的数量大小. 为实现这种关系的讨论, 我们采用随机的学习目标进行讨论. 因此, 在此理论的讨论中, 涉及学习目标的结构类型、概率分布的选择等问题.

在本节中, 我们首先给出关于感知器容量的定义, 并介绍在 [117] 文中已经得到一些简单结论. 最后给出感知器的一些随机模型和它们的容量估计.

3.4.1   和感知器的容量有关的问题

我们已经说明, 感知器理论的基本内容是实现不同目标的分类问题, 因此它的容量问题就是在分类过程中的数量关系问题.

1. 容量的基本概念

在感知器的学习目标中, 涉及两个指标, 即集合 $A, B \subset R^n$ 所在的向量长度 (或维数) n 和集合 A, B 中的向量数 $m = \| A \| + \| B \|$ (或 $m = \| D \|$).

感知器的容量问题就是讨论这两个参数指标的关系问题. 这就是感知器在线性可分的条件下, 指标 n, m 之间的关系问题.

一般来讲, 当指标 n 越大时, 该感知器的可识别、分类集合 A, B 的规模越大. **容量问题**是对这种关系的定量化说明.

[①]该定理已在 [117] 文中给出, 并证明. 这里介绍这个结果, 由此可以了解有关感知器的这些结构特征.

2. 容量所涉及的参数

在讨论容量问题时, 所涉及的参数如下:

如果记 $D = D(n, m) = (x_{i,j})_{i=1,2,\cdots,m,j=1,2,\cdots,n}$ 是一个感知器的分类目标, 它是一个 $n \times m$ 的数据阵列, 则其中涉及的参数首先是 m, n.

数据阵列中的数据 $x_{i,j}$ 可以有多种不同的取法, 如它们的相空间是 R, Z_2, Z_q 等不同类型的空间.

因此数据阵列 D 中涉及的参数有 q, m, n, 其中 q 也可以取 R, C, 它们分别表示数据 $x_{i,j}$ 的取值是实数或复数.

所以, 感知器的容量问题是讨论参数 q, n, m 的关系问题、使数据阵列 D 线性可分时的参数关系问题.

3. 数据阵列的类型

为讨论数据阵列 D 的线性可分性的问题, 除了它的参数类型外, 还有数据的类型 (如何产生) 的问题.

在数据阵列集合 D 中, 参数 n 一般可以看作类数据向量长度, 而 m 则是向量的数目, 如果把每个向量看作一个图像, 那么集合 D 就是一组图像, 或图像系统.

对图像系统 D, 我们可以广义地理解, 它们可以有多种不同的产生方法.

为了统一, 对图像系统 D, 我们采用随机图像的方式进行描述.

这时的数据阵列 D 是一个随机阵列, 把它记为

$$D^* = D^*(n, m) = (x_{i,j}^*)_{i=1,2,\cdots,m,j=1,2,\cdots,n} \tag{3.4.1}$$

是一个随机集合, 其中 $x_{i,j}^*$ 是 r.v., 具有一定的概率分布.

4. 随机阵列的概率分布

在 (3.4.1) 式中, 给出的 $D^* = D^*(n, m)$ 是一个随机阵列, 由此产生记号有:

记 $D(n, m) = (x_{i,j})_{i=1,2,\cdots,m,j=1,2\cdots,n}$ 是一个随机阵列 D^* 的样本阵列. 这时取

$$p[D(n, m)] = \Pr\{D^* = D(n, m)\} \tag{3.4.2}$$

是随机阵列 D^* 取值为 $D(n, m)$ 的概率.

因为 $D(n, m)$ 是 $X^{m \times n}$ 中的向量集合, 所以 $p[D(n, m)]$ 是 $X^{m \times n}$ 空间中的概率分布.

记 $\mathcal{A}$ 是 X^n 中全体线性可分的数据阵列. $D(n, m) \in \mathcal{A}$ 就是数据阵列 $D = D(n, m)$ 是线性可分的.

由此得到

$$p[\mathcal{A}|D^*(n, m)] = P_r\{D^*(n, m) = D(n, m) \text{ 是线性可分的}\}. \tag{3.4.3}$$

因为随机阵列 $D^* = D^*(n, m)$ 的概率分布有多种不同的取法, 所以容量问题的本质是对不同的随机阵列 D^*, 讨论概率 $p(\mathcal{A}|D^*(n, m))$ 的取值的问题.

5. 感知器的类型

我们讨论过的感知器有一般感知器、模糊感知器等不同的类型. 在模糊感知器中, 还有模糊度 $\delta > 0$ 的不同的取值的问题.

我们已经说明, 记 $p[D(n, m)] = \mathrm{P_r}\{D^*(n, m) = D(n, m)\}$ 是随机数据阵列 $D^*(n, m)$ 的概率分布取值, 其中每个 $D(n, m)$ 在 X^{nm} 中取值一个数据阵列.

记集合 $\mathcal{A}$ 是 X^{nm} 空间中线性可分的, 数据阵列 $D(n, m))$ 的集合, 那么 $p(\mathcal{A}) = p[\mathcal{A}|D^*(n, m)]$ 就是由 (3.4.3) 式所定义的概率分布.

感知器的容量问题就是在随机集合 $D^* = D^*(n, m)$ 给定的条件下, 求 $p[\mathcal{A}|D^*(n, m)]$ 的取值的问题. 或求在 $p[\mathcal{A}|D^*(n, m)] > 1 - \delta$ 时, 参数 m, n 的关系问题, 其中 $\delta > 0$ 是模糊度.

定义 3.4.1   当随机集合 $D^* = D^*(n, m)$ 的概率分布给定时, 它的容量有以下定义.

记 $p(n, m) = p(\mathcal{A})$ 是随机集合 $D^* = D^*(n, m)$ 为线性可分的概率.

称 c 是**比例型的感知器容量**, 如果以下关系式成立

$$当 n \to \infty 时, \begin{cases} 对任何 r < c, & 都有 p(n, m = rn) \to 1 \text{ 成立}, \\ 对任何 r > c, & 都有 p(n, m = rn) \to 0 \text{ 成立}. \end{cases} \tag{3.4.4}$$

称 C 是**指数型的感知器容量**, 如果以下关系式成立

$$当 n \to \infty 时, \begin{cases} 对任何 R < C, & 都有 p(n, m = 2^{Rn}) \to 1 \text{ 成立}, \\ 对任何 R > C, & 都有 p(n, m = 2^{Rn}) \to 0 \text{ 成立}. \end{cases} \tag{3.4.5}$$

3.4.2 容量估计时的随机分析

定义 3.4.1 给出了由随机数据阵列 $D^* = D^*(n, m)$ 产生的容量的定义. 其核心问题是对概率分布 $p(\mathcal{A}) = p[\mathcal{A}|D^*(n, m)]$ 取值的估计.

因此对容量问题的讨论实际上是一个随机分析问题, 其中涉及随机因素有如:

1. 关于数据阵列的类型问题

关于阵列 $D^*(n, m)$ 中参数 q, n, m 的类型问题.

关于随机阵列 D^* 中, 随机数据 $x_{i,j}^*$ 的概率分布的类型和选择问题.

这些问题实际上是一个随机分析问题.

例如, 随机阵列 D^* 中的随机变量 $x_{i,j}^* (i = 1, 2, \cdots, m, j = 1, 2, \cdots, n)$ 是一组独立、同分布的随机变量.

离散型的分布. 这时的 $x_{i,j}^*$ 在集合 $X = Z_q = \{0, 1, \cdots, q-1\}$ 中取值, 而且是均匀分布等情形.

连续型的分布. 如每个 $x_{i,j}^*$ 在 R 空间中取值, 而且具有正态分布 $N(0, \sigma^2)$ 等情形.

不同样本的情形. 这就是在集合 D^* 中的数据来自不同样本 A^*, B^*, 这时 A^*, B^* 中的随机变量具有不同的概率分布.

2. 感知器的类型

关于感知器的类型我们考虑一般感知器和模糊感知器, 后者讨论模糊分类.

在模糊分类中除了可计算性、复杂度、容量等问题外, 还涉及分类的误差 (模糊度 $\delta > 0$) 的取值等问题.

3. 随机分析中的问题

为了实现对随机阵列 D^* 的模糊分类, 需要估计 $p[\mathcal{A}|D^*(n, m)] > 1 - \delta$ 是否成立的问题.

对 $p[\mathcal{A}|D^*(n, m)] > 1 - \delta$ 中各变量的分析、计算就是随机分析的问题.

在此随机分析的问题中, 当 n 比较大时, 就需要采用随机分析中的大数定律、中心极限定理、概率分布的计算等工具.

对这些问题, 我们在下面讨论中还会涉及, 在此不再一一细述.

第4章　感知器理论的应用

本章我们主要讨论感知器理论在图像识别和逻辑运算中的应用问题. 它们分别涉及模糊感知器理论和布尔函数中的问题.

关于模糊感知器, 我们已经给出了它的含义和算法, 在此我们进一步讨论它在图像识别中的应用.

逻辑学的主要工具是布尔代数理论, 我们讨论它和感知器的关系问题, 即它们之间的相互表达问题. 对此我们证明, 它们之间并不完全等价, 但许多布尔函数可以通过感知器来进行计算、表达.

4.1　模糊感知器的理论分析及其在图像识别中的应用

模糊感知器的定义、结构、学习目标、算法和收敛性定理已在 3.1 节中给出详细讨论, 我们现在以图像识别为背景讨论讨论它的应用问题. 其中涉及的理论问题有如模糊度 δ 的选择问题、分类误差的估计问题等.

为讨论这些问题, 我们采用随机图像的模型, 把一个图像看作是一个随机数据阵列. 因此, 图像识别中的这些问题可以归结为一种随机分析的问题.

在本节中, 我们在较简单的条件下, 讨论这些问题. 由此可以看到, 模糊感知器在图像识别应用中的基本思路, 及对它们作分析计算的方法与结果.

4.1.1　图像系统

我们建立模糊感知器理论的目标是讨论图像的识别问题.

1. 图像系统的表示

一个图像系统是指有大批图像所形成的系统, 对这种系统有许多不同的考虑和要求, 我们主要讨论它们在感知器理论中的识别问题.

为了简单起见, 记一幅黑白图像为 $X^n = \{-1, 1\}^n$(或 $X^n = \{0, 1\}^n$) 空间中向量.

这两种空间之间存在 1 - 1 对应关系, 在本书中我们把它们作等价处理.

对图像的概念可以做广义的理解, 它的类型可有多种不同的类型.

其中 n 是图像的像素, 可作广义的理解, 如它的类型可以有线状 (如对声音的识别)、平面 (平面图像中的 $n = n_1 \times n_2$)、立体 (立体图像中的 $n = n_1 \times n_2 \times n_3$), 另外还有动态、彩色等不同类型的图像. 在数学上可以通过矩阵、张量等不同形式表示, 而且可以相互转化.

灰度, 就是每个像素的取值范围.

如黑白图像的灰度是 2, 在多灰度型的图像中, 常取 $q = 256 = 2^8$ 或 $q = 256^3 = 2^{24}$, 后者是彩色图像的三色组合灰度.

其他类型的信号, 如逻辑语句、化学分子反应信号、数学计算公式等都可通过数字化的形式表示成为 X^n 空间中的向量.

由此可见, 对于这些不同类型的图像我们可以在 X^n 空间中进行统一表达, 有关性质可以推广到向量、矩阵、张量等不同的类型.

这种不同的类型的表达方式又可按它们等价关系的运算, 统一在向量、矩阵的形式类型进行表达.

2. 图像系统的表示

一个图像系统是指有一批不同类型的图像, 记为

$$
\begin{cases}
Y_\tau^{n \times m_\tau} = \{y_{\tau, j}^n = (y_{\tau, j, 1}, y_{\tau, j, 2}, \cdots, y_{\tau, j, n}), j = 1, 2, \cdots, m_\tau\}, \\
\tau = 1, 2, \cdots, \tau_0,
\end{cases}
\tag{4.1.1}
$$

其中 τ 表示图像的类型, m_τ 是同一类型中的不同图像的数量.

图像系统的识别问题是指寻找一种算法对 (4.1.1) 中不同类型的图像进行识别、区分.

为了区别, 我们把图像的相空间取为 $Z_2' = \{0, 1\}$, 而把 X, Y 类图像的相空间取为 $Z_2 = \{-1, 1\}$, 或 $Z_2 = \{0, 1\}$.

这时 Z_2', Z_2 都是二进制的数据, 它们的元分别记为 z', z, 这时有关系式 $z = 2(z' - 1/2)$ 成立. 因此它们具有 1 - 1 对应的关系. 我们把这两种记号等价使用.

在 $\tau_0 = 2$ 时, 我们把 (4.1.1) 中的图像系统记为 A, B(或 X, Y) 这两类不同的图像, 它们分别是

$$
\begin{cases}
A = \{a^{n \times m_a}\}, \\
B = \{b^{n \times m_b}\},
\end{cases}
\quad
\begin{cases}
X = \{x^{n \times m_x}\}, \\
Y = \{y^{n \times m_y}\}.
\end{cases}
\tag{4.1.2}
$$

为了区别, 它们的相空间分别是 Z_2', Z_2.

记 $Z = A, B, X, Y$ 是这些不同类型的图像, 其中 $m_z, z = a, b, x, y$ 分别是类型 Z 中的图像数目, 其中

$$
\begin{cases}
Z = [(z_{j,1}, z_{j,2}, \cdots, z_{j,n}), j = 1, 2, \cdots, m_z], \\
Z = A, B, X, Y, \quad z = a, b, x, y
\end{cases}
$$

是不同类型的图像和它们的表示.

3. 图像系统的感知器识别

感知器理论就是一种识别、分类的算法. 其要点是

我们采用感知器模型作图像识别. 这时的感知器记为 $g[z^n|(w^n, h)]$, 是一个 $Z^n \to Z$ 的映射, 它满足关系式

$$
g[z^n|(w^n, h)] = \begin{cases}
1, & z^n \in A(X), \\
-1, & z^n \in B(Y),
\end{cases}
$$

$$
u[z^n|(w^n, h)] - h = \langle z^n, w^n \rangle - h \begin{cases}
> 0, & z^n \in A, \\
< 0, & z^n \in B,
\end{cases} \tag{4.1.3}
$$

其中 $\langle z^n, w^n \rangle = \sum_{i=1}^n z_i w_i$. 这时, 第一、二个方程组是等价方程组.

由感知器理论知道, 方程组 (4.1.3) 和方程组 (3.1.2), (3.1.3) 存在等价关系.

因此图像系统的感知器识别问题就是方程组 (4.1.3), (3.1.2), (3.1.3) 的求解问题. 这些方程组存在等价关系.

计算步骤 3.1.1 — 步骤 3.1.4 给出了这些方程组的求解的计算步骤, 对此不再重复.

4. 图像系统的模糊感知器的识别

我们已经说明, 感知器的模糊识别问题就是允许有一定误差比例 (模糊度)$\delta > 0$ 存在条件下的识别. 因此模糊分类 (或识别) 的问题就是不要求方程组 (4.1.2) 的全部解成立, 而是其中大部分向量成立.

这时的方程组 (4.1.3) 的求解问题可写为:

寻找向量 $w^{n+1} = (w^n, h)$, 并对任何 $z^{n+1} \in Z^{n+1}$, 计算

$$
u[z^{n+1}|w^{n+1}] = \langle z^{n+1}, w^{n+1} \rangle = \sum_{i=1}^{n+1} z_i w_i
$$

的值.

由此定义集合

$$
\Omega(D|w^{n+1}) = \{z^{n+1} \in Z^{n+1}, \Psi_D(z^{n+1}) u[z^{n+1}|w^{n+1}] > 0 成立\}, \tag{4.1.4}
$$

其中 $\Psi_D(z^{n+1}) = \begin{cases} 1, & z^{n+1} \in D, \\ -1, & \text{否则.} \end{cases}$

这时的方程组 (4.1.3) 的求解问题可写为求向量 w^{n+1}, 使

$$\| \Omega(D|w^{n+1}) \| \geqslant 2^{n+1}(1-\delta) \tag{4.1.5}$$

成立.

因此, 图像系统的模糊感知器的识别问题就是对固定的图像系统 A, B(或 X, Y, 或 D), 求向量 $w^{n+1} \in R^{n+1}$, 使关系式 (4.1.5) 式成立.

其中 $\delta > 0$ 是图像系统模糊感知器识别中的模糊度参数.

4.1.2 模糊感知器的随机分析

由此可见, 一个图像系统的模糊感知器识别问题是对一个固定的图像系统 A, B (或 X, Y) 和一个固定的参数 $\delta > 0$, 求向量 $w^{n+1} \in R^{n+1}$, 使关系式 (4.1.5) 式成立.

其中参数 δ 就是模糊识别中的模糊度, 它表示是在模糊分类中考允许出现的误差.

一个模糊识别问题就是对一个固定的随机的图像系统, 选择适当的模糊度参数 δ, 并在模糊感知器的学习算法的条件下, 使该算法收敛 (或使关系式 (4.1.5) 式成立).

因此, 图像识别中的这些问题可以归结为一种随机分析的问题. 这就是, 对固定的图像系统, 寻找适当的模糊度参数, 使该模糊感知器的学习算法能够实现收敛.

在本节中, 我们在较简单的条件下, 讨论这些问题. 由此可以看到, 模糊感知器在图像识别应用中的基本思路及对它们作分析计算的方法与结果.

1. 模糊感知器的随机分析问题

该问题是对不同类型的随机图像 A, B, 确定它们的分类模糊度的问题.

定义 4.1.1 (关于最小模糊度的定义) 如果 A, B(或 X, Y) 是两类不同的图像, 称 δ_0 是它们之间的最小模糊度, 如果它满足条件:

(1) 对任何 $\delta > \delta_0$, 那么关于集合 A, B 的方程组的解存在 (这就是说, 存在向量 w^{n+1}, 使 (4.1.3) 成立).

(2) 对任何 $\delta < \delta_0$, 那么关于集合 A, B 的方程组不能成立 (这就是说, 使 (4.1.3) 成立的向量 w^{n+1} 不存在).

因此, 模糊感知器的随机分析理论就是对不同类型的随机图像, 确定它们模糊度的问题.

确定这种模糊度的目的是使方程组 (4.1.5) 中的向量 w^{n+1} 存在, 而且可以通过模糊感知器的学习算法得到.

2. 模糊感知器的随机分析模型

现在讨论随机图像系统的模糊识别问题. 为了简单起见, 从最简单的模型开始. 我们已经给出几种不同的图像类型

$$Z = \{z_i^n = (z_{i,1}, z_{i,2}, \cdots, z_{i,n}), i = 1, 1, \cdots, m_z\}, \tag{4.1.6}$$

其中 $Z = A, B, X, Y, z = a, b, x, y$(在本节的下文中从略).

对这些不同类型的图像可以形成不同类型的随机图像

$$Z^* = \{z_{i,j}^*, i = 1, 2, \cdots, m_z, j = 1, 2, \cdots, n\}. \tag{4.1.7}$$

这时 $z_{i,j}^*$ 分别是在不同相空间 Z 中取值的 r.v., 它们的概率分布分别记为

$$P_z = \{p_z(x) = P_r[z_i^* = z], x \in Z\}, \quad z = a, b, x, y.$$

这时 P_z 的取值分别取为

$$P_z : \begin{pmatrix} 1 & 0 \\ p_z & q_z \end{pmatrix}, \quad \text{或} \quad P_z : \begin{pmatrix} 1 & -1 \\ p_x & q_x \end{pmatrix}. \tag{4.1.8}$$

其中 $q_z = 1 - p_z$, 而且取 $0 < p_x < p_y \leqslant 1/2$.

3. 随机图像的性质

在随机图像 Z^* 中, 对它们的规定如下.

随机变量 $z_{i,j}^*$ 的相互独立性. 就是对任何 $i = 1, 2, \cdots, m_z, j = 1, 2, \cdots, n, z_{i,j}^*$ 相互独立.

在 A^*, B^* 之间, 或 X^*, Y^* 之间相互独立.

由此得到, 在 X^*, Y^* 之间的 r.v., 它们的联合概率分布是

$$P_r\{(x_{i,j}^*, y_{i',j'}^*) = (x, y)\} = \begin{cases} p_x p_y, & (x, y) = (1, 1), \\ p_x q_y, & (x, y) = (1, -1), \\ q_x p_y, & (x, y) = (-1, 1), \\ q_x q_y, & (x, y) = (-1, -1). \end{cases} \tag{4.1.9}$$

由此得到, 随机变量 $z_{i,j}^*$ 的均值和方差分别记为

$$\begin{cases} \mu_u = E\{u_i^*\} = p_u, \\ \sigma_u^2 = E\{(u_i^* - \mu_u)^2\} = p_u(1 - p_u), \end{cases} \quad \begin{cases} \mu_v = E\{v_i^*\} = 2p_v - 1, \\ \sigma_v^2 = E\{(v_i^* - \mu_v)^2\} = 4p_v(1 - p_v) \end{cases}$$

成立, 其中 $u = a, b, v = x, y$.

4. 模糊感知器的学习分类问题

对此随机模型, 我们讨论感知器的模糊分类问题. 为了简单, 这里只讨论 A^*, B^* 的分类问题.

模糊分类同样是寻找 R^n 空间中的超平面 $L = L[(w^n), h]$, 这时要求该超平面 L 将集合 A^*, B^* 分别置于该平面的不同两侧. 这就是要求

$$\langle w^n, (z^n)^* \rangle - h = \sum_{i=1}^{n} w_i z_i^* - h \begin{cases} > 0, & (z^n)^* \in A^*, \\ < 0, & (z^n)^* \in B^*, \end{cases} \tag{4.1.10}$$

其中 w^n, h 是待定参数.

因为 A^*, B^* 是随机集合, 所以关于 (4.1.10) 式的计算是个概率分布的计算问题.

这就是, 在固定的随机集合 A^*, B^* 的条件下, 在 R^n 空间中, 寻找超平面 $L = L[(w^n), h]$, 使关系式

$$\begin{cases} P_r\{\langle w^n, (z^n)^* \rangle - h > 0\} > 1 - \delta, & (z^n)* \in A^*, \\ P_r\{\langle w^n, (z^n)^* \rangle - h < 0\} > 1 - \delta, & (z^n)* \in B^*, \end{cases} \tag{4.1.11}$$

其中 $\delta > 0$ 就是模糊分类中的模糊度.

因此模糊分类的问题就是依据不同的图像类型 (如 A^*, B^* 图像的类型), 求超平面 $L = L[(w^n), h]$ 中的参数, 使关系式 (4.1.11) 中的模糊度 $\delta > 0$ 尽可能小.

为实现这种模糊分类, 所涉及的参数指标如表 4.1.1 所示.

表 4.1.1　在模糊感知器学习分类时出现的有关参数

参数名称	记号	对参数的特征和来源的说明	参数名称	记号	对参数的特征和来源的说明
向量长度	n	由此说明数据的结构类型	特征参数	p_a, p_b	随机集合 A^*, B^* 中的概率参数
数据	m_a, m_b	分别是识别目标集合	误差比例	δ	模糊度, 在实现模糊分类时,
规模		A, B 的规模大小	误差比例		允许出现误差的比例参数

4.1.3　关于模糊分类中指标的确定

表 4.1.1 给出了一个模糊分类的随机模型, 依据这个模型, 可以继续讨论有关参数指标的确定问题.

1. 关于概率分布的计算问题

表 4.1.1 给出了有关模糊分类中的指标, 该分类是一种最简单的分类 (二进制随机图像的分类). 因此, 关于模糊分类中的指标计算问题可以归结为关于 (4.1.11) 式的概率分布的计算问题.

在模糊分隔中, 如果选择超平面 $L = L[(w^n), h]$ 的法向量是

$$w^n = (w_1, w_2, \cdots, w_n) = (1, 1, \cdots, 1) = I^n$$

是个 n 维的幺向量. 那么由此得到, 随机变量

$$Z_n^* = \langle w^n, (z^n)^* \rangle = \sum_{i=1}^n z_i^*$$

的概率分布、平均值和方差值分别是

$$\begin{cases} p_z(k) = P_r\{Z^* = k\} = \mathrm{C}_n^s p_z^{s(n,k)} q_z^{t(n,k)}, \quad k = 0, 1, \cdots, n, \\ \mu_z = E\{Z^*\} = E\left\{\sum_{i=1}^n z_i^* = k\right\} = nE\{z_1^*\} = np_z, \\ \sigma_z^2 = \sigma^2\{Z^*\} = \sum_{i=1}^n \sigma^2(z^*) = np_z(1 - p_z), \end{cases} \quad (4.1.12)$$

其中 $z = a, b, \mathrm{C}_s^n = \dfrac{n!}{s!(n-s)!}$.

因此, 它的概率分布是个二项式分布.

2. 关于 r.v. 取值的估计

因为集合 A^*, B^* 中的向量 $(z^n)^* = (z_1^*, z_2^*, \cdots, z_n^*)$ 是一独立、同分布的 r.v., 所以在 n 比较大时, 就可对 Z_n^* 的取值进行估计.

利用大数定律, 可以得到 $Z_n^* \sim np_z$ 的取值估计.

利用中心极限定理, 对 Z_n^* 的取值可以有更精确的估计. 这就是有关系式

$$\frac{1}{\sigma_z\sqrt{n}} \sum_{i=1}^n (z_i^* - \mu_z) \sim N(0,1) \quad \text{或} \quad \sum_{i=1}^n z_i^* \sim N(\mu_z\sqrt{n}, n\sigma_z^2) \quad (4.1.13)$$

成立. 其中 $\mu_z = 2p_z - 1, \sigma_z^2 = 4p_z(1 - p_z), z = a, b$.

这时 (4.1.13) 式又可写为

$$P_r\left\{\frac{1}{\sigma_z\sqrt{n}} \sum_{i=1}^n (z_i^* - \mu_z) > \lambda\right\} = P_r\left\{\frac{1}{\sigma_z\sqrt{n}} \sum_{i=1}^n (z_i^* - \mu_z) < -\lambda\right\} = \Phi(\lambda), \quad (4.1.14)$$

其中 $\Phi(\lambda) = \dfrac{1}{\sqrt{2\pi}\sigma} \int_\lambda^\infty \exp\left(-\dfrac{u^2}{2}\right) du$ 是标准正态分布.

因此 (4.1.14) 式又可写为

$$P_r\left\{\sum_{i=1}^n z_i^* > n\mu_z + \lambda\sigma_z\sqrt{n}\right\} = P_r\left\{\sum_{i=1}^n z_i^* < n\mu_z - \lambda\sigma_z\sqrt{n}\right\} = \Phi(\lambda).$$

或

$$P_r \left\{ \sum_{i=1}^{n} y_i^* - n\mu_0 > n(\mu_y - \mu_0) + \lambda\sigma_y\sqrt{n} \right\}$$

$$= P_r \left\{ \sum_{i=1}^{n} x_i^* - n\mu_0 < n(\mu_x - \mu_0) - \lambda\sigma_x\sqrt{n} \right\} \sim \Phi(\lambda). \qquad (4.1.15)$$

其中 $0 < p_x < p_y \leqslant 1/2$, $\begin{cases} p_0 = \dfrac{p_x + p_y}{2}, \\ \mu_0 = 2p_0 - 1 = \dfrac{\mu_x + \mu_y}{2}. \end{cases}$

因此有 $0 < p_x < p_0 < p_y \leqslant 1/2, \mu_x < \mu_0 < \mu_y$ 成立.

所以在 (4.1.15) 式中, 取 $\delta = \Phi(\lambda)$ 可以任意小 (只要 λ 充分大). 这时只要 n 充分大, 就有 $\begin{cases} n(\mu_y - \mu_0) - \lambda\sigma_y\sqrt{n} > 0, \\ n(\mu_x - \mu_0) + \lambda\sigma_x\sqrt{n} < 0 \end{cases}$ 成立.

因此对随机图像 A^*, B^* 中, 只要取超平面 $L = L(w^n, h)$ 是

$$(w^n, h) = (w_1, w_2, \cdots, w_n, h) = (1, 1, \cdots, 1, n\mu_0),$$

那么对随机图像 A^*, B^*, 只要 n 充分大, 就可实现模糊度为 $\delta < \Phi(\lambda)$ 的模糊分类.

由此可知, 利用大数定律和中心极限定理可以确定关于随机图像 A^*, B^* 实现模糊分类是关于超平面 $L = L(w^n, h)$ 的选取和关于模糊度的确定.

对这些理论可以推广到一般随机图像 A^*, B^* 的情形, 我们在此不作详细讨论.

4.2 空间集合系的相互关系和它们的表示

如果 $X = \{-1, 1\}$ 是一个二进制的集合, 那么记 X^n 是二进制的向量空间, 记 Ω_n 是 X^n 中全体子集的集合. 布尔函数是指 $X^n \to X$ 的映射, 它和 Ω_n 中的集合相对应, 因此称 Ω_n 中的集合为布尔集合, 在本节中我们讨论它们之间的相互关系, 其中包括构造、计数和运算中的一系列关系.

4.2.1 集合论

在讨论子集系的集合 Ω_n 之前, 先将集合论中的一般知识进行介绍.

1. 集合、元素和子集合

集合、元素和子集合是集合论中的基本要素, 它们的含义如下.

我们可以把集合看作研究的对象. 因此集合是由总体、局部和个体组成的.

关于总体、局部和个体在集合论中可分别用集合 (X), 子集合 $(A, B, C, D, \cdots)$ 和元素 (x, y, z, a, b, c, d) 表示.

因此, 集合中的这些基本关系是属于和包含的关系, 这些关系的记号如表 4.2.1 所给.

表 4.2.1　集合论中的关系结构表

关系名称	记号	关系的含义或说明	关系的对象	关系类型
包含关系	$A \subset B$	集合 A 中的元素都在 B 中	子集合之间的相互关系	包含关系
被包含关系	$A \supset B$	集合 B 中的元素都在 A 中	子集合之间的相互关系	包含关系
相等关系	$A = B$	A, B 中包含的元素完全相同	子集合之间的相互关系	等价关系
属于关系	$a \in A$	元素 a 在集合 A 中	元素和子集合之间的相互关系	属于关系

2. 集合系统中的关系公理

由集合、元素、子集合概念组成的系统为集合系统, 它们满足以下公理体系.

关系公理

在集合系统中, 不同子集合的关系通过关系公理来说明.

公理 4.2.1 (关系公理)　在集合系统中, 关系公理由以下公理确定.

(1°) **有关总体集合和空集合的公理**. 总体集合和空集合在集合系统中是两个特殊的子集合, 其中空集合 $\varnothing$ 不包含任何元素, 而总体集合 X 包含系统中所有的元素. 因此它们和其他子集总有关系式 $\varnothing \subset A \subset X$ 成立.

(2°) **包含和被包含的关系公理**. 如果 $A \subset B$, 那么就是 $B \supset A$(是同一关系的不同表示).

(3°) **自反公理**. 该公理由两个命题组成, 即

如果 $A \subset X$ 是一个子集合, 那么必有 $A \subset A, A \supset A$.

如果 $A, B \subset X$ 是两个子集合, 如果 $A \subset A, A \supset A$, 那么必有 $A = B$ 成立.

公理 4.2.2 (集合系统中的运算公理)

(4°) **递推公理**. 在集合系统中, 如果 $A \subset B, B \subset C$, 那么 $A \subset C$.

定义 4.2.1 (集合系统中的运算关系)　在集合论中除了属于和包含关系外, 在不同子集合之间还有运算关系, 这就是余、并、交、差、积等运算. 这些运算的记号和含义如表 4.2.2 所示.

表 4.2.2　集合论中的运算关系表

运算名称	交运算	并运算	余运算	差运算	积运算
记号	$A \cap B$	$A \cup B$	A^c	$A - B$	$A \times B$
运算含义	同时是 A, B 中的元	是 A 或 B 中的元	非 A 中的元	是 A、非 B 的元	有序偶 (a, b) 的运算
逻辑运算	与运算 $(\wedge)$	或运算 $(\vee)$	补运算 $\bar{a}$	是 A 非 B 运算	对偶运算

其中 $A, B, C, D, \cdots$ 是集合空间 X 中的子集合. 该表中的积运算又称为笛卡儿积[1][2].

公理 4.2.3 (运算关系中的结构关系公理 (或定律)) 在子集合 $A, B, C, D, \cdots$ 之间的运算关系中有以下关系成立.

(5°) **交、并运算中的基本定律**

$$\left\{ \begin{array}{ll} \text{交运算的结合律} & (A \cap B) \cap C = A \cap (B \cap C), \\ \text{并运算的结合律} & (A \cup B) \cup C = A \cup (B \cup C), \\ \text{交、并运算的分配律} & A \cap (B \cup C) = (A \cap B) \cup (A \cap C), \\ \text{并、交运算的分配律} & A \cup (B \cap C) = (A \cup B) \cap (A \cup C). \end{array} \right. \tag{4.2.1}$$

(6°) **余、差运算中的等价运算**

$$\left\{ \begin{array}{ll} \text{余运算的等价运算} & A^c = X - A, \\ \text{差运算的等价运算} & A - B = A \cap B^c. \end{array} \right. \tag{4.2.2}$$

由此可见, 一个集合系统由元素和子集合组成, 它们具有以上关系和运算的定义、满足关系公理、运算中的基本定律.

3. 集合运算定义的扩张

称表 4.2.2 中关于交、并、余 (或补)、差、积的运算是集合系统或逻辑关系中的基本运算, 由这些运算的组合可以产生许多新的运算.

逻辑学中的交、并、余 (或补) 运算可以定义为集合 $X = \{-1, 1\}$ 中的运算, 这就是如果 $a, b, c \in X$, 那么它们的运算定义为

$$a \vee b = \text{Max}\{a, b\}, \quad a \wedge b = \text{Min}\{a, b\}, \quad \bar{a} = \left\{ \begin{array}{ll} 1, & a = -1, \\ -1, & a = 1. \end{array} \right. \tag{4.2.3}$$

表 4.2.2 中的差运算是交和余的组合运算, 因此它不是基本运算.

重要的组合运算有如**对称差**的运算 $A \triangle B = (A - B) \cup (B - A)$. 它表示"是 A 非 B 或是 B 非 A"的元素.

上、下极限运算. 如果 $A_1, A_2, \cdots$ 是一列子集合, 那么定义它们的上、下极限运算为

$$\left\{ \begin{array}{l} \overline{\lim_{n \to \infty}} A_n = \bigcap_{n=1}^{\infty} \bigcup_{m=n}^{\infty} A_m, \\ \underline{\lim_{n \to \infty}} A_n = \bigcup_{n=1}^{\infty} \bigcap_{m=n}^{\infty} A_m, \end{array} \right. \tag{4.2.4}$$

---

[1] 勒内·笛卡儿 (R. du P. Descartes, 1596.3—1650.2), 法国著名哲学家、物理学家、数学家、神学家.

[2] 关于积的概念有多种, 如数积、向量的内积 (又称向量的数积)、向量积等. 显然, 笛卡儿积和它们不同.

4. 有关运算关系中的一些性质

有关对称差运算的性质如下式所示.

$$
\left\{
\begin{array}{ll}
交换律 & A\Delta B = B\Delta A, \\
结合律 & A\Delta(B\Delta C) = (A\Delta B)\Delta C, \\
分配律 & A\cap(B\Delta C) = (A\cap B)\Delta(A\cap C),
\end{array}
\right.
\qquad
\left\{
\begin{array}{l}
A\Delta\varnothing = \varnothing, \\
A\Delta A = \varnothing.
\end{array}
\right.
\qquad (4.2.5)
$$

有关极限式的性质:

$$
\left\{
\begin{array}{l}
\varliminf_{n\to\infty} A_n \subset \varlimsup_{n\to\infty} A_n, \\
B - \varlimsup_{n\to\infty}(B - A_n) = \varliminf_{n\to\infty}(B - A_n), \\
B - \varliminf_{n\to\infty}(B - A_n) = \varlimsup_{n\to\infty}(B - A_n).
\end{array}
\right.
\qquad (4.2.6)
$$

极限的定义和性质.

如果集合序列 $A_1, A_2, \cdots$ 的上、下极限相等, 那么就称它们的极限存在, 而且定义

$$
\varlimsup_{n\to\infty} A_n = \varliminf_{n\to\infty} A_n = \lim_{n\to\infty} A_n
$$

就是该序列的极限.

对集合序列 $A_1, A_2, \cdots$, 有以下性质成立.

(i) 如果 $A_n \subset A_{n+1}, n = 1, 2, \cdots$, 那么 $\lim_{n\to\infty} A_n = \bigcup_{n=1}^{\infty} A_n$.

(ii) 如果 $A_n \supset A_{n+1}, n = 1, 2, \cdots$, 那么

$$
\left\{
\begin{array}{l}
\displaystyle\lim_{n\to\infty} A_n = \bigcap_{n=1}^{\infty} A_n, \\
\displaystyle\varlimsup_{n\to\infty} A_n = \lim_{n\to\infty} \bigcup_{i=n}^{\infty} A_i, \\
\displaystyle\varliminf_{n\to\infty} A_n = \lim_{n\to\infty} \bigcap_{i=n}^{\infty} A_i.
\end{array}
\right.
\qquad (4.2.7)
$$

4.2.2   集合系统的对等关系和规模表示

在不同集合系统之间存在对等关系和规模大小的表示问题.

1. 对等关系的定义和表示

不同集合之间存在对等关系, 它们的定义和表示如下.

两个集合 X, Y, 它们的元素分别是 $x \in X, y \in Y$, 如果 f 是 $X \to Y$ 的映射, 也就是对任何 $x \in X$, 都有 $y = f(x) \in Y$ 成立.

称 f 是 $X \to Y$ 的 1 - 1 映射, 如果 f 是个单值映射, 而且对任何 $x \neq x' \in X$, 必有 $f(x) \neq f(x') \in Y$ 成立.

称集合 A, B 是两个对等集合, 如果存在一个 $A \to B$ 的 1-1 映射, 而且 $f(A) = \{f(a), a \in A\} = B$.

2. 对等集合的表示和性质

如果 A, B 是两个对等集合, 那么记为 $A \sim B$. 它们有性质如下:

(1) 自反性: $A \sim A$.

(2) 递推性: 如果 $A \sim B, B \sim C$, 那么必有 $A \sim C$.

(3) 可加性: 如果 $A_1, A_2, \cdots$ 是一集合序列, 其中的集合互不相交, $B_1, B_2, \cdots$ 也是一互不相交的集合序列, 如果 $A_i \sim B_i, i = 1, 2, \cdots$, 那么必有 $\bigcup_{i=1}^{\infty} A_i \sim \bigcup_{i=1}^{\infty} B_i$ 成立.

3. 集合的基数 (或势)

通过对等关系和基数的定义可以建立集合大小关系.

记 $N = \{1, 2, \cdots, n\}$, 如果 $A \sim N$, 那么称 A 是一个有限集合, 它的势为 n.

记 $Z = \{1, 2, \cdots, n, \cdots\}$ 是全体正整数的集合, 如果 $A \sim Z$, 那么称 A 是一个可列集合, 它的势为 a.

记 $U = [0, 1]$ 是全体在 $0, 1$ 之间实数的集合, 如果 $A \sim U$, 那么称 A 是一个连续型的集合, 它的势为 c.

势 a 有以下性质

$$a + n = a, \quad a - n = a, \quad na = a, \quad an = a, \quad aa = a. \tag{4.2.8}$$

其他有理数的势为 a.

势 c 有以下性质

$$c + n = c, \quad c + a = c, \quad nc = c, \quad ac = c, \quad cc = c. \tag{4.2.9}$$

n 维空间中的全体向量的势为 c.

集合的对等和基数的概念是集合论中的重要概念, 它们是衡量集合大小的指标.

4.2.3 子集系的构造和计数

现在讨论由集合 $M = \{1, 2, \cdots, m\}, N = \{1, 2, \cdots, n\}$ 产生的子集系和它们的计数公式.

1. 子集系的表示和它的计数公式

记集合 M 的全体子集系为 Ω_M, 它的计数问题是指集合 Ω_M 中的元素个数问题. 这时有

$$|\Omega_M| = 1 + \mathrm{C}_1^m + \mathrm{C}_2^m + \cdots + \mathrm{C}_{m-1}^m + 1 = 2^m. \tag{4.2.10}$$

称该公式是**子集系的计数公式**. 该公式由组合数学中的二项式公式得到, 其中二项式公式是

$$(x + y)^m = x^m + \mathrm{C}_1^m x^{m-1} y + \mathrm{C}_2^m x^{m-2} y^2 + \cdots + \mathrm{C}_{m-1}^m xy^{m-1} + y^m.$$

如果取 $x = y = 1$, 那么该二项式公式就是 (4.2.10) 的子集系的计数公式.

子集系的计数公式如下.

定理 4.2.1 (子集系的计数公式)   如果 M 是一个有限集合, 它的全体子集所构成的集合记为 Ω_M, 它的计数公式是 $|\Omega_M| = 2^m$.

该定理的证明由二项式公式即得.

2. 并集合的子集系构造和计数

记 $M + N = M \vee N = \{1, 2, \cdots, m, m + 1, m + 2, \cdots, m + n\}$ 是 M, N 集合的并, 它的子集系及计数关系如下定理所述.

定理 4.2.2 (子集系的构造定理)   如果 $M + N$ 是集合 M, N 的并, 那么以下性质成立.

$M + N$ 的子集系 Ω_{M+N} 构造如下.

$$\Omega_{M+N} = \{C = A + B, A \subset M, B \subset N\}. \tag{4.2.11}$$

当 $A \in \Omega_M, B \in \Omega_n$ 取不同子集合时, 由此产生 $M + N$ 种不同的子集合 $C = A + B$. 因此 Ω_{M+N} 的计数关系是 $|\Omega_{M+N}| = 2^{m+n}$.

3. 二进制向量空间的子集系和它的计数公式

在二进制向量空间 X^n 中, 它的向量数目是 $|X^n| = 2^n$. 那么由子集系的计数公式得到 $|\Omega_n| = 2^{2^n}$.

我们现在讨论子集系 Ω_n 中不同子集合的结构关系.

对向量空间 X^{n+1}, 有它的分解式 $X^{n+1} = X_{-1}^n + X_1^n$, 其中

$$\begin{cases} X_{-1}^n = \{(x^n, -1), x^n \in X^n\}, \\ X_1^n = \{(x^n, 1), x^n \in X^n\}. \end{cases} \tag{4.2.12}$$

在 (4.2.12) 式中, 每个集合 X_{-1}^n(或 X_1^n) 中的子集系 Ω_{-1}^n (或 Ω_1^n), 它们所包含集合的数目是 $2^{(2^n)}$ 个.

由并集合子集系的计数公式可以得到 X^{n+1} 集合中的子集合数目是 $2^{2^n} \cdot 2^{2^n} = 2^{2^{n+1}}$ 个.

4. 二进制向量空间中, 子集系的结构特征

我们现在讨论在 X^n 空间中子集系的构造和计数问题.

如果记 $\mathcal{B}^n$ 是 X^n 空间中构造全体布尔集合的集合, 那么可用递推法对 $\mathcal{B}^n$ 进行构造和计数.

这时 $X^{n+1} = \{(X^n, -1) \cup (X^n, 1)\}$ 是该集合的分解式. 那么它的子集系的构造和计数关系如下.

定理 4.2.3 (二进制向量空间中子集系的构造和计数定理) 如果 X^{n+1} 是一个二进制的向量空间, 那么以下性质成立.

(1) 它子集系 $\mathcal{B}^{n+1}$ 的构造是

$$\mathcal{B}^{n+1} = \{C = (A, 1) \cup (B, -1), A, B \in \mathcal{B}^n\}. \tag{4.2.13}$$

(2) 当 $A, B \in \mathcal{B}^n$ 取不同的 X^n 空间中的子集合时, $C = (A, 1) \cup (B, -1)$ 取不同的集合. 因此由递推法得到

$$|\mathcal{B}^{n+1}| = |\mathcal{B}^n|^2 = (2^{2^n})^2 = 2^{2^{n+1}}.$$

这就是向量空间 X^{n+1} 关于子集合系 $\mathcal{B}^{n+1}$ 的构造和计数关系.

4.2.4 布尔函数的运算关系

1. 布尔集合的定义

如果 f 是一个 $X^n \to X$ 的映射, 那么定义

$$A_f = \{x^n \in X^n : f(x^n) = 1\}. \tag{4.2.14}$$

这时 $A_f \subset X^n$ 是一个子集合, 称它为布尔集合. 如果 A 是 X^n 是一个子集合, 那么也称它为布尔集合.

由此可知, 布尔函数 f 和布尔集合 $A \subset X^n$ 之间存在 1 - 1 对应关系, 因此我们把它们等价使用.

2. 布尔集合和布尔函数的运算

以下记 A, B, C 是 X^n 空间中的子集合, 相应的布尔函数为 f_A, f_B, f_C, 现在讨论它们之间的运算关系.

关于集合之间存在交、并、余的运算, 这些运算和记号在表 4.2.2 中给出.

对 $X^n \to X$ 的函数 f, g 同样存在交、并、余的运算的定义, 这时取

$$
\begin{cases}
\text{函数的并运算} f \vee g = \text{Max} \{f, g\}, \\
\text{函数的交运算} f \wedge g = \text{Min} \{f, g\},
\end{cases}
\quad
\text{函数的余运算} f^c =
\begin{cases}
1, & f = -1, \\
-1, & f = 1.
\end{cases}
$$
$$(4.2.15)$$

布尔集合和布尔函数之间运算的对应关系是

$$
f_A \vee f_B = f_{A \cup B}, \quad f_A \wedge f_B = f_{A \cap B}, \quad f_A^c = f_{A^c}.
\tag{4.2.16}
$$

3. 有关记号的说明

对 f, g 这些函数, 它们都是 $x^n \in X^n$ 空间中的函数, 因此 $f_A = f_A(x^n), f_B = f_B(x^n), f_C = f_C(x^n)$, 我们省略其中的 (x^n) 记号.

在布尔函数和布尔集合的运算中, $\vee, \cup, \wedge, \cap$ 运算相对应, 因此我们经常把它们等价使用.

4.3　布尔函数在感知器中的表达

我们已经说明, 本书的目的是讨论布尔函数和 NNS 的关系问题. 为此, 我们先讨论布尔函数和感知器的关系问题. 这时有一些特殊的布尔函数可以在感知器模型下进行表达和计算. 在本节中我们讨论这些特殊的布尔函数及它们在感知器中的表达参数.

我们已经说明, 一般的布尔函数不能在感知器模型下进行统一表达, 它们需要通过多层感知器、深度学习等理论来解决.

无论是感知器、多层感知器, 还是它们的学习分类问题, 都有一系列问题需要讨论. 对这些问题, 我们在其他章节中还有详细说明.

4.3.1　布尔函数在感知器模型下的表达

现在讨论布尔函数和感知器的表达和关系.

1. 二进制空间中的映射的表达

对二元集合 $X = \{-1, 1\}$, 它的 n 维乘积空间记为 X^n, 其中 $x^n = (x_1, x_2, \cdots, x_n) \in X^n$ 是一个二进制向量.

布尔函数 f 是指 $X^n \to X$ 的映射, 如果 $A \subset X^n$, 有

$$
f_A(x^n) =
\begin{cases}
1, & x^n \in A, \\
-1, & \text{否则}.
\end{cases}
\tag{4.3.1}
$$

称这个集合 A 是一个**布尔集合**. 这时布尔函数和布尔集合相互对应.

这就是任何布尔函数 f 总有一个布尔集合 $A \subset X^n$, 使 (4.3.1) 式成立.

在感知器理论中, 定义过感知器函数 $g : X^n \to X$, 这就是对任何 $x^n \in X^n$ 定义函数

$$g(x^n|w^n, h) = \text{Sgn}\left(\sum_{i=1}^{n} w_i x_i - h\right),\tag{4.3.2}$$

其中 $w^n = (w_1, w_2, \cdots, w_n) \in R^n$ 是一个固定的权向量, h 是一个固定的阈值. 这时称 (w^n, h) 是**感知器的参数权向量**.

感知器函数 g 也是一个 $X^n \to X$ 的映射. 因此它和布尔函数 f 都是关于空间 X^n 中的分类目标, 将集合 A 和 $B = A^c$ 进行区别.

定义 4.3.1 (布尔函数的感知器表达) (4.3.1)—(4.3.2) 式分别给出了布尔函数和感知器的定义, 对它们之间的关系定义如下.

称布尔函数 $f_A(x^n)$ 和感知器 $g(\cdot|(w^n, h)_A)$ 相互等价, 如果对任何 $x^n \in X^n$, 有 $f_A(x^n) = g(x^n|(w^n, h)_A)$ 成立.

这时又称感知器 g 是布尔函数 f 的 NNS 或感知器的表达, 反之也是.

因为布尔集合 A 和布尔函数 f_A 相互确定, 如果感知器 $g(\cdot|(w^n, h)_A)$ 是布尔函数 f_A 的 NNS 或感知器的表达, 这时称感知器中的参数向量 $w_A^{n+1} = (w^n, h)_A$ 是由布尔函数 f_A(或布尔集合 A) 确定的参数向量, 有时简记 $w^{n+1} = w_A^{n+1}$.

当布尔集合 A 给定时, 相应的感知器的参数向量 w_A^{n+1} 存在存在性、唯一性的问题. 此问题我们在下面还有详细讨论.

2. **布尔函数和感知器的等价方程组**

在感知器的理论中, 我们已经建立它们的多种等价方程组 (见本书的第 3, 4 章的讨论), 这些等价方程对布尔函数的分类同样适用.

在布尔函数中, 集合 $A \subset X^n, B = A^c = X^n - A$. 由此产生集合 $D = \{(A, -1)\} \cup \{(-B, 1)\} \subset X^{n+1}$.

由此产生布尔函数在感知器表达中的**等价方程组**

$$\begin{cases} f_A[x^n|(w_A^n, h_A)] = \text{Sgn}\,[u(x^n|w_A^n) - h_A^n], \\ f_A[x^n|(w_A^n, h_A)][u(x^n|w_A^n) - h_A] = f_A[x^n|(w_A^n, h_A)]\left[\sum_{i=1}^{n+1} w_{A,i} x_i - h_A\right] > 0, \end{cases}$$

$$\tag{4.3.3}$$

对任何 $x^n \in X^n$ 成立, 其中第二个方程组是第一个方程组的等价方程组, 而

$$u(x^n|w_A^n) = \langle w^{n+1}, x^{n+1}\rangle = \sum_{i=1}^{n+1} w_i x_i,$$

其中 $w_{n+1} = h, x_{n+1} = -1$.

因为 X^n 是一个有限集合, 所以 (4.3.3) 中的第二个方程组又和以下方程组等价

$$f_A[x^n|(w_A^n, h_A)]\{u[x^n|w_A^n] - h_A\} \geqslant \delta_n > 0, \qquad (4.3.4)$$

对任何 $x^n \in X^n$ 成立, 其中 $\delta_n > 0$ 是一个和向量 x^n, 集合 $A \subset X$ 无关的正数.

我们有时写 $f_A(x^n) = f_A[x^n|(w_A^n, h_A)]$.

4.3.2　几种特殊布尔函数在感知器模型下的表达

布尔函数和 NNS 之间的等价关系不能在感知器模型下解决. 就感知器而言, 它只能对几种特殊布尔函数进行表达, 为此我们讨论这些特殊布尔函数的类型和它们在感知器表达中的参数关系.

1. 在 $n = 1$ 时

这时 $X^1 = X$, 它的子集合有 $B = \varnothing, X, \{-1\}, \{1\}$ 这 4 个, 这时 f_B 所对应的感知器 $g(\cdot|w, h)$ 中的权向量 w^n 和阈值 h 参数分别是

$$\begin{cases} B = \varnothing, & (w, h)_{B_0} = (1, 3/2), \\ B = X, & (w, h)_{B_0} = (1, -3/2), \\ B = \{-1\}, & (w, h)_{B_0} = (-1, -1/2), \\ B = \{1\}, & (w, h)_{B_0} = (1, 1/2). \end{cases} \qquad (4.3.5)$$

这时有 $f_B(x) = g[x|(w, h)_B]$ 成立, 它们的计算结果如表 4.3.1 所示.

表 4.3.1　X 空间中布尔函数和感知器的参数、数据取值表

布尔集合 B 的类型	布尔函数 $f_B(-1)$	布尔函数 $f_B(1)$	权值 w	阈值 h	电位 $u(-1)$	整合 $u(1)$	电位整合 $u(-1) - h$	电位整合 $u(1) - h$	感知器 $g(-1)$	函数值 $g(1)$
空集 $\varnothing$	-1	-1	1	$3/2$	-1	1	$-5/2$	$-1/2$	-1	-1
$X = \{-1, 1\}$	1	1	1	$-3/2$	-1	1	$1/2$	$5/2$	1	1
$\{-1\}$	1	-1	-1	$-1/2$	1	-1	$3/2$	$-1/2$	1	-1
$\{1\}$	-1	1	1	$1/2$	-1	1	$-3/2$	$1/2$	-1	1

其中 $u(x) = wx, g(x|w, h) = \text{Sgn}[u(x) - h] = \text{Sgn}(wx - h)$.

由此可见, 在 $n = 1$ 时, 对任何 X 中的子集合 B(如表 4.3.1, 或 (4.3.5) 式所示), 总有 $f_B(x) = g(x|w, h)$ 成立. 在 $n = 1$ 时, 任何布尔函数一定可以由感知器进行表达.

2. 在 $n = 2$ 时

表 4.3.1 给出了 X 空间中有关布尔函数、布尔集合和感知器有关参数、函数的数据取值表, 这些讨论在 X^2 空间中未必成立.

这时记 $X^2 = \{(x, y), x, y \in X\}$ 是一个二维向量空间.

由此产生它的子集系的类型有:

空集 $\varnothing$ 和它的补集 X^2, 共 2 个.

单点集 $\{x^2\}, x^2 \in X^2$ 和它的补集 $\{x^2\}^c = X^2 - \{x^2\}$, 其中 $\{x^2\}^c$ 是一个包含 3 个向量的子集.

二元集 $\{x_1^2, x_2^2\}, x_1^2 \neq x_2^2 \in X^2$. 它的补集 $\{x_1^2, x_2^2\}^c = X^2 - \{x_1^2, x_2^2\}$, 各 6 个, 这时 $\{x_1^2, x_2^2\}^c$ 也是二元集, 它们之间交叉重合, 因此不同的集合只要 6 个.

因此 X^2 空间中的全体子集合有 $2 + 8 + 6 = 16 = 2^4 = 16$ 个.

X^2 空间中的全体子集系可以按它们包含向量的数量来进行分类, 由此得到 B_0, B_1, B_2, B_3, B_4 这 5 种类型, 其中 B_τ 是包含 τ 个向量的子集, 它们分别是:

这时 $B_0 = \varnothing$ 是空集合, $B_4 = X^2$ 是 X^2 空间中的所有向量的集合.

$$\begin{cases} B_1 = \{[(-1, -1)], [(-1, 1)], [(1, -1)], [(1, 1)]\}, \\ B_3 = B_1^c = \{[(-1, -1)]^c, [(-1, 1)]^c, [(1, -1)]^c, [(1, 1)]^c\}, \end{cases}$$

其中每个方括号表示一个子集合.

因此, B_1 是单点 (向量) 集, 共有 4 个.

B_3 是 B_1 中集合的补集, 如

$$[(-1, -1)]^c = [(-1, 1), (1, -1), (1, 1)].$$

而 B_2 是包含两个向量的集合, 它可表示成

$$B_2 = \left\{ \begin{bmatrix} 1 & 1 \\ 1 & -1 \end{bmatrix}, \begin{bmatrix} 1 & 1 \\ -1 & 1 \end{bmatrix}, \begin{bmatrix} 1 & 1 \\ -1 & -1 \end{bmatrix}, \right.$$
$$\left. \begin{bmatrix} -1 & 1 \\ 1 & -1 \end{bmatrix}, \begin{bmatrix} -1 & 1 \\ -1 & -1 \end{bmatrix}, \begin{bmatrix} 1 & -1 \\ -1 & -1 \end{bmatrix} \right\}. \tag{4.3.6}$$

这时 B_2 中任何集的补集也是包含两个向量的集合, 如

$$\begin{bmatrix} 1 & 1 \\ 1 & -1 \end{bmatrix}^c = \begin{bmatrix} -1 & 1 \\ -1 & -1 \end{bmatrix}, \quad \begin{bmatrix} -1 & 1 \\ -1 & -1 \end{bmatrix}^c = \begin{bmatrix} 1 & 1 \\ 1 & -1 \end{bmatrix} \text{ 等}. \tag{4.3.7}$$

在 $\tau = 0, 1, 2, 3, 4$ 时, 各 B_τ 集中子集的个数分别是 1, 4, 6, 4, 1 个, 因此共有 $2^{2^2} = 2^4 = 16$ 个子集.

这时 B_0 和 B_4 及 B_1 和 B_3 中的集互为补集, 而 B_2 中集的补集仍然是 B_2 中的集.

定义 4.3.2 (布尔集合的线性可分性的定义) 如果 $A \subset X^n$, 称集合 A 是线性可分的, 如果集合 $A, B = A^c = X^n - A$ 在 R^n 空间中是线性可分的.

该线性可分性的概念和感知器中线性可分的概念相同, 因此如果集合 A 是线性可分的, 那么必存在参数向量 $(w^n, h)_A$, 使关系式 $f_A(x^n) = g[x^n|(w^n, h)]$ 对任何 $x^n \in X^n$ 成立.

例 4.3.1   当 $n = 2$ 时, 如果

$$A = \{a = (1,1), b = (-1,-1)\}, \quad B = \{c = (1,-1), d = (-1,1)\},$$

它们是不相交的, 它们的凸闭包分别是线段 $|a,b|, |c,d|$.

它们在 R^2 空间中有交点是 $|a,b| \cap |c,d| = 0^2 = (0,0)$. 因此集合 A, B 是线性不可分的.

这个例子说明, 即使是十分简单的布尔函数, 它也不能用感知器的运算实现它们的运算.

这就是简单的感知器运算不能和布尔函数的运算存在等价关系.

4.3.3   关于布尔集合线性可分性的讨论

对布尔集合已给出它的线性可分性的定义, 现在讨论线性可分性的布尔集合的类型和特征.

1. 集合 $X^n, \varnothing_n$

在子集系 Ω_n 中, $X^n, \varnothing_n \in \Omega_n$ 是两个特殊的子集合, 它们分别是 X^n 空间中的全集合和空集合.

它们所对应的感知器参数向量 (w^n, h) 取为

$$\begin{cases} w_{X^n}^n = w_{\varnothing_n}^n = \dfrac{1}{n}I^n = (1,1,\cdots,1)/n, \\ h_{X^n} = -3/2, \\ h_{\varnothing_n} = 3/2. \end{cases}$$

产生它们的感知器函数为

$$g[x^n|(w^n,h)] = \mathrm{Sgn}[u(x^n|w^n) - h] = \mathrm{Sgn}\left(\sum_{i=1}^n w_i x_i - h\right).$$

当 $w^n = I^n$ 时, 总有 $-1 \leqslant u(x^n|w^n) = \langle w^n, x^n \rangle = \sum_{i=1}^n w_i x_i \leqslant 1$ 成立. 因此有关系式

$$g[x^n|(w^n,h)] = \begin{cases} 1, & x^n \in X^n \text{ 当 } h = -3/2, \\ -1, & x^n \in X^n \text{ 当 } h = 3/2 \end{cases}$$

成立. 其中 $(w^n, h) = (I^n, \pm 3/2)$ 分别是 $X^n, \varnothing_n \in \Omega_n$ 集合所对应的感知器的参数向量.

对 $X^n, \varnothing_n \in \Omega_n$ 集合, 记它们所对应的感知器的参数向量为 (w_0^n, h_0), 它们所对应的布尔函数仍记为 $f_A(x^n)$, 那么总有关系式

$$f_A(x^n)[u(x^n|w_0^n) - h_0] \geqslant 1/2 > 0$$

成立.

2. 具有固定权重向量集合的布尔函数

在 X^n 空间中, 对固定向量 $x^n \in X^n$ 定义 $q(x^n)$ 是向量 x^n 中分量取值为 1 的数目, 因此有

$$q(x^n) = \sum_{i=1}^{n}(x_i + 1)/2 = \frac{1}{2}\left[n + \sum_{i=1}^{n}x_i\right] \tag{4.3.8}$$

成立. 这时称 $q(x^n)$ 是**向量** x^n **的权 (或势) 值**.

由此定义在 X^n 空间中, 具有固定权值的集合, 这时记

$$\begin{cases} Q_{p+} = Q_{n,p+} = \{x^n \in X^n, q(x^n) \geqslant p\}, \\ Q_{p0} = Q_{n,p0} = \{x^n \in X^n, q(x^n) = p\}, \\ Q_{p-} = Q_{n,p-} = \{x^n \in X^n, q(x^n) \leqslant p\}. \end{cases} \tag{4.3.9}$$

其中 p 是一个固定的非负整数. 这时称 $Q_{n,p\pm}$ 是 X^n 空间中, 具有固定权值的集合.

由 (4.3.9) 的定义, 可以得到, 对任何 $x^n \in Q_{p+}$, 有 $\sum_{i=1}^{n}x_i \geqslant p - n/2$ 成立. 它的感知器的表达方式十分简单.

例如对 Q_{p+} 集合, 这时构造它们的感知器参数向量 $(w^n, h)_q = (I^n, h_q)$ 是 $h_q = p - (n+1)/2$. 这时对任何 $x^n \in Q_{p+}$, 有

$$u[x^n|(w^n, h)_q] - h_q = \langle w^n, x^n \rangle = \sum_{i=1}^{n}x_i \geqslant p - n/2 - h_q = 1/2 > 0 \tag{4.3.10}$$

成立.

这时对

$$Q_{p+}^c = X^n - Q_{p+} = \{x^n \in X^n, q(x^n) < p\} = \{x^n \in X^n, q(x^n) \leqslant p-1\}$$

集合, 有

$$u[x^n|(w^n, h)_q] - h_q = \langle w^n, x^n \rangle = \sum_{i=1}^{n}x_i \leqslant p - 1 - n/2 - h_q = -1/2 < 0 \tag{4.3.11}$$

成立. 因此关系式 $f_{Q_{p+}}(x^n) = g[x^n|(w^n, h)_q]$ 对任何 $x^n \in X^n$ 成立.

因此对 $Q = Q_{p+}$ 集合, 它的感知器表达函数是 $f_Q(x^n) = g[x^n|(w^n, h)_q]$ 对任何 $x^n \in X^n$ 成立.

3. 布尔函数在感知器中的递推表达

布尔函数在感知器中的递推表达是指集合 $A \subset X^n$, 如果它存在感知器的表达. 这就是有一个参数向量 $(w^n, h)_A = (w_A^n, h_A)$ 存在, 使 $f_A(x^n) = g[x^n|(w^n, h)_A]$ 对任何 $x^n \in X^n$ 成立.

它的感知器的递推表达是指集合 $\begin{cases} (A, -1) = \{(x^n, -1), x^n \in A\}, \\ (A, 1) = \{(x^n, 1), x^n \in A\} \end{cases}$ 在感知器中的表达.

由此构造集合 $C = (A, \pm 1)$ 或 $C = (A, -1) \cup (A, 1)$. 由此计算它的布尔函数是 $f_C(x^{n+1}) = f_A(x^n)$.

这就是说, $x^n \in A$ 的等价条件是 $x^{n+1} = (x^n, x_{n+1}) \in C = (A, -1) \cup (A, 1)$.

因为集合 A 是可感知器表达的, 所以存在一个感知器的参数向量 $(w^n, h)_A = (w_A^n, h_A)$, 使关系式

$$f_A(x^n) \{u[x^n|w_A^n] - h_A\} = f_A(x^n) \{\langle w_A^n, x^n \rangle - h_A\} > 0 \tag{4.3.12}$$

对任何 $x^n \in X^n, x \in X$ 成立. 因为 X^n 是一个有限集合, 所以一定存在一个 $\delta_A > 0$, 使

$$f_A(x^n) \{\langle w^n, x^n \rangle_A - h_A\} = f_A(x^n) \langle w^{n+1}, x_A^{n+1} \rangle \geqslant \delta_A > 0 \tag{4.3.13}$$

对任何 $x^n \in X^n$ 成立. 其中 $w_{n+1} = h, x_{n+1} = -1$.

由此构造集合 $C = (A, \pm 1)$ 的感知器参数向量 $(w^{n+1}, h)_C = (w_C^{n+1}, h_C)$ 为

$$\begin{cases} w_C^{n+1} = (w_A^n, w_{n+1, \pm 1}) = (w_A^n, \pm \delta_A/3), \\ h_C = h_A + \delta_A/2, \end{cases} \quad \text{或} \quad \begin{cases} w_C = \pm \delta_A/3, \\ h_C = h_A + \delta_A/2. \end{cases} \tag{4.3.14}$$

由此得到, $n + 1$ 阶感知器 $g[x^{n+1}|(w^{n+1}, h)_C)]$ 和它的电荷整合函数

$$\begin{aligned} u(x^{n+1}|w_C^{n+1}) &= \langle w_C^{n+1}, x^{n+1} \rangle = \langle w_A^n, x^n \rangle \pm w_{C, n+1} \\ &= \langle w_A^n, x^n \rangle + (\pm 1)^2 \delta_n/3 = \langle w_A^n, x^n \rangle + \delta_n/3. \end{aligned} \tag{4.3.15}$$

现在对 $C \subset X^{n+1}$ 计算

$$\begin{aligned} f_C(x^{n+1}) \{u[x^{n+1}|(w^{n+1}, h)_C] - h_C\} &= f_A(x^n) \{\langle w_C^{n+1}, x^{n+1} \rangle - h_C\} \\ &= f_A(x^n) \{[\langle w_A^n, x^n \rangle - h_A + \delta_n m/3] - \delta_A/2\} \\ &\geqslant \delta_A + f_A(x^n) \{\delta_n/3\} - \delta_A/2 \} \geqslant \delta_A/6 > 0 \end{aligned}$$
$$\tag{4.3.16}$$

成立.

这时对集合 $C = (A, -1) \cup (A, 1)$, 可以构造它的感知器参数向量 w_C^{n+1}, 如 (4.3.14) 所示. 这时必有 $f_C(x^{n+1}) = g[x^{n+1}|(w^{n+1}, h)_C]$ 对任何 $x^{n+1} \in X^{n+1}$ 成立.

由此得到布尔函数在感知器中的递推表达式.

注意　如果 $C = (A, -1) \cup (B, 1), A \neq B \subset X^n$, 那么集合 C 不能作这种感知器的递推表达, 对此需要用多层感知器进行表达. 在下面再讨论.

由此可见, 许多布尔函数可以通过感知器进行表达, 而且有十分简单的表达式. 这为许多逻辑运算提供在 NNS 中实现提供了十分统一、简单、方便的计算模式.

但另一方面, 由例 4.3.1 说明感知器的运算和布尔函数并不等价, 即使是十分简单的布尔函数, 它也不能通过感知器模型来进行表达, 这为逻辑运算在 NNS 中的实现产生难度.

我们在下面讨论中还将说明, 一般布尔函数总是可以通过多层次、多输出的感知器进行表达, 这为一般逻辑学、NNS 的发展和关系研究提供了新的考虑和发展的空间, 这就是: 逻辑学中的运算和 NNS 中的运算存在相互等价的关系, 这是智能计算发展的重要理论基础之一. 但这种等价关系需要通过多种 NNS 的模型、理论和运算才能实现.

第5章 支持向量机

支持向量机是对感知器理论研究的继续和深化, 它不仅具有感知器的分类特征, 而且有更高的要求. 在智能计算中有多种算法, 在本章中我们继续利用感知器理论来进行研究、分析. 因此需要对感知器理论作进一步的分析, 故也是对感知器理论的深化研究.

5.1 支持向量机的模型和学习目标

支持向量机的模型和概念与感知器十分相似, 它的计算目标也是实现不同集合的分类. 但支持向量机较感知器提出更高的要求, 它不仅要求实现目标的分类, 还要估计分类后所产生的最小距离. 因此我们可以采用感知器的理论继续对支持向量机进行讨论.

5.1.1 支持向量机的目标分类

同样记 A, B 分别为 R^n 空间中两个互不相交的集合, 支持向量机的分类目标也是要寻找适当的空间超平面 $L = L(w^n, o^n)$, 使集合 A, B 分别在空间超平面 $L = L(w^n, o^n)$ 的不同两侧.

1. 支持向量机的数学模型

在分类过程中, 如果取 $L = L(w^n, o^n)$ 是 R^n 空间中的平面或曲面, 由此产生的支持向量机分别是线性或非线性机.

线性或非线性支持向量机的类型示意图如图 5.1.1 所示, 对此说明如下.

该图是支持向量机分类的示意图. 图中黑白圈分别表示 A, B 集合中的点, L, L_1, L_2 是三个相互平行的空间超平面 (或超曲面).

在 L_1, L_2 在 L_1, L_2 曲面之间不存在集合 A, B 中的点, 而且集合 A, B 中的点分别在 L_1, L_2 的不同侧面.

如果 L, L_1, L_2 这些曲面是一般曲面, 那么这种支持向量机就是非线性支持向量机.

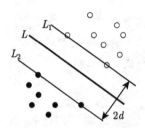

图 5.1.1 支持向量机的优化计算模型示意图

2. 支持向量机的计算要求

为了简单起见, 我们只讨论线性的支持向量机. 这时要求 L_1, L_2 是两个空间超平面, 它们分别在 L 平面的两侧, L, L_1, L_2 三平面保持平行. 而且要求 A, B 中的点分别在 L_1, L_2 平面的两侧.

为了讨论支持向量机的计算问题, 我们先讨论 R^n 空间中的超平面.

记 $L = L(w^n, o^n)$ 是 R^n 空间中的超平面, 其中 $w^n = (w_1, w_2, \cdots, w_n)$ 是该平面的法向量, $o^n = (o_1, o_2, \cdots, o_n)$ 是该平面上的一个固定点.

这时向量 $w^n \perp L (w^n$ 和平面 L 垂直).

记 $x^n = (x_1, x_2, \cdots, x_n)$ 是 R^n 空间中的任意点, 那么 $x^n \in L$ 的充分必要条件是

$$\langle w^n, x^n - o^n \rangle = \sum_{i=1}^{n} w_i(x_i - o_i) = 0. \tag{5.1.1}$$

这就是有 $w^n \perp (x^n - o^n)$(或 w^n 和 $x^n - o^n$ 垂直).

记 $y^n = (y_1, y_2, \cdots, y_n)$ 是 R^n 空间中的任意点, 称 $z^n \in L$ 是 y^n 在 L 中的投影点, 如果 $z^n \in L$, 而且 $y^n - z^n = \lambda w^n$. 这时有关系式 $z^n = y^n - \lambda w^n$ 成立.

在关系式 $y^n - z^n = \lambda w^n$ 中, 称 λw^n 为 y^n 关于 L 平面的投影向量.

其中 λ 是向量 y^n 和平面 L 的距离, 而 λ 的取值可正、可负, 当 λ 取正值时, y^n 在 w^n 的指向这一侧, 否则在另一侧.

5.1.2 支持向量机的学习目标和算法

由此可见, 支持向量机的学习目标和相应的算法如下.

1. 学习目标

如果 A, B 是 R^n 空间中的任意两个集合, 那么支持向量机的要求是寻找平面 $L = L(w^n, o^n)$, 该平面满足以下条件.

(1°) 集合 A, B 分别在平面 $L = L(w^n, o^n)$ 的不同两侧.

(2°) 如果记 $A \cup B$ 中所有的点为 $\{x_1^n, x_2^n, \cdots, x_m^n\}$. 这时记 λ_i 是 x_i^n 点到 L 平面的距离.

(3°) 这时关于距离函数 λ_i 的取值为 $\lambda_i > 0$，分别在 $x_i^n \in A$ 或 B 时.

因此支持向量机的学习目标是对固定的集合 $A, A \subset R^n$，寻找平面 $L = L(w^n)$，满足条件 (1°)—(3°)，而且使距离 $\lambda_L = \mathrm{Max}\{\lambda_i, i = 1, 2, \cdots, m\}$ 达到最大.

2. 算法分析

为实现支持向量机的这个学习目标，对它的算法构造分析如下.

R^n 空间中的平面 L 由它的 o^n 和法向量 w^n 确定，因此把它们的坐标

$$(o^n, w^n) = (o_1, o_2, \cdots, o_n, w_1, w_2, \cdots, w_n)$$

看作一组待定的参数. 这时 $L = L(o^n, w^n)$ 是一个待定平面.

在 $A \cup B$ 集合中的每个点 x^n 在待定平面 L 中可以产生它的投影点 $z^n = (z_1, z_2, \cdots, z_n)$，这时 z^n 应满足方程式

$$\begin{cases} \langle w^n, z^n - o^n \rangle = \sum_{i=1}^{n} w_i(z_i - o_i) = 0, \\ x_i - z_i = \lambda w_i \end{cases} \tag{5.1.2}$$

对任何 $i = 1, 2, \cdots, n$ 成立，其中 λ 是一个固定的参数.

方程组 (5.1.2) 具有 $n + 1$ 个未知数 $(z_1, z_2, \cdots, z_n, \lambda)$ 及 $n + 1$ 个方程，因此可以解出这些未知数.

在求出 z^n, λ 这些未知数时可以变动 o^n, w^n 的值，使它们满足条件 (1°)—(3°)，而且使距离 λ_L 达到最大.

在此计算过程中涉及超平面 L 的选择及多重线性方程组的求解问题. 因此存在许多问题需要做进一步的讨论.

5.1.3 支持向量机的求解问题

支持向量机的理论问题是对固定的集合 $A, B \subset R^n$，寻找它们的分隔 (或分割) 平面 $L = L(w^n, o^n)$，满足条件 (1°)—(3°)，并使 λ_L 达到最大.

1. 支持向量机的感知器理论

由此可见，支持向量机的模型和感知器理论十分相似.

支持向量机的学习目标实际上也是感知器的学习目标. 因此支持向量机有解的充分必要条件是相应的感知器模型 (包括学习目标) 是线性可分的.

但支持向量机的理论是感知器理论的深化. 这就是在支持向量机的学习目标中，不仅要寻找支持向量机的对固定的集合 $A, B \subset R^n$ 的分隔 (或分割) 平面 $L = L(w^n, o^n)$，而且要求参数 λ_L 达到最大.

在感知器理论中, 已经给出学习算法步骤 3.1.1 —— 算法步骤 3.1.3, 并且在定理 3.1.1 中已经证明, 如果集合 $A, B \subset R^n$ 是线性可分的, 那么由这个学习算法一定可以搜索找到这个分隔 (或分割) 平面 $L = L(w^n, o^n)$.

在感知器理论中, 虽然已经给出它的学习算法, 但并未保证这个参数 λ_L 一定达到最大.

2. 利用感知器理论来讨论支持向量机

为了寻找支持向量机的解, 可以有多种不同的方法, 如变分法的理论、凸闭包理论、感知器理论等.

如果集合 $A, B \subset R^n$, 记它们的凸闭包分别是 $\mathrm{Conv}(A), \mathrm{Conv}(B)$, 它们仍然是 R^n 空间中的集合, 对此有以下定理成立.

定理 5.1.1 集合 $A, B \subset R^n$ 是线性可分的充分必要条件是在它们的凸闭包 $\mathrm{Conv}(A), \mathrm{Conv}(B)$ 中无公共点.

3. 支持向量机的解

利用定理 3.1.1 可得到支持向量机的解, 有关运算算法步骤如下.

首先利用感知器的学习算法, 可以判定集合 A, B 是否可分. 这就是用学习算法步骤 3.1.1 —— 算法步骤 3.1.3, 如果能够收敛就可判定集合 A, B 是可分的, 否则就是不可分的.

如果判定集合 A, B 是可分的, 那么集合 $\mathrm{Conv}(A), \mathrm{Conv}(B)$ 是不相交的. 这时定义

$$d[\mathrm{Conv}(A), \mathrm{Conv}(B)] = \mathrm{Min}\{d(x^n, y^n), x^n \in \mathrm{Conv}(A), y^n \in \mathrm{Conv}(B)\}$$

$$d(A, B) = \mathrm{Min}\{d(x^n, y^n), x^n \in A, y^n \in B\}. \tag{5.1.3}$$

因为 A, B 都是有限集合, 所以存在两个点 $x^n \in A, y^n \in B$, 使 $d(x^n, y^n) = d(A, B)$ 成立.

由此得到支持向量机的解. $L = L(w^n, o^n)$, 其中 $\begin{cases} w^n = y^n - x^n, \\ o^n = \dfrac{x^n + y^n}{2}. \end{cases}$

5.2 支持向量机的求解问题

我们已经说明, 支持向量机是对感知器理论的进一步讨论, 在支持向量机中, 不仅具有目标分类的要求, 而且还有对参数取值的最大的要求. 因此对支持向量机的研究由三部分组成, 即它的优化模型、关于由约束条件所产生的空间结构分析、支持向量机中最优解的求解计算. 这种优化的问题和感知器理论结合有普遍意义, 因此我们对它作重点讨论.

5.2.1　感知器的解

对固定的集合 A, B, 如果它是可分的, 那么它的分隔 (或分割) 平面一定存在, 但不唯一. 现在讨论可能存在的所有解的问题.

1. 所有解的定义

定义 5.2.1　对固定集合 $A, B \subset R^n$, 引进一些定义.

称 $L = L(w^n, h)$ 是它们的一个分隔 (或分割) 平面, 如果它满足关系式

$$\begin{cases} \sum_{i=1}^{n} w_i x_i - h > 0, & x^n \in A, \\ \sum_{i=1}^{n} w_i x_i - h = 0, & x^n \in L, \\ \sum_{i=1}^{n} w_i x_i - h < 0, & x^n \in B, \end{cases} \quad (5.2.1)$$

其中第二个关系式可以看作 L 平面的定义式.

称 $\mathcal{L} = \mathcal{L}_{A,B}$ 是集合 A, B 的全体分隔 (或分割) 平面, 如果 $L \in \mathcal{L}$ 的充分必要条件是 (5.2.1) 式成立.

由此可见, 集合 A, B 的全体分隔 (或分割) 平面 $\mathcal{L}_{A,B}$ 是一个关于向量 $w^{n+1} = (w^n, h)$ 的集合, 它们的定义条件是 (5.2.1) 式成立.

2. 关于集合 $\mathcal{L} = \mathcal{L}_{A,B}$ 的性质

由集合 $\mathcal{L} = \mathcal{L}_{A,B}$ 的定义, 可以得到它的有关性质如下.

性质 5.2.1　如果 $L \in \mathcal{L}$ 是集合 A, B 的分隔 (或分割) 平面, 那么 $L \in \mathcal{L}$ 也是集合 $\mathrm{Conv}(A), \mathrm{Conv}(B)$ 的分隔 (或分割) 平面.

证明　(1) 如果 $L \in \mathcal{L}$, 那么对任何 $x^n, y^n \in A$, 有

$$\sum_{i=1}^{n} w_i z_i - h > 0, \quad z^n = x^n, y^n$$

成立, 这时对任何 $0 \leqslant \alpha \leqslant 1$, 必有

$$\alpha \left(\sum_{i=1}^{n} w_i x_i - h \right) + (1-\alpha) \left(\sum_{i=1}^{n} w_i y_i - h \right) > 0$$

成立, 因此有

$$\sum_{i=1}^{n} w_i \left[\alpha x_i + (1-\alpha) y_i \right] - h > 0$$

成立.

(2) 同样可以证明, 对任何 $x^n, y^n \in B$, 必有

$$\sum_{i=1}^n w_i[\alpha x_i + (1-\alpha)y_i] - h < 0$$

成立.

因此, 超平面 L 也是集合 $\mathrm{Conv}(A)$, $\mathrm{Conv}(B)$ 的分隔 (或分割) 平面. 命题得证.

3. 关于解平面的讨论

在定义 (5.2.1) 式中, 在 R^n 空间中的一个平面,

$$L = L(w^n, h): \quad \sum_{i=1}^n w_i x_i - h = 0, \quad 对任何 \quad x^n \in R^n. \tag{5.2.2}$$

对此平面的含义说明如下.

在 R^n 空间中, 关于平面的表示方法有多种, 如点法式 $L = L(o^n, w^n)$, 其中 L 中点 z^n 满足 (5.1.1) 式中的方程式.

(5.1.1) 式中的方程是 $\langle w^n, x^n - o^n \rangle = \sum_{i=1}^n w_i(x_i - o_i) = \sum_{i=1}^n w_i x_i - h = 0$, 其中 $h = \sum_{i=1}^n w_i o_i$.

因此 (5.2.1) 的平面方程式可以由 (5.1.1) 的点法式 $L = L(o^n, w^n)$ 导出, 这时称 (5.2.1) 的平面方程式为法截式.

4. 任意点在平面上的投影

现在讨论任意点 $x^n \in R^n$ 在平面 L 上的投影计算.

记 x^n 在平面 L 上的投影点为 $z^n \in L \subset R^n$, 它的计算过程如下.

平面 L 的点法式表示为 $L = L(o^n, w^n)$, 这时 x^n 在平面 L 上的投影点为 $z^n \in L \subset R^n$, 它的计算过程如下.

点 $z^n \in L$ 满足方程式 (5.1.2). 由该方程组可以得到

$$z_i = x_i - \lambda w_i, \quad i = 1, 2, \cdots, n,$$

将此关系代入 (5.1.2) 的第一式, 由此得到

$$\sum_{i=1}^n w_i(x_i - \lambda w_i - o_i) = A - \lambda |w^n|^2 - h = 0, \tag{5.2.3}$$

其中

$$A = \sum_{i=1}^n w_i x_i, \quad h = \sum_{i=1}^n w_i o_i, \quad |w^n|^2 = \sum_{i=1}^n w_i^2.$$

这些参数在平面 $L = L(o^n, w^n)$ 和 x^n 点给定时, 它们都是确定的.

由此解得支持向量机的求解问题是参数

$$\lambda = \lambda(o^n, w^n) = \frac{A - h}{|w|^2} = \frac{\displaystyle\sum_{i=1}^{n} w_i(x_i - o_i)}{\displaystyle\sum_{i=1}^{n} w_i^2} \tag{5.2.4}$$

在一定约束条件下的最大化问题.

5. 支持向量机的优化模型表示如下

支持向量机的求解问题的一般优化表示式为

$$\begin{cases} \text{最小、最大值:} \quad \lambda = \lambda(w^n, h|A, B) = \sum_{i=1}^{n} w_i x_i - h, \quad x^n \in A, B, \\ \text{约束条件 I:} \quad |w^n|^2 = \sum_{i=1}^{n} w_i^2 = 1, \\ \text{约束条件 II:} \quad \sum_{i=1}^{n} w_i x_i - h > 0, \quad \text{对任何 } x^n \in A, \\ \text{约束条件 III:} \quad \sum_{i=1}^{n} w_i x_i - h < 0, \quad \text{对任何 } x^n \in B. \end{cases} \tag{5.2.5}$$

(5.2.5) 的简化等价表示式为

$$\begin{cases} \text{最小、最大值:} \quad \lambda = \lambda(w^n, h|D) = \sum_{i=1}^{n+1} w_i x_i, \quad x^{n+1} \in D, \\ \text{约束条件 I:} \quad |w^n|^2 = \sum_{i=1}^{n} w_i^2 = 1, \\ \text{约束条件 II:} \quad \sum_{i=1}^{n+1} w_i x_i > 0, \quad \text{对任何 } x^{n+1} \in D, \end{cases} \tag{5.2.6}$$

其中 $w^{n+1} = (w^n, h), D = \{(x^n, -1), x^n \in A\} \cup \{(-x^n, 1), x^n \in B\}$.

(5.2.6) 式可继续简化, 相应的等价表示式为

$$\lambda_0 = \text{Sup}\left\{ \text{Min}\left[\lambda(w^n, h|D) = \sum_{i=1}^{n+1} w_i x_i, x^{n+1} \in D \right] \text{在 (5.2.6) 的约束条件下} \right\}, \tag{5.2.7}$$

其中 $w_{n+1} = h, x_{n+1} = -1$.

6. 支持向量机的求解问题是一个规划优化问题

当分隔 (或分割) 平面 $L = L(o^n, w^n)$ 固定时, 每个 $x^n \in D$ 中变化时, 求 λ 的最小值 $\lambda(o^n, w^n | D)$.

当分隔 (或分割) 平面 $L = L(o^n, w^n)$ 在区域 $\mathcal{L}_{A,B}$ 中变化时, 求 $\lambda(o^n, w^n | D)$ 的最大值的问题.

因此, 支持向量机的求解问题是一个在 (5.2.5) 或 (5.2.6) 的约束条件下, 求参数 λ 的最小、最大值问题的解. 这是一个线性规划问题.

这是一个典型的、和支持向量机结合的优化问题, 因此在此优化问题中, 除了采用经典的拉格朗日理论外, 还要采用对约束条件的感知器方法.

这就是支持向量机的求解问题, 也是一个支持向量机和优化问题的结合问题, 这正是我们对支持向量机作重点讨论的原因.

5.3 支持向量机的智能计算算法

本节将构造它的计算算法, 对这种算法要求具有智能化的特征, 这就是要求这种算法具有学习、训练的特征. 而且要求这种学习、训练运算具有收敛性, 它的收敛结果是该支持向量机的计算目标. 为此目的, 我们还要对支持向量机的结构原理和优化目标进行分析. 这个学习目标不仅要求实现它们的分类, 而且还要求和切割平面的距离达到最大. 因此, 对它的学习算法有一些特殊的要求.

5.3.1 关于集合 $\mathcal{L} = \mathcal{L}_{A,B}$ 的拓扑空间结构问题

为讨论支持向量机的拉格朗日方程的求解的问题, 需讨论集合 $\mathcal{L} = \mathcal{L}(D)$ 的拓扑空间结构问题.

集合 $\mathcal{L} = \mathcal{L}(D)$ 的表示

由以上讨论可以知道, 集合 $\mathcal{L} = \mathcal{L}(D)$ 是 R^{n+1} 空间中的区域, 它的向量是 $w^{n+1} = (w^n, h) \in \mathcal{L} \subset R^{n+1}$.

因为 R^{n+1} 是一个度量空间, 所以可以建立 $\mathcal{L}$ 区域的拓扑结构.

5.3.2 关于集合 $\mathcal{L} = \mathcal{L}_{A,B}$ 的构造

由以上的讨论, 我们就可给出集合 $\mathcal{L} = \mathcal{L}_{A,B}$ 的构造如下.

1. 集合 $\mathcal{L} = \mathcal{L}_{A,B}$ 的类型

依据集合 $\mathcal{L} = \mathcal{L}_{A,B}$ 的定义, 它的构造可以分别从关系式 (5.2.5), (5.2.6) 出发.

这就是我们可以分别从关系式 (5.2.5) 中的约束条件 II, III 出发, 或 (5.2.6) 中的约束条件 II 出发来构造集合 $\mathcal{L}$.

这就是在构造平面 $L = L(w^n, h)$ 时, 它可以分别满足关系式 (5.2.5) 中的约束条件 II, III 或 (5.2.6) 中的约束条件 II. 依据集合 A, B, D 的定义, 这两种要求是等价的.

这样我们就可构造平面集合 $\mathcal{L}$, 使它的每个 $L = L(w^n, h) \in \mathcal{L}$ 满足关系式 (5.3.6) 中的约束条件 II.

这就是构造平面 $L = L(w^n, h)$ 使 $\sum_{i=1}^{n} w_i x_i - h > 0$ 对任何 $x^n \in D$ 成立.

可以证明, (4) 中的这个条件等价于: 构造平面 $L = L(w^n, h)$ 使 $\sum_{i=1}^{n} w_i x_i - h > 0$ 对任何 $x^n \in \text{Conv}(D)$ 成立.

2. 集合 $\mathcal{L} = \mathcal{L}_{A,B}$ 的构造性质

定理 5.3.1   在构造平面 $L = L(w^n, h)$ 的过程中, 以下条件相互等价.

(1) (5.2.6) 式中的约束条件 II 成立.

(2) 构造平面 $L = L(w^n, h)$, 使 $\sum_{i=1}^{n} w_i x_i - h > 0$ 对任何 $x^n \in \text{Conv}(D)$ 成立.

(3) 存在 $\text{Conv}(D)$ 的边界面 δ 将集合 D 和零向量 ϕ^{n+1} 分隔 (或分割) 在该边界面的两侧.

在该定理中, 性质 (2), (3) 的等价性可参考定理 3.3.3, 定理 3.3.5 中的等价性条件即得.

3. 集合 $\mathcal{L} = \mathcal{L}_{A,B}$ 的构造

由此讨论即可得到集合 $\mathcal{L} = \mathcal{L}_{A,B}$ 的构造如下.

对固定的集合 A, B 或 D, 可以构造它们的凸闭包 $\text{Conv}(A), \text{Conv}(B), \text{Conv}(D)$.

感知器是线性可分的充分必要条件是零向量 ϕ^{n+1} 不在集合 $\text{Conv}(D)$ 中, 这时至少有一个 $\text{Conv}(D)$ 的边界面 δ, 把零向量 ϕ^{n+1} 和集合 $\text{Conv}(D)$ 分隔 (或分割). 由此定义

$$\begin{cases} \delta(D) = \{\delta : \text{凸闭包 Conv}(D) \text{ 的边界面,} \\ \qquad\qquad \text{把零向量 } \phi^{n+1} \text{ 和集合 } D \text{ 分隔的平面 } \}. \end{cases} \tag{5.3.1}$$

如果 δ 是把零向量 ϕ^{n+1} 和集合 $\text{Conv}(D)$ 分隔 (或分割) 一个边界面, 那么定义

$$\begin{cases} \mathcal{L}(\delta) = \{ \text{ 所有和 } \delta \text{ 平行, 而且把零向量 } \phi^{n+1} \\ \qquad\qquad \text{和集合 Conv }(D) \text{ 分隔 (或分割) 的平面 } \}. \end{cases} \tag{5.3.2}$$

由此得到区域 $\mathcal{L}(D)$ 的构造

$$\mathcal{L}(D) = \{\mathcal{L}(\delta), \delta \in \delta(D)\}. \tag{5.3.3}$$

4. 支持向量机的解

对给定的集合 A, B 或 D, 如果它们的感知器是线性可分的, 那么就可得到它们的支持向量机的解 $\lambda(D)$ 如下.

由 (5.3.1) 得到凸闭包 $\mathrm{Conv}(D)$ 的边界面集合 $\delta(D)$, 其中的边界面只有有限多个, 记为 $\delta_1, \delta_2, \cdots, \delta_\tau$.

对每个 $\delta_\tau, \in \delta(D)$, 按 (5.3.2) 可以构造 $\mathcal{L}_{\tau'} = \mathcal{L}(\delta_{\tau'})$.

在 $\mathcal{L}_{\tau'} = \mathcal{L}(\delta_{\tau'})$ 中, 必存在一个平面 $L_{\tau'} \in \mathcal{L}_{\tau'}$, 该平面经过零向量 ϕ^{n+1} 点.

这时 $\mathrm{Conv}(D)$ 和 $\mathcal{L}_{\tau'}$ 的最小距离是 $\delta_{\tau'}$ 平面和 $L_{\tau'}$ 平面的距离 $\lambda_{\tau'}$.

在各 $\lambda_{\tau'}(\tau' = 1, 2, \cdots, \tau)$ 的距离中, 它们的最小值 λ_0 就是支持向量机所要求的解.

由此可见, 由感知器理论的讨论就可获得支持向量机的解.

5.3.3 计算算法中的等价关系

在支持向量机的计算过程中, 给出了两个不同的计算公式, 即 (5.2.5), (5.2.6), 在讨论支持向量机的计算算法前需证明这两个计算公式的等价性.

(5.2.7) 式给出了关于参数 λ 在 (5.2.6) 式最优解的等价表示式 λ_0. (5.2.5) 式也同样存在它的最优解的等价表示式

$$\lambda_1 = \mathrm{Sup}\left\{\mathrm{Min}\left[\lambda(x^n|(w^n, h), x^n \in A, B\right] \text{ 在 (5.2.5) 的约束条件下}\right\}, \quad (5.3.4)$$

其中 $\lambda(x^n|(w^n, h) = \sum_{i=1}^n w_i x_i - h$.

现在证明关系式 $\lambda_1 = \lambda_0$ 成立.

因为 λ_0, λ_1 都是对向量 w^n, x^n 求最小、最大值, 所以我们先要证明: 对任何固定的一个 $w^{n+1} = (w^n, h)$, 都有

$$\begin{cases} \lambda(w^{n+1}) = \mathrm{Min}\left\{\lambda(w^n, h|A, B) : x^n \in A \cup B\right\} \\ \quad = \lambda(w^{n+1}) = \mathrm{Min}\left\{\lambda(w^{n+1}|D) : x^{n+1} \in D\right\} \end{cases} \quad (5.3.5)$$

成立, 其中 $w^{n+1} = (w^n, h)$.

为证 (5.3.4) 式, 我们只要注意到 $\lambda(w^n|A, B), \lambda(w^{n+1}|D)$ 的计算公式相同, 而且 $D = \{(x^n, -1), x^n \in A\} \cup \{(-x^n, 1), x^n \in B\}$.

在 (5.2.4) 式成立的条件下, 又有 $\mathcal{L}_{A,B} = \mathcal{L}(D)$ 成立, 这时 $\mathcal{L}_{A,B}, \mathcal{L}(D)$ 分别是满足 (5.2.5) 中约束条件 II, III 及满足 (5.2.6) 中约束条件 II 的全体超平面 $L = L(w^n, h)$.

由 λ_0, λ_1 的定义, 可以得到它们一定相等.

5.3.4   支持向量机的计算算法

这样我们就可给出支持向量机的递推学习计算算法. 因为 $\lambda_1 = \lambda_0$, 所以可以用集合 D 计算 λ_0.

算法步骤 5.3.1   对固定的学习目标 D 用感知器的学习算法计算它的切割平面 $L = L(w^n, h)$. 如果该学习算法收敛, 那么存在一个切割平面 $L = L(w^n, h)$, 该平面将学习目标集合 D 和零向量 ϕ^{n+1} 分隔 (或分割).

如果这个切割平面 $L = L(w^n, h)$ 不存在 (学习算法不收敛), 那么该支持向量机无解.

算法步骤 5.3.2   如果这个切割平面 $L = L(w^n, h)$ 存在 (学习算法收敛), 那么零向量 ϕ^{n+1} 不在集合 D 的凸闭包 $\mathrm{Conv}(D)$ 中. 这时存在一组边界面 $\delta(D)$, 对其中任何 $\delta \in \delta(D)$, 都能将凸闭包 $\mathrm{Conv}(D)$ 和零向量 ϕ^{n+1} 分隔 (或分割).

记 $\delta(D)$ 是凸闭包 $\mathrm{Conv}(D)$ 的全体边界面, 它是一个有限的平面集合, 对它的搜索计算算法在算法步骤 5.3.5 中给出.

算法步骤 5.3.3   对已经得到的 $\delta(D)$, 寻找集合 $\delta_0(D)$, 对其中的每个 $\delta \in \delta_0(D)$ 将凸闭包 $\mathrm{Conv}(D)$ 和零向量 ϕ^{n+1} 分隔 (或分割). 由此得到凸闭包 $\mathrm{Conv}(D)$ 的全体边界面的集合 $\delta_0(D)$.

算法步骤 5.3.4   对已经得到的 $\delta_0(D)$, 对其中的每个 $\delta \in \delta_0(D)$, 计算该平面和零向量 ϕ^{n+1} 之间的距离 λ_δ.

并比较 $\lambda_\delta, \delta \in \delta_0(D)$ 的大小, 其中最大的 λ_δ 和它所对应的 δ 平面就是支持向量机所要求的分隔 (或分割) 平面 (或该支持向量机的解).

算法步骤 5.3.5   在计算算法步骤 5.3.1 — 算法步骤 5.3.4 的计算中, 对其中涉及有关的计算问题说明如下.

我们已经给出, 在 R^n 空间中, 具有法向量 w^n, 过点 o^n 的超平面是

$$
\begin{aligned}
L = L(w^n, o^n) &= \left\{ x^n : \langle w^n, x^n - o^n \rangle = \sum_{i=1}^n w_i(x_i - o_i) = 0 \right\} \\
&= \left\{ x^n : \sum_{i=1}^n w_i x_i - h = 0 \right\},
\end{aligned}
\tag{5.3.6}
$$

其中 $h = \sum_{i=1}^n w_i o_i$.

如果 $x_j^n = (x_{j,1}, x_{j,2}, \cdots, x_{j,n})(j = 1, 2, \cdots, n - 1)$ 是 R^n 空间中的 $n - 1$ 个点, 那么由它们确定超平面 L 的法向量 w^n 满足方程式

$$
\begin{cases}
\displaystyle\sum_{i=1}^n w_i x_{j,i} = 0, \quad j = 1, 2, \cdots, n - 1, \\
\displaystyle\sum_{i=1}^n w_i^2 = 1.
\end{cases}
\tag{5.3.7}
$$

如果 $x_j^n (j = 1, 2, \cdots, n-1)$ 是 R^n 空间中一组线性无关的向量, 那么该法向量 w^n 唯一确定.

而且对任何一个向量 x_j^n 可以确定平面 $L = L(w^n, x_j^n)$. 该平面以 w^n 为法向量, 而且对不同的 $j = 1, 2, \cdots, n-1$, 所产生的平面相同.

如果 $D = \{x_j^n, j = 1, 2, \cdots, m\}$, 而且 $m > n$, 那么在 D 中任意取 $n-1$ 个点 $D(n-1) = \{x_{j_k}^n, k = 1, 2, \cdots, n-1\}$, 这些点互不相同, 如果它们线性无关, 就可确定平面 $L(D_{n-1})$.

如果集合 D 在平面 $L(D_{n-1})$ 的同一侧, 那么平面 $L(D_{n-1})$ 就是凸闭包 $\mathrm{Conv}(D)$ 的一个边界面.

如果 $L = L(w^n, o^n)$ 是一个固定的平面 (法、点式), y^n 是 R^n 空间中的任意点, 记 z^n 是 y^n 在 L 平面中的投影点, 那么 z^n 满足方程式

$$
\begin{cases}
\langle w^n, z^n - o^n \rangle = \sum_{i=1}^{n} w_i(z_i - o_i) = \sum_{i=1}^{n} w_i z_i - h = 0, \\
y^n - z^n = \lambda w^n,
\end{cases}
\tag{5.3.8}
$$

其中 λ 是一个待定参数, 它表示 y^n 点到 $L(w^n, o^n)$ 平面的距离和方向 (如果 $y^n - z^n$ 和 w^n 的方向相同, 那么 λ 取正值, 否则为负值).

因此 (5.3.7) 是一个具有 n 个变量和方程的方程组. 在 $y^n, L = L(w^n, o^n)$ 确定的条件下, 可以解出 z^n, λ 的值.

由算法步骤 5.3.5 中的各计算公式可以确定算法步骤 5.3.1 — 算法步骤 5.3.4 中的各计算过程. 由此即可实现支持向量机的计算目标.

我们已经说明, 支持向量机的计算目标是一种线性规划的优化目标, 因此这种计算方法可以推广到一般线性规划的计算过程中去.

第6章　多层次、多输出感知器及其深度学习算法

多层次、多输出感知器是感知器模型和理论的推广, 它们可实现多目标和更复杂学习目标的分类, 我们给出三种不同的类型的学习目标, 其中包括基本分类和深度、卷积分类计算算法. 在本章中我们讨论并给出它们的这些模型、学习目标、算法和收敛性定理.

6.1　多输出感知器

我们已经对感知器的模型、学习目标、算法给出了许多讨论, 它的主要特征是实现二目标的分类和学习计算. 感知器的推广是**多输出感知器**的模型和理论, 这是实现多目标分类的模型和理论. 在本节中, 我们讨论和分析这种模型和理论.

6.1.1　二输出的感知器模型

为了简单起见, 先考虑四目标、二输出的感知器的问题.

1. 二输出、四目标的感知器模型

图 6.1.1 由 (a), (b) 两图组成, 它们都是四目标、二神经元的分类, 其中 (b) 是四目标的模糊分类示意图.

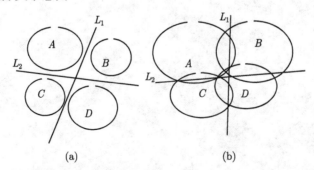

图 6.1.1　四目标、二神经元的分类结构示意图

对此模型的数学表达如下.

二输出感知器就是有两个神经元的感知器模型. 它们的整合、分类平面可用

$$L_\tau = L(w_\tau^n, h_\tau), \quad \tau = 1, 2 \tag{6.1.1}$$

表达, 其中 $w_\tau^n = (w_{\tau,1}, w_{\tau,2}, \cdots, w_{\tau,n}), \tau = 1, 2.$

四目标的分类模型是在 R^n 空间中有四个不同的集合 A, B, C, D, 其中的向量分别为

$$x_\theta^n = (x_{\theta,1}, x_{\theta,2}, \cdots, x_{\theta,n}), \quad \theta = a, b, c, d. \tag{6.1.2}$$

二输出、四目标的感知器的分类问题就是用 L_1, L_2 平面, 将这四个目标进行分隔 (或分割). 它们的数学模型是

$$\begin{cases} \mathrm{Sgn}\left(\sum_{i=1}^n w_{1,i} x_{a,i} - h_1\right) = 1, \\ \mathrm{Sgn}\left(\sum_{i=1}^n w_{2,i} x_{a,i} - h_2\right) = 1, \end{cases} \begin{cases} \mathrm{Sgn}\left(\sum_{i=1}^n w_{1,i} x_{b,i} - h_1\right) = 1, \\ \mathrm{Sgn}\left(\sum_{i=1}^n w_{2,i} x_{b,i} - h_2\right) = -1, \end{cases}$$

$$\begin{cases} \mathrm{Sgn}\left(\sum_{i=1}^n w_{1,i} x_{c,i} - h_1\right) = -1, \\ \mathrm{Sgn}\left(\sum_{i=1}^n w_{2,i} x_{c,i} - h_2\right) = 1, \end{cases} \begin{cases} \mathrm{Sgn}\left(\sum_{i=1}^n w_{1,i} x_{d,i} - h_1\right) = -1, \\ \mathrm{Sgn}\left(\sum_{i=1}^n w_{2,i} x_{d,i} - h_2\right) = -1. \end{cases} \tag{6.1.3}$$

这就是二输出、四目标的感知器分类方程.

2. 二输出、四目标感知器的等价方程

由 (6.1.3) 的分类方程可以得到它的一系列等价方程如下.

等价方程之一是不等式方程组如下

$$\begin{cases} \sum_{i=1}^n w_{1,i} x_{a,i} - h_1 > 0, \\ \sum_{i=1}^n w_{2,i} x_{a,i} - h_2 > 0, \end{cases} \begin{cases} \sum_{i=1}^n w_{1,i} x_{b,i} - h_1 > 0, \\ \sum_{i=1}^n w_{2,i} x_{b,i} - h_2 < 0, \end{cases}$$

$$\begin{cases} \sum_{i=1}^n w_{1,i} x_{c,i} - h_1 < 0, \\ \sum_{i=1}^n w_{2,i} x_{c,i} - h_2 > 0, \end{cases} \begin{cases} \sum_{i=1}^n w_{1,i} x_{d,i} - h_1 < 0, \\ \sum_{i=1}^n w_{2,i} x_{d,i} - h_2 < 0. \end{cases} \tag{6.1.4}$$

继续简化方程组 (6.1.4), 这时取

$$w_\tau^{n+1} = (w_\tau^n, h_\tau), \quad \tau = 1, 2; \quad x_\theta^{n+1} = (x_\theta^n, -1), \quad \theta = a, b, c, d. \tag{6.1.5}$$

那么方程组 (6.1.4) 就可简化为

$$\langle w_\tau^{n+1}, x_\theta^{n+1} \rangle = \sum_{i=1}^{n+1} w_{\tau,i} x_{\theta,i} \begin{cases} > 0, & (\tau,\theta) = (1,a),(2,a),(1,b),(2,c), \\ < 0, & (\tau,\theta) = (2,b),(1,c),(1,d),(2,d). \end{cases} \qquad (6.1.6)$$

如果建立函数 $\delta(\tau,\theta) = \begin{cases} 1, & (\tau,\theta) = (1,a),(2,a),(1,b),(2,c), \\ -1, & (\tau,\theta) = (2,b),(1,c),(1,d),(2,d), \end{cases}$ 那么有

$$\begin{cases} \delta(\tau,\theta)\langle w_\tau^{n+1}, x_\theta^{n+1} \rangle = \delta(\tau,\theta)\left(\sum_{i=1}^{n+1} w_{\tau,i} x_{\theta,i} \right) > 0, \\ \sum_{i=1}^{n+1} \delta(\tau,\theta) w_{\tau,i} x_{\theta,i} > 0, \end{cases} \quad \tau = 1,2, \theta = a,b,c,d. \quad (6.1.7)$$

由此引进数据阵列 $\bar{\delta} = [\delta(\tau,\theta)]_{\tau=1,2,\,\theta=a,b,c,d}$,

$$\bar{\delta} = \begin{pmatrix} \theta = & a & b & c & d \\ \tau = 1 & 1 & 1 & -1 & -1 \\ \tau = 2 & 1 & -1 & 1 & -1 \end{pmatrix} = \begin{pmatrix} a & b & c & d \\ (1,1) & (1,-1) & (-1,1) & (-1,-1) \\ 0 & 1 & 2 & 3 \end{pmatrix}.$$

$$(6.1.8)$$

其中右边矩阵中的第 2 行是左边矩阵列向量的转置, 而右边矩阵中的第 3 行是第 2 行向量的二进制表示.

这时称数据阵列 $\bar{\delta} = [\delta(\tau,\theta)]_{\tau=1,2,\,\theta=a,b,c,d}$ 是二输出、四目标感知器状态编号的数据阵列.

6.1.2　二输出、四目标感知器的学习算法

这样我们就可得到二输出、四目标感知器的学习、训练算法, 有关计算算法步骤如下.

算法步骤 6.1.1　对一个具有二输出、四目标的感知器, 首先确定它们的输出编号和分类目标编号 (τ,θ).

算法步骤 6.1.2　对这个二输出、四目标感知器, 在确定它们的输出和分类目标编号 (τ,θ) 后, 按关系式 (6.1.8) 确定它们的数据阵列 $\bar{\delta} = [\delta(\tau,\theta)]_{\tau=1,2,\,\theta=a,b,c,d}$.

算法步骤 6.1.3　按算法步骤 6.1.1, 算法步骤 6.1.2 中的计算过程, 对 (6.1.4) 式中计算, 采用

$$\delta(\tau,\theta)w^{n+1}(t+1) = \delta(\tau,\theta)w^{n+1}(t) + \lambda_t \cdot x^{n+1}(t) \qquad (6.1.9)$$

的计算式, 其中 τ,θ 是使 $\langle w^{n+1}(t), x^{n+1} \rangle < 0$ 的值, 而 $w^{n+1}(t)$ 是第 τ 个感知器的权向量, x^{n+1} 是第 θ 个学习目标中的向量.

算法步骤 6.1.4　　按算法步骤 6.1.3 的学习过程, 对向量 $w^{n+1}(t)$ 不断修正, 直到方程组 (6.1.7) 全部成立为止.

仿照感知器学习算法的收敛性定理, 我们同样可以证明, 如果这个二输出、四目标感知器是可解的 (方程组 (6.1.7) 的解是存在的), 那么这个学习算法一定是收敛的 (在有限步的计算条件下), 方程组 (6.1.7) 中的关系式全部成立.

6.2　一般多输出感知器系统

一般多输出、多目标分类的感知器系统简称为**多输出感知器系统**.

我们已经给出了二输出、四目标的感知器模型和它的学习、训练算法, 这些结果即可推广到一般多输出感知器的情形. 这就是它具有 k 个输出, 它就可实现 $m = 2^k$ 个学习目标的分类计算. 对这种模型同样可以用一不等式方程组求解来表示, 并存在相应的学习、训练算法.

6.2.1　多输出感知器的模型构造

多输出感知器系统是由多个输入和输出神经元所组成的系统, 该系统结构如图 6.2.1 所示.

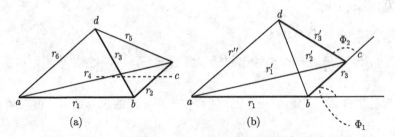

图 6.2.1　一般多输入、多输出 (多神经元) 的结构示意图

1. 图 6.2.1 中的结构和有关记号

该系统的神经元由二层次结构组成, 其中第一层次由 n 个变量组成 (它们可以是由神经元产生的数据, 也可以是一般输入数据).

它们的状态记为 $x^n = (x_1, x_2, \cdots, x_n)$, $x_i \in R\,(i = 1, 2, \cdots, n)$.

第二层由 k 个神经元组成, 它们的状态分别记为 $y^k = (y_1, y_2, \cdots, y_k)$, $y_j \in X = \{-1, 1\}$.

由此第二层中的神经元是对第一层数据的一种分类.

第二层中的神经元记为 $c^k = (c_1, c_2, \cdots, c_k)$, 其中 c_j 表示一个神经元.

由此 NNS (n, k) 是一个具有 n 个输入变量和 k 个神经元的信息处理系统, 或是一个二层次的感知器系统, 其中第一层次是输入变量, 而第二层次是由多个感知器组成的感知器系统.

2. 多输出 NNS 的运算函数

神经元 (或感知器) c_j 的运算式记为 $g_j[x^n|(w_j^n, h_j)]$, 其中 $w_j^n = (w_{j,1}, w_{j,2}, \cdots, w_{j,n})$ 是感知器 c_j 和输入变量连接的权向量.

这时称 h_j 是感知器 c_j 的阈值. 这时称 (w_j^n, h_j) 是感知器 c_j 的参数向量.

神经元 c_j 的运算式

$$g_j[x^n|(w_j^n, h_j)] = \mathrm{Sgn}\{u(x^n|w_j^n) - h_j\}, \tag{6.2.1}$$

其中 $u[x^n|(w_j^n)] = \langle x^n, w_j^n \rangle = \sum_{i=1}^n w_{j,i} x_i$.

由 n 个神经元组成, 它们的状态分别记为 $x_i \in R, i = 1, 2, \cdots, n$.

因此该层次神经元的状态向量是 $x^n = (x_1, x_2, \cdots, x_n) \in R^n$, 我们把这个状态看作该系统的输入状态向量.

系统的第二层由 k 个神经元组成, 它们的状态记为 $y^k = (y_1, y_2, \cdots, y_k)$, 这是一个二进制的向量, 其中 $y_\tau \in X = \{-1, 1\}, \tau = 1, 2, \cdots, k$.

因此该系统是由 n 个输入、k 个输出的 NNS(或多输出的感知器系统), 对该系统记为 NNS(n, k).

3. NNS(n, k) 的参数系统

因为 NNS(n, k) 是一个多输出的感知器系统, 所以可以建立该模型的参数系统如下.

在该系统的输入和输出神经元之间存在一个连接的权阵列和阈值向量

$$\begin{cases} W = (w_{i,\tau})_{i=1,2,\cdots,n,\ \tau=1,2,\cdots,k}, \\ h^k = (h_1, h_2, \cdots, h_k). \end{cases} \tag{6.2.2}$$

这时输出神经元对输入信号的整合函数是

$$u_\tau(x^n) = \sum_{i=1}^n w_{i,\tau} x_i, \quad x^n = (x_1, x_2, \cdots, x_n) \in R^n, \quad \tau = 1, 2, \cdots, k. \tag{6.2.3}$$

这时 k 个输出神经元的输出状态是

$$y_\tau[x^n|(W, h^k)] = \mathrm{Sgn}\left(\sum_{i=1}^n w_{i,\tau} x_i - h_\tau\right), \quad \tau = 1, 2, \cdots, k, \tag{6.2.4}$$

其中 h_τ 是第 τ 个输出神经元的阈值函数.

这时当 $u \geqslant h$ 相应的神经元进入兴奋状态, 否则是抑制状态.

由此形成一个具有 n 个输入、k 个输出的 NNS, 记此为 $\text{NNS}(n,k) = \text{NNS}(W, h^k)$, 其中 (W, h^k) 如 (6.2.2) 式定义, 并称之为该 NNS 的参数向量.

相应的多输出感知器模型记为

$$g^k[x^n|(W, h^k)] = (g_1[x^n|(W, h^k)], g_2[x^n|(W, h^k)], \cdots, g_k[x^n|(W, h^k)]),$$

其中

$$g_\tau[x^n|(W, h^k)] = \text{Sgn}\left(\sum_{i=1}^n w_{i,\tau} x_i - h_\tau\right), \quad \tau = 1, 2, \cdots, k. \tag{6.2.5}$$

6.2.2 多输出感知器的学习、分类问题

一个多输出的感知器 NNS (n, k), 它的学习、分类目标有多种不同的类型.

1. 简单分类

对此定义如下.

定义 6.2.1 (关于多输出感知器 $\text{NNS}(n,k)$ 的学习、分类目标 (I) 的定义) 记 $A^k = (A_1, A_2, \cdots, A_k)$, $B^k = (B_1, B_2, \cdots, B_k)$ 分别是 R^n 空间中的两组集合.

称多输出感知器 $\text{NNS}(n,k)$ 实现对学习目标 (A^k, B^k) 的分类, 如果以下关系式成立.

$$g_\tau[x^n|(W, h^\tau)] = \begin{cases} 1, & x^n \in A_\tau, \\ -1, & x^n \in B_\tau, \end{cases} \quad \tau = 1, 2, \cdots, k. \tag{6.2.6}$$

称这种分类方式是**多输出感知器对多重学习目标 (A^k, B^k) 的简单分类**.

这时称这种多输出感知器的多重学习目标 (A^k, B^k) 是线性可分的, 如果对每一对 (A_τ, B_τ) $(\tau = 1, 2, \cdots, k)$ 是线性可分的.

2. 编码分类

定义 6.2.2 (关于多输出感知器 $\text{NNS}(n,k)$ 的学习、分类目标 (II) 的定义) **多输出感知器的编码分类**的定义如下.

记 $A^m = (A_1, A_2, \cdots, A_m)$ 是 R^n 空间中的一组集合, $A = \bigcup_{j=1}^m A_j$ 是 $\text{NNS}(n,k)$ 的输入信号集合.

记 $A^m = (A_1, A_2, \cdots, A_m)$ $(m \leqslant 2^k)$ 中的每个集合 A_j, 作它的二进制编号为

$$j = (a'_{j,1}, a'_{j,2}, \cdots, a'_{j,k}) = \sum_{\tau=1}^k a'_{j,\tau} 2^{\tau-1} \in \{1, 2, \cdots, m = 2^k\}, \tag{6.2.7}$$

其中 $a'_{j,\tau} \in \{0,1\}$. 因此, 其中 $(a')_j^k = (a'_{j,1}, a'_{j,2}, \cdots, a'_{j,k})$ 是数 j 的二进制表示式. 它们之间相互唯一确定.

我们将在附录的记号中说明, 在二进制集合 $X' = \{0,1\}$ 和 $X = \{-1,1\}$ 存在 1 - 1 对应关系, 因此 (6.2.6) 式中的 $a'_{j,2} \in X'$ 也可用 $a_{j,2} \in X$ 表示, 其中 $a_{j,2} = 2(a_{j,2} - 1/2)$.

例如, 在 $k = 4, m = 16$ 时, 在整数 j 的二进制数的表示关系中, 关于二进制表示式 $a_{j,\tau}, a'_{j,\tau}$ 的取值如表 6.2.1 所示.

表 6.2.1　整数 j 的二进制数的表示关系表

j 的取值	0	1	2	3	4	5	6	7	8	9	10	11	12	13	14	15
$a'_{j,1}$	0	1	0	1	0	1	0	1	0	1	0	1	0	1	0	1
$a'_{j,2}$	0	0	1	1	0	0	1	1	0	0	1	1	0	0	1	1
$a'_{j,3}$	0	0	0	0	1	1	1	1	0	0	0	0	1	1	1	1
$a'_{j,4}$	0	0	0	0	0	0	0	0	1	1	1	1	1	1	1	1
$a_{j,1}$	−1	1	−1	1	−1	1	−1	1	−1	1	−1	1	−1	1	−1	1
$a_{j,2}$	−1	−1	1	1	−1	−1	1	1	−1	−1	1	1	−1	−1	1	1
$a_{j,3}$	−1	−1	−1	−1	1	1	1	1	−1	−1	−1	−1	1	1	1	1
$a_{j,4}$	−1	−1	−1	−1	−1	−1	−1	1	1	1	1	1	1	1	1	1

其中 $a'_{j,\tau}$ 和 $a_{j,\tau}$ 是不同二进制的表示式, 它们相互确定.

这时对每一个 $x^n \in A$, 必有一个正整数 $j = 1, 2, \cdots, m$, 使 $x^n \in A_j$, 对于这个参数 j, 这时多输出感知器的输出向量是

$$g^k[x^n|(W, h^k)] = \delta_j^k = \begin{cases} 1, & x^n \in A_j, \\ -1, & \text{否则}, \end{cases} \tag{6.2.8}$$

其中 $\delta_j^k \in X^k$ 是在 $X = \{-1,1\}$ 中取值的向量.

3. 卷积分类

在定义 6.2.2 的编码分类中, 如果能够利用每次分类的信息, 由此产生第三种分类方式, 对此定义如下.

定义 6.2.3 (关于多输出感知器 NNS(n,k) 的学习、分类目标 (III) 的定义)　**多输出感知器的卷积分类算法**是在定义 6.2.2 的基础上的分类计算, 有关定义如下.

在定义 6.2.2 中, 对集合组 $A^m = (A_1, A_2, \cdots, A_m)$ 形成一个二进制的编码, 这时记 A_j 是一个二进制的编号, 其中 j 的编号如 (6.2.7) 式所示.

这时对 A^m 中的每个集合 A_j 可以对它的下标作二进制的编号, 使 (6.2.7) 式成立. 这时正整数 j 和向量

$$(a')_j^k = (a'_{j,1}, a'_{j,2}, \cdots, a'_{j,k})$$

相互唯一确定, 其中 $a'_{j,\tau} \in \{0,1\}$.

我们已经说明, 向量 $(a')_j^k$ 也可用向量 $a_j^k = (a_{j,1}, a_{j,2}, \cdots, a_{j,k})$ 表示, 其中 $a_{j,\tau} = 2(a'_{j,\tau} - 1/2) \in \{-1, 1\}$. 这时正整数 j、向量 $(a')_j^k$, a_j^k 相互唯一确定.

由此得到关于集合组 $A^m = (A_1, A_2, \cdots, A_m)$ 的一个卷积分类

$$A_{a^\tau} = \bigcup \{A_j, a_j^\tau = a^\tau\}, \quad \tau = 1, 2, \cdots, k, \tag{6.2.9}$$

其中 $a^\tau \in X^\tau$ 是一个二进制的向量, 而 $a_j^\tau \in X^\tau$ 是一个由 j 确定的二进制向量.

由此产生关于集合组 $A^m = (A_1, A_2, \cdots, A_m)$ 的一个卷积分类

$$A = \bigcup_{j=1}^m A_j \left\{ \begin{array}{l} \to A_{-1}, \\ \to A_1, \end{array} \right. \quad A_{a_1} \left\{ \begin{array}{l} \to A_{a_1,-1}, \\ \to A_{a_1,1}, \end{array} \right. \quad A_{a_1 a_2} \left\{ \begin{array}{l} \to A_{a_1 a_2,-1}, \\ \to A_{a_1 a_2,1}, \end{array} \right. \quad \cdots, \tag{6.2.10}$$

4. 卷积分类的计算

第二层感知器中的神经元 $c_1, c_2, \cdots, c_k$ 分别对 (6.2.10) 式中的集合关系作分类计算.

其中神经元 c_1 对集合 A 中的子集合进行分类计算, 该神经元的计算式是 $g_1[x^n|(w_1^n, h_1)]$, 它的分类结果是

$$g_1[x^n|(w_1^n, h_1)] = a_1, \quad x^n \in A_{a_1}. \tag{6.2.11}$$

神经元 c_2 在 c_1 的基础上继续对集合 A 中的子集合进行分类计算, 该神经元的计算式是 $g_2[x^n|(w_{a_1,2}^n, h_{a_1,2})]$, 它的分类结果是

$$g_2[x^n|(w_{a_1,2}^n, h_{a_1,2})] = a_2, \quad x^n \in A_{a_1,a_2}. \tag{6.2.12}$$

以此类推, 这时神经元 c_τ 在 $c_{\tau-1}$ 的分类基础上继续对集合 A 中的子集合进行分类计算, 该神经元的计算式是 $g_\tau[x^n|(w_{a^\tau}^n, h_{a^\tau})]$, 它的分类结果是

$$g_\tau[x^n|(w_{a^\tau}^n, h_{a^\tau})] = a_\tau, \quad x^n \in A_{a^\tau}. \tag{6.2.13}$$

由此产生的一个多层次、多输出的感知器, 它可以实现 (6.2.9) 式中的一系列卷积分类的计算.

这就是第 III 类学习目标和它的分类计算过程, 卷积分类的计算过程.

6.2.3 关于多层次、多输出感知器的学习算法

对于多层次、多输出感知器, 我们已经给出了它们的三种不同类型的分类目标, 因此就有不同的学习、训练算法和它们的收敛性问题.

在多层次、多输出感知器中, 它们的分类目标虽然不同, 但在第二层次的 k 个感知器中, 它的学习目标都是相同的.

这就是每个感知器的学习目标都是实现对不同集合 $A, B \subset X^n$ 的分类. 因此它们的等价方程、算法步骤、收敛性定理都是相同的.

1. 等价方程、算法步骤、收敛性定理的表示

等价方程, 即方程组 (3.1.2), (3.1.3) 中的两方程组分别和方程组 (6.1.6) 等价.

算法步骤, 即算法步骤 6.1.1—算法步骤 6.1.3 都是相同的.

收敛性定理, 即定理 3.1.1 的结论也是相同的.

2. 集合 $A, B \subset X^n$ 的不同表述

在多层次、多输出的感知器模型中, 在它们的三种不同的学习目标中, 对每个感知器要实现的, 关于集合 $A, B \subset X^n$ 的分类问题是不同的.

这时关于集合 $A, B \subset X^n$ 在这些不同的情况下有不同的表述方式. 由此产生不同的等价方程、算法步骤、收敛性定理. 对其中的有关记号和性质我们不再一一说明.

同样在多层次、多输出感知器中, 当它们的分类目标不同时, 同样存在它们的线性可分性理论和计算复杂度的问题.

这些问题也都是感知器理论的推广, 对其中的这些问题、记号和性质我们也不一一说明.

多输出感知器理论是感知器理论的简单推广, 它们在学习目标上虽然可以产生多种不同的类型, 但是在它们的等价性方程、学习算法、收敛性定理、线性可分性理论方面都是感知器理论的简单推广. 因此我们不再作一一的详细说明和讨论. 读者只要已知这些分类目标的具体规定, 就可得到相应的记号、性质和结果.

6.3　多输出模糊感知器理论和图像识别问题

在 4.1 节中我们已经给出模糊感知器在图像识别中的应用, 这是最简单的图像识别问题. 现在继续这种讨论, 这就是大批图像的模糊分类问题.

图像的信息处理问题是智能计算中的重要组成部分, 它有许多类型和方法. 如动态、静态、黑白、彩色等不同类型, 在处理方法上也有分类、识别、压缩、特征提取等不同类型.

在本节中不全面讨论这些问题, 而只讨论图像在多输出感知器中的模糊分类问题. 所谓模糊分类问题就是指在作图像识别和分类时, 可以允许有一定的分类误差存在. 因此这种模糊分类问题就是模糊感知器理论的推广和应用. 现在就是要把模糊感知器理论推广到多层次、多输出的感知器的情形, 由此建立在大规模图像处理问题中具有模糊特征和 NNS 的理论、方法和应用.

在本节中我们讨论并构建这种理论, 并称此为模糊的 NNS 理论.

6.3.1 图像和图像分类、识别系统

在多输出感知器理论中, 我们给出了三种不同的学习、分类方式 I, II, 它们分别是简单分类、编码分类和卷积分类, 它们都有各自的学习目标、学习、训练的计算方法和收敛性定理. 因此图像和图像分类、识别系统也有相应的三种不同的类型.

1. 多输出多层次的模糊感知器理论

在多输出多层次的理论中, 和它们的学习算法相似, 这些理论最终归结为单个感知器的学习、训练问题. 这种分析方法在多输出多层次的模糊感知器理论中同样成立. 这就是在多输出多层次的模糊感知器理论中, 它们的模糊化就是对每个神经元在学习、分类时的模糊化. 由此形成多输出、多层次的模糊感知器的理论.

2. 图像和图像系统

一个图像系统我们已在 (4.1.1) 中给出, 这时的图像类用 $\tau = 1, 2, \cdots, \tau_0$ 来表达, 因此是个多目标 (类别) 的图像系统.

在 4.1 节中, 对该图像系统已经引进一些定义和记号, 如指标 n 又称为像素、灰度 y_i 等.

在整个图像系统中, 如果它们的灰度变化在 $Z_q = \{0, 1, \cdots, q-1\}$ 中取值, 那么图像在不同灰度条件下的频率分布记为 $p_a = n_a/n, a \in Z_q$.

如果 $q = 2$, 那么 p 就是图像中取 1 的比例, 而 $q = 1 - p$ 就是图像中取 1 的比例.

图像的频率分布反映了图像的一种特性.

3. 多层次、多输出感知器来讨论图像信息的处理问题, 其中要点如下

我们已经给出, 多输出感知器的模型记为 $NNS(n, k)$, 其中 n, k 分别是输入变量和第二层神经元的数目.

$NNS(n, k)$ 的学习、分类目标有三种不同的类型, 即 I 型 (简单分类)、II 型 (编码分类)、III 型 (卷积分类). 对它们分类方式的定义、记号、学习算法已经在 6.2 节中给出.

在 $NNS(n, k)$ 中, 如果每个神经元实现的是模糊分类, 那么该 $NNS(n, k)$ 是一个模糊 $NNS(n, k)$.

因为在 $NNS(n, k)$ 中, 它的学习、分类目标有三种不同的类型, 所以它们的分

类方式也有普通分类和模糊分类的区别, 把它们分别记为

$$\left(\begin{array}{ccc} \text{I-0 型 (普通简单分类)} & \text{II-0 型 (普通编码分类)} & \text{III-0 型 (普通卷积分类)} \\ \text{I-1 型 (模糊简单分类)} & \text{II-1 型 (模糊编码分类)} & \text{III-1 型 (模糊卷积分类)} \end{array} \right).$$
$$\tag{6.3.1}$$

这时在 $\text{NNS}(n,k)$ 的模型中, 它们的神经元和感知器的运算记号分别是

$$\begin{cases} c^k = (c_1, c_2, \cdots, c_k) \text{ 是一组神经元,} \\ g^k = (g_1, g_2, \cdots, g_k) \text{ 是一组感知器的运算函数,} \end{cases} \tag{6.3.2}$$

其中 g_τ 的运算式如 (6.2.6) 所示, 其中 (W, h^k) 是它的参数向量.

当 g_τ 是模糊感知器时, 它的参数向量是 (W, h^k, δ^k), 其中 $\delta^k = (\delta_1, \delta_2, \cdots, \delta_k)$, 这时 δ_i 是感知器 c_i 的模糊度, 这就是对方程组 (6.2.6) 不要求百分之百的成立, 而是在 $1 - \delta_i$ 的比例下成立.

当多输出感知器 g^k 在模糊感知器的参数向量 (W, h^k, δ^k) 确定后, 它们的不同组合方式产生不同的学习目标 I, II, III, 并由此产生 (6.3.1) 中的不同感知器类型.

6.3.2　关于学习算法的说明

多输出、模糊感知器理论可以实现大规模图像的分类、识别计算, 在此分类、识别过程中, 它们的运算最后都归结成单一感知器的分类计算, 因此关于感知器的学习算法、模糊学习算法在此情形都能使用. 这就是在不同类型的学习目标和相应的多输出感知器模型中, 对其中的每个感知器都可变成模糊感知器, 由此形成多层次、多输出的模糊感知器.

在此多层次、多输出模糊感知器中, 对每个感知器可以设置一定的模糊度, 并且模糊感知器的学习分类算法都可在每个感知器上使用. 由此形成这种多层次、多输出模糊感知器的分类计算算法. 这种分类计算算法就可实现大规模的图像识别、分类计算. 所增加的模糊度可以允许这些图像在识别过程中允许有一定的交叉误差存在, 这样就可大大增加图像在分类、识别理论中的性能特征和应用范围.

这种模糊识别理论是图像信息处理中的一个重要组成部分. 在信息论中存在一系列信源编码和数据压缩理论, 这些理论在 NNS 的图像识别理论中同样适用. 因此也是 NNS 理论中的重要理论.

如果记

$$\begin{cases} A^* = \{\xi_{a,i}^n, \, i = 1, 2, \cdots, m_a\}, \\ B^* = \{\xi_{b,i}^n, \, i = 1, 2, \cdots, m_b\} \end{cases} \tag{6.3.3}$$

是两个不同的随机向量集合. 随机感知器的学习目标是要对随机集合 A^*, B^* 进行分类计算.

随机感知器的学习目标是要对随机集合 A^*, B^* 进行分类计算.

任何这些随机向量是输入变量时, 由此产生的输出变量记为

$$\eta_{\tau,i} = g[\xi_{\tau,i}^n|(w^n,h)], \quad \tau = a,b, \quad i = 1,2,\cdots,m_\tau. \tag{6.3.4}$$

随机感知器理论就是要讨论这些随机变量

$$\xi_{\tau,i}^n, \eta_{\tau,i}, \quad \tau = a,b, \quad i = 1,2,\cdots,m_\tau$$

的相互关系问题.

6.3.3 关于学习、训练样本和检测样本的讨论

在随机分析理论中, 处理识别、分类的问题外, 还存在不同样本的讨论问题.

1. 数据的类型 (I)-母体变量

在图像处理过程中, 产生不同的数据的类型, 对它们的表示、讨论如下.

母体变量 $\bar{\xi}_\tau, \tau = 1,2,\cdots,\tau_0$, 其中对不同的 τ 表示不同的母体, 这时

$$\bar{\xi}_\tau = \xi_\tau^n = (\xi_{\tau,1},\xi_{\tau,2},\cdots,\xi_{\tau,n}), \quad \tau = 1,2,\cdots,\tau_0 \tag{6.3.5}$$

是不同的随机向量.

2. 数据的类型 (II)-学习样本

学习样本 $\bar{\eta}_\tau, \tau = 1,2,\cdots,\tau_0$, 其中

$$\bar{\eta}_\tau = \eta_\tau^{m_\tau \times n} = (\eta_{\tau,i,j})_{i=1,2,\cdots,m_\tau,j=1,2,\cdots,n}, \quad \tau = 1,2,\cdots,\tau_0. \tag{6.3.6}$$

这是来自母体 $\bar{\xi}_\tau$ ($\tau = 1,2,\cdots,\tau_0$) 的变量. 其中

$$\eta_{\tau,i}^n, \quad i = 1,2,\cdots,m_\tau, \quad \tau = 1,2,\cdots,\tau_0$$

是独立的随机向量, 其中每个 $\eta_{\tau,i}^n$ 的分布和母体变量 $\bar{\xi}_\tau$ 的分布相同.

在学习样本 $\bar{\eta}_\tau, \tau = 1,2,\cdots,\tau_0$ 中, 已经知道这些随机向量的母体来源, 因此构造多输出感知器 NNS(n,k), 它的神经元 $c^k = (c_1,c_2,\cdots,c_k)$ 的输出状态 $y^k = (y_1,y_2,\cdots,y_k)$ 是母体类别 τ 的二进制编码 $\tau_0 \leqslant 2^k$.

和神经元向量 c^k 所对应的感知器向量记为 $g^k = (g_1,g_2,\cdots,g_k)$, 其中 $y^k = g^k$ 是这些神经元的输出向量.

由这种感知器向量及它们的输出向量就可实现一般多目标的分类计算.

3. 多集合的线性可分性

如果 $\bar{A}$ 是 X^n 空间中的一个集合组, 那么对它们的线性可分性有不同类型的定义.

定义 6.3.1 (关于 $\bar{A}$ 的线性可分性的定义)　对 X^n 空间中的这一组集合 $\bar{A}$ 有定义如下.

(1) 称集合组 $\bar{A}$ 是**两两线性可分的**, 如果对任何 $i \neq j$, $A_i, A_j \in \bar{A}$, 它们总是线性可分的.

(2) 称集合组 $\bar{A}$ 是**线性可分的**, 如果对任何 $A_i \in \bar{A}$, 这时 A_i, B_i 总是线性可分的, 其中 $B_i = \bigcup_{j \neq i} A_j$.

(3) 称集合组 $\bar{A}$ 是**系统线性可分的**, 如果对 $\bar{A}$ 存在一组系统分解 $\bar{B}$, 这时对任何 $k' = 0, 1, \cdots, k-1$, $i = 1, 2, \cdots, 2^{k'-1}$ 中的分解 $B_{k',2^{i-1}+1}, B_{k',2^i}$ 是线性可分的.

4. 多集合的系统树的定义

定义 6.3.2 (系统树的定义)　记

$$\begin{cases} \mathcal{B} = \{\bar{B}_k, k = 0, 1, 2, \cdots, \tau\}, \\ \bar{B}_k = \{B_{k,1}, B_{k,2}, \cdots, B_{k,m_k}\} \end{cases} \tag{6.3.7}$$

是 X^n 空间中的一个集合组, 称该集合组构成一个系统树, 如果它满足以下条件.

(1) 在集合组 $\bar{B}_k$ 中, 集合 $B_{k,1}, B_{k,2}, \cdots, B_{k,m_k}$ 互不相交.

(2) 在集合组 $\bar{B}_k$ 中, 每个集合 $B_{k,j}$ 一定是集合组 $\bar{B}_{k+1}$ 中, 若干集合的并.

(3) $m_0 = 1$, 这就是 $\bar{B}_0 = \{B_0\}$ 只有一个集合.

(4) 对任何 $k = 1, 2, \cdots, \tau\}$, 总有 $\bigcup_{i=1}^{m_k} B_{k,i} = B_0$ 成立.

定义 6.3.3 (系统树中有关名称的定义)　如果 $\mathcal{B}$ 是一个系统树, 满足定义 6.2.2 中的条件和记号, 那么有以下名称和定义.

(1) 在此系统树中, 称 τ 是该系统树的层次, 或该系统树是一个具有 τ 层的系统树.

(2) 在此系统树中, 称 $\bar{B}_k$ 是该系统树中, 第 k 层中的集合.

(3) 如果 $B_{k,j} \in \bar{B}_k$, 那么必有 $B_{k+1,i_1}, B_{k+1,i_2}, \cdots, B_{k+1,i_j} \in \bar{B}_{k+1}$, 使 $\bigcup_{\gamma=1}^{i_j} \cdot B_{k+1,i_\gamma} = B_{k,j}$ 成立.

这时称 $B_{k+1,i_1}, B_{k+1,i_2}, \cdots, B_{k+1,i_j}$ 是集合 $B_{k,j}$ 的分解 (或分叉), 或称集合 $B_{k,j}$ 是集合 $B_{k+1,i_1}, B_{k+1,i_2}, \cdots, B_{k+1,i_j}$ 的组合.

定义 6.3.4 (系统树线性可分的定义)　在此系统树中, 对任何集合 $B_{k,j}$, 如果它的分叉 $B_{k+1,i_1}, B_{k+1,i_2}, \cdots, B_{k+1,i_j}$ 总是线性可分的, 那么称该系统树是线性可分的.

6.3.4   布尔函数在多层次、多输出感知器模型运算下的实现问题

现在讨论在一个二进制集合 $X^n = Z_2^n$ 中的布尔函数在多层次、多输出感知器模型运算下的实现问题.

1. 布尔函数的线性可分性和线性不可分性的定义

在一个二进制集合 $X^n = Z_2^n$ 中的布尔函数 f, 这时记 $A_f = \{x^n \in X^n, f(x^n) = 1\}$ 是 f 的布尔集合. 这时记 $B_f = X^n - A_f$ 是 A_f 的对偶集合. 这时显然有

$$f(x^n) = \begin{cases} 1, & x^n \in A_f, \\ -1, & x^n \in B_f. \end{cases}$$

定义 6.3.5 (布尔函数线性可分性的定义)   如果 f 是一个在二进制集合 $X^n = Z_2^n$ 中的布尔函数, 那么有它的**线性可分和不可分性的定义**如下.

称布尔函数 f 是线性可分的, 如果 f 所对应的布尔集合 A_f, B_f 之间是线性可分的. 否则就是线性不可分的, 这就是 f 所对应的布尔集合 A_f, B_f 之间是线性不可分的.

2. 线性可分性的等价性质

在定义 6.3.4 中, 对集合 $A, B \subset X^n$ 的线性可分性和线性不可分性给出了具体的说明.

定理 3.3.1 给出了集合 A, B 是线性可分的一个基本定理 (充要条件) 是集合 $\mathrm{Conv}(A)$ 和集合 $\mathrm{Conv}(B)$ 之间无公共点.

对集合 $A, B \subset X^n$, (3.1.3) 式给出了集合 $D = \{(A, -1)\} \cup \{(-B, 1)\} \subset X^{n+1}$ 的定义. 而且集合 A, B 是线性可分的等价条件是集合 D 和零向量 ϕ^{n+1} 之间是线性可分的.

因此集合 A, B 是线性可分的一个等价条件是向量 ϕ^{n+1} 不在 $\mathrm{Conv}(D)$ 集合中.

第 7 章 零知识①条件下的优化和分类算法

零知识的概念最早来自密码学, 它是指在没有任何先验信息条件下的密码分析. 在智能计算理论中也存在这种算法, 它是一种利用系统内部数据的结构特征来实现系统的"自我优化、自我分类"的目标和算法.

统计中的聚类分析就是这种类型的算法. 在本章中, 我们讨论这种算法的类型、出发点、计算步骤及它们在智能计算和 NNS 理论中的意义.

7.1 关于零知识问题的讨论

我们已经说明, 零知识的概念及它在密码学、NNS 理论中的意义, 它们在信息处理的过程中, 是一个对信号特征进行不断的分析、提取、优化的一系列信息处理的过程.

本节首先要讨论信号的特征问题. 我们把这种信号特征归结为时、空、相的三种基本要素. 除此之外, 还有其他一系列人为设计的特征, 如码、频等结构特征. 这些特征可以相互组合, 产生更复杂的信号系统. 在零知识的条件下, 系统对这些特征信息事先并不知道, 而是一个在信息处理过程中, 不断获得信息、不断自我优化的信息处理的智能计算算法.

7.1.1 有关零知识和信息特征的基本概念

零知识这个概念在 NNS 中、在智能化的研究中同样适用. 这就是, 在 NNS 中, 任何知识的积累都是从零开始. 所有信息的来源都是从输入信号及信号的处理过程中得到.

---

① 零知识又称零知识证明 (zero-knowledge proof), 由 Goldwasser 等在 20 世纪 80 年代初提出. 它指的是证明者能够在不向验证者提供任何有用的信息的情况下, 使验证者相信某个论断是正确的, 因此是密码学中的研究内容.

在感知器的学习、分类中, 如果不存在对学习目标的任何信息, 那么这种学习、分类就是在零知识条件下的学习、分类问题.

1. 信号中的信息特征

为了分析知识、信息的来源和学习、积累过程就必须从信号的特征分析开始.
我们把信号中的信息特征归结为**主要特征**和**辅助特征**这两大部分.

所谓信号的主要特征我们把它们归结为**时、空、相**的特征, 而辅助特征就是除
了主要特征外的其他**数据结构特征**. 如码的结构特征、信号的频谱特征及由此产生
的其他数据结构特征.

由此可见, 信号中的信息特征和信息论中的一系列分析关系有密切关系.

2. 在 NNS 中的零知识概念

在 NNS 中, 我们已经给出了如 NNS(n,k) 模型那样的分类、学习、训练过程,
现在就此模型讨论它的零知识问题.

就 NNS(n,k) 模型而言, 它的根本目的是实现对目标集合 $\mathcal{A}_m = \{A_1, A_2, \cdots,$
$A_m\}$ 的分类.

在此分类、学习、训练过程中, 对目标集合 $\mathcal{A}_m = \{A_1, A_2, \cdots, A_m\}$ 的信息、
知识是非零的. 因为对这些集合的划分 (它们可能来自不同的原因) 已经确定. 这
就是一种先验的信息.

零知识的分类、学习、训练过程是指对目标集合 $\mathcal{A}_m$ 中的信息一无所知, 对它
们的分类是对一个混合集合 $\bigcup_{j=1}^m A_j$ 进行分类. 因此学习、训练的过程是依据这
些信号的特征进行.

7.1.2   信号中有的信息特征

我们已经说明, 信号中信息的特征分主要特征和辅助特征这两大部分, 对此再
作进一步的说明.

1. 信号的主要特征

信号的时、空、相的特征就是它们发生的时间、位置和状态.

就一个向量 $x^n = (x_1, x_2, \cdots, x_n)$ 而言, 下标 i 可以是时间, 也可以是位置的指
标. 而 x_i 的取值的空间就是它的**相**.

下标可以是多指标的组合, 如 t, i 是时间和位置的组合, i, j 是不同指标位置的
组合. 这时的信号就需用矩阵或张量来进行表达, 如

$$\begin{cases} x^{m \times n} = (x_{i,j})_{i=1,2,\cdots,m, \, j=1,2,\cdots,n}, \\ x^{t_0 \times n} = (x_{t,j})_{t=1,2,\cdots,t_0, \, j=1,2,\cdots,n}, \\ x^{t_0 \times m \times n} = (x_{t,i,j})_{t=1,2,\cdots,t_0, \, i=1,2,\cdots,m, \, j=1,2,\cdots,n}, \end{cases} \tag{7.1.1}$$

它们分别可以看作图像状态、运动向量和运动图像的信号数据.

x_i 的相就是它的取值范围, 一般有连续和离散的区别, 它们的类型有如

$$\text{连续空间中的集合}: \begin{cases} R = (-\infty, \infty) \text{ (全体实数空间)}, \\ R^2 = \{(x, y), x, y \in R\} \text{ (二维实数空间)}, \\ R_0 = [0, \infty) \text{ (全体非负实数空间)}, \\ \Delta = (a, b), a < b \text{ (开区间中的全体实数空间)}. \end{cases}$$

$$\text{离散空间}: \begin{cases} Z = \{\cdots, -2, -1, 0, 1, 2, \cdots\} \text{ (双无限离散型)}, \\ Z_+ = \{1, 2, 3, \cdots, q\} \text{ (序列型或无限离散型)}, \\ Z_q = \{1, 2, \cdots, q\} \text{ (有限离散型)}, \\ Z_2 = \{0, 1\} \text{ 或 } \{-1, 1\} \text{ (二进制型)}. \end{cases} \tag{7.1.2}$$

2. 信号特征的量化表示

在信号的特征中, 一个重要问题是它们的量化特征问题. 在信息论中, 信号的大小规模采用**信号体积**的概念来做形象的说明. 信号体积的概念有以下基本特征.

我们已经说明, 信号的主要特征是通过时、空、相来进行表达. 对这些 "时、空、相" 都可分解成若干指标来进行表示.

这些 "时、空、相" 的指标就可通过**张量**的形式给以表示. 关于张量的定义和记号我们在下文中有详细讨论. 在此只说明张量的概念是一种函数的概念, 它的自变量在一个离散集合中取值.

因此, 张量规模的大小取决于它的自变量取值的范围大小, 或是这个离散集合的范围 (或规模) 大小.

如果一个信号通过一个张量来进行表示, 那么这个信号的规模大小就通过信号体积或体积半径来说明, 这些指标的度量可以通过时、空结构中的位点数来进行表达.

因为信号的出现或产生都是随机的, 所以信号体积的概念还需通过该信号的**不肯定度量** (熵)来确定, 关于信息的度量、熵的概念在本书的有说明、讨论.

如果信号是一个图像数据流, 那么这个信号就可用一个数据阵列流

$$\Gamma = \Gamma_{n,m,t_0} = \{\xi_{t,i,j}, \quad i = 1, 2, \cdots, m, j = 1, 2, \cdots, n, t = 1, 2, \cdots, t_0\} \tag{7.1.3}$$

来表示一幅随机、动态图像, 其中 n, m 分别是图像长、宽的像素 (单位长度下的长、宽位点数), 而 t_0 是在单位时间内产生的图像数.

如果记 $V(\Gamma)$ 是图像 Γ 的信号体积, 那么 $\log_a[V(\Gamma)] \sim nmt_0$ (和 n, m, t_0 成正比).

在 (7.1.3) 的随机图像数据阵列 Γ 中 $\xi_{t,i,j}$ 是一组独立同分布的随机变量, 那么图像 $V(\Gamma)$ 的信号体积是 $\log_a[V(\Gamma)] \sim nmt_0 H(\xi)$.

其中 $H(\xi)$ 是随机变量 ξ 的香农熵, 而 ξ 表示在 Γ 中和 $\xi_{t,i,j}$ 分布相同的随机变量.

在信号体积 $V(\Gamma)$ 的对数表达式中, 其中的 $a = 2, e, 10$ 等, 在这种不同的对数底表示下, 信号体积产生不同的度量单位, 如比特 ($a = 2$ 时的单位)、奈特 ($a = e$ 时的单位)、铁特 ($a = 10$ 时的单位) 等.

7.1.3 信号的其他辅助特征

在信号的数据结构中, 除了主要特征外, 还有其他多种辅助的特征.

1. 信号的频谱特征

信号的频谱特征就是它们的频率分布特征, 它们在信号的信息处理中有重要意义.

任何信号在它们的传递过程中都以一定频率振荡的电磁波发射, 这就是它们的频谱特征.

按信息工程的分析, 在通信系统中, 信道容量的基本公式是 $C = W \log \left(1 + \dfrac{S^2}{N^2} \right)$. 其中 W 是信号的带宽 (振荡频率的范围), S^2, N^2 分别是信号和噪声的功率 (这时称 S^2/N^2 为信噪比).

由此可知, 信道容量的大小和带宽 W 成正比. 这就是在通信系统中, 码的密度和 W 成正比, 而和信噪比 $\dfrac{S^2}{N^2}$ 的大小比例是一种取对数后的比例关系.

2. 信号的编码特征

在通信工程中, 信号一般不是直接传递的, 而是通过脉冲信号传递, 因此存在信号的一系列数学处理问题.

在信号的数学处理过程中, 首先是把一般的函数信号转化成脉冲信号, 在此处理过程中存在一系列的调制、解调的问题. 这时脉冲信号的类型也有多种, 如二进制的、一般 q (多值) 进制等.

在通信中, 由于噪声、干扰的存在, 脉冲信号产生传递误差, 因此需要通过编码的方式给以发现或纠正.

在通信工程中, 依据信号在传递过程中的区别, 可以通过时分、频分、码分等方式对不同类型的信号进行区分, 这就是对信号产生的时间、频率大小的不同和码结构的设计等方式, 产生不同类型的信号, 由此达到提高通信效率的目的.

3. 信号特征的综合

由于在实际的信息工程中, 对这种信号的主要、辅助特征采用综合的分析和应用, 使信源和信道容量达到最优传递的目的.

7.1.4　信号集合的聚类问题

这就是在零知识的条件下, 实现 NNS 对学习目标的学习和分类.

1. 混合的学习目标

这时在学习目标 $\mathcal{A}_m = \{A_1, A_2, \cdots, A_m\}$ 中不存在它们的任何先验知识.

这时我们并不知道有关学习目标 $\mathcal{A}_m$ 中的任何信息, 而是一个混合的学习目标 $A = \bigcup_{j=1}^m A_j$.

在零知识的条件下的学习、识别问题是对目标 A 中的向量 $x^n \in A$ 识别它所属的类型. 因为我们不知道有关学习目标 $\mathcal{A}_m$ 中的任何信息, 因此只有依据信号 $x^n \in A$ 自身的特征来进行学习、分类.

因此, NNS 中的学习、训练方法还必须和其他信息、统计中的方法结合, 如统计学中的树方法 (最常见的系统树方法), 聚类法等. 如果它们和 NNS 中的学习、训练计算结合, 就可产生零知识条件下的 NNS 算法.

2. 聚类问题

聚类问题是信息和统计中最常见的数据处理问题, 对它的基本思想说明如下.

记 A 是 R^n 空间中的一组向量, 这些向量可以看作不同类型信号的集合, 聚类问题就是要依据这些信号的特征来进行分类.

信号特征的类型有多种, 为了简单, 用 R^n 空间中的距离关系进行聚类.

有关距离的定义有如

$$
\begin{cases}
d(x^n, y^n) = \left[\sum_{i=1}^n (y_i - x_i)^2 \right]^{1/2}, & \text{向量 } x^n, y^n \in R^n \text{ 之间的欧几里得距离,} \\
d(y^n, A) = \dfrac{1}{\|A\|} \sum_{x^n \in A} d(y^n, x^n), & \text{向量 } y^n \text{ 和集合 } A \text{ 之间的平均欧几里得距离.}
\end{cases}
$$

$$(7.1.4)$$

定义 7.1.1 (多重聚类的有关定义)　对集合 $A \subset R^n$ 作 m 重聚类的有关定义如下.

(1) 把集合 A 作 m **重聚类** (或分割). 这就是要寻找一组 $\mathcal{A}_m = \{A_1, A_2, \cdots, A_m\}$, 使它们互不相交, 而且有 $A = \bigcup_{j=1}^m A_j$ 成立. 这时称 $\mathcal{A}_m$ 是 A 的一组 m 重聚类.

(2) 称 $y_j^n \in A_j$ 是该集合的**聚类中心**, 如果对任何 $x^n \in A_j$ 总有关系式 $d(y_j^n, A) \leqslant d(x^n, A)$ 成立.

(3) 对固定的集合 A 和正整数 m, 称

$$
\mathcal{B}_m = \{\bar{y}^n, \mathcal{A}_m\} = \{(y_j^n, A_j),\ j = 1, 2, \cdots, m\} \tag{7.1.5}
$$

是**集合 A 的一个 m 重聚类**（简称 $A - m$ **聚类**），如果 $\mathcal{A}_m$ 是集合 A 的一个 m 重分隔，而在 $\bar{y}^n$ 中，每个 y_j^n 是集合 A_j 的聚类中心.

(4) 如 $\mathcal{B}_m$ 是集合 A 的一个 m 重聚类, 那么定义

$$E(\mathcal{B}_m) = \sum_{j=1}^{m} d(y_j^n, A_j) = \sum_{j=1}^{m} \sum_{x^n \in A_j} d(y_j^n, x^n) \tag{7.1.6}$$

是该聚类的**聚类的总体距离**.

定义 7.1.2 对固定的集合 A 和正整数 m, 称 $\mathcal{B}_m^o$ 是它的一个**最优的 m 重聚类**, 如果它是一个 $A - m$ 聚类, 而且对任何其他的 $A - m$ 聚类 $\mathcal{B}_m$, 总有 $E(\mathcal{B}_m^o) \leqslant E(\mathcal{B}_m)$ 成立.

因此, **聚类分析**的主要目的是对固定的 A 和 m, 寻找它的最小距离的 $A - m$ 聚类 $\mathcal{B}_m^o$, 使它的聚类距离 $E(\mathcal{B}_m)$ 达到最小.

7.2 聚类分析中的计算算法

我们已经给出了以距离为基础的聚类问题, 由此即可给出它的计算算法. 这个算法的核心思想是不断调整聚类中心和聚类集合的取值, 使这种聚类过程中的相互距离不断减少, 最终使各聚类集合中的距离达到最小, 在本节中, 我们给出了它们的聚类算法.

我们现在介绍实现 $A - m$ 聚类的计算算法, 该算法的基本思想是不断调整 $\mathcal{B}_m = \{\bar{y}^n, \mathcal{A}_m\}$ 的选择, 使其中的聚类距离达到最小.

1. 聚类问题

对于固定的集合 $A \subset R^n$ 和 $m > 1$, 由此产生的 $A - m$ 聚类问题如下.

这就是把集合 A 分解成若干子集合 $\bar{A}_m = \{A_1, A_2, \cdots, A_m\}$, 其中的 A_1, $A_2, \cdots, A_m$ 都是 A 的子集合, 它们互不相交, 而且 $\bigcup_{i=1}^{m} A_i = A$.

在 X^n 中寻找一组向量 $\bar{x}^n = \{x_1^n, x_2^n, \cdots, x_m^n\}$, 其中 $x_i^n \in A_i$, $i = 1, 2, \cdots, m$. 这时称

$$(\bar{A}_m, \bar{y}^n) = [(A_1, x_1^n), (A_2, y_2^n), \cdots, (A_m, y_m^n)]$$

是集合 A 的一个 m-聚类（简称为 $A - m$ 聚类), 并由此定义

$$\begin{cases} E(\bar{A}_m, \bar{y}^n) = \sum_{i=1}^{m} d(A_i, y_i^n), \\ d(A_i, y_i^n) = \sum_{x^n \in A_i} d(x^n, y_i^n) \end{cases} \tag{7.2.1}$$

是该聚类的**聚类的总体距离**, 其中 $d(x^n, y^n)$ 是 X^n 空间中的一个度量函数.

一个聚类问题是指对固定的集合 A 和正整数 m, 构造它的 $A-m$ 聚类 $(\bar{A}_m, \bar{x}^n)$, 使它的聚类距离 $E(\bar{A}_m, \bar{x}^n)$ 为最小.

2. 算法步骤

如果 X^n 是一个度量空间, 对其中的任意固定集合 A 和正整数 m, 构造它的 $A - m$ 聚类 $(\bar{A}_m, \bar{x}^n)$ 的算法步骤如下.

算法步骤 7.2.1 (初始计算) 任取 $\bar{y}^n(1) = \{y_j^n(1), j = 1, 2, \cdots, m\}$ 为初始 m 聚类的中心点, 其中 $y_j^n(1) \in A$ $(j = 1, 2, \cdots, m)$.

这时 X^n 中的点 $x^n \in X^n$ 和 $\bar{y}^n(1)$ 中的距离为

$$\bar{d}_1(x^n) = \{d_{1,1}(x^n), d_{1,2}(x^n), \cdots, d_{1,m}(x^n)\}, \tag{7.2.2}$$

其中 $d_{1,j}(x^n) = d[x^n, y_j^n(1)], j = 1, 2, \cdots, m$.

对固定的聚类中心点 $y_j^n(1) \in A, j = 1, 2, \cdots, m$, 构造聚类集合 $A_j(1)$ 的定义如下

$$A_j(1) = \{x^n \in A, \quad d_{1,j}(x^n) = \text{Min}[d_{i,j}(x^n), i = 1, 2, \cdots, m]\}, \quad j = 1, 2, \cdots, m. \tag{7.2.3}$$

由此得到第一次聚类的中心点和集合

$$\mathcal{B}_m(1) = \{\bar{y}_j^n(1), \bar{A}_j(1)\} = \{[y_j^n(1), A_j(1)], j = 1, 2, \cdots, m\}. \tag{7.2.4}$$

算法步骤 7.2.2 (中心点的修正) 如果 $\mathcal{B}_m(t) = \{\bar{y}_j^n(t), \bar{A}_j(t)\}$ 是第 t 次聚类的中心点和聚类集合 (如在 $t = 1$ 时由 (7.2.4) 式给出), 那么继续它们的运算, 首先修改它们的中心点.

这时取 $y_j^n(t + 1)$ 是集合 $A_j(t)$ 中的新中心点, 这就是取 $y_j^n(t + 1) \in A_j(t)$, 而且满足关系式

$$d(y_j^n(t + 1), A_j(t)) \leqslant d(y^n, A_j(t)), \text{ 对其他任何 } y^n \in A_j(t). \tag{7.2.5}$$

其中 $d(y_j^n, A_j(t))$ 的定义已在 (7.1.5) 式中给出.

称这种由 $\bar{A}(t)$ 确定 $\bar{y}^n(t + 1)$ 的过程为**聚类的中心点的选择过程**.

算法步骤 7.2.3 (聚类集合的修正) 如果对 $\mathcal{B}_m(t) = [\bar{y}^n(t), \bar{A}(t)]$ 是 (7.1.5) 定义的、关于集合 A 的 $A - m$ 聚类.

在此聚类中, 如果 $\bar{y}^n(t)$ 发生了修正, 这就是按步骤 7.2.3 的计算, 将 $\bar{y}^n(t)$ 变为 $\bar{y}^n(t + 1)$, 那么关于 $\bar{y}^n(t + 1)$, 关于聚类集合 $A_j(t)$ 也要作相应改变, 这时取

$$A_j(t + 1)$$

$$= \{x^n \in A, \quad d_{t+1,j}(x^n) = \mathrm{Min}[d_{i,j}(x^n), i = 1, 2, \cdots, m]\}, \quad j = 1, 2, \cdots, m. \tag{7.2.6}$$

其中 $d_{t+1,j}(x^n) = d[x^n, y_j^n(t+1)], j = 1, 2, \cdots, m$.

由此得到第 $t+1$ 次聚类的中心点和集合

$$\mathcal{B}_m(t+1) = \{(y_j^n(t+1), A_j(t+1)), \quad j = 1, 2, \cdots, m\}. \tag{7.2.7}$$

算法步骤 7.2.4 (聚类运算的结果)   依次类推, 在 $t = 1, 2, \cdots$, 直到聚类中心和聚类集合分别是

$$[\bar{y}^n(1), \bar{A}(1)] \to [\bar{y}^n(2), \bar{A}(1)] \to [\bar{y}^n(2), \bar{A}(2)] \to [\bar{y}^n(3), \bar{A}(2)] \to \cdots. \tag{7.2.8}$$

如果记 $\mathcal{B}_m(s, t) = [\bar{y}^n(s), \bar{A}(t)]$, 那么 (7.2.7) 变成

$$\mathcal{B}_m(1, 1) \to \mathcal{B}_m(2, 1) \to \mathcal{B}_m(2, 2) \to \mathcal{B}_m(3, 2) \to \cdots. \tag{7.2.9}$$

在此计算过程中, 有关系式

$$D[\mathcal{B}_m(1, 1)] \geqslant E[\mathcal{B}_m(2, 1)] \geqslant E[\mathcal{B}_m(2, 2)] \geqslant \cdots \geqslant E[\mathcal{B}_m(t, t)]$$
$$\geqslant E[\mathcal{B}_m(t+1, t)] \geqslant E[\mathcal{B}_m(t+1, t+1)] \geqslant \cdots, \tag{7.2.10}$$

其中 $D[\mathcal{B}_m(s, t)]$ 的计算公式如 (7.2.1) 式所定义.

因为 $D[\mathcal{B}_m(s, t)] > 0$, 而且 (7.2.10) 式单调下降. 所以最后一定收敛到一个极小值. 这就是聚类计算算法的收敛性.

7.3   对聚类分析中有关问题的讨论

我们已经给出聚类分析的定义和算法, 该算法可以实现系统的自我优化、自我分类的计算, 因此该算法是统计中的重要算法, 也是一种重要的智能计算算法, 它是一种在零知识条件的优化计算.

但在聚类分析中还有一系列问题需要讨论, 如优化的标准问题, 这就是聚类中的度量函数的选择问题. 又如最优解的计算问题, 在我们给出的算法步骤的计算中, 只能得到它的局部最优解. 如何得到它们的最优解, 在计算方法中有多种理论和方法.

7.3.1　图像之间的距离选择

在 (7.1.4) 式中给出的欧几里得距离, 其优点是定义概念清楚、计算简单, 缺点是这种距离有时不能反映图像关系的性质. 例如两幅图像十分相似, 但因为发生错位, 就能产生很大的距离. 所以在作聚类分析时首先要选择所采用的图像距离 (图像差异度).

除了 (7.1.4) 式中给出的欧几里得距离外, 还有其他几种距离的定义公式如下.

1. Alignment 距离

为了克服这种简单距离所存在的缺点, 在生物信息的处理中经常采用 Alignment 距离 (简称 A-距离) 的度量.

A-距离的概念是同时考虑存在**删除**、**插入** 等误差的距离, 它们在基因序列的相似度分析中有重要意义.

关于 A-距离的定义和计算我们在下文中有详细讨论, 这时记 $d_A(\bar{\xi}_i, \bar{\eta}_j)$ 是图像 $\bar{\xi}_i, \bar{\eta}_j$ 之间的 A-距离.

A-距离在图像处理时对 1 维数据 (如声音数据、基因序列的数据等) 处理比较合适, 但对 2 维数据 (平面图像)、3 维数据 (空间图像) 和其他高维数据处理比较困难.

2. KL-互熵

这就是信息论中的 Kullback-Leibler 互熵 (KL-互熵), 它的度量定义关系如下.

记 $x^n = (x_1, x_2, \cdots, x_n)$, $y^n = (y_1, y_2, \cdots, y_n)$ 是两幅不同的图像, $x_i, y_i \in Z_q$ 是每个像素上的灰度.

定义 $x_0 = \sum_{i=1}^n x_i$, $y_0 = \sum_{i=1}^n y_i$, 由此定义

$$p_i = x_i/x_0, \quad q_i = y_i/y_0, \quad i, j = 1, 2, \cdots, n. \tag{7.3.1}$$

这时称 $P = p^n = (p_1, p_2, \cdots, p_n)$, $Q = q^n = (q_1, q_2, \cdots, q_n)$ 是由图像 x^n, y^n 产生的归一化的图像.

归一化的图像 p^n, q^n 的特征和概率分布相似, 因此它的 KL - 互熵定义为

$$KL(P, Q) = \sum_{i=1} p_i \log \frac{p_i}{q_i}. \tag{7.3.2}$$

KL-互熵具有性质 $KL(P, Q) \geqslant 0$, 而且等号成立的充分必要条件是 $p^n = q^n$. 因此 KL-互熵可作为概率分布 P, Q 或图 x^n, y^n 的**差异度**的一种度量指标.

KL-距离是不同概率分布之间差异度的一种定义, 它也可作图像差异度的定义.

KL-距离可以反映不同图像之间的差异度, 缺点是 $KL(x^n, y^n)$ 不满足距离关系的基本条件 (如对称性条件).

如果把 A-距离、$KL(x^n, y^n)$ 度量作为图像处理中的距离指标, 那么在图像群中都可做相应的聚类分析. 但这时要注意不同距离的含义和它们所存在的问题.

7.3.2 聚类分析在感知器模型下的讨论

现在讨论聚类分析和感知器理论的关系问题, 这就是我们用感知器的理论和观点来看聚类分析的问题. 对此讨论、说明如下.

1. 聚类分析是感知器的分隔 (或分割)

为了简单起见, 我们以 $m = 2$ 的情形进行说明, 对其他一般情形可作类似推广. 记 $A \subset R^n$ 是一个固定的集合, 它的 2 重聚类是构造集合

$$\mathcal{B}_2 = \{(y_1^n, A_1), (y_2^n, A_2)\},$$

其中 A_1, A_2 互不相交, 而且 $A_1 + A_2 = A$.

向量 y_1^n, y_2^n 是 A 的两个聚类中心, 按聚类中心的定义, 它们满足关系式

$$\begin{cases} d(y_\tau^n, x^n) \leqslant d(y_{\tau'}^n, x^n), & x^n \in A_\tau, \\ d(y_{\tau'}^n, x^n) \geqslant d(y_{\tau'}^n, x^n), & x^n \in A_{\tau'}, \end{cases} \quad \tau \neq \tau' \in \{1, 2\}. \tag{7.3.3}$$

(7.3.3) 表示存在一个平面 $L = L(w^n, o^n)$, 该平面的法向量 $w^n = y_1^n - y_2^n$, 它经过的点是 $o^n = \dfrac{y_1^n + y_2^n}{2}$, 它是线段 $y_1^n y_2^n$ 的中点.

这时集合 A_1, A_2 分别在平面 $L = L(w^n, o^n)$ 的不同两侧, 它们分别和聚类中心 y_1^n, y_2^n 在同一侧.

这时称集合 A_1, A_2 分别是聚类中心 y_1^n, y_2^n 的**聚合区域**.

聚类分析就是一种感知器的优化分类. 但是在此聚类分析中, 聚类中心 y_1^n, y_2^n 及由它们所对应的聚合区域 A_1, A_2 都在不断变化中, 最终目的是实现聚类集合的总体距离 (7.1.6) 为最小. 因此, 聚类分析和支持向量机相似, 它们都是一种感知器的优化分类, 但它们分别对这种感知器的优化分类提出了更高的要求.

2. 聚类分析是感知器的理论的深化

由此可知, 聚类分析和感知器理论有以下关系.

在聚类分析中, 关于集合 $A_1, A_2 \subset A$, 没有其他任何信息, 因此对它们的分解是一种零知识条件下的分解.

在此分解过程中, 聚类中心 y_1^n, y_2^n 和它们的聚合区域 A_1, A_2 (也包括它们的切割平面 $L = L(w^n, o^n)$) 都在不断变化中, 每次变化都会使聚类集合的总体距离 (7.1.6) 减少, 因此是一个不断优化的过程.

在此距离过程中, 我们只能证明每次聚类的计算都会使聚类集合的总体距离减少, 因此最后收敛的结果是一个**局部优化**的结果.

我们还没有证明, 这种局部优化的结果一定是总体优化的结果 (是所有聚类结果的最小值). 在统计或计算数学中存在一些理论 (如**模拟退火法等**), 我们在此不再详细讨论.

3. 对聚类分析的特征和意义说明如下

由此可见, 聚类分析不仅是对集合 A 中, 不同类型的子集合 (学习目标) 作分隔 (或分割) 和区分 (聚类), 而且在此聚类过程中还有一定的优化目标 (聚类的总体距离达到最小). 因为这时在集合 A 中, 关于子集合 A_1, A_2 的特征预先并不知道, 而是通过它们之间的有关数据结构特征来进行分类、区隔. 因此是一种在零知识条件下的自动优化、自动分类的学习过程.

4. 感知器的发展和意义

模糊感知器、支持向量机、聚类分析等理论和算法都是以感知器理论为基础 (或具有感知器特征), 所形成的理论和算法, 它们在实现的功能上有更多性能, 因此都是感知器理论的发展.

智能计算是一个巨大的理论体系, 其中不仅有多种不同类型的算法, 还有它们在各种不同领域中的应用.

因此学习和研究智能计算的理论和应用, 首先要学习它们的算法步骤、运算原理和基本特点, 还要了解这些算法之间的相互关系及它们在不同领域中的作用. 本书的研究重点是 NNS 理论体系和其他智能计算的关系和作用.

智能计算的应用领域十分宽广, 我们把它们大体可以分为识别、控制、逻辑推理和判断这几方面的内容. 其中的逻辑关系又是其他应用问题的基础. NNS 感知器理论又和这些逻辑运算有密切关系, 因此是我们研究的重点, 对这些问题在下文中还有详细讨论.

本书的研究重点是智能的智能化问题, 因此和这些内容都有密切关系. 在这部分内容中, 我们的讨论目的是对这些已有的智能计算算法进行小结, 讨论它们的基本内容、相互关系、存在的问题和发展趋势, 其中对感知器理论的这种研究正是我们所要讨论和研究问题的重点.

第8章 布尔函数和多层感知器的基本关系定理

> 我们已经讨论过布尔函数和感知器的关系
> 问题,这部分布尔函数可以在感知器模型下进行
> 表达. 现在我们试图推广这个命题. 这就是布尔
> 函数和多层感知器的基本关系问题. 其中包括它
> 们的等价关系问题, 相应的学习、训练算法问题
> (其中包括算法步骤和收敛性问题). 我们称这些
> 问题是智能化理论中的基本问题.

8.1 布尔函数在多层感知器模型中的表达

在 3.2 节的讨论中, 我们已经介绍了布尔函数在感知器模型进行表达的概念、定义和存在问题. 现在继续讨论这些问题. 这就是一般布尔函数在多层感知器模型中的表达问题, 或任何一个布尔函数的运算都和一个多层感知器运算等价. 这种等价关系形成了布尔函数运算 (或逻辑运算) 和 NNS 之间存在的一种基本等价关系.

8.1.1 多层感知器的数学模型

图 6.1.1 给出了多输出感知器的模型所示图, 在该图中, 如果输出状态 z_1, z_2, z_3 作为输入进入又一个神经元, 那么该神经元又有新的输出, 由此形成一个多层感知器的数学模型.

1. 多层感知器数学模型的描述

我们现在考虑一个具有 τ_0 层的感知器, 对它的数学模型的描述如下.

对这种感知器, 记 $\tau = 1, 2, \cdots, \tau_0$ 是该感知器的层次指标.

对固定的感知器层次指标 τ 中, 有多个神经元 (或感知器), 由它们产生的运算、变量和参数如下式所示.

$$\begin{cases} \text{第 } \tau \text{ 层感知器或它的神经元 } e_{\tau,i}, \ \tau = 1, 2, \cdots, \tau_0, \ i = 1, 2, \cdots, n_\tau, \\ \text{第 } \tau \text{ 层感知器的运算函数 } g_{\tau,i} = g_{\tau,i}(x_\tau^{n_\tau}), \\ \text{第 } \tau \text{ 神经元的状态向量 } x_\tau^{n_\tau} = (x_{\tau,1}, x_{\tau,2}, \cdots, x_{\tau,n_\tau}), \\ \text{第 } \tau-1 \to \tau \text{ 的权矩阵 } W_{\tau-1}^\tau = (w_{\tau-1,i}^{\tau,j})_{i=1,2,\cdots,n_{\tau-1}, j=1,2,\cdots,n_\tau}, \\ \text{第 } \tau-1 \to \tau \text{ 的阈值矩阵 } H_{\tau-1}^\tau = (h_i^j)_{i=1,2,\cdots,n_{\tau-1}, j=1,2,\cdots,n_\tau}. \end{cases} \tag{8.1.1}$$

由此得到, 第 $\tau-1,\tau$ 层的神经元 (或感知器) 的状态向量和它们的运算关系是

$$\begin{cases} \textbf{状态变量 } x_{\tau,j}(x_{\tau-1}^{n_{\tau-1}}) = g_{\tau,i}(x_{\tau-1}^{n_{\tau-1}}) = \text{Sgn}[u_{\tau,i}(x_{\tau-1}^{n_{\tau-1}})|(W_{\tau-1}^{\tau}, H_{\tau-1}^{\tau})], \\ \textbf{电位整合函数 } u_{\tau,j}(x_{\tau-1}^{n_{\tau-1}}) = \sum_{i=1}^{n_{\tau-1}} w_{\tau-1,i}^{\tau,j} x_{\tau,j}, \end{cases} \tag{8.1.2}$$

这时记 $\begin{cases} e_{\tau}^{n_{\tau}} = (e_{\tau,1}, e_{\tau,2}, \cdots, e_{\tau,n_{\tau}}), \\ g_{\tau}^{n_{\tau}} = (g_{\tau,1}, g_{\tau,2}, \cdots, g_{\tau,n_{\tau}}) \end{cases}$ 分别是第 τ 层感知器中的神经元和它们的**运算子向量**, 它们的计算式如 (8.1.2) 式所示.

这时 (8.1.2) 式的运算关系是**多层感知器的按层次递推的计算关系**.

2. 多层感知器的参数向量

(8.1.2) 式给出了每一层感知器的状态向量 $x_{\tau}^{n_{\tau}}$ 及不同层次之间的权矩阵和阈值向量, 记为

$$\begin{cases} \overline{W} = \{W_{\tau-1}^{\tau}, \ \tau = 2,3,\cdots,\tau_0\}, \\ \overline{H} = \{H_{\tau-1}^{\tau}, \ \tau = 2,3,\cdots,\tau_0\}, \end{cases} \tag{8.1.3}$$

这时称 $(\overline{W}, \overline{H})$ 是该多层感知器的**参数张量**. 张量的概念是向量、矩阵概念的推广, 它具有多个变化的指标. 我们在下文中还有详细说明.

由此得到, 多层感知器的输入和输出向量分别归结为若干向量的运算结果, 如

$$x_1^{n_1} \to x_2^{n_2} \to \cdots \to x_{\tau_0-1}^{n_{\tau_0-1}} \to x_{\tau_0}^{n_{\tau_0}}. \tag{8.1.4}$$

有时记 $x^n = x_1^{n_1}, y^m = x_{\tau_0}^{n_{\tau_0}}$, 其中 $n = n_1, m = n_{\tau_0}$, 它们分别是第一层和最后一层 (或 τ_0 层) 中的神经元的数目. 由此得到, 该多层感知器的输入和输出向量为

$$y^m = G[x^n|(\overline{W}, \overline{H})]. \tag{8.1.5}$$

其中 $(\overline{W}, \overline{H})$ 是该多层感知器的参数张量, 而关系式 $G[x^n|(\overline{W}, \overline{H})]$ 是由 (8.1.2) 式给定的一个多层感知器的按层次递推的计算关系式.

3. 布尔函数在多层感知器中的表达

由此可见, 这种多层感知器是一个 $X^n \to X^m$ 的映射. 如果 $m = 1$, 那么这种多层感知器是一个 $X^n \to X$ 的映射, 它和布尔函数相对应. 由此定义布尔函数在多层感知器中的表达如下.

定义 8.1.1 记 $X = \{-1,1\}$, X^n 是一个二进制的向量空间, $A \subset X^n$, $f_A(x^n)$ 是相应的布尔集合和布尔函数, 由此定义:

(1) **布尔函数在 NNS 中的表达**. 如果 $G[x^n|(\overline{W}, \overline{H})]$ 是一个多层感知器函数, 而且对任何 $x^n \in X^n$, 总有

$$f_A(x^n) = G[x^n|(\overline{W}, \overline{H})] \tag{8.1.6}$$

成立, 那么称该多层感知器是该布尔函数的 NNS 的表达. 其中参数张量 $(\overline{W}, \overline{H})$ 是待解变量.

(2) 这时称方程组 (8.1.5) 是**布尔函数可在 NNS (或多层感知器) 中进行表达的基本方程**.

(3) 如果方程组 (8.1.5) 有解, 那么称该**布尔函数可在 NNS (或多层感知器) 中进行表达**.

(4) **布尔函数 (或布尔集合) 在多层感知器中的参数张量**. 如果参数张量 $(\overline{W}, \overline{H})$ 是方程组 (8.1.5) 的解, 那么称它的解 $(\overline{W}, \overline{H})$ 是该布尔函数 $f_A(x^n)$ 或布尔集合 $A \subset X^n$ 的 NNS (或多层感知器) 表达中的参数张量. 并记为 $(\overline{W}, \overline{H}) = (\overline{W}, \overline{H})_A$.

4. 布尔函数在多层感知器表达研究中的理论问题

在布尔函数在多层感知器中表达的定义 8.1.1 下产生的理论问题如下.

(1) **表达解的存在性问题**. 这就是对任何一个布尔集合 $A \subset X^n$, 使方程组 (8.1.5) 解的存在性问题.

(2) **表达解的其他性质**. 如果方程组 (8.1.5) 有解, 那么存在对这些解的一系列性质问题的讨论. 如

(i) **解的唯一性问题**. 如果方程组 (8.1.5) 有解, 那么它的解是否唯一, 如果不唯一, 那么所有解的集合应如何表示.

在感知器理论中, 如果一个分类目标 (A, B) 有解, 那么这些解一般是不唯一的, 而且所有的解是向量空间中的一个凸区域. 在多层感知器理论中同样存在这些问题.

这就是布尔函数在多层感知器表达中, 所有可能的参数张量是张量空间中的一个张量的集合, 那么对这些集合是否还存在凸性.

(ii) **解的最简单表达问题**. 如果方程组 (8.1.5) 有解, 而且不唯一, 那么在所有这些解的集合中能否存在它们的最简单的表达问题.

最简单表达的概念指**多层感知器的层次最少或感知器的参数最少**等问题.

(3) **布尔函数 (或布尔集合) 在多层感知器表达中的学习算法和它们的收敛性问题**. 这就是在方程组 (8.1.5) 的求解中是否存在相应的学习、训练算法, 这些算法的收敛性、收敛速度等一系列问题.

对这些问题的讨论我们在以后的章节中陆续展开.

8.1.2   对基本方程组的讨论

在布尔函数和多层感知器表达的研究中, 这些理论问题最后归结为关于方程组 (8.1.5) 的讨论问题. 为讨论基本方程组在求解过程中的一系列问题, 首先需要讨论它的多种等价方程组的表现问题.

在多层感知器 $G[x^n|(\overline{W}, \overline{H})]$ 中, 最后一层的输出变量在 (8.1.4) 式中给定, 其中 $m = 1$, 因此

$$y = G[x^n|(\overline{W}, \overline{H})] = g_\tau(x_{\tau_0-1}^{n_{\tau_0-1}}) = \text{Sgn}[u_{\tau_0}(x_{\tau_0-1}^{n_{\tau_0-1}})|(W_{\tau_0-1}^{\tau_0}, H_{\tau_0-1}^{\tau_0})] \tag{8.1.7}$$

是该层感知器的最终输出, 其中

$$x_{\tau_0-1}^{n_{\tau_0-1}} = (x_{\tau_0-1,1}, x_{\tau_0-1,2}, \cdots, x_{\tau_0-1,n_{\tau_0-1}})$$

是第 $\tau_0 - 1$ 层感知器的状态向量, 它的神经元的个数有 n_{τ_0-1} 个, 而

$$u_{\tau_0}(x_{\tau_0-1}^{n_{\tau_0-1}}|W_{A,\tau_0-1}^{\tau_0}) = \sum_{j=1}^{n_{\tau_0-1}} w_{\tau_0-1,i}^{\tau_0,j} x_{\tau_0-1,j} \tag{8.1.8}$$

是对第 $\tau_0 - 1$ 层感知器中神经元状态的电位整合函数.

由此得到, 关于方程组 (8.1.5) 的等价方程是

$$f_A(x^n)\{u_{\tau_0}(x_{\tau_0-1}^{n_{\tau_0-1}}) - h_{A,\tau_0}\} > 0. \tag{8.1.9}$$

对任何 $x^n \in X^n$ 成立.

因为 X^n 是一个有限集合, 所以存在 $\delta_n > 0$ 是一个固定正数, 方程组 (8.1.8) 等价于方程组

$$f_A(x^n)\{u_{\tau_0}(x_{\tau_0-1}^{n_{\tau_0-1}}) - h_{A,\tau_0}\} \geqslant \delta_n > 0. \tag{8.1.10}$$

对任何 $x^n \in X^n$, $A \subset X^n$ 成立.

方程组 (8.1.8), (8.1.9) 都是方程组 (8.1.5) 的等价方程组, 可以把它们等价处理.

8.2　布尔函数在多层感知器模型中表达的基本定理

在 3.2 节和 8.1 节的讨论中, 我们已经讨论了布尔函数和感知器理论的关系问题, 并给出了多层次、多输出感知器的模型和理论, 即任何布尔函数可以在这种模型下进行表达. 因此, 我们得到, 任何一个布尔函数都和一个多层次、多输出感知器的运算等价. 我们称这种等价关系是布尔函数和 NNS 之间存在的一个等价关系的基本定理.

8.2.1　关于线性不可分集合的信息处理

我们在例 4.3.1 给出了一个线性不可分布尔集合的例子, 为了使 X^n 空间中所有的子集合都是线性可分的, 需要对布尔函数的结构继续进行讨论.

1. 信息处理的途径

为了实现 X^n 空间中所有布尔集合都是线性可分的这个目标, 可采用的方法有多种.

利用多层感知器模型和理论, 对 X^n 空间中的任意布尔函数 (或集合) 进行表达.

利用纠错码等理论, 改变 X^n 的空间结构, 在对其中的任意布尔函数 (或集合) 进行表达.

对这种信息处理的方法我们讨论如下.

2. 利用多层感知器模型对一般布尔函数进行表达

例 8.2.1 我们现在继续对例 4.3.1 进行讨论.

我们在例 4.3.1 中已经说明, 在 $n = 2$ 时, 如果 $A = \{a = (1,1), b(-1,-1)\}$ 是 X^2 空间中的一个子集合, 该集合和它的补集合 $B = A^c = \{c = (1,-1), d = (-1,1)\}$, 这时 A, B 是线性不可分的.

因此, 一般的布尔函数 $f_A(x^2)$, 是不可能用全部用感知器的模型和算法来进行表达.

我们现在对例 4.3.1 中的集合 A 进行多层感知器的表达如下.

这时构造的第一层感知器模型具有 2 输入、2 个输出的感知器, 这就是 $X^2 \to Y^2$ 的映射, 其中 $X^2 = Y^2 = \{-1, 1\}$. 它的两个感知器运算分别是

$$g_\tau[x^2|(w_\tau^2, h_\tau)], \quad \tau = 1, 2, \tag{8.2.1}$$

其中 $(w_\tau^2, h_\tau) = \begin{cases} (1, 1, 1/2), & \tau = 1, \\ (-1, -1, 1/2), & \tau = -1. \end{cases}$

如果记 $X^2 = \{(1,1), (1,-1), (-1,1), (-1,-1)\} = \{a, b, c, d\}$ 是第一层感知器中的 4 个输入点, 它们的输出结果分别是

$$y_1 = g_1[x^2|(w_1^2, h_1)] = \begin{cases} 1, & x^2 = (1,1), \\ -1 & 否则, \end{cases}$$

$$y_2 = g_2[x^2|(w_2^2, h_2)] = \begin{cases} 1, & x^2 = (-1,-1), \\ -1 & 否则. \end{cases} \tag{8.2.2}$$

这时第二层感知器的输出 $y^2 = (y_1, y_2) \in X^2$, 我们由此构造第三层次的感知器 $g_3[y^2|(w_3^2, h_3)]$ 是 $(w_3^2, h_3) = (1, 1, 3/2)$. 由此得到

$$z = g_3[y^2|(w_3^3, h_3)] = \begin{cases} 1, & y^2 = (1,1), \\ -1 & 否则 \end{cases}$$

$$= \begin{cases} 1, & x^2 \in \{(1,1),(-1,-1)\}, \\ -1 & \text{否则}. \end{cases} \qquad (8.2.3)$$

因此这个三层次感知器模型实现了对布尔集合 $A = \{(1,1),(-1,-1)\}$ 所对应的布尔函数 $f_A(x^2)$ 的等价运算.

由此说明, 在例 8.2.1 中的布尔集合 A 所对应的布尔函数 $f_A(x^2)$, 它不能用感知器模型来进行表达, 但如果采用多层感知器模型就可进行表达. 这时有

$$f_A(x^2) = g_3\left[y^2|(w_3^3,h_3)\right] = g_3\left\{g_1[x^2|(w_1^3,h_1)], g_2[x^2|(w_2^3,h_2)]|(w_3^3,h_3)\right\} \qquad (8.2.4)$$

对任何 $x^2 \in X^2$ 成立.

3. 利用信息处理的方法, 对一般布尔函数 (或集合) 进行感知器的表达

试图采用纠错码的方法, 对一般布尔函数 (或集合) 进行感知器的表达. 有关步骤如下.

记 X^k 是一个固定的二进制向量空间, 其中的向量记为 $x^k = (x_1, x_2, \cdots, x_k)$.

记 $W = (w_{i,j})$ 是一个固定的 $k \times n$ 矩阵, 这时

$$y_i = \sum_{j=1}^{k} x_j w_{j,i}, \quad i = 1, 2, \cdots, n \qquad (8.2.5)$$

是一个 $X^k \to X^n$ 的映射, 其中的运算是在环 $X = \{-1, 1\}$ 中的运算.

记 $\begin{cases} C = \{y^n = x^k W, x^k \in X^k\}, \\ C(A) = \{y^n = x^k W, x^k \in A \subset X^k\}, \end{cases}$ 它们都是 X^n 空间中的子集合, 称 C 是一个 X^n 空间中的 (n,k) 码, $C(A)$ 是一个由集合 $A \subset X^n$ 产生的码元集合.

如果适当选择矩阵 W, 那么 C 是一个具有纠错能力 d_0 的码, 这就是

$$d = \text{Min}\{d(x_i^n, x_j^n) \quad \text{任何 } x_i^n, x_j^n \in X^n, i \neq j\}. \qquad (8.2.6)$$

称 C 是 X^n 空间中的一个完全码, 如果有

$$X^n = \{O(x^n, d_0), x^n \in C\}$$

成立, 其中 $O(x^n, d_0)$ 是以 x^n 为球心、d_0 为半径的超球.

4. 构造的感知器如下

对 $X^k \to X^n$ 中的向量进行标记, 这时构造向量空间 X^{n+2} 中的向量

$$x^{n+2} = (x^n, x_{n+2}) = (x_1, x_2, \cdots, x_n, x_{n+1}, x_{n+2}),$$

其中

$$(x_{n+1}, x_{n+2}) = \begin{cases} (1,1), & x^n \in C(A), \\ (-1,1), & x^n \in C - C(A), \\ (-1,-1), & x^n \in C^c = X^n - C. \end{cases} \tag{8.2.7}$$

这样就很容易构造 X^{n+2} 中的感知器 $g_A[X^{n+2}|(w^{n+2}, h)]$ 使

$$f_{C(A)}(x^{n+2}) = g_A[x^{n+2}|(w^{n+2}, h)_A],$$

对任何 $x^{n+2} \in X^{n+2}$ 成立.

5. 对有关问题的讨论如下

为对布尔函数作感知器模型进行表达, 可以有多种方法. 我们这里列举了多层次感知器模型的方法或纠错码的方法. 这两种方法各有优缺点, 其中多层感知器的方法涉及多层次感知器模型和理论的一系列问题, 如学习算法等问题, 而采用纠错码的方法, 它的学习、训练算法虽十分简单, 但需要增加一些信息位, 由此增加了信息处理的复杂度.

8.2.2 布尔函数和多层感知器关系的一个基本定理

在第 4 章中, 我们已经给出部分布尔函数在感知器表达中的一些关系性质, 我们现在推广这些性质, 得到它们关系的一个基本定理.

1. 基本定理的表述

在定义 8.1.1 中, 我们已经给出二进制的向量空间 X^n 及有关布尔函数、布尔集合、多层感知器的记号及布尔函数在 NNS(或多层感知器) 中表达的定义, 现在就可在此基础上继续讨论.

定理 8.2.1 (布尔函数和多层感知器关系的基本定理) 在二进制的向量空间 X^n 中, 对任何布尔集合 $A \subset X^n$ 及它所对应的布尔函数 $f_A(x^n)$, 总是存在一个适当的多层感知器 $G[x^n|(\bar{W}_A, \bar{H}_A)]$, 它们是 $X^n \to X$ 中的等价映射.

其中多层感知器 $G[x^n|(\bar{W}, \bar{H})]$ 的运算在 (8.1.2) 式中定义, 它们的等价性在定义 8.1.1 中给出.

2. 基本定理的证明

我们用归纳法证明定理 8.2.1.

当 $n = 1$ 时, 在 X 空间中, 它的任何子集合 B, 它所对应的布尔函数 $f_B(x)$ 都可用感知器的模型 $g[x|(w, h)_B]$ 进行表达, 它们的等价关系已在 (8.2.1) 式中说明.

现在假定在 $n = m$ 时定理的命题成立. 现在证明在 $n = m + 1$ 时定理的命题成立.

(i) 如果在 $n = m$ 时定理的命题成立, 那么对任何集合 $A \subset X^m$ 都有

$$f_A(x^n) = G[x^n|(\overline{W}_A, \overline{H}_A)], \quad 对任何 \quad x^n \in x^n \quad 成立.$$

相应的等价方程式 (8.1.9) 成立. 其中 $(\overline{W}, \overline{H})_A = (\overline{W}_A, \overline{H}_A)$ 如 (8.1.1)—(8.1.3) 式所示.

(ii) 现在对任何集合 $C \subset X^{m+1}$, 证明该定理的命题成立. 这时集合 C 在 X^{m+1} 空间中的类型为

$$C = (A, -1), \quad (B, 1), \quad (A, -1) \cup (B, 1), \tag{8.2.8}$$

其中 $A, B \subset X^m$.

由归纳法的假定可知, 当 $C = (A, -1), (B, 1)$ 时, 定理的命题成立, 现在证明当 $C = (A, -1) \cup (B, 1)$ 时定理的命题成立.

我们仿例 8.2.1 证明这个结果.

如果 $C = (A, -1) \cup (B, 1)$, 那么它的补集合是

$$C^c = [(A, -1) \cup (B, 1)]^c = (A, -1)^c \cap (B, 1)^c = (A^c, 1) \cap (B^c, -1).$$

由此得到 4 种不同的集合, 它们分别记为

$$C_{1,1} = (A, 1), \quad C_{-1,1} = (A^c, 1), \quad C_{-1,-1} = (B, -1), \quad C_{1,1} = (B^c, -1). \tag{8.2.9}$$

它们的表示式为 $C_{\tau,\tau'}$, $\tau, \tau' \in X = \{-1, 1\}$.

它们的布尔函数分别记为

$$f_{C_{\tau,\tau'}}(x^{m+1}), \quad \tau, \tau' \in \{-1, 1\}, \quad x^{m+1} \in X^{m+1}. \tag{8.2.10}$$

按 (8.2.9) 式的定义, 该布尔函数 $f_{C_{\tau,\tau'}}(x^{m+1})$ 分别是

$$\begin{cases} f_{(A,1)}(x^{m+1}) = f_{(A,1)}(x^m, 1) \text{ 或 } 0, & x_{m+1} \neq 1, \\ f_{(A^c,1)}(x^{m+1}) = f_{(A^c,1)}(x^m, 1) \text{ 或 } 0, & x_{m+1} \neq 1, \\ f_{(B,-1)}(x^{m+1}) = f_{(B,-1)}(x^m, -1) \text{ 或 } 0, & x_{m+1} \neq -1, \\ f_{(B^c,-1)}(x^{m+1}) = f_{(B^c,-1)}(x^m, -1) \text{ 或 } 0, & x_{m+1} \neq -1. \end{cases} \tag{8.2.11}$$

由归纳法的假定, 对任何 X^m 空间中的布尔函数都有它们的 NNS 表达式, 因此对 (8.2.8) 式中的集合 $C_{\tau,\tau'}$, $\tau, \tau' \in X = \{-1, 1\}$ 有它的 NNS 表达式.

$$f_{C_{\tau,\tau'}}(x^{m+1}) = g[x^{m+1}|(w, h)_{C_{\tau,\tau'}}], \quad \tau, \tau' \in \{-1, 1\}, \quad x^{m+1} \in X^{m+1}. \tag{8.2.12}$$

$(\tau, \tau') \in X^2$ 是一个 2 重二进制向量, 仿照例 8.2.1 的讨论, 在 (τ, τ') 的状态下, 再增加一层感知器, 如 (8.2.1)—(8.2.3) 所示.

并由此实现对 $C_{\tau,\tau'}$ 的 NNS 的分类计算, 最终实现对布尔集合 $C \subset X^{m+1}$ 的 NNS (或多层感知器) 表达. 由此定理得证明.

8.3　多层感知器的学习、训练算法

一般布尔函数在多层次、多输出感知器表达中的定义已在定义 8.1.1 中给出. 定理 8.2.1 给出了任何布尔函数总可以在多层感知器模型下实现它们的运算.

在本节中, 我们要讨论表达运算的具体实现问题. 这就是任何一个布尔函数, 它的多层次感知器的具体构造问题. 由此得到, 一般布尔函数和多层次、多输出感知器之间的构造和表达的关系.

由此讨论可以看到, NNS 中的算法和逻辑运算算法之间的具体关系和表达.

8.3.1　布尔函数和多层次、多输出感知器

记 $X = \{0,1\}^n$(或 $\{-1,1\}^n$) 是一个二元集合, X^n 是二元集合的向量空间, f 是 $X^n \to X$ 的映射或布尔函数. 以后简称多层次、多输出感知器为**多层次、多输出感知器系统或 NNS**.

1. 布尔集合和布尔集合偶的定义

现在讨论 X^n 空间中的结构、运算问题.

如果 $A \subset X^n$ 是一个二元向量集合, 称 A 是一个布尔集合.

布尔集合和布尔函数之间存在等价关系, 如果记 $f = f_A$, 这是由布尔集合 A 所确定的布尔函数, 如果有关系式 $f(x^n) = \begin{cases} 1, & x^n \in A, \\ -1, & \text{否则} \end{cases}$ 成立.

这时又记 $A = A_f$ 是由布尔函数 f 所对应的布尔集合.

如果 $B = B_f = A_f^c = X^n - A_f$, 那么称 $(A, B) = (a_f, B_f)$ 是由布尔函数 f 所对应的**布尔集合偶**.

2. 多层次、多输出感知器

多层次、多输出感知器的模型已在 (8.1.4), (8.1.5) 式中给出.

称 (8.1.4) 式中的参数 $(\overline{W}, \overline{H})$ 是该多层感知器的**参数张量**.

一个多层次、多输出感知器的模型或运算函数在 (8.1.5) 式中给出, 其中 $y^m = G[x^n|(\overline{W}, \overline{H})]$ 是该感知器的基本变换方程.

称其中的函数 G 为该多层次、多输出感知器的运算函数, 这时的 G 是一个 $X^n \to X^m$ 的映射.

称参数 τ_0 是该感知器的层次数. 而 y^m 是该感知器的最后输出向量.

当 $m = 1$ 时, 感知器 G 也是一个 $X^n \to X$ 的布尔函数.

布尔函数的 NNS 的表达在定义 8.1.1 中给出. 而且定理 8.2.1 证明了对任何二进制向量空间 X^n 中的布尔函数 f 总可以通过一个多层次、多输出感知器 G 实现.

这就是对任何布尔函数 f, 总可存在适当的参数张量 $(\overline{W}, \overline{H})$, 使关系式 $f(x^n) = G[x^n|(\overline{W}, \overline{H})]$ 成立.

3. 布尔函数、布尔集合的关系

$$\begin{cases} 布尔集合组 \ \bar{A} = \{A_1, A_2, \cdots, A_m\}, \\ 对偶布尔集合组 \ \bar{B} = \{B_1, B_2, \cdots, B_m\}, \\ 布尔函数组 \ \bar{f} = \{f_1, f_2, \cdots, f_m\}, \\ 多层次、多输出感知器函数组 \ \bar{G} = \{G_1, G_2, \cdots, G_m\}, \end{cases} \tag{8.3.1}$$

其中

$$\begin{cases} B_i = A_i^c = X^n - A_i, \\ G_i = G[x^n|(\bar{W}_i, \bar{h}_i)] \ 是感知器的运算子, 如 \ (8.1.4) \ 式所示, \\ (\bar{W}_i, \bar{h}_i) \ 如 \ (8.1.3) \ 式所示, 它们是感知器的参数向量, \end{cases} \tag{8.3.2}$$

其中 $i = 1, 2, \cdots, m$.

定义 8.3.1 (布尔函数 NNS 表达解的定义)　对任何 $x^n \in X^n$, 都有 $\bar{f}(x^n) = \bar{G}(x^n)$ 成立, 那么称这个多层次、多输出感知器的运算组 $\bar{G}(x^n)$ 是布尔函数或布尔集合的 $\bar{f}(x^n)$ 的 NNS 表达.

8.3.2　布尔函数或布尔集合的性质

现在讨论布尔函数或布尔集合在 NNS 中的表达的关系问题, 我们先讨论它们的一些基本性质.

1. 有关布尔集合的性质

如果 X^n 是一个固定的二元向量空间, 它的一固定布尔集合组记为 $\bar{A} = \{A_1, A_2, \cdots, A_m\}$, 它们的对偶集合组是 $\bar{B} = \{B_1, B_2, \cdots, B_m\}$(其中 $B_i = A_i^c = X^n - A_i$ 是相应的对偶集合). 现在讨论它们的有关性质如下.

关于布尔集合组 $\bar{A}$ 的并、交、余的运算是

$$\begin{cases} 并集合 \ A_\vee = \bigcup_{i=1}^{n} A_i, \\ 交集合 \ A_\wedge = \bigcap_{i=1}^{n} A_i, \end{cases} \tag{8.3.3}$$

它们的对偶集合分别是

$$
\begin{cases}
B_\vee = A_\vee^c = \left(\bigcup_{i=1}^{n} A_i \right)^c = \bigcap_{i=1}^{n} A_i^c = \bigcap_{i=1}^{n} B_i, \\
B_\wedge = A_\wedge^c = \left(\bigcap_{i=1}^{n} A_i \right)^c = \bigcup_{i=1}^{n} A_i^c = \bigcup_{i=1}^{n} B_i, \\
B_i = A_i^c = X^n - A_i, \quad i = 1, 2, \cdots, n.
\end{cases}
\tag{8.3.4}
$$

对集合 $A_1, A_2, \cdots, A_m$ 并、交、余的运算的布尔函数是

$$
\begin{cases}
\text{并集合的布尔函数} \ f_{A_\vee} = \bigvee_{i=1}^{n} f_i = \text{Max}\{f_1, f_2, \cdots, f_m\}, \\
\text{交集合的布尔函数} \ f_{A_\wedge} = \bigwedge_{i=1}^{n} f_i = \text{Min}\{f_1, f_2, \cdots, f_m\}.
\end{cases}
\tag{8.3.5}
$$

2. 关于多层次、多输出感知器的性质

为了简单起见, 我们先讨论多输出、三层次感知器的性质.

这时在 (8.1.4) 式中, 取 $\tau_0 = 3$, 因此它的参数向量是 $(\overline{W}, \overline{H}) = [(W_1^2, H_2), (W_2^3, H_3)]$.

如果记该感知器在第一、二、三层次的状态向量分别是 $x^{n_1}, y^{n_2}, z^{n_3}$, 那么它们的参数向量分别是

$$
\begin{cases}
W_1^2 = (w_{1,i}^{2,j})_{i=1,2,\cdots,n_1, j=1,2,\cdots,n_2}, \\
W_2^3 = (w_{2,j}^{3,k})_{j=1,2,\cdots,n_2, k=1,2,\cdots,n_3}, \\
H_\tau = (h_{\tau,1}, h_{\tau,2}, \cdots, h_{\tau,n_\tau}), \quad \tau = 2, 3.
\end{cases}
\tag{8.3.6}
$$

这时有关系式

$$
\begin{cases}
y_j = G[x^{n_1} | (W_1^2, H_2)] = \text{Sgn}\left(\sum_{i=1}^{n_1} w_{1,i}^{2,j} x_i - h_{2,j} \right), \quad j = 1, 2, \cdots, n_2, \\
z_k = G[y^{n_2} | (W_2^3, H_3)] = \text{Sgn}\left(\sum_{j=1}^{n_2} w_{2,j}^{3,k} y_j - h_{3,k} \right), \quad k = 1, 2, \cdots, n_3.
\end{cases}
\tag{8.3.7}
$$

8.3.3 一般布尔函数的多层次、多输出感知器表达算法

我们的目的是要对一般布尔函数 (或一般布尔集合) 作多层次、多输出感知器 (或 NNS) 的表达.

1. 布尔集合关于关于多层次、多输出感知器表达解的有关记号

如果 $A \subset X^n$ 是一般布尔集合, $\overline{G} = \overline{G}[x^n|(\overline{W}, \overline{H})]$ 是由 (8.3.2) 式定义的多层次、多输出感知器的运算子, 其中 $(\overline{W}, \overline{H})$ 是该感知器的参数向量.

布尔集合关于 NNS 表达是指对一般布尔集合 $A \subset X^n$, 确定一组多层次、多输出感知器的参数向量 $(\overline{W}_A, \overline{H}_A)$, 使布尔函数 f_A 能为一多层次、多输出感知器表达.

这时我们选择的感知器是一个 $\tau_0 = 3$ 的三层感知器, 而且 $n_3 = 1$. 这时它的参数向量 $(\overline{W}, \overline{H}) = [(W_1^2, H_2), (W_2^3, H_3)]$ 如 (8.3.6) 式所示.

因为 $n_3 = 1$, 所以这个多层次、多输出感知器的运算子 $\overline{G} = \overline{G}[x^n|(\overline{W}, \overline{H})]$ 是一个 $X^n \to X$ 的映射. 因此一个布尔函数 (或布尔集合) 关于 NNS 表达是指对一个固定的布尔集合 A, 确定它的多层次、多输出感知器运算子的参数向量 $(\overline{W}, \overline{H})_A = (\overline{W}_A, \overline{H}_A)$, 使关系式

$$f_A(x^n) = G[x^n|(\overline{W}_A, \overline{H}_A)], \quad \text{对任何 } x^n \in X^n \text{ 成立.} \tag{8.3.8}$$

2. 布尔集合关于多层次、多输出感知器的表达算法步骤

现在讨论对任何一个固定的布尔集合 $A \subset X^n$, 构造一个多层次、多输出感知器 (它的参数向量为 $(\overline{W}_A, \overline{H}_A)$), 使关系式 (8.3.8) 式成立. 为此, 我们建立它们的表达算法步骤如下.

算法步骤 8.3.1　先构造一个多输出、三层次感知器. 这时取 $\tau_0 = 3, n_3 = 1$, 它的参数向量 $(\overline{W}, \overline{H}) = [(W_1^2, H_2), (W_2^3, H_3)]$ 如 (8.3.6) 式所示.

算法步骤 8.3.2　如果记集合 $A = \{x_1^n, x_2^n, \cdots, x_m^n\} \subset X^n$ 是一个具有 m 个不同向量的集合, 那么在该感知器中, 取 $n_2 = m$, 这时第二层次感知器的状态向量是 $y^m = (y_1, y_2, \cdots, y_m), y_j \in X = \{-1, 1\}$.

这就是第二层次感知器有 m 个神经元, 它们的状态向量是 y^m, 其中每个 y_j 是第 j 个神经元 $e_{2,j}$ 的输出状态.

算法步骤 8.3.3　这时取第 j 个神经元 $e_{2,j}$ 的参数向量是

$$(w_{1,i}^{2,j}, h_j) = (x_{j,i}, n - 1/2), \quad i = 1, 2, \cdots, n, \quad j = 1, 2, \cdots, m, \tag{8.3.9}$$

其中 $x_j^n = (x_{j,1}, x_{j,2}, \cdots, x_{j,n})$ 是集合 A 中的一固定向量.

由此得到, 第 j 个神经元 e_j 的输出状态是

$$y_j = G_i[x^n|(w_j^n, h_j)] \begin{cases} = 1/2 > 0, & x^n = x_j^n, \\ \leqslant -1/2 < 0, & \text{否则.} \end{cases} \tag{8.3.10}$$

算法步骤 8.3.4 第三层感知器的神经元记为 e_3, 它的状态或输出变量是 $z \in X = \{-1, 1\}$, 而输入向量是 $y^m \in X^m$. 这时 e_3 的参数向量是

$$(W_3, h_3) = (w_3^m, h_3) = (w_{3,1}, w_{3,2}, \cdots, w_{3,m}, h_3), \tag{8.3.11}$$

其中

$$w_{3,1} = w_{3,2} = \cdots = w_{3,m} = 1, \quad h_3 = m - 1/2. \tag{8.3.12}$$

这时 e_3 的输出变量是

$$z = g_3[y^m | (W_3, h_3)]$$
$$= \mathrm{Sgn}\left[\sum_{j=1}^{m} w_{3,j} y_j - h_3\right] = \begin{cases} 1, & y^m = I^m, \\ -1, & \text{否则}, \end{cases} \tag{8.3.13}$$

其中 $I^m = (1, 1, \cdots, 1)$ 是一个 m 维的 1 向量.

由此得到, 该三层次感知器的运算结果是

$$z = G[x^n | (\bar{W}, \bar{h})] = \begin{cases} 1, & x^n \in A \subset X^n, \\ -1, & \text{否则}. \end{cases} \tag{8.3.14}$$

因此该感知器的运算结果是布尔函数 f_A 的表达函数.

我们称这算法步骤 8.3.1—算法步骤 8.3.4 为布尔函数的三层次感知器算法步骤 (简称三层次感知器算法).

8.3.4 关于算法步骤的改进和讨论

我们已经给出了一般布尔函数在多层次、多输出感知器模型下表达解的算法步骤, 算法步骤 8.3.1—算法步骤 8.3.4. 这些步骤实现了一般布尔函数在多层次、多输出感知器模型下的表达问题. 现在讨论的问题是这些算法步骤的改进问题.

算法步骤中的复杂度问题在算法步骤 8.3.1—算法步骤 8.3.4 中, 对其中的复杂度问题讨论如下.

在此算法步骤中, 它们的复杂度主要是指它们的计算复杂度和存储复杂度.

这些计算复杂度和存储复杂度主要体现在第二层感知器的数量 $m = \|A\|$ 上.

因为 $A \subset X^n$, 所以 m 会随 n 指数增长. 因此该算法步骤的计算复杂度和存储复杂度会随 n 指数增长. 故, 算法步骤的改进就是要改变这种随 n 指数增长的情形.

这时 e_4 的输出变量 $z = z_{3,1} \vee z_{3,2} = \begin{cases} -1, & z_3^2 = (-1, -1), \\ 1, & \text{否则}. \end{cases}$

这时 e_4 的输出运算函数可以用感知器进行表达. 这就是构造第四层感知器的参数向量 $(w_{3,1}, w_{3,2}, h_3) = (1, 1, -1.5)$.

由此构造第四层感知器的运算函数 $g[z_3^2|(w_{3,1}, w_{3,2}, h_3)]$, 使算法步骤 8.3.4 中的运算关系成立.

由此可以看到, 通过一个四层感知器实现对布尔函数 f_A 的 NNS 表达.

这种运算同样是实现对布尔函数的感知器的表达, 但它可以大大减少这种表达解的计算复杂度和存储复杂度 (从 m 降低到 $m/2$).

算法步骤 8.3.5 以此类推, 感知器的层次可以不断增加, 这种布尔函数的感知器表达的计算复杂度和存储复杂度可以从层次数的增加而指数下降.

由此实现一般布尔函数在多层感知器中的表达, 这种表达的计算复杂度和存储复杂度都是可实现的.

第9章　Hopfield NNS[①]

> HNNS 是研究由大量神经元组成的神经系统, 它们相互连接、作用和运动的特征在 BNNS 中仍然有特殊的意义. 因此如何评价和使用 HNNS 仍然是 NNS 理论中的重要问题.
>
> 在本章中我们主要介绍 HNNS 的结构和运动方程、玻尔兹曼机的理论、前馈网络等有关理论. 这样可使我们对 HNNS 理论有进一步的了解.

9.1　对 HNNS 的介绍和讨论

在本节中, 先介绍 HNNS 理论的基本内容, 了解这些情况可以为我们对 NNS 的理论研究作更深入的研究进行准备.

9.1.1　有关 HNNS 的模型和记号

由美国加利福尼亚物理学家 J. Hopfield(1982 年) 提出的 HNNS 模型是由 n 个神经元组成的 NNS, 它的模型和记号说明如下:

1. HNNS 的模型结构

HNNS 的模型结构由以下多种要素组成.

神经网络的状态向量. 该系统由大量的神经元组成, 因此它们的状态可用一个向量 $x^n = (x_1, x_2, \cdots, x_n)$ 来表示, 其中 $x_i = 1, -1$ 是第 i 个神经元的状态 (**兴奋或抑制**), 因此 x^n 是神经元系统的状态向量. 神经元 x_i 的取值范围 $X = \{-1, 1\}$, 也可在更广泛的空间中取值.

权矩阵与阈值向量. 不同神经元的相互连接关系可用一个 n 阶矩阵 $W^{n \times n} = (w_{i,j})_{i,j=1,2,\cdots,n}$ 表示, 其中 $w_{i,j} \in R$ 是第 i 个神经元对第 j 个神经元发生影响的权系数.

阈值向量 $h^n = (h_1, h_2, \cdots, h_n)$ 是各神经元兴奋或抑制的阈值参数.

---

① HNNS 是 Hopfield 在 1982 年提出的一种 ANNS, 以下简记为 HNNS.

电位整合函数向量. 每个神经元对电位都有整合功能, 因此得到电位整合向量

$$u^n = (u_1, u_2, \cdots, u_2), \quad \text{其中 } u_j = \sum_{i=1}^{n} w_{i,j} x_i, \quad j = 1, 2, \cdots, n. \tag{9.1.1}$$

HNNS 运算子. 当每个神经元经它内部单位整合后, 它的状态就会按固定的规则发生改变, 改变后的神经元状态可写为

$$x_i' = T_W(x^n) = T_W \left(\sum_{j=1}^{n} w_{i,j} x_j - h_i \right), \quad i = 1, 2, \cdots, n, \tag{9.1.2}$$

其中 T_W 为该神经元系统的运动规则, 因此被称为 HNNS 的运算子. 故 (9.1.2) 式可写为 $(x^n)' = T(x^n)$.

这时 T_W 可取为符号函数 $T_W(u) = \mathrm{Sgn}(u) = \begin{cases} 1, & u \geqslant 0, \\ -1, & u < 0, \end{cases}$ 其中 T 也可取其他单增函数 $f(u)$, 该函数以 $y = \pm 1$ 为渐近线. 这时称运算子 T 为 HNNS 的状态驱动函数.

由此可见, HNNS 的状态运动受以下三因素影响, 即权矩阵 W^n、阈值向量 h^n 与驱动函数 T 的影响, 记该 HNNS 为 $\mathrm{HNNS}(T, W^n, h^n)$.

2. HNNS 的状态运动图 G_H^n

在 HNNS 中, (9.1.2) 式给出了一个 $\{-1, 1\}^n$ 空间中状态运动的变换算子, 因此 (9.1.2) 式又可写为

$$\begin{cases} x^n(t+1) = T_W[x^n(t)], \\ x_i(t+1) = \mathrm{Sgn} \left(\sum_{j=1}^{n} w_{i,j} x_j(t) - h_i \right), \quad i = 1, 2, \cdots, n, \end{cases} \tag{9.1.3}$$

其中 $t = 0, 1, 2, \cdots$.

这时称 $x^n(0)$ 为 HNNS 的初始状态, 而 HNNS 的运动模式可用一个有向图 $G_H^n = \{X^n, V^n\}$ 来描述, 其中 $X^n = \{-1, 1\}^n$ 是该图中的全体点, 而 $V^n = \{(x^n, y^n), x^n \in X^n, y^n = T_W(x^n)\}$ 是该图中的全体弧.

这时称图 G_H^n 为 HNNS 的运动关系图. 有关有向图的一些定义、记号和名词在图论中都有说明, 在附录 5 中也有详细说明.

3. 图 G_H^n 中的路

对图 G_H^n 的结构特征说明如下.

对每个 $x^n \in X^n$ 有唯一的一个出弧 $(x^n, y^n = T(x^n)) \in V^n$. 因此图 G_H^n 是一个具有一阶出弧, 可能有多阶入弧顶图.

若干首尾连接的弧是图中的路, 记 L 是该图中的路, 如果 L 由 k 条弧组成, 那么称路 L 的长度为 k.

在 G_H^n 图中, 每条路 L 都有它的起点和终点, 把它记为

$$L: \quad x^n(t_0) \to x^n(t_0+1) \to \cdots \to x^n(t_1-1) \to x^n(t_1), \tag{9.1.4}$$

其中 $t_0 < t_1$, 而 $x^n(t+1) = T[x^n(t)]$. 这时称 $t_1 - t_0 + 1$ 是该路的路长.

在路 L 中称 $x^n(t)$, $t = t_0, t_0+1, \cdots, t_1-1, t_1$ 是该路中的节点.

在 (9.1.4) 的路中, 如果其中的节点 $x^n(t)$ $(t = t_0, t_0+1, \cdots, t_1-1, t_1)$ 都不相同, 那么称该路是一直路, 否则是一回路.

4. 有关回路的性质如下

任何直路的长度不超过 2^n, 因为 $\{-1, 1\}^n$ 中的点只有 2^n 个.

在 (9.1.4) 的路中, 如果 $x^n(t_0) = x^n(t_1)$, 那么称该回路是一个长度为 $t_1 - t_0$ 的回路.

对固定的权阵列 $W^{n \times n}$, 相应的 HNNS 图 G_H^n 由 (9.1.3) 式确定, 记其中的

$$C_j = \{x_{j,1}^n, x_{j,2}^n, \cdots, x_{j,\ell_j}^n\} \quad (j = 1, 2, \cdots, m) \tag{9.1.5}$$

是图 G_H^n 中的 m 个圈, 这就是有

$$x_{j,t+1}^n = T_W(x_{j,t}^n) \quad (t = 1, 2, \cdots, \ell_j) \tag{9.1.6}$$

成立. 而且有 $x_{j,1}^n = x_{j,\ell_j+1}^n$ 成立, 并在 (9.1.5) 的 C_j 中无相同的点.

那么这时称 C_j 是图 G_H^n 中的一个长度为 ℓ_j 的回路.

对固定的权阵列 $W^{n \times n}$, 在图 G_H^n 可能产生的回路记为 $C_1, C_2, \cdots, C_m$, 在这些不同的回路中, 它们之间不存在公共点.

由此定义

$$D_j = \{x^n \in R^n, \text{存在一个正整数 } s, \text{使 } T^s(x^n) \in C_j\}, \tag{9.1.7}$$

这时称集合 D_j 是集合 Z_2^n 中在 T_W 作用的运动下, 最后进入 (或到达) C_j 回路的向量.

定理 9.1.1 在 (9.1.5), (9.1.7) 式定义的 C_j, D_j $(j = 1, 2, \cdots, m)$ 的定义中, 以下性质成立.

在 C_j $(j = 1, 2, \cdots, m)$ 中无公共点 (如果在 $C_j, C_{j'}$ 之间存在公共点, 那么它们一定重合).

同样在 D_j $(j = 1, 2, \cdots, m)$ 中无公共点 (如果在 $D_j, D_{j'}$ 之间存在公共点, 那么它们一定重合).

因此集合 D_j $(j = 1, 2, \cdots, m)$ 是 $\{-1, 1\}^n$ 空间的一个分隔 (它们之间无公共点, 而且它们的并是 $\{-1, 1\}^n$ 空间).

由此得到, 图 G_H^n 是一个树丛图. 这就是, 每个集合 D_j 是图 G_H^n 中的一个枝, 在 D_j 中的每个点 $x^n \in D_j$ 一定可以到达该枝的根 C_j.

定理 9.1.2　对任何 HNNS, 那么一定存在一组 (9.1.5) 的圈 C_j $(j = 1, 2, \cdots, m)$, 和 (9.1.7) 式中的集合 $D_j, j = 1, 2, \cdots, m$, 它们满足定理 9.1.1 中的性质.

定义 9.1.1　(1) 称 (9.1.5) 式中的 C_j 集合为 HNNS 中的循环运动集合 (回路).

(2) 称 HNNS 是稳定的, 如果它的循环收敛集合 $C_j = \{x_j^n\}$ 都是单点集合 (圈).

定义 9.1.2　关于矩阵 $W^{n \times n} = (w_{i,j})_{i,j=1,2,\cdots,n}$, 对它有以下定义.

(1) 称该矩阵是对称的, 如果对任何 $i, j = 1, 2, \cdots, n$, 总有 $w_{i,j} = w_{j,i}$ 成立.

(2) 称该矩阵是非负定的, 如果对任何非零向量 $x^n \in R^n$, 总有 $\sum_{i,j=1}^{n} w_{i,j} x_i x_j \geqslant 0$ 成立.

(3) 称该矩阵是正定的, 如果对任何非零向量 $x^n \in R^n$, 总有 $\sum_{i,j=1}^{n} w_{i,j} x_i x_j > 0$ 成立.

其中 $w_{i,j} \in R$ 是第 i 个神经元对第 j 个神经元发生影响的权系数.

9.1.2　HNNS 的能量函数

Hopfield 的一个重要贡献是他对该系统引进了能量函数的定义.

1. 能量函数定义

一个状态为 x^n 的向量, 它在 HNNS (W^n, h^n) 中的能量函数定义为

$$E(x^n) = -\frac{1}{2} \sum_{i,j=1}^{n} x_i w_{i,j} x_j + \sum_{i=1}^{n} x_i h_i. \tag{9.1.8}$$

2. 能量函数的性质定理

该能量函数具有以下性质成立.

定理 9.1.3　在 HNNS 中, 如果 W^n 是一个对称、正定的矩阵, 那么有以下性质成立.

(1) x^n 是一个非稳定的状态 (或非吸引点), 那么在 HNNS 运算子的作用下, 能量一定严格下降, 也就是有关系式

$$E[T(x^n)] \leqslant E(x^n) - \delta, \tag{9.1.9}$$

其中 δ 是一个与 x^n 无关的正数.

(2) 该 HNNS 一定是一个稳定系统 (它的稳定循环点都是非吸引点).

证明 记 $(x^n)' = T_W(x^n) = (x_1', x_2', \cdots, x_n')$. 如果 $(x^n)' \neq x^n$ 不是吸引点, 那么计算 $\Delta E(x^n) = E(x^n) - E[T_W(x^n)]$ 的值.

因为 $W = W^{n \times n}$ 是一个对称、正定的矩阵, 所以对任何 $z^n \in \{-2, 0, 2\}^n$, 总有 $\sum_{i,j=1}^n w_{i,j} z_i z_j > 0$ 成立. 因为 $\{-2, 0, 2\}^n$ 是一个有限集合, 所以必有

$$\frac{1}{2} \sum_{i,j=1}^n w_{i,j} z_i z_j \geqslant \text{Min}\left\{\frac{1}{2} \sum_{i,j=1}^n w_{i,j} y_i y_j, y^n \in \{-2, 0, 2\}^n\right\} = \delta_0 > 0 \qquad (9.1.10)$$

成立. 这时有

$$\Delta E(x^n) = E(x^n) - E[T_W(x^n)]$$

$$= \frac{1}{2}\left\{\sum_{i,j=1}^n w_{i,j} x_i' x_j' - \sum_{i,j=1}^n w_{i,j} x_i x_j\right\} + \sum_{i=1}^n h_i(x_i - x_i')$$

$$= \frac{1}{2} \sum_{i,j=1}^n w_{i,j}(x_i' x_j' - x_i x_j) + \sum_{i=1}^n h_i(x_i - x_i')$$

$$= \frac{1}{2} \sum_{i,j=1}^n w_{i,j}(x_i' x_j' - x_i' x_j + x_i' x_j - x_i x_j) + \sum_{i=1}^n h_i(x_i - x_i')$$

$$= \frac{1}{2} \sum_{i,j=1}^n w_{i,j}[x_i'\delta(x_j) + x_j\delta(x_i)] + \sum_{i=1}^n h_i(x_i - x_i')$$

$$= \frac{1}{2} \sum_{i,j=1}^n w_{i,j}[\delta(x_i)\delta(x_j) + x_i\delta(x_j) + x_j\delta(x_i)] - \sum_{i=1}^n h_i\delta(x_i)$$

$$= \frac{1}{2} \sum_{i,j=1}^n w_{i,j}\delta(x_i)\delta(x_j) + \sum_{i,j=1}^n w_{i,j} x_i \delta(x_j) - \sum_{i=1}^n h_i\delta(x_i),$$

其中 $\delta(x_i) = x_i - x_i'$. 而最后一个等号是由 W 阵列的对称性得到的, 由此得到

$$\frac{1}{2} \sum_{i,j=1}^n w_{i,j}\delta(x_i)\delta(x_j) + \sum_i^n \delta(x_i)z_i \geqslant \delta_0 + \sum_{i=1}^n \delta(x_i)z_i \geqslant \delta_0 > 0, \qquad (9.1.11)$$

其中 $z_i = \sum_{j=1}^n w_{i,j} x_j - h_i, i = 1, 2, \cdots, n$.

(9.1.11) 最后的不等式是由 (9.1.10) 式成立, 即 $\delta(x_i)z_i \geqslant 0$ 一定成立. 这是因为

(i) 如果 $z_i = \sum_j^n w_{i,j} x_j - h_i \geqslant 0$ 成立, 那么必有 $x_i' = \text{Sgn}(z_i) = 1$ 成立, $\delta(x_i) = x_i' - x_i \geqslant 0$ 成立, 因此 $\delta(x_i)z_i \geqslant 0$ 成立.

(ii) 如果 $z_i = \sum_j^n w_{i,j}x_j - h_i < 0$ 成立, 那么 $x_i' = \text{Sgn}(z_i) = -1$, $\delta(x_i) = x_i' - x_i \leqslant 0$, 因此 $\delta(x_i)z_i \geqslant 0$ 成立.

因此该定理的第一个命题一定成立.

定理的命题 (2) 即可由命题 (1) 得到, 即如果 C_j 不是一个单点集合, 那么 HNNS 的状态就会在 C_j 的各点上做无限的循环运动, 按照状态的能量单调下降的性质知道, 这是不可能的. 该 HNNS 一定是一个稳定系统. 定理得证.

9.1.3　关于 HNNS 理论的讨论

在 BNNS 理论提出之后存在一系列问题的讨论, 有关问题如下.

1. 关于运动类型的讨论

这就是在 HNNS 中, 不同的神经元按一定的规则在运动, 因此 HNNS 可以产生许多不同的类型.

1) 串行系统和并行系统

(9.1.2), (9.1.3) 式给出了 HNNS 的基本结构和运动规则. (9.1.3) 式所给 HNNS 的运动规则中, 系统中所有的神经元同时在发生运动, 因此是一个**并行系统**.

如果把 (9.1.3) 改为

$$x_i'(t+1) = \begin{cases} T_W(u^n) = T_W\left(\sum_{j=1}^n w_{i,j}x_j - h_i\right), & i = \tau(t), \\ x_i(t), & \text{否则}. \end{cases} \tag{9.1.12}$$

其中 $\tau(t)$ 是一个在 $N = \{1, 2, \cdots, n\}$ 中取值的函数. 这表示该 HNNS 在时刻 t 时只有一个神经元在运动, 因此称这种 HNNS 为**串行的 HNNS**.

混合系统. 在 (9.1.12) 式中, 如果 $\tau(t) \subset N = \{1, 2, \cdots, n\}$ 其中 $\tau(t)$ 是一个在 $N = \{1, 2, \cdots, n\}$ 中取值的函数. 这表示该 HNNS 在时刻 t 时只有一个神经元的集合中发生运动, 因此称这种 HNNS 是一种串行和并行**混合的 HNNS**.

2) 在串行、并行、混合的 HNNS 中还必须对 $\tau(t)$ 在 $N = \{1, 2, \cdots, n\}$ 中任何进行运动的规则进行说明. 在 (9.1.12) 中, 我们通过变化的集合 $\tau(t) \subset N$ 来说明运动神经元的所在范围.

3) 随机和非随机系统

在 (9.1.3), (9.1.12) 式给出了 HNNS 的运动规则中, 运算子 T_W 是一个确切的函数, 因此该 HNNS 是一种非随机的系统. 我们现在讨论随机系统中的问题.

随机 HNNS 的状态向量用随机向量 $\xi^n = (\xi_1, \xi_2, \cdots, \xi_n)$ 来描述, 其中 ξ^n 是在 $\{-1, 1\}^n$ 中取值的随机向量.

在随机 HNNS 中, 同样可以定义它们的状态整合向量函数和状态向量变换函数

$$\begin{cases} u_i(\xi^n) = \sum_{j=1} w_{i,j}\,\xi_j - h_i, \\ \eta^n = \overline{T}_W(\xi^n) = \overline{T}_W[u(\xi^n)], \\ \eta_i = \mathrm{Sgn}\left(\sum_{j=1} w_{i,j}\,\xi_j - h_i\right), \quad i = 1, 2, \cdots, n, \end{cases} \tag{9.1.13}$$

其中 $W^{n\times n}, h^n$ 是固定的权矩阵和阈值向量, $\overline{T}_W$ 是一个算子向量.

因此 $\xi^n \to \eta^n$ 是一个在 $\{-1,1\}^n$ 中的随机运动.

关于随机向量 ξ^n 的生物意义、运动特征等一系列问题我们在下文中还有详细讨论.

2. 研究 HNNS 的目的、意义和存在的问题

按 Hopfield 的本意, 构造 HNNS 理论的目的是模拟人类的神经系统, 尤其是脑系统中神经细胞的相互关系和运动特征, 因此有十分广泛的意义.

从当年 Hopfield 发表的论文 [85] 来看, 他所提出的 HNNS 模型希望解决以下两方面的问题, 即信号的识别问题与其他数学计算中的困难问题.

信号的识别问题是把需要识别的固定信号成为系统的吸引点, 这样就可把各种不同类型的外部信号在 HNNS 中收敛到这些固定的吸引点上来.

HNNS 具有大规模平行计算的特征, 因此就有可能解决数学中的难计算问题, 如 Hopfield 选择 TSP, 该问题在数学中是一个 NP-完全问题, Hopfield 希望通过 HNNS 来解决这种问题.

但是 HNNS 的结果并没有成功, 其中电子线路交叉问题是一个电子技术问题, 在 BNNS 中这个问题并不存在. 而在 HNNS 中还存在重要的理论问题无法解决. 这是一个根本性的问题, 因此需要作更深入的讨论.

为使把需要识别的图像看作系统中的吸引点, 通过权矩阵 W 的设计, 把需要识别的图像设计成 T_W 算子的吸引点. 通过 HNNS 的学习算法, 这个目标是容易实现的.

作为图像识别的 HNNS 理论, 还要实现另一目标, 这就是把不需要识别的图像不能成为 T_W 算子的吸引点. 我们称这种问题是 HNNS 的**反问题**. 在此反问题上, HNNS 理论出现了重大的理论困难.

在现有的 HNNS 权矩阵 W 的构造方案中, T_W 出现了大量的伪吸引点. 这就是许多不是需要识别的图像也成了 T_W 的吸引点. 理论上出现的问题是致命的, 这是导致 HNNS 理论不能成立的主要原因.

3. 其他问题

和 HNNS 相似的其他模型还有多种, 这些模型和理论都是试图推广 HNNS 理论的应用, 克服该理论中产生的困难.

自从 HNNS 出现这种重大困难之后, 对 HNNS 的讨论一直没有停止过. 出现的模型和理论有多种, 有如玻尔兹曼机理论、前馈 HNNS、细胞 NNS 理论等, 这些模型和理论推广了 HNNS 的应用范围, 对 HNNS 理论的研究有许多帮助, 但没有使该困难问题得到根本性的解决. 因此关于这个带根本性的理论问题仍然是人工智能、ANNS 中的重要问题.

我们认为, HNNS 出现的困难从根本上讲在它的模型和理论设计中, 还不完全符合生物、人脑神经系统的基本特征, 这是我们需要考虑的方向和途径. 这些模型和理论虽对 HNNS 理论的研究有许多帮助, 但对这个带根本性的困难问题还没有得到解决. 从根本上说, 该问题是 HNNS 的定位问题.

9.2　玻尔兹曼机与它的学习理论

玻尔兹曼机是在 HNNS 发展起来的 ANNS 理论, 该理论有确切的运动模型、学习目标、算法与算法的收敛性定理, 因此是 ANNS 理论中的一种典型模型. 但玻尔兹曼机运算规则是否与 HBNNS 一致值得讨论. 因此我们在此介绍玻尔兹曼机的目的是要说明, 在 ANNS 中存在这种理论与算法. 它能否成为 ANNS 中的主流算法还值得讨论.

为对 HNNS 作进一步的研究, 玻尔兹曼机是其中重要的组成部分, 它的随机模型描述如下.

9.2.1　玻尔兹曼机的运动模型

对玻尔兹曼机 (以下简记 B-机) 的基本模型、运动过程、学习与训练算法描述如下.

1. B-机的运动特征

B-机是讨论多神经元的随机系统, 对它的模型描述如下.

现在讨论一个有 n 个神经元的 NNS, 记这些神经元的集合为 $Z_n = \{1, 2, \cdots, n\}$. 这些神经元处在不停地运动中, 它们的状态函数记为 $x_i(t) \in \{-1, 1\}, i \in Z_n, t \in Z_0$.

B-机的运动特征是随机、串行运动, 它的运动方程可做如下表达.

$$x_i(t+1) = \begin{cases} \text{Sgn}\left[\sum_{j=1}^{n} w_{i,j}x_j(t)\right], & i = \zeta(t), \\ x_i(t) & \text{否则,} \end{cases} \quad i \in Z_n, t \in Z_0. \quad (9.2.1)$$

这里 $w_{i,j}$ 是 HNNS 中的权矩阵, $\zeta(t) \in Z_n$ 是神经元的选择函数.

由此可见, B-机是一个 NNS (具有多神经元、每个神经元在 $\{-1,1\}$ 中取值) 的运动过程. 这时记 $u(t) = \sum_{j=1}^{n} w_{i,j}x_j(t)$ 是 B-机**电位整合函数**.

2. 运动模型的随机化

关于 B-机运动的随机化通过以下关系来确定.

对选择函数 $\zeta(t)$ 作随机化的处理, 这就是取 $\zeta^*(t)$ $(t = 0,1,2,\cdots)$ 是 i.i.d 的 s.s., 而且在 $\in Z_n$ 上取均匀分布.

$\eta_i(t) = \pm 1$ 的选择也是随机的, 它通过**状态选择函数** $f^*(u)$ 来实现. 这时取 $f^*(u) = \pm 1$ 是一个随机函数, 它的 p.d. 取为

$$P_r\{f^*(u) = x\} = \begin{cases} \dfrac{1}{1+e^u}, & x = 1, \\ \dfrac{e^u}{1+e^u}, & x = -1. \end{cases} \quad (9.2.2)$$

为了简单, 对神经元的状态 -1 取为 0, 这时 (9.2.3) 的 p.d. 变为

$$P_r\{f^*(u) = a\} = \frac{e^u(1-a)}{1+e^u}, \quad a = 1 \text{ 或 } 0. \quad (9.2.3)$$

在不同时刻的状态选择函数记为 $f_t^*(u)$ $(t = 0,1,2,\cdots)$ 这是一个 i.i.d. 的 s.s., 它们的分布由 (9.2.3) 给定.

3. 运动状态的 s.s.

由此得到, B-机的状态运动是一个随机运动, 这个随机运动由多个 s.p. 合成. 记 $\eta_i(t)$ $(i \in Z_n, t \in Z_0)$ 是该 NNS 运动的状态函数, 它们由一系列的 r.v. 组成.

B-机的状态运动方程确定如下.

$$\eta_i(t+1) = \begin{cases} f_{t,i}^*[u_i^*(t)], & i = \zeta^*(t), \\ \eta_i(t), & \text{否则,} \end{cases} \quad i \in Z_n, t \in Z_0, \quad (9.2.4)$$

其中 $u_i^*(t) = \sum_{j=1}^{n} w_{i,j}\eta_j(t)$. 而 $f_{t,i}^*(u)$ 的 p.d. 如 (9.2.3) 式所给.

由此得到, B-机的状态运动过程为

$$\eta^{(n)}(t) = (\eta_1(t), \eta_2(t), \cdots, \eta_n(t)), \quad t \in Z_0. \quad (9.2.5)$$

4. B-机的运动特征

B-机的运动由这些因素确定.

$$
\begin{cases}
\text{状态函数 } \eta^{(n)}(t) = (\eta_1(t), \eta_2(t), \cdots, \eta_n(t)) \text{ 不断运动的多维 s.s.,} \\
\text{权矩阵 } W(t) = (w_{i,j})_{i,j=1,2,\cdots,n} \text{ 矩阵函数,} \\
\text{指标选择函数 } \zeta^*(t) : \text{i.i.d 的 s.s. 在 } Z_n \text{ 上取均匀分布,} \\
\text{状态选择分布 } f_{t,i}^*(u) : \text{ 在 } \{0,1\} \text{ 上取值的, 关于 } t, i \text{ 是 i.i.d. 的 r.v. p.d.} \\
\quad \text{由 (9.2.3) 确定,}
\end{cases}
$$

$$(9.2.6)$$

其中 $t = 0, 1, 2, \cdots$.

因此 B-机的运动过程是一个复合 s.p. 它的随机复合运动如图 9.2.1 所示.

其中 s.s. $\xi_k(t) = f_k^*[u_k(t)] = f_k^*[\sum_{j=1}^n w_{i,j}\eta_k(t)]$. 图 9.2.1 说明 B-机是一个复合 s.p., 它的状态序列 η_T 受 ζ_T, ξ_T 的控制, 而 ξ_T 的产生又受 η_T 的电位整合所形成的随机控制.

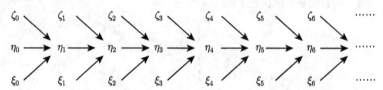

图 9.2.1　B-机的复合随机运动示意图

5. B-机的运动性质

定理 9.2.1　由 (9.2.4) 是确定的状态运动过程 η_{Z_0} 是一个齐次马氏链, 它的转移 p.d. 是

$$
P_r\{\xi^{(n)}(t+1) = y^{(n)} | \xi^{(n)}(t) = x^{(n)}\} =
\begin{cases}
\displaystyle\sum_{j=1}^n \frac{\exp[(1-x_j)u_j(x^{(n)})]}{n\{1+\exp[u_j(x^{(n)})]\}}, & y^{(n)} = x^{(n)}, \\[3mm]
\displaystyle\frac{\exp[(1-y_j)u_j(x^{(n)})]}{n\{1+\exp[u_j(x^{(n)})]\}}, & d_H(x^{(n)}, y^{(n)}) \leqslant 1, \\[3mm]
0, & \text{否则}
\end{cases}
$$

$$(9.2.7)$$

与 t 无关. 可简记为 $Q(y^{(n)}|x^{(n)})$.

推论 9.2.1　对该马氏链的转移概率有 $Q(y^{(n)}|x^{(n)}) \begin{cases} > 0, & d_H(x^{(n)}, y^{(n)}) \leqslant 1, \\ = 0, & \text{否则.} \end{cases}$

定理 9.2.2　对 B-机的运动过程 η_{Z_0} 是一个齐次、不可分的马氏链. 因此关于齐次、不可分的马氏链的性质 (如定理 9.2.1 中的一个性质) 都能成立.

如果权矩阵 $W = (w_{i,j})_{n \times n}$ 是对称的, 而且 $w_{i,i} = 0$, 那么方程组 (9.2.4) 的解是

$$p_W(x^{(n)}) = C\exp[-E_W(x^{(n)})], \text{ 对任何 } x^{(n)} \in \{0,1\}^n \tag{9.2.8}$$

成立, 其中 C 是归一化系数, 而 $E_W(x^{(n)}) = \dfrac{1}{2}\sum_{i,j=1}^{n} x_i w_{i,j} x_j$. 这时称 $p_W(x^{(n)})$ 为由权矩阵 W 确定的 B-型分布 (简称 B-型分布).

定理 9.2.1 与定理 9.2.3 的详细证明在 [120] 文中给出.

9.2.2 B-机的学习理论

该理论包括学习目标、学习算法与对优化目标的分析.

1. B-机的学习目标

定义 9.2.1 称 $p(x^{(n)})$ 是一个 B-型分布, 如果存在一个对称的权矩阵 W, 而且对角线上的取值为零, 使 (9.2.8) 式成立. 这时记 $B^{(n)}$ 是全体 B-型分布的集合.

定义 9.2.2 (B-机的学习目标) 对任何一个 $\{0,1\}^{(n)}$ 空间上的 p.d. $p(x^{(n)})$, 求一个 B-型分布 $q(x^{(n)}) \in B^{(n)}$, 使它们的 KL-互熵 $KL(p|q)$ 为最小.

KL-互熵 $KL(p|q)$ 的定义已在 (7.3.2) 式中给出.

2. 构建 B-机的意义

以黑、白图像处理为例, 来说明 B-机学习理论的意义.

如果把每个 i 看作一个像素, 记 p_i' 是图像在 i 点的灰度. 取 $p_i = \dfrac{p_i'}{p_0}$ 就是该图像的一个 p.d., 其中 $p_0 = \sum_{i=1}^{n} p_i'$.

每个 i 又是一个神经元, 由此形成一个 NNS, $\eta_i \in \{0,1\}^n$ 是该 NNS 的一个状态运动向量, 而 $w_{i,j}$ 是该 NNS 中的一个权矩阵, 这时 η_{Z_0} 是该 NNS 的运动过程, 满足 (9.2.6) 式的运动条件. 当权矩阵 $w_{i,j}$ 固定时, 它的能量函数 E_W 由 (9.1.8) 式定义, 并由此产生 $B^{(n)}$ 集合中的 p.d. $q \in B^{(n)}$. 那么构建 B-机的学习目标就是用 $q \in B^{(n)}$ 取逼近图像 p.

用 $q \in B^{(n)}$ 取逼近图像 p 的基本途径是不断修改权矩阵 W 的值, 使它们的 KL-互熵 $KL(p|q)$ 为最小. 由此产生玻尔兹曼机的学习算法.

3. B-机的学习算法

算法步骤 9.2.1 在时间 $t = 0$ 时, 取 $W(0)$ 为任意对称矩阵, 取

$$w_{i,j}(0) \begin{cases} = 0, & i = j, \\ \neq 0, & \text{否则}. \end{cases}$$

算法步骤 9.2.2　如果权矩阵 $W(t)$ 确定时, 相应的 $E_{W(t)}$ 与 $q_{W(t)}$ 由 (9.1.8),
(9.2.8) 式确定.

算法步骤 9.2.3　当权矩阵 $W(t)$ 确定时, 由此产生对权矩阵 $W(t+1)$ 与
$q_{W(t+1)}$ 取为

$$w_{i,j}(t+1) = \begin{cases} 0, & i = j, \\ w_{i,j}(t) - \lambda_t \dfrac{\partial \mathrm{KL}(p|q_{W(t)})}{\partial w_{i,j}(t)}, & \text{否则}, \end{cases} \tag{9.2.9}$$

其中 λ_t 为适当常数.

由此得到权矩阵 $W(t+1)$ 仍然保留对称性、对角线上的值为零, 而非对角线
上的值大于零.

定理 9.2.3　当 $t \to \infty$ 时, 有 $\mathrm{KL}(p|q_{W(t)}) \to \mathrm{KL}(p|q_0)$ 成立, 其中 $\mathrm{KL}(p|q_0) =$
$\mathrm{Min}\{\mathrm{KL}(p|q), q \in B^{(n)}\}$.

证明　在 (9.2.8) 式中, 有

$$\frac{\partial \mathrm{KL}(p|q_{W(t)})}{\partial w_{i,j}(t)}$$

$$= \frac{\partial}{\partial w_{i,j}(t)} \left\{ \sum_{i,j=1}^{n} p(x^{(n)}) \log \left[\frac{p(x^{(n)})}{C \exp\left(-\dfrac{1}{2} x_i w_{i,j}(t) x_j\right)} \right] \right\} = \frac{1}{2} \sum_{i,j=1}^{n} x_i x_j \tag{9.2.10}$$

成立. 将 (9.2.10) 代入 (9.2.8) 式得到

$$\mathrm{KL}(p|q_{W(t+1)}) = \sum_{x^{(n)} \in Z_2^n} p(x^{(n)}) \log \left[\frac{p(x^{(n)})}{C_{t+1} \exp\left(-\dfrac{1}{2} x_i w_{i,j}(t+1) x_j\right)} \right],$$

其中 C_t 是与 $W(t)$ 有关的归一化系数, 因此有

$$\mathrm{KL}(p|q_{W(t+1)}) - \mathrm{KL}(p|q_{W(t)})$$

$$= \sum_{x^{(n)} \in Z_2^n} p(x^{(n)}) \log \left[\frac{C_t \exp\left(-\dfrac{1}{2} x_i w_{i,j}(t) x_j\right)}{C_{t+1} \exp\left(-\dfrac{1}{2} x_i w_{i,j}(t+1) x_j\right)} \right]$$

$$= \sum_{x^{(n)} \in Z_2^n} p(x^{(n)}) \log \left\{ \frac{C_t}{C_{t+1}} \exp[x_i(w_{i,j}(t+1) - w_{i,j}(t)) x_j] \right\}$$

$$= \log \frac{C_t}{C_{t+1}} + \frac{\lambda_t}{2} \sum_{x^{(n)} \in Z_2^n} p(x^{(n)}) x_i x_j. \tag{9.2.11}$$

如果适当地选取常数 λ_t, 就可使 $\mathrm{KL}(p|q_{W(t)})$ 的取值单调下降, 从而收敛. 定理得证.

4. 对 B-机的补充说明

由算法步骤 9.2.1—算法步骤 9.2.3 与定理 9.2.3 可以从 $B^{(n)}$ 中找到一个 $q_0 \in B^{(n)}$ 与权矩阵 W_0, 使 $\mathrm{KL}(p|q_0)$ 达到最小. 这意味着由权矩阵 W_0 及由 (9.2.11) 确定的 p.d. q_{W_0} 被确定.

而 p.d. q_{W_0} 又是有 B-机的状态函数 $\eta^{(n)}(t)$ 在 $t \to \infty$ 的 p.d..

由此可见对图像分布 p 的最优逼近可以通过 B-机的状态函数 $\eta^{(n)}(t)$ 的 p.d. 与学习算法得到. 这就是构造 B-机理论的意义.

9.2.3 对 B-机的讨论和分析

B-机和 HNNS 模型是两种不同类型的 NNS 理论, 它们除了运动的方式不同 (随机和非随机运动) 外, 它们在图像识别的方法上也不相同.

1. B-机的图像识别模式

B-机的图像识别模式通过以下关系来表现.

如果记 Z_2^n 上的全体概率分布为

$$\mathcal{P}_0^n = \left\{ P = [p(x^n), \, x^n \in Z_2^n], p(x^n) \geqslant 0, \sum_{x^n \in Z_2^n} p(x^n) = 1 \right\}. \qquad (9.2.12)$$

概率分布和图像表示之间存在等价关系. 这就是一幅具有不同灰度的图像, 我们把它作归一化的处理后, 就可成为一个概率分布.

因此可把 $\mathcal{P}_0^n$ 中的每一个概率分布作一定比例放大后, 就可看作一幅具有不同灰度的图像.

这时的概率分布集合 $\mathcal{P}_o^n$ 也可看作是一个图像系统的图像集合.

记 $W = W^{n \times n} = (w_{i,j})_{i,j=1,2,\cdots,n}$ 是 R 上的全体 $n \times n$ 对称矩阵为 $\mathcal{W}_n$, 这些矩阵对角线上的值为零.

称这些矩阵为 HNNS 中的权矩阵阵列的集合. 记所有这些权矩阵的集合为 $\mathcal{W}_n$.

由 $\mathcal{W}_n$ 中的每一个矩阵 $W \in \mathcal{W}_n$, 按 (9.2.8) 式中定义, 可以产生 Z_2^n 上的一个概率分布 p_W. 由此产生全体玻尔兹曼分布为

$$\mathcal{P}_W^n = \{P_W = [p_W(x^n), x^n \in Z_2^n], p_W(x^n) \text{ 在 } (9.2.8) \text{ 式中定义}, W \in \mathcal{W}_n\}. \quad (9.2.13)$$

B-机的图像识别问题就是对每一个 $p \in \mathcal{P}_0$, 寻找一个权矩阵 $W_p \in \mathcal{W}_n$, 使

$$\mathrm{KL}(p|p_{W_p}) = \mathrm{Min}\, \{\mathrm{KL}(p|p_W), W \in \mathcal{W}_n\} \qquad (9.2.14)$$

成立.

这就是在 $\mathcal{W}^n$ 和 $\mathcal{P}_0^n$ 之间建立一种对应关系, $p \to W_p$, 使 (9.2.14) 式成立. 我们称此为**玻尔兹曼机的图像识别模式**.

2. 对 B-机图像识别模式的讨论

B-机的图像识别模式建立了图像 $p \in \mathcal{P}_0^n$ 和权矩阵集合 $\mathcal{W}_n^n$ 之间的一种对应关系, $p \to W_p$, 使关系式 (9.2.14) 成立. 由此就产生了对这种 B-机图像识别模式是否合理的一系列讨论.

在这种合理性的讨论中, 首先是数学逻辑合理性的讨论.

如识别模式的唯一性问题的讨论, 这就是当 $p \ne p' \in \mathcal{P}_0^n$ 时, 是否有 $W_p \ne W_{p'}$ 成立.

又如识别模式误差的讨论, 这就是在 $d(p, p') \ne 0$ 时, $d(W_p, W_{p'})$ 的估计问题. 关于 $d(p, p')$ 和 $d(W_p, W_{p'})$ 可以有多种不同的定义和计算法.

这种数学计算的讨论涉及一般概率分布 (或图像) 和 B-分布的一系列关系问题.

另外就是这种图像识别模式 (或过程) 和人体或生物体的实现过程进行比较问题值得讨论. 该问题涉及和 HNNS 的图像识别模式的关系比较问题, 这些问题涉及 B-机和 HNNS 中许多更深层次的问题, 我们在下面还会讨论.

9.3　正向和反向的 HNNS

在后 HNNS 理论的研究中, 除了玻尔兹曼机外, 与 HNNS 相似的模型和理论还有具有反馈的 HNNS 理论 (F-HNNS), 它们又可分为正向和反向的 HNNS 理论. 在本节中介绍这种模型和它们的有关理论与功能的分析.

这是在 HNNS 基础上做局部修改, 记为 F-HNNS.

1. F-HNNS 的定义

F-HNNS 中的状态向量、权矩阵、阈值向量和能量函数仍与 HNNS 中的状态向量 x^n、权矩阵 W^n、阈值向量 h^n 和能量函数 $E(x^n)$ 的定义相同.

F-HNNS 的运动方程采用 $(x^n)' = t(x^n)$ 的定义, 其中

$$x_i' = x_i + f(u_i) = x_i + f\left(\sum_{j=1}^n w_{i,j} x_j - h_i\right). \tag{9.3.1}$$

f 是一个奇函数 (因此必有 $f(0) = 0$ 成立), 称 f 是该系统的**激励函数**.

F-HNNS 的吸引点和 HNNS 的定义相同 ($t(x^n) = x^n$). 它们的状态运动方程定义和 HNNS 相同.

2. 一些特殊记号

在 (9.3.1) 式的 F-HNNS 定义中, 如果状态空间 E^n 是一个离散集合, 那么该系统是一个离散系统, 否则是一个连续系统.

如果对任何初始状态 $x^n(0)$, 该系统的状态运动方程 $x^n(t)$ $(t = 0, 1, 2, \cdots)$ 总是收敛的, 那么称该系统是稳定的.

在 (9.3.1) 式的 F-HNNS 定义中, 如果对任何 $x^n \in E^n$ 总有 $E[T(x^n)] \geqslant E(x^n)$ (或 $\leqslant$), 那么称该系统是正向的 (或反向的) HNNS .

称 F-HNNS 是有界的, 如果对任何一个有界的初始状态 $x^n(0)$, 该系统的运动状态 $x^n(t)$ $(t = 0, 1, 2, \cdots)$ 总是有界的.

3. 反向 F-HNNS 的性质

和 F-HNNS 模型有关的性质如下.

如果激励函数 f 是一个连续型的函数, 那么 F-HNNS 的运算子一定是连续型的.

一个稳定、连续型的 F-HNNS, 任何状态最后必收敛于一个吸引点.

如果 $u = 0$ 是 $f(u) = 0$ 的解, 而且是唯一解, 那么 x^n 为吸引点的充分必要条件是方程组

$$\sum_{j=1}^{n} w_{i,j} x_j - h_i = 0, \quad i = 1, 2, \cdots, n \tag{9.3.2}$$

成立. 如果矩阵 W^n 是一个满秩矩阵, 那么方程组存在唯一的解, 因此这时 F-HNNS 存在唯一的吸引点.

定理 9.3.1　　如果权矩阵 W^n 是对称、正定的, 而且激励函数 $f(u)$ 的正负取值和自变量 u 的取值相同, 那么该 F-HNNS 一定是反向的, 也就是能量函数一定满足关系式 $E[T(x^n)] \leqslant E(x^n)$, 而且等号成立的充分必要条件是 x^n 是吸引点.

定理 9.3.2　　在定理 9.3.1 的条件下, 如果 F-HNNS 的运算子 t 是有界的, 它的激励函数是连续的, 而且 $f(0) = 0$ 是唯一解, 那么该 F-HNNS 一定是稳定的, 有而且只有一个吸引点, 该吸引点的能量函数是其他所有状态能量函数的最小值.

4. 正向-HNNS 的性质

定理 9.3.1 和定理 9.3.2 给出了反向 F-HNNS 的基本性质, 为讨论正向 F-HNNS 的性质, 先定义以下记号和条件.

记 $\vec{\lambda} = (\lambda_1, \lambda_2, \cdots, \lambda_n)$ 是权矩阵 W^n 的全体特征根向量, λ_m 是这些特征根中的最大值.

激励函数 $f(u)$ 是一个连续、反向奇函数, 这就是对任何 $u > 0$, 总有 $f(u) = -f(-u) < 0$ 成立.

$f(u)$ 的下界受一个线性函数控制, 这就是对任何 $u > 0$, 总有 $f(u) \geqslant -\dfrac{u}{1 + \lambda_m} -$ $f(-u) < 0$ 成立.

定理 9.3.3   如果权矩阵 W^n 是对称的, 而且激励函数 $f(u)$ 满足定理 9.3.2 中的条件, 那么该 F-HNNS 一定是正向的, 也就是能量函数一定满足关系式 $E[T(x^n)] \geqslant E(x^n)$, 而且等号成立的充分必要条件是 x^n 是吸引点.

定理 9.3.4   在定理 9.3.3 的条件下, 如果权矩阵 W^n 是正定的, 那么该 F-HNNS 一定是稳定的, 有且只有一个吸引点, 该吸引点的能量函数是其他所有状态能量函数的最大值.

5. 有关 ANNS 的讨论和说明

感知器在 ANNS 中是一个奠基性的基本模型, 因此在 ANNS 中有重要意义, 感知器又是 ANNS 和 BNNS 联系的一个纽带, 故在 BNNS 中也有重要意义.

感知器的功能是实现对观察目标的分类, 它在模型的构建、为实现目标分类而进行的学习算法及最后达到的结果既符合神经元的结构特征, 又具有完全严格的数学表达, 因此是一个逻辑清楚、系统完整、生物和数学密切结合的模型结构.

感知器模型中的一个重要特点是它不仅说明了在实现对观察目标的分类过程中神经元的作用, 也强调了在此过程中神经胶质细胞 (或神经纤维) 的作用. 在实现目标分类的学习算法中, 神经元之间相互联系的神经胶质细胞特征在不断变化修正, 是不同神经元之间的连接和相互作用有强弱与记忆的特征, 这些结论符合 BNNS 的基本要求.

感知器模型中的另一个重要特点是说明电荷、电位和脉冲信号在 NNS 中的重要作用, 它说明了电荷和电位的整合、脉冲信号的产生过程. 不同神经元在网络中通过脉冲信号的相互作用过程, 这些结论也符合 BNNS 的基本要求, 使我们看到 NNS 中信息存储、交换和处理的本质.

由此可见, 感知器是 NNS 中的一个基本单元, 也可说明它在 NNS 中的工作特征. 当然, 在 BNNS 中有更复杂的结构和类型, 在下文中还有讨论.

利用 F-HNNS 的稳定性和吸引点的性质, 可在一系列优化计算中应用, 如凸分析中的优化解、多元回归问题的最优解、矩阵特征根、投资矩阵的计算和最优投资决策的确定等问题的应用中. 因此是一个十分有用的智能计算算法, 它的计算过程也不复杂.

除了 F-HNNS 计算外, 其他智能计算方法有很多, 如 EM 算法、遗传算法、蚁群算法和 YYB(Yin-Yang Bayes) 算法等. 对这些算法的讨论涉及一系列数学的记号和公式的描述, 我们不再详细说明.

对 HNNS 的讨论. HNNS 首次给出了多神经元相互连接和运动变化的动态模

型结构, 还给出了该模型的能量计算公式和它在运动过程中的收敛性等一系列问题. 因此 HNNS 不失为对 NNS 研究的一个重要模型.

但 HNNS 最终没有成为 NNS 研究中的一个有力工具, 究其原因固然是该模型本身在理论上存在严重缺陷, 但从本质而言, 该模型没有能够反映 NNS 中的复杂关系, 这就是神经元和神经胶质细胞之间的复杂关系. 在 NNS 中, 大量信息在神经元和神经胶质细胞中出现, 这些信息需通过一系列汇合、成像、存储、提取、识别和判断、指令的产生和执行等过程, 这些过程必定是在神经元和神经胶质细胞之间反复交替的过程, HNNS 的运算过程没有能充分反映这些过程. 因此它在信息处理过程中不能实现 NNS 中如此强大的功能目标.

HNNS 的继续发展是必然的, 但如何体现 BNNS 中的这些特点仍然是个非常困难的问题.

第 10 章 遗传算法和 DNA 计算

遗传算法和 DNA 计算都是模仿生物基因
组中的运算规则所形成的算法. 在本章中我们
介绍其中的运算算法、思路、规则和意义.

10.1 概   述

在生命科学中, 一种神秘而奇特的现象就是生命的进化和演变, 这种进化和演变的发生又是基因、基因组的运动和作用的结果. 这里的遗传算法和 DNA 计算就是模拟这种过程所形成的算法. 其中的 DNA 计算又是一种关于生物计算机的设计和讨论, 它和遗传算法有密切关系. 它们都具有智能计算的特征.

在本节中, 我们介绍其中有关的基本思想、运算和操作规则, 以及由此形成的概念、名称和记号. 它们都是智能计算中算法和理论的重要内容.

10.1.1 发展历史、基因结构和基因操作

遗传算法 (Genetic Algorithm, GA) 和 DNA 计算的产生与发展是两种完全不同过程, 但它们具有共同的特点, 这就是和生物基因、基因组密切相关, 是它们的运动和相互作用的模拟.

1. 基本特征和发展历史

遗传算法是一种智能计算的算法. 在 20 世纪 50 年代就有一些生物学家试图模拟生物进化的过程来寻找具有自组织的智能计算问题.

至 1967 年, 美国密歇根大学 John Holland 等参考基因的遗传过程, 提出并发展了智能算法, 到 20 世纪末已形成较为系统的理论.

遗传算法的基本思路是模拟生物基因在遗传、演变中的运算规则, 并由此形成的智能算法.

DNA 计算的思路来自生物计算机的构造和设计.

这就是为讨论未来计算机的发展方向问题, 模拟生物分子、DNA 序列的运动和相互作用是考虑到的方向之一.

生物分子的运动和相互作用中, 具有大规模平行计算 (复制、分解的运算) 的特征, 因此在考虑计算机的未来发展时, 把这种生物特征看作是考虑的发展方向之

一实现大规模、平行计算的发展方向.

DNA 计算的基本特征和进展情况在 [130] 等文中有详细讨论和说明.

因此 DNA 计算的产生和发展过程与遗传算法的形成过程和思路并不相同, 它们所要实现的目标也不相同.

但它们都和基因、基因组的结构和运行密切相关、运动的规则也相同. 因此我们把它们同时考虑. 它们的异同点在下文中有详细的讨论和说明.

2. 核酸和核酸序列

核酸序列是一种生物大分子, 组成这种大分子的基本单元是核苷酸.

核酸序列中的基本单元是核苷酸. 核苷酸排列而成, 它们分别是腺嘌呤 (a)、鸟嘌呤 (g)、胞嘧啶 (c)、胸腺嘧啶 (t) (或尿嘧啶 (u)).

组成核苷酸的分子官能团是碱基、戊糖与磷酸. 它们的结构是

$$戊糖 + 碱基 \Longleftrightarrow 核苷, \quad 核苷 + 磷酸 \Longleftrightarrow 核苷酸.$$

核苷酸的名称与碱基对应. 如碱基为腺嘌呤, 那么对应的核苷酸为腺嘌呤核苷, 简称腺苷.

由核苷酸序列产生基因、基因组. 由核苷酸序列经遗传密码子转译形成氨基酸和蛋白质序列.

它们的化学结构式或分子结构图在一般生物分子文献中都有说明 (如 [38, 46, 99, 100, 108-110] 等文).

核酸序列的类型有 DNA 和 RNA 的区别, 它们的结构的异同点可以列表说明如下 (表 10.1.1).

表 10.1.1 DNA 与 RNA 分子结构的异同点

	相同点	不同点 (DNA 部分)	不同点 (RNA 部分)
分子官能团类型的比较	共同具有磷酸 (P)、腺嘌呤 (a) 鸟嘌呤 (g)、胞嘧啶 (c)	尿嘧啶 (u) 脱氧核糖	胸腺嘧啶 (t) 核糖
链结构类型	主链由原子 5'-4'-3'-P-O 链循环产生	双链、少量、很长	单链、大量、较短
分布情况	有相同的一级结构表达方式	在细胞核或线粒体中	在多种细胞器中存在
主要功能		是携带遗传信息的主体 编码、复制、合成蛋白质	转录、合成遗传信息 催化、携带遗传信息

其中 5', 4', 3' 是不同位置上的 C 原子. 另外, 其中少量为几条或几十条, 而大量有几百万条以上. 较短是数十到数 Kbp, 很长是数 M 到数百 Mbp, bp 是 4 进制单位.

DNA 序列的双链结构由两条相互平行的单链组成, 它们分别被称为**正向序列**与**逆补序列**.

这就是在核苷酸 a, c, g, t 中, 分别称 a-u (或 t), c-g 互为**对偶核苷酸**, 它们所对应的碱基称为**对偶碱基**.

这种对偶关系在 DNA 的双链结构中, 这些核苷酸排列在主链的内测, 它们通过氢键相互连接. 在分子生物学中, 称这种双链结构为 DNA 序列中的**中心法则**. 这时碱基的配对只在对偶碱基中进行.

如果记 $B = (b_1, b_2, \cdots, b_n)$ $(b_i \in V_4, i = 1, 2, \cdots, n)$ 是一个核酸序列, 那么可以定义

$$
\begin{cases}
B' = (b'_1, b'_2, \cdots, b'_n) \text{ 是 } B \text{ 的}\textbf{反向序列}, \quad b'_i = b_{n-i+1}, \quad i = 1, 2, \cdots, n, \\
B^* = (b^*_1, b^*_2, \cdots, b^*_n) \text{ 是 } B \text{ 的}\textbf{逆补序列}, \quad b^*_i = \bar{b}_{n-i+1}, \quad i = 1, 2, \cdots, n,
\end{cases}
$$

$$(10.1.1)$$

这时称 B 为正向序列, 反向序列 B' 与逆补序列 B^* 在基因分析中经常使用. 由此形成 DNA 序列一级结构的不同表示方式.

DNA 的双链是由正向序列 B 与它的逆补序列 B^* 组成的.

对这 4 种核苷酸如果采用二进制的表示, 这就是取 a = (1, 1), u = (0, 0) (或 t = (1, 0)), c = (1, 0), g = (0, 1).

这时序列 $A = (a_1, a_2, \cdots, a_{2n})$ $(a_i \in Z_2 = \{0, 1\})$ 就是核酸序列的二进制表示.

这时的序列用 A 和它的补 $A^c = (a^c_1, a^c_2, \cdots, a^c_{2n})$, $a^c_i = \begin{cases} 1, & a_i = 0, \\ 0, & \text{否则}. \end{cases}$

3. 个体和群体

在遗传算法中, 首先要对核酸序列进行数字化表示, 名词、记号如下.

个体和群体. 它们可以用向量组

$$x^{m \times n} = (x_{i,j})_{i=1,2,\cdots,m, \, j=1,2,\cdots,n} \tag{10.1.2}$$

来表示, 其中 $x_{i,j} \in Z_2 = \{0, 1\}$.

这里每个向量 $x^n_i = (x_{i,1}, x_{i,2}, \cdots, x_{i,n})$ 是个体, 由这些向量构成群体.

个体和群体的记号.

(10.1.2) 式中的个体和群体又可记为: 个体 $X_1, X_2, \cdots, X_m$, 群体集合为

$$\mathcal{X} = \{x^{m \times n}\} = \{X_1, X_2, \cdots, X_m\}. \tag{10.1.3}$$

4. 基因操作

这就是关于个体和群体的操作运算, 有如

补运算 (或对偶运算). 这就是对任何 $X = (x_1, x_2, \cdots, x_n) \in \mathcal{X}$, 它的对偶 (或补) 序列是 $X^c = (x^c_1, x^c_2, \cdots, x^c_n)$.

这时的补序列 (或对偶序列) 仍然是一个基因序列, 但不一定在群体 $\mathcal{X}$ 中.

个体的组合连接. 如果 $X_1, X_2 \in \mathcal{X}$ 是两个不同的个体, 那么它们可以组合连接成

$$(X_1, X_2) = (x_1^{n_1}, x_2^{n_2}) = (x_{1,1}, x_{1,2}, \cdots, x_{1,n_1}, x_{2,1}, x_{2,2}, \cdots, x_{2,n_2}). \qquad (10.1.4)$$

这时称 (X_1, X_2) 是个体的二重连接, 其中 $\begin{cases} X_1 = x_1^{n_1} = (x_{1,1}, x_{1,2}, \cdots, x_{1,n_1}), \\ X_2 = x_2^{n_2} = (x_{2,1}, x_{2,2}, \cdots, x_{2,n_2}). \end{cases}$

组合或连接空间. 由个体的二重组合连接产生个体的二重连接空间记为

$$\mathcal{X}^2 = \mathcal{X} \times \mathcal{X} = \{(X_1, X_2), X_1, X_2 \in \mathcal{X}\}. \qquad (10.1.5)$$

以此类推, 可以产生个体的**多重组合连接及其多重连接空间**, 它们是

$$\begin{cases} X^m = (X_1, X_2, \cdots, X_m) = (x_1^{n_1}, x_2^{n_2}, \cdots, x_m^{n_m}), \\ \mathcal{X}^m = \mathcal{X}_1 \times \mathcal{X}_2 \times \cdots \times \mathcal{X}_m = \prod_{i=1}^{m} \mathcal{X}_i. \end{cases} \qquad (10.1.6)$$

同样对多重个体的组合连接序列可以产生它们的补 (或对偶) 序列, 这就是

$$(X^m)^c = (X_1^c, X_2^c, \cdots, X_m^c) = (x_{1,1}^c, x_{1,2}^c, \cdots, x_{1,n_1}^c, \cdots, x_{m,1}^c, x_{m,2}^c, \cdots, x_{m,n_m}^c). \qquad (10.1.7)$$

10.1.2　点线图和 Hamilton 回路问题

我们这里以 Hamilton 回路问题 (HPP) 为例, 说明 DNA 操作在优化计算中的作用和其中的运算过程. 为此先讨论有关图的一般性质.

1. 点线图

点线图是数学理论中的一个分支, 对它的一般理论, 我们在附录 5 中详细说明, 在此介绍其中有关的基本概念、名称、名词和记号.

点线图一般用 $G = \{E, V\}$ 来表示, 其中 E, V 分别是该图中点和弧的集合.

图中的集合 V 是该图中全体弧的集合. 弧的概念是点偶的概念, 因此可用 $v = (a, b)$ $(a, b \in E)$ 表示.

点线图 G 有有向、无向的区别, 这就是在弧 $v = (a, b)$ 的定义中, 对点偶 $a, b \in E$ 的次序有、无区别的差别 (有区别的弧是有向图、无区别的弧是无向图).

如果点线图 G 是一个有向图, 那么点 a, b 和弧 $v = (a, b)$ 的关系有进一步的定义和说明, 如

在 $v = (a, b)$ 中, 点 a, b 分别是该弧的起点或终点. 弧 v 分别是 a 点的出弧、b 点的入弧. 在 $v = (a, b)$ 中, 点 a 是点 b 的先导、点 b 是点 a 的后继.

在有向点线图 G 中, 每个点 $a \in E$ 都有 p_a 条入弧、q_a 条出弧, 那么称 a 是一个 (p_a, q_a) 阶的点.

在有向点线图 G 中, 如果每个点 a 的阶都相同, $(p_a, q_a) = (p, q)$(p, q 的取值和 a 无关), 那么称 G 图是一个 (p, q) 阶图.

如果 G 是一个 (p, q) 阶的图, 记 $m =\parallel E \parallel$ 是 G 图中点的数目, 那么称 G 图是一个 (m, p, q) 图.

2. 路、回路和 Hamilton 回路

记 $G = \{E, V\}$ 是一个 (m, p, q) 点线图, 称若干相连的弧为路, 由此可以产生以下定义和记号.

路的一般表示关系是

$$L = \{a_0 \to a_1 \to a_2 \to \cdots \to a_m\} = \{a_0, a_1, a_2, \cdots, a_m\}, \tag{10.1.8}$$

其中 $a_0, a_1, \cdots, a_m \in E$ 是图中的点. $(a_i, a_{i+1}) \in V$ 是图中的弧.

在 (10.1.8) 式的路中, 有关它的定义和名称如下.

(i) 如果 L 中所有的点都不相同, 那么称该路是一直路, 其中点的数目 $m + 1$ 是该路的长度.

(ii) 在 (10.1.8) 式的路中, 分别称其中的 a_0, a_m 点是该路的起点和终点, 如果 $a_0 = a_m$, 那么称 L 是一个回路.

在 (10.1.8) 式的路中, 如果 $a_0 = a_m$, 而其他的点都不相同, 那么称 L 是一个具有长度为 m 的回路. 在该回路中, 包含点的弧的数目都是 m.

(iii) 如果 L 是一回路, 它经过图 G 中的每一个点, 而且只经过一次, 那么称 L 是一 Hamilton 回路.

HPP 是一个图论中的问题, 这就是在点线图 $G = \{E, V\}$ 中构造一条路 L, 该路经过图 G 中的每个点, 而且只经过一次.

3. (m, p, q) 图的一般性质

在图论中有许多性质, 在此只讨论和 HPP 问题构造的有关问题和性质.

首先是 HPP 的存在性问题.

在一个 (m, p, q) 图 $G = \{E, V\}$ 中, 对 HPP 的存在问题和数量问题的讨论.

在一个 (m, p, q) 图中, 如果 $p, q > 1$, 它的 Hamilton 回路可能存在, 也可能不存在.

例 10.1.1　(1) 如 $m = 2$, $E = \{a, b\}$, 其中的弧是 $a \to a$, $a \to b$, $b \to a$, $b \to b$, 这时的 $a \to b \to a$ 或 $b \to a \to b$ 就是 Hamilton 回路. 因此是可能存在的.

(2) 例如 $m = 4, E = \{a, b, c, d\}$, 如果它的弧是

$$a \to a, \quad a \to b, \quad b \to a, \quad b \to b, \quad c \to c, \quad c \to d, \quad d \to c, \quad d \to d.$$

这时 $p, q > 1$, 但这个图是不连通的, 因此它的 Hamilton 回路不存在.

因此在 $(m, p, q), p, q > 1$ 图 G 中, Hamilton 回路的存在性还要增加一些条件, 如图的连通性等. 这就是在 G 中, HPP 存在的一个必要条件是该图是一个连通图.

4. 一些特殊的 HPP 构造问题

在一些特殊的参数 p, q 的条件下, 用简单方法就可确定该图中的 HPP 问题的解.

如果 $p = 0$ 或 $q = 0$, 那么该图是不连通的, 它的 HPP 一定不存在.

如果 $p = q = 1$, 那么每个点 $a \in E$, 有而且只有一条入弧和一条出弧, 那么如果将这些点前后连接, 那么因此可以产生一些圈 $C_1, C_2, \cdots, C_m, m \geqslant 1$, 如果 $m = 1$, 那么该 C_1 就是一条 Hamilton 回路.

如果 $m > 1$, 那么该 G 图的 Hamilton 回路就不存在.

如果 $p > 1, q = 1$, 那么每个点 $a \in E$, 可以有多条入弧和一条出弧, 那么每个点 $e \in E$, 必可产生一条路

$$L = e = e_0 \to e_1 \to e_2 \to \cdots \to e_k \to e_{k+1} \to \cdots. \tag{10.1.9}$$

这个延伸过程可以不断继续, 直到有一个 $k, n > 0$, 使

$$e_k = e_{k+n}, \quad e_{k'} \neq e_{k'+1}, \quad k' = k, k+1, \cdots, k+n-1$$

成立为止. 这时

$$L = e_k \to e_{k+1} \to e_{k+2} \to \cdots \to e_{k+n} = e_k \tag{10.1.10}$$

是一条回路.

如果记 $\{L\} = \{e_k, e_{k+1}, \cdots, e_{k+n-1}\}$ 是 L 中全体不同的点. 如果 $\{L\} = E$, 那么 L 就是所求的关于图 G 的 Hamilton 回路, 否则该图 G 的 Hamilton 回路就不存在.

在 $p = 1, q > 1$ 的情形, 它的 Hamilton 回路可类似构造.

5. 现在讨论在 $p, q > 1$ 时产生或构造 Hamilton 回路的算法步骤问题

这时, 每个点 $a \in E$, 可以有多条入弧和出弧, 那么由图 G 可能产生的路算法步骤如下.

算法步骤 10.1.1 在图 $G = \{E, V\}$ 中产生一系列的路 L, 计算算法步骤如下.

在图 G 中任选一点 $e = e_0 \in E$，作为路 L 的起始点.

因为在 $e_0 \in E$ 中有 $q > 1$ 条出弧，所以记

$$E_1 = \{e_{1,1}, e_{1,2}, \cdots, e_{1,q}\} \subset E,$$

使 $(e_0, e_{1,1}), (e_0, e_{1,2}), \cdots, (e_0, e_{1,q}) \in V$ 是图 G 中的弧.

因为在 $e_{1,j} \in E$ 中，它们都有 $q > 1$ 条出弧，所以记

$$E_2 = \{e_{2,j}, \text{存在一个 } e_{1,i} \in E_1, \text{使 } (e_{1,i}, e_{2,j}) \in V\}. \tag{10.1.11}$$

这时 $E_2 \subset E$.

由此产生一个反树图的集合：$e_0 \to E_1 \to E_2$，其中

$$e_0 \to e_1 \to e_2, \quad \text{而且} \begin{cases} e_0 \in E, \quad e_1 \in E_1, \, e_2 \in E_2, \\ (e_0, e_1), \quad (e_1, e_2) \in V \end{cases} \tag{10.1.12}$$

都是 G 图中的路.

按以上算法步骤递推，由此得到一系列的集合 $E_1, E_2, E_3, \cdots, E_m$ 和相应的反树图

$$\mathcal{L}'_\ell = \{e_0 \to E_1 \to E_2 \to \cdots \to E_\ell\}, \quad \ell = 1, 2, 3, \cdots, m. \tag{10.1.13}$$

算法步骤 10.1.2　对 (10.1.13) 中的一系列集合 $\mathcal{L}'_\ell$ $(\ell = 1, 2, \cdots, m)$ 在算法步骤 10.1.1 基础上，继续以下搜索和删除运算，有关算法步骤如下.

从 $\ell = 2$ 开始，对 $\mathcal{L}'_2$ 中的路进行搜索和删除. 这就是对其中的路 $L_2 = \{e_0 \to e_1 \to e_2\} \in \mathcal{L}'_2$，如果在 $e_0, e_1 \to e_2$ 出现相重的点，那么该路在 $\mathcal{L}'_2$ 中被删除.

集合 $\mathcal{L}'_2$ 中的路，经过搜索和删除后的集合记为 $\mathcal{L}_2$. 这时记 $\mathcal{L}_2$ 中全体 e_2 点的集合为 E_2.

这时对 $\mathcal{L}_2$ 中关于集合 E_2 中的点进行延伸，这就是构造集合 E_3，使任何 $e_3 \in E_3$ 的点，有一个 $e_2 \in E_2$，使 $(e_2, e_3) \in V$.

由此产生路的集合 $\mathcal{L}'_3 = \{e_0 \to E_1 \to E_2 \to E_3\}$，其中的路 $L_3 = \{e_0 \to e_1 \to e_2 \to e_3\} \in \mathcal{L}'_3$.

这时在路的集合 $\mathcal{L}'_3$ 中作搜索和删除运算，这就是在路 $L_3 = \{e_0 \to e_1 \to e_2 \to e_3\} \in \mathcal{L}'_3$ 中，如果出现有相重的点，或出现 $e_0 \to e_3, e_0 \to e_1 \to e_3, e_0 \to e_2 \to e_3$ 等情形，那么这条路在 $\mathcal{L}'_3$ 被删除.

由此得到 $\mathcal{L}'_3$ 经删除后的集合是 $\mathcal{L}_3$，而且记 $\mathcal{L}_3$ 中全体 e_3 点的集合为 E_3.

算法步骤 10.1.3　如此继续算法步骤 10.1.2 中的运算算法步骤，由此得到一系列的集合

$$\mathcal{L}'_\ell, \, \mathcal{L}_\ell, \, E_\ell, \quad \ell = 1, 2, 3, \cdots, m - 1. \tag{10.1.14}$$

这个运算到 $\ell = m-1$ 时停止, 因为在 $\mathcal{L}'_m$ 中的路 L_m 一定会出现重复的点, 它们会全部被删除.

在集合 $\mathcal{L}'_\ell$ ($\ell = 1, 2, 3, \cdots, m-1$) 的构造过程中, 如果有一个 $\mathcal{L}_\ell$ 是空集, 而且 $\ell < m-1$, 那么该图 G 的 Hamilton 回路不存在.

如果集合 $\mathcal{L}_{m-1}$ 不空, 那么集合 $\mathcal{L}_{m-1}$ 中的每一条路 $L_{m-1} \in \mathcal{L}_{m-1}$ 都是 Hamilton 回路.

10.1.3　有关 HPP 问题中的 DNA 操作问题

我们已经给出了 HPP 问题的图表示和它的搜索运算, 现在讨论它们在 DNA 操作中的实现问题.

1. 基本的 DNA 操作

在本节的第一部分我们已经给出有关核酸序列中的一些基本运算, 它们的基本类型有如下表述.

个体和群体的表达. 这就是在 (10.1.2), (10.1.3) 式中给出的表达.

结合图 $G = \{E, V\}$ 的表示, 用 $\mathcal{A} = \{A_1, A_2, \cdots, A_m\}$ 表示图中点所对应的 DNA 序列.

其中每个 $X_i = x_i^n = (x_{i,1}, x_{i,2}, \cdots, x_{i,n})$ ($x_{i,j} \in Z_2 = \{0,1\}$) 是个 DNA 向量.

如果 $(e_i, e_j) \in V$, 那么它们所对应的 DNA 序列是 (X_i, X_j), 记这些弧的基因向量为 $\mathcal{V}$.

补运算 (或对偶运算) 操作. 这就是对任何 $X = (x_1, x_2, \cdots, x_n) \in \mathcal{X}$ 的对偶 (或补) 序列是 $X^c = (x_1^c, x_2^c, \cdots, x_n^c)$.

2. 结合 HPP 的 DNA 操作

这就是在 HPP 问题的算法步骤 10.1.1、算法步骤 10.1.2 中, 已经给出了为寻找 HPP 图的运算算法步骤, 现在讨论这些算法步骤在 DNA 操作中的实现.

对路 L_ℓ 可以产生它的补运算、双链、双链的延伸、分解、分解后的双链重组等一系列的运算, 它们可表示为

$$L_\ell \xrightarrow{\text{延伸运算}} L_{\ell+1} \xrightarrow{\text{补运算}} L_{\ell+1}^c \xrightarrow{\text{倍运算}}$$

$$\rightarrow \begin{cases} (L_{\ell+1}, L_{\ell+1}^c), \\ (L_{\ell+1}^c, (L_{\ell+1}^c)^c) = (L_{\ell+1}^c, L_{\ell+1}), \end{cases} \cdots, \tag{10.1.15}$$

其中路 L_ℓ 的延伸是指

$$L_\ell = \{e_0, e_1, \cdots, e_\ell\} \rightarrow L_{\ell+1} = \{e_0, e_1, \cdots, e_\ell, e_{\ell+1}\},$$

其中 $(e_\ell, e_{\ell+1}) \in V$ 是图中的弧.

其中的倍运算包含两个运算,

向量 $L_{\ell+1}$ 产生一个延长补序列 $L_{\ell+1}^c$, 这时 $(L_{\ell+1}, L_{\ell+1}^c)$ 成为一个新序列, 延长序列 $(L_{\ell+1}, L_{\ell+1}^c)$ 产生它的补序列

$$(L_{\ell+1}, L_{\ell+1}^c)^c = [L_{\ell+1}^c, (L_{\ell+1}^c)^c] = (L_{\ell+1}^c, L_{\ell+1}).$$

由此产生双链 $\begin{cases} (L_{\ell+1}, L_{\ell+1}^c), \\ [L_{\ell+1}, (L_{\ell+1}^c)^c] = (L_{\ell+1}^c, L_{\ell+1}). \end{cases}$

这个双链可以继续分解, 并在 (10.1.15) 式的运算下, DNA 序列不断延伸、倍增 (形成双链)、双链的分解, 由此算法步骤 10.1.1, 算法步骤 10.1.2 中的运算.

最终产生 (10.1.13) 式中的集合 L_ℓ', L_ℓ, $E_\ell, \ell = 1, 2, 3, \cdots, m-1$.

并按照算法步骤 10.1.3 (2) 中的判定和删除规则, 最后确定 G 图中的 Hamilton 回路是否存在, 并最终找到该图中的 Hamilton 回路.

10.2　有关 DNA 操作的讨论

我们已以 HPP 为例说明了 DNA 计算的操作计算过程, 现在对其中的问题讨论如下.

首先, HPP 问题是一个难计算的 NP-问题, 这就是在 Hamilton 回路的搜索过程中, 在回路的集合 $\mathcal{L}_\ell$ 中, 路的数目是随 ℓ 指数增长, 因此 HPP 问题的计算是个难计算的问题.

其次是利用基因、基因组的操作过程可以实现大规模的平行计算, 因为在生物学中, 基因的延伸、复制、分解、倍增过程都可在不同的生物大分子中做平行操作. 因此发展生物计算机和量子计算机同样被认为是发展未来计算机的重要方向之一.

但是发展生物计算机同样存在许多实际操作和理论上的困难. 困难问题之一是生物学中的困难, 这就是在 DNA 的操作过程中涉及一系列生物学的困难, 如其中操作酶的问题, 这就是在 DNA 的各操作过程中都需要有不同的酶催化完成. 另外就是数学理论上的困难, 这就是在 DNA 操作过程中涉及核酸序列的一系列运算问题. 因为基因有多种不同的类型, 这种突变在基因操作中普遍存在的, 又无法控制的, 所以使 DNA 的操作无法正确进行. 如何克服这种突变误差是 DNA 操作和生物计算机所存在的理论困难.

10.2.1　基因的突变和比对问题

在生物信息学中 [2,3], 核酸序列的突变和比对是它们的运算与操作的重要特征, 对此讨论和说明如下.

1. 核酸序列突变的类型

在生物信息学中, 核酸序列的突变有四种类型, 它们分别是:

I 型突变　序列 A 中某些分量符号发生变化, 如 $a_i = 0$ 变为 $a'_i = 1$.

II 型突变　序列 A 中某些分量片段发生交换变化, 如 $(a_1, a_2, a_3) = 001$ 变为 $(a'_1, a'_2, a'_3) = 100$.

III 型突变　在序列 A 中插入分量片段, 如 $(a_1, a_2) = 00$ 变为 $(a'_1, a'_2, a'_3, a'_4, a'_5) = 01110$.

IV 型突变　序列 A 中某些分量丢失, 如 $(a_1, a_2, a_3, a_4, a_5) = 00110$ 变为 $(a'_1, a'_2) = 00$.

我们称由这种突变产生的误差为突变误差或广义误差. 在 DNA 操作中首先需要处理的是对这种误差的处理.

2. 序列的扩张和比对

对突变误差的处理方法主要是序列比对 (Alignment) 的理论, 由此产生 Alignment 空间、算法、距离与编码, 把它们简记为 A-空间、A-算法、A-距离、A-编码理论.

为讨论序列 A, A' 之间的关系问题, 引进以下记号.

记

$$Z_4 = \{1, 2, 3, 4\} = \{a, c, g, t\}, \quad Z_5 = \{1, 2, 3, 4, 5\} = \{a, c, g, t, -\}$$

是两种不同类型的有限域, 核酸序列 A, A' 在有限域 Z_4 中取值. 而在 Z_5 中, "—" 是一个虚拟插入符号.

记 Z_4^* 是在 Z_4 中取值的所有不等长的序列, 这就是

$$Z_4^* = \bigcup_{n=1}^{\infty} Z_4^n, \tag{10.2.1}$$

其中 Z_4^n 是所有在 Z_4 中取值、长度为 n 的向量空间.

为了简单起见, 对在 Z_4, Z_5 集合中取值的向量分别记为

$$\begin{cases} A = a^{n_a} = (a_1, a_2, \cdots, a_{n_a}), & a_i \in Z_4, \\ A' = (a^{n'_a}) = (a'_1, a'_2, \cdots, a'_{n'_a}), & a'_i \in Z_5. \end{cases} \tag{10.2.2}$$

它们分别是在集合 Z_4, Z_5 中取值的向量, 其中 n_a, n'_a 分别是这些向量的长度.

(10.2.3) 中的字母 A, a 也可用其他字母来取代, 如 B, b, C, c 等, 由此形成不同的序列.

定义 10.2.1　称序列 $B = (b_1, b_2, \cdots, b_{n_b})$ 是序列 $A = (a_1, a_2, \cdots, a_{n_a})$ 的突变序列, 如果序列 B 是由 A 经以上四种突变变化而形成的序列.

定义 10.2.2　　称序列 $A' = (a'_1, a'_2, \cdots, a'_{n'_a})$ 是序列 $A = (a_1, a_2, \cdots, a_{n_a})$ 的扩张序列, 如果它们满足以下条件.

(1) 序列 A, A' 分别是在 Z_4, Z_5 中取值的序列.

(2) 如果在序列 A' 中删除取值为 "—" 的分量, 那么序列 A' 就成为序列 A.

定义 10.2.3　　如果序列 A, B 分别是在 Z_4 集合中取值的序列, 这时称序列 A', B' 是序列 A, B 的比对序列, 如果它们满足以下条件.

(1) 序列 A', B' 分别是序列 A, B 的扩张序列.

(2) 序列 A', B' 的长度相同 $n'_a = n'_b$, 而且在同一位点 i 不可能有 $a'_i = b'_i = -$ 的情形.

如果序列 A', B' 是 A, B 的比对序列, 那么它们的长度相同, 因此可以定义它们的距离, 如 Hamming 距离

$$d_H(A', B') = \sum_{i=1}^{n/a} d_H(a'_i, b'_i).$$

定义 10.2.4　　称序列 A^*, B^* 是序列 A, B 的最优比对序列, 如果它们满足以下条件.

(1) 序列 A^*, B^* 分别是序列 A, B 的比对序列.

(2) 序列 A^*, B^* 的距离是其他比对序列的最小值, 这就是对 A, B 的任何比对序列 A', B', 都有 $d_H(A^*, B^*) \leqslant d_H(A', B')$ 成立.

3. 最优比对序列的性质

如果序列 A, B 分别是在 Z_4 集合中取值的序列, A', B' 是序列 A, B 的比对序列, 那么以下性质成立.

定理 10.2.1　　如果定义在 Z_5 集合中取值的序列 A', B' 之间的距离是 Hamming 距离 $d_H(A', B')$, 那么任何在 Z_4 集合中取值的不等长序列 A, B 有以下性质成立.

(1) 不等长序列 A, B 之间的最优比对序列 $d_H(A^*, B^*)$ 一定存在.

(2) 不等长序列 A, B 之间的最优比对序列 $d_H(A^*, B^*)$ 不一定唯一, 但它们最优比对距离 $d_H(A^*, B^*)$ 一定是唯一确定.

定义 10.2.5　　由此称序列 A, B 的最优比对序列的距离 $d_H(A^*, B^*)$ 是序列 A, B 的比对距离 (或 A-距离).

序列 A, B 之间的 A-距离记为 $d_A(A, B) = d_H(A^*, B^*)$.

4. 最优比对序列的计算

对任何固定的 A, B 序列, 寻找它们的最优比对序列有许多算法, 如

Smith-Waterman 算法 (S-W 算法). 该算法又称动态规划算法, 可实现最优比对计算, 但计算复杂度是 $O(n^2)$.

SPA(Super Pairwise Alignment) 算法. 这是一种次优比对算法, 具有线性计算复杂度, 但优化的差别在千分之三以下.

S-W 算法和 SPA 算法在 [94, 98, 104] 等文中给出.

5. A-空间理论

我们已经定义了在 Z_4 中取值的所有不等长序列的集合 Z_4^* 和序列 A, B 之间的 A-距离.

定理 10.2.2　对任何 $A, B \in Z_4^*$ 中的序列, 如果记 $d_A(A, B)$ 是序列 A, B 之间的 A-距离, 那么该距离是集合 Z_4^* 中的一个度量函数, 它满足以下性质.

(1) 非负性. $d_A(A, B) \geqslant 0$, 对任何 $A, B \in Z_4^*$ 成立.

(2) 对称性. $d_A(A, B) = d_A(B, A)$, 对任何 $A, B \in Z_4^*$ 成立.

(3) 三角不等式成立. $d_A(A, B) + d_A(B, C) \geqslant d_A(A, C)$, 对任何 $A, B, C \in Z_4^*$ 成立.

该定理的证明在 [94, 104] 等文中给出.

10.3　广义纠错码理论及其应用

我们已经给出 Z_4^* 空间 (在 Z_4 集合中取值的所有不等长序列) 及对其中向量之间 A-距离的定义, 由此即可定义该空间中的广义纠错码. 这就是可以纠正各种不同类型突变误差的码. 广义纠错码理论包括码的构造、编码和译码的算法与它们的应用. 广义纠错码在生物工程中有广泛的应用, 在本节中我们仍以 HPP 为例讨论它们在基因操作运算中的应用.

10.3.1　广义纠错码的定义及其构造

仍然记 Z_4^* 是在 Z_4 集合中取值的所有不等长序列的集合空间, 对任何 $A, B \in Z_4^*$, 它们之间的 A-距离为 $d_A(A, B)$, 由此产生的集合 Z_4^* 是一个 A-空间.

1. A-空间中的广义纠错码

记 $\mathcal{C} = \{C_1, C_2, \cdots, C_m\}$ 是 Z_4^* 空间中的一个子集合. 这时称 $\mathcal{C}$ 是 Z_4^* 空间中的一个码 (或码子), 称 $\mathcal{C}$ 中的序列是该码中的码元.

定义 10.3.1　记

$$d_A(\mathcal{C}_m) = \text{Min}\{d_H(C_i, C_j), i \neq j = 1, 2, \cdots, m\} \tag{10.3.1}$$

是集合 $\mathcal{C}_m$ 的 A-距离.

如果 $d_A(\mathcal{C}_m) = r$, 那么 $\mathcal{C}$ 码具有 $r-1$ 的检测能力.

如果 $d_A(\mathcal{C}_m) = r > 2t$, 那么 $\mathcal{C}$ 码具有 t 的纠错能力.

关于检测能力和纠错能力的概念我们在下文中说明.

2. A-空间中的广义纠错编码算法

记 $\mathcal{C}$ 是 Z_4^* 空间中的一个广义纠错码, C 是 Z_4^* 空间中的任何一个向量, 为确定 C 和码 $\mathcal{C}$ 的关系而形成的算法是它们的编码算法, 该算法的计算算法步骤如下.

对固定的码 $\mathcal{C} = \{C_1, C_2, \cdots, C_m\} \subset Z_4^*$ 和序列 $C \in Z_4^*$ 空间中的任何一个向量, 计算 $d_i = d_A(C, C_i) \ (i = 1, 2, \cdots, m)$ 的值.

码 $\mathcal{C}$ 的检测能力是指序列 C, 如果对任何 $i = 1, 2, \cdots, m$ 都有 $0 < d_A(C, C_i) < r$, 那么可以确定该序列 C 不是 $\mathcal{C}$ 中的码元.

纠错能力 t 的概念是指一个序列 C, 如果该序列由码 $\mathcal{C}$ 中某序列 $C_i \in \mathcal{C}$ 的突变形成. 如果这种突变误差 $d_A(C, C_i) \leqslant t$, 那么取 $g(C) = C_i$.

这时称函数 $g(C)$ ($Z_4^* \to \mathcal{C}$ 的映射函数) 为编码函数, 这种可以确定序列 C 是 C_i 的突变序列的运算是纠错运算.

3. A-空间中广义纠错编码的构造

由这些讨论可以知道, A-空间中广义纠错编码的理论可以归结为码 $\mathcal{C}$ 的构造问题.

广义纠错编码的构造问题是个十分困难的问题, 在理论上还没有一种有效的方法来进行构造.

称 $\mathcal{C}$ 是一个 (n, r) 码, 如果在 $\mathcal{C}$ 中每个码元向量的长度是 n, 而且 $d_A(\mathcal{C}) = r$.

在 n 较小时, 可以利用穷举法在计算机中搜索得到有关的广义纠错码. 如在 $n = 6$ 时, 我们可得到它的全体 $(6, 1)$ 码有 16 组, 每组各有 7 个码元, 它们分别为

$$\mathcal{C}_1 = \{000001, 001100, 011011, 100111, 101010, 110000, 111101\},$$
$$\mathcal{C}_2 = \{000001, 001111, 010110, 011000, 100100, 110011, 111101\},$$
$$\mathcal{C}_3 = \{000010, 001100, 011011, 100111, 101001, 110000, 111110\},$$
$$\mathcal{C}_4 = \{000010, 001111, 010101, 011000, 100100, 110011, 111110\},$$
$$\mathcal{C}_5 = \{000010, 010101, 011110, 100100, 101001, 110000, 111011\},$$
$$\mathcal{C}_6 = \{000011, 000100, 011001, 011110, 101010, 110000, 110111\},$$
$$\mathcal{C}_7 = \{000011, 001000, 010101, 011110, 100110, 110000, 111011\},$$
$$\mathcal{C}_8 = \{000011, 001100, 010010, 011111, 100101, 110110, 111001\},$$
$$\mathcal{C}_9 = \{000011, 001100, 010101, 100000, 101111, 110110, 111001\},$$
$$\mathcal{C}_{10} = \{000011, 001101, 010000, 011110, 101010, 110111, 111001\},$$

$$\mathcal{C}_{11} = \{000100, 001111, 010011, 011000, 100001, 101010, 111101\},$$
$$\mathcal{C}_{12} = \{000100, 001111, 011001, 100001, 101010, 110111, 111100\},$$
$$\mathcal{C}_{13} = \{000110, 001000, 010101, 100001, 101111, 110010, 111100\},$$
$$\mathcal{C}_{14} = \{000110, 001001, 010000, 011111, 101010, 110011, 111100\},$$
$$\mathcal{C}_{15} = \{000110, 001001, 011010, 100000, 101111, 110011, 111100\},$$
$$\mathcal{C}_{16} = \{001000, 001111, 010101, 100001, 100110, 111011, 111100\}.$$

当 $n = 10$ 时, 广义纠错码 (10, 2) 有 4 组, 每组各有 8 个码元, 它们是

$$\mathcal{C}_1 = \{0000000011, 0001011000, 0010111111, 0111100110, 1001100101,$$
$$1100011110, 1110000000, 1111111001\},$$
$$\mathcal{C}_2 = \{0000000110, 0001111111, 0011100001, 0110011010, 1000011001,$$
$$1101000000, 1110100111, 1111111100\},$$
$$\mathcal{C}_3 = \{0000000111, 0001101000, 0110011110, 0111100011, 1001111111,$$
$$1010011001, 1100000000, 1111110100\},$$
$$\mathcal{C}_4 = \{0000001011, 0011111111, 0101100110, 0110000000, 1000011100,$$
$$1001100001, 1110010111, 1111111000\}.$$

当 n 较大时以上搜索法是不能进行的, 因为它的计算复杂度随 n 指数增长. 但我们利用随机码的方法可构造码元数较大的广义纠错码, 如用随机码产生的广义纠错码的码长、码率、码元数与纠错能力之间的关系如表 10.3.1 所示.

表 10.3.1　由随机码所产生的广义纠错能力表

码长 n	码率 R	码元数 $m = 2^{nR}$	最小 A-距离	纠错能力 t	纠错率 t/n
50	0.1	32	12	5	0.10
100	0.07	128	23	11	0.11
200	0.04	256	48	23	0.115
500	0.018	512	130	64	0.128

这种码具有较强的纠错能力, 而且可以产生码元足够多的码, 因此可适应在 DNA 计算中的应用与实现.

10.3.2　广义纠错码在 DNA 计算中的应用

在实现 DNA 计算的过程中, 存在一系列操作 (识别、延伸、删除) 过程, 因此必然存在突变误差, 由这种突变误差的出现可导致整个 DNA 计算的失败. 由于这些困难的存在.

因此, 到目前为止, 关于 DNA 计算, 或 DNA 计算机的实现还是被认为是不现实 (或可能性的距离是较远) 的.

1. DNA 计算中突变误差的克服

我们已经说明, 突变误差是实现 DNA 计算中的一大困难, 因此必须克服这种困难.

克服这种突变误差的困难是 DNA 计算中重大理论问题, 可以通过广义纠错码的方法给以解决, 这就是在对 DNA 片段的其他个体的 $\mathcal{X} = \{X_1, X_2, \cdots, X_m\}$ 的 DNA 向量中, 采用广义纠错码 $\mathcal{C} = \mathcal{C}(k, n, t)$. 其中 $m = 2^{k-1}$, 因此 k 是信息位, $n - k$ 是码的纠错位.

如果在广义纠错码 $\mathcal{C} = \mathcal{C}(k, n, t)$ 中, 设计的码距 t 足够大, 那么在 DNA 的每一步操作中, 所发生的突变误差都能及时得到纠正, 这样就可使 DNA 计算得以顺利进行.

2. 其他应用问题

由此可见, 这种广义纠错码不仅在 DNA 计算中有重要应用, 而且在其他基因工程问题、其他信息处理问题中也有应用.

如基因工程中的 PCR 技术、合成生物学、生物芯片、蛋白质的合成等技术中进行应用. 因为这些问题涉及生物工程中的许多问题, 我们在此不再详细讨论.

另外, 在其他信息处理问题中, 如在图像搜索、识别中, 其中存在大量的**广义误差**的处理问题. 但这是一个十分困难的数学问题, 所得到的研究结果很少. 但它在生命科学、信息处理等一系列理论和应用中有重要意义.

10.4　遗 传 算 法

遗传算法同样是一种仿生的优化算法. 它的仿生特点是仿基因、基因组的变化和运动过程. 这种过程具有大规模、平行计算的特征. 因此具有智能计算的特征.

在本节中我们先介绍这种算法的基本原理和应用.

10.4.1　遗传算法中的基本结构和基本原理

在 DNA 计算中我们已经介绍了个体、群体的基因表达, 这些记号在遗传算法中同样适用.

1. 个体、群体及它们的基因表达

遗传算法中的基本结构是通过它们的个体、群体及由此产生的基因表达系统来说明的.

(1) 个体、群体和多重个体.

在 (10.1.3), (10.1.6) 式中, 已经给出了个体、群体、多重个体、多重个体的组合空间, 它们分别是

$$
\begin{cases}
\text{个体和群体}\ \mathcal{X} = \{x^{m \times n}\} = \{X_1, X_2, \cdots, X_m\}, \\
\text{多重个体}\ X^k = (X_1, X_2, \cdots, X_k) = (x_1^{n_1}, x_2^{n_2}, \cdots, x_k^{n_k}), \\
\text{多重个体的组合空间}\ \mathcal{X}^k = \mathcal{X}_1 \times \mathcal{X}_2 \times \cdots \times \mathcal{X}_k = \prod_{i=1}^{m} \mathcal{X}_i,
\end{cases}
\tag{10.4.1}
$$

其中 $X_i, \mathcal{X}$ 分别是个体和群体, X^m 是由多重个体组成的向量, $\mathcal{X}^m$ 是由多重个体组成的向量空间.

在此多重个体的组合向量中, 称 $\mathcal{X}^m$ 是种群的 m 重个体空间.

(2) 个体、群体和多重个体的基因表达.

在 (10.4.1) 的个体、群体和多重个体中, 其中的 $x^{m \times n}, x_j^{n_j}$ $(j = 1, 2, \cdots, k)$ 都是二进制向量 (或张量), 称这些向量 (或张量) 是这些个体、群体和多重个体的基因表达.

在这些个体、群体和多重个体的基因表达中, 每个 $x^{m \times n}, x_j^{n_j}$ $(j = 1, 2, \cdots, k)$ 二进制向量 (或张量) 都有它们的补向量 (或张量) 存在, 它们分别是

$$
\begin{cases}
(x^{m \times n}) = (x_{i,j}^c)_{i=1,2,\cdots,m, j=1,2,\cdots,n}, \\
(x_j^{n_j})^c = (x_{j,1}^c, x_{i,2}^c, \cdots, x_{j,n_j}^c), \quad j = 1, 2, \cdots, k,
\end{cases}
\tag{10.4.2}
$$

其中 $x_{i,j}^c$ 是 $x_{i,j}$ 的补元.

在这些个体、群体和多重个体的基因表达中, $x^{m \times n}, x_j^{n_j}$ $(j = 1, 2, \cdots, k)$ 二进制向量 (或张量) 和它们的补向量 (或张量) 同时存在, 由此形成这些个体、群体和多重个体在基因表达中的双链.

2. 遗传算法中的基本原理

遗传算法中的基本结构是通过它们的基因结构来进行表达, 由此它们的运算规则也需符合基因结构的运算规则.

定义 10.4.1 (补空间和积空间的定义)   如果记 $X = Z_2 = \{0, 1\}$ 是一个二进制的集合, 记 X^n 是在 $X = Z_2$ 中取值的 n 维向量空间, 那么由此定义:

(1) 补空间的定义. 记 $(X^n)^c$ 是 X^n 的补空间, 其中

$$
(X^n)^c = \{(x^n)^c, x^n \in X^n\}.
\tag{10.4.3}
$$

这里 $\begin{cases} x^n = (x_1, x_2, \cdots, x_n), \\ (x^n)^c = (x_1^c, x_2^c, \cdots, x_n^c). \end{cases}$ 而 $x_i^c = \begin{cases} 0, & x_i = 1, \\ 1, & x_i = 0. \end{cases}$

(2) 积空间的定义. 记 $Z_2^{n_1}, Z_2^{n_2}$ 是两个向量空间, 那么它们的积空间定义为

$$X^{n_1} \times Y^{n_2} = \{(x^{n_1}, y^{n_2}), x^{n_1} \in X^{n_1}, y^{n_2} \in Y^{n_2}\}. \tag{10.4.4}$$

这时 $(x^{n_1}, y^{n_2}) = (x_1, x_2, \cdots, x_{n_1}, y_1, y_2, \cdots, y_{n_2})$, $x_i, y_j \in X = Z_2$.

原理 10.4.1 (遗传算法中的基本原理)

(1) **对偶 (或补) 空间原理**. X^n 空间和它的对偶 (或补) 空间 $(X^n)^c$ 同构.

空间同构的概念是它们存在 1-1 对应关系, 而且相应的结构、运算关系保持一致.

(2) **积空间的树分解原理**. 如果 $X^{n_1} \times Y^{n_2}$ 是个积空间, 那么 $X^{n_1} \times Y^{n_2}$ 中的向量可以通过一个树结构 T 来描述, 这时

(i) X^{n_1} 中的任何向量 $x^{n_1} \in X^{n_1}$ 是树 T 的根.

(ii) 当向量 $x^{n_1} \in X^{n_1}$ 固定时, 树 T 有 2^{n_2} 分叉 (或枝)

$$T_{x^{n_1}} = \{(x^{n_1}, y^{n_2}), y^{n_2} \in Y^{n_2}\}. \tag{10.4.5}$$

(iii) 当向量 $x^{n_1} \in X^{n_1}$ 变化时, 就可产生积空间

$$X^{n_1} \times Y^{n_2} = \{(x^{n_1}, y^{n_2}), x^{n_1} \in X^{n_1}, y^{n_2} \in Y^{n_2}\}. \tag{10.4.6}$$

(3) **补空间、积空间的 DNA 操作原理**. 这就是补空间、积空间的形成可以在 DNA 的自我复制、倍增、分解、延伸中自动完成.

(i) DNA 操作中的自我复制是指由基因单链变互补双链的过程.

(ii) DNA 操作中的分解是指由基因双链变互补单链的过程.

(iii) DNA 操作中的倍增是指基因双链变互补单链、互补单链又各自自我复制、形成的过程. 在此过程中, 由单双链变成双双链.

(iv) DNA 操作中的延伸是指基因片段和其他片段连接, 并通过自我复制、分解、倍增等过程, 使延伸后的片段进入 DNA 的操作过程.

这种操作过程可以使 DNA 序列不断延伸、复制、倍增, 由此形成

$$\mathcal{X}^k = X_1^{m_1} \times X_2^{m_2} \times \cdots \times X_k^{m_k}, \quad k = 1, 2, \cdots \tag{10.4.7}$$

的过程, 这些空间的形成都可以在 DNA 操作系统下自动实现.

10.4.2　基因操作中的运算子

在基因操作中, 除了这些延伸、复制、倍增的运算外, 还有其他多种运算子存在.

1. 个体、群体之间的运算子

在个体、群体之间存在多种运算和运算子, 它们的定义如下.

定义 10.4.2 (群体和个体之间的运算子的定义)   对一个 $\mathcal{X}^m \to \mathcal{Y}$ 的映射, 在 $\mathcal{Y}$ 取不同类型的群体时, 形成不同类型的算子, 如

(1) **选择性算子的定义**   这时取 $\mathcal{Y} = XX^k$ $(k < m)$, 这是高阶群体向有关低阶群体映射的**选择性算子**.

(2) **杂交算子的定义**   这时取 $\mathcal{Y} = \mathcal{X}^1$, 由多重群体向 1 重个体的映射, 由此产生的选择性算子为**杂交算子**.

(3) **删除算子的定义**   这时取 $\mathcal{Y} = \mathcal{X}_k^m = \mathcal{X}_1^{k-1} \times \mathcal{X}_{k+1}^m$, 这时个体群 $\mathcal{X}_k$ 被删除, 那么称该选择性算子为**删除算子**.

在此关系式中

$$\mathcal{X}_i^j = (\mathcal{X}_i, \mathcal{X}_{i+1}, \cdots, \mathcal{X}_j) = \prod_{k=i}^{j} \mathcal{X}_k, \quad i \leqslant j. \tag{10.4.8}$$

在定义 10.4.1 中, 无论是个体还是群体或多重个体所组成的群体, 它们都是由相互互补的基因双链 (向量或张量) 组成的, 因此它们都可用这些基因、基因组的向量或张量来进行表示.

2. *局部序列*

在关系式 (10.4.8) 中, 我们给出了向量 $\mathcal{X}_i^j$ 的定义, 这是一种局部向量的表示法.

这种表示法对不同类型的分量同样适用, 因此我们可以采用统一的表示. 如取

$$Z_i^j = (Z_i, Z_{i+1}, \cdots, Z_{j-1}, Z_j), \quad Z = x, X, \mathcal{X} \tag{10.4.9}$$

等, 它们都是向量 Z^n 中的一个局部向量 (或片段结构).

在 (10.4.9) 式的记号中, 如果 $i = 1$, 那么简记 $Z_i^j = Z^j$. 因此, 由此定义的这些个体、群体之间的运算子就是这些局部向量之间的运算.

10.4.3 基因的选择性原理和随机系统

基因除了个体、群体之间存在多种运算和定义 10.4.1 中的这些运算子外, 还有选择性问题.

1. *选择性函数和相容性条件*

定义 10.4.3   在多重个体 $X^m = (X_1, X_2, \cdots, X_m)$ 中, 如果 $1 \leqslant i < j \leqslant m$, 那么记:

选择性函数的定义　称一个 $f : \mathcal{X}^m \to R_0$ 的映射是选择性函数, 其中 $R_0 = [0, \infty)$ 是非负实数空间. 这时

$$f(X^m) = f(X_1, X_2, \cdots, X_m) \geqslant 0. \tag{10.4.10}$$

对这种选择函数的定义可以推广到任意片段上, 这就是定义 $f_i^j : \mathcal{X}_i^j \to R_0$ 的映射, 这时

$$f_i^j(X_i^j) = f_i^j(X_i, X_{i+1}, \cdots, X_{j-1}, X_j) \geqslant 0. \tag{10.4.11}$$

选择性函数的相容性条件　这就是在 (10.4.12) 式的选择性函数定义中, 对任何 $1 \leqslant i < j \leqslant m$, 它们的相容性条件是指有关系式

$$f_i^j(X_i^j) = \sum_{X_1^{i-1} \in \mathcal{X}_1^{i-1}} \sum_{X_{j+1}^m \in \mathcal{X}_{j+1}^m} f(X_1, X_2, \cdots, X_{m-1}, X_m), \tag{10.4.12}$$

对任何 $1 \leqslant i < j \leqslant m$ 成立.

2. 随机性选择和它的概率分布

定义 10.4.4　由选择性函数产生的随机选择概率

在定义 10.4.3 的选择性函数定义中, 如果 f_i^j 是 (10.4.13) 的选择性函数, 那么由该函数确定该群体随机运动的概率分布为

$$p_i^j(X_i^j) = \frac{f_i^j(X_i^j)}{\sum\limits_{Y_i^j \in \mathcal{X}_i^j} f_i^j(Y_i^j)}. \tag{10.4.13}$$

这时对任何 $X_i^j \in \mathcal{X}_i^j$ 有 $p(X_i^j) \geqslant 0$ 成立, 而且有 $\sum_{X_i^j \in \mathcal{X}_i^j} p_i^j(X_i^j) = 1$ 成立.

这时 $p_i^j(X_i^j)$ 是多重群体集合 $\mathcal{X}_i^j$ 上的一个概率分布. 该概率分布是由选择性函数 $s_i^j(X_i^j)$ 确定的、在群体片段上做随机运动的概率分布, 我们称之为**由选择性函数确定的概率分布** (简称**选择性分布**).

3. 在随机选择中概率分布的相容性条件

这由选择性函数的相容性条件可以得到概率分布的相容性条件, 这时有关系式

$$p_i^j(X_i^j) = \sum_{X_1^{i-1} \in \mathcal{X}_1^{i-1}} \cdots \sum_{X_{j+1}^m \in \mathcal{X}_{j+1}^m} p(X_1, X_2, \cdots, X_{m-1}, X_m), \tag{10.4.14}$$

对任何 $1 \leqslant i < j \leqslant m$ 成立. 其中 $p(X^m) = p_1^m(X^m)$.

对 (10.4.12), (10.4.15) 式中的选择性函数和选择性概率还可推广到更一般的情形, 如对任何 $1 \leqslant i < j < k \leqslant m$ 定义

$$
\begin{cases}
f_{i,j,k}(X_{i,j,k}) = f_{i,j,k}(X_i, X_j, X_k) = \sum_{X_1^{i-1}} \sum_{X_{i+1}^{j-1}} \sum_{X_{j+1}^{k-1}} \sum_{X_{k+1}^m} f_1^m(X_1^m) \leqslant 0, \\
p_{i,j,k}(X_{i,j,k}) = f_{i,j,k}(X_{i,j,k}) \Big/ \sum_{X_i \in \mathcal{X}_i \, X_j \in \mathcal{X}_j \, X_k \in \mathcal{X}_k} f_{i,j,k}(X_{1,j,k}).
\end{cases}
$$

$$(10.4.15)$$

它们是三重选择性函数和选择性概率, 但这些个体变量不一定是前后相连接的.

由 $f_i^j(X_i^j)$ 的相容性条件可以得到 $p_i^j(X_i^j)$ 的相容性条件.

4. 由选择性函数和选择概率产生的随机系统

由这些选择性函数和选择概率可产生各种不同类型的随机系统, 如

独立系统 对任何 $1 < m < \infty$, 都有

$$
p_1^m(X_1^m) = \prod_{i=1}^m p_i^i(X_i^i) \tag{10.4.16}
$$

成立.

马氏系统 (Markov 系统) 对任何 $1 \leqslant i < j < k \leqslant m$, 都有

$$
\frac{p_{i,j,k}(X_{i,j,k})}{p_j(X_j)} = p_i^j(X_i^j) p_j^k(X_j^k) \tag{10.4.17}
$$

成立.

稳定系统 这时对任何 $1 \leqslant i < j \leqslant m, k = j - i - 1 < i$, 都有

$$
p_i^j(X_i^j) = p_{i-k}^{j-k}(X_{i-k}^{j-k}) \tag{10.4.18}
$$

成立.

转移概率 对任何 $1 \leqslant i < j < k \leqslant m$, 称

$$
p[X_k|(X_i, X_j)] = \frac{p(X_i, X_j, X_k)}{p(X_i, X_j)} \tag{10.4.19}
$$

是 $(X_i, X_j) \to X_k$ 的转移概率.

因此一个多重群体的系统, 在它们的基因操作过程中, 可以通过选择性函数确定它们的选择性概率分布, 由此形成一个随机系统. 这种随机系统的运动特征可以通过随机分析理论进行分析计算.

因为每个个体、群体的状态都可用二进制向量来进行表达, 而这些二进制向量都是基因、基因组的向量, 它们的空间结构可以通过 DNA 的操作自动生成. 由此产生遗传算法的一系列运算.

10.5　遗传算法中的优化问题

遗传算法的一个典型应用问题是优化问题的求解问题. 在本节中我们给出这种求解问题的一般表述和相应的计算方法. 这种优化问题在工程中有许多模型和应用, 对此不再详细讨论.

10.5.1　优化问题的表述

优化问题是应用数学的一个重要组成部分, 对应有许多模型和分析. 对此讨论如下.

1. 优化问题

一个优化问题由两部分组成, 即优化目标和约束条件.

优化目标是指对函数 $F(z)$ 求最大或最小值的问题, 其中 z 一般是 R^τ 空间中取值的变量.

约束条件是指变量 z 的取值范围.

对此优化问题可以在二进制系统中进行表达, 如优化目标 $F(z)$ 中的变量 z 是二进制的向量. 而约束条件可以看作变量 z 在某个群体 $\mathcal{X}$ 中取值, 这时变量 z 就是该群体中的个体, $z = X \in \mathcal{X}$.

因此一个优化问题可以表示为

$$\text{优化问题 I} \begin{cases} \text{优化目标 Max}\, F(z), \\ \text{约束条件}\, z \in \Omega \subset R^n. \end{cases}$$

$$\text{优化问题 II} \begin{cases} \text{优化目标 Max}\, F(x^n), \\ \text{约束条件}\, x^n = X_i \in \mathcal{X}, \end{cases} \tag{10.5.1}$$

其中优化问题 I 是优化问题的一般表述, 而优化问题 II 是优化问题在遗传算法中的表达.

2. 背包问题

和 HPP 问题一样, 背包问题也是一个难计算的 NP-问题. 对此表述如下.

$$\text{背包问题} \begin{cases} \text{优化目标 Max}\, F(x^n) = \sum_{i=1}^{n} c_i x_i, \\ \text{约束条件}\, x^n \in Z_2^n,\ \sum_{i=1}^{n} w_i x_i \leqslant v. \end{cases} \tag{10.5.2}$$

这时的优化目标函数 $F(x^n)$ 是一个线性函数, $c^n = (c_1, c_2, \cdots, c_n)$, $w^n = (w_1, w_2, \cdots, w_n)$ 是两个固定的向量, 这时称 c^n 是函数 F 的系数向量.

10.5.2 遗传算法中的基本思路和技术算法步骤

我们仍然以背包问题为例, 来说明用遗传算法进行求解计算, 其中的基本思路.

1. 关于优化目标的二进制表示

这就是对 $\mathrm{Max}\, F(x^n) = \sum_{i=1}^n c_i x_i$ 的计算.

(1) 目标函数的二进制表示.

这时记 $y = F(x^n) = \sum_{i=1}^n c_i x_i$, 这是一个 $X^n \to R$ 的映射. 这时取 y 的二进制向量

$$y_{-m_2}^{m_1} = (y_{m_1}, y_{m_1+1}, \cdots, y_1, y_0, y_{-1}, y_{-2}, \cdots, y_{-m_2}), \tag{10.5.3}$$

其中 $y = \sum_{i=-m_2}^{m_1} y_i 2^i$.

这时称 $y = y_{-m_2}^{m_1}$ 是**目标函数的二进制表示向量**.

(2) 由目标函数产生的布尔函数族.

在此目标函数的二进制表示中, (10.5.3) 中的每个 y_i 的取值由向量空间 X^n 中的向量确定, 由此记

$$y_i = f_i(x^n), \quad x^n \in X^n, \quad i = -m_2, -m_2+1, \cdots, -1, 0, 1, 2, \cdots, m_1. \tag{10.5.4}$$

这时每个 $y_i = f_i(x^n)$ 是一个 $X^n \to X$ 的布尔函数.

当 $i = -m_2, -m_2+1, \cdots, -1, 0, 1, 2, \cdots, m_1$ 变化时产生布尔函数族

$$F(x^n) = \{f_i(x^n), -m_2 \leqslant i \leqslant m_1\}. \tag{10.5.5}$$

(3) 由目标函数产生的布尔集合族.

因为 f_i 是一个布尔函数, 由此产生布尔集合 A_i, 这时 $f_i(x^n) = \begin{cases} 1, & x^n \in A_i, \\ 0, & \text{否则}. \end{cases}$

因此 (10.5.5) 式中的布尔函数族和一个布尔集合族等价, 这时

$$F(x^n) = \{f_i(x^n), -m_2 \leqslant i \leqslant m_1\} \sim \{A_i, -m_2 \leqslant i \leqslant m_1\}, \tag{10.5.6}$$

其中 $A_i \subset X^n$, 这时称 (10.5.6) 式中的布尔集合是**优化目标的布尔集合族**.

2. 优化目标的上界估计

在优化目标的二进制表示中, 如果取 $C = \sum_{i:c_i>0} c_j$, 其中 c^n 是函数 F 的系数向量, 那么对任何 $x^n \in X^n$, 总有 $F(x^n) \leqslant C$ 成立.

这时 C 是目标函数 $F(x^n)$ 的一个上界. 如果取 $C < 2^{m_1+1}$ 成立, 那么当 $i > m_1$ 时, 相应的布尔集合 $A_i = \varnothing$.

3. 遗传算法的计算算法步骤

以 (10.5.1) 式中的优化问题 II, 来讨论遗传算法中的计算算法步骤的问题.

在优化目标中, 我们已经在 (10.5.6) 式中给出该目标的布尔集合族 $\{A_i, -m_2 \leqslant i \leqslant m_1\}$, 在 $i > m_1$ 时, 相应的布尔集合 $A_i = \varnothing$.

对约束条件, 可以归结为 $x^n \in \Omega \subset X^n$ 由此产生计算算法步骤如下.

算法步骤 10.5.1   取 $A'_{m_1-\tau} = A_{m_1-\tau} \cap \Omega, \quad \tau = 0, 1, 2, \cdots$.

算法步骤 10.5.2   定义 $y_{m_1-\tau} = \begin{cases} 1, & A'_{m_1-\tau} \neq \varnothing, \\ 0, & 否则. \end{cases}$

算法步骤 10.5.3   由此得到 $y = \sum_{i=-\infty}^{m_1} y_i 2^i$ 就是 $\text{Max}\,\{F(x^n), x^n \in X^n\}$ 在约束条件 $x^n \in \Omega \subset X^n$ 下的最优解.

关于遗传算法还有一系列的分析和应用, 如随机分析等, 对此不再详细讨论.

第11章 计算数学和统计计算中的有关算法和理论

> 在智能计算中，我们对其中的算法进行分类，在第一类算法中，已经介绍了 LM 类中的几种算法. 现在讨论计算数学、统计计算中的有关算法，它们都具有智能计算中的前三大特征. 在有些文献中，把其中的一些算法也归结为 LM 中的算法. 因此，这些算法的类型是相互交叉的.

11.1 EM 算法及其理论分析

在统计计算中，我们已经介绍了聚类分析理论和算法，并且说明这种算法是一种在系统内部进行参数调整的计算方法. 这种思路、方法在智能计算中有普遍意义，这就是在系统内部，对其中的结构 (或有的关参数) 进行制约和调整，并由此实现系统学习目标的最优化. EM 算法就是其中最典型的例子，系统最优化的目标有多种，EM 算法的学习目标是实现超越方程的求解计算.

我们已经说明，在统计计算中存在多种智能计算的方法. 前面已经介绍了聚类分析理论和算法，并说明了这种算法的意义. 除了聚类分析外还有 EM 算法.

11.1.1 统计估计问题

1. EM 算法的产生和特征

智能计算由多种不同的算法类型组成，其中 NNS 和统计计算是其重要组成部分.

EM 算法最早由 Dempster 等在 1977 年提出 [111]，该算法的基本思想是通过求期望值和最大值的交替迭代计算来逼近优化问题的最优解.

因此 EM 算法的思路和聚类分析相似，是一种典型的、通过系统内部结构 (或参数) 关系的调整来实现系统的最优化. 由此形成一类新的智能计算的算法.

神经网络理论和 EM 算法是两种最典型的智能计算方法，它们的共同特点是通过递推逼近来实现优化问题的计算. 但前者适用于大规模方程组的求解问题，而后者适用于数超越方程组的求解问题.

2. EM 算法的计算目标和计算算法步骤

EM 算法产生于统计计算理论, 它们的计算目标是实现对统计参数的最优估计.

在统计理论中, 存在的一个普遍问题是由观察数据 y 来估计统计分布的特征或参数 θ 的取值问题.

在统计理论的研究中, 存在的一个核心问题是确定研究对象的总体分布问题. 统计的总体分布是指其中数据取值的概率分布问题.

在统计的参数分布理论中, 对统计的总体分布的描述是通过条件概率分布 $p(x|\theta)$ 来确定, 其中 x 是统计数据的取值, θ 是确定该分布的参数.

因此统计的估计问题是通过观察数据 y 来分别确定 $p(x|\theta)$ 参数 θ 的情况或特征取值.

在统计中, 观察数据 y 和参数 θ 的关系由条件概率分布 $p(x|\theta)$ 分别确定, 如果参数 $\theta \in \Theta$ 在参数空间 Ω 上的概率分布 $\pi(\theta)$ 确定, 那么由此可以确定它们的联合概率分布和后验概率分布 $p(\theta, x)$, $q(\theta|x) = \dfrac{p(\theta, x)}{p(x)}$, 其中 $p(x) = \displaystyle\int_{\Theta} p(\theta, x) d\pi(\theta)$ 是关于数据 x 变化的概率分布.

统计估计问题就是在观察数据 y 已知的条件下, 估计参数 θ 的值. 常用的统计估计方法有多种, 如最大似然估计、矩估计、区间估计、贝叶斯估计等.

其中最大似然估计 (Maximum Likelihood Estimate) 和贝叶斯估计 (Bayesian Estimation) 分别是在观察数据 y 已知的统计下, 对条件概率 $p(y|\theta)$ 和后验概率 $q(\theta|y)$ 中的参数 θ 求最大值.

在对函数 $p(y|\theta)$, $q(\theta|y)$ 中的参数 θ 求最大值的常用方法是拉格朗日乘子算法, 这是一种微分极大值的计算方法.

无论是最大似然估计还是贝叶斯估计, 它们都是在 y 已知的统计下, 对 $p(y|\theta)$ 或 $q(\theta|y)$ 中的参数 θ 求最大值. 这就是寻找 $\theta_M(y)$ 或 $\theta_B(y)$ 的值, 使

$$\begin{cases} p(y|\theta_M(y)) = \mathrm{Max}\{p(y|\theta), \theta \in \Theta\} \text{ 在 } y \text{ 固定的条件下,} \\ q(\theta_B(y)|y) = \mathrm{Max}\{q(\theta|y), \theta \in \Theta\} \text{ 在 } y \text{ 固定的条件下,} \end{cases} \tag{11.1.1}$$

这时分别称 $\theta_M(y)$ 和 $\theta_B(y)$ 分别是最大似然估计或贝叶斯估计中的最优解.

11.1.2 EM 算法简介

在最大似然估计或贝叶斯估计中, 为计算 $\theta_M(y)$ 或 $\theta_B(y)$ 的值, 常用的方法是拉格朗日乘子算法, 这是一种微分极大值的计算方法, 这时分别求方程 $\dfrac{\partial}{\partial \theta} p(y|\theta) = 0$ 或 $\dfrac{\partial}{\partial \theta} q(\theta|y) = 0$.

但在实际计算中, 对这两种方程的求解都是十分困难的, 这就需要采用 EM 算法来实现这种计算问题.

1. EM 算法的算法步骤

算法步骤 11.1.1 适当选取 r.v. z^*, 它在集合 Z 中取值, 且可以产生条件 p.d. $p(z|\theta, y), z \in Z$, 由此产生条件 p.d.：

$$q(\theta|y, z) = \frac{p(\theta, z|y)}{p(z|y)} = \frac{p(\theta|y)p(z|y, \theta)}{p(z|y)}, \tag{11.1.2}$$

其中 $p(z|y) = \int_{\theta} p(\theta|y)p(z|y, \theta)d\theta$, 该函数是由 r.v. z^* 确定的 r.v.

算法步骤 11.1.2 (E-步) 在 (θ_i, y) 固定的条件下, 计算函数 $\log q(\theta|y, z)$ 关于 z^* 的期望值：

$$Q(\theta|\theta_i, y) = \int_Z p(z|\theta_i, y) \log q(\theta|y, z)dz. \tag{11.1.3}$$

算法步骤 11.1.3 (M-步) 对函数 $Q(\theta|\theta_i, y)$ 中的变量 θ 求最大值, 记为

$$Q(\theta_{i+1}|\theta_i, y) = \mathrm{Max}\{Q(\theta|\theta_i, y) : \theta \in \theta\}. \tag{11.1.4}$$

算法步骤 11.1.4 (递推计算) 取 θ_0 是一个初始值, 由 (11.1.1), (11.1.2) 得到一系列 $\theta_i, i = 0, 1, 2, \cdots$, 它的一个极限值就是所求的解.

2. EM 算法的收敛性定理

定理 11.1.1 如果 θ_i $(i = 0, 1, 2, \cdots)$ 是由 EM-算法得到的参数序列, 那么必有 $p(\theta_{i+1}|y) \geqslant p(\theta_i|y)$ 成立.

该定理的证明见 [72] 文. 由定理 11.1.1 可以得到以下性质成立.

定理 11.1.2 如果 $p(\theta|y)$ 是 θ 的有界函数, 那么有：

(1) 数列 $\tilde{p} = \{p(\theta_i|y), i = 0, 1, 2, \cdots\}$, 当 $i \to \infty$ 时一定收敛. 记这个极限值为 p^* 就是所求的极大似然解.

(2) 如果 $p(\theta|y)$ 是 θ 的严格上凸函数, 那么 q^* 一定是 $q(\theta|y)$ $(\theta \in \theta)$ 的最大值.

(3) 如果 $p(\theta|y)$ 是 θ 的严格上凸函数, 且 θ 是一个有界区域, 那么 θ_i 一定是收敛于一个点 θ^*, 使 $p(\theta^*|y)$ 是 $p(\theta|y)$ $(\theta \in \theta)$ 的最大值.

该定理利用微积分的性质即可证明, 请读者自证.

关于 EM 算法的性质进一步的学习参见 [113] 等文.

11.1.3 EM 算法的实例计算

例 11.1.1 一个可能有四个结果 (A, B, C, D) 的随机试验, 它们的概率分别为

$$\frac{1}{2} + \frac{\theta}{4}, \quad \frac{1}{4}(1-\theta), \quad \frac{1}{4}(1-\theta), \quad \frac{\theta}{4},$$

其中 $\theta \in (0, 1)$. 如作 197 次观察, 这四个结果发生的次数分别是：$125, 18, 20, 34$, 对 θ 进行估计.

解的讨论　　对照 EM 算法的模型, 对该问题的求解过程讨论如下.

将该试验的观察结果记为: $y = (y_1, y_2, y_3, y_4) = (125, 18, 20, 34)$.

θ 是待求参数, 它关于 y 的条件概率为

$$q(y|\theta) = \left(\frac{1}{2} + \frac{\theta}{4}\right)^{y_1} \left[\frac{1}{4}(1-\theta)\right]^{y_2} \left[\frac{1}{4}(1-\theta)\right]^{y_3} \left(\frac{\theta}{4}\right)^{y_4}.$$

由 y 求 θ 的计算是统计中的贝叶斯解 (求 $q(y|\theta)$ 中关于 θ 的最大值), 但它的计算是很困难的, 因此需要用 EM 算法求解.

解的计算　　此贝叶斯解的求解过程的一个算法步骤如下.

首先化这个求贝叶斯解的过程为求极大似然估计问题. 这时取 $\pi(\theta)$ 为在 $(0,1)$ 区间上的均匀分布, 那么

$$\begin{aligned}
p(\theta|y) &= \frac{\pi(\theta)q(y|\theta)}{q(y)} = \frac{1}{q(y)}\left(\frac{1}{2}+\frac{\theta}{4}\right)^{y_1}\left[\frac{1}{4}(1-\theta)\right]^{y_2}\left[\frac{1}{4}(1-\theta)\right]^{y_3}\left(\frac{\theta}{4}\right)^{y_4} \\
&= \frac{1}{q(y)4^{y_1+y_2+y_3+y_4}}[(2+\theta)^{y_1}(1-\theta)^{y_2+y_3}\theta^{y_4}] \\
&= \frac{1}{q(y)4^{197}}[(2+\theta)^{125}(1-\theta)^{58}\theta^{34}].
\end{aligned} \tag{11.1.5}$$

因 (11.1.5) 的分母和 θ 无关, 为求 $q(\theta|y)$ 关于 θ 的最大值只要求 (11.1.5) 的分子关于 θ 的最大值即可. 但它的求解问题仍然是一个超越方程.

取 r.v. z^* 是一个在 y_1 发生条件下的二项式分布, 这就是取

$$p(z|y,\theta) = C_{y_1}^{z}\left(\frac{2}{2+\theta}\right)^{z}\left(\frac{\theta}{2+\theta}\right)^{y_1-z},$$

其中 $C_{y_1}^{z} = \dfrac{y_1!}{z!(y_1-z)!}$. 由此得到

$$p(\theta|y,z) = \frac{q(\theta|y)p(z|y,\theta)}{p(z|y)} = \gamma(y,z)[(\theta)^{y_1+y_4-z}(1-\theta)^{y_2+y_3}], \tag{11.1.6}$$

其中 $\gamma(y,z)$ 是一个和 θ 无关的函数.

因为 z^* 是一个在 y_1, θ 发生条件下的二项式分布, 所以它的条件均值为 $E\{z^*|y,\theta_i\} = \dfrac{2y_1}{2+\theta_i}$. 所以

$$\begin{aligned}
Q(\theta|\theta_i, y) &= E\{\log p(\theta|y, Z)|y, \theta_i\} \\
&= \log\gamma(y,z) + (y_2+y_3)\log(1-\theta) + E\{y_1+y_4-Z\}\log\theta \\
&= \log\gamma(y,z) + (y_2+y_3)\log(1-\theta) + \left(y_1+y_4-\frac{2y_1}{2+\theta_i}\right)\log\theta
\end{aligned}$$

为求 $Q(\theta|\theta_i, y)$ 关于 θ 的最大值, 计算

$$\frac{\partial Q}{\partial \theta} = -\frac{y_2 + y_3}{1 - \theta} + \frac{y_1 + y_4 - \dfrac{2y_1}{2 + \theta_i}}{\theta},$$

为使 $\dfrac{\partial Q}{\partial \theta} = 0$, 那么 θ 为方程

$$-(y_2 + y_3)\theta + \left(y_1 + y_4 - \frac{2y_1}{2 + \theta_i}\right)(1 - \theta) = 0 \tag{11.1.7}$$

的解. 由 (11.1.7) 解出

$$\theta_{i+1} = \frac{y_1 + y_4 - \dfrac{2y_1}{2 + \theta_i}}{y_1 + y_2 + y_3 + y_4 - \dfrac{2}{2 + \theta_i}} = \frac{159 - \dfrac{250}{2 + \theta_i}}{197 - \dfrac{250}{2 + \theta_i}} = \frac{68 + 159\theta_i}{144 + 197\theta_i}. \tag{11.1.8}$$

取 $\theta_0 = 1/2$ 代入 (11.1.8) 计算就可得到 θ_i $(i = 1, 2, \cdots)$ 的一系列值, 这时

$$\theta_1 = 0.60835, \quad \theta_2 = 0.62432, \quad \theta_3 = 0.62649, \quad \theta_4 = 0.62678, \quad \theta_5 = 0.62682.$$

并且当 $i > 5$ 时, θ_i 的值一直稳定在 $\theta_5 = 0.62682$ 上.

容易验证, 这个 θ_5 就是 (11.1.6) 式中 $p(\theta|y)$ 函数的最大值, 由此得到参数 θ 的贝叶斯估计. 由此可见, EM 算法的收敛速度是很快的.

11.2   最优组合投资决策的统计计算

最优组合投资决策的计算算法是继聚类分析、EM 算法之后的一种重要统计计算算法. 它的思路和聚类分析算法、EM 算法相似, 都是对一个系统 (投资系统) 进行优化计算的问题. 在此优化过程中需对投资决策 (资金分配的比例) 中的参数不断进行修正, 使相应的平均投资收益不断增加, 由此达到决策最优化的目标.

EM 算法同样是对系统内部的参数进行比较、修正和优化的计算, 是统计中的, 也是智能计算中的重要算法. 利用该算法可以实现对投资系统作优化的理论分析和操作计算.

11.2.1   最优组合投资决策问题

最优投资决策问题是经济学中的问题, 也是统计计算中的问题.

1. 投资决策问题

一个投资决策系统包括: 投资项目、项目的收益情况、投资决策, 投资决策问题是指资金在不同项目中的投资比例分配, 使投资的收益为最大.

在此投资决策系统 (或投资决策问题) 中, 项目的收益情况是随机的, 因此一个投资策略的好坏并不取决于一次投资的收益效果, 而是该策略在多次使用时的平均效果.

由此记 $\bar{\xi} = (\xi_1, \xi_2, \cdots, \xi_m)$ 是一非负随机向量, 称之为**投资收益向量**, 其中 x_i 表示对第 i 个项目的投资回报率.

投资收益向量 $\bar{\xi}$ 是一个随机向量, 它们具有联合 p.d. 为

$$F(x_1, x_2, \cdots, x_m)$$
$$= P_r\{\xi_1 \leqslant x_1, \xi_2 \leqslant x_2, \cdots, \xi_m \leqslant x_m\}, \quad x^m = (x_1, x_2, \cdots, x_m) \in R^{(m)}. \quad (11.2.1)$$

记 $\bar{b} = (b_1, b_2, \cdots, b_m)$ 是一个投资决策, 这时 $b_1, b_2, \cdots, b_m \geqslant 0$, 且 $\sum_{i=1}^m b_i = 1$, 其中 b_i 表示对第 i 个项目的投资比例.

全体可能的投资策略记为 B_m, 最优投资决策问题就是求投资决策 $\bar{b}^* \in B_m$, 使 $E\{\log(\langle \bar{b}^*, \bar{\xi} \rangle)\}$ 为 $E\{\log(\langle \bar{b}, \bar{\xi} \rangle)\}$ 的最大值.

定义 11.2.1　记 $W(\bar{b}, F) = E\{\log(\bar{b}, \bar{\xi})\} = \int_{\mathcal{X}^m} \log(\bar{b}, \boldsymbol{x}) dF(\boldsymbol{x})$ 为收益向量 $\bar{\xi}$ (或它的分布函数 F) 和投资策略 $\bar{b}$ 的倍率 (Doubling Rate). 称 $W^* = \text{Max}\{W(\bar{b}, F) : \bar{b} \in B_m\}$ 为收益向量 $\bar{\xi}$ 的最高倍率, 如果 $\bar{b}^* \in B_m$, 且 $W(\bar{b}^*) = W^*$ 那么就称 $\bar{b}^*$ 为收益向量 $\boldsymbol{X}$ 的最优投资策略.

因此, 组合投资决策问题就是对固定的收益随机向量 $\bar{\xi}$, 其最高倍率 W^* 和最优投资策略 $\bar{b}^*$.

2. 最优投资决策的意义

在定义 11.2.1 中, 已经给出最优投资决策的定义, 对此定义的意义讨论如下.

首先是投资收益向量 $\bar{\xi}$, 它是处在不断变化中, 如果这个投资系统是稳定的, 那么这个投资收益向量在不同的时刻有不同的表现, 记为

$$\bar{\xi}_t = (\xi_{t,1}, \xi_{t,2}, \cdots, \xi_{t,m}), \quad t = 1, 2, \cdots, \quad (11.2.2)$$

其中 $\bar{\xi}_t$ $(t = 1, 2, \cdots)$ 是一组独立同分布的随机序列, 其中每个 $\bar{\xi}_t$ 具有 (11.2.1) 式的概率分布 $F(x^m)$. 我们称随机序列 $\bar{\xi}_t$ $(t = 1, 2, \cdots)$ 是一个具有固定概率分布 $F(x^m)$ 的投资系统 (或稳定的投资系统).

对这个具有固定概率分布 $F(x^m)$ 的投资系统 $\bar{\xi}_t(t = 1, 2, \cdots)$ 和一个固定的投资策略 $\bar{b}$. 如果把这个投资策略反复使用, 那么经过 n 次投资后, 资本的总收益率是

$$\prod_{t=1}^{n} \langle \bar{b}, \bar{\xi}_t \rangle = \exp \left\{ \sum_{t=1}^{n} \ln \langle \bar{b}, \bar{\xi}_t \rangle \right\}. \tag{11.2.3}$$

由大数定律可以得到, 在 n 比较大时 (多次投资后), 有关系式

$$\sum_{t=1}^{n} \ln \langle \bar{b}, \bar{\xi}_t \rangle \sim nE\{ \langle \bar{b}, \bar{\xi}_t \rangle \} = nW(\bar{b}, F)$$

成立. 这时投资资本的总收益率是

$$\prod_{t=1}^{n} \langle \bar{b}, \bar{\xi}_t \rangle \sim \exp \left\{ nW(\bar{b}, F) \right\}. \tag{11.2.4}$$

因此倍率 $W(\bar{b}, F)$ 的意义是指在一个稳定的投资系统 (具有固定概率分布 $F(x^m)$ 中, 如果投资策略 $\bar{b}$ 被多次使用, 那么投资资本的总收益率就是这个倍率 $W(\bar{b}, F)$ 为幂的指数倍的取值.

11.2.2 最优组合投资决策的递推计算法

在概率分布 F 固定条件下, 求倍率 $W(\bar{b}, F)$ 的最大值. 这就是最优组合投资决策的计算, 它的递推计算法如下.

算法步骤 11.2.1 构造向量 $\bar{\alpha}(\bar{b}) = E \left\{ \dfrac{\bar{\xi}}{\langle \bar{b}^*, \bar{\xi} \rangle} \right\} = \displaystyle\int_{\chi^m} \dfrac{\bar{x}}{\langle \bar{b}^*, \bar{x} \rangle} dF(\bar{x})$, 其中 $\bar{\alpha}(\bar{b}) = (\alpha_1(\bar{b}), \alpha_2(\bar{b}), \cdots, \alpha_m(\bar{b}))$, 而取 $\bar{b}_i = (b_{i,1}, b_{i,2}, \cdots, b_{i,m})$ $(i = 0, 1, 2, \cdots)$ 是一系列 m 维向量.

算法步骤 11.2.2 当 $\bar{b}_i$ 已知时, 构造向量 $b_{i+1,j} = \alpha_j(\bar{b}_i) b_{i,j}, j = 1, 2, \cdots, m$. 由此产生一系列的投资策略 $\bar{b}_i, i = 1, 2, \cdots$. 这时有以下定理成立.

定理 11.2.1 如记 $W_i = W(\bar{b}_i, F)$, 那么 $W_i (i = 0, 1, 2, \cdots)$ 是一个单调上升序列.

该定理的证明见 [120] 文.

定理 11.2.2 对定理 11.2.1 的 W_n, 有 $W_n \uparrow W^*$, 其中 W^* 为 $\bar{\xi}$ 的最高倍率, 如果 $\bar{\xi}$ 是非退化的, 那么 $\bar{b}_i \to \bar{b}^*$ 成立.

$\bar{\xi}$ 是非退化就是指 $\bar{\xi}$ 中的任何一个分量不能由其他分量确定, 即对任何 $i = 1, 2, \cdots, m$ 总有 $I[\xi_i; (\xi_1, \cdots, \xi_{j-1}, \xi_{j+1}, \cdots, \xi_m)] > 0$ 成立.

该定理的证明见 [120] 文.

11.2.3 YYB 算法

Y-Y-B(YYB) 算法是由徐雷提出的智能计算算法, 它是 EM 算法、最优投资决策算法的推广. 徐雷对此有一系列的论文和成果发表 (详见 [50-52] 等), 该算法的基本思路和要点概要说明如下.

1. 有关概率分布的记号

在 EM 算法的讨论中, 我们已经给出有关随机变量 ξ 及和它有关的概率分布函数、边际分布等记号, 如表 11.2.1 所示.

表 11.2.1　和随机变量 ξ 有关的概率分布函数记号表

名称	变量和参数	条件分布	参数分布	联合分布	边际分布	后验分布
记号	x, θ	$p(x\|\theta)$	$\pi(\theta)$	$p(x, \theta)$	$p(x)$	$q(\theta\|x)$

对这些记号说明如下.

这里的变量是指随机变量 ξ 的相空间和它的取值 $x \in X$.

带参数的条件概率分布 $p(x|\theta)$ 是指随机变量 ξ 取值 $x \in X$ 的概率分布, 如果这种分布和参数 θ 有关, 那么它就是带参数的条件概率分布.

联合分布 $p(x, \theta) = \pi(\theta)p(x|\theta)$. 这是随机变量 ξ 和参数 θ 的联合概率分布. 其中 $\pi(\theta)$ 是参数 $\theta \in \Theta$ 的概率分布.

边际分布 $p(x) = \int_{\Theta} p(x, \theta)d\theta$, 其中 Θ 是参数 θ 的取值空间.

后验概率分布 $q(\theta|x) = \dfrac{p(x, \theta)}{p(x)}$.

2. 有关统计估计的记号

我们已经给出有关统计估计的记号, 是在观察数据 y 已知的条件下, 求参数 θ 的估计, 它们有

$$\begin{cases} \text{极大似然估计:} & \text{在条件概率分布 } p(y/\theta) \text{ 中, 求关于参数 } \theta \text{ 的最大值的解,} \\ \text{Bayes 估计:} & \text{在后验概率分布 } q(\theta|y) \text{ 中, 求关于参数 } \theta \text{ 的最大值的解,} \end{cases}$$
$$(11.2.5)$$

相应的解分别记为 θ_M, θ_B, 这时分别称统计估计中的极大似然估计解和 Bayes 估计解.

3. YYB 算法

YYB 算法就是交互使用 $p(y/\theta)$、$q(\theta|y)$ 的值, 确定它们的最大值.

11.3　数值计算中的算法

我们已经说明, 计算数学是数学科学中的一个重要领域, 其中许多算法具有智能计算的特征. 在本章中我们主要讨论其中有关的典型算法, 如线性方程组、矩阵及和矩阵有关递推计算算法, 有关数值计算的插入、逼近、收敛计算. 这些算法都具

有智能计算的特征. 由此可以了解这些算法的意义和特征. 由于这些算法的特征,
我们以后在深度学习中可以进一步了解这些理论的发展.

11.3.1　线性方程组及其计算法

线性方程组的一般表述是 $xA = b, b = (b_1, b_2, \cdots, b_n)$ 是 n 维向量. 由此该线
性方程组可写为

$$
\begin{pmatrix}
a_{1,1} & a_{1,2} & \cdots & a_{1,n-1} & a_{1,n} \\
a_{2,1} & a_{2,2} & \cdots & a_{2,n-1} & a_{2,n} \\
\vdots & \vdots & & \vdots & \vdots \\
a_{n-1,1} & a_{n-1,2} & \cdots & a_{n-1,n-1} & a_{n-1,n} \\
a_{n,1} & a_{n,2} & \cdots & a_{n,n-1} & a_{n,n}
\end{pmatrix}
\begin{pmatrix}
x_1 \\
x_2 \\
\vdots \\
x_{n-1} \\
x_n
\end{pmatrix}
=
\begin{pmatrix}
b_1 \\
b_2 \\
\vdots \\
b_{n-1} \\
b_n
\end{pmatrix}. \tag{11.3.1}
$$

这时称矩阵 A 是该方程组的系数矩阵, 向量 x 是待求变量. 该方程式在矩阵 A 和
向量 b 已知的条件下, 求 $b_i = \sum_{j=1}^{n} a_{i,j} x_j$ 中关于向量 $x = (x_1, x_2, \cdots, x_n)$ 的解.

1. 方程组的类型的解的存在性和唯一性

对方程组 (11.3.1) 的类型和解的存在性、唯一性说明如下.

首先, 如果向量 $b = 0 = (0, 0, \cdots, 0)$ 是 n 维零向量, 那么该方程组是齐次方程
组, 否则是非齐次方程组.

关于矩阵 A, 如果它的行向量是线性无关的, 那么称该矩阵是满秩的. 矩阵满
秩的充分必要条件是它的行列式不等于零 $|A| \neq 0$.

如果 (11.3.1) 是非齐次方程组, 那么它的解存在的充分必要条件是满秩的, 这
时的解是唯一确定的.

如果 (11.3.1) 是齐次方程组, 而且矩阵 A 是满秩的, 那么该方程组的解是唯一
确定为零向量的解.

如果 (11.3.1) 是齐次方程组, 而且矩阵 A 是非满秩的, 那么该方程组的解是不
唯一的, 这些解是系数矩阵各行向量的正交向量.

2. 方程组的等价变换

方程组等价变换的概念是这些方程经一些运算变换后, 它们的解保持不变, 这
时称方程组变换为等价变换. 方程组的等价变换有如:

在 (11.3.1) 式的方程组中, 对有关的行或列的排列次序进行交换后得到的方
程组.

一个 (或几个) 方程同时乘一个 (或几个) 非零常数后得到的方程组.

一个方程和另外方程相加后得到的方程组.

这三种运算都是方程组等价的基本运算. 通过这三种运算可以把 (11.3.1) 式的方程组变成一个三角形的方程组.

在 (11.3.1) 式的方程组中, 如果 $i < j$, 那么 $a_{i,j} = 0$, $A_{i,j} = 1$. 对这种三角形的方程组, 利用递推法就可直接得到它们的解.

3. 方程组求解的 LU 算法

称这种利用等价变换, 把方程组的系数矩阵变为三角矩阵的求解方法为**高斯消去法**, 这种运算将矩阵 A 变成一个上三角矩阵 U.

这个运算过程是对矩阵 A 的运算, 这时矩阵 $A = LU$, 其中 L 是一个下三角矩阵. 称这种分解式是矩阵 A 的 LU 分解.

正定矩阵的楚列斯基分解. 如果 A 是个正定矩阵, 那么它一定可以写成 $A = LDL^{-1}$, 其中 L 是一个三角矩阵, L^{-1} 是它的逆矩阵, D 是一个对角线矩阵,

$$
d_{i,j} = \begin{cases} d_i > 0, & i = j, \\ 0, & 否则. \end{cases}
$$

这时记 $d_1, d_2, \cdots, d_n > 0$ 是该矩阵在对角线上的取值.

如果 D 是正定、对角线矩阵, 那么 $D = D^{1/2}D^{1/2}$, 其中 $D^{1/2}$ 是一个对角线矩阵, 它在对角线上的取值为 $d_1^{1/2}, d_2^{1/2}, \cdots, d_n^{1/2} > 0$.

因此有 $A = (LD^{1/2})(LD^{1/2})^{\mathrm{T}} = L'(L')^{\mathrm{T}}$ 成立, 其中 $L' = LD^{1/2}$ 是三角矩阵.

由此得到 $L'\boldsymbol{y} = \boldsymbol{b}$, $(L')^{\mathrm{T}}\boldsymbol{x} = \boldsymbol{y}$ 就是方程组 (11.3.1) 的解.

这就是方程组的楚列斯基分解和楚列斯基算法.

4. 主元素的高斯消去法

我们已经给出方程组系数矩阵的高斯消去法, 在此基础上可以给出主元素的高斯消去法.

在作每一步消去计算时, 取 $a_{1,1}$ 的绝对值是这一行中其他元素绝对值中的最大值 (否则只要交换各列的位置即可), 这时必有 $a_{1,1} \neq 0$, 否则第 1 行的元素全为零.

因为 $a_{1,1} \neq 0$, 就可用消去法使第 1 列的元素全为零. 由此得到矩阵 $A^{(1)} = (a_{i,j}^{(1)})$.

在 $A^{(1)} = (a_{i,j}^{(1)})$ 矩阵中, 除了 $a_{1,1} \neq 0$ 外, 其他的 $a_{1,j}^{(1)} = 0$, $j > 1$.

取 $a_{2,2}^{(1)}$ 的绝对值是该矩阵中这一行其他元素绝对值的最大值 (否则只要交换 $j \geqslant 2$ 中各列的位置), 必有 $a_{2,2}^{(1)} \neq 0$, 否则在 $A^{(1)}$ 矩阵中这一行的元素全为零.

因为 $a_{2,2}^{(1)} \neq 0$, 就可用它消去 $A^{(1)}$ 矩阵中第 2 列的元素, 使 $a_{i,2}^{(1)}$ $(i > 2)$ 变为零. 如此继续直到 A 矩阵成为 $A^{(n)}$ 是一个三角形矩阵为止.

在此消去法中, 每一步运算都伴随一个置换运算, 因此相应的 LU 分解应写为 $PA = LU$. 其中 P 是行、列的置换运算.

5. 方程组求解的 QR 算法

以上的 LU 算法适用于正定方程组, 对一般的方程组有 QR 算法.

如果一个矩阵 $A = QR$, 其中 Q, R 分别是正交矩阵和三角矩阵, 那么关系式 $A = QR$ 称为矩阵的 QR 分解.

一般矩阵的 QR 分解有多种算法, 如豪斯霍尔德 (Householder) 算法.

豪斯霍尔德算法是构造一系列 n 阶矩阵 $P = I - 2\boldsymbol{w}\boldsymbol{w}^{\mathrm{T}}$, 其中 I 是 n 阶幺矩阵, $\boldsymbol{w}$ 是 n 维单位长度向量 $(|\boldsymbol{w}| = (w_1^2 + w_2^2 + \cdots + w_n^2)^{1/2} = 1)$.

将矩阵 A 的列向量记为 a_j^n, 这时取

$$\boldsymbol{w}_1 = \mu_1(a_{1,1} - s_1, a_{2,1}, a_{3,1}, \cdots, a_{n,1})^{\mathrm{T}}, \tag{11.3.2}$$

其中

$$\begin{cases} s_1 = |a_1^n| = (a_{1,1}^2 + a_{2,1}^2 + \cdots + a_{n,1}^2)^{1/2}, \\ \mu_1 = \dfrac{1}{\sqrt{2s_1(s_1 - a_{1,1})}}. \end{cases}$$

由此得到矩阵 $P^{(1)} = I - \boldsymbol{w}_1\boldsymbol{w}_1^{\mathrm{T}}$,

$$A^{(1)} = P^{(1)}A = (I - 2\boldsymbol{w}_1\boldsymbol{w}_1^{\mathrm{T}})A = (a_{i,j}^{(1)})_{i,j=1,2,\cdots,n}, \tag{11.3.3}$$

其中第一列向量是 $(s_1, 0, 0, \cdots, 0)^{\mathrm{T}}$.

由矩阵 $A^{(1)}$ 构造向量

$$\boldsymbol{w}_2 = \mu_2(0, a_{2,2}^{(1)} - s_2, a_{3,2}^{(1)}, a_{4,2}^{(1)}, \cdots, a_{n,2}^{(1)})^{\mathrm{T}}, \tag{11.3.4}$$

其中

$$\begin{cases} s_2 = |(a^{(1)})_2^n| = \left[(a_{1,2}^{(1)})^2 + (a_{2,2}^{(1)})^2 + \cdots + (a_{n,2}^{(1)})^2\right]^{1/2}, \\ \mu_2 = \dfrac{1}{\sqrt{2s_2(s_2 - a_{2,2}^{(1)})}}. \end{cases}$$

由此得到矩阵 $P^{(2)} = I - \boldsymbol{w}_2\boldsymbol{w}_2^{\mathrm{T}}$,

$$A^{(1)} = P^{(2)}A^{(1)} = P^{(2)}P^{(1)}A = (a_{i,j}^{(2)})_{i,j=1,\cdots,n}, \tag{11.3.5}$$

其中第一、二列向量分别是 $\begin{cases} (a^{(2)})_1^n = (s_1, 0, 0, \cdots, 0)^{\mathrm{T}}, \\ (a^{(2)})_2^n = (a_{1,2}^{(2)}, s_2, 0, 0, \cdots, 0)^{\mathrm{T}}. \end{cases}$ 以此类推, 可以得 到一系列的 $P^{(1)}, P^{(2)}, \cdots, P^{(n-1)}$, 由此得到

$$R = P^{(n-1)}P^{(n-2)}\ldots P^{(2)}P^{(1)}A = QA \tag{11.3.6}$$

是一个三角矩阵, 其中 $Q = P^{(n-1)}P^{(n-2)}\cdots P^{(2)}P^{(1)}$, 因为每个 $P^{(n-1)}, P^{(n-2)}, \cdots,$ $P^{(1)}$ 都是正交矩阵, 所以 Q 也是正交矩阵.

11.3.2　线性方程组的迭代算法

我们已经给出了线性方程组的消去法、LU 法和 QR 计算法, 现在讨论它们的迭代计算法.

1. 迭代算法及其收敛性

在 (11.3.1) 的方程组 $Ax = b$ $(x, b \in R^n)$ 中, 讨论它们的迭代算法.

记迭代运算 $x = Bx + f$, $x, f \in R^n$, 称该运算子为**基本迭代运算子**.

任取 $x^{(0)} \in R^n$ 是初始向量, 对固定的 B, f 取

$$x^{(k+1)} = Bx^{(k)} + f \quad (k = 0, 1, 2, \cdots) \tag{11.3.7}$$

是由迭代计算所产生的序列.

如果 $k \to \infty$ 时, 序列 $x^{(k)}$ 的极限存在, 那么记 $\lim_{k\to\infty} x^{(k)} = x^{(*)}$. 这时称该迭代算法收敛.

该迭代算法收敛的条件是矩阵 B 的谱半径 $\rho(B) < 1$.

矩阵 B 的谱半径的定义是 $\rho(B) = \text{Max}_{i=1,2,\cdots,n} |\lambda_i|$, 其中 $\lambda_1, \lambda_2, \cdots, \lambda_n$ 是矩阵 B 的全体特征根.

2. 迭代计算法的收敛速度

(11.3.5) 式给出由迭代计算产生的序列, 当 $\rho(B) < 1$ 时, 该迭代序列是收敛的, 现在讨论它的收敛速度问题.

向量 x 的模定义为 $\| x \| = (x_1^2 + x_2^2 + \cdots + x_n^2)^{1/2}$.

n 阶矩阵 $A = (a_{i,j})_{i,j=1,2,\cdots,n}$ 的模定义为

$$\| A \| = \text{Max}\{\| Ax \|, \| x \| = 1\} = \text{Max}\left\{\frac{\| Ax \|}{\| x \|}, x^n \in R^n\right\}. \tag{11.3.8}$$

如果 $\lambda_1, \lambda_2, \cdots, \lambda_n$ 是 n 阶矩阵 B 的特征根, 如果 x 是 A 的特征向量, 那么有 $Ax = \lambda_i x$. 因此有 $\rho(A) \leqslant \| A \|$ 成立.

所以如果有 $\| B \| < 1$, 那么该迭代算法收敛. 这时有关系式

$$\begin{cases} \| x^{(k)} - x^{(*)} \| \leqslant \dfrac{\| B \|^k}{1 - \| B \|} \| x^{(1)} - x^{(0)} \|, \\[2mm] \| x^{(k)} - x^{(*)} \| \leqslant \dfrac{\| B \|}{1 - \| B \|} \| x^{(k)} - x^{(k-1)} \|, \end{cases} \tag{11.3.9}$$

这就是对该迭代算法的收敛速度的估计式.

3. 不同的迭代算法

这就是在此基本迭代算法中, 对 $B, \boldsymbol{f}$ 取不同函数时所产生的算法, 如

雅可比 (Jacobi) 迭代法. 取 $B = I - D^{-1}$, $\boldsymbol{f} = D^{-1}\boldsymbol{b}$, 其中 A 是方程组 (11.3.9) 的系数矩阵, 而 $D = (d_{i,j})_{i,j=1,2,\cdots,n}$ 是一个对角线矩阵, $\begin{cases} a_{i,i}, & i = j, \\ 0, & \text{否则.} \end{cases}$

由此得到 (11.3.5) 式中向量的各分量为

$$x_i^{(k+1)} = \frac{1}{a_{i,i}}\left(b_i - \sum_{j=1,j\neq i}^{n} a_{i,j}x_j^{(k)}\right), \quad i = 1,2,\cdots,n. \tag{11.3.10}$$

雅可比迭代法收敛的充要条件是 $\rho(I - D^{-1}) < 1$.

高斯–赛德尔法. 这是对雅可比迭代法的改进, 取

$$x_i^{(k+1)} = \frac{1}{a_{i,i}}\left(b_i - \sum_{j=1}^{j-1} a_{i,j}x_j^{(k+1)} \sum_{j=i+1}^{n} a_{i,j}x_j^{(k)}\right). \tag{11.3.11}$$

该迭代式可写为

$$\boldsymbol{x}^{(k+1)} = (D-L)^{-1}U(\boldsymbol{x}^{(k)} + (D-L)^{-1})\boldsymbol{b}, \tag{11.3.12}$$

其中 $-L = (l_{i,j})_{i,j=1,2,\cdots,n}$, $-U = (u_{i,j})_{i,j=1,2,\cdots,n}$ 都是三角矩阵.

$$l_{i,j} = \begin{cases} a_{i,j}, & i > j, \\ 0, & \text{否则,} \end{cases} \qquad u_{i,j} = \begin{cases} a_{i,j}, & j > i, \\ 0, & \text{否则.} \end{cases} \tag{11.3.13}$$

超松弛法. 这是对高斯–赛德尔法的改进, 这时记 (11.3.9) 的计算结果为 $\tilde{\boldsymbol{x}}^{(k+1)}$, 取

$$\boldsymbol{x}^{(k+1)} = \omega\tilde{\boldsymbol{x}}^{(k+1)} + (1-\omega)\boldsymbol{x}^{(k)}, \tag{11.3.14}$$

其中 ω 是松弛系数, 当 $\omega = 1$ 时就是高斯–赛德尔法.

在一般的超松弛法中, 收敛的条件是 $0 < \omega < 2$, 因此存在对松弛系数 ω 的选择问题, 使收敛速度更快.

分块迭代法. 这是对把系数矩阵 A 写成分块矩阵, 这时取 $A = (A_{ij})_{i,j=1,2,\cdots,m}$, 其中 $A_{i,i}$ 是一 $n_i \times n_i$ 矩阵.

因此 A 是 $n \times n$ 矩阵, 其中 $n = n_1 + n_2 + \cdots + n_m$, 而 $A_{i,j}$ 是 $n_i \times n_j$ 矩阵. 这时记

$$A + D_B - L_B - U_B, \tag{11.3.15}$$

其中 $D = \mathrm{diag}[A_{1,1}, A_{2,2}, \cdots, A_{m,m}]$ 是对角线矩阵, 而 $L_B = (L_{i,j})_{i,j=1,2,\cdots,m}$, $U_B = (U_{i,j})_{i,j=1,2,\cdots,m}$ 也是分块矩阵, 其中

$$L_B = \begin{cases} A_{i,j}, & i > j, \\ 0, & 否则, \end{cases} \qquad U_B = \begin{cases} A_{i,j}, & i < j, \\ 0, & 否则. \end{cases} \tag{11.3.16}$$

这时分别称 L_B, U_B 是上、**下三角形矩阵**.

而记 $\boldsymbol{x}_k, \boldsymbol{b}_k \in R^{n_k}$ 是 n_k 维向量, 而

$$\boldsymbol{x} = (\boldsymbol{x}_1, \boldsymbol{x}_2, \cdots, \boldsymbol{x}_m), \quad \boldsymbol{b} = (\boldsymbol{b}_1, \boldsymbol{b}_2, \cdots, \boldsymbol{b}_m).$$

这时方程组 $A\boldsymbol{x} = \boldsymbol{b}$ 的分块雅可比迭代法是

$$A_{i,i}\boldsymbol{x}_i^{(k+1)} = \boldsymbol{b}_i - \sum_{j=1, j\neq i}^{n} A_{i,j}\boldsymbol{x}_j^{(k)}, \quad i = 1, 2, \cdots, n. \tag{11.3.17}$$

(5) 相应的**高斯-赛德尔迭代**是

$$A_{i,i}\boldsymbol{x}_i^{(k+1)} = \boldsymbol{b}_i - \sum_{j=1} \sum_{j=i+1}^{m} A_{i,j}\boldsymbol{x}_j^{(k)}, \quad i = 1, 2, \cdots, n. \tag{11.3.18}$$

由此还可得到类似的**分块超松弛迭代算法**, 对此不再详细说明.

11.3.3　有关矩阵、行列式的计算法

现在讨论的矩阵是 (11.3.1) 方程式中的系数矩阵 A, 先讨论它是满秩的.

1. 逆矩阵和行列式的计算

如果矩阵 A 是满秩的, 那么它是可逆的, 记它的逆矩阵为 $A^{-1} = (\boldsymbol{q}_1, \boldsymbol{q}_2, \cdots, \boldsymbol{q}_n)$, 其中 $\boldsymbol{q}_i$ 是它的列向量.

由于 $AA^{-1} = I$(幺矩阵), 故 $A\boldsymbol{q}_i = \boldsymbol{e}_i = (e_{i,1}, e_{i,2}, \cdots, e_{i,n})$, 其中

$$e_{i,j} = \begin{cases} 1, & i = j, \\ 0, & 否则. \end{cases}$$

逆矩阵的计算就是由 A 计算它的逆矩阵.

如果记 $A = LU$ 是矩阵 A 的上、下三角的分解, 它们的行列式分别记为 $\det(A)$, $\det(L)$, $\det(U)$, 那么有 $\det(A) = \det(L)\det(U)$ 成立.

如果采用主元素的高斯消去法, 那么有分解式 $PA = LU$, 其中 P 是一个行、列的置换矩阵, 可以得到相应行列式的计算值.

2. 矩阵特征根的计算 —— 幂法

矩阵 A 的特征根和特征向量分别记为 $Ax = \lambda x$, 其中的常数 λ 和向量 x 就是矩阵 A 的特征根和特征向量.

关于特征根的计算一般采用特征多项式法计算, 这时的特征多项式是

$$
f_A(\lambda) = |\lambda I - A| =
\begin{vmatrix}
\lambda - a_{11} & -a_{12} & -a_{13} & \cdots & -a_{1,n-1} & -a_{1,n} \\
-a_{2,1} & \lambda - a_{2,2} & -a_{2,3} & \cdots & -a_{2,n-1} & -a_{2,n} \\
\vdots & \vdots & \vdots & & \vdots & \vdots \\
-a_{n-1,1} & a_{n-1,2} & -a_{n-1,3} & \cdots & \lambda - a_{n-1,n-1} & -a_{n-1,n} \\
-a_{n,1} & a_{n,2} & -a_{n,3} & \cdots & -a_{n,n-1} & \lambda - a_{n,n}
\end{vmatrix}.
$$
(11.3.19)

特征根的求解就是 $f_A(\lambda) = 0$ 方程的解. 这是一个 n 阶的多项式方程.

对固定的矩阵 A, 它的特征根和特征向量有许多计算法, 我们这里先介绍幂法和反幂法.

记 $V^{(k)}$ $(k = 0, 1, 2, \cdots)$ 是在 R 空间中取值的 n 阶矩阵, 取 $V^{(0)}$ 是任意非零矩阵, 而取 $V^{(k+1)} = AV^{(k)}$ $(k = 0, 1, 2, \cdots)$ 是一列幂矩阵.

称矩阵 A 是一完备矩阵, 如果它的特征向量 x_i $(i = 1, 2, \cdots, n)$ 是线性无关的. 记它的特征根满足关系式

$$
|\lambda_1| \geqslant |\lambda_2| \geqslant |\lambda_3| \geqslant \cdots \geqslant |\lambda_n|.
$$
(11.3.20)

定理 11.3.1   如果矩阵 A 是完备的, 而且 (11.3.17) 式的条件成立, 那么选择适当的 $V^{(0)}$ 矩阵, 就有关系式 $\lim_{k \to \infty} \dfrac{V^{(k+1)}}{V^{(k)}} = \lambda_1$ 成立.

该定理表示在 k 充分大时, $V^{(k+1)}$ 和 $V^{(k)}$ 只差一个常数比例.

证明   选择矩阵 $V^{(0)}$ 是特征向量 (作为列向量) x_i $(i = 1, 2, \cdots, n)$ 的线性组合, 取

$$
V^{(0)} = \sum_{i=1}^{n} \alpha_i x_i.
$$
(11.3.21)

这样就有

$$
V^{(k)} = \sum_{i=1}^{n} \alpha_i \lambda_i^k x_i = \lambda_1^k \left\{ \sum_{i=1}^{n} \alpha_i \left[\frac{\lambda_i}{\lambda_1} \right]^k x_i \right\},
$$
(11.3.22)

其中取 $\alpha_1 \neq 0$. 因此当 $k \to \infty$ 时, 有

$$\frac{V^{(k+1)}}{V^{(k)}} = \lambda_1 \frac{\left\{\sum_{i=1}^{n} \alpha_i \left[\frac{\lambda_i}{\lambda_1}\right]^{k+1} \boldsymbol{x}_i\right\}}{\left\{\sum_{i=1}^{n} \alpha_i \left[\frac{\lambda_i}{\lambda_1}\right]^{k} \boldsymbol{x}_i\right\}} \to \lambda_1 \qquad (11.3.23)$$

成立. 因为该式中的分子、分母的极限都是 $\alpha_1 \neq 0$, 它们的比值为 1, 定理得证.

由 (11.3.20) 式就可得到 λ_1 的值. 这就是幂法的基本思路.

在此特征值的计算中, 只给出最大的 λ_1 的递推计算, 对一般情形可以采用原点平移法来计算其他特征值.

这时用 $B = A - qI$ 取代 A 来进行迭代, 这时 B 的特征值是 $\lambda_i - q$, 其中 λ_i 是矩阵 A 的特征值.

由此产生其他的幂算法, 如归一幂法、反幂法等, 这时取

$$归一幂法: \begin{cases} U^{(k)} = \dfrac{V^{(k)}}{\mathrm{Max}(V^{(k)})}, & k \geqslant 1, \\ V^{(k+1)} = AU^{(k)}, \end{cases} \qquad (11.3.24)$$

$$反幂法: \begin{cases} U^{(k)} = V^{(k)}/\mathrm{Max}(V^{(k)}), & k = 0, 1, 2, \cdots, \\ V^{(k+1)} = (A - qI)^{-1}U^{(k)}, \end{cases} \qquad (11.3.25)$$

其中 $\mathrm{Max}(V^{(k)})$ 是 $V^{(k)}$ 矩阵中的最大元素值.

在归一幂法中, (11.3.20) 的极限值仍然是 λ_1 (最大特征值). 在反幂法的计算中, (11.3.20) 的极限值是和 q 最接近的值.

3. 对称矩阵特征根的计算 —— 雅可比法

雅可比法的基本思路是构造一系列的正交矩阵 P_k, 并取 $\begin{cases} A_0 = A, \\ A_{k+1} = P_k A_k P_k^{\mathrm{T}}. \end{cases}$

当 n 取不同值时, $P = P_k$ 是不同类型的正交矩阵.

当 $n = 2$ 时, 取 $P = \begin{bmatrix} c & s \\ -s & c \end{bmatrix}$, $c^2 + s^2 = 1$. 这时 $A = \begin{bmatrix} a_{11} & a_{12} \\ a_{21} & a_{22} \end{bmatrix}$, $a_{12} = a_{21}$.

如果取 $c = \cos\theta$, $s = \sin\theta$, 那么 $c^2 + s^2 = 1$, 而且有

$$C = PAP^{\mathrm{T}} = \begin{bmatrix} c_{11} & c_{12} \\ c_{21} & c_{22} \end{bmatrix}. \qquad (11.3.26)$$

其中

$$PAP^{\mathrm{T}}$$

$$
= \left[\begin{array}{cc} c & s \\ -s & c \end{array} \right] \cdot \left[\begin{array}{cc} a_{11} & a_{21} \\ a_{12} & a_{22} \end{array} \right] \cdot \left[\begin{array}{cc} c & -s \\ s & c \end{array} \right]
$$

$$
= \left[\begin{array}{cc} ca_{11} + sa_{21} & ca_{12} + sa_{22} \\ -sa_{11} + ca_{21} & -sa_{12} + ca_{22} \end{array} \right] \cdot \left[\begin{array}{cc} c & -s \\ s & c \end{array} \right]
$$

$$
= \left[\begin{array}{cc} c(ca_{11} + sa_{21}) + s(ca_{12} + sa_{22}) & c(-sa_{11} + ca_{21}) + s(-sa_{12} + ca_{22}) \\ -s(ca_{11} + sa_{21}) + c(ca_{12} + sa_{22}) & -s(-sa_{11} + ca_{21}) + c(-sa_{12} + ca_{22}) \end{array} \right]
$$

$$
= \left[\begin{array}{cc} c^2 a_{11} + cs(a_{21} + a_{12}) + s^2 a_{22}) & -cs(a_{11} - a_{22}) + c^2 a_{21} - s^2 a_{12} \\ -cs(a_{11} - a_{22}) - s^2 a_{21} + c^2 a_{12} & s^2 a_{11} - cs(a_{21} + a_{12}) + c^2 a_{22} \end{array} \right]. \quad (11.3.27)
$$

如果取 θ 满足条件

$$
\mathrm{ctg}(2\theta) = \frac{a_{11} - a_{22}}{2a_{21}}, \quad \theta \in \left(-\frac{\pi}{4}, 0 \right) \cup \left(0, \frac{\pi}{4} \right).
$$

那么有 $c_{21} = c_{12} = 0$, 因为 P 是正交矩阵, 所以有 $c_{11}^2 + c_{22}^2 = a_{11}^2 + a_{22}^2 + 2a_{12}^2$. 这时 C 是一个对角线矩阵.

在一般情形, 如果 $a_{i_0 j_0} = a_{j_0 i_0} \neq 0, 1 \leqslant i_0 < j_0 \leqslant n$, 那么取矩阵 $P = (p_{ij})_{i,j=1,2,\cdots,n}$ 为

$$
p_{i,j}(i_0, j_0) = \begin{cases} c, & i = j = i_0, \text{ 或 } i = j = j_0, \\ s, & i = i_0, j = j_0, \\ -s, & i = j_0, j = i_0, \\ 1, & i = i \neq i_0, j_0, \\ 0, & \text{否则}, \end{cases} \quad (11.3.28)
$$

其中 $c = \cos\theta, s = \sin\theta$, 那么 $c^2 + s^2 = 1$. 这时矩阵 p 是一个行 (或列) 位置的转置矩阵.

由此构造矩阵 $C = PAP^{\mathrm{T}} = (c_{ij})_{i,j=1,2,\cdots,n}$. 这时有关系式 $c_{i_0,j_0} = c_{j_0,i_0} = 0$ 成立. 而且有关系式 $\sum_{i,j=1}^n a_{i,j} = \sum_{i,j=1}^n c_{i,j}$ 成立.

如果 $M = (m_{ij})_{i,j=1,2,\cdots,n}$ 是任意的 n 阶矩阵, 那么定义

$$
\mathrm{DS}(M) = \sum_{i=1}^n m_{i,i}^2, \quad \mathrm{OS}(M) = \sum_{i \neq j=1}^n m_{i,j}^2, \quad (11.3.29)
$$

它们分别是 M 矩阵中对角线和非对角线中元素的平方和. 在矩阵 A, C 之间满足关系式

$$
\begin{cases} \mathrm{DS}(C) = \mathrm{DS}(A) + 2a_{i_0,j_0}^2, \\ \mathrm{OS}(C) = \mathrm{OS}(A) - 2a_{i_0,j_0}^2 < \mathrm{OS}(A). \end{cases} \quad (11.3.30)
$$

称这种迭代计算为雅可比迭代. 每次迭代运算使 $\mathrm{OS}(C)$ 的取值严格下降, 最终使 $\mathrm{OS}(C) \to 0$ 成立.

4. 矩阵特征根计算的 QR 算法

在方程组求解时我们已经介绍了 QR 算法, 利用这个算法可以得到矩阵特征根计算的 QR 算法.

我们已经给出矩阵 $A = QR$ 的定义, 其中 Q, R 分别是正交矩阵和三角矩阵.

一般矩阵的 QR 分解有多种算法, 我们已经介绍了豪斯霍尔德算法.

该算法是构造一系列 n 阶矩阵 $P = I - 2ww^{\mathrm{T}}$, 其中 w 是 n 维单位长度向量, 它的计算式在 (11.3.2) 式中给出.

由此得到一系列的矩阵 $P^{(k)}$ 和 $A^{(k)}$, 它们分别在 (11.3.3)—(11.3.6) 式中给出.

11.3.4　矩阵的其他计算

在方程组、矩阵、特征根的计算中, 除了已给出的递推、迭代算法外还有一些其他的计算算法.

1. 豪斯霍尔德矩阵和豪斯霍尔德变换

这是在做矩阵分解时常用的运算, 有关定义和记号如下.

如果 $u \in R^n$ 是一 n 维向量, $\| u \| = (u_1^2 + u_2^2 + \cdots + u_n^2)^{1/2} = 1$. 这时称矩阵

$$H = I - 2uu^{\mathrm{T}} \tag{11.3.31}$$

为由向量 u 产生的豪斯霍尔德矩阵或豪斯霍尔德变换.

定理 11.3.2 (豪斯霍尔德矩阵的性质)　该矩阵有性质如下.

(1) 该矩阵是对称的, 即有 $H^{\mathrm{T}} = H$ 成立.

(2) 该矩阵是正交矩阵, 即有 $H^{\mathrm{T}}H = I$, 或 $H^{\mathrm{T}} = H^{-1}$ 成立.

(3) 该矩阵是保范的, 就是对任何 $v \in R^n$, 有 $\| Hv \| = \| v \|$ 成立.

(4) 记 S 是以 u 为法向量的超平面, 那么对任何非零向量 $v \in R^n$, 那么向量 Hv 和 v 之间关于超平面 S 是对称的.

向量关于超平面 S 对称的概念是指它们在该超平面的投影向量大小、方向相同, 但指向相反.

定理 11.3.3　对任何非零向量 $v \in R^n$, 总是存在适当的向量 $u \in R^n$, 使 $\| u \| = 1$, 那么为由向量 u 产生的豪斯霍尔德矩阵 $H = H_u$ 有关系式 $Hv = ce_1$ 成立, 其中 c 是适当常数, $e_1 = (1, 0, 0, \cdots, 0)$.

由定理 11.3.3 可以推出, 对任何非零向量 $v \in R^n$, 总是存在适当的向量 $u \in R^n$, 使 $\| u \| = 1$, 而且使 Hv 向量中有若干分量连续为 0.

定理 11.3.2, 定理 11.3.3 的证明见 [51] 文.

2. 吉布斯 (Gibbs) 矩阵和吉布斯变换

如果矩阵 $A = (a_{i,j})_{i,j=1,2,\cdots,n}$ 满足条件

$$a_{i,j} = \begin{cases} \cos\theta, & i = j = i_0, \text{ 或 } i = j = j_0, \\ \sin\theta, & i = i_0, j = j_0, \\ 1, & i = j, i, j \neq i_0, j_0, \\ 0, & \text{否则}, \end{cases} \tag{11.3.32}$$

其中 $1 \leqslant i_0 < j_0 \leqslant n$.

这时记由 (11.3.28) 式定义的矩阵为 $J(i_0, j_0, \theta)$.

这时的吉布斯矩阵显然是个正交矩阵, 而且由此产生的吉布斯变换只对 i_0, j_0 两行中的元素进行变换, 而对其余行中的元素不变.

3. 海森伯 (Heisenberg) 矩阵和变换

一个矩阵 $A = (a_{i,j})_{i,j=1,2,\cdots,n}$, 如果满足条件: $i > j+1$, 那么 $a_{i,j} = 0$, 这时称矩阵 A 是一个拟上三角形矩阵.

如果对任何 $j > i+1$, 总有 $a_{i,j} = 0$ 成立, 那么称矩阵 A 是一个拟下三角形矩阵, 它们都是海森伯型矩阵.

定理 11.3.4 对任何 n 阶矩阵 A, 总是存在正交矩阵 Q, 使 QAQ^T 是上海森伯型矩阵.

定理 11.3.5 对任何 n 阶矩阵 A, 总是存在正交矩阵 Q 和上三角形矩阵 R, 使 $A = QR$ 成立.

定理 11.3.2—定理 11.3.5 的证明见 [52] 文.

11.4 数值分析中的有关理论和算法

数值分析所讨论的问题是有关数据的理论和分析的问题, 其中的核心问题是误差、逼近、拟合中的问题. 在绝大多数情形下, 要获得完全精确的值是不可能的, 因此只能得到在一定误差条件下的近似值. 而在实际生活和各种工程的数据处理问题中, 都可以允许有一定误差存在.

在本节中我们介绍数值分析中的一些基本思想、理论和方法, 它是在数学理论基础上建立的一个重要领域, 而且和其他学科、各种工程问题 (也包括智能计算中的问题) 都有密切关系.

11.4.1 误差和对误差的分析

在实际的计算问题中, 误差是不可缺少的因素, 它有多种生成原因和产生过程.

1. 误差的产生和类型

在实际的计算问题中, 由于测量、观察、记录中的原因, 可以产生多种不同类型的误差.

由测量、观察所产生的误差. 这就是由于观察、测量的仪表 (也包括人体器官的观察、测量) 所产生的误差, 其中包括时间、位置及其他物理参数的误差.

在测量记录中所产生的误差, 这就是截位数的误差. 在这种误差中, 存在不能或不需要完全精确的记录. 后者是为了减少测量记录复杂度而产生的记录误差, 前者是有的数据不可能被完全精确记录 (如无理数是不可能被精确记录的).

在误差的产生和类型中, 除了对它们产生的原因进行分析外, 还有对误差特征的分析. 如常见的**累积误差**、**随机误差**、**随机误差的分布类型**等, 它们都是对误差数据的结构类型的分析.

2. 误差的表示

为了对误差进行分析, 首先就要确定它们的表示法.

误差的最常用表示是**确定数据 + 波动数据**的表示式 $a+\pm\delta$, 其中 a 确定数据, $\pm\delta$ 是波动数据的误差范围.

误差的另一种表示是**有效数据**, 这就是通过一定的数据位确定数据的有效位, 如 8 位有效数据是指数据前 8 位是有效数据. 这时和数据的大小无关.

误差的**小数位**, 这就是通过小数位来确定它的误差大小, 如 5 小数位误差是指第 6 位的小数可以通过四舍五入删除. 这时 5 小数位误差的误差大小控制在 0.000005 范围.

相对误差和绝对误差. 在确定数据和波动数据的表示式 $a\pm\delta$ 中, 称 $\pm\delta$ 是绝对误差, 而称 $\pm\delta/a$ 是绝对误差.

3. 误差的估计

如果用 x^*,y^* 分别表示数据 x,y 的近似值 (或带误差的数据), 那么有

误差的微分表示. 对误差的微分表示也有多种不同的表示形式.

如误差的绝对值微分形式是通过 $\delta x=|x^*-x|$, $\delta y=|y^*-y|$ 表示它们的误差, 称这种误差的表示为微分表示.

利用微分的运算可以产生运算中的误差. 如

$$\begin{cases} \delta(x+y)=\delta x+\delta y, \\ \delta(x\cdot y)=|x|\delta y+|y|\delta x, \\ \delta\left(\dfrac{x}{y}\right)=\dfrac{|x|\delta y+|y|\delta x}{|y|^2}. \end{cases} \tag{11.4.1}$$

差的相对值微分形式是 $\delta_r x = \dfrac{\delta x}{x} = \delta \ln x$, $\delta_r y = \dfrac{\delta y}{y} = \delta \ln y$. 这时 (11.4.1) 式中误差估计的微分形式是

$$
\begin{cases}
\delta_r(x+y) = \mathrm{Max}\{\delta_r\, x, \delta_r\, y\}, & x, y \text{ 同号}, \\[2mm]
\delta_r(x-y) = \dfrac{|x|\delta\, y + |y|\delta\, x}{|x-y|}, & x, y \text{ 同号}, \\[2mm]
\delta_r(x \cdot y) \sim \delta_r\, x + \delta_r\, y, & \\[2mm]
\delta_r\left(\dfrac{x}{y}\right) = \delta_r\, x + \delta_r\, y, & y \neq 0.
\end{cases}
\tag{11.4.2}
$$

函数计算中的误差估计.

在函数 $y = f(x)$ 的关系中, 如果自变量的近似值是 x^*, 那么该函数误差的微分形式可以用泰勒 (Taylor) 展开式表示, 这时

$$
\delta f(x) = f(x^*) - f(x) = f'(x^*)(x^* - x) + \frac{f''(\xi)}{2!}(x^* - x)^2.
\tag{11.4.3}
$$

其中 ξ 是在 x, x^* 之间的一个数.

多元函数误差估计的泰勒展开式

$$
\delta f(x_1, x_2, \cdots, x_n) \sim \sum_{i=1}^{n} \left| \frac{\partial f(x_1, x_2, \cdots, x_n)}{\partial x_i} \right| \delta x_i,
\tag{11.4.4}
$$

关于泰勒展开式在一些不同的情况下有多种不同的表示, 对此我们不再一一说明.

4. 函数表示的记号

在误差估计的微分表示或泰勒展开式中, 涉及函数的类型和记号, 对此我们统一说明如下.

一个函数 $f(x)$, 它的自变量的取值范围用区域 Δ 表示, Δ 可以是开区域, 也可以是闭区域或半开区域, 它们分别记为 $(a, b), [a, b], (a, b], [a, b)$, 其中 $a < b$, a, b 可以是有限数, 也可以是无限数.

函数 $f(x)$ 在区域 Δ 中取值的类型可以是连续函数或导数连续, 这时记 $C(\Delta)$ 是在 Δ 中取值的全体连续函数, 而记 $C^{(k)}(\Delta)$ 是指所有在 Δ 中取值、k 阶导数存在而且连续的函数.

11.4.2 插值和拟合

插值和拟合是近似计算、数值分析中的基本方法.

1. 多项式拟合和插值

一个函数的插值法是指在一些对应的自变量和应变量已知条件下, 求其他的函数值.

这时记 $y = f(x)$, $x \in \Delta$ 是固定区间 $\Delta = [a,b]$ 上的函数. 如果自变量 $x_1, x_2, \cdots, x_m \in \Delta$ 和它们所对应的函数值 $y_i = f(x_i)$ $(i = 1, 2, \cdots, m)$ 确定.

利用这些数据确定该函数 $y = f(x)$ $(x \in \Delta)$ 的一般取值, 这就是插值法. 这时称 $x_1, x_2, \cdots, x_m \in \Delta$ 为结点.

记 $\varphi(x) = \sum_{i=0}^{n} a_i x^i$ 是一 n 多项式函数, 其中 $a_0, a_1, \cdots, a_n$ 是待定系数.

多项式拟合和插值是指用多项式函数 $\varphi(x)$ 来拟合函数 $f(x)$, 使 $\varphi(x_i) = f(x_i)$ $(i = 1, 2, \cdots, m)$ 成立.

这种拟合实际上就是一个多元、高次多项式方程组的求解问题, 这时有方程组

$$\sum_{j=0}^{n} a_j x_i^j = y_i, \quad i = 1, 2, \cdots, m, \tag{11.4.5}$$

其中 (x_i, y_i) $(i = 1, 2, \cdots, m)$ 是对应的已知数据, 而 $a_0, a_1, \cdots, a_n$ 是待定系数.

定义 11.4.1 (多项式拟合和插值的定义)　在此记号和关系条件下, 有以下定义.

如果 $\varphi(x), f(x)$ 分别是多项式函数和一般函数, 如果它们满足关系式 (11.4.5), 那么就称 $\varphi(x)$ 是 $f(x)$ 的 n 阶多项式拟合函数.

在关系式 (11.4.5) 中, 称 (x_i, y_i) $(i = 1, 2, \cdots, m)$ 的对应点是 $f(x)$ 和 $\varphi(x)$ 的拟合 (或插值) 点, Δ 是它们的拟合 (或插值) 区域.

因此, 多项式拟合的概念就是用多项式函数来拟合一般函数. 其中的关键是多元、高次多项式方程组 (11.4.5) 的求解问题. 该方程组存在解的存在性、唯一性 (或多重解) 及解答计算等一系列的问题.

2. 拉格朗日插值法

方程组 (11.4.5) 是一个多元、高次多项式方程组, 因此对它的求解问题是比较困难的, 在计算数学中有许多特殊的计算算法.

δ 函数定义为 $\delta_{i,j} = \begin{cases} 1, & i = j, \\ 0, & \text{否则}. \end{cases}$ 由此定义基函数

$$\ell_{n,k}(x_j) = \delta_{j,k}, \quad j, k = 1, 2, \cdots, n. \tag{11.4.6}$$

如取

$$\ell_{n,k}(x) = \frac{(x-x_0)\cdots(x-x_{k-1})(x-x_{k+1})\cdots(x-x_n)}{(x_k-x_0)\cdots(x_k-x_{k-1})(x_k-x_{k+1})\cdots(x_k-x_n)} = \prod_{i \neq k, i=1}^{n} \frac{x-x_i}{x_k-x_i}. \tag{11.4.7}$$

那么 $\ell_{n,k}(x_j)$ 满足 (11.4.6) 式的基函数条件.

称 (11.4.7) 式的 $\ell_{n,k}(x)$ 函数是在 $x_0, x_1, \cdots, x_n$ 点上的 n 次插值的基函数.

由此定义

$$L_n(x) = \sum_{k=0}^{n} y_k \ell_{n,k}(x) \tag{11.4.8}$$

为 n 次插值的拉格朗日多项式插值函数.

如果定义

$$\begin{cases} \omega_{n+1}(x) = (x - x_0)(x - x_2) \cdots (x - x_n), \\ \omega_{n+1}(x)' = (x - x_0) \cdots (x - x_{k-1})(x - x_{k+1}) \cdots (x - x_n), \end{cases} \tag{11.4.9}$$

那么

$$\ell_{n,k}(x) = \frac{\omega_{n+1}(x)}{(x - x_k)\omega'_{n+1}(x_k)}, \quad k = 0, 1, \cdots, n. \tag{11.4.10}$$

这时 n 次插值的拉格朗日多项式插值函数为

$$L_n(x) = \sum_{k=0}^{n} y_k \left(\prod_{i \neq k, i=1}^{n} \frac{x - x_i}{x_k - x_i} \right) = \sum_{k=0}^{n} \frac{\omega_{n+1}(x)}{(x - x_k)\omega'_{n+1}(x_k)}. \tag{11.4.11}$$

3. 拉格朗日插值法的性质

如果当 $y = f(x) = x^m$ 时, 相应的拉格朗日插值函数存在且唯一确定, 它们满足关系式

$$L_n(x) = \sum_{k=0}^{n} y_k \ell_{n,k}(x) = \sum_{k=0}^{n} x_k^n \ell_{n,k}(x) = x^m, \quad m = 0, 1, 2, \cdots, n \tag{11.4.12}$$

成立. 特别当 $m = 0$ 时, 有 $\sum_{k=0}^{n} \ell_{n,k}(x) = 1$ 成立.

记 $f(x)$ 是区间 $[a, b]$ 上的函数, $L_n(x)$ 是它的拉格朗日多项式插值函数, 如 (11.4.12) 式定义.

定理 11.4.1 (拉格朗日插值法的插值余项公式) 如果 $f(x)$ 在区间 $[a, b]$ 上的 n 阶导数 $f^{(n)}(x)$ 存在而且连续, 它在区间 (a, b) 上的 n_1 阶导数 $f^{(n+1)}(x)$ 存在, 那么它的余项计算式为

$$R_n(x) = f(x) - L_n(x) = \frac{f^{(n+1)}(\xi)}{(n+1)!} \omega_{n+1}(x), \quad \xi \in (a, b), \tag{11.4.13}$$

其中 $\omega_{n+1}(x)$ 在 (11.4.9) 式中定义.

该定理的证明见 [51] 文.

利用拉格朗日插值的余项公式, 可以得到不同类型插值的余项和误差的估计.

(i) 在 $n = 1$ 时, 对 $f(x)$ 作线性插值, 那么它的余项

$$R_1(x) = \frac{1}{2}f''(\xi)\omega_2(x) = \frac{1}{2}f''(\xi)(x - x_0)(x - x_1), \tag{11.4.14}$$

其中 $\xi \in (x_0, x_1)$.

(ii) 在 $n = 2$ 时, 对 $f(x)$ 作抛物型的插值, 那么

$$R_2(x) = \frac{1}{6}f'''(\xi)(x - x_0)(x - x_1)(x - x_2), \tag{11.4.15}$$

其中 $x_0 < x_1 < x_2$, $\xi \in (x_0, x_2)$.

(iii) 在一般情形, 如果 $\mathrm{Max}\{f^{(n+1)}(x), x \in (a, b)\} \leqslant M_{n+1}$, 那么有

$$|R_n(x)| \leqslant \frac{M_{n+1}}{(n+1)!}|\omega_{n+1}(x)| \tag{11.4.16}$$

成立.

11.4.3 牛顿插值法

利用拉格朗日插值法给出的多项式比较直观、对称, 但当结点变化 (如增加) 时, 相应的基函数都要随着变化, 整个运算过程都要改变. 牛顿 (Newton) 插值法可以避免这个缺点.

1. 牛顿插值法

牛顿插值法是构造一系列多项式函数 $N_0(x), N_1(x), \cdots, N_n(x)$, 它们的构造如下.

(1) 当 $n = 0$ 时, 构造函数 $N_0(x) = y_0 = f(x_0)$. 这时满足插值条件 $N_0(x_0) = a_0 = f(x_0)$.

(2) 当 $n = 1$ 时, 构造一次插值函数 $N_1(x) = N_0(x) + a_1(x - x_0)$. 这时满足插值条件 $N_1(x_0) = N_0(x_0) = f(x_0) = y_0$ 外, 还满足条件

$$N_1(x_1) = N_0(x_1) + a_1(x_1 - x_0) = y_0 + a_1(x_1 - x_0) = y_1.$$

这里取 $a_1 = \dfrac{y_1 - y_0}{x_1 - x_0}$.

(3) 当 $n = 2$ 时, 构造二次插值函数 $N_2(x) = N_1(x) + a_2(x - x_0)(x - x_1)$.

这时满足插值条件 $\begin{cases} N_2(x_0) = y_0 = f(x_0), \\ N_2(x_1) = y_1 = f(x_0) \end{cases}$ 外, 还满足条件 $N_2(x_2) = y_2 = f(x_2)$, 这里只需取

$$a_1 = \frac{\dfrac{f(x_2) - f(x_0)}{x_2 - x_0} - \dfrac{f(x_1) - f(x_0)}{x_1 - x_0}}{x_2 - x_1}, \tag{11.4.17}$$

依次类推, 可以构造其他牛顿插值多项式函数 $N_3(x), N_4(x), \cdots$.

2. 商差函数的定义

为建立牛顿插值法的一般构造公式, 需建立它的商差函数定义如下:

$$
\begin{cases}
\text{0 阶商差函数}\quad f[x_i] = f(x_i), \\[2mm]
\text{一阶商差函数}\quad f[x_i,x_j] = \dfrac{f(x_2) - f(x_i)}{x_j - x_i}, \\[2mm]
\text{二阶商差函数}\quad f[x_i,x_j,x_k] = \dfrac{f[x_j,x_k] - f[x_i,x_j]}{x_k - x_i}.
\end{cases}
$$

由此得到一般的 n 阶商差函数的定义为

$$
f[x_0,x_1,\cdots,x_n] = \frac{f[x_1,x_2,\cdots,x_n] - f[x_0,x_1,\cdots,x_{n-1}]}{x_k - x_0}. \tag{11.4.18}
$$

这些商差函数最后都可归结为普通函数, 如

$$
f[x_0,x_1] = \frac{f(x_1) - f(x_0)}{x_1 - x_0} = \frac{f(x_0)}{x_0 - x_1} + \frac{f(x_1)}{x_1 - x_0}. \tag{11.4.19}
$$

$$
\begin{aligned}
&f[x_0,x_1,x_2] \\
&= \frac{f[x_1,x_2] - f[x_0,x_1]}{x_2 - x_0} \\
&= \frac{1}{x_2 - x_0}\left[\left(\frac{f(x_1)}{x_1 - x_2} + \frac{f(x_2)}{x_2 - x_1}\right) - \left(\frac{f(x_0)}{x_0 - x_1} + \frac{f(x_1)}{x_1 - x_0}\right)\right] \\
&= \frac{f(x_0)}{(x_0 - x_1)(x_0 - x_2)} + \frac{f(x_1)}{(x_1 - x_0)(x_1 - x_2)} + \frac{f(x_2)}{(x_2 - x_0)(x_2 - x_1)}. \tag{11.4.20}
\end{aligned}
$$

3. 商差函数的性质

利用归纳法, 得到商差函数的性质如下.

k 阶商差函数可以表示成相应结点的线性函数, 有关系式

$$
f[x_0,x_1,\cdots,x_k] = \sum_{j=0}^{k} \frac{f(x_j)}{(x_j - x_0)\cdots(x_j - x_{j-1})(x_j - x_{j+1})\cdots(x_j - x_k)} \tag{11.4.21}
$$

成立.

在 k 阶商差函数中, 关于变量 $x_0,x_1,\cdots,x_k$ 是对称的, 有关系式

$$
f[x_0,\cdots,x_i,\cdots,x_j,\cdots,x_k] = f[x_0,\cdots,x_j,\cdots,x_i,\cdots,x_k] \tag{11.4.22}
$$

对任何 $0 \leqslant i < j \leqslant k$ 成立.

如果 $f(x)$ 在 $[a,b]$ 上存在 n 阶导数, 而且 $x_0,x_1,\cdots,x_n \in [a,b]$, 那么有关系式

$$
f[x_0,x_1,\cdots,x_n] = \frac{f^{(n)}(\xi)}{n!} \tag{11.4.23}
$$

成立, 其中 ξ 介于 $x_0,x_1,\cdots,x_n$ 之间.

4. 牛顿插值法

由**牛顿插值法**产生的拟合多项式和它的插值余项

由商差函数的定义, 可以得到递推关系式

$$
\begin{cases}
f(x) = f(x_0) + f[x, x_0](x - x_0), \\
f(x, x_0) = f[x_0, x_1] + f[x, x_0, x_1](x - x_1), \\
\cdots \\
f(x, x_0, \cdots, x_{n-2}) = f[x_0, x_1, \cdots, x_{n-1}] + f[x, x_0, x_1, \cdots, x_{n-1}](x - x_{n-1}), \\
f(x, x_0, \cdots, x_{n-1}) = f[x_0, x_1, \cdots, x_n] + f[x, x_0, x_1, \cdots, x_n](x - x_n),
\end{cases}
\tag{11.4.24}
$$

由 (11.4.24) 式可以得到关系式

$$
\begin{aligned}
f(x) = {} & f(x_0) + f[x_0, x_1](x - x_0) + f[x_0, x_1, x_2](x - x_0)(x - x_1) + \cdots \\
& + f[x_0, x_1, \cdots, x_n]\omega_{n+1}(x) = N_n(x) + R_n(x).
\end{aligned}
\tag{11.4.25}
$$

其中 $\omega_{n+1}(x)$ 在 (11.4.9) 式中定义, 而 $N_n(x), R_n(x)$ 分别是牛顿插值的拟合多项式和它的插值余项.

而牛顿插值余项的值在 (11.4.23) 式中得到估计.

11.4.4　插值法中的样条理论

在插值法的算法中, 除了拉格朗日插值法、牛顿插值法外还有其他多种插值法, 如埃尔米特 (Hermite) 插值法等. 在拉格朗日、牛顿插值法中还有多种不同类型的插值法. 如差分、等距牛顿插值法, 分段、低次 (如线性) 插值法等. 对此我们不一一列举讨论, 在本小节中我们介绍插值法中的样条理论.

1. 三次样条理论

在插值法的理论中, 如果把插值区间细分, 这就是分段插值的概念. 当插值区域细分到一定程度后, 就可采用低次 (如线性、二次、三次) 插值多项式来进行拟合.

因为三次多项式具有较好的光滑性和连接性, 所以有较大的适用范围, 在插值理论中大量使用.

定义 11.4.2 (样条函数的定义)　如果 $a = x_0 < x_1 < \cdots < x_n = b$ 是结点, $f(x)$ 是定义在 $[a, b]$ 区间上的函数, 记 $y_i = f(x_i), i = 1, 2, \cdots, n$. 称 $S(x)$ 是 $f(x)$ 上的三次样条函数, 如果它满足以下条件.

$S(x)$ 是 $[a, b]$ 上的二次连续可微函数.

$S(x_i) = y_i, i = 1, 2, \cdots, n.$

在每个小区间 (x_{i-1}, x_i) 中, $S(x) = S_i(x) = a_i + b_i x + c_i x^2 + d_i x^3$ 是一个 3 阶多项式. 其中 $a_i, b_i, c_i, d_i \ (i = 1, 2, \cdots, n)$ 是待定参数.

2. 三次样条的求解的边界条件

三次样条的求解问题中, 存在不同的边界条件, 如

$$
\begin{cases}
第一类 (固定边界条件): & S'(x_0) = f_0', \ S'(x_n) = f_n', \\
第二类 (自然边界条件): & S''(x_0) = f_0'', \ S''(x_n) = f_n'', \\
第三类 (周期边界条件): & S(x_0 + 0) = S(x_n - 0), \\
& S'(x_0 + 0) = S'(x_n - 0), \ S''(x_0 + 0) = S''(x_n - 0).
\end{cases}
$$
$$(11.4.26)$$

3. 三次样条求解函数

三次样条求解的边界条件下, 可以得到它们的函数解如下.

定理 11.4.2   设 $f(x) \in C^4[a,b]$, $S(x)$ 满足第一或第二边界条件, 记

$$h = \mathrm{Max}\{h_i = x_{i+1} - x_i, i = 0, 1, \cdots, n-1\}.$$

那么有估计式

$$\mathrm{Max}\{|f^{(k)}(x) - S^{(k)}(x)|, \ a \leqslant x \leqslant b\} \leqslant C_k|f^{(4)}(x)|h^{4-h}, \quad k = 0, 1, 2, \cdots, \quad (11.4.27)$$

其中 $k_0 = \dfrac{5}{384}$, $k_1 = \dfrac{1}{24}$, $k_2 = \dfrac{3}{8}$.

该定理给出了样条插值函数的误差估计, 而且可以确定, 当 $h \to 0, k < 4$ 时, 相应的函数和它的样条函数的一阶、二阶、三阶导数关于 $h \to 0$ 时的值一致收敛.

利用三次样条求解的类型还有多种, 如多元函数的三次样条理论, 这时对曲面或多维球面的近似插值计算, 或其他矩的方法求解, 这些问题不再一一讨论说明.

11.5 函数逼近和数据拟合

在作近似计算的研究过程中, 除了插值、样条等理论外, 函数逼近及其他的数据拟合的理论和方法还有多种. 其中正交函数系和傅里叶 (Fourier) 变换理论是大家所熟悉的, 在计算数学中还存在多种不同类型的正交函数系, 其中包括多种不同类型的正交多项式. 它们都是计算数学中有关函数逼近和数据拟合的重要组成部分.

11.5.1 正交多项式

正交函数系和傅里叶变换理论是大家所熟悉的, 在数学理论中还存在多种不同类型的正交函数系, 其中包括多种不同类型的正交多项式.

1. 概述

为介绍正交多项式理论, 先介绍和正交函数系有关的一些基本概念、定义和记号.

定义 11.5.1 (权函数的定义)　　如果 $\rho(x)$ 是 $[a,b]$ 区间上的非负函数, 而且满足条件:

(1) 对任何 $n = 0, 1, 2, \cdots$, 积分 $\int_a^b x^n \rho(x) dx$ 存在.

(2) 如果 $g(x)$ 是 $[a,b]$ 区间上的非负函数, 而且有 $\int_a^b g(x)\rho(x) dx = 0$ 成立, 那么必有 $g(x) \equiv 0$ 成立.

2. 其他的定义和记号

典型的权函数 $\rho(x)$ 有如以下这几种类型.

$$
\begin{pmatrix}
\text{权函数类型} & \text{权函数形式} & \Delta_x & \text{权函数类型} & \text{权函数形式} & \Delta_x \\
\text{常数型} & \rho(x) = 1 & -1 \leqslant x \leqslant 1 & \text{指数型} & \rho(x) = e^{-x} & 0 \leqslant x < \infty \\
\text{无理函数型} & \rho(x) = \dfrac{1}{\sqrt{1-x^2}} & -1 \leqslant x \leqslant 1 & \text{双指数型} & \rho(x) = e^{-x^2} & -\infty < x < \infty
\end{pmatrix}
\tag{11.5.1}
$$

其中 Δ_x 是自变量的取值范围.

定义 11.5.2 (带权的内积和范数的定义)　　如果 $f(x), g(x)$ 分别是 $C[a,b]$ 空间中的函数, $\rho(x)$ 是 $C[a,b]$ 区间上的权函数, 那么由此定义:

(1) 在 $C[a,b]$ 空间中, 对它的函数可以定义它们的和运算与数乘运算, 因此 $C[a,b]$ 是一个线性空间.

(2) 在此空间中, 称

$$
\langle f(x), g(x) \rangle = \int_a^b f(x)g(x)\rho(x) dx \tag{11.5.2}
$$

是 $f(x), g(x)$ 在 $C[a,b]$ 空间中, 在权函数 $\rho(x)$ 下的内积.

由此内积的定义, 称

$$
\| f(x) \| = \langle f(x), f(x) \rangle^{1/2} = \left(\int_a^b f^2(x)\rho(x) dx \right)^{1/2} \tag{11.5.3}
$$

是 $f(x)$ 函数在 $C[a,b]$ 空间中, 在权函数 $\rho(x)$ 下的范数.

此内积和范数的定义是在二阶矩意义下内积和范数, 因此对它们的记号用

$$
\langle f(x), g(x) \rangle = \langle f(x), g(x) \rangle_2, \quad \| f(x) \| = \| f(x) \|_2
$$

来表示.

如果在 $C[a,b]$ 空间中, 在权函数 $\rho(x)$ 意义下, 定义了它们的内积和范数, 那么 $C[a,b]$ 构成一个线性内积空间或线性赋范空间.

在线性内积空间、线性赋范空间中, 对它们的内积或范数都有一定的条件要求, 对此不再一一说明.

在线性内积 $C[a,b]$ 空间中, 如果 $f(x), g(x) \in C[a,b]$, 而且有 $\langle f(x), g(x) \rangle = 0$, 那么称 $f(x), g(x)$ 是 $C[a,b]$ 空间中的正交函数.

定义 11.5.3 (正交函数系的定义)   如果 $\varphi_{Z_+}(x) = \{\varphi_i(x), i \in Z_+\}$ 是 $C[a,b]$ 中的一函数系, 如果它们满足条件 $\langle \varphi_i, \varphi_j \rangle = \begin{cases} a_i, & i = j, \\ 0, & \text{否则,} \end{cases}$ 那么称 $\varphi_{Z_+}(x)$ 是一正交函数系. 或称之为带权函数 $\rho(x)$ 的正交函数系.

在此正交函数系的定义中, 如果 $a_i \equiv 1$, 那么称 $\varphi_{Z_+}(x)$ 是一标准正交函数系.

3. 正交多项式系

重要的正交函数系有如三角函数系, 如

$$1, \ \cos x, \ \sin x, \ \cos 2x, \ \sin 2x, \cdots, \tag{11.5.4}$$

我们重点讨论正交多项式系.

定义 11.5.4 (正交多项式系的定义)   如果 $\varphi_n(x) \ (n \in Z_0)$ 是 $C[a,b]$ 空间中的 n 次多项式函数, 它们的首项系数 $a_n \neq 0$, 如果它们满足定义 11.5.3 中的正交函数系的条件, 那么它们就是 $C[a,b]$ 区间上的正交多项式系. 或称之为带权函数 $\rho(x)$ 的正交多项式系.

如果 $\varphi_n(x) \ (n \in Z_0)$ 是 $C[a,b]$ 空间中的正交多项式函数系 (带权函数 $\rho(x)$), 那么它满足以下性质.

$\varphi_i(x) \ (i = 0, 1, \cdots, n)$ 线性无关, 而且对任何 n 次多项式 $P_n(x)$ 都是它们的线性组合.

$\varphi_n(x)$ 与任何次数小于 n 的多项式正交.

存在递推关系, 这就是有关系式

$$\varphi_{n+1} = (\alpha_n - \beta_n)\varphi_n(x) - \gamma_n \varphi_{n-1}(x), \quad n = 0, 1, 2, \cdots, \tag{11.5.5}$$

其中 $\varphi_{-1}(x) = 0$, 而 $\alpha_n, \beta_n, \gamma_n$ 是常数, 满足关系式

$$\begin{cases} \alpha_n = \dfrac{a_{n+1}}{a_n}, \\ \beta_n = \dfrac{a_{n+1}}{a_n} \cdot \dfrac{\langle x\varphi_n, \varphi_n \rangle}{\langle \varphi_n, \varphi_n \rangle}, \\ \gamma_n = \dfrac{a_{n+1}a_{n-1}}{a_n^2} \cdot \dfrac{\langle \varphi_n, \varphi_n \rangle}{\langle \varphi_{n-1}, \varphi_{n-1} \rangle}, \quad n = 1, 2, \cdots, \end{cases} \tag{11.5.6}$$

这里 a_n 是 $\varphi_n(x)$ 多项式中最高次项的系数.

$\varphi_n(x)$ 的 n 个根都是区间 (a,b) 中的单实根.

由此得到 $\varphi_n(x)$ 递推计算式 $\varphi_0(x) = 1$, 而

$$\varphi_n(x) = x^n - \sum_{j=0}^{n-1} \frac{\langle x^n, \varphi_j(x) \rangle}{\langle \varphi_j(x), \varphi_j(x) \rangle} \varphi_j(x), \quad n = 1, 2, \cdots. \tag{11.5.7}$$

11.5.2　重要的正交多项式函数系

重要的正交多项式函数系有多种, 我们重点介绍勒让德 (Legendre) 多项式系或切比雪夫 (Chebyshev) 多项式系.

1. 勒让德多项式系

在区间 $[-1,1]$ 上, 权函数 $\rho(x) \equiv 1$ 的勒让德正交多项式系定义为 $P_0(x) = 1$,

$$P_n(x) = \frac{1}{2^n n!} \frac{d^n}{dx^n} \left| (x^2 - 1)^n \right|, \quad n = 1, 2, \cdots. \tag{11.5.8}$$

在此定义中, $(x^2 - 1)^n$ 是 $2n$ 次多项式. 对它求 n 次导数后得到

$$P_n(x) = \frac{1}{2^n n!} (2n)(2n-1) \cdots (n+1) x^n + a_{n-1} x^{n-1} + \cdots + a_0. \tag{11.5.9}$$

由此得到它的最高次数是 n, 它的首项系数为 $a_n = \dfrac{(2n)!}{2^n (n!)^2}$. 如果把首项系数作归一化的处理, 就得到勒让德多项式系的函数表示为

$$\tilde{P}_n(x) = \frac{n!}{(2n)!} \frac{d^n}{dx^n} \left[(x^2 - 1)^n \right], \quad n = 1, 2, \cdots. \tag{11.5.10}$$

2. 勒让德多项式系的性质

(1) 正交性.

$$\langle P_m(x), P_n(x) \rangle = \int_{-1}^{1} P_m(x) P_n(x) dx = \begin{cases} 0, & n \neq m, \\ \dfrac{2}{2n+1}, & n = m. \end{cases} \tag{11.5.11}$$

(2) 奇偶性. $P_n(-x) = (-1)^n P_n(x)$.

(3) 递推关系.

$$P_{n+1}(x) = \frac{2n+1}{n+1} x P_n(x) - \frac{n}{n+1} P_{n-1}(x), \quad n = 1, 2, \cdots. \tag{11.5.12}$$

因为 $P_0(x) = 1$, $P_1(x) = x$, 由 (11.5.12) 得到

$$
\begin{cases}
P_2(x) = (3x^2 - 1)/2, \\
P_3(x) = (5x^3 - 3x)/2, \\
P_4(x) = (35x^4 - 30x^2 + 3)/8, \\
P_5(x) = (63x^5 - 70x^3 + 15x)/8, \\
P_6(x) = (231x^6 - 315x^4 + 105x^2 - 5)/16, \\
\cdots\cdots
\end{cases}
\tag{11.5.13}
$$

(4) 零点的性质. 每个 $P_n(x)$ 在 $(-1, 1)$ 中有 n 个不同的零点.

3. 切比雪夫多项式系

切比雪夫多项式是定义在 $[-1, 1]$ 区间上、关于权函数 $\rho(x) = \dfrac{1}{\sqrt{1 - x^2}}$ 的正交函数系, 它的定义式为

$$
T_n(x) = \cos[n \arccos(\cos x)], \quad |x| \leqslant 1, \ n = 0, 1, 2, \cdots.
\tag{11.5.14}
$$

4. 切比雪夫多项式系的性质

内积关系是

$$
\langle T_m(x), T_n(x) \rangle = \int_{-1}^{1} \frac{T_m(x) T_n(x) dx}{\sqrt{1 - x^2}} =
\begin{cases}
0, & n \neq m, \\
\pi/2, & n = m = 0, \\
\pi, & n = m \neq 0.
\end{cases}
$$

如果取 $x = \cos\theta$, 那么 $dx = \sin\theta \, d\theta$, 利用积分变换, 得到它们的内积关系是

$$
\langle T_m(x), T_n(x) \rangle = \int_{-1}^{1} \frac{T_m(x) T_n(x)}{\sqrt{1 - x^2}} dx = \int_{\pi}^{0} \cos(m\theta) \cos(n\theta) \frac{-\sin\theta}{\sin\theta} d\theta
$$

$$
= \int_{0}^{\pi} \cos(m\theta) \cos(n\theta) d\theta =
\begin{cases}
0, & n \neq m, \\
\pi/2, & n = m = 0, \\
\pi, & n = m \neq 0.
\end{cases}
\tag{11.5.15}
$$

递推关系

$$
T_{n+1}(x) = 2x T_n(x) - T_{n-1}(x), \quad n = 1, 2, \cdots.
\tag{11.5.16}
$$

因为 $T_0(x) = 1$, $T_1(x) = x$, 由 (11.5.16) 得到

$$
\begin{cases}
T_2(x) = 2x^2 - 1, \\
T_3(x) = 4x^3 - 3x, \\
T_4(x) = 8x^4 - 8x^2 + 1,
\end{cases}
\qquad
\begin{cases}
T_5(x) = 16x^5 - 20x^3 + 5x, \\
T_6(x) = 32x^6 - 48x^4 + 18x^2 - 1, \\
\cdots\cdots
\end{cases}
\tag{11.5.17}
$$

奇偶性. $T_{2n}(x)$ 只含偶次项, $T_{2n+1}(x)$ 只含奇次项.

零点的性质. 每个 $T_n(x)$ 在 $[-1,1]$ 中有 n 个不同的零点, 它们分别是

$$x_k = \cos\frac{2k-1}{2n}, \quad k = 1,2,\cdots,n. \tag{11.5.18}$$

极值点的性质. 每个 $T_n(x)$ 在 $[-1,1]$ 中有 $n+1$ 个不同的极值点, 它们分别是

$$x'_k = \cos\frac{k\pi}{n}, \quad k = 0,1,2,\cdots,n. \tag{11.5.19}$$

在这些点上 $T_n(x)$ 轮流取最大值 1 和最小值 -1.

5. 其他类型的正交多项式系

其他类型的正交多项式系还有多种, 如下所述.

(1) **拉盖尔 (Laguerre) 多项式**. 在区间 $[0,\infty)$ 上, 权函数 $\rho(x) = e^{-x}$ 的正交多项式系为

$$L_n(x) = e^x \frac{d^n}{dx^n}(x^n e^{-x}). \tag{11.5.20}$$

该多项式系具有正交性

$$\int_0^\infty e^{-x} L_m(x) L_n(x) dx = \begin{cases} 0, & n \neq m, \\ (n!)^2, & n = m. \end{cases} \tag{11.5.21}$$

递推关系: $L_0(x) = 1$, $L_1(x) = 1 - x$,

$$L_{n+1}(x) = (1 + 2n - x)L_n(x) - n^2 L_{n-1}(x), \quad n = 1,2,\cdots. \tag{11.5.22}$$

(2) **埃尔米特 (Hermite) 多项式**. 在区间 $[\infty,\infty)$ 上, 权函数 $\rho(x) = e^{-x^2}$ 的正交多项式系为

$$H_n(x) = (-1)^n e^{x^2} \frac{d^n}{dx^n}(e^{-x^2}). \tag{11.5.23}$$

该多项式系具有正交性

$$\int_{-\infty}^\infty e^{-x^2} H_m(x) H_n(x) dx = \begin{cases} 0, & n \neq m, \\ 2^n n! \sqrt{\pi}, & n = m. \end{cases} \tag{11.5.24}$$

递推关系: $H_0(x) = 1$, $H_1(x) = 2x$,

$$H_{n+1}(x) = 2x H_n(x) - 2n H_{n-1}(x), \quad n = 1,2,\cdots. \tag{11.5.25}$$

(3) **第二类切比雪夫多项式系**. 在区间 $[-1,1]$ 上, 权函数 $\rho(x) = \sqrt{1-x^2}$ 的正交多项式

$$U_n(x) = \frac{\sin[(n+1)\arccos x]}{\sqrt{1-x^2}}. \tag{11.5.26}$$

该多项式系具有正交性

$$\int_{-1}^{1} \sqrt{1-x^2}\,U_m(x)U_n(x)dx = \int_{0}^{\pi} \sin[(m+1)\theta]\sin[(n+1)\theta]d\theta = \begin{cases} 0, & n \neq m, \\ \pi/2, & n = m, \end{cases}$$
(11.5.27)

其中 $x = \cos\theta$. 相应的递推关系: $U_0(x) = 1$, $U_1(x) = 2x$,

$$U_{n+1}(x) = 2xU_n(x) - U_{n-1}(x), \quad n = 1, 2, \cdots.$$
(11.5.28)

11.5.3 最优逼近理论

最优逼近理论是讨论不同函数之间的关系问题, 对此问题的数学模型和计算过程如下.

1. 一个最优逼近问题由以下基本要素组成

目标函数. $f(x) \in C[a,b]$, 这是在作逼近计算时的目标函数.

支撑函数. 这是指 $C[a,b]$ 空间中的一组函数集合 $\Phi = \{\phi_1, \phi_2, \cdots, \phi_n\}$.

如果函数集合 Φ 中的函数 $\phi_1, \phi_2, \cdots, \phi_n$ 是线性无关的, 那么可以产生线性支撑空间

$$D(\Phi) = \left\{ \phi = \sum_{i=1}^{n} c_i\phi_i,\ c^n = (c_1, c_2, \cdots, c_n) \in R^n \right\}.$$
(11.5.29)

最优逼近问题就是支撑函数空间 $R(\Phi)$ 和 $f(x)$ 的最近距离, 它们可以用均方距离来表示

$$d[f, D(\Phi)] = \text{Min} \left\{ d(f, \phi),\ \phi = \sum_{i=1}^{n} c_i\phi_i \right\},$$
(11.5.30)

其中

$$d(f, \phi) = \int_{a}^{b} \rho(x)[f(x) - \phi(x)]^2 dx,$$
(11.5.31)

其中 $\rho(x)$ 是函数空间中的权函数.

支撑函数空间 $R(\Phi)$ 对 $f(x)$ 的最优逼近是指有函数 $\phi^* \in R(\Phi)$, 使 $d(\phi^*, f) = d(f, D(\Phi))$ 成立, 这时 ϕ^* 就是支撑函数空间 $R(\Phi)$ 对 $f(x)$ 函数的最佳 (或最优) 逼近.

(11.5.31) 式中的距离计算公式是均方距离公式, 因此这里的最佳逼近是在均方距离最近意义下的最佳逼近.

2. 最优逼近的计算

当支撑函数集合 $\Phi = \{\phi_1, \phi_2, \cdots, \phi_n\}$ 固定时, 每个 $\phi = \phi(c^n) \in D(\Phi)$ 由它的系数向量 $c^n = (c_1, c_2, \cdots, c_n)$ 确定. 因此 (11.5.31) 式可以写为

$$\Delta_f(c^n) = \int_a^b \rho(x) \left[f(x) - \sum_{i=1}^n c_i \phi_i(x) \right]^2 dx, \tag{11.5.32}$$

其中 c^n 是未定参数.

为求 (11.5.32) 式中的最小值, 用拉格朗日的极值方程来求解, 这就是求方程组

$$\frac{\partial \Delta_f(c^n)}{\partial c_i} = 2 \int_a^b \rho(x) \left[f(x) - \sum_{i=1}^n c_i \phi_i(x) \right] \phi_i(x) dx = 0, \quad i = 1, 2, \cdots, n. \tag{11.5.33}$$

该方程组可以写为

$$\langle f - \phi^*, \phi_i \rangle = 0, \quad i = 1, 2, \cdots, n \tag{11.5.34}$$

或

$$\sum_{j=1}^n \langle \phi_j, \phi_i \rangle c_j = \langle f, \phi_i \rangle, \quad i = 1, 2, \cdots, n. \tag{11.5.35}$$

这是关于未定参数 c^n 的线性方程组, 称该方程组为**函数逼近的法方程组或正规方程组**.

线性方程组 (11.5.35) 可写为 $Gc^n = h_f^n$, 其中

$$\begin{cases} G = G(\phi^n) = (\langle \phi_i, \phi_j \rangle)_{i,j=1,2,\cdots,n}, \\ h_f^n = \langle f, \phi^n \rangle = (\langle f, \phi_1 \rangle, \langle f, \phi_2 \rangle, \cdots, \langle f, \phi_n \rangle). \end{cases} \tag{11.5.36}$$

其中 $\phi^n = \Phi$ 是支撑集合中的函数.

因为 $\phi^n = \Phi$ 集合中的函数是线性无关的, 所以矩阵 $G = G(\phi^n)$ 的行列式 $\det[G(\phi^n)] \neq 0$.

这时方程组 (11.5.35) 中的变量 c^n 有唯一解, 记之为 $(c^n)^* = (c_1^*, c_2^*, \cdots, c_n^*)$. 由此得到

$$\phi^* = \sum_{i=1}^n c_i^* \phi_i \in D(\Phi) \tag{11.5.37}$$

是支撑空间 $D(\Phi)$ 关于函数 f 在均方距离意义下的最优逼近.

11.5.4　一些特殊的最优逼近问题

现在讨论在一些特殊条件下的最优逼近问题.

1. 幂函数的最优逼近

如果在支撑函数集合中取

$$\Phi_{n+1} = \{\phi_1, \phi_2, \cdots, \phi_{n+1}\} = \{1, x, x^2, \cdots, x^n\}, \tag{11.5.38}$$

那么由此产生的逼近问题就是幂函数的最优逼近问题.

(1) 这时记相应的支撑函数空间 $D(\Phi_{n+1})$ 是一个 n 次幂多项式的函数空间.

(2) 如取权函数 $\rho(x) = 1$, 那么相应的内积函数为

$$\begin{cases} g_{i,j} = \langle \phi_i, \phi_j \rangle = \int_a^b \rho(x) x^i x^j dx = \int_a^b x^{i+j} dx = \dfrac{b^{i+j+1} - a^{i+j+1}}{i+j+1}, \\ h_{f,i} = \langle f, \phi_i \rangle = \int_a^b \rho(x) f(x) x^i dx. \end{cases} \tag{11.5.39}$$

由此得到线性方程组 $Gc^n = h_f^n$ 的解向量 $(c^n)^*$ 及相应的最优逼近函数

$$\phi^*(x) = \sum_{i=0}^n c_i^* \phi_i(x) = \sum_{i=0}^n c_i^* x^i. \tag{11.5.40}$$

2. 由正交函数产生的最优逼近

如果在支撑函数集合中取 $\Phi_n = \{\phi_1, \phi_2, \cdots, \phi_n\}$ 中的函数满足定义中的正交性条件, 这时在方程组 $Gc^n = h_f^n$ 中的 $g_{i,j} = \begin{cases} a_i, & i = j, \\ 0, & \text{否则.} \end{cases}$

那么由此得到线性方程组 $Gc^n = h_f^n$ 的解向量 $c_i^* = h_{f,i}/a_i$ 及相应的最优逼近函数为

$$\phi^*(x) = \sum_{i=1}^n c_i^* \phi_i(x) = \sum_{i=1}^n \frac{h_{f,i}}{a_i} \phi_i(x). \tag{11.5.41}$$

由此可以得到多种不同类型的正交函数系及由它们所产生的最优逼近函数, 对此不再一一说明.

11.6 数 值 计 算

在 11.3 节中我们已经给出了数值代数的一系列计算算法, 它们是关于线性方程组、矩阵有关的计算算法. 在数学中还有许多计算算法, 如有关微积分、微分方程组的计算算法, 在计算数学中把它们归结为数值计算的范围. 在本节中我们讨论其中的这些计算问题.

11.6.1 非线性函数的数值计算

如果 $f(x)$ 是一个非线性函数, 它的数值计算有如非线性方程的求解问题, 不动点的计算问题等.

1. 非线性方程的根 (或零点)

如果 $f(x)$ 是 (a,b) 区间上的非线性函数, 如果 $p \in (a,b)$, 而且 $f(p) = 0$, 那么 p 就是它的非线性方程的一个根 (或零点).

p 是 $f(x)$ 函数的零点的充分必要条件是有分解式 $f(x) = (x-p)h(x)$.

如果 $f(x)$ 有分解式 $f(x) = (x-p)^m h(x)$, 那么称 p 是 $f(x)$ 函数的 m 重根 (或 m 重零点).

定理 11.6.1　　如果 $f(x) \in C^m[a,b]$, 那么 p 是 $f(x)$ 函数的 m 重根 (或 m 重零点) 的充分必要条件是有关系式

$$f(p) = f'(p) = f''(p) = \cdots = f^{(m-1)}(p) = 0, \quad f^{(m)}(p) \neq 0. \tag{11.6.1}$$

2. 非线性方程的求解的牛顿迭代算法

对固定的非线性 $f(x) = 0$ 求它在定义区间 (a,b) 上的根就是非线性方程的求解问题.

关于非线性方程 $f(x) = 0$ 的求解计算一般采用图解 + 二分法来计算, 这就是把非线性函数 $y = f(x)$, $x \in [a,b]$ 作成一平面图形, 再观察它的零点 (和 $y = 0$ 轴的交点) 位置和数量.

二分法就是把区间 $[a,b]$ 进行二等分, 这时 $[a,b] = [a,c] + [c,b]$, 其中 $c = \dfrac{a+b}{2}$. 由此形成区间 $\Delta = [a,b]$, $\Delta_1 = [a,c]$, $\Delta_2 = [c,b]$, 这时 $\Delta = \Delta_1 + \Delta_2$.

由此观察零点在 Δ_1, Δ_2 中的位置和数量. 如果在 Δ_1 中, $f(x) > 0$ (或 $f(x) < 0$), 那么可把 Δ_1 这个区间删除.

这个二分法可以不断继续, 产生一系列的分割点 $c_1, c_2, \cdots$, 这些分割点收敛于这些零点, 由此得到零点的近似解.

3. 不动点的迭代算法

如果 $g(x)$ 是 (a,b) 区间上的非线性函数, 如果 $p = g(p)$ 成立, 那么称 p 是 $g(x)$ 函数的一个不动点.

定义 11.6.1 (不动点的迭代算法)　　取 $p_{n+1} = g(p_n)$, $n = 0, 1, \cdots$, 其中 p_0 是任意初始值.

如果对任何 $p_0 \in [a,b]$, 都要 $p_n \to p$ 成立, 那么称这个迭代过程收敛.

定理 11.6.2　　如果 $g \in C[a,b]$, 而且这个迭代过程收敛 $(p_n \to p)$, 那么极限点一定是不动点.

证明　　在该定理的条件下, 有关系式

$$p = \lim_{n \to \infty} p_{n+1} = \lim_{n \to \infty} g(p_n) = g(\lim_{n \to \infty} p_n) = g(p). \tag{11.6.2}$$

因此这个极限点一定是不动点.

定理 11.6.3 (不动点的存在性定理)   如果 $g(x) \in C[a, b]$, 而且满足条件:

(1) 对任何 $x \in [a, b]$, 有 $a \leqslant g(x) \leqslant b$ 成立.

(2) $g(x)$ 在 (a, b) 中可导, 而且存在常数 $0 < L < 1$, 使 $|g'(x)| \leqslant L$ 成立.

那么 $g(x)$ 在 (a, b) 中存在而且唯一存在一个不动点.

定理 11.6.4   如果 $g(x)$ 在 $C[a, b]$ 中可导, 而且满足定理 11.6.1 中的条件, 那么定义 11.6.1 中的这个迭代计算一定是收敛的, 而且有误差估计式

$$|p_n - p| \leqslant \frac{L}{1 - L} |p_n - p_{n-1}|, \quad \text{或} \quad |p_n - p| \leqslant \frac{L^n}{1 - L} |p_1 - p_0|. \tag{11.6.3}$$

定理 11.6.3, 定理 11.6.4 的证明见 [53] 文.

4. 非线性方程的求解的牛顿迭代算法

利用不动点算法可以得到非线性方程求解的迭代算法.

如果 p_n 是非线性方程 $f(x) = 0$ 的根的一个近似值, 那么它的泰勒展开式是

$$f(x) = f(p_n) + f'(p_n)(x - p_n) + \frac{f''(\xi_n)}{2!}(x - p_n)^2, \tag{11.6.4}$$

如果把 (11.6.4) 式线性化, 那么非线性方程 $f(x) = 0$ 的线性近似解是 $f(x) = f(p_n) + f'(p_n)(x - p_n) = 0$. 如果 $f'(p_n) \neq 0$, 那么得到

$$p_{n+1} = p_n - \frac{f(p_n)}{f'(p_n)}, \quad n = 0, 1, 2, \cdots \tag{11.6.5}$$

就是非线性方程的求解的牛顿迭代算法.

牛顿迭代算法是一种局部线性化 (或切线法) 的迭代算法, 也是一种不动点的迭代算法, 这时取迭代函数为

$$g(x) = x - \frac{f(x)}{f'(x)}, \quad f'(x) \neq 0. \tag{11.6.6}$$

这时不动点 $g(x) = x$ 的计算和非线性方程 $f(x) = 0$ 的求解问题等价.

定理 11.6.5   设 p 是非线性方程 $f(x) = 0$ 的根, 如果 $f(x)$ 在 p 点附近二次连续可微 $f'(p) \neq 0$, 那么牛顿迭代算法局部收敛 (当局部算法的起始点 p_0 和 p 比较接近时, 该算法收敛).

关于非线性方程还有多种不同的迭代算法和它们的收敛速度的估计, 对此我们不再一一介绍.

11.6.2   数值积分和微分中的计算算法

在许多计算问题中, 经常存在积分和微分的计算, 对其中的一些积分和微分计算可以通过它们的计算公式进行解析表达, 但在许多情况下是无法表达的, 这时可以通过数值来得到它们的结果.

1. 数值积分的计算算法

一个在 $\Delta = (a, b)$ 区间上的连续函数 $f(x)$, 它的原函数记为 $F(x)$, 这时有 $F'(x) = f(x)$ 成立. $f(x)$ 的定积分原函数记为 $F(x)$, 这时有 $F'(x) = f(x)$ 成立.

这时函数 $f(x)$ 的定积分 $I(f) = \int_a^b f(x)dx = F(b) - F(a)$.

函数 $f(x)$ 的定积分的定义是

$$I(f) = \lim_{\Delta \to 0} I_n(f) = \lim_{\Delta \to 0} \sum_{i=1}^n f(x_i)\Delta_i, \tag{11.6.7}$$

其中 $\Delta_i = x_i - x_{i-1}$, 而 $a = x_0 < x_1 < x_2 < \cdots < x_{n-1} < x_n = b$, 这时取 $\Delta = \text{Max}\{\Delta_i, i = 1, 2, \cdots, n\}$.

在 (11.6.6) 式中的 $I_n(f)$ 是定积分 $I(f)$ 的渐近式. 如果把 $I_n(f)$ 写成一般组合式, 那么记

$$I_n(f) = \sum_{i=1}^n A_i f(x_i), \tag{11.6.8}$$

这时称, $a = x_0 < x_1 < x_2 < \cdots < x_{n-1} < x_n = b$ 是积分区域中的结点, A_i 是结点的权系数.

因此 (11.6.7) 中的 $I_n(f)$ 是关于结点函数的线性组合, 对不同类型的积分有不同的渐近不动式.

2. 插入型求积公式

在 (11.6.7) 的 $I_n(f)$ 计算公式中, 对不同类型的权系数 A_i, 产生不同类型的插入求积计算算法, 重要的插入求积计算算法如下所述.

(1) **拉格朗日插值法**　这时取相应的拉格朗日插值基函数为

$$\begin{cases} A_i = \int_a^b \ell_{n,i}(x)dx, \\ \ell_{n,i}(x) = \prod_{j \neq 0, i \neq j} \dfrac{x - x_j}{x_i - x_j}, \end{cases} \quad n = 1, 2, \cdots, i = 0, 1, \cdots, n. \tag{11.6.9}$$

这时有关系式

$$I_n(f) = \int_a^b L_n(x)dx = \int_a^b \sum_{i=0}^n f(x_i)\ell_{n,i}(x)dx, \tag{11.6.10}$$

因此 $L_n(x) = \sum_{i=0}^n f(x_i)\ell_{n,i}(x)$ 是拉格朗日多项式插值函数.

(2) **牛顿-科茨 (Newton-Cotes) 插值法** 这时取 n 个结点是 $[a,b]$ 区间的等分点, 因此 $\Delta_i = \dfrac{b-a}{n} = h$. 相应的牛顿–科茨积分系数取为 $A_i = (b-a)C_n^{(i)}$, 其中

$$C_n^{(i)} = \frac{1}{n} \int_a^b \prod_{j \neq 0, i \neq j} \frac{t-x_j}{x_i-x_j} dt, \quad n = 1, 2, \cdots, i = 0, 1, \cdots, n. \tag{11.6.11}$$

这时

$$A_i = \int_a^b \prod_{j \neq 0, i \neq j} \frac{x-x_j}{x_i-x_j} dx = h \int_0^n \prod_{j \neq 0, i \neq j} \frac{t-j}{i-j} dt, \tag{11.6.12}$$

其中最后一个等式是在做积分变量变换 $x = a + ih$ 下的计算结果.

(3) 牛顿–科茨的低阶 $n = 1, 2$ 时的积分公式, 它们是

$$I(f) = \int_a^b f(x)dx$$
$$= \begin{cases} T(x) = \dfrac{b-a}{2}[f(a) + f(b)], & n = 1 \text{ 时的梯形积分公式}, \\[2mm] S(x) = \dfrac{b-a}{6}\left[f(a) + 4f\left(\dfrac{a+b}{2}\right) + f(b)\right]. & n = 2 \text{ 时的抛物线积分公式}, \end{cases}$$
$$\tag{11.6.13}$$

其中抛物线积分公式又称**辛普森 (Simpson) 积分公式**. 而当 $n = 3, 4$ 时的积分公式分别是3/8 **辛普森积分公式和科茨积分公式**, 它们分别为

$$\begin{cases} I(f) = \dfrac{b-a}{8}\left[f(a) + 3\left(\dfrac{2a+b}{3}\right) + 3f\left(\dfrac{a+2b}{3}\right) + f(b)\right], \\[3mm] C(x) = \dfrac{b-a}{90}\left[7f(a) + 32\left(\dfrac{3a+b}{4}\right) + 12f\left(\dfrac{a+b}{2}\right) + 32\left(\dfrac{a+3b}{4}\right) + f(b)\right], \end{cases}$$
$$\tag{11.6.14}$$

3. 数值积分中的近似指标

在数值积分中, 为了评价不同插值算法的好坏, 有多种指标的定义.

(1) **积分余项**. 如果把插值积分 $I_n(f)$ 看作积分 $I(f)$ 的近似值, 那么 $R_n = I(f) - I_n(f)$ 就是插值积分中的积分余项, 该积分余项就是插值积分 $I_n(f)$ 和积分 $I(f)$ 值之间的近似度.

(2) **代数精度**. 在插值计算的 $I_n(f)$ (见 (11.6.8) 的表示式) 中, 如果对任何次数不高于 m 的多项式函数 f, 都有 $I(f) = I_n(f)$ 成立, 而对于次数高于 $m+1$ 的多项式函数 f, 有 $I(f) \neq I_n(f)$ 成立, 那么称这种插值的代数精度为 m.

(3) **收敛阶数**. 如果 $\lim_{h \to 0} \dfrac{I - I_n}{h^m} = c$, 如果 c 是一个非零常数, 那么称该插值积分的收敛阶数是 m.

这些指标都是反映插值积分在数值积分中的计算效果, 对这些插值计算法都有它们的指标分析, 对此我们不再详细讨论.

11.6.3　常微分方程的数值解

在科学和技术的许多问题中, 经常出现各种不同类型的微分方程问题, 其中有许多方程的求解计算是十分困难的, 其中困难问题之一是这些解的函数表达式问题, 在许多情况下是不能表达或很难计算的.

因此在计算数学中存在大量的数值计算问题, 对这些微分方程的求解问题作近似计算.

1. 常微分方程的数值解问题

为了简单起见, 在本小节中先讨论常微分方程的数值解问题.

常微分方程的构造一般由方程的结构和初始条件两部分组成, 我们可以把它写成

$$\begin{cases} y' = f(x, y), \\ y(a) = y_0, \end{cases} \tag{11.6.15}$$

其中 $f(x, y)$ 是同时包含自变量和因变量的函数, $y(a) = y_0$ 是初始条件.

常微分方程的求解问题一般是指: 当 $(x, y) \in G = (a, b) \times (c, d)$ 变化时, 这些变量满足 (11.6.15) 中的关系式.

常微分方程求解问题的**利普希茨 (Lipschitz) 条件**是指: 当 $(x, y) \in G$ 时, 存在常数 L, 函数 f 满足关系式 $|f(x, y_1) - f(x, y_2)| \leqslant L|y_1 - y_2|$.

在实际计算中, 利普希茨条件很难验证, 但可用偏导数 $\dfrac{\partial}{\partial y} f(x, y)$ 取代, 存在常数 L, 使 $\dfrac{\partial f}{\partial y} \leqslant L$ 成立, 那么有

$$|f(x, y_1) - f(x, y_2)| \leqslant \left| \frac{\partial f(x, y_2) + \theta(y_1 - y_2)}{\partial y} \right| \cdot |y_1 - y_2| \leqslant L|y_1 - y_2| \tag{11.6.16}$$

成立, 其中 $(x, y_1), (x, y_2) \in G, 0 < \theta < 1$.

常微分方程的数值解就是对一系列的结点 $a = x_0 < x_1 < \cdots < x_n = b$ 时, 构造 $y_i = f(x_i)$ $(i = 0, 1, \cdots, n)$ 的近似计算.

为此, 常微分方程的求解过程存在单步和多步的计算算法.

其中的单步算法是指在对结点 $a = x_{n+1}$ 的递推计算时只采用 $a = x_n, y_n = f(x_n)$ 时的计算结果, 而多步算法是指在对结点 $a = x_{n+1}$ 的递推计算时, 采用 $a = x_k, y_k = f(x_k)$ $(k = n, n-1, n-2, \cdots)$ 时的计算结果.

2. 单步计算时的欧拉方法

该方法的要点如下

把区间 $[a,b]$ 分成 n 等份, 称 $h = \dfrac{b-a}{n}$ 为步长, 这时的结点为 $x_k = a+kh$, $k = 0, 1, \cdots, n$. 为此求 $y = f(x)$ 在这些结点上的近似解.

该方法从定点 (x_0, x_1) 开始, 将它代入方程 (11.6.15), 得到它的斜率 $y_0' = f(x_0, y_0)$.

由此得到 $y_1 = y_0 + hy_0' = y_0 + hf(x_0, y_0) = y(x_1)$.

再从 (x_1, y_1) 点出发, 得到斜率 $y_1' = f(x_1, y_1)$ 和 $y_2 = y_1 + hy_1' = y_1 + hf(x_1, y_1) = y(x_2)$.

以此类推, 得到

$$\begin{cases} y_{k+1} = y_k + hf(x_k, y_k), \\ y(x_0) = y_0, \end{cases} \quad \text{或} \quad \begin{cases} \dfrac{y_{k+1} - y_k}{h} = f(x_k, y_k), \\ y(x_0) = y_0. \end{cases} \tag{11.6.17}$$

这就是差分格式的欧拉计算算法.

3. 单步计算时的其他方法

泰勒展开法. 这就是利用泰勒展开式

$$y(x_{n+1}) = y(x_n + h) = y(x_n) + hy'(x_n) + \frac{h^2}{2} y''(x_n) + \cdots, \tag{11.6.18}$$

如果只考虑线性项的部分, 那么 (11.6.18) 式就可简化成 (11.6.17) 式的结果.

数值积分表达式. 这时方程的积分表达式是

$$y(x_{n+1}) = y(x_n) + \int_{x_n}^{x_{n+1}} f(x, y(x))dx \tag{11.6.19}$$

其中右边第二项的取值用 $y_n \sim f(x, y(x))$, $x \in (x_n, x_{n+1})$ 时, (11.6.17) 式的值就简化成 (11.6.15) 式的结果.

欧拉计算算法还有多种改进算法、高阶方程的欧拉计算算法、多步算法的计算算法. 对这些算法还有它们的收敛性、计算速度等问题我们不作一一详细说明.

第三部分

智能的智能化问题

　　1900 年, 著名数学家希尔伯特曾提出一个计划, 建立一个公理体系来推导所有数学命题、定理的设想. 之后, 一些著名的数学家也曾为此努力, 试图建立这种公理化的体系, 但都没有成功. 直到 1931 年, 著名的逻辑学家库尔特·哥德尔证明了著名的哥德尔不完全性定理. 该定理证明了构建这种包含所有数学命题的公理化体系是不可能存在的. 希尔伯特和哥德尔所讨论的问题都是关于建立知识系统中的理论问题. 按照哥德尔不完备定理, 试图建立所有知识的逻辑学或智能化的理论体系是不可能的, 但按照希尔伯特的设想, 针对某一门学科或某一种工程问题, 建立它们的公理化 (或智能化) 系统是可能的. 我们把这种系统统称为智能化的工程系统, 它们实际上是由许多子系统组成的.

　　为讨论这种智能化的工程系统, 它的内容由理论基础和应用两部分组成. 其中的基础理论部分内容有如张量分析、集合论和逻辑学、具有时空结构的 NNS 理论等, 它们都是数学中的一些基本知识. 其应用部分, 围绕智能化工程问题进行讨论, 我们已放弃建立这种一般知识的智能化的目标, 而是针对某一学科或某一工程问题, 建立它们的智能化工程系统, 在本书中, 我们选择线性系统和计算数学中的一些问题来进行讨论.

　　由此可以看到, 在实现这种智能化工程中的一些目标和要求, 可以作为对其他学科或工程问题讨论时的参考. 在讨论这种智能化工程系统问题时, 还涉及什么是知识、知识系统、知识的发现过程等一系列的问题, 它们都是人工智能理论中的组成部分, 也有许多讨论. 在本书中, 我们试图从语言学、逻辑学的角度来讨论这些问题. 对其中的一些出发点、理论架构等问题给以定义, 并希望能与 NNS 的研究发生联系.

第12章 张量和张量分析

张量的概念是向量和矩阵概念的推广, 它具有多个变化指标的特征. 我们利用张量分析这个工具来描述空间神经网络系统. 在本章中先介绍有关张量、张量分析中的概念、名称、记号和性质的基本知识.

12.1 张量的类型和运算

张量的概念和函数的概念相同, 它的自变量在正整数集合中取值, 由此产生它们的一系列概念、定义、名称、记号、类型和运算. 在本章中我们先介绍这些基本内容, 其中的记号存在一系列简单的表示法. 采用这种表示法体系可以大大简化对张量理论的表达.

12.1.1 张量的定义和记号

我们对张量的概念、定义和记号进行规定和说明.

1. 指标

为定义张量, 首先需要了解指标的概念和定义.

指标是指在正整数中取值的记号, 如向量的指标是 i 在正整数集合 $\{1, 2, \cdots, i_0\}$ 中取值, 其中 i_0 是它可能取得最大值.

关于指标的类型, 它们首先有固定型和非固定型, 固定型的指标是指它有确定的取值, 而非固定型的指标是指它在一定范围内取值.

如指标 i_0, i 就是固定型和非固定型的指标, 其中 i_0 是一个固定的值, 因此是固定型的指标, 而 i 在集合 $\{1, 2, \cdots, i_0\}$ 中取值, 因此是一个非固定型的指标.

为了区别, 带上下标的指标, 如 i_0, i_1, i^k 等都是固定型的指标, 它们都有确定的值. 而不带上下标的指标, 如 i, j, k 等都是不固定型的指标, 它们在一定范围内取值.

用 $i, j, k, t, l, t, \tau, \gamma, i', j', k', t', l', t', \tau', \gamma'$ 等记号来表示指标, 它们可能取值的最大值分别是

$$i_0, j_0, k_0, l_0, t_0, \tau_0, \gamma_0, \ i'_0, j'_0, t'_0 k'_0, l'_0, \tau'_0, \gamma'_0. \tag{12.1.1}$$

因此它们可能的取值的集合分别是

$$I_0 = \{1, 2, \cdots, i_0\}, \quad I_0' = \{1, 2, \cdots, i_0'\}, \quad \bar{\tau}_0 = \{1, 2, \cdots, \tau_0\} \tag{12.1.2}$$

等, 我们称之为指标 i, i', τ 的**变化集** (**或变化范围集或取值集**), 这些集合是自然数的集合, 它取值范围由其最大值确定.

在 T-SNNS 中, 张量指标的变化范围 (或它们的最大值) 是可变的, 它们可能是其他指标的函数, 如 $i_0 = i_0(\tau, \gamma)$ 等.

另外, 指标 i 的最大值 i_0 也可以取零, 当 $i_0 = 0$ 时, 这个指标 i 就消失 (实际上不存在).

在这些指标集合中, 我们采用 i, j, k, i', j', k', t' 这些指标表示空间位置的指标, 而用 t 表示时间的指标, 因此 t_0 可以理解为关于离散时间指标的计数和区分记号 (如在单位时间内, 张量变化的次数等).

在 BNNS 中, NNS 的区域 Ω_τ 一般是固定的, 神经元之间排列的距离一般也是稳定的, 因此在固定的区域 Ω_τ 中, 指标 i, j, k, i', j', k', t' 的取值范围一般用 $\bar{r}_{i,j,k} \in \Omega_\tau$ 来表达. 因此这些指标是空间位置取值的指标.

功能指标 γ 是个特殊的指标, 这时区域 $\Omega_{\tau, \gamma}$ 可以是分离的, 也可以是交叉的, 这就是其中的位置张量 $\bar{r}_{\tau, \gamma, i, j, k, t} \in \Omega_{\tau, \gamma}$ 的排列可以是集中在某些不同的区域中分离的排列, 也可以是混合、交叉的排列.

时间指标 t 是个特殊的指标, 它们和不同的区域、子区域 $\Omega_{\tau, \gamma}$ 有关, 因此 $t_0 = t_0(\tau, \gamma)$, 这表示在 BNNS 中, 不同类型的子系统, 它们的振动、变化频率、产生指标的数量可以是不同的.

如在人体中, 视觉、听觉和对生化反应产生的变化频率、指标的数量可以是不同的.

为了简单起见, 在本书中, 我们对所有的指标都采用这种记号的表示法, 并省略它们取值范围的记号. 这就是, 凡是指标都有 (13.1.2) 式的取值范围, 而且这种取值范围 (或其中的最大值) 都是可变的 (或在区域内是可调整的), 它们可能是其他指标的函数, 但我们都省略不写.

2. 张量

张量的概念就是一种关于**指标的函数**, 如 $x_i^{i'}$ 就是一个关于 i, i' 的函数, 而 i, i' 指标在 I_0, I_0' 集合中取值, 如 (15.1.2) 式所示.

一个张量可以有多个指标, 每个张量的指标数称为张量的阶. 因此向量是一阶张量, 矩阵是二阶张量. 不带指标的数称为标量.

张量的指标有上标和下标的区别, 在张量分析中分别称它们为协变、逆变指标. 它们在概念上无本质的差别, 在表达和运算中起一定的方便作用.

3. 相空间

张量的相空间是指它们的取值范围. 如在 $x_{i,j,k}$ 中, 指标 i, j, k 是它的自变量, 而 $x_{i,j,k}$ 可以在不同的空间 (如实数空间、复数空间、整数空间等) 中取值, 称这些空间是张量的相空间.

相空间的类型. 相空间有多种不同的类型, 我们可以按照其中的运算规则来进行区别, 这就是在相空间 X 中, 可以定义多种不同的运算, 对这些运算一般要求具有封闭性, 而且满足一定的运算规则. 例如其中的运算类型及由此产生的相空间有

$$\left\{\begin{array}{ll} \textbf{逻辑运算} & \text{基本逻辑运算是\textbf{与、或、非、位移}运算, 由此产生\textbf{逻辑运算系统}, 在} \\ & \text{计算机的运算中, 把\textbf{位移}运算, 也看作是\textbf{逻辑系统}中的运算,} \\ \textbf{四则运算} & \text{即加、乘运算和它们的逆运算 (四则运算), 由此产生群、环、域等} \\ & \text{不同类型的数量空间,} \\ \textbf{代数运算} & \text{关于符号的四则运算, 由此产生由符号组成的群、环、域、逻辑代} \\ & \text{数等不同类型的运算空间,} \\ \textbf{线性运算} & \text{数和符号的混合运算, 由数乘和加法混合组成的空间.} \end{array}\right.$$

$$(12.1.3)$$

不同相空间的类型同样可以通过指标 θ 来进行表达, 如 $\theta = (0, q)$ 分别表示相空间是实数域 R、整数域 $Z_q = \{0, 1, 2, \cdots, q-1\}$ 等.

相空间的类型是复杂的, 对它的指标可采用复合指标来进行描述, 如

$$(0, \theta) = \left\{\begin{array}{ll} \text{在有理数域中取值,} & \theta = 0, \\ \text{在实数域中取值,} & \theta = 1, \\ \text{在复数域中取值,} & \theta = 2. \end{array}\right.$$

$$(12.1.4)$$

而 $(2, \theta)$ 表示相空间是个整数集合 Z_q, 其中 θ 是 q 在二进制表示时的位数.

在 NNS 中, 无限的运算 (如无限大、无限小) 是不存在的, 因此只能在一定条件下近似.

不同的相空间可以相互转换, 如二进制的逻辑空间 $X = \{-1, 1\}$, 可以直接变成二进制的数字空间 $X = Z_2 = \{0, 1\}$, 并由此产生二进制的数字运算.

在本书的 NNS 中, 把这种转换 $X = \{-1, 1\} \Longleftrightarrow \{0, 1\}$ 看作是可以自动进行的 (因此是等价的). 在代数运算中, 可以把它们看作代码的运算, 如在 $a + b = c$ 的代数式中, 可以把 $a, +, b, =, c$ 定义成固定的代码, 由此形成固定的代码空间. 张量的运算就在这些代码空间上进行.

对此问题, 我们在下文中还有详细讨论.

4. 张量的阶和维

张量的阶是指张量的指标数, 它的维是指所有指标可能取值的数目.

例如, 张量 $x_{i,j,k}$ 的阶是 3(3 阶张量), 它的维数是 $n = i_0 \times j_0 \times k_0$.

如果考虑相空间中的指标, 那么它应表示为 $x_{\theta' i,j,k}$, 这时 $\theta' = (0, \theta)$ 分别表示在有理数域、实数域、复数域中取值. 当 $\theta' = (2, \theta)$ 时, 它表示在整数域 (或环) 中取值, 其中 θ 是 q 在二进制表示时的位数.

因此, $x_{2,\theta,i,j,k}$ 是一个**张量中的张量**, 这就是, $x_{2,\theta,i,j,k} = (x_{2,\theta})_{i,j,k}$, 它表示在指标 i, j, k 下的具有指标 $(2, \theta)$ 的张量 (具有 θ 位的二进制向量).

在 $x_{2,\theta,i,j,k}$ 的张量表示中, $\theta = 2, 4, 8, 16, \cdots$, 它们分别表示张量在二、四、八、十六进制下的表示式.

5. 张量的表示

由此我们可以对张量给出以下统一的表示式.

它可以用英文大写字母表示, 它由多种不同的指标构成, 这些指标可以在该字母的右上角、在下角用数字标记, 也可以单独标记, 如 $R_2^1(2) = [r_{i,j}^k(\tau, \gamma)]$ 是一个 5 阶张量, 其中 i, j, k, τ, γ 都是它的指标.

对于张量的表示, 我们经常采用英文大写 (加上、中、下标的数量)、小写 + 括号 (加上、中、下标的指标).

如 X_3^2, 或 $X_3^2 = [x_{i,j,k}^{i'j'}]$ 都是 5 阶张量的表示.

为了区别, 我们把这些指标的类型分为上、 中、 下不同类型, 如 $[r_{i,j,k}^{k'}(\tau, \gamma)]$ 是一个 6 阶张量, 它的上、中、下指标数分别是 $1, 2, 3$.

因此 $r_{i,j}^k(\tau, \gamma)$ 是一个 5 阶张量 (1 个上标、2 个下标、2 个中标).

这些不同类型指标都有相同的运算表示, 它们没有本质的区别, 主要是为了书写和阅读的方便, 把具有相似特征的指标分写成上、中、下指标.

相空间指标 $(0, \theta)$ 或 $(2, \theta)$ 我们总是写在上下标的最前面, 如 $x_{2,\theta,i,j,k}$ 等.

如果再出现其他类型的指标, 如空间区域指标 τ, 功能指标 γ, 我们把它们作为中标, 如 $r_{0,3,i,j}^k(\tau, \gamma)$ 阶张量中, i, j 是下标; k 是上标; τ, γ 是中标 (表示区域和功能的指标), 而 $(0, 3)$ 表示在实数空间取值的 3 维向量.

在张量的指标之间, 一般采用用逗号将它们分割. 两个张量, 如果它们的指标数及指标集合相同, 那么称这两个张量是**同阶张量**.

12.1.2　张量的运算

对于张量具有多种不同类型的运算, 它们的定义和记号如下.

1. 同阶张量的线性运算

张量的线性运算有两种, 即数乘和加运算, 它们只能在同阶张量中进行.

数乘运算. 任何张量都可以和数 (标量) 相乘, 如果 α 是数, $U = (u_{i,j}^k)$ 是张量, 那么 $\alpha U = (\alpha u_{i,j}^k)$.

因此张量的数乘运算结果是原张量的同阶张量.

加法运算. 如果 $A = [a_i], B = [b_i]$ 是同阶张量, 那么它们的加法运算定义为 $C = A + B = [c_i = a_i + b_i]$.

线性运算. 如果 $A = [a_i], B = [b_i]$ 是同阶张量, α, β 是数, 那么它们的线性运算是 $C = \alpha A + \beta B = [c_i = \alpha a_i + \beta b_i]$.

这种线性运算可以推广到一般高阶张量的情形, 但必须在**同阶张量中进行**.

2. 半线性运算

这就是参与运算的张量, 它们的总体关系是非线性的, 但对单个张量是线性的.

乘法 (积) 运算. 这和多元函数相乘的概念相同. 如果 $A = [a_i^{i'}], B = [b_j^{j'}]$ 是两个具有不同指标的张量, 那么它们的积运算定义为

$$C = A \cdot B = [c_{i,j}^{i'j'} = a_j^{i'} \cdot b_i^{j'}]. \tag{12.1.5}$$

因此张量的乘法运算可以对不同的指标集合上的张量进行, 乘法运算生成的张量的阶是原张量阶的和.

在乘法运算中称 A, B 为**乘子 (或因子) 张量**, 这时对每个乘子张量的运算是线性的, 而且服从**分配律**. 这就是如果 $A = (a_i^{i'}), B = (b_j^{j'}), C = (c_k^{k'})$, 而且

$$\begin{cases} U = A \cdot B = [u_{i,j}^{i'j'} = a_i^{i'} \cdot b_j^{j'}], \\ V = A \cdot C = [v_{i,k}^{i'k'} = a_i^{i'} \cdot c_k^{k'}], \end{cases} \tag{12.1.6}$$

那么 $\alpha U + \beta V = A \cdot (\alpha B + \beta C) = \left[a_i^{i'} \cdot (\alpha b_k^{k'} + \beta c_k^{k'}) \right]$, 对于这个乘子张量的运算是线性的, 而且服从分配律.

商运算. 如果 $C = A \cdot B = [c_{i,j}^{i'j'} = a_i^{i'} \cdot b_j^{j'}]$ 是两个张量的积, 那么记 $A = C/B$, 或 $B = C/A$ 是张量的商. 这时

$$\begin{cases} A = [a_i^{i'}] = \left[c_{i,j}^{i'j'}/b_j^{j'} \right], \\ B = [b_j^{j'}] = \left[c_{i,j}^{i'j'}/a_i^{i'} \right], \end{cases} \tag{12.1.7}$$

在此 $A = C/B$ (或 $B = C/A$) 中, 称张量 A 是 C 关于 B 的商 (张量 B 是 C 关于 A 的商).

在张量的商运算中, 不仅是积张量 C 的取值被因子张量 A(或 B) 的取值相除, 而且因子张量的指标消失.

在一般的 $[c_{i,j}^{i'j'}/a_i^{i'}]$ 中, 指标 i, i', j, j' 一般不会消失, 如果 $c_{i,j}^{i'j'}/a_i^{i'}$ 和指标 i, i' 无关, 才能成为商.

扩张运算. 这就是张量指标的增加. 这种指标的增加有几种不同的途径, 如

(i) 对指标 i, 如果它的最大值 i_0 变大, 这就是指标 i 的 (**取值范围增加或扩张**).

(ii) 单指标 i 变成双指标 $i = (i_1, i_2)$, 这是 (**指标数量增加或扩张**).

(iii) **相空间的取值的扩张**. 如张量 $B = (b_{i,j})$ 的相空间变成张量 $b = (a^{i'j'})$, 这时 $B = \left[(a^{i'j'})_{i,j} \right]$, 这就是一个矩阵变成矩阵中的矩阵, 这时 2 阶张量就变成一个 4 阶张量.

张量相空间的扩张产生张量中的张量, 这时称它们为**复合张量**.

称 (iii) 中的张量扩张运算为**相空间指标增加的扩张**. 它的扩张结果是张量阶的增加 (扩张后张量的阶 = 原来的阶 + 相空间张量的阶).

张量组合的运算. 这和向量组合运算的概念相同. 如果 $A = (a^k_{i,j})$, $B = (b^{i'j'}_{k'})$ 是两个具有不同指标的张量, 它们的组合积运算定义是

$$C = A \oplus B = (A, B) = \left[c^{ki'j'}_{i,j,k'} = (a^k_{i,j}, b^{i'j'}_{k'}) \right],$$

这种组合的结果是张量 C 的阶 = 张量 A 的阶 + 张量 B 的阶.

缩并运算. 如果一个张量, 其中有两个指标相同, 这表示该张量对这两个指标求和.

如 $A = (a^{i,j}_{ki})$, 表示该张量是一个求和运算, 这就是 $A = \left[\sum_{i=1}^{i_0} a^{i,j}_{ki} \right] = [b^j_k]$.

这就是在张量 A 中, 对就是对指标 i 进行的缩并运算. 由此可见, 对一个指标的缩并运算所产生的张量阶比原来张量的阶减少 2.

这种缩并运算也可在多个指标上进行, 对 τ 指标的缩并运算所产生张量的阶比原来张量的阶减少 2τ.

乘法和缩并的混合运算. 如果两个张量相乘, 存在有相同的指标, 这表示它们的运算是先作乘法运算, 再作缩并运算.

如果 $A = [a^{i'j'}_{i,j}]$, $B = [b^k_{i'j'}]$ 在这两个张量中存在有相同的指标 $i'j'$, 那么它们的**混合运算**是**积运算** + **缩并运算**, 如

$$C = A \cdot B = [c^k_{i,j} = a^{i'j'}_{i,j} \cdot b^k_{i'j'}] = \left[\sum_{i'=1}^{i'_0} \sum_{j'=1}^{j'_0} a^{i'j'}_{i,j} \cdot b^k_{i'j'} \right]. \tag{12.1.8}$$

这时 $C = C^1_2$ 是一个 3 阶张量, 它是由两个张量的积, 又经过 2 对指标的缩并而形成的张量.

向量 $\boldsymbol{x} = [x_i]$, $\boldsymbol{y} = [y_i]$ 的内积是它们的混合积,

$$\langle \boldsymbol{x}, \boldsymbol{y} \rangle = x_i y_i = \sum_{i=1}^{i_0} x_i y_i.$$

这种内积的定义可以推广到一般情形, 如果张量 $X^1_2 = [x^k_{i,j}]$, $Y^1_2 = [y^k_{i,j}]$, 那么

它们的内积是

$$\langle X, Y \rangle = x_{i,j}^k y_{i,j}^k = \sum_{i=1}^{i_0} \sum_{j=1}^{j_0} \sum_{k=1}^{k_0} x_{i,j}^k y_{i,j}^k. \tag{12.1.9}$$

这种内积的定义也可以不要求对张量上下标的限制, 如果张量 $X_1^2 = [x_k^{i,j}], Y_2^1 = [y_{i,j}^k]$, 那么它们的内积是

$$\langle A, B \rangle = x_k^{i,j} y_{i,j}^k = \sum_{i=1}^{i_0} \sum_{j=1}^{j_0} \sum_{k=1}^{k_0} x_k^{i,j} y_{i,j}^k. \tag{12.1.10}$$

因此张量的内积是个标量.

由张量的内积产生张量的**范数**,

$$||A|| = A \cdot A = (a_{i,j,k})(a_{i,j,k}) = \left(\sum_{i=1}^{i_0} \sum_{j=1}^{j_0} \sum_{k=1}^{k_0} a_{i,j,k}^2 \right). \tag{12.1.11}$$

因此张量的范数是个标量, 而且 $||A|| \geqslant 0$, 其中等号成立的充分必要条件是 A 是一个零张量 $(a_{i,j,k} \equiv 0)$.

在张量的混合运算中, 经常使用的是张量的变换运算.

如果 $W = [w_{i,j,k,t}^{i'j'k'}], A = [a_{i'j'k'}]$, 那么它们的混合运算为

$$B = (b_{i,j,k}) = W \cdot A = \left[w_{i,j,k,t}^{i'j'k'} \cdot a_{i'j'k'} \right] = \left[\sum_{i'=1}^{i_0'} \sum_{j'=1}^{j_0'} \sum_{k'=1}^{k_0'} w_{i,j,k,t}^{i'j'k'} \cdot a_{i'j'k'} \right]. \tag{12.1.12}$$

因此在张量的变换运算中还包括指标集合的变换.

张量的变换运算可以有多种不同的表达方式, 如

$$b_{i_1 i_2 \cdots i_k} = c_{i_1}^{i_1'} c_{i_2}^{i_2'} \cdots c_{i_k}^{i_k'} b_{i_1' i_2' \cdots i_k'}. \tag{12.1.13}$$

这是多个张量的混合运算. 该式可以简写为

$$B_k = C_1^1(1) C_1^1(2) \cdots C_1^1(k) A_k,$$

其中 $C_1^1(1), C_1^1(2), \cdots, C_1^1(k)$ 是不同的二阶张量 (具有一个上标、一个下标).

3. 张量的类型

在张量的构造中, 有许多不同的类型. 记 $A = (a_{i,j,k}^{i'j'k'}), B = (b_{i,j,k}^{i'j'k'})$, 而且取 $i_0 = i_0', j_0 = j_0', k_0 = k_0'$, 我们以这种类型的张量为代表, 说明其中的一些类型.

(1) **对称和反对称张量**. 如果 $a_{i,j,k}^{i'j'k'} = a_{i'j'k'}^{i,j,k}$ 成立, 那么称 A 是一个对称张量.

如果总有 $a_{i,j,k}^{i'j'k'} \equiv -a_{i'j'k'}^{i,j,k}$ 成立, 那么称 A 是一个反对称张量.

(2) **对角线张量和幺张量**. 如果 $a_{i,j,k}^{i'j'k'} = \begin{cases} \lambda_{i,j,k}, & (i,j,k) = (i',j',k'), \\ 0, & \text{否则}, \end{cases}$ 那么
称 A 是一个对角线张量, 其中 $\Lambda = (\lambda_{i,j,k})$ 是一个 3 阶张量 (A 是一个 6 阶张量).

如果 A 是对角线张量, 而且 $\lambda_{i,j,k} \equiv 1$ 那么称该张量为幺张量. 记这样的幺张量 (具有 3 个上标、3 个下标) 为 $E_3^3 = [e_{i,j,k}^{i'j'k'}]$, 其中

$$e_{i,j,k}^{i'j'k'} = \begin{cases} 1, & (i',j',k') = (i,j,k), \\ 0, & \text{否则}. \end{cases} \tag{12.1.14}$$

其中 $i_0 = i_0', j_0 = j_0', k_0 = k_0'$.

(3) 幺张量的类型还有上、下标的幺张量, 如 $E^6 = [e^{i,j,ki'j'k'}]$, $E_6 = [e_{i,j,ki'j'k'}]$, 它们有和 (15.1.14) 相类似的关系, 这时.

$$e_{i,j,ki'j'k'}, \quad e^{i,j,ki'j'k'} = \begin{cases} 1, & (i',j',k') = (i,j,k), \\ 0, & \text{否则}. \end{cases}$$

(4) 这些幺张量分别是恒等变换、上、下指标的指标置换运算, 如 E_3^3, E^6, E_6 分别是

$$x_{i,j,k} = e_{i,j,k}^{i'j'k'} x_{i'j'k'}, \quad x_{i,j,k} = e_{i,j,k,i'j'k'} x^{i'j'k'}, \quad x^{i,j,k} = e^{i,j,k,i'j'k'} x_{i'j'k'}. \tag{12.1.15}$$

它们分别实现对 3 阶张量的上、下标位置的变换运算 (**张量指标的转置运算**).

4. 转置张量、逆张量和正交张量

我们仍以 3 阶和 6 阶张量说明这些张量的定义, 它们可推广到一般的情形.

如果 $A_3 = [a_{i,j,k}], B^3 = [b^{i,j,k}]$, 若 $b^{i,j,k} \equiv a_{i,j,k}$ 成立, 那么称 B 是 A 的**转置张量**, 这时记 $B = A'$.

如果 $A_3^3 = [a_{i,j,k}^{i'j'k'}], B_3^3 = [b_{i,j,k}^{i'j'k'}]$ 是两个 6 阶张量, 如果有

$$a_{i,j,k}^{i'j'k'} b_{i'j'k'}^{i''j''k''} = e_{i,j,k}^{i''j''k''} \tag{12.1.16}$$

成立, 那么称 B_3^3 是 A_3^3 的**逆张量**, 其中 $E_3^3 = (e_{i,j,k}^{i''j''k''})$ 是幺张量, 这里要求

$$i_0 = i_0' = i_0'', \quad j_0 = j_0' = j_0'', \quad k_0 = k_0' = k_0''.$$

这时记 $B_3^3 = (A_3^3)^{-1}$.

如果张量 A_3^3 的转置张量是它的逆张量, $(A_3^3)' = (A_3^3)^{-1}$, 那么称 A_3^3 是个**正交张量**.

12.2 张量空间

张量空间的概念和向量空间相似, 它也是一种线性空间. 但张量空间比较复杂, 它不仅指标数量多, 而且复杂 (有上下标的区别等). 因此张量空间有多种不同的类型, 它们之间存在空间内的变换及不同空间之间的变换. 本节介绍其中的基本概念、记号和其中的有关性质.

12.2.1 张量空间的表述

我们仍以 $3, 6$ 阶张量为例讨论张量的特征值和特征张量问题.

1. 张量空间的定义和记号

张量空间的概念是在固定指标和固定相空间条件下的全体张量, 它们的定义和记号如下.

记 $\mathcal{X}$ 是一个固定集合, 它是张量取值的相空间. 如 $\mathcal{X} = R$ 是一实数空间, 或 $\mathcal{X} = \{-1, 1\}$ 是一个二进制的离散集合, 或 $\mathcal{X} = Z_q = \{0, 1, \cdots, q-1\}$ 是一个 q 进制的离散集合.

这时 $\mathcal{X}$ 有多种不同的类型, 它们具有不同类型的运算和相应的运算规则.

张量的一般记号是具有多个指标的函数, 为了简单起见, 以 3 阶张量为例来进行讨论, 有关性质都可推广到一般情形.

这时记 $X_2^1 = [x_{i,j}^k]$ 是一个在 $\mathcal{X}$ 取值的 3 阶张量, 这时 $\mathcal{X}$ 是 X_2^1 的相空间.

记 $\mathcal{X}_3$ 是全体在 $\mathcal{X}$ 空间取值的所有 3 阶张量, 这时称 $\mathcal{X}_2^1$ 是一个在 $\mathcal{X}$ 空间取值的张量空间.

2. 张量空间记号的补充说明

如果 $\mathcal{X} = R, \{-1, 1\}$ 或 $Z_q = \{0, 1, \cdots, q-1\}$ 时, 由此产生的张量空间也可记为 $R_3, \{-1, 1\}_3, (Z_q)_3$. 其中的张量也可记为 $A_2^1 = [a_{i,j}^k], B_2^1 = [b_{i,j}^k]$ 等.

当指标 i, j, k 固定 (也就是它们的取值范围 I_0, J_0, K_0 固定) 时, 张量空间 $\mathcal{X}_3$ 的所有张量都是同阶张量, 如果 $\mathcal{X}$ 是一个线性集合, 那么在 $\mathcal{X}_3$ 中关于相空间 $\mathcal{X}$ 的线性运算也是闭合的, 由此形成一个线性集合.

如果记 $n = i_0 \cdot j_0 \cdot k_0$, 那么张量空间 $\mathcal{X}_2^1$ 和 $\mathcal{X}^n$ 空间同构 [1].

利用这种同构关系使张量空间中的一系列运算问题化为一个普通的线性空间中的理论问题.

如线性相关、线性无关、线性表达、基张量等理论都有相应的结果和性质.

---

[1] 线性空间的同构理论在一般线性空间理论中都有论述, 它是指两个线性空间存在 1-1 对应关系, 而且它们的线性运算关系保持一致.

它们的主要区别是在记号表达、语言文字的说明上的不同.

3. 线性空间理论在张量空间中的表达

现在把线性空间中的理论在张量空间中进行表达 (仍然是以 3 阶张量空间 $\mathcal{X}_3$ 为例来进行说明和表达).

(1) **零张量**. $a_{i,j}^k \equiv 0$, 并记为 $0_{i,j}^k$.

(2) **线性无关**. 对一组 $\bar{a}_{i,j}^k = \{a_{i,j}^k(\tau) \in \mathcal{X}_2^1, \tau = 1, 2, \cdots, \tau_0\}$, 如果有 $c_\tau a_{i,j}^k(\tau) = 0_{i,j}^k$ 成立, 那么必有 $c_1 = c_2 = \cdots = c_{\tau_0} = 0$ 成立, 这时称 $\bar{a}_{i,j}^k$ 是一个线性无关组. 否则是一个**线性相关组**.

在 $\bar{a}_{i,j}^k$ 的表达中, 把 τ 看作该张量的中标, 因此线性无关、线性相关等定义是张量中一些指标是相对于另一些指标而言的.

(3) **张量的线性组合**. 对一张量组 $\bar{a}_{i,j}^k$ 和 $B = (b_{i,j}^k) \in R_2^1$, 如果有一非零张量 $C = (c_\tau) \neq 0_1$, 使 $b_{i,j}^k = c_\tau a_{i,j}^k(\tau)$ 成立, 那么称 B 是张量组 $\bar{a}_{i,j}^k$ 的**线性组合**.

(4) **最大线性无关组**. 如果 $\bar{a}_{i,j}^k$ 是 R_2^1 空间中的一个线性无关组, 而且对任何 $b_{i,j}^k \in \mathcal{X}_2^1$, 张量组 $\{\bar{a}_{i,j}^k, b_{i,j}^k\}$ 总是线性相关的, 那么称 $\bar{a}_{i,j}^k$ 是 $\mathcal{X}_2^1$ 空间中的最大线性无关组.

在张量空间 $\mathcal{X}_2^1$ 中, 它的最大线性无关组的数目是 $\tau_0 = i_0 j_0 k_0$.

4. 张量空间中的变换理论

张量空间 $\mathcal{X}_2^1$ 中的变换理论和一般线性空间理论相同, 有关名词和记号如下.

如果 $\bar{a}_{i,j}^k$ 是 $\mathcal{X}_2^1$ 空间中的一最大线性无关组, 那么对任何 $b_{i,j}^k \in \mathcal{X}_2^1$, 总有一非零一阶张量 $C_1 = (c_\tau)$, 使 $b_{i,j}^k = c_\tau a_{i,j}^k(\tau)$ 成立. 因为把 τ 看作张量 $a_{i,j}^k(\tau)$ 中的一个指标, 所以对它同样可以采用张量的缩并运算和记号.

$\mathcal{X}_2^1$ 空间中的**变换张量** 可写为 $C_3^3 = (c_{i,j,k}^{i'j'k'})$, 这时它变换关系式是

$$b_{i,j}^{k'} = c_{i,j,k}^{i'j'k'} a_{i'j'}^k \in \mathcal{X}_2^1. \tag{12.2.1}$$

由此产生各种不同类型变换张量, 它们和 n 维线性空间中的理论相同, 但在记号、表达上有所不同.

5. 张量空间的子空间

在张量空间 $\mathcal{X}_2^1$ 中, 它的指标变化区域实际上是

$$\Sigma_0 = I_0 \times J_0 \times K_0 = \{(i,j,k), i \in I_0, j \in J_0, k \in K_0\}. \tag{12.2.2}$$

因此张量空间 $\mathcal{X}_2^1$ 又可表示为

$$\mathcal{X}_2^1(\Sigma_0) = \{a_{i,j}^k \in \mathcal{X}, \ (i,j,k) \in \Sigma_0\}. \tag{12.2.3}$$

如果 $\bar{a}_{i,j}^k$ 是 $\mathcal{X}_2^1$ 空间中的一个线性无关组, 记 $\Sigma \subset \Sigma_0$ 是一个 Σ_0 的子集合, 那么定义

$$\mathcal{X}_2^1(\bar{a}_{i,j}^k) = \{b_{i,j}^k = \alpha_\gamma a_{i,j}^k(\gamma), \alpha_\gamma \in \mathcal{X}_1\} \subset \mathcal{X}_2^1, \tag{12.2.4}$$

这时 $\mathcal{X}_2^1(\bar{a}_{i,j}^k)$ 是 $\mathcal{X}_2^1(\Sigma_0)$ 中的一个线性子空间, 这就是 $\mathcal{X}_2^1(\bar{a}_{i,j}^k) \subset \mathcal{X}_2^1$, 而且 $\mathcal{X}_2^1(\Sigma_0 a)$ 中的线性运算就是 $\mathcal{X}_2^1(\bar{a}_{i,j}^k)$ 中的线性运算.

我们有时记 $\mathcal{X}_2^1(\bar{a}_{i,j}^k)$ 为 $\mathcal{X}_2^1(\Sigma)$.

由此得到, 线性子空间中的性质、理论在张量线性子空间中都能成立, 对此不再一一说明.

12.2.2 张量内积空间

我们仍然以 $\mathcal{X}_2^1 = \mathcal{X}(\Sigma_0)$ 为例来说明张量内积空间的理论.

1. 张量内积空间的定义

我们已经说明, 在张量空间 $\mathcal{X}_2^1$ 中, 张量 $A = (a_{i,j}^k), B = (b_{i,j}^k)$ 内积的定义是

$$A \cdot B = \langle A, B \rangle = a_{i,j}^k \cdot b_{i,j}^k, \tag{12.2.5}$$

其中的乘积运算是乘积、缩并运算, 因此 $A \cdot B$ 是个标量.

在张量空间 $\mathcal{X}_2^1$ 中, 如果对所有的张量 $A = (a_{i,j}^k), B = (b_{i,j}^k)$ 都有 (12.2.5) 式的内积定义, 那么 $\mathcal{X}_2^1$ 是一个**张量内积空间**.

2. 张量内积空间的性质

张量内积空间是线性空间中定义的内积, 因此线性内积空间中的一系列性质在张量内积空间都能成立, 这里只重复其中的名称和记号.

张量的赋范. $||A||^2 = \langle A, A \rangle = a_{i,j}^k \cdot a_{i,j}^k = \sum_{i,j,k}(a_{i,j}^k)^2$.

因此 $||A||^2 \geqslant 0$, 而且等号成立的充分必要条件是 $A \equiv 0$ 是一个零张量.

内积的双线性性. 这就是内积 $\langle A, B \rangle$ 的取值关于 A, B 都是线性的.

张量正交性的定义. 如果 $A, B \in \mathcal{X}_2^1$, 而且 $\langle A, B \rangle = 0$(内积为零), 那么称 A, B 是相互正交的张量, 并记为 $A \perp B$.

子张量空间正交性的定义. 如果 $\mathcal{X}_2^1(\Sigma_1), \mathcal{X}_2^1(\Sigma_2)$ 是 $\mathcal{X}_2^1$ 的子张量空间, 对其中任何 $A \in \mathcal{X}_2^1(\Sigma_1), B \in \mathcal{X}_2^1(\Sigma_2)$ 都有 $\langle A, B \rangle = 0$ 成立, 那么称 $\mathcal{X}_2^1(\Sigma_1), \mathcal{X}_2^1(\Sigma_2)$ 是两个相互正交的张量子空间, 并记为 $\mathcal{X}_2^1(\Sigma_1) \perp \mathcal{X}_2^1(\Sigma_2)$.

子张量空间的组合. 如果 $\mathcal{X}_2^1(\Sigma_1), \mathcal{X}_2^1(\Sigma_2)$ 是 $\mathcal{X}_2^1$ 的子张量空间, 它们中的任何非零张量不能是另一个子空间中张量的线性组合, 这时

$$\mathcal{X}_2^1(\Sigma_1) \oplus \mathcal{X}_2^1(\Sigma_2) = \{A \oplus B, \ A \in \mathcal{X}_2^1(\Sigma_1), B \in \mathcal{X}_2^1(\Sigma_2)\} \tag{12.2.6}$$

是 $\mathcal{X}_2^1$ 的子张量空间, 我们称 $\mathcal{X}_2^1(\Sigma_1) \oplus \mathcal{X}_2^1(\Sigma_2)$ 是子空间 $\mathcal{X}_2^1(\Sigma_1)$ 和 $\mathcal{X}_2^1(\Sigma_2)$ 的和, 其中 $A \oplus B$ 是张量的组合运算.

如果 $\mathcal{X}_2^1(\Sigma_1) \perp \mathcal{X}_2^1(\Sigma_2)$, 那么记

$$\mathcal{X}_2^1(\Sigma_1) \oplus \mathcal{X}_2^1(\Sigma_2) = \mathcal{X}_2^1(\Sigma_1) + \mathcal{X}_2^1(\Sigma_2)$$

是 $\mathcal{X}_2^1(\Sigma_1), \mathcal{X}_2^1(\Sigma_2)$ 空间的直和.

张量子空间的正交分解. 如果 $\mathcal{X}_2^1(\Sigma)$ 是 $\mathcal{X}_2^1$ 的子张量空间, 定义

$$\mathcal{X}_2^1(\Sigma)^{\perp} = \{A \in \mathcal{X}_2^1, \ 对任何 B \in \mathcal{X}_2^1(\Sigma), \ 都有 \quad A \perp B\}, \tag{12.2.7}$$

称 $\mathcal{X}_2^1(\Sigma)^{\perp}$ 是 $\mathcal{X}_2^1(\Sigma)$ 的正交子空间.

这时对任何 Σ 必有 $\mathcal{X}_2^1(\Sigma) \oplus \mathcal{X}_2^1(\Sigma)^{\perp} = \mathcal{X}_2^1$ 成立. 我们称这种关系式为张量子空间的正交分解.

3. 张量内积空间中的基

在张量空间 $\mathcal{X}_2^1$ 中, 记 $E(i', j', k') = \left[e_{i,j}^k(i', j', k')\right]$ 是该空间中的一组基张量, 如果有

$$e_{i,j}^k(i', j', k') = \begin{cases} 1, & (k, i, j) = (k', i', j'), \\ 0, & 否则 \end{cases} \tag{12.2.8}$$

成立, 这里要求 $i_0 = i_0', j_0 = j_0', k_0 = k_0'$.

这时有

$$\langle E(i', j', k'), E(i'', j'', k'') \rangle = \begin{cases} 1, & (k', i', j') = (i'', j'', k''), \\ 0, & 否则, \end{cases} \tag{12.2.9}$$

其中 $i_0' = i_0'', j_0' = j_0'', k_0' = k_0''$.

因此称 $E(i', j', k')$ 是空间 $\mathcal{X}_2^1$ 中的一组基, 这时对任何 $A = [a_{i,j}^k] \in \mathcal{X}_2^1$ 总有

$$A = [a_{i,j}^k] = [a_{i,j}^k E(i, j, k)] \tag{12.2.10}$$

成立.

这时空间 $\mathcal{X}_2^1$ 中的基有 $n = i_0 j_0 k_0$ 个.

12.3   张量空间中一些特殊的张量

和线性空间理论相似, 在张量空间也有一些特殊的张量, 如特征张量、正定张量等. 因为张量空间是线性空间, 而且还是向量空间同构, 所以许多问题可以归结到向量空间中来研究. 因此本节的重点是非负张量 (或正定张量) 的理论.

12.3.1 非负张量和正定张量

非负张量和正定张量是两种重要的张量, 仍以 3 阶、6 阶张量为例说明有关的定义、记号和性质.

1. 非负张量和正定张量的定义

一个张量 $W_3^3 = (w_{i,j,k}^{i'j'k'})$ 被称为是非负定的, 如果对于任何张量 $X_3 = [x_{i,j,k}]$ 总有

$$w_{i,j,k}^{i'j'k'} x_{i'j'k'} x^{i,j,k} = \sum_{i=1}^{i_0} \sum_{j=1}^{j_0} \sum_{k=1}^{k_0} \sum_{i'=1}^{i_0'} \sum_{j'=1}^{j_0'} \sum_{k'=1}^{k_0'} w_{i,j,k}^{i'j'k'} x_{i'j'k'} x^{i,j,k} \geqslant 0 \qquad (12.3.1)$$

成立.

在 (15.3.1) 中, 如果对于非零的 X_3 张量, 总有严格的不等号成立, 那么称张量 W_3^3 是正定的.

非正张量和负定张量定义类似.

2. 非负张量和正定张量的性质

关于非负定 (或正定) 张量有以下性质成立.

如果 W_3^3 是一个非负定 (或正定) 的张量, 那么对任何 $\alpha > 0$, αW 也是一个非负定 (或正定) 的张量.

任何 $\alpha < 0$, αW 是一个非正定 (或负定) 的张量. 非正定和负定张量定义类似.

如果 $W_3^3(1), W_3^3(2)$ 是两个非负定 (或正定) 的张量, 那么它们的和 $W_3^3(1) + W_3^3(2)$ 也是一个非负定 (或正定) 的张量.

正定的张量一定是满秩的张量 (它们的行 (或列) 向量不线性相关, 或行列式的值不为零).

3. 一些典型的非负定 (或正定) 张量

如果 $w_{i,j,k}^{i'j'k'} \equiv \alpha > 0$ 是正常数, 那么对任何 3 阶张量 $X_3 = [x_{i,j,k}]$ 必有

$$w_{i,j,k}^{i'j'k'} x^{i,j,k} x_{i'j'k'} = \alpha x^{i,j,k} x_{i'j'k'} = \alpha x^{i,j,k} (e^{i,j,k,i'j'k'} x_{i,j,k}) = \alpha x^{i,j,k} x^{i,j,k} \geqslant 0,$$
$$(12.3.2)$$

其中 $E_6 = (e^{i,j,k,i'j'k'})$ 是上、下标转置的幺张量, 这时

$$x^{i,j,k} x_{i,j,k} = \sum_{i=1}^{i_0} \sum_{j=1}^{j_0} \sum_{k=1}^{k_0} (x^{i,j,k})^2 \geqslant 0$$

是正定的, 称这种这种张量是一个**常数张量**.

如果 $Z_3 = [z_{i,j,k}]$ 是一个 3 阶张量, 那么称

$$W_3^3 = \left[w_{i,j,k}^{i'j'k'} = z_{i,j,k} z^{i'j'k'} \right] \tag{12.3.3}$$

是由 Z_3 产生的**联想张量**, 其中 $Z^3 = (z^{i'j'k'})$ 是 Z_3 的转置张量.

如果 W 是由张量 Z_3 产生的联想张量, 那么

$$w_{i,j,k}^{i'j'k'} x^{i,j,k} x_{i'j'k'} = z_{i,j,k} z^{i'j'k'} x^{i,j,k} x_{i'j'k'} = (z_{i,j,k} x^{i,j,k})(z^{i'j'k'} x_{i'j'k'}) = \langle Z, X \rangle^2 \geqslant 0 \tag{12.3.4}$$

是非负定的, 其中等号成立的充分必要条件是 $Z \perp X$.

如果 $\bar{Z}_3 = Z_3(\tau)$ 是一个多重 3 阶张量 (因此是 4 阶张量), 那么称

$$W_3^3 = \left[w_{i,j,k}^{i'j'k'} = \alpha_\tau z_{i,j,k}(\tau) z^{i'j'k'}(\tau) \right] \tag{12.3.5}$$

是由张量组 $\bar{Z}_3$ 产生的联想张量, 其中 $\alpha_\tau > 0$.

如果 W 是由张量组 $\bar{Z}_3$ 产生的联想张量, 那么

$$w_{i,j,k}^{i'j'k'} x^{i,j,k} x_{i'j'k'} = \alpha_\tau z_{i,j,k}(\tau) z^{i'j'k'}(\tau) x^{i,j,k} x_{i'j'k'} = \alpha_\tau \langle Z(\tau), X \rangle^2 \geqslant 0 \tag{12.3.6}$$

是非负定的, 其中等号成立的充分必要条件是 $X \perp \bar{Z}$.

定理 12.3.1   如果 W 是由向量组 $\bar{Z}_3$ 产生的联想张量, 而且向量组 $\bar{Z}_3$ 在张量空间 R_3 中是满秩的, 那么 W 张量一定是正定的.

证明   张量组 $\bar{Z}_3$ 满秩的定义是在 R_3 空间中, 只有零张量 0_3 能和该向量组中所有的向量正交, 或对于任何非零向量 X_3, 总有一个 $Z_3 \in \bar{Z}_3$, 使 $\langle x^n, z_k^n \rangle \neq 0$. 那么该定理的结论由 (12.3.5) 式即得.

定义 12.3.1(由张量组产生的联想张量的定义)   如果 $(\bar{Y}_3, \bar{Z}_3) = \{y_{i,j,k}(\tau),$ $z_{i,j,k}(\tau)\}$ 是张量空间 R_3 中两个固定的张量组, $(\alpha_\tau), (\beta_\tau)$ 是 R 中的两个 1 阶张量, 那么称

$$w_{i,j,k}^{i'j'k'} = \left\{ \left[\alpha_\tau y_{i,j,k}(\tau) + \beta_\tau z_{i,j,k}(\tau) \right] \left[\alpha_\tau y^{i'j'k'}(\tau) + \beta_\tau z^{i'j'k'}(\tau) \right] \right\} \tag{12.3.7}$$

是一个由向量组 $\bar{Y}_3, \bar{Z}_3$ 和参数组 $(\alpha_\tau), (\beta_\tau)$ 产生的联想记忆张量. 这时同样可证明, 该张量是非负定的.

12.3.2 总能量、最大和最小值问题

我们仍然在 3 阶、6 阶张量中讨论有关张量的能量问题.

1. 有关能量的定义

记 $(W, H) = (W_3^3, H_3)$ 是 R 空间中的两个张量, $X_3 = [x_{i,j,k}]$ 是在 $\{-1, 1\}$ 空间中取值的张量, 那么有关它们的总能量、最大值和最小值分别定义为

$$
\begin{cases}
E_{W,H}(X_3) = -\dfrac{1}{2} w_{i,j,k}^{i'j'k'} x_{i'j'k'} x^{i,j,k} + h_{i,j,k} x^{i,j,k}, \\
E_{\text{Max}}(W, H) = \text{Max}\left\{ E_{W,H}(X_3),\ X_3 是在\{-1,1\}中取值的 3 阶张量 \right\}, \\
E_{\text{Min}}(W, H) = \text{Min}\left\{ E_{W,H}(X_3),\ X_3 是在\{-1,1\}中取值的 3 阶张量 \right\},
\end{cases}
\tag{12.3.8}
$$

称这些能量函数是在 (W, H) 固定条件下的能量分布函数.

2. 能量函数的组成

在 (12.3.8) 式的定义下, 该能量函数由两项组成, 即

$$
\begin{cases}
E_1(W, X_3) = -\dfrac{1}{2} w_{i,j,k}^{i'j'k'} x_{i'j'k'} x^{i,j,k}, \\
E_2(H, X_3) = h_{i,j,k} x^{i,j,k}.
\end{cases}
\tag{12.3.9}
$$

我们讨论它们的取值分布问题.

首先关于 $E_2(H, X_3)$ 的意义问题. 如果 $h_{i,j,k} \equiv \alpha > 0$ 是个固定的正数时, 这时

$$
E_2(H, X_3) = h_{i,j,k} x^{i,j,k} = \alpha \sum_{i,j,k} x^{i,j,k} = n_+ - n_-,
$$

其中 n_+, n_- 分别是张量 $x^{i,j,k}$ 取 1, -1 的数目.

因此 $E_2(H, X_3)$ 在 $h_{i,j,k} \equiv \alpha > 0$ 时的取值大小取决于该取 1, -1 的比例大小. 故我们可以把 $E_2(H, X_3)$ 看作能量中的势能, 当 $x_{i,j,k} \equiv 1$ 时, 它的势能达到最大.

这时 $E_1(H, X_3)$ 是动能. 当 $w_{i,j,k}^{i'j'k'} \equiv 0$ 时, 对任何张量 X_3, 总有 $E_1(W, X_3) = 0$, 这时的系统处于完全静息状态.

3. 状态的运动模型和它们的能量变化

为了简单起见, 讨论 3 阶张量的情形, 这时一个 HNNS 关于状态张量 $X_3 = [x_{i,j,k}]$ 的运动模型是张量空间 $\mathcal{X}_3 \to \mathcal{X}_3$ 的运动变换, 其中 X_3 的相空间是 $X = \{-1, 1\}$.

一个 HNNS 运动模型是 HNNS(X, W, H), 其中状态张量、权张量、阈值张量分别是

$$
\begin{cases}
X = X_3 = [x_{i,j,k}] \in \{-1, 1\}_3, \\
W = W_3^2 = [w_{i,j,k}^{i'j'k'}] \in R_3^3, \\
H = H_3 = [h_{i,j,k}] \in R_3.
\end{cases}
\tag{12.3.10}
$$

HNNS 的运动方程是

$$y_{i,j,k} = \mathrm{Sgn}\left\{ w_{i,j,k}^{i'j'k'} x_{i'j'k'} - h_{i,j,k} \right\}. \tag{12.3.11}$$

其中 $\mathrm{Sgn}(u) = \begin{cases} 1, & u \geqslant 0, \\ -1, & \text{否则} \end{cases}$ 是 u 的符号函数.

因此 $Y_3 = [y_{i,j,k}] \in \mathcal{X}_3$ 是一个 3 阶张量. 这时称 (12.3.11) 式是 HNNS 中的运动 (或变换) 算子. 记 $T = T(X)$, 是该 HNNS 中的运动算子.

这时 HNNS 关于张量 X 的能量函数如 (12.3.8) 式定义.

有关 HNNS 能量函数的基本性质如下.

定理 12.3.2   如果权张量 W 是对称、正定的, 那么它的状态运动张量 $x_{i,j,k,t}$ 的能量变化是单调下降的.

对 T-SNNS 中的任何状态张量 $x_{i,j,k,t}$, 总有 $E(y_{i,j,k,t}) < E(x_{i,j,k,t})$ 成立, 其中 $y_{i,j,k,t} = T(x_{i,j,k,t})$ 是 T-SNNS 中的状态运动结果 (见 (12.3.11) 式的定义).

证明   该定理的证明过程和一般 HNNS 模型的证明相同 (见本书第 9 章的证明), 我们不再详细说明.

这时有关系式 $E[T(X)] < E(X)$ 成立, 即在 HNNS 中, 状态张量的每次运动都是动能的增加、势能的减少.

第 13 章　集合论和逻辑学

关于集合论的概念和性质已经在第 4 章 (4.2 节) 中进行过讨论, 对此不再重复. 和集合论密切相关的, 如布尔代数等理论在本书的附录 6 中也有讨论. 在本章中, 我们对其中的有关问题作补充说明.

13.1　布尔代数和布尔逻辑

集合论和逻辑学之间存在密切关系, 它们通过布尔代数和逻辑代数实现它们之间的连接关系. 关于布尔代数、布尔格等理论我们将在本书的附录 6 中有详细的说明和讨论, 逻辑代数理论是布尔代数理论的继续, 它用逻辑学的语言和记号进行表达. 在本节中继续介绍和讨论这些问题中的基本概念、内容和记号.

13.1.1　布尔代数的定义和性质

1. 布尔代数的定义

这是由乔治·布尔提出的一种代数理论, 和逻辑学有密切关系.

它的定义是一个非空集合 X, 它的元素记为 $a, b, c, d, \cdots$, 如果它们之间定义三种运算 (并 "+"、交 "·"、补 "$\bar{a}$").

布尔代数是一种集合, 它的元素之间具有这三种运算, 这些运算满足亨廷顿 (Huntington) 公理体系 (见本书附录 6 中的定义 F.1.2. 中的 (1)—(7)).

在布尔代数中, 由亨廷顿 (Huntington) 公理体系推出的或等价的性质, 在本书附录 6 中的性质 F.1.1 中的 (1)—(12) 与定理 F.1.1 及定理 F.1.2 中给出.

2. 关于布尔代数的补充性质

关于布尔代数的性质除了本书附录 6 所讨论的外, 在此补充的性质有如下.

对称差的定义, $a \Delta b = (a \wedge b^c) \vee (a^c \wedge b)$.

同态布尔代数的定义　如果 X, X' 是两个布尔代数, 且在它们的元素之间存在一个 1-1 对应关系, 它们的运算关系一致, 那么称这二个布尔代数同态.

3. 关于布尔函数的定义和性质

在本书的附录 6 中, 给出了**布尔函数、布尔集合的定义**(见定义 F.1.6), 和它们的一系列性质 (见性质 F.1.3, 定理 F.1.3, 定理 F.1.4).

关于布尔函数、布尔集合还有一系列运算性质, 如交、并、积等运算 (见 (F.1.4)—(F.1.7) 式所示), 对此不再详细说明.

4. 布尔函数展开式的定义

称 $x_1^{e_1}\cdot x_2^{e_2}\cdot\cdots\cdot x_n^{e_n}$ 是布尔函数的基本积, 其中 $e_i\in\{0,1\}, i=1,2,\cdots,n$, 这时 $x_i^{e_i}=\begin{cases}x_i, & e_i=1,\\ \bar{x}_i, & e_i=0.\end{cases}$

布尔函数的展开式是

$$\begin{cases}f(x^n)=\vee_{e_1=0}^1\cdots\vee_{e_n=0}^1 f(e^n)x_1^{e_1}\cdot x_2^{e_2}\cdot\cdots\cdot x_n^{e_n},\\ e^n=(e_1,e_2,\cdots,e_n).\end{cases}\tag{13.1.1}$$

布尔函数的展开式定理 任何一个布尔函数 $f(x^n)$, 总可展开成 (14.2.1) 的展开式, 而且是唯一的.

13.1.2 布尔逻辑

在有的文献中, 称布尔逻辑为逻辑代数, 我们对此讨论如下.

1. 逻辑代数的定义

定义 13.1.1(最小布尔代数和逻辑代数的定义) (1) 一个布尔代数 B_0 被称为是最小布尔代数, 如果 B_0 是一个布尔代数, 而且 $B_0=\{0,1\}$ 或 $B_0=\{-1,1\}$ 是一个二元集合.

(2) 布尔值代数. 它的记号是 $\mathbf{B}=\{B,B_0,f\}$, 其中 B,B_0 分别是布尔代数和最小布尔代数, f 是 $f:B\to B_0$ 的运算.

这时称 $\mathbf{B}=\{B,B_0,f\}$ 是一个具有**布尔值的布尔代数**(简称**布尔逻辑**).

2. 布尔逻辑的性质

在布尔代数 B 中产生以下运算或关系.

$$\begin{cases}\textbf{对称差}^{①} & a\Delta b & =a\vee b-a\wedge b,\\ \textbf{等价关系} & a\leftrightarrow b & \text{如果}a\Delta b=o, \text{布尔代数中的零元},\\ \textbf{递推关系}^{②} & a\to b & \text{如果}a\vee b=a, \text{或}a\geqslant b, \text{是布尔代数中的大小关系}.\end{cases}\tag{13.1.2}$$

① 对称差关系又称**异或关系**(exclusive or 关系), 这时 $\Delta,\otimes$ 是它的两种等价的记号.

② **递推关系和蕴涵关系** 同时存在. 这就是在 $a\to b$ 中, 这是 a 递推 b, 或 a 蕴涵 b.

在布尔代数 B 中, 它的元 $a, b, c, \cdots$, 也可用命题的集合 $A, B, C, P, Q, R, \cdots$ 取代, 这时的布尔代数 B 就是一个关于命题的布尔代数.

如果布尔代数 B 是一个关于命题的布尔代数, 那么布尔逻辑 $\mathbf{B} = \{B, B_0, f\}$ 就是一个知识系统. 知识系统我们在下文中还有一系列的讨论, 在此不再详细说明.

3. 有关逻辑的语言我们说明如下

称逻辑代数集中的元素为**逻辑变量**.

关于事物的基本属性是肯定和否定, 确定这种属性的过程为**判断** (**或判定**). 表达判断的语言为**命题**.

因此命题有真、伪 (或假) 的区别. 它们分别用 1, 0 记号表示.

一个集合 Ω, 如果定义它的加、乘和反运算 (逻辑加、逻辑乘和逻辑反运算), 而且对这些因素闭合, 那么称这些运算为**代数运算**, 称这个系统为**逻辑代数系统**, 称这个集合中的元素为**逻辑变量**.

4. 逻辑函数

如果 A, B 是两个集合, a, b 分别是其中的元素, 一个 $A \to B$ 的映射 f 为函数. 集合 A, B 中的元素是该函数的变量 (自变量和因变量).

映射 (或函数) 的类型有多种, 如我们已经定义过的 1-1 映射. 还有其他映射, 如多值映射等.

如果映射 f 的变量是逻辑变量, 那么称这个函数是**逻辑变量**.

如果 f 是一个 1-1 映射, 那么对于任何 $b \in B$, 有而且只有一个 $a \in A$, 使 $b = f(a)$, 这时记 $a = f^{-1}(b)$ 是 f 的逆映射.

逻辑函数的等价性. 两个逻辑函数 f_1, f_2, 如果它们的逻辑自变量 $a_1, a_2, \cdots$, a_n 相同, 而且在 $a_1, a_2, \cdots, a_n$ 的任何不同取值时, f_1, f_2 的取值总是相同, 那么称这两个函数等价.

13.1.3 逻辑运算和规则

利用布尔代数、布尔逻辑等这些数学工具, 我们可进一步建立逻辑运算和规则的理论和方法, 如

1. 基本逻辑运算

我们已经给出逻辑运算的名称, 它们有基本运算和组合运算的区别, 有关基本运算的类型、记号如下.

逻辑加法. 它的定义和并、或的概念等价, 因此有记号 $+, \vee, \cup$, 我们把它们等价使用.

逻辑乘法. 它的定义和交、与的概念等价, 因此有记号 $\cdot, \wedge, \cap$, 我们把它们等价使用.

逻辑反运算. 它的定义和非、补运算的概念等价, 因此有非、补等记号, 如 $\bar{A}, A^c$, 我们把它们等价使用.

13.1.4　布尔代数的补充定义和性质

1. 布尔代数的定义

定义 13.1.2　一个非空集合 X, 它的元素记为 $a, b, c, d, \cdots$, 如果它们之间定义三种运算 (并 "+"、交 "$\cdot$"、补 "$\bar{a}$"), 并满足以下条件.

对并、交、补这三种运算闭合 (运算之后仍在集合 X 中).

存在零元 (0) 和幺元 (e), 对任何 $a \in X$, $0 + a = a$, $e \cdot a = a$ 成立.

它们的逆元存在, 而且唯一. 这就是对任何 $a \in X$, 总有 $b, c \in X$, 使 $a + b = 0$, $a \cdot c = e$ 成立.

这时称 b 是 a 的负元, 并记为 $b = -a$, 称 c 是 a 的逆元, 并记为 $c = a^{-1}$.

这些运算的交换律、结合律和分配律成立, 它们的表达记号和公理 14.1.3 中的记号相同.

布尔代数中的这三种运算 (并 "+"、交 "$\cdot$"、补 "$\bar{a}$") 和集合论中的三种运算名称相同、但记号不同 (集合论中的记号分别是 $\cup, \cap, a^c$ 或 $\vee, \wedge, a^c$, 在本书中我们等价使用.

称本定义中的这三种运算为布尔代数中的基本运算, 这些基本运算的组合产生它的运算体系.

在布尔代数中形成的运算类型很多, 和集合论相似, 其中是对称差运算是 $a\Delta b = (a \wedge b^c) \vee (a^c \wedge b)$.

定义 13.1.3 (同态布尔代数的定义)　如果 X, X' 是两个布尔代数, 如果在它们的元素之间存在一个 1-1 对应关系, 而且它们的运算关系一致, 那么称这两个布尔代数**同态**.

只包含二个元素 (如 $X = \{0, 1\}$) 的布尔代数为**最小布尔代数**.

如果 X 是一个具有并、交运算 $\vee, \wedge$ 的布尔代数, 那么把它记为 $\{X, \vee, \wedge\}$.

2. 布尔格和布尔代数的表示

定义 13.1.4 (布尔格的定义)　如果 a, b 是布尔代数 X 中的两个元素, 称 a 覆盖 b, 如果有 $a = a\Delta b$ 成立.

如果 a 覆盖 b, 那么记为 $a \geqslant b$ 或 $b \leqslant a$.

如果在布尔代数 X 的两个元素之间定义这种覆盖关系, 且它们满足以下性质.

(i) 自返性. $a \leqslant a, a \geqslant a$. 如果 $a \leqslant b, a \geqslant b$, 那么 $a = b$.

(ii) 递推性. 如果 $a \geqslant b, b \geqslant c$, 那么 $a \geqslant c$.

那么称这种布尔代数是布尔格.

3. 布尔代数的基本特征

如果 X 是一个布尔代数, 那么对任何 $a, b \in X$, 总有 $a, b \leqslant a \vee b, a, b \leqslant a \wedge b$ 成立, 因此分别称 $a \vee b$ 是 a, b 的最小上界, 而 $a \wedge b$ 是 a, b 的最大下界.

这种大小比较关系又称格中的**半序关系**.

定义 13.1.5 (布尔代数中原子的定义)　如果 X 是一个布尔代数, 如果 $a \in X, a \neq 0$, 而且对任何 $x \in X$ 总有 $x \cdot a = a$, 或 $x \cdot a = 0$ 成立, 那么称 a 是该布尔代数中的**原子**.

定理 13.1.1 (布尔代数的同构定理)　如果 $\{X, +, \cdot\}$ 是一个布尔代数, B 是该布尔代数中所有原子的集合, 那么 $\{X, +, \cdot\}$ 同构于 $\{B^2, \vee, \wedge\}$.

其中 B^2 表示集合 B 中所有子集合的集合, 同构的关系是指在 X, B^2 之间存在 1-1 对应关系, 而且它们的运算关系保持一致.

13.1.5 布尔函数

布尔函数又叫开关函数. 它们的定义如下.

1. 布尔函数的定义

记 $\{B_0, \vee, \cdot\}$ 是一个二值布尔代数 ($B_0 = \{0, 1\}$ 的布尔代数).

定义 13.1.6 (布尔函数的定义)　如果 f 是一个 $B_0^n \to B_0$ 的映射, 那么称 f 是一个具有 n 个变量的布尔函数. 其中

$$B_0^n = B_0 \times B_0 \times \cdots \times B_0 = \{(x_1, x_2, \cdots, x_n), x_i \in B_0\}.$$

记 F_n 是一个具有 n 个变量的布尔函数的集合, 对任何 $f, g \in F$, 可定义它们的运算

$$\begin{cases} (f \vee g)(x^n) = f(x^n) \vee g(x^n), \\ (f \wedge g)(x^n) = f(x^n) \wedge g(x^n), \quad = \overline{f(x^n)}. \\ (\bar{f})(x^n) \end{cases} \tag{13.1.3}$$

定理 13.1.2 (由所有布尔函数形成的布尔代数)　如果 F_n 是一个所有的、具有 n 个变量的布尔函数的集合, 它的并、交、补运算如 (13.1.3) 式定义, 那么以下性质成立.

(1) $\{F_n, \vee, \wedge\}$ 是一个布尔代数.

(2) 在布尔代数 $\{F_n, \vee, \wedge\}$ 中, 如果 $f_0 \equiv 0, f_1 \equiv 1$, 那么 f_0, f_1 分别是该布尔代数中的零元和幺元.

2. 布尔函数的展开理论

记 $e_i \in \{0,1\}, i = 1, 2, \cdots, n$. 定义 $x_i^{e_i} = \begin{cases} x_i, & e_i = 1, \\ \bar{x}_i, & e_i = 0. \end{cases}$

定义 13.1.7 (布尔函数展开式的定义)　称 $x_1^{e_1} \cdot x_2^{e_2} \cdot \cdots \cdot x_n^{e_n}$ 是布尔函数的基本积.

布尔函数的展开式是

$$f(x^n) = \vee_{e_1=0}^1 \cdots \vee_{e_n=0}^1 f(e^n) x_1^{e_1} \cdot x_2^{e_2} \cdot \cdots \cdot x_n^{e_n}. \tag{13.1.4}$$

定理 13.1.3 (布尔函数的展开式定理)　任何一个布尔函数 $f(x^n)$, 总可展开成 (13.1.4) 的展开式, 而且是唯一的.

13.1.6　逻辑代数

1. 逻辑代数的定义

定义 13.1.8　(1) 一个最小布尔代数集合又称**逻辑代数**, 或**逻辑代数集**. 称逻辑代数集中的元素为**逻辑变量**.

(2) 关于事物的基本属性是肯定和否定, 确定这种属性的过程为**判断** (或判定). 表达判断的语言为**命题**.

(3) 因此命题有**真**、**伪** (或假) 的区别. 它们分别用 1, 0 记号表示.

(4) 一个集合 Ω, 如果定义它的加、乘和反运算 (逻辑加、逻辑乘和逻辑反运算), 而且对这些因素封闭, 那么称这些运算为**代数运算**, 称这个系统为**逻辑代数系统**. 称这个集合中的元素为**逻辑变量**.

2. 逻辑函数

如果 A, B 是两个集合, a, b 分别是其中的运算, 一个 $A \to B$ 的映射 f 为函数. 集合 A, B 中的元素是该函数的变量 (自变量和应变量).

映射 (或函数) 的类型有多种, 如果我们已经定义过的 1 - 1 映射. 还有其他映射, 如多值映射等.

如果映射 f 的变量是逻辑变量, 那么称这个函数是**逻辑函数**.

如果 f 是一个 1-1 映射, 那么对于任何 $b \in B$, 有且只有一个 $a \in A$, 使 $b = f(a)$, 这时记 $a = f^{-1}(b)$ 是 f 的逆映射.

逻辑函数的等价性. 两个逻辑函数 f_1, f_2, 如果它们的取值总是相同, 那么称这两个函数等价.

3. 基本逻辑运算

我们已经给出逻辑运算的名称, 它们有基本运算和组合运算的区别, 有关基本运算的类型、记号如下.

(1) **逻辑加法**. 它的定义和并、或的概念等价, 因此有记号 $+, \vee, \cup$, 我们把它们等价使用.

(2) **逻辑乘法**. 它的定义和交、与的概念等价, 因此有记号 $\cdot, \wedge, \cap$, 我们把它们等价使用.

(3) **逻辑反运算**. 它的定义和非、补运算的概念等价, 因此有非、补等记号, 如 $\bar{A}, A^c$, 我们把它们等价使用.

4. **逻辑组合运算**

若干基本运算的组合为组合运算, 一些重要的类型和记号如下.

(1) **反与、反和运算**. 这就是在与、和运算后作反 (或非) 运算. 这种反运算可推广到在一般运算之后的反运算.

(2) **反规则运算**. 任何加、乘运算 $(+, \cdot)$ 互换, 或变量 1, 0 互换所产生的运算为反规则运算.

(3) **对偶运算**. 任何原规则和它的反规则运算形成对偶运算, 它们的表示式为**对偶式**.

(4) **对偶规则**. 所有的逻辑规则都有它们的反规则和反运算, 通过这些对偶式的表示, 使逻辑学中的规则减少一半.

(5) **代入规则**. 如果 A 是逻辑函数中的一个变量, F 是逻辑规则, 如果将 F 代入 A, 那么原来的关系式仍然成立, 称该规则为代入规则.

利用代入规则也可使逻辑学中的规则减少一半.

13.1.7 基本逻辑关系 (逻辑恒等式和基本逻辑规则)

在逻辑关系中, 存在多种恒等式和基本逻辑规则, 对此说明如下.

1. **和、积、非运算中的恒等式**

(1) **和运算中的等式**.

$$A + 0 = A, \quad A + 1 = 1, \quad A + \bar{A} = 0, \quad A + AB = A, \quad A + \bar{A} \cdot B = A + B. \quad (13.1.5)$$

(2) **积运算中的等式**.

$$A \cdot 0 = 0, \quad A \cdot 1 = A, \quad A \cdot \bar{A} = 0, \quad A \cdot A = A. \quad (13.1.6)$$

(3) **非运算中的等式**.

$$\overline{A + B} = \bar{A} \cdot \bar{B}, \quad \overline{\bar{A}} = A, \quad \overline{A \cdot B} = \bar{A} + \bar{B}. \quad (13.1.7)$$

(4) **混合运算中的等式**.

$$A \cdot B + \bar{A} \cdot C + B\bar{C} = A \cdot B + \bar{A} \cdot C, \quad A \cdot (A + B) = A, \quad A \cdot (\bar{A} + B) = A \cdot B,$$

$$(A+B)\cdot(\bar{A}+C)\cdot(B+C) = (A+B)\cdot(\bar{A}+C), \quad \overline{A\cdot B+\bar{A}\cdot C} = A\cdot\bar{B}+\bar{A}\cdot\bar{C}. \tag{13.1.8}$$

2. 线路开关中的逻辑运算

线路开关中的信号是 1,0(开、关), 线路的并联、串联的记号是和 (+)、积 (·) 运算, 由此产生的逻辑运算是

$$1+1=1, \quad 1+0=1, \quad 0+1=1, \quad 0+0=0, \quad 1\cdot 1=1,$$

$$1\cdot 0=0, \quad 0\cdot 1=0, \quad 0\cdot 0=0. \tag{13.1.9}$$

在 (13.1.9) 式中, 如果用 $a=1,0$, 那么 (13.1.9) 式可以简化为

$$1+a=1, \quad 0+a=a, \quad 1\cdot a=a, \quad 0\cdot a=0, \quad a+\bar{a}=1, \quad a\cdot\bar{a}=0. \tag{13.1.10}$$

利用这些恒等式和规则 (对偶规则、代入规则) 可使逻辑运算中的规则大大简化. 对此我们不再一一说明.

由这些讨论我们可以大体了解集合论、逻辑学、布尔代数、布尔函数、开关函数之间的基本关系、基本概念和记号, 它们在一定条件下具有等价性, 但在语言、记号的表达上不同.

第 14 章　神经网络系统的时空结构理论

> 如果大量神经元在不同的空间区域位置上排列, 由此形成一个具有空间结构的 NNS, 如果该系统的状态处在不断的运动、变化中, 那么这个 NN 就是动态的 NNS, 或具有时空结构的 NNS (T-SNNS). 在本章中我们讨论它们的结构模型和运行规则.

14.1　T-SNNS 的结构模型

在 T-SNNS 中, 涉及多种不同类型的指标, 如时间、空间、功能等指标, 对这些不同类型的指标可以采用子系统等理论或语言、记号来进行描述和表达. 对此多指标的体系. 我们采用张量分析的理论、方法和记号来进行描述, 关于张量分析的要点已在第 15 章中说明和讨论.

在 NNS 中, 需要对神经元、神经胶质细胞的位置、状态进行描述, 它们都是 T-SNNS 理论的组成部分. 对 T-SNNS 理论的应用是多方面的如识别、分类、计算、逻辑分析等方面都有应用.

因此 T-SNNS 理论是一个关于张量分析 + NNS + 多种应用的综合性的理论体系.

有关集合论、逻辑学中的基本原理和性质已在第 16 章中说明, 它们和 T-SNNS 的关系在以后的章节中还有讨论. T-SNNS 理论的应用是多方面的, 其中涉及复合图论、复合网络等理论, 我们在下文中还有进一步的讨论.

14.1.1　NNS 中的指标体系

在本小节中, 首先要讨论的问题是 NNS 中指标的产生过程和功能特征, 并确定它们的名称、类型和记号.

1. NNS 中的指标和对指标的分类

一个 NNS 是由大量的神经细胞 (神经元和神经胶质细胞) 组成的, 它们具有一定的空间位置, 它们的状态随时间变化而且发生相互作用. 为对这些特征进行描述, 需要建立它们的这种变化和相互作用的关系.

为描述这种变化和作用的特征, 首先就需要建立它们之间的指标体系, 而这种指标体系可以有多种不同的方法建立.

其中最直接、明了的方式是建立以神经元、神经胶质细胞为主体的指标体系. 因为这些神经细胞在生物神经系统中的位置是相对固定的, 所以首先可以建立它们的空间位置指标.

在生物神经系统中, 存在多种不同类型的功能系统 (如在感觉系统中存在光、电、声、触的反应系统和对生物化学分子的感应系统), 它们都是生物学中不同的功能系统.

在生物神经系统中, 整个系统都处在不断的运动和变化状态中, 这种变化在不同的子系统中是不同的, 它们在不同的环境和条件下处于不断的强化或弱化中, 它们的变化方式也是不同的. 这就是时间指标的问题.

2. 不同指标的类型和记号

在张量分析中, 我们把张量的指标和张量值给以区分, 把张量看作是张量指标的函数值. 因此在相同的指标下可能有不同的张量值.

例如, 在 NNS 中, 张量的指标有如下指标.

(1) **基本指标**　这就是以神经元、神经胶质细胞为主体的指标, 它们以空间排列或相互作用的关系出现, 如 i, j, k 等指标.

(2) **子系统的指标**　用 τ, γ, θ 等指标表示, 它们分别代表空间区域排列的指标、功能指标和子系统编号的指标.

(3) **时间指标**　用 s, t 等指标表示, 它们代表系统在此时间的取值或发生次数的指标.

3. 取值的类型

在固定的指标下, 张量的取值也有多种不同的类型, 如在空间排列位置 i, j, k 等指标固定的条件下, 张量的取值有如: 神经细胞的类型、状态值等不同的类型.

即使是神经元的状态值, 它们也有电位值、阈值、状态值 (兴奋或抑制的状态值).

14.1.2　T-SNNS 中的空间区域和功能指标

1. 空间区域和空间阵列

记 R^3 是一个 3 维欧氏空间, $\Omega \subset R^3$ 是它的一个空间区域, 如人脑所占有的空间区域.

记 Ω 空间中的点为 $\boldsymbol{r} = (x, y, z) = (r_1, r_2, r_3) \in \Omega$, 它是一个 3 维向量, 对向量的这两种表示等价使用.

当这些空间点按一定的规则排列时, 形成一个空间阵列, 空间阵列的一般表示是

$$\Omega\text{- 阵列} = \{(i,j,k):\ \boldsymbol{r}_{i,j,k} \in \Omega\}, \tag{14.1.1}$$

因此 Ω- 阵列是一个关于指标 (i,j,k) 的集合.

为了对 Ω-阵列有更确切的表示, 需对点阵 $\boldsymbol{r}_{i,j,k} = (x_i, y_j, z_k)$ 有更具体的描述, 如取

$$(x_i, y_j, z_k) = (x_0 + i\delta, y_0 + j\delta, z_0 + k\delta), \quad i = 1, 2, \cdots, i_0,$$
$$j = 1, 2, \cdots, j_0, \quad k = 1, 2, \cdots, k_0,$$

其中 x_0, y_0, z_0 是固定的常数, δ 是一个固定 (或具有一定随机分布) 的正数.

由此产生一个空间阵列是一个立方体的阵列, 其中

$$(x_0, y_0, z_0) \leqslant \boldsymbol{r}_{i,j,k} = (x_i, y_j, z_k) \leqslant (x_0 + i_0\delta, y_0 + j_0\delta, z_0 + k_0\delta). \tag{14.1.2}$$

为了简单, 对 Ω-阵列用 (17.1.2) 式的阵列进行描述, 则 $\boldsymbol{r}_{i,j,k} = (x_i, y_j, z_k)$ 是一个关于指标 (i,j,k) 的复合张量 (它的相空间是一个向量).

这种阵列表示法也可推广到 (17.1.1) 的一般表示式的情形, 在本书中都可实现这种推广, 但不再重复说明.

2. 空间区域中的神经元的阵列

如果每个空间点代表一个神经元的空间位置时, 由此产生一个神经元的阵列 (张量) $C = (c_{i,j,k})$.

在不同神经元之间连接的神经胶质细胞, 它们之间的相互作用用权张量来描述.

因此我们把神经胶质细胞张量和权张量加以区分, 它们分别用 $_0W = (_0w_{i,j,k}^{i',j',k'})$, $W = (w_{i,j,k}^{i',j',k'})$ 表示.

3. 和神经元阵列有关的其他张量

和神经元阵列有关的其他张量类型有多种, 它们的记号和含义表述如下.

空间位置阵列张量 $\overline{r_{i,j,k}} = [\boldsymbol{r}_{i,j,k} = (x_i, y_j, z_k)]$, 空间位置的张量,
神经元张量 $C = [c_{i,j,k}]$, 它们分别是位置在 $\boldsymbol{r}_{i,j,k}$ 上的神经元,
神经元的电位张量 $U = [u_{i,j,k}]$, 它分别是神经元 $c_{i,j,k}$ 所携带的电位值,
神经元的状态张量 $X_3 = [x_{i,j,k}]$, 它分别是神经元 $c_{i,j,k}$ 所表现的状态值,
神经胶质细胞张量 $W(0) = [w_{i,j,kt}^{i'j'k'}(0)]$, 神经元相互连接的神经细胞张量,
T-SNNS 中的权张量 $W = [w_{i,j,k}^{i'j'k'}]$, 神经元张量相互连接的权张量,
T-SNNS 中的阈值张量 $H = [h_{i,j,k}]$, 区分神经元张量状态的阈值指标张量.

$$\tag{14.1.3}$$

在 (17.1.3) 的这些张量之间存在关系式有如

$$\begin{cases} u_{i,j,k} = w_{i,j,k}^{i',j',k'} x_{i',j',k'} \text{(T-SNNS 的电位整合张量)}, \\ x_{i,j,k} = \text{Sgn}\left(u_{i,j,k} - h_{i,j,k}\right) \text{(T-SNNS 的状态张量的运动方程)}, \end{cases} \tag{14.1.4}$$

其中 $\text{Sgn}(u) = \begin{cases} 1, & u \geqslant 0, \\ -1, & \text{否则} \end{cases}$ 是 u 的符号函数.

对于 (15.1.4) 式的运动方程又可写为 $y_{i,j,k,t+1} = T(x_{i,j,k,t})$, 这时的运算子 T 是张量空间 $\{-1,1\}_{i,j,kt}$ 中的运算子, 我们称之为 **T-SNNS 中的状态张量运算子**.

因此神经元的状态是由它的电位确定的, 当电位大于或等于一定的阈值时就处于兴奋状态, 否则就是抑制状态.

4. T-SNNS 的定义

定义 14.1.1 (T-SNNS 的定义)　　如果 $\Omega \subset R^3$ 是一个空间区域, $\vec{r}_{i,j,k,t} \in \Omega$ 是一个空间位置的阵列, 如果由 (15.1.3) 定义的这些张量满足 (15.1.4) 式中的关系, 那么称

$$\text{T-SNNS}\left(\Omega, \vec{R}, C, W, H, \vec{X}\right) = \left\{\Omega, \vec{r}_{i,j,k}, c_{i,j,k}, w_{i,j,k,t}^{i',j',k',t'}, h_{i,j,k,t}, x_{i,j,k,t}\right\} \tag{14.1.5}$$

是一个在空间区域 Ω 的 T-SNNS, 其中 $\Omega, \vec{R}, C, W, H, \vec{x}$ 张量是构成该 T-SNNS 的**基本要素**.

这里的区域 Ω, 张量 $\vec{R}, C$ 是神经细胞排列的位置, 因此是稳定的 (与时间指标 t 无关).

权张量 W 和阈值张量 H 通过学习、训练是不稳定的, 但它们是相对稳定的, 也就是在学习、训练完成后是稳定的.

T-SNNS 中的电位张量、状态张量 U, X 是时间的函数, 因此是不稳定的. 对状态张量 X 的运动过程有一系列描述方式, 在以后还会讨论.

称 (17.1.3) 式中的这些张量是组成该 T-SNNS 的基本要素张量.

5. 神经胶质细胞和权张量的特性分析

为了区别, 我们把神经胶质细胞张量记为 $W(0) = [w_{i,j,k}^{i',j',k'}(0)]$, 而把权张量记为 $W = (w_{i,j,k}^{i',j',k'})$.

这时的神经胶质细胞张量 $W(0)$ 是不同神经元之间的连接细胞, 因此是相对固定、不变的.

这时的权张量 W 是神经胶质细胞内在属性参数的张量, 它们是体现 NNS 特征的主要依据, 对它的功能特征说明如下.

神经胶质细胞具有可塑性, 这就是权张量 W 中的数据可以通过学习、训练可以发生改变.

这种可塑性具有相对稳定性, 这就是权张量 W 在未进行新的学习、训练之前, 其中的参数保持不变.

这种相对稳定性说明这种神经胶质细胞张量承担 NNS 中的记忆功能. 但这种记忆特征会发生突变和衰变.

这种记忆功能和神经元的状态不同, 神经元的状态可随时在发生改变, 而权张量 W 中的数据必须通过学习、训练 (重复若干次后) 才能发生改变.

权张量中的这种记忆特征还体现在 W 中数据的变化是同步变化, 这就是 W 中的数据是同时按比例减弱或增长. 因此记忆的特征可以衰减, 也可以在一定的刺激条件下恢复.

记忆衰减的重要因素是时间, 随着时间的推移, $W = (w_{i,j,k}^{i',j',k'})$ 中的数据同时按比例减弱.

这就是一个 NNS 子系统, 在它的权张量 $W \sim 0$ 时, 它的作用容易被其他子系统的作用所取代.

记忆的恢复是 $W = (w_{i,j,k}^{i',j',k'})$ 中的数据在受刺激的条件下, 这些数据同时按比例增长, 因此使该子系统的特殊功能 (或运动模式) 重新得到恢复.

这种记忆的消失、衰减和恢复与系统的能量有关, 在 NNS 内部存在能量的分配和转移的问题, 对这些问题我们在下文中再继续讨论.

6. 时间指标

如果在这些张量和指标的集合中, 不包含时间 t 的指标, 那么这个系统中的这些张量的变化与时间无关, 我们称之为稳定系统, 或是空间结构的关系系统.

一般情形, NNS 都和时间有关, 因此在这些张量中都应包含时间指标. 时间指标有不同的表示法, 如

函数表示法, 如在神经元的状态张量 X_3 中, 用 $X_3(t)$ 表示神经元在时刻 t 时的状态张量.

上、下标的表示法, 如在神经元相互作用的张量 $W = [w_{i,j,k}^{i'j'k'}]$ 中, 用带上、下标的张量 $W_t^{t'} = [w_{i,j,kt}^{i'j'k't'}]$ 神经元 i, j, k 在时刻 t 时对神经元 i', j', k' 在时刻 $t'(t \leqslant t')$ 时作用的权张量.

关于权张量 $W_t^{t'} = [w_{i,j,kt}^{i'j'k't'}]$ 表示时间 t, t' 对权系数的影响情况. 在 NNS 中, 这种影响有多种不同的类型, 如

(i) 突变型的, 这时 $W_t^{t'} = W f_\lambda(t' - t)$, 其中 $\lambda > 0$, 而 W 是个固定的权张量, 而

$$f_\lambda(t' - t) = \begin{cases} 1, & 0 \leqslant t' - t \leqslant \lambda, \\ 0, & \text{否则}. \end{cases}$$

(ii) 衰减型的, 这时 $W_t^{t'} = We^{-\lambda(t'-t)}, t < t'$, 其中 $\lambda > 0$, W 是个固定的权张量.

14.1.3　关于区域和功能的讨论

人的中枢神经系统由脑和脊椎组成, 脑又分大脑、中脑、小脑等不同部位, 因此在 T-SNNS 的结构指标中应包含空间区域的指标, 我们用 τ 来表示, 除了区域指标外还有子区域 (或功能) 和时间的指标, 分别用 γ, t 表示. 对不同的功能指标 γ, 它们可以形成自己固有的空间区域, 也可以相互交叉混合. 它们的结构和功能的特征在下文中还有讨论.

由此可见, 在 (17.1.3) 式的各张量表示中还应增加 τ, γ, t, θ, 由此形成 $C_7, W_5^5(4)$ 等高阶张量, 其中 θ 是相空间指标, 它的含义在 (15.1.3) 等式中说明.

这时的权张量为 $W_5^5(4) = \left(w_{i,j,k,t}'^{i',j',k',t'}(\tau,\gamma,\tau',\gamma')\right)$, 我们把它看作体现系统功能的主要因素.

这个权张量是一个 14 阶的张量, 为了简单起见, 把它记为 $W_7^7 = (w_\Theta^{\Theta'})$, 其中 $\Theta = \{\tau,\gamma,i,j,k,t\}, \Theta' = \{\tau',\gamma',i',j',k',t'\}$ 是复合型的指标集合.

我们把权张量 W_7^7 看作体现 NNS 功能的主要参数.

1. 张量的类型和时间指标关系

张量和时间关系的不同类型分稳定、不稳定和时控三种不同的类型.

稳定张量的类型就是和时间无关的张量, 如神经元张量 C、神经元的空间位置张量 R_3、神经胶质细胞张量 W_3^3.

不稳定张量的类型, 就是随时间变化的张量, 如神经元的状态张量 $(x_{i,j,k,t})$ 等.

局部稳定 (或半稳定) 张量, 这就是权张量 W_7^7 具有以下性质.

2. 局部稳定的权张量有多种不同的类型

(1) **时控权张量**. 如

$$w_\Theta^{\Theta'} = \begin{cases} w_\Theta^{\Theta'}(0), & |t'-t| \leqslant \beta, \\ 0, & \text{否则}. \end{cases} \tag{14.1.6}$$

其中 β 是一个固定的正数, 而 $w_\Theta^{\Theta'}(0) = w_\Theta^{\Theta'}$ 在 $t'-t = 0$ 的张量值.

这时称 (14.1.6) 式中的 β 为**权张量在记忆消失过程中的时间系数**.

(2) 时衰权张量. 权张量为

$$w_\Theta^{\Theta'} = w_\Theta^{\Theta'}(0)e^{-\alpha|t'-t|}, \tag{14.1.7}$$

其中 α 是一个适当固定的正数, 而 $w_\Theta^{\Theta'}(0)$ 的定义和 (14.1.6) 式相同.

称 (14.1.7) 中的 α 为**权张量记忆的时间衰变系数**.

(3) 不对称的时控、时衰权张量. 在 (14.1.6), (14.1.7) 的张量中, 关于时间前后的关系是对称的, 我们也可以定义不对称的张量.

(4) 混合时控、时衰权张量. 在 (14.1.6), (14.1.7) 的张量计算公式中, 它们也可作混合计算.

3. 局部稳定的权张量的功能特征分析

如果 $w_{\ominus}^{\ominus'} \equiv 0$, 那么该系统中的神经元没有任何联系和功能发生, 该 NNS 处于静息状态 (不发生任何关系和作用).

如果 $w_{\ominus}^{\ominus'}(0) \sim 0$, 那么该 NNS 处于暂息状态, 即不发生关系和作用, 但在一定的条件下可随时恢复作用.

$w_{\ominus}^{\ominus'} \equiv 0$ 或 $w_{\ominus}^{\ominus'} \sim 0$ 的这些关系可以在某些特定的指标上发生, 如在 $\gamma' = \gamma$ 时, 那么该 NNS 的静息状态或暂息状态在 $\gamma' = \gamma$ 时不发生.

最典型的功能是数据存储功能和数据的处理功能, 分别记 $\gamma = 0, 1$, 这时

$$w_{\ominus}^{\ominus'}|_{\gamma=\gamma'=0 \text{或} 1} \equiv 0 \quad (\text{或} \sim 0). \tag{14.1.8}$$

这时称该 NNS 处于局部静息状态或局部暂息状态.

对于以上的时控权张量, 关于时间前后的变化是对称的, 我们也可给出不对称的定义. 这就是在 (14.1.6), (14.1.7) 式的定义中, 关于权张量记忆的时间消失和衰变系数 β, α 可以分别在 $t' > t, t' < t$ 的情形下有不同的取值.

按这种时间关系, 可以产生不同类型的 T-SNNS, 如

$$\begin{cases} \text{前馈网络} \quad t' < t, w_{\tau,2,i,j,k,t}^{\tau',1,i',j',k',t'} = 0, \\ \text{反馈网络} \quad t < t', w_{\tau,2,i,j,k,t}^{\tau',1,i',j',k',t'} = 0, \\ \text{时效网络} \quad |t' - t| > \beta, w_{\tau,2,i,j,k,t}^{\tau',1,i',j',k',t'} = 0, \end{cases} \tag{14.1.9}$$

其中 β 是一个固定的正整数.

14.1.4　T-SNNS 中的能量函数

关于矩阵的对称性、正定性的定义和性质已在 HNNS(第 9 章) 的理论中讨论过, 这些定义和性质在 T-SNNS 中同样适用, 我们现在概述这些结论.

T-SNNS=T-SNNS$(\Omega, \vec{R}, C, W, H, X)$ 是由多种不同类型的张量组成的, 在 HNNS 已经给出正定、权张量和有关能量函数的定义、性质和记号, 对此补充说明如下.

1. 正定 (或非负定)、对称的权张量

正定 (或非负定)、对称的权张量的定义在第 9 章 (9.1 节) 已给出. 这些定义和性质对一般权张量 (如 $W = W_3^3$) 同样适用.

在第 12 章中讨论了正定 (或非负定) 权张量的一般性质, 还给出了三种典型的正定 (或非负定) 权张量, 它们分别是常数张量、联想记忆张量和超级联想记忆张量.

这三种权张量 (正常数张量、联想记忆张量和联想记忆张量) 都是非负定的, 在第 12 章中给出了它们是正定的条件.

在第 12 章中给出了 HNNS 中能量的几种定义, 见 (12.3.8), (12.3.9) 式, 它们在 T-SNNS 中都能适用.

在第 12 章中给出了该能量函数分解的几种定义, 它们分别是 $E_{W,H}(X)$, $E_1(W, X), E_2(H, x)$.

在第 12 章中分别讨论了这三种能量函数的意义, $E_{W,H}(X), E_1(W, X), E_2(H, x)$ 这三种能量分别是系统的总能量、动能和势能.

2. 联想权张量能量的最大、最小值

由张量 $Z_3 = [z_{i,j,k}]$ 产生的联想权张量在 (12.3.3) 定义, 这时 $E_1(W, X)$ 在 $\|X\| = 1$ 条件下的最大值有关系式

$$E_1(W, X) = \alpha z_{i,j,k}^{i',j',k'} x_{i',j',k'} x^{i,j,k} = \alpha \langle Z_3, X_3 \rangle^2. \tag{14.1.10}$$

因为 α, Z_3 是固定的正数和张量, 所以 $E_1(W, X)$ 的最大、最小值是 $\langle Z_3, X_3 \rangle^2$ 的最大、最小值. 它们的取值分别接近 $\|Z_3\|$ 和零, 这就是 X_3 和 Z_3 的关系是平行和垂直时, $E_1(W, X)$ 取最大或最小值.

由张量组 $\bar{Z}_3 = [z_{i,j,k}(\tau)]$ 产生的联想权张量在 (12.3.5) 式定义, 这时 $E_1(W, X)$ 在 $\|X\| = 1$ 条件下的最大值有关系式

$$E_1(W, X) = \alpha_\tau w_{i,j,k}^{i',j',k'}(\tau) x_{i',j',k'} x^{i,j,k} = \alpha_\tau \langle Z_3(\tau), X_3 \rangle^2. \tag{14.1.11}$$

其中 $\alpha(\tau), Z_3(\tau)$ 都是固定的张量, 因此 $E_1(W, X)$ 的最大、 最小值是 $\alpha_\tau \langle Z_3(\tau), X_3 \rangle^2$ 的最大、最小值. 这时的 X_3 的取值可以通过超平面 $\alpha_\tau Z_3(\tau)$ 的关系分析得到.

14.1.5 多重 T-SNNS

定义 14.1.1 给出了 T-SNNS 的定义, 它们的结构张量和运动方程由 (14.1.3), (14.1.4), (14.1.5) 式确定, 我们继续讨论这种模型.

1. 多重 T-SNNS 的定义

在运动方程式 (14.1.3)—(14.1.5) 中, 我们可理解为在不同时间参数下 T-SNNS 的运动模型. 由此产生 T-SNNS 的前馈、反馈、时效的定义, 但对这时间参数也可有不同的理解.

这就是在运动方程式 (14.1.3)—(14.1.5) 中, 可以把时间参数 t 看作 T-SNNS 中各有关张量的更新过程. 这就是记 T-SNNS(t) 是 T-SNNS 在第 t 次更新时的有关张量.

因此 T-SNNS($t+1$) 是由系统 T-SNNS(t) 的运动结果.

如果把 T-SNNS(t) 看作系统在第 t 次更新时的有关张量, 那么对 (14.1.3)—(14.1.5) 中的运动方程可以作另外不同的表述.

为了简单, 以 2, 3, 4, 6 阶张量为例说明它们的运动过程, 有关结果可推广到一般情形.

记 $[x_{i,j,k}], [y_{j',j',k'}], [z_{i'',j'',k''}]$ 分别是在 $X = \{-1, 1\}$ 中取值的三个 3 阶张量.

一个 $[x_{i,j,k}] \to [y_{j',j',k'}] \to [z_{i'',j'',k''}]$ 的 HNNS 运动过程如 (14.1.4) 式所示, 把它们写为

$$\begin{cases} u_{i',j',k'} = w_{i',j',k'}^{i,j,k}(1)x_{i',j',k'} (\text{NNS 第一次运动的电位整合张量}), \\ y_{i',j',k'} = \text{Sgn}\,(u_{i',j',k'} - h_{i',j',k'}(1)) (\text{NNS 第一次运动的状态变化张量}), \end{cases}$$
$$(14.1.12)$$

$$\begin{cases} v_{i'',j'',k''} = w_{i'',j'',k''}^{i',j',k'}(2)y_{i',j'k'} (\text{NNS 第二次运动的电位整合张量}), \\ z_{i'',j'',k''} = \text{Sgn}\,(v_{i'',j'',k''} - h_{i'',j'',k''}(2)) (\text{NNS 第二次运动的状态变化张量}), \end{cases}$$
$$(14.1.13)$$

其中 $W(1), H(1), W(2), H(2)$ 分别是系统在第一次、第二次运动的权张量和阈值张量.

2. 多重 T-SNNS 的运动方程

我们的目的是讨论 $[x_{i,j,k}] \to [z_{i'',j'',k''}]$ 的运动模型, 把 (14.1.12), (14.3.13) 式的运动过程作统一表达.

在 (14.1.12), (14.1.13) 式中的电位整合张量函数是

$$v_{i'',j'',k''} = w_{i'',j'',k''}^{i',j',k'}(2)\text{Sgn}\,(u_{i',j',k'}) = w_{i'',j'',k''}^{i',j',k'}(2)\text{Sgn}\,\left(w_{i',j',k'}^{i,j,k}(1)x_{i,j,k} - h_{i',j',k'}(1)\right).$$
$$(14.1.14)$$

该式中的

$$\text{Sgn}\,\left(w_{i',j',k'}^{i,j,k}(1)x_{i,j,k} - h_{i',j',k'}(1)\right)$$

是一个非线性函数, 因此很难和 $w_{i'',j'',k''}^{i',j',k'}(2)$ 张量进行缩并运算. 我们只能在一些特殊条件下进行它们的运算.

现在考虑 $w_{i',j',k'}^{i,j,k}(1)$ 是一个联想记忆的张量, 这就是存在一个 3 阶张量 $z_{i',j',k'}$, 使

$$w_{i',j',k'}^{i,j,k}(1) = z^{i,j,k} z_{i',j',k'}$$

成立. 其中 $z^{i,j,k}$ 是 $z_{i,j,k}$ 的转置张量. 这时

$$\text{Sgn}\left(w_{i',j',k'}^{i,j,k}(1)x_{i,j,k} - h_{i',j',k'}(1)\right) = \text{Sgn}\left(z^{i,j,k}z_{i',j',k'}x_{i,j,k} - h_{i',j',k'}(1)\right)$$

$$= \text{Sgn}\left(z_{i',j',k'}\langle z^{i,j,k}, x_{i,j,k}\rangle - h_{i',j',k'}(1)\right) = \text{Sgn}\left(\beta z_{i',j',k'} - h_{i',j',k'}(1)\right), \quad (14.1.15)$$

其中 $\langle z^{i,j,k}, x_{i,j,k}\rangle = \langle Z_3, X_3\rangle = \beta$ 是一个固定的常数. 这时记

$$y_{i',j',k'} = \text{Sgn}\left(\beta z_{i',j',k'} - h_{i',j',k'}(1)\right) \tag{14.1.16}$$

是 NNS 第一次运动的状态张量.

由此得到, 第二次电位整合张量函数和第二次状态运动的状态函数是

$$\begin{cases} v_{i'',j'',k''} = w_{i'',j'',k''}^{i',j',k'}(2)y_{i',j',k'} = w_{i'',j'',k''}^{i',j',k'}(2)\text{Sgn}\left(\beta z_{i',j',k'} - h_{i',j',k'}(1)\right), \\ z_{i'',j'',k''} = \text{Sgn}\left(v_{i'',j'',k''} - h_{i'',j'',k''}(2)\right). \end{cases}$$

$$\tag{14.1.17}$$

如果取联想记忆张量 $z_{i,j,k} \equiv 1$, 那么

$$w_{i',j',k'}^{i,j,k}(1) = z^{i,j,k}z_{i',j',k'} \equiv 1,$$

这时 $\beta = \langle Z_3, X_3\rangle = n_+(X_3) - n_-(X_3)$, 是一个固定的常数.

其中 $n_+(X_3), n_-(X_3)$ 分别是张量 X_3 中取 $+1$ 和 -1 的分量数目.

因此得到 NNS (14.1.13) 式中的电位整合张量函数是

$$\begin{cases} v_{i'',j'',k''} = w_{i'',j'',k''}^{i',j',k'}(2)\text{Sgn}\left(\beta z_{i',j',k'} - h_{i',j',k'}(1)\right), \\ z_{i'',j'',k''} = \text{Sgn}\left(v_{i'',j'',k''} - h_{i'',j'',k''}(2)\right). \end{cases}$$

$$\tag{14.1.18}$$

这就是作二次 NNS 运动的电位、状态张量变化的关系式.

这些计算结果可以推广到权张量 $W(1)$ 是联想记忆的情形, 我们在下文中还会讨论.

14.2　复　合　网　络

在网络结构理论中, 经常可以看到的是组合网络[①]的名称, 这是几种不同网络的组合结构. 在本节中我们讨论的复合网络在本质上和组合网络的概念相同, 它们都是多种不同网络的组合结构, 它们都是一种网络中的网络. 对这种复杂的网络结构需要采用图论的方法来进行描述. 关于图论的一般理论和方法我们在附录 G 中进行介绍. 在本节中, 我们结合 NNS, T-SNNS 等模型, 并采用张量分析和图论等理论和方法进行描述和讨论.

---

①见文献 [11] 等.

14.2.1 复合图论

在附录 4 中我们给出了有关图论的一系列概念和定义, 如子图、倍图、超图、树图等定义, 还给出了有关子图的运算、图的着色函数等概念. 在此基础上, 就可讨论有关复合图论的描述和运算的理论.

1. 复合图中的指标集合

复合图的概念就是图中图的概念. 这就是在一个图中, 它的点 (或点着色函数) 是一个图, 而相应的弧 (或弧着色函数) 是一种关联的图. 对此定义如下.

我们已经说明, 在 T-SNNS 中, 指标 (τ, γ) 分别是子 NNS 所在的区域和功能指标, 它们的取值范围是集合

$$A = \{1, 2, \cdots, \tau_0\} \times \{1, 2, \cdots, \gamma_0\}. \tag{14.2.1}$$

这时在指标 (τ, γ) 之间存在关联关系, 这种关系可以用点线图 $G_1 = \{A, V\}$ 来进行表达, 其中 A 就是由 (14.2.1) 式给出的指标集合.

这时称点线图 $G_1 = \{A, V\}$ 是关于指标集合的**点线图**.

2. 复合图的概念和定义

我们已经说明, 复合图的概念是图中图的概念, 因此它有两种表示法.

第一种表示法是着色函数的表示法. 这就是在指标集合的点线图 G_1 中, 它的点和弧的着色函数都是图的函数, 如我们定义这些着色函数分别是

$$\begin{cases} \text{点着色函数 } f(a) = (\tau_a, \gamma_a, G_a), & a \in A, \\ \text{弧着色函数 } g(v) = [(\tau_a, \gamma_a, \tau_b, \gamma_b), G_{a,b}], & v = (a, b) \in V, \end{cases} \tag{14.2.2}$$

其中 $G_a, G_b, G_a, G_{a,b}$ 是和指标 a, b 有关的图, 如

$$G_\tau = \{A_\tau, V_\tau\}, \quad \tau = a, b \in A, \quad (a, b) \in V. \tag{14.2.3}$$

由此产生的、带着色函数的图记为

$$\mathcal{G} = \{A, V, (f(a), g(v)) \text{ 如 (14.2.3) 式所示}\}. \tag{14.2.4}$$

第二种表示法是直接表示法. 这就是在 G_1 图中, 把其中的点和弧直接看作不同类型的图, 这时

$$\mathcal{G}' = \{[G_a, a \in A], [G_v, v \in V]\}, \tag{14.2.5}$$

其中 $[G_a, a \in A], [G_v, v \in V]$ 都是和集合 A, V 有关的图的集合.

关于点和弧所对应的图, 它们的关系和区别, 我们在下文中还有讨论、说明.

3. 多重复合图

关于复合图的概念还可推广到多重复合图的情形, 对此我们说明如下.

如果所研究的网络系统由多重指标组成, 如 $\tau, \gamma, \cdots$, 那么这些指标构成一个
多重复合网络图(简称多重复合图).

关于指标 τ 构成一个由该指标所形成的图 $G = \{A, V\}$, 其中 $A = \{1, 2, \cdots, \tau_0\}, V$ 分别是由指标 τ 构成的点线图, 其中 $a = \tau \in A$ 是图中的点, $v = (\tau, \tau') \in V$ 是图中的弧.

在指标 τ 的点线图 G 的基础上产生关于指标 γ 的复合图, 这时记

$$GG = \{G_\tau, \tau \in A\} = \{G_\tau = [A_\tau, V_\tau], \quad \tau \in A\}, \tag{14.2.6}$$

其中 $A_\tau = \{1, 2, \cdots, \gamma_\tau\}$ 是关于指标 γ 的取值范围, 而 V_τ 是点集合 A_τ 中的点偶集合.

因此 GG 中的点集合为

$$AA = \{A_\tau, \tau \in A\} = \{(\tau, \gamma), \gamma = 1, 2, \cdots, \gamma_\tau, \tau = 1, 2, \cdots, \tau_0\}. \tag{14.2.7}$$

以此类推, 在指标 (τ, γ) 的点线图 GG 的基础上产生关于指标 θ 的复合图, 这时记

$$GGG = \{G_{\tau,\gamma}, (\tau, \gamma) \in AA\} = \{G_{\tau,\gamma} = [A_{\tau,\gamma}, V_{\tau,\gamma}], \quad (\tau, \gamma) \in AA\}, \tag{14.2.8}$$

其中 $A_{\tau,\gamma} = \{1, 2, \cdots, \theta_{\tau,\gamma}\}$ 是关于指标 θ 的取值范围, 而 $V_{\tau,\gamma}$ 是点集合 $A_{\tau,\gamma}$ 中的点偶集合, 其中 $v = (\theta, \theta')$ 是集合 $V_{\tau,\gamma}$ 中的弧.

这时称 GGG 是由 τ, γ, θ 指标组成的三重复合网络图. 由此可知, 在多重复合网络图的构造中, 它们是由多次复合过程所形成的, 每次复合都是图中套图的组合过程.

性质 14.2.1　在多重复合图 GGG 的构造中, 最终产生的 GGG $= \{AAA, VVV\}$ 仍然是一个点线图, 其中点和互集合是

$$\begin{cases} AAA = \{A_{\tau,\gamma}, (\tau, \gamma) \in AA\} \\ \quad = \{(\tau, \gamma, \theta), \tau = 1, 2, \cdots, \tau_0, \gamma = 1, 2, \cdots, \gamma_\tau, \theta = 1, 2, \cdots, \theta_{\tau,\gamma}\}, \\ VVV = \{v_{\tau,\gamma} = (\theta_{\tau,\gamma}, \theta'_{\tau,\gamma}), (\tau, \gamma) \in AA\}. \end{cases} \tag{14.2.9}$$

14.2.2　复合图的一些实例分析

复合网络图实际上是一种关于图的组合和分解. 我们举例说明如下.

1. 复合树图的定义和构造

在复合图中, 最简单、最典型的图是**复合网络树图**(简称**复合树图**). 我们以三重复合图 GGG 为例说明复合树图的定义和构造.

一个三重复合图 GGG, 在它的构造过程中, 是由 G→GG→GGG 所形成的, 其中的 G, GG, GGG 都是由一系列的图所构成的.

定义 14.2.1   在多重复合图 GGG 的构造中, 如果在 G, GG, GGG, 中的这些图都是树图, 那么称 GGG 是一个多重复合的树图.

性质 14.2.2   在多重复合树图 GGG 中, 最终产生的 GGG $= \{AAA, VVV\}$ 仍然是一个树图.

这时可以把多重复合树图 GGG 看作树图的一个分解, 其中树图 GG 可以看作由树图 G 所引申出来的一些枝后所形成的树, 而树图 GGG 可以看作由树图 GG 所引申出来的一些枝后所形成的树.

例 14.2.1   我们以附录中图 E.1.3 中的图说明它是一个复合树图, 该图是一个由 4 个子图 T_0, T_1, T_2, T_3 所产生的树图, 它们所包含的点和弧如图 E.1.3 所示.

在这 4 个子图 T_0, T_1, T_2, T_3 关于它们的下标 $\tau = 0, 1, 2, 3$ 产生一个子图

$$G = \{A, V\}, \quad \text{其中} \quad \begin{cases} A = \{0, 1, 2, 3\}, \\ V = \{(0,1), (0,2), (1,3)\}, \end{cases}$$

这时图 G 是一个树图 $0 \to \begin{cases} \to 1 \to 3, \\ \to 2. \end{cases}$

由图 G 产生一个复合图 GG $= \{[T_\tau, \tau \in A], [(T_\tau, T_{\tau'})], (\tau, \tau') \in V]\}$. 其中 A, V 在图 G 中确定.

因为图 T_0, T_1, T_2, T_3 都是干枝树图 (见附录 4 中的定义), 所以由此产生的 GG 图是一个复合树图 (二层复合).

2. 由图的组合所产生的复合图

在附录定义 E.1.2 在给出了图的组合运算的定义, 这种组合运算实际上是一种复合图, 对此说明如下.

如果图 $G_1, G_2, \cdots, G_n$ 是一组不交的图, 这时 $G_\tau = \{A_\tau, V_\tau\}, \tau = 1, 2, \cdots, n$. 它们的不交性是指 $A_\tau \cap A_{\tau'} = \varnothing$ (是空集合), 对任何 $\tau \neq \tau \in \{1, 2, \cdots, n\}$ 成立.

由此产生第一层的子图 $G = \{A, V\}$, 其中 $A = \{1, 2, \cdots, n\}$, 而 V 是任何关于 A 中的点偶集合.

同样由图 G 产生一个复合图 GG $= \{[G_\tau, \tau \in A], [(G_\tau, G_{\tau'}), (\tau, \tau') \in V]\}$.

其中 A, V 在图 G 中确定, 而 $(G_\tau, G_{\tau'}) = G_\tau \vee \{G_{\tau'}, (\tau, \tau') \in V\}$ 是复合图中的弧, 其中 $(\tau, \tau') \in V$, 而 $G_\tau \vee G_{\tau'}$ 是**图的联**, 它的定义在附录 5 的定义 E.1.4(图的联的定义) 中给出.

14.2.3　复合图在 T-SNNS 中的表达

我们已经分别给出了复合图、复合树图及 T-SNNS 的一系列定义, 由复合图可以产生较复杂的 T-SNNS 结构. 在本节中我们给出它们之间关系的讨论, 给出了对不同指标 τ, γ, θ 等的多重复合网络图及它们在 T-SNNS 中的表达, 由此建立 T-SNNS 和复合图、复合树图之间的关系结构. 这种关系可以确定对 BNNS 的结构和运动的描述和表达. 这也正是我们以后研究 BNNS 的主要依据和对有关模型描述的出发点.

1. 图论和 NNS 的关系问题

记 $G = \{A, V\}$ 是一个有向图, 它和 NNS 的对应关系如下.

记 $A = \{c_1, c_2, \cdots, c_n\}$ 是图中点的集合, 其中每个 c_i 可以看作 NNS 中的一个神经元.

图 G 中的 V 是图中点偶的集合, 其中的弧记为 $v = (c_i, c_j) \in V$, 它们可以看作 NNS 中神经元之间的连接关系.

由此产生图中的着色函数 $f(c), g(v)$, 其中 $f(c_i) = x_i \in X = \{-1, 1\}$ 是点着色函数, 它表示神经元 c_i 的状态值.

关于图中的点着色函数 $f(c_i)$ 还可以有更复杂的表达, 这就是取 $f(c_i) = (u_i, h_i)$, 其中 $u_i, h_i \in R$, 它们分别表示神经元 c_i 的电位整合函数和阈值函数, 这时 $x_i = \mathrm{Sgn}(u_i - h_i)$.

图中的弧着色函数 $g(v) = g(c_i, c_j)w_{i,j}$, 它本身是神经元 c_i, c_j 之间连接的权系数.

因此一个 NNS 和一个图 $G = \{A, V.(f, g)\}$ 所对应, 其中 (f, g) 是图中关于点和弧的着色函数.

2. 神经元构造

在此多层感知器中, 它们的神经元构造如下

该多层感知器中的神经元由 3 层次组成, 它们的数量分别是 $(n, k, 1)$. 相应的神经元分别记为

$$\begin{cases} 第一层的神经元集合 = \{c_{1,1}, c_{1,2}, \cdots, c_{1,n}\}, \\ 第二层的神经元集合 = \{c_{2,1}, c_{2,2}, \cdots, c_{2,k}\}, \\ 第三层的神经元集合 = \{c_{3,1}\}. \end{cases} \tag{14.2.10}$$

它们的状态向量分别是

$$\begin{cases} \text{第一层的神经元的状态向量是 } x^n = x_1^n = (x_{1,1}, x_{1,2}, \cdots, x_{1,n}), \\ \text{第二层的神经元的状态向量是 } y^k = x_2^k = (x_{2,1}, x_{2,2}, \cdots, x_{2,k}), \\ \text{第三层的神经元的状态向量是 } z = x_{3,1}, \end{cases} \tag{14.2.11}$$

它们的运算关系如 (14.1.12) 和 (14.1.13) 所示.

14.2.4 一般多层感知器的复合网络图

由此我们得到一般多层感知器的复合网络图的结构关系如下.

1. 系统和子系统的关系图

一个系统是由若干子系统组成的, 这些子系统之间的相互关系为系统关系图.

记 τ 是该网络中子系统的状态值, $A = \{1, 2, \cdots, m\}$ 是该网络系统中所有子系统的指标值, 这时由 $a \in A$ 产生该系统中的一个子系统.

在该系统中, 每个子系统形成一个子图 $G_\tau = \{A_\tau, V_\tau\}$, 其中 A_τ, V_τ 是该子图中点和弧的集合, 它们分别记为

$$\begin{cases} A_\tau = \{a_{\tau,1}, a_{\tau,2}, \cdots, a_{\tau,n_\tau}\}, \\ V_\tau \text{是} A_\tau \text{中点偶 } v = (a, b), \quad a, b \in A_\tau \text{ 集合}, \end{cases} \tag{14.2.12}$$

其中 n_τ 是子图 G_τ 中不同点的数目, 对不同类型的子系统, 弧集合 V_τ 有不同的定义.

不同子系统之间的相互关系可以用图 $G = \{A, V\}$ 来表示, 其中 A 是子系统的编号集合, V 是 A 中的点偶集合, 它表示不同子系统之间的相互关系.

在不同子系统之间, 它们的相互关系可以有多种表达方式, 可以通过它们之间的点和弧的关系进行表达, 这就是在集合 $A_\tau, A_{\tau'}(\tau, \tau' \in A)$ 之间可以产生

$$A_\tau \cup A_{\tau'}, A_\tau \cap A_{\tau'}, A_\tau \Delta A_{\tau'}, A_\tau - A_{\tau'}, \tag{14.2.13}$$

这些集合, 它们分别是集合 $A_\tau, A_{\tau'}$ 之间的并、交、对称差和余.

当子系统 $G_\tau, G_{\tau'}$ 在它们的集合 $A_\tau, A_{\tau'}$ 具有 (14.2.3) 的不同关系时, 在这些子系统之间存在连接关系.

这种连接关系用图 $G = \{A, V\}$ 来表示, 其中 A 是子系统的编号集合, V 是 A 中的点偶集合, 它表示不同子系统之间的相互关系.

2. 树图中的结构关系图

在一般情形下, 当子系统 $G_\tau, G_{\tau'}$ 具有 (14.2.3) 的不同关系时, 对这些子系统之间存在连接关系的描述是复杂的. 我们现在讨论树图的结构关系.

树图是一种最典型、最简单的复合图的结构关系. 这就是如果 G 是一个树图 (或树丛图), 它们的结构关系如附录 4 中的定义 E.1.3(树图和树丛图的定义) 中给出. 图 E.1.1, 图 E.1.2 给出了它们的价格特征图, 定理 E.1.3 给出了树图结构的分解定理. 我们进一步讨论一个树图的性质.

定义 14.2.2 (树图中有关点的层次函数的定义)　　树图 G 中的点 $a \in A$ 的层次函数 $\tau(a)$ 的定义如下.

(1) 树图的根 a_0 是该图的第 0 层的点.

(2) 任意点 $a \in A$ 的层次函数 $\tau(a)$ 是 a 点到根的路长度数 (组成路的弧的数目),

3. 树图中节点的表示

对固定的树, 在确定各点的层次函数 τ 外, 对同一层次的点进行编号排列, 因此在第 τ 层中的点是

$$A_\tau = \{a_{\tau,1}, a_{\tau,2}, \cdots, a_{\tau,n_\tau}\}, \quad \tau = 1, 2, \cdots, \tau_0. \tag{14.2.14}$$

其中 τ_0 是该树图的最大层次数, n_τ 是该树图在第 τ 层次中点的个数.

这时它的复合树图结构构造如下.

在网络的层次关系图 (或初始图) $G = \{A, V\}$ 中, 点的集合是层次的集合 $A = \{1, 2, \cdots, \tau_0\}$.

弧的集合是不同层次之间关系的集合, 如 $V = \{(\tau, \tau+1), \tau = 1, 2, \cdots, \tau_0-1\}$(也可以有其他更一般的定义).

由此产生复合树图为

$$GG = \{AA, VV\} = \{[G_\tau, \tau \in A], [V_{\tau,\tau'}, (\tau, \tau') \in V]\}, \tag{14.2.15}$$

其中 A, V 是初始图 $G = \{A, V\}$ 中的点和弧的集合.

在 (14.2.15) 式中

$$\begin{cases} G_\tau = \{A_\tau, V_\tau\}, \quad \tau \in A, \\ V_{\tau,\tau'} = \{(G_\tau, G_{\tau'})\}, (\tau, \tau') \in V. \end{cases}$$

这时 AA, VV 分别是由图和双图组成的点和弧的集合. 其中的双图弧表示不同图之间存在的关联关系.

这时 GG 就是一个多层次的复合树图. 在此多层次的复合树图中, 如果满足以下条件:

条件 14.2.1 (关于点的条件)　　每个点 $a_{\tau,i}$ 就是神经元 $c_{\tau,i}$.

其中每个神经元 $c_{\tau,i}$ 具有的参数分别是它的状态函数、电荷整合函数和阈值函数, 它们的记号分别是 $x_{\tau,i}, u_{\tau,i}, h_{\tau,i}$.

条件 14.2.2 (关于弧的条件)   如果点 $a_{\tau,i} \in A_{\tau}, a_{\tau',j} \in A_{\tau'}, (\tau,\tau') \in V$, 那么它们之间存在连接的权系数张量可由

$$W_{\tau}^{\tau'} = (w_{\tau'j,i}^{\tau,i})_{j=1,2,\cdots,n_{\tau'},i=1,2,\cdots,n_{\tau}}, \quad (\tau,\tau') \in X \tag{14.2.16}$$

来表示.

条件 14.2.3 (神经元的状态关系条件)   这时神经元之间的状态关系条件是

$$x_{\tau'j} = \text{Sgn}\left\{ \sum_{(\tau,\tau') \in v} \sum_{i=1}^{n_{\tau}} w_{\tau',j}^{\tau,i} x_{\tau,i} - h_{\tau',j} \right\}. \tag{14.2.17}$$

由此产生的状态阵列

$$\mathcal{X} = \{x_{\tau,j} \in X = \{-1,1\}, \ \tau = 0,1,\cdots,\tau_0, j = 1,2,\cdots,n_{\tau}\} \tag{14.2.18}$$

就是一个多层感知器状态的数据阵列.

由此可知, 一个多层次的感知器可以通过一个复合树图来进行表达, 这时图中的点就是该感知器中的神经元, 图中的弧就是该感知器中的权连接张量, 在同一层次和不同层次之间神经元存在相互连接的网络结构. 因此我们可把这种组合网络结构和复合图、NNS 的关系作综合研究.

14.3 逻辑运算及其表示法

逻辑运算是指在二进制向量中的二值映射运算, 对这种运算有多种不同类型的表示法, 如布尔函数或布尔集合的表示法、NNS(或多层感知器) 的表示法等. 在 3.1 节和 6.3 节中, 我们已经给出了它们之间的等价关系. 在本节中, 我们继续这种讨论, 进一步用逻辑的语言和基本逻辑关系进行说明, 并讨论它们之间的等价关系和不同的表示方法和记号.

14.3.1 逻辑运算和它们的表示

1. 二进制集合和它们的变量

二进制集合是大家所熟悉的, 记 $X = \{-1,1\}$, 它的元素分别记为 $x,y,z,\cdots$ 或 $x_1,x_2,\cdots,y_1,y_2,\cdots$.

记 $x^n = (x_1,x_2,\cdots,x_n)$ 是一个二进制的向量, 记 X^n 为所有这些二进制向量的集合.

逻辑运算是指 $X^n \to X$ 的映射, 对这种映射可以有不同的表示法, 我们这里讨论以下几种类型.

2. 子集合的特征值表达

如果 $A \subset X^n$, 那么它的特征值函数 $f_A(x^n) = \begin{cases} 1, & x^n \in A, \\ -1, & 否则. \end{cases}$

这时称 $f_A(x^n)$ 是集合 A 的**特征值** (或**布尔函数**), 而称集合 A 是一个**布尔集合**.

3. 逻辑运算表示法

二进制中的**基本运算是指**: **与、或、非**(即 $\vee, \wedge, x^c$) 的运算, 这就是对任何 $x, y \in X$ 有它们的运算是

$$x \vee y = \text{Max}\{x, y\}, \quad x \wedge y = \text{Min}\{x, y\}, \quad x^c = -x = \begin{cases} 1, & x = -1, \\ -1, & x = 1. \end{cases} \tag{14.3.1}$$

由它们的组合可产生多种不同类型的逻辑运算和它们的表示法, 这时

$$f(x^n) = (x_1^{c_1} o_1 x_2^{c_2} o_2 \cdots o_{n-2} x_{n-1}^{c_{n-1}} o_{n-1} x_n^{c_n})^{c_{n+1}} \tag{14.3.2}$$

是一个 $X^n \to X$ 的运算, 对其中的有关记号我们说明如下.

序列 $c_1, c_2, \cdots$ 是一个余运算的序列, 其中 $c_i = 1$ 或 c, 这时

$$x_i^{c_i} = \begin{cases} x_i, & c_i = 1, \\ -x_i, & c_i = c. \end{cases}$$

序列 $o_1, o_2, \cdots, o_{n-1}$ 是一个交并运算的向量,

$$o_i \in \{\wedge, \vee\}, \quad i = 1, 2, \cdots, n-1.$$

称 (14.3.2) 中的运算记为 $f(x^n) = O_n(x^n)$, 其中

$$O_n = \begin{cases} c^{n+1} = (c_1, c_2, \cdots, c_n, c_{n+1}), \\ o^n = (o_1, o_2, \cdots, o_n). \end{cases} \tag{14.3.3}$$

为**综合逻辑运算**. 这时称 (c^n, o^n) 是一个逻辑运算向量. 这种综合逻辑运算显然也是一种布尔函数的运算.

14.3.2　不同表示法的对应关系和等价关系

现在讨论一个 $f : X^n \to X$ 的运算 (布尔函数运算), 它有多种等价的表示法. 对布尔函数 $f = f(x^n)$ 有以下表示法, 它们的名称和记号如下.

特征集合表示法. $f = f_A(x^n) = \begin{cases} 1, & x^n \in A, \\ -1, & 否则. \end{cases}$

其中 $A \subset X^n$ 是一个**布尔集合**. 因此称这种表示法是布尔集合, 或特征集合的表示法.

综合逻辑运算表示法. 这就是在 (14.3.3) 式中我们已经给出综合逻辑运算向量 $C = (c^n, o^n)$ 和综合逻辑运算 $f_C(x^n) = f[x^n|(c^n, o^n)]$ 如 (14.3.2) 式所示.

多层感知器的表示法, 如定理 8.2.1 所示. 这时的布尔函数为 $f_A(x^n)$, 那么它总是存在一个适当的多层感知器 $f_G(x^n) = G[x^n|(\bar{W}_A, \bar{H}_A)]$, 使关系式

$$f_A(x^n) = f_C(x^n) = f_G(x^n), \quad 对任何 \quad x^n \in X^n \quad 成立. \tag{14.3.4}$$

其中多层感知器 $G[x^n|(\bar{W}, \bar{h}_A)]$ 的运算函数在 (8.1.2) 式中给出.

我们已经证明 (14.3.4) 式中的这些运算存在相互表达的等价关系. 而且在它们的运算规则之间, 也有相应的对应关系. 对这些问题我们不再继续讨论.

第15章 智能化工程系统

智能化工程系统是第四次产业和科技革命中的主要内容, 是智能计算和大数据、网络技术相结合的产物. 在本章中, 我们继续讨论这些问题, 其中包括智能化工程的内容和特点、它们实现的可能性和途径等问题.

15.1 命题和命题系统

智能化工程系统的问题涉及的内容很多, 除了我们已经讨论过的张量分析、集合论、逻辑学和具有时空结构的 NNS 理论等外, 其中涉及的一个关键问题是命题、知识和认知的关系问题. 这是三个不同的概念, 我们把其中的命题看作是一种具有逻辑结构的特殊语言, 我们把知识看作是对命题的一种判定、分析的结果. 而把认知看作是对知识系统的认识、确认的过程. 因此, 对这些关系问题的讨论是逻辑学中的核心问题, 也是我们在人工智能研究中的重要问题. 在本节中, 我们先讨论有关命题、知识和认知之间的关系问题. 我们希望通过这些讨论, 最终能够用 NNS 的理论来实现认知中的问题.

15.1.1 命题和命题系统的产生和定义

命题的概念是对某些事物或现象的说明. 多个不同的命题的组成命题系统. 命题系统中的不同命题还具有逻辑学的关系结构 (布尔代数结构). 在本小节中, 首先给出关于命题系统的这种关系结构的描述和表达.

1. 词和句

在 F.4 中, 我们将介绍语言学、逻辑学中有关词、词法分析、句、句法分析的一些基本知识, 现在先对它们进行讨论. 对 F.4 中的一些要点说明如下.

词是由字母产生的. 字母有固定的取值范围, 这个范围就是**字母表**.

按一定次序排列的字母是**字母串**, 具有确定含义的字母串为词.

词法分析包括词的类型和它们的变化情形的分析, 它的类型和变化情形如 (F.4.4), (F.4.5) 等式所示.

若干**词的组合形成句**, 句的类型分: 基本结构、结构扩张、复合句等.

句的基本结构的成分: 主语、谓语. 扩张句的成分: 主语、谓语、宾语. 扩张句的组合形成复合句, 它们通过联结词连接.

句法分析必须和词法分析结合. 这就是在不同类型词的组合中, 这些词有不同的类型和变化, 它们的变化也是句法的组成部分.

如主语由名词、代词组成, 它们有数的变化, 还有形容词、副词、冠词的修饰. 而谓语由动词、直接宾语组成, 它们有时式 (正在进行、过去、将来式) 的变化.

在数理逻辑或其他人工语言中, 词和句的概念和自然语言相同, 但它们通过变量和逻辑连接符号的组合, 由此形成逻辑句.

2. 命题和命题系统的表示

我们已经说明, 命题的概念是对某些事物或现象的说明. 因此, 命题的概念是一种语言学的概念. 因此, 我们可以把**命题**看作是一种特殊的句 (陈述句), 但其他类型的句也可看作命题. 语言学中的词、词法、句、句法等概念, 是形成命题、命题系统的组成部分.

从广义上讲, 任何字符串

$$p = a^n = (a_1, a_2, \cdots, a_n), \quad a_i \in Z_q \tag{15.1.1}$$

都可看作是一个命题.

由此记 Z_q^* 是一个在 Z_q 中取值的、全体不等长序列的集合. 这时

$$Z_q^* = \bigcup_{n=1}^{\infty} Z_q^n, \tag{15.1.2}$$

其中 Z_q^n 是一个在 Z_q 中取值的、长度为 n 的向量的集合.

因此, 一个**命题系统**可以看作是 Z_q^* 空间中的一个集合 $\mathcal{P} \subset Z_q^*$.

3. 命题系统中的代数结构

我们用布尔代数或布尔逻辑来描述命题系统中的代数结构. 有关布尔代数或布尔逻辑的定义和结构性质我们已在本书的第 13 章中给出.

如果 $\mathcal{P} \subset Z_q^*$ 是一个命题系统, 它的元 $p, q \in \mathcal{P}$ 就是命题.

这时的命题系统 $\mathcal{P}$ 就是一个布尔代数. 这就是在它的元 $p, q, r \in \mathcal{P}$ 之间存在并、交、余 $(\vee, \wedge, p^c)$ 运算, 而且它们满足布尔代数中的运算规则.

在逻辑语言中的并、交和余运算就是命题之间的或、且和非的运算.

因此, 命题系统中的语言规则与布尔代数中的代数运算规则, 和逻辑学中的逻辑规则形成等价关系, 它们之间的语言、记号和运算性质可以相互表达. 对此我们不一一列举.

4. 命题系统中的数字化表达

命题系统的数字化就是把命题用数字向量进行表达.

由 (15.1.1) 式知道, 任何一个命题都可用字符串 $p = a^n \in Z_q^n$ 进行表达. 因此命题系统 $\mathcal{P} \subset Z_q^*$ 是一个不等长向量的集合.

如果取 $q = 2$, 那么 $Z_2 = \{-1, 1\}$ 或 $Z_2' = \{-1, 1\}$ 是一个二进制的集合, 我们把这两种集合等价使用.

因此命题系统 $\mathcal{P} \subset Z_2^*$ 是一个不等长、二进制的向量的集合. 在二进制集合 Z_2, Z^n 中存在并、交、余运算, 为了区别, 我们把这些并、交、余运算分别记为 $\vee, \wedge, a^c$ 和 $\vee, \wedge, p^c$. 它们之间的运算关系我们已在 (11.2.4) 式中给出.

15.1.2 命题的结构关系和命题系统的图表示

在命题系统中, 因为在该系统内部存在布尔代数、逻辑代数结构, 对这种结构关系, 我们试图用点、线图的关系来进行说明. 为此目的, 我们引进命题的结构单元和命题的系统结构关系图等概念. 这些概念的形成, 使命题系统的结构不仅具有布尔代数、逻辑代数结构特征, 而且还具有点、线图的关系特征. 在本小节中我们讨论这些概念和关系.

1. 不同命题的混合运算

记 $p_1, p_2, \cdots, p_m \in \mathcal{P}$ 是命题系统中的一组命题, 这时称 $p^m = (p_1, p_2, \cdots, p_m)$ 是命题系统中的一个多命题向量 (简称多命题).

定义 15.1.1 (多命题的混合运算)   对一多命题向量 p^m, 定义它的混合运算子 O_m, 该运算子的定义和运算我们已给出. 那里是作为一般一般逻辑运算定义, 在此是命题系统中的运算定义.

由此可见, 对任何 $m = 1, 2, \cdots$ 和多命题向量 p^m, 混合运算的运算结果 $O_m(p^m)$ 仍然是命题系统 $\mathcal{P}$ 中的一个命题.

2. 命题和运算的数字化表示

我们已经说明, 一个命题系统 $\mathcal{P} \subset Z_q^*$ 是一个不等长的向量的集合, 这是命题系统的数字化表示.

在集合 Z_q, Z_q^n 中, 它们具有并、交、余的运算, 这些运算是在数字布尔代数中的数字运算.

因此对任何多命题向量 p^m 和 (16.1.4) 式中的混合运算 O_m, 它们的运算结果 $O_m(p^m)$ 是一个关于数字向量之间的运算.

3. 关于命题单元和命题关系图的定义

性质讨论一个多命题向量 $(p^m, q) = (p_1, p_2, \cdots, p_m, q)$.

定义 15.1.2 (命题单元的定义)   如果 (p^m, q) 是一个多命题向量. 如果存在一个混合运算 O_m 使 $O_m(p^m) = q$ 成立, 那么称 (p^m, O_m, q) 是一个命题单元.

定义 15.1.3 (命题的逻辑关系图的定义)   如果 $\mathcal{P}$ 是一个命题系统. 称 $G = \{E, V\}$ 是一个一个关于命题系统 $\mathcal{P}$ 的一个命题关系图, 如果 $E = \mathcal{P}$ 是该图中点集合. V 是该图中全体弧的集合, 它满足以下条件.

对任何 $q \in \mathcal{P}$, 记 $p_{q,1}, p_{q,2}, \cdots, p_{q,m_q}$ 是 q 点点全体先导点.

这时 $(p^{m_q}, q) = (p_{q,1}, p_{q,2}, \cdots, p_{q,m_q}, q)$ 是一个命题单元. 这就是存在一个混合运算 O_m, 使关系式 $O_m(p^m) = q$ 成立.

15.1.3   命题的赋值系统

我们已经给出命题、命题系统的定义, 并在系统内部还引进运算和结构. 这种结构. 这种结构是布尔代数结构和点、线图的逻辑关系结构. 它们是对命题系统中一些基本特征的反映. 除了这些结构关系的特征外, 在命题系统中还存在另外一种重要特征. 我们称之为状态的属性. 这就是关于命题状态的属性, 如该命题是否成立、成立的可能性大小等属性, 我们把这种属性称为命题的赋值. 而且把具有赋值的命题称为知识, 由此就可产生命题的赋值系统、知识系统等概念和定义. 而认知系统和认知过程是对知识的主、客观关系的讨论, 其中包括对主、客观关系的确定和转换的过程. 在本小节中我们给出这些概念的定义、表达和记号.

1. 命题的赋值和赋值系统

我们把命题的内容和外部世界的关系问题称为命题的状态特征. 因此这种状态特征可以有多种不断方式.

如命题的正确与否、能否确定、命题成立的可能性大小等.

我们把命题的这种状态特征称为命题的赋值, 这种赋值可以作数字化的表达.

关于命题 $p \in \mathcal{P}$ 的**赋值**就是它的映射 $f(p) \to U$, 其中 U 就是**赋值的取值范围** (相空间).

我们可以把命题的这种赋值看作是关于命题的一种表现或判定的结果. 其中表现结果有如成立或不成立.

记 $\mathcal{P}$ 是一个命题系统, 如果对该系统中的命题进行赋值, 那么就产生一个**命题的赋值系统**.

一个命题的赋值系统就是

$$F(\mathcal{P}) = \{f(p),   , p \in \mathcal{P}\} \tag{15.1.3}$$

在命题赋值的定义中, 涉及赋值的取值范围 (相空间) U 的类型问题. 这时 U 可以有多种不同类型的权, 如

$$
\begin{cases}
U = Z_q = \{0, 1, \cdots, q-1\}, \text{这时对命题可以产生多种不同的判定结果,} \\
U = [0, 1], \text{对命题是一种可能性大小 (概率大小) 的判定,} \\
U^* = \{Z_q, *\} \text{ 具有不能确定的判定, 其中 } * \text{是一个不能确定的判定.}
\end{cases}
$$
$$(15.1.4)$$

在 (15.1.4) 式中, 如果取 $f(p) = *$, 这表示 p 是一个不确定的命题.

如果 $f(p) \in [0, 1]$, 这表示命题 p 成立的可能性的大小 (或成立概率的大小).

2. 不同命题的关系问题

在命题系统中, 除了它们之间存在的逻辑关系外, 由于赋值的确定, 可以产生一系列新的关系. 如

关联性的命题, 是对命题 $p, q \in \mathcal{P}$, 它们的赋值是相关的, 它们的类型有:

简单关联性的命题, 是对命题 $p, q \in \mathcal{P}$, 它们的赋值是相关的, 它们的类型有

$$
\begin{cases}
\textbf{正 (左) 关联命题} & \text{如果 } f(p) = 1, \text{那么必有 } f(q) = 1 \text{ 成立, 记号 } p \to q, \\
\textbf{逆 (右) 正关联命题} & \text{如果 } f(q) = 1, \text{那么必有 } f(p) = 1 \text{ 成立, 记号 } p \leftarrow q, \\
\textbf{否 (左) 关联命题} & \text{如果 } f(p) = -1, \text{那么必有 } f(q) = -1 \text{ 成立, 记号 } p^c \to q^c, \\
\textbf{逆 (右) 否关联命题} & \text{如果 } f(q) = -1, \text{那么必有 } f(p) = -1 \text{ 成立. 记号 } p^c \leftarrow q^c,
\end{cases}
$$
$$(15.1.5)$$

如果命题 $p, q \in \mathcal{P}$ 之间存在这四种关系, 那么称命题 $p, q \in \mathcal{P}$ 存在**简单的关联性的命题**.

除了这四种简单的关联性的命题外, 其他简单的关联性命题还有如

$$
\begin{cases}
\textbf{等价命题} & f(p) = f(q) \text{成立, 记号 } p \Longleftrightarrow q, \\
\textbf{异或命题}^{①} & p \triangle q = p \vee q - p \wedge q, \text{记号 } p \oplus q.
\end{cases}
$$
$$(15.1.6)$$

(15.1.5) 式中的这四种**关联性的命题**之间存在等价性的关系是

$$\textbf{正 (左) 关联命题} \Longleftrightarrow \textbf{逆 (右) 否关联命题},$$

$$\textbf{逆 (右) 正关联命题} \Longleftrightarrow \textbf{否 (左) 关联命题}.$$
$$(15.1.7)$$

---

①异或的名称又为对称差 (exclusive or), 或简写为 XOP.

3. 关于命题系统结构关系的讨论

对命题系统 $\mathcal{P}$, 我们已经给出了多种不同的结构关系, 结构的类型有如

布尔代数结构	在$\mathcal{P}$的命题之间,存在布尔代数的运算和规则,
点、线图结构	由布尔运算使命题之间, 存在的逻辑关系的图表示,
由赋值产生的结构	对$\mathcal{P}$中的命题进行赋值,由此产生赋值之间的结构关系.

$$(15.1.8)$$

定义 15.1.4 (关于公理、公理系统的定义) 在命题的赋值系统 $\mathcal{P}$ 中, 一组被称为是公理的命题定义如下.

$\mathcal{P}_0 \subset \mathcal{P}$ 是一组命题, 它需满足以下条件.

(1) 该命题的赋值必须是肯定的赋值, 这就是必须有 $f(p) = 1, p \in \mathcal{P}_0$ 成立.

(2) 该命题的赋值 $f(p) = 1$ 是一个恒等式, 这就是其他命题的赋值无关.

(3) 如果 $p \neq q \in \mathcal{P}_0$, 那么在 p, q 之间不存在逻辑运算关系.

(4) 对任何 $q \in \mathcal{P}$, 总存在一组 $p^m = (p_1, p_2, \cdots, p_m) \subset \mathcal{P}_0$ 和一个逻辑算子 O_m, 使 $q = O_m(p^m)$ (见定义 15.1.1 所给) 成立.

因此, 在命题系统 $\mathcal{P}$ 中的公理、公理系统 $\mathcal{P}_0$ 就是布尔代数中原子、原子系统的概念, 如定义 F-1-5 所给.

关于布尔代数中原子、原子系统的性质如本书附录 6 中的性质 F-1-2 所给.

这时, 该命题系统 $\mathcal{P}$ 中的元 p 总可由 $\mathcal{P}_0$ 中的若干公理组合而成.

15.1.4 知识、知识系统和认知系统

我们已经给出命题、命题系统、命题的赋值系统的一系列定义和性质的讨论. 由这些讨论可以确定, 在这些系统的内部还存在布尔代数的运算和结构、逻辑关系的图表示结构、并由此形成命题的关联性、公理体系等一系列定义和性质. 在此基础上我们就可讨论知识、认知、知识系统中的有关问题. 为了简单起见, 我们只对某一固定的学科分支来说明其中的这些关系问题.

1. 某学科中的命题系统

我们这里所讨论的学科可以作广义的理解, 它可以是一种学科, 也可以是一种专门的技术、信息系统.

这时记 $\mathcal{P}$ 是一固定学科中的命题系统. 这个系统包括该学科的所有公理、命题、引理和定理, 也包括其中的计算公式、数据的观察结果.

因此, 系统 $\mathcal{P}$ 的范围是十分广泛的, 但当学科固定后, 这个命题系统的内容也就是确定的.

我们已经说明, 在命题系统 $\mathcal{P}$ 中存在布尔代数的运算和结构关系、命题之间逻辑关联关系和命题的赋值关系.

在这些关系中, 我们把命题之间的运算、结构、逻辑关系看作该命题系统中的固有关系, 而把其中的赋值关系作主观和客观的区分.

命题的**客观赋值**是指该命题结论的客观状态. 对这种状态的类型我们已在 (16.1.6) 式中定义.

命题的**主观赋值**是指人们对该命题状态的一种主观判断.

既然是一种主观判断, 那么就存在判断者的问题. 我们又把它们分成个体、群体或专业系统等不同类型. 个体、群体或专业系统. 其中的个体或群体可以看作特定个人或人群.

而专业系统可以看作特定学科体系、著作、论著或其他专业系统.

这种个体、群体或专业系统 (简称群体) 用 $\mathcal{L}$ 记号进行标记. 由此产生的赋值 (或判定) 系统记为

$$
\begin{cases}
\textbf{命题的客观赋值系统}: & F(\mathcal{P}) = \{f(p), p \in \mathcal{P}\}, \\
\textbf{命题的主观赋值系统}: & G(\mathcal{P}|\mathcal{L}) = \{g(p|\mathcal{L}), p \in \mathcal{P}\},
\end{cases}
\tag{15.1.9}
$$

其中的主观赋值系统是指在固定群体 $\mathcal{L}$ 条件下的赋值.

2. 知识系统

我们把一个具有赋值的命题系统称为**知识系统**.

因此知识系统也有主观和客观的区分, 因此 (16.1.9) 式中的 $F(\mathcal{P}), G(\mathcal{P}|\mathcal{L})$ 分别是主观和客观的知识系统, 其中 $G(\mathcal{P}|\mathcal{L})$ 是关于不同个体、群体或专业系统 $\mathcal{L}$ 所具有的知识系统.

3. 认知系统和认知过程

我们这里定义的认知、认知过程是把主、客观赋值取得一致的命题称为认知的命题, 而把实现这种一致性的过程称为认知过程. 由此产生认知系统为

$$
\begin{cases}
\textbf{认知系统}: & \mathcal{H} = \{p \in \mathcal{P}, \quad f(p) = g(p)\}, \\
\textbf{群体的认知系统}: & \mathcal{H}(\mathcal{L}) = \{p \in \mathcal{P}, \quad f(p) = g(p|\mathcal{L})\}.
\end{cases}
\tag{15.1.10}
$$

因此 $\mathcal{H}, \mathcal{H}(\mathcal{L}) \subset \mathcal{P}$ 是不同的子命题系统.

而且, 一个认知的过程是 $\mathcal{H}, \mathcal{H}(\mathcal{L})$ 不断扩大到过程.

对此认知的过程, 在逻辑学和不同的学科理论中的一系列的方法. 针对不同的学科、技术领域或信息系统, 建立、并扩大 $\mathcal{H}(\mathcal{L})$ 系统就是智能化工程的研究范围, 对此我们不再详细讨论.

15.2 数的表达、分析和计算的基本定理

我们已经说明, 计算数学是数学学科中的一个重要分支, 其中许多算法具有智能计算的特征. 在本章中, 我们要讨论的问题是计算数学中的这些算法在 NNS 中的实现问题. 其中所涉及的问题有如数的表达和误差估计、数值计算中的算法理论、计算中的逼近理论等. 这些理论在计算数学中已形成一个完整的理论体系. 在本节中我们要讨论的问题是这些运算在 HNNS 计算机中的实现问题. 这就是这些数的表示、计算、和规则用 NNS 中的计算算法的实现问题. 其中的基本定理就是讨论这种表示和实现的可能性的问题. 本节论述这个基本定理.

15.2.1 数的表达和分析

为了解数值计算的理论, 首先需要了解数的表达和误差分析问题.

1. 数的类型和表示记号

数的类型有多种, 如正数、负数、小数、分数 (整数和小数的混合)、有理数、实数、复数等. 它们都可在不同的进制下进行表达.

整数集合的类型有全体整数、非负整数、正整数、有限整数集合的记号分别是

$$\begin{cases} Z = \{\cdots, -2, -1, 0, 1, 2, \cdots\} & (\text{整数集合}), \\ Z_0 = \{0, 1, 2, 3, \cdots\} & (\text{非负整数集合}), \end{cases}$$

$$\begin{cases} Z_+ = \{1, 2, 3, \cdots\} & (\text{正整数集合}), \\ Z_q = \{0, 1, 2, \cdots, q-1\} & (\text{有限整数集合}), \end{cases} \tag{15.2.1}$$

有时记 $Z_q = \{1, 2, \cdots, q-1, q\}$, 这时 q 和 0 这两种记号等价使用.

数 x 在不同进制下的表达就是把该数写成向量

$$x = x_{m_2}^{m_1+1} = (x_{m_1+1}, x_{m_1}, x_{m_1-1}, \cdots, x_1, x_0, x_{-1}, x_{-2}, \cdots, x_{-m_2}),$$
$$= (x')_{m_2}^{m_1+1} = (x'_{m_1+1}, x'_{m_1}, x'_{m_1-1}, \cdots, x'_1, x_0, x'_{-1}, x'_{-2}, \cdots, x'_{-m_2}), \tag{15.2.2}$$

其中 $x_i \in X = Z_q$, 而 q 是一正整数.

称 (15.2.2) 式是数 x 在 q 进制下的表达. 其中每个分量的取值范围 (或字母表) X 是该表达式中的相空间.

(4) 最常见的是二进制的表示, 这时它的相空间 X 是个二进制集合 $\{-1, 1\}$ 或 $F_2 = \{0, 1\}$, 我们把它们等价使用, 它们可自动转换.

在数的表示式 (15.2.2) 中, 把不同类型的数写成向量, 对其中的有关记号说明如下.

在 (15.2.2) 式中, 数 x 所对应向量中各分量的下标是它们的位, 其中的分量值和它们的位数表示如下

$$
\begin{pmatrix}
\text{分量值} & x_{m_1+1} & x_{m_1} & x_{m_1-1} & \cdots & x_1 & x_0 & x_{-1} & x_{-2} & \cdots & x_{-m_2} \\
\text{分量位数} & m_1+1 & m_1 & m_1-1 & \cdots & 1 & 0 & -1 & -2 & \cdots & -m_2
\end{pmatrix}
\tag{15.2.3}
$$

对这些不同类型的数, 除了它们的二进制数字外, 还要增加一些类型符号, 如:

正负数的类型符号. $x_{m_1+1} = 1, -1$, 它们分别表示数 x 的正负取值.

整数和分数的类型符号 (下标或分量位数). $i > 0, = 0, < 0$, 它们分别表示分量所代表的是正数、小数点的位置和分数.

m_1, m_2 是非负整数, 它们分别表示最大整数位和最小分数位.

因此, 正、负数, 整数和分数的类型在 (15.2.2) 式中得到统一的表示.

这时在 (15.2.2) 式中, $x_0 = x_0'$ 是个固定的小数点的位置.

因此 (15.2.2) 式中的数 x 是一个 $m_1 + m_2 + 1$ 维的二进制向量, 其中

$$
\begin{cases}
\text{小数点记号 } x_0, \\
\text{整数部分} x_+ = (x_{m_1}, x_{m_1-1}, \cdots, x_1), \\
\text{负数部分} x_- = (x_{-1}, x_{-2}, \cdots, x_{-m_2}).
\end{cases}
\tag{15.2.4}
$$

在 (15.2.2) 式中, 数 x, x_+, x_- 的取值分别是

$$
x = x_{m_1+1} \sum_{i=m_1}^{-m_2} x_i' 2^i, \quad x_+ = \sum_{i=m_1}^{1} x_i' 2^i, \quad x_- = \sum_{i=-1}^{-m_2} x_i' 2^i.
\tag{15.2.5}
$$

15.2.2 数在表达和分析中的基本定理

定理 15.2.1 (关于数的表示和分析中的基本定理) 任何有理数、实数、复数在一定的误差要求下, 总可以通过不同进制的向量进行表达, 而且不同进制的向量可以进行转换.

该基本定理的存在, 可以使有关的数值计算在不同进制的向量中进行转换. 而且这种运算可以在自动机、计算机中实现.

因为所有的逻辑运算都可通过 NNS 的运算子表达, 所以可以设计和构造 NNS 型的计算机, 使现有计算机中的各种功能都能在这种 NNS 型的计算机中实现.

15.2.3 四则运算和它在逻辑学中的表达

为了简单, 我们这里只讨论二进制的四则运算, 其他进制的运算可类似推广.

1. 四则运算中的基本规则

基本规则 15.2.1 (数的表达规则) 任何有理数 x, y, z 等的二进制表达规则使这些数用 (15.2.2)—(15.2.4) 中的这些向量表示, 它们的有关记号、名称、换算关系在这些表示式中已有说明.

这时 x, y, z 的二进制表达分别是

$$\begin{cases} x = (x_{m_{x,1}+1}, x_{m_{x,1}}, \cdots, x_0, x_{-1}, \cdots, x_{-m_{x,2}}), \\ y = (y_{m_{y,1}+1}, y_{m_{y,1}}, \cdots, y_0, y_{-1}, \cdots, y_{-m_{y,2}}), \\ z = (z_{m_{z,1}+1}, z_{m_{z,1}}, \cdots, z_0, z_{-1}, \cdots, z_{-m_{z,2}}). \end{cases} \tag{15.2.6}$$

基本规则 15.2.2 (下标对应规则) 这就是这些数 x, y, z 等, 它们在运算时, 所有的下标必须全部对应, 这时它们的四则运算是在确定对应下标的关系中进行.

基本规则 15.2.3 (不同运算的等价规则) 如果 $z = f(x, y), z' = g(x', y')$ 是两个不同的运算, 它们分别是 $X \times Y \to Z, X' \times Y' \to Z'$ 的映射, 称 f, g 是等价映射, 如果它们满足条件:

$X = X', Y = Y', Z = Z'$, 这种相等关系也可用同构关系取代 (同构的定义在附录 3 中说明).

在 f, g 的映射关系中, 如果 $(x, y) = (x', y')$, 那么必有 $f(x, y) = g(x', y')$ 成立.

不同运算的等价规则是指**任何等价的运算, 它们总可以等价使用**.

现在就是要建立这些不同类型运算之间的等价运算关系.

2. 四则运算中的对应关系

我们已经给出逻辑运算和 NNS 运算的一系列关系问题的讨论, 现在讨论它们之间的四则运算的关系问题.

对 (15.2.1) 中的数 x, y, z, 在二进制的表达式中可简写为 x^n, y^n, z^n, 它们的运算都是在**下标对应规则** 下进行, 对此在下文中不再一一说明.

由此得到, 对于不同的运算类型有四则运算、基本逻辑运算、一般逻辑运算和 NNS 的运算, 对它们的运算名称、记号和运算对象我们列表说明如下 (表 15.2.1).

表 15.2.1 不同类型的运算的名称、记号和运算对象说明表

类型	名称	记号	对象
四则运算	加、减、乘、除	$+, -, \times, /$	正、负整数, 分数, 小数
基本逻辑运算	并、交、补 (或余)、位移、对称差	$\vee, \wedge, \bar{a}, T^{\pm}, \delta$	二进制整数
一般逻辑运算	并、交、补 (或余)、位移、对称差	$\bigvee, \bigwedge, \bar{A}, T^{\tau}, \Delta$	二进制向量或子集合
NNS 运算	NNS 中的等价运算子	$g_1, g_2, g_3, g_4, g_{2,\gamma}$	二进制向量

3. 表 15.2.1 中有关记号的说明

表中 g_1, g_2, g_3, g_4 是和逻辑运算对应的感知器运算子, 前三个运算是基本逻辑运算的 MMS 的表达, 我们已在 4.2 节中给出了它们的表达式, 对 g_4 的定义式在 (15.2.7) 式中给定.

T^τ 是位移算子, 其中 $\tau \in Z$ 是任何整数, 这时

$$T^{\pm\tau}(x^n) = (x_{1\pm\tau}, x_{2\pm\tau}, \cdots, x_{n\pm\tau}), \quad \tau \in Z. \tag{15.2.7}$$

因此这是向量位标的前后移动. 这时 $T^\tau (\tau \in Z)$ 是它的一般表示.

位移运算子 $T^{\pm\tau}$ 的 NNS 表达式是 $g_{2,\tau}$, 它的运算关系在 (15.2.14) 式中给定.

δ, Δ 分别是基本对称差和一般对称差的运算, 对 $x, y \in X = \{-1, 1\}$ 在一些文献中把它定义为 $\delta(x, y) = x \vee y - x \wedge y$, 因为其中带有一个减法运算, 所以不能看作一个纯逻辑运算.

在表 15.2.1 中, 我们把对称差定义为 $\delta(x, y) = \begin{cases} -1, & x = y, \\ 1, & x \neq y. \end{cases}$ 这样就可把对称差 δ 看作是一个基本逻辑运算.

关于对称差 δ 所对应的 NNS 的表达, 我们已经在例 4.3.1 和例 8.2.1 中说明, 这种分类运算不能用感知器的运算子来进行表达, 而由例 8.2.1 说明, 它的分类计算需要用一个多层次、多输出的感知器运算子来进行表达.

而对称差 Δ 所对应的逻辑运算是

$$x^n \Delta y^n = (x_1 \delta y_1, x_2 \delta y_2, \cdots, x_n \delta y_n), \tag{15.2.8}$$

它的 NNS 的表达分类计算同样也需要用多层次、多输出的感知器运算子理论来进行表达.

15.2.4　四则运算在逻辑运算中的表达

现在继续讨论表 15.2.1 中不同类型运算子的相互表达问题.

1. 加、乘运算

如果 $x = x^n = (x_1, x_2, \cdots, x_n), y = y^n = (y_1, y_2, \cdots, y_n)$, 那么由此产生的加、乘运算是

$$\begin{cases} x + y = (x^n \Delta y^n) + T(x^n \wedge y^n), \\ x \cdot y = \sum_{\tau=1}^{n} x_\tau T^\tau(y^n). \end{cases} \tag{15.2.9}$$

在 (15.2.4) 式的右边, 仍然包含加、乘运算, 因此它的位移运算可能发生多次, 如一个加法过程为

$$
\begin{cases}
\text{原始数据:} \\
x = x^n = (1,1,1)+ \\
y = y^n = (0,0,1)
\end{cases}
\rightarrow
\begin{cases}
\text{第一次加法结果:} \\
x_1^n = (1,1,0)+ \\
y_1^n = (0,1,0)
\end{cases}
\rightarrow
$$

$$
\begin{cases}
\text{第二次计算结果:} \\
x_2^n = (1,0,0)+ \\
y_2^n = (0,1,0)
\end{cases}
\rightarrow
\begin{cases}
\text{最后结果:} \\
x + y = (1,0,0,0).
\end{cases}
\tag{15.2.10}
$$

在此计算过程中, 加数和被加数在不断变化, 存在不断的进位问题. 最后得到的结果是 3 次进位计算的结果.

因此, 在加、乘的运算过程中, 必须在所有的进位运算都停止时, 才能得到最终的计算结果.

2. 减法运算

减、除运算是加、乘的逆运算, 它们的算法步骤如下.

$x = x^n$ 的补运算是 $\bar{x} = \overline{x^n} = (\bar{x}_1, \bar{x}_2, \cdots, \bar{x}_n)$.

这时

$$
x \wedge \bar{x} = x^n \bigwedge \overline{x^n} = (x_1 \wedge \bar{x}_1, x_2 \wedge \bar{x}_2, \cdots, x_n \wedge \bar{x}_n) = \phi^n
$$

是个零向量.

因此补向量 $\overline{x^n}$ 是 x^n 的逆元.

这时

$$
x - y = x + \bar{y} = x^n + \overline{y^n} = [x^n \Delta \overline{y^n}] + T[x^n \wedge \overline{y^n}].
\tag{15.2.11}
$$

因此减法运算可以通过逻辑运算来进行表达.

15.2.5 除法运算

除法运算是乘法的逆运算, 但它的表达过程比较复杂, 因此我们作单独说明.

1. 除法中的有关名称和记号

为了简单, 这里只讨论正整数的除法运算, 而且在二进制中进行.

除法中的有关名称可以从乘法中得到, 如果 a, b, c, d 是不同的数, 那么在乘法

和除法中有以下名称定义.

$$\begin{cases} \textbf{乘法表示式}\, a \cdot b = c, & \text{数}\,a,b\,\text{是}\,c\,\text{的因子, 数}\,c\,\text{是}\,a,b\,\text{的积,} \\ \textbf{除法表示式}\, c = a/b, & \text{数}\,b,a\,\text{分别是除数、被除数, 数}\,c\,\text{是}\,a,b\,\text{的商,} \\ \textbf{混合运算式}\, c = a \cdot b + r, & \text{被除数} = \text{商} \times \text{除数} + \text{余数.} \end{cases}$$

$$(15.2.12)$$

除法运算是由**除数**、**被除数**求商的计算, 或由**除数**、**被除数**求商、余的计算.

因此在除法中, 称除数、被除数是运算中的**源操作数**, 而称商和余是除法运算的**计算结果**. 故除法运算就是由除数、被除数, 求商和余的运算.

2. 除法的计算步骤

如果 a,b,c,r 是正整数, 它们的二进制向量分别是 $a^{n_a}, b^{n_b}, c^{n_c}, r^{n_r}$. 为了简单起见, 取 $a_1, b_1, c_1, r_1 \neq 0$, 因此有

$$a \geqslant 2^{n_a}, \quad b \geqslant 2^{n_b}, \quad c \geqslant 2^{n_c}, \quad r \geqslant 2^{n_r}$$

成立. 这时 n_a, n_b, n_c, n_r 分别是正整数 a,b,c,r 的位 (或阶) 数.

除法运算是由一系列同余运算得到的. 如果 c,a 是两个固定的正整数, 它们的二进制向量分别是 c^{n_c}, a^{n_a}, 那么由此产生的同余运算如下.

算法步骤 15.2.1   如果 $c < a$, 那么取 $b = 0, r = a$ 就是所求的商和余.

如果 $c = a$, 那么取 $b = 1, r = 0$ 就是所求的商和余.

算法步骤 15.2.2   (i) 现在讨论 $c > a$ 的情形, 这时取正整数 τ_1 满足条件 $2^{\tau_1} a \leqslant c < 2^{\tau_2+1} a$.

(ii) 取 $c(1) = c - 2^{\tau_1} a$, 这时 $c(1) = c - 2^{\tau_1} a \geqslant 0$, 如果等号成立, 那么取 $b = 2^{\tau_1}, r = 0$ 就是所求的商和余.

(iii) 由 τ_1 是定义, 可以得到 $0 < c(1) = c - 2^{\tau_1} a < 2^{\tau_1} a \geqslant 0$ 成立, 那么对 $c(1)$ 就可重复算法步骤 15.2.1, 算法步骤 15.2.2 的计算.

算法步骤 15.2.3   重复算法步骤 15.2.1, 算法步骤 15.2.2 的计算, 由此得到 $\tau_1, \tau_2, \cdots, c(1), c(2), \cdots$. 它们之间满足关系式

$$2^{\tau_{k+1}} a \leqslant c(k) < 2^{\tau_{k+1}+1} a, \quad c(k+1) = c(k) - 2^{\tau_{k+1}} a, \quad k = 0, 1, 2, \cdots.$$

由此得到关系式

$$c = 2^{\tau_1} a + c(1) = (2^{\tau_1} + 2^{\tau_2}) a + c(2) = \cdots = \left(\sum_{i=1}^{k} 2^{\tau_i} \right) a + c(k) \qquad (15.2.13)$$

当 $c(k) < a$ 时, 该递推运算停止, 而且有 $b = \sum_{i=1}^{k} 2^{\tau_i}, r = c(k), c = b \cdot a + r$ 成立. 这就是除法同余运算的结果.

在此运算中, 对 $c(i) = c(i-1) - 2^{\tau_i}a$ 都有相应的二进制向量 $c(i)^n, a^n$. 它们都有相应的 NNS 计算法来实现.

15.2.6 四则运算和数值计算的基本定理

由此我们得到, 对正整数的四则运算可以通过逻辑运算和 NNS 的运算进行表达和实现. 同样对负数、小数、分数 (整数和小数的混合) 的四则运算同样可用逻辑 + 位移运算实现, 并在 NNS 的运算关系上进行表达.

定理 15.2.2 (有关四则运算的基本定理) 关于数的四则运算可以通过有关的逻辑运算得到实现. 因此也可通过 NNS 计算法中的算法, 实现它们的运算.

定理 15.2.3 (有关数值计算的基本定理) 数值计算是在四则运算的基础上, 通过微分、积分的表示式和相应的各种计算公式, 在一定的误差条件下, 得到它们的计算结果. 因为四则运算可以通过 NNS 中的计算算法实现它们的运算. 所以数值计算也可以通过 NNS 中的计算算法实现它们的运算.

在逻辑推理中同样也存在它的基本定理, 对称基本定理的叙述涉及命题、知识、命题系统、知识系统等一系描述和讨论, 对此不再详细讨论.

15.3 NNS 计算机构造中的基本定理

我们已经给出了逻辑运算的定义和表示, 其中包括基本逻辑运算、一般逻辑运算, 并给出了这些运算和 NNS 计算关系的基本定理, 这就是在这两类不同类型的运算存在等价关系. 这就是 NNS 计算和逻辑运算之间的等价关系. 这种关系也是 NNS 和计算机构造中的基本原理. 这个基本原理是构造 NNS 计算机的基本原理. 所谓 NNS 计算机就是用 NNS 中的算法来取代现有计算机中的逻辑算法的计算机 这个基本原理也是我们用 NNS 计算来实现有关数值计算的基本定理、有关逻辑推理的基本定理等. 这些基本定理的核心思想就是用 NNS 中的计算算法来取代这些计算中算法 (它们是在逻辑运算基础上所形成的算法). 在有的文献中, 把这类计算方法也称为深度学习算法.

15.3.1 逻辑运算和 NNS 计算关系的小结

表 15.3.1 给出了几种逻辑运算. 在 (12.2.7) 式中给出它们之间的等价关系. 这些运算可以相互表述. 由此形成逻辑运算、数字计算和 NNS 计算中的一系列等价运算关系. 这些等价关系是我们实现智能的智能化的理论基础.

第四部分

附　　录

附录1 重要符号的说明

> 本书的内容涉及多学科领域, 它们的来源与
> 含义往往不同, 因此需对它们作统一的表达与说
> 明, 对这些定义与记号我们尽量与原学科的表达
> 保持一致.

A.1 不同类型符号的说明

本书采用的符号类型有多种, 就英文字体而言, 就有大、小写, 正、斜、黑、花体的区别. 另外还有希腊、罗马、中文数字等不同类型. 在这些不同的字体中还有带上、下标, 多字母联用的区别. 在使用这些符号时需注意它们的差别.

A.1.1 英文大、小写字母的表示

除了不同学科外, 即使在同一学科中, 同一变量会有不同的表达方式, 同一符号也可表示不同的变量. 务请读者注意有关符号的定义与说明, 注意其中的内在含义与区别.

1. 英文大写字母的表示

在本书中, 英文大写字母有四种不同的表达方式, 分大写斜体、正体、黑体与花体, 它们在不同的场合使用.

英文大写斜体, 如 A, B, C, D, X, Y, Z 等, 分别表示集合、矩阵、算符等. 几个英文大写斜体字母的连写有其特殊含义, 对此有专门的说明.

英文大、小写正体是指有专门名称与记号.

如英文大写 A, R, N, D 等表示氨基酸一字符, C,N,O,S 等为原子记号.

英文大写黑体, 如 $\boldsymbol{A}, \boldsymbol{B}, \boldsymbol{C}, \boldsymbol{D}$, 英文大写花体, 如 $\mathcal{A}, \mathcal{B}, \mathcal{P}, \mathcal{V}$ 等, 它们表示集合的集合、数据库或参数系.

$\boldsymbol{A} = \{A_1, A_2, \cdots, A_n\}$ 表示由一组矩阵所组成的集合. 如 $\mathcal{E}$ 表示坐标系, $\mathcal{P}$ 表示某种类型的参数系等.

2. 英文小写字母的表示

英文小写字母的类型也分小写斜体、正体、黑体三种, 它们在不同的场合使用.

英文小写斜体, 如 a, b, c, d, x, y, z 等表示数字, 或集合、向量、矩阵中的元, 或空间中的点 (因此空间中的点也可用英文大写斜体或英文小写斜体表示).

英文小写正体, 如 a,c,g,t,u 表示核苷酸 (由此把氨基酸与核苷酸进行区别), 另外一些特殊的度量记号也用英文小写、正体, 如 m, s 分别是米、秒.

英文小写斜体带箭头, 如 $\vec{a}, \vec{b}, \vec{c}, \vec{d}, \vec{x}, \vec{y}, \vec{z}$ 等表示向量.

利用英文大、小写、黑体与花体可以表示不同类型的几何图形, 如对球的各种不同表示在表 A.1.1 中说明.

3. 英文字母的连写的其他类型

英文字母与其他数学符号联用的类型很多, 如

$(a, b), (a, b], [a, b), [a, b]$ 分别表示开区间、半开区间与闭区间. 为了简单起见, 我们都用 (a, b) 表示, 在不同场合有不同菓?

$\bar{a}$ 表示变数 a 的平均值, ab 线段, $|ab|$ 线段长度, $\vec{ab}$ 为有向线段或向量.

$\vec{a}$ 为向量. $\tilde{a}$ 为序列, 这就是阶数较大 (或无穷) 的向量.

氨基酸的英文字母有三种表示法外, 即一字符与三字符表示, 如 A, ALA, Ala 都是丙氨酸, 它们都可等价使用.

4. 英文字母的连写与修饰

英文的各种不同类型字体都存在连写与修饰问题, 如上、下标的修饰, 与其他数学符号的修饰等, 如

英文字母 + 右下标表示该字母排列的次序, 如 (a_1, a_2, a_3) 表示该向量中的三个分量. $V_q = \{1, 2, \cdots, q\}$ 或 $V_q = \{0, 1, \cdots, q-1\}$ 是一种特殊的 q 元集合记号.

英文大写斜体加带括号的右上标, 如 $R^{(\ell)}, V_q^{(\ell)}$ 分别为集合 R, V_q 的 ℓ 阶乘积空间或 ℓ 阶向量空间.

英文小写斜体 + 带括号的右上标为向量, 如 $a^{(\ell)} = (a_1, a_2, \cdots, a_\ell)$ 为 ℓ 长度 (或阶) 的向量. 英文 (数字) 小写斜体 + 右上标, 如 a^3 为指数的幂.

n, m, i, j, k 为整数记号. 它们所对应的集合记为

$$N = \{1, 2, \cdots, n\}, \quad M = \{1, 2, \cdots, m\}, \quad N_a = \{1, 2, \cdots, n_a\},$$

它们都是整数集合的表示方式.

A.1.2   希腊字母的表示

在本书中希腊字母经常被使用, 而且有大、小写的区分, 最常用的希腊字母的使用如下.

1. r.v. 的希腊字母的表示

r.v. 有如 ξ, η, ζ, r.v. 的表示有如 $\bar{\xi}, \bar{\eta}, \bar{\zeta}$, 一个 ℓ 阶的 r.v., 又可表示为 $\xi^{(\ell)}, \eta^{(\ell)}, \zeta^{(\ell)}$.

s.p. 的表示有如 $\tilde{\xi}, \tilde{\eta}, \tilde{\zeta}$ 为 s.s., ξ_T, η_T, ζ_T 为 s.p., 其中

$$\bar{\xi} = (\xi_1, \xi_2, \cdots, \xi_n), \quad \tilde{\xi} = (\xi_1, \xi_2, \xi_3, \cdots), \quad \xi_T = \{\xi_t, t \in T\},$$

这里 T 为 R 或 $\mathcal{Z}$ 空间中的一区间集合.

2. 均值、方差与标准差的希腊字母的表示

μ, σ^2, σ, w 分别为均值、方差、标准差与相对标准差. $\bar{\mu}$ 为向量的均值, $\Sigma = (\sigma_{i,j})_{i,j=1,2,\cdots,n}, \tilde{\rho} = (\rho_{i,j})_{i,j=1,2,\cdots,n}$, 分别为协方差矩阵与相关矩阵.

Σ 有时表示空间中的多面体、空间区域, ρ 有时表示质量密度等.

3. 一些特殊的希腊字母的表示

Ω 为数据库的记号. $\lambda_1, \cdots, \lambda_n$ 为特征根, ϕ, ψ, φ 为角的符号, $\bar{\phi}, \tilde{\phi}$ 为角的向量与角的序列.

$\pi = 3.1416$ 为圆周率, $e = 2.7183$ 为自然对数值. 由 a, b, c 三点所确定的平面表示为 $\pi(a, b, c)$, Π 为多维空间中的超平面.

δ 表示三角形或一维空间中的区间, $\triangle$ 表示空间四面体或 1, 2 维空间中的区域.

希腊大写字母, 如 Θ 为参数 θ 的集合.

因此同一类型的字母经常有多种不同含义的表示.

4. r.v. 的其他记号

除了用希腊字母表示 r.v. 之外, 还有其他表示形式, 如:

用 u^*, v^*, z^* 等表示 r.v., 用 A^*, U^*, V^* 或 $\mathbf{u}^*, \mathbf{v}^*, \mathbf{z}^*$ 等表示 r.v..

用 $\tilde{a}^*, \tilde{u}^*, \tilde{v}^*$ 等表示 s.s., 其中 $\tilde{a}^* = (a_1^*, a_2^*, a_3^*, \cdots)$. 用 a_T^*, u_T^*, v_T^* 等表示 s.p., 其中 $a_T^* = \{a_t^*, t \in T\}$.

用 $\tilde{\mathbf{a}}^*, \tilde{\mathbf{u}}^*, \tilde{\mathbf{v}}^*$ 等表示多维 s.s., 其中

$$\tilde{\mathbf{a}}^* = \{\mathbf{a}_1^*, \mathbf{a}_2^*, \mathbf{a}_3^*, \cdots\}, \quad \mathbf{a}_t^* = (a_{t,1}^*, a_{t,2}^*, \cdots, a_{t,\ell}^*).$$

一些几何图形的记号如表 A.1.1 所示.

其中英文字母都是英文斜体. 英大黑就是英文大写黑体, 英大 * 是指带上下标的英文大写, 英小就是英文小写, 希就是希腊字母.

表 A.1.1   不同空间图形的不同记号表示

球的不同与类型	球体	球面	圆	圆周	球心(圆心)	球的集合	圆的集合	空间区域	多面体	四面体	三角形
英文符号	$\mathbf{O}$	O	O_0	S	o	$\mathcal{O}$	$\bar{O}$	Ω	Σ	Δ	δ
符号类型	英大黑	英大	英大 *	英大	英小	英大花	英大 *	希	希	希	希

A.1.3   字母与数字的联用表示

在本书中大量使用不同类型的字母与数字的联合使用.

1. **数据库中的联合使用**

氨基酸的三种表示法, 即氨基酸采用一字符 (英文正体大写)、三字符与数字表示法, 详见表 9.2.1 说明, 其中

$$\{A, R, N, D, C, E, Q, G, H, I, L, K, M, F, P, S, T, W, Y, V\} = \{1, 2, \cdots, 20\}$$

在本书中对这三种表示法等价使用.

在 PDB 数据库中, 各原子的名称与位置都有特定的表示方法, 对此说明如下.

氨基酸侧链中的原子又分氢原子与非氢原子两种类型, 对侧链中的非氢原子的表示通式为 xyz, 其中 x 表示该非氢原子的名称, 它们由 C, O, N, S 组成. y 为该非氢原子在侧链中位置的层次, 它们分 G,D,E,Z,H 这五种层次. 通式中的 z 是同一层次中非氢原子 (它们可能有多个) 的编号.

氢原子表示的通式为 Hyz, 其中 y 就是与该氢原子组成共价键的非氢原子的层次, z 是该氢原子的编号.

如 HZ2 就是与第 Z 层中非原子组成共价键中的第二个氢原. HD2 或 H32, H_{32} 表示与氨基酸第三层中非氢原子形成共价键的第二个氢原子.

H, H1, H2 表示与主链中与 N 原子成共价键的氢原子, HA, HA1, HA2 表示与主链中 A 原子成共价键的氢原子.

2. **一些特殊的记号**

在 PDB 数据库中, 蛋白质的二级结构分别用 α-螺旋与 β-折叠给以区别, 相应的字母为 H,S 等给以区别.

在氨基酸中, 碳原子多处出现, 我们把不变部分中的 C_α 原子记为 A, 把侧链中的 C_β 原子记为 B.

侧链中非氢原子位置的层次 G, D, E, Z, H 分别记为 2, 3, 4, 5, 6 这五种层次. A 原子所在的层次为 0, B 原子所在的层次为 1.

如 CZ2(C52 或 C_{52}) 就是该 C 原子在第五层中的第二个非氢原子.

在 PDB 数据库中, 每个蛋白质同时有一级结构、二级结构与三级结构的表示, 还有其他信息, 如名称、编号、测量时间与作者等信息, 还有其他信息, 如结构

域、Model、不同原子在氨基酸中的位置等.

氨基酸的结构由两部分组成, 即不变部分 (或主链部分, 用 L 表示) 与可变部分 (或侧链部分, 用 R 表示). 不变部分由 N, A, C, O, H, HA 六个原子 (在脯氨酸中只含 N, A, C, O, HA 五原子) 组成, 不同氨基酸的可变部分 R 由不同的原子结构.

3. PDB 数据库中氢原子符号的表示

在蛋白质空间结构数据库中, 氢原子一般都与一个非氢原子结合成共价键, 因此它们的一部表示式为 Hxy, 其中 H 为氢原子, x 为该氢原子成共价键非氢原子所在的层次数, y 为该层次中氢原子的排列序数.

4. 有关核酸序列的表示

5 种核苷酸的记号是 a, c, g, t, u. 因此它们的字母表记为 $V_4\{a, c, g, t(u)\} = \{1, 2, 3, 4\}$.

核酸序列记为 $A = (a_1, a_2, \cdots, a_n)$, 其中 $a_i \in V_4$. 这时称 A 为正向序列.

A 的反向序列记为 $A' = \{a_1', a_2', \cdots, a_n'\}$, 其中 $a_i' = a_{n-i+1}, a_i^* = \bar{a}_{n-i+1}$.

称 a-t, c-g 互为对偶 (或互补) 核苷酸.

因此产生 A 的补序列 $A^* = \{a_1^*, a_2^*, \cdots, a_n^*\}$, 其中 a_i^* 是 a_{n-i+1} 的对偶 (或互补) 核苷酸.

5. 英文缩写记号

一些英文缩写记号及它们的中英文名称如表 A.1.2 所示.

表 A.1.2 常用英文字母缩写表

缩写名	英文名	中文名	缩写名	英文名	中文名
NNS	Neural Network Systems	神经网络系统	a.e.	almost everywhere	几乎处处
BNNS	Biological NNS	生物神经网络系统	i.i.d.	independent identically distributed	独立同分布
HBNNS	Human body NNS	人体神经网络系统	ID	Information dynamic	信息动力学
ANNS	Artificial NNS	人工神经网络系统	IDF	Information dynamic function	信息动力函数
HNNS	Hopfield NNS	Hopfield 神经网络系统			
r.v.	random variable	随机变量	WIDF	Word IDF	词信息动力函数
r.s.	random system	随机系统	SIDF	Sentence IDF	句信息动力函数
s.s.	stochastic sequence	随机序列	KL	Kullback-Leibler	互熵 (或 KL- 互熵)
s.p.	stochastic process	随机过程	ORF	Open Reading Frame	可读框
p.d.	probability distribution	概率分布	EM	Expectation-Maximization Algorithm	最大期望算法
p.d.f.	probability density function	概率密度函数			

A.2　有关数学公式的表示

A.2.1　r.v. 的 p.d. 与特征数

如果 ξ, η, ζ 是 r.v., $\bar\xi = (\xi_1, \xi_2, \cdots, \xi_n)$ 是一个 n 重 r.v., 对它们的 p.d. 与特征数记号如下.

1. 如果 ξ 是一个 r.v. 它的记号如下

$p_\xi(A) = P_r\{\xi \in A\}$ 为 r.v. ξ 在集合 A 中取值的概率. $P = \{p_1, p_2, \cdots, p_n\}$ 为离散 p.d., 其中 $p_i \geqslant 0, \sum_{i=1}^n p_i = 1$.

$F_\xi(x) = P_r\{\xi \leqslant x\}$ 为连续型 p.d., $f(x) = \dfrac{dF(x)}{dx}$ 为连续型 p.d.f. 密度函数.

r.v. ξ 的数学期望 (或均值)、方差与标准差分别为

$$\mu_\xi = E\{\xi\} = \int_{\mathcal{X}} x f(x) dx, \quad \sigma_\xi^2 = E\{(\xi - \mu_\xi)^2\}, \quad \sigma_\xi = \sqrt{\sigma^2(\xi)}. \tag{A.2.1}$$

$N(\mu, \sigma^2)$ 是均值为 μ, 方差为 σ^2 的正态分布, 称 $N(0,1)$ 为标准正态分布.

矩阵 Σ 的特征根向量 $\bar\lambda = (\lambda_1, \lambda_2, \cdots, \lambda_n)$. 特征向量、特征矩阵用一般的向量与矩阵记号.

注意它们与 r.v. 的特征数的差别.

2. 多重 r.v. 的记号

多重 p.d. 与分布密度为

$$F(\bar x) = P_r\{\bar\xi < \bar x\}, \quad f(\bar x) = \frac{\partial^n F(\bar x)}{\partial \bar x}. \tag{A.2.2}$$

其中 $\bar x = (x_1, x_2, \cdots, x_n)$ 是一个 n 重常数向量,

$$\frac{\partial^n}{\partial \bar x} = \frac{\partial^n}{\partial x_1 \partial x_2 \cdots \partial x_n} \tag{A.2.3}$$

是 n 重偏微分记号.

记 $\bar\mu = (\mu_1, \mu_2, \cdots, \mu_n)$ 是 $\bar\xi$ 的一个均值向量, 其中 $\mu_i = E\{\xi_i\}$ 是 ξ_i 的均值.

记 $\Sigma = (\sigma_{i,j})_{i,j=1,2,\cdots,n}, (\rho_{i,j})_{i,j=1,2,\cdots,n}$ 分别是 $\bar\xi$ 的一个协方差矩阵与相关矩阵, 其中

$$\sigma_{i,j} = E\{(\xi_i - \mu_i)(\xi_j - \mu_j)\}, \quad \rho_{i,j} = \frac{\sigma_{i,j}}{\sqrt{\sigma_{i,i}\sigma_{j,j}}}. \tag{A.2.4}$$

统称这些参数是 r.v. 的特征数.

多重正态分布记为 $N(\bar\mu, \Sigma)$, 其中 $\bar\mu$ 是 $\bar\xi$ 的一个均值向量, Σ 是 $\bar\xi$ 的协方差矩阵, $N(\bar\mu, \Sigma)$ 的分布密度函数为

$$f(\bar x) = \frac{1}{(2\pi|\Sigma|)^{n/2}} \exp\{-(\bar x - \bar\mu)\Sigma^{-1}(\bar x - \bar\mu)^{\mathrm{T}}\}, \tag{A.2.5}$$

其中 $|\Sigma|, \Sigma^{-1}$ 分别是协方差矩阵的行列式与逆矩阵.

3. KL-熵 (或 KL-互熵, KL-散度)

Kullback-Leibler 熵又称为 Kullback-Leibler 散度 (KL-熵) 是一种基本度量函数, 它们的定义如下.

如果 $P = (p(x)), Q = (q(x))$ 是两个固定的 p.d.f. 密度函数, 那么称

$$k(P, Q; x) = \log \frac{p(x)}{q(x)} \, (x \in X)$$

就是 p.d. P 关于 Q 的 KL-互熵密度函数, 其中 X 是 x 的取值空间, 可以取不同类型的连续空间或离散空间.

KL-互熵密度函数 $k(P, Q; x)$ 的平均值

$$\mathrm{KL}(P|Q) = \int_X p(x) \log \frac{p(x)}{q(x)} dx$$

就是 p.d. P 关于 Q 的 KL-互熵.

但 P, Q 取不同类型的 p.d. 时就会产生不同类型的 KL-互熵 (或互熵密度). KL-互熵反映了 p.d. P 与 Q 的差异度.

4. 交矩阵的记号

一个 $n \times n$ 矩阵 C, 如果它的转置矩阵 C^T 就是它的逆矩阵, 那么称这个矩阵 C 是正交矩阵. 一个 $n \times n$ 矩阵为 $B = (b_{i,j})_{i,j=1,\cdots,n}$, 如果它满足条件 $b_{i,j} = \begin{cases} \lambda_i, & i = j, \\ 0, & 否则, \end{cases}$ 那么称这个矩阵为对角线矩阵.

一个 $n \times n$ 矩阵 B, 如果对任何 $i, j = 1, 2, \cdots, n$ 总有 $b_{i,j} = b_{j,i}$ 成立, 那么称这个矩阵是对称矩阵. 对任何一个非零向量 $\bar{x}$ 总有 $\sum_{i,j=1}^{n} b_{i,j} x_i x_j > 0$ 成立, 那么称这个矩阵为正定矩阵.

对两个矩阵 B, D, 如果存在一个正交矩阵 C, 使 $D = CBC^\mathrm{T}$ 成立, 那么称 B, D 是相似矩阵.

任何一个对称、正定矩阵 B 总存在一个正交矩阵 C, 使 $D = CBC^\mathrm{T}$ 是一个对角线矩阵. 称对角线中的元 λ_i 是矩阵 B 的特征根, 称矩阵 C 中的列向量 $\bar{c}_i = (c_{i,1}, c_{i,2}, \cdots, c_{i,n})$ 是矩阵 B 的特征向量, 这时有 $B\bar{c}_i = \lambda_i \bar{c}_i$ 成立.

A.2.2 一些数学公式与符号

常用的数学公式与符号很多, 我们只选择一些常用的记号如下.

1. 数学函数符号

(1) 三角函数、对数与指数函数符号分别为 $\sin, \cos, \log, \ln, \exp$, 其中 $\log, \ln$ 分别以 $10, e$ 为底的对数函数符号, $\exp$ 是以 e 为底的指数函数符号, 一般以 a 为底的对数与指数函数符号记为 $\log_a, \exp_a$.

(2) 反三角函数符号. 如 arcsin, arccos 等为反三角函数符号. 数据集合 A 中的最大与最小值符号分别记为 Max$\{A\}$, Min$\{A\}$.

$$\text{Sgn}(u) = \begin{cases} 1, & u \geqslant 0, \\ -1, & \text{否则} \end{cases} \quad \text{为 } u \text{ 的符号函数.}$$

(3) $|ab|$: 线段 ab 的长度, $|a|$: 数 a 的绝对值, $\|A\|$: 集合 A 的元素个数, $\lfloor a \rfloor$: 数 a 的整数部分.

2. 关于运算记号

(1) 数乘: $ab, a \cdot b$ 或 $a * b$. 向量内积: $\langle \mathbf{a}, \mathbf{b} \rangle$ 或 $\langle A, B \rangle$. 向量积: $\mathbf{a} \times \mathbf{b}$ 或 $A \times B$. 如果 a, b 是两个数, 那么 $a \times b$ 表示一个数据阵列的规模 (行数与列数).

(2) 矩阵乘积: $\mathbf{A} \otimes \mathbf{B}$. 向量 A, B, C 的混合积为 $[A, B, C] = \langle A \times B, C \rangle$.

(3) 如果 $(a,b),(c,d),(e,f)$ 为区间, 那么 $(a,b) \times (c,d)$ 是平面中以 $(a,b),(c,d)$ 为边的矩形, $(a,b) \times (c,d) \times (e,f)$ 是空间中以 $(a,b),(c,d),(e,f)$ 为边的长方体.

(4) 记以 a 点为中心, r 为半径的圆、圆周、球与球面分别记为 $o(a,r), s_o(a,r), O(a,r)$ 与 $S_O(a,r)$.

3. 集合的运算记号

如果 A, B, C 是一些集合, 那么它们的交、并、差、余 (或非) 运算的记号如下. 交: $A \wedge B$(集合 A, B 中公共的元). 并: $A \vee B$(集合 A 或 B 中公共的元). 非: $A - B$ 是 A 而非 B 的元.

A.2.3　空间多面体与图的记号

1. 有关图与超图的记号

点线图: $G = \{E, V\}$, 其中 $E = \{1, 2, \cdots, q\}$ 为图中的全体点, 而 V 是一个 E 中的点偶集合, 称 V 中的元为弧. 对 E 中的点偶, 如与它们的前后次序无关则为无向图, 否则为有向图.

点线着色图: $G(f, g) = \{E, V, (f, g)\}$, 其中 f, g 分别是 E, V 集合上的函数, 我们分别称它们是点或弧的着色函数.

如果 E 是表示某分子中原子的集合, 这里 $f(e)$ 一般表示原子的名称, $g = g(v)(v \in V)$ 是点偶 v 的特性. 如弧的阶数 (这是指共价键的价键数, 这时共价键有一、二与三价键之分), 对键的长度有两种定义, 如当 $v = (a, b)$ 时, $g(v) = |ab|$ 或连接 a, b 的共价键数.

对弧着色函数还可以有其他不同的定义, 如化学键的类型 (一般指离子键与共价键)、键长与键能等参数.

在图 $G = \{E, V\}$ 的记号中, 如果 V 是一个 E 中子集的集合, 那么称该图为超图, V 中的元为超弧. 这时 V 可分解成集合 $V^2, V^3, \cdots$, 其中 V^h 是由 h 个点所组成的子集的集合, 这时称 V^h 中的点为该图的 h 重弧. 当 G 只含 2 重弧时, 该图就是点线图.

由此可见, 对图中的弧有价、阶、重的定义, 读者应注意它们的含义与区别.

2. 空间拓扑空间的记号

如果 Ω 是一个空间集合, 那么可以引进它的拓扑结构. 拓扑结构的要素包含内点、外点、聚点、边界点、闭集、闭包、开集、开核、连通性、γ 连通等概念. 对这些概念在正文中有详细说明.

3. 空间多面体的记号

记 $A = \{a_1, a_2, \cdots, a_n\}$ 是一空间质量点系, 每个点都有固定的空间位置.

称 Ω 是一个凸集, 如果在 Ω 内任何两点 a, b 的连线 ab 必在 Ω 中, 那么称 Ω 是一个凸集. 包含集合 A 的最小凸集为 A 的凸闭包, 并记为 $\Omega(A)$.

称 Σ 是一个多面体, 如果 Σ 的边界面都是平面. 边界面对交线为棱, 棱的交点为顶点. 任何多面体都是由若干边界三角形、棱与顶点组合而成的.

称一个多面体 Σ 是由集合 A 生成的多面体, 如果集合 A 中的点都在多面体 Σ 中 (可以说内点或边界点), 而且该多面体的顶点都是集合 A 中的点.

A.3　常见的物理量记号、量纲与度量单位

物理量的内容很多, 它们都有各自的记号、量纲与度量单位. 我们统一采用 SI[①] 标准. 在这种国际标准单位制中有三种不同的类型, 即基本物理量、辅助物理量和导出物理量. 它们都有各自的量纲和单位. 在本节中我们选择一些常用的物理量, 说明它们的有关记号, 并在书中统一使用.

A.3.1　物理量的量纲和单位

1. 基本和辅助物理量的量纲和单位

基本和辅助物理量的量纲和单位、记号如表 A.3.1 所示.

表 A.3.1　基本单位与辅助单位的类型、名称与记号表

类型	长度	质量	时间	电流	热力学温度	物质的量	发光强度	平面角	立体角
单位名称	米	千克	秒	安 [培]	开 [尔文]	摩 [尔]	坎 [德拉]	弧度	球面度
单位记号	m	kg	s	A	K	mol	cd	rad	sr

---

① 国际单位制 (International System of Units, SI) 是国际计量大会 (CGPM) 采纳和推荐的一种一贯单位制.

表 A.3.1 中前七个单位是基本单位, 后两个是辅助单位, 辅助单位只有两个几何单位, 它们是平面角与立体角.

2. 基本单位的特征

基本单位的量纲是彼此独立的, 表 A.3.1 中的单位名称也是它们的量纲.

每一种基本单位都有它们定义的来源, 在此不再详细说明.

在分子或生物分子中, 常用的质量单位还有道尔顿或千道尔顿 (Da 或 kDa), 它的定义为碳 12 原子质量的 1/12, 对此经常与表 A.3.1 中的质量单位同时使用.

3. 导出单位

导出单位是由基本单位、辅助单位组合而产生的物理量, 因此它们的类型有很多. 它们的名称、记号与量纲在 SI 系统中有专门的表达 (表 A.3.2).

表 A.3.2   一些导出单位的类型、名称与记号表

物理量	单位名称	符号	单位量纲	导出物理量的来源
力	牛 [顿]	N	$kg·m/s^2$	使 1kg 质量产生 $1m/s^2$ 加速度的力
能量或功	焦 [耳]	J	N·m	在 1 N 力的作用方向移动 1m 距离时所做功
功率	瓦 [特]	W	J/s	1s 内给出 1J 能量的功率
压强	帕 [斯卡]	Pa	N/m^2	$1m^2$ 面积上 1N 的压力
频率	赫 [兹]	Hz	s^{-1}	周期为 1s 的现象的频率为 1Hz
摄氏温度	摄氏度	℃	K	1℃= 273.15K
电荷量	库 [仑]	C	A·s	1A 电流在 1s 内所运送的电量
电位和电动势	伏 [特]	V	J/C	在 1A 恒定电流的导线内, 两点之间所消耗的功率若为 1W 时的电位差
电阻	欧 [姆]	Ω	V/A	在两点间 1V 电位差时, 产生 1A 电流的电阻为 1 Ω
电容	法 [拉]	F	C/V	在电容器充 1C 电量时, 二极板之间出现 1V 电位差的电容器的电容为 1F
电导	西 [门子]	S	$/Ω^{-1}$	电阻的倒数
电感	亨 [利]	H	V·s/A	让流过一个闭合回路的电流以 1A/s 的速率均匀变化的回路中产生 1V 的电动势
磁通量	韦 [伯]	Wb	V·s	让只有一匝的环路中的磁通量在 1s 内均匀减小到零, 如果因此在环路内产生 1V 的电动势
磁感应强度或磁通量密度	特 [斯拉]	T	$V·s/m^2$	$1m^2$ 内磁通量为 1Wb 的磁感应强度
光通量	流 [明]	lm	cd·sr	发光强度为 1cd 的均匀点光源向 1sr 发射出去的光通量

4. 信息的单位制和记号

有关信息的一些度量单位记号如表 A.3.3 所示.

表 A.3.3 信息单位制中的一些记号与名称

名称	比特	笛特	1 字节	bp	AA	埃
记号	bit	det	8 bit	四进制单位	20 进制单位	Å
应用	二进制	十进制	计算机中的	核酸一级结构	蛋白质一级结构	长度单位
场合	单位	单位	数据单位	中的基本单位	中的基本单位	1 Å= 0.1 nm

这些信息单位在计算机、通信工程与生物信息学中经常使用. 另外在本书中弧度与角度等价使用, 弧度 π 与角度 $180°$ 等价.

表中的埃是长度单位. 如无特别说明, 原子、分子间的距离都使用这个单位, 而且经常省略这个记号. 由此可见, 基因与蛋白质的空间结构是在纳米 (nm) 数量级尺度下的结构.

A.3.2 量子物理中的一些记号

1. 量子物理中的一些记号

部分数学记号有交叉重叠, 在第 2、3 章中有专门说明, 我们简单列表如表 A.3.4 所示.

表 A.3.4 量子物理中的一些记号、名称与类型表

名称	记号	类型
基本空间	L^2, ℓ^2	连续与离散的希氏空间
状态函数	$\psi(q,t), \phi(q,t)$	希氏空间中的向量函数
物理量 (算符)	H, E, T, p, L	总能量、能量、动能、动量、角动量
量子数	n, ℓ, m, m_e	主、角、磁、电子自旋量子数
轨道记号	K,L,M,N,O,P,Q	由主量子数确定的轨道类型
轨道记号	s,p,d,f,g	由角量子数确定的轨道类型
杂化轨道	σ, π, δ	分子中电子的杂化轨道
粒子云	$\rho(q) = |\psi(q)|^2$	粒子运动 (或状态函数) 在空间中的 p.d.
物理量的平均值	$\bar{E} = \langle \psi|E|\psi^*\rangle$	物理量 E 在状态函数 ψ 时的平均值

2. 量子物理中的一些记号 (续)

相对分子量. 相对分子质量是核素 ^{12}C 质量之比. 它的单位为 Da(道尔顿), $1D = 1/N_A \cdot g$, N_A 是阿伏伽德罗常量. 碳 -12 原子的质量为 1.993×10^{-26} kg.

电负性. 原子对共价键中的价电子的相对吸引力, 它与原子的有效核电荷成正比, 与共价键半径成反比. 各元素的电负性在元素周期表中给出, 有关分子官能团的电负性可在有关化学手册中见到 ([71] 文).

比容. 单位重量的体积, 量纲单位: mL/g.

pKa 值. 表示分子官能团的可离解度 (见 [74] 文), 氨基的 pKa 为 6.8—7.9, 而羧基的 pKa 为 3.5—5.1.

结合能. 分离化学键所需要的能量, 量纲单位: 千焦耳/摩尔 (kJ/mol). 其他键 (如氢键等) 也有各自的结合能.

3. 标准正态分布数据表

标准正态分布的分布函数为 $\Phi(x) = \dfrac{1}{\sqrt{2\pi}} \int_{-\infty}^{x} e^{-u^2/2} du$, $1 - \Phi(x)$ 的取值如表 A.3.5 所示.

表 A.3.5   标准正态分布 $1 - \Phi(x)$ 函数取值表

x	0.5	1.0	1.5	2.0	2.5	3.0	3.5	4.0	4.5	5.0
$1 - \Phi(x)$	0.3085	0.1587	0.0668	0.0228	0.0062	0.0014	0.00023	0.000032	0.0000034	0.0000003

附录2　重要参数与度量指标

> 数据指标是最真实的，因为它们已经被观察、测量得到. 因此数据指标可以是作定量化研究的依据，它们的类型有多种，变化幅度很大. 通过这些指标可以对它们的数量级有一个大体了解，但不是它们的确切数据.

B.1　基本常数、参数与单位

物理学中的基本常数与参数在一般物理表中都已给出，但表达方式不全相同. 这里只给出一些在本书中常用的数据. 物理单位也有多种，在同一类型的物理单位中存在换算关系. 例如能量单位就存在三种不同的类型，即宏观、微观与生物学中的能，它们都可相互换算. 除了基本常数、物理单位外，还有标准词头，它们是物理量的数量级表示.

B.1.1　基本常数与 SI 词头

1. 物理学中的一些基本常数

对表 B.1.1 中的数据说明如下.

表 B.1.1　物理学中的基本常数表

常数名称	记号	取值	单位记号	单位名称
光速常数	c	299 792 458	m/s	米/秒
真空磁导率	μ_0	4 π E(-7)=12.566370614E(-7)	Hz/m	赫 [兹]/米
万有引力常数	G	6.6742(1)E(-11)	$m^3/(kg \cdot s^2)$	立方米/(公斤·平方秒)
普朗克常数	h	6.626 175 5(40) E(-34)	J·s	焦 [耳]·秒
约化普朗克常数	$\hbar = h/2\pi$	1.054 572 66 E(-34)	J/mol	
基本电荷常数	e	1.602 176 462(63) E(-19)	C	库 [仑]
电子质量常数	m_e	9.109 381 88(72) E(-31)	kg	千克
质子质量常数	m_p	1.676 262 158(13) E(-27)	kg	千克
中子质量常数	m_n	1.674 927 16(13) E(-27)	kg	千克
原子质量单位	u	1.660 538 86(28) E(-27)	kg	千克

续表

常数名称	记号	取值	单位记号	单位名称
质子–电子质量比	m_p/m_e	1 856.152 672 61(85)		
精细结构常数	α	7.297 352 558 6(24) E(-3)		
精细结构常数倒数	$1/\alpha$	137.035 999 11(46)		
里德伯常数	R	10973731.56852573		
摩尔气体常数	R	8.314 472(15)	J/(K·mol)	焦/(开·摩 [尔])
阿伏伽德罗常量	N_A	6.022 141 99(47) E(23)	粒/mol	粒/摩 [尔]
玻尔兹曼常数	k	1.380 650 3 (24) E(-23)	J/K	焦/开
电子伏	eV	1.66053886(28) E(-19)	J	焦 [耳]

表中数据于**国际科技数据委员会**(CODATA)1998 年公布, 网站: physics.nist. gov/constants.

我们已经说明, 不同的物质有不同的摩尔质量. 如 1 摩尔水的重量是 18 克 (g), 这样就可得到, 1 升 (L, 1000 cm³) 水 1000/18 摩尔浓度 (mol) = 55.65 摩尔浓度 (mol).

摩尔气体常数是理想气体在标准大气压 (101.325 kPa) 下, 1 mol 单位的能量. 因此玻尔兹曼常数 $k = R/N_A$ 是每个理想气体单个分子的能量.

2. SI 词头

这是指比例关系的记号, 重要的 SI 词头可由 B.1.2 表给定.

表 B.1.2　SI 标准词头的比例关系表

中文名	符号	数量级	中文名	符号	数量级	中文名	符号	数量级	中文名	符号	数量级
幺	y	E(-24)	埃	Å	E(-10)	百	h	E(2)	太 [拉]	T	E(12)
仄	z	E(-21)	微	μ	E(-6)	千	k	E(3)	拍 [它]	P	E(15)
阿	a	E(-18)	毫	m	E(-3)	万		E(4)	艾 [可萨]	E	E(18)
飞 [母托]	f	E(-15)	厘	c	E(-2)	兆	M	E(6)	泽 [它]	Z	E(21)
皮 [可]	p	E(-12)	分	d	E(-1)	亿		E(8)	尧 [它]	Y	E(24)
纳 [诺]	n	E(-9)	十	da	E(1)	吉 [咖]	G	E(9)			

表中数据同样来自国际科技数据委员会 (CODATA) 与国内新国家标准 (1993 年公布). 实际上的尺度还有更大或更小的指标, 如普朗克常数 h 的尺度指标是 10^{-34} Js 数量级. 宇宙大爆炸的起始时间从 10^{-90} s 开始. 它们都已在标准词头表之外的数量级.

B.1.2　能量单位与换算表

能量单位有多种定义, 它们可以相互换算 (表 B.1.3).

表 B.1.3　能量单位换算表

	erg(尔格)	J(焦耳)	kW·h(千瓦时)	kgf·m(千克力米)	kcal(千卡)	eV(电子伏)
erg	1	E(−7)	2.7778 E(−14)	1.0197 E(−8)	2.3884 E(−11)	6.2419 E(11)
J	E(7)	1	2.7778 E(−7)	1.10197 E(−1)	2.3884 E(−4)	6.2419 E(18)
kW·h	3.6 E(13)	3.6 E(6)	1	3.6709 E(5)	8.6001 E(−7)	2.25 E(25)
kgf·m	9.8068 E(7)	9.8086	2.72 E(−6)	1	2.3427 E(−3)	2.6126 E(19)
kcal	4.1868 E(10)	4.187 E(3)	1.16 E(−3)	4.2685 E(2)	1	6.6126 E(22)
eV	1.6021 E(−12)	1.6 E(−19)	4.45 E(−28)	1.634 E(−20)	3.8376 E(−23)	1

1. 宏观能量单位的换算表

一般微观粒子的能量单位与它们的换算关系如表 B.1.14 所示.

表 B.1.4　微观粒子的能量单位换算表

	eV	K	aJ	kJ/mol	kcal/mol	PHz	μ/m	R_∞	u
eV	1	1.160E(4)	1.60E(−1)	9.647	2.305	2.417E(−1)	8.06E(−1)	7.35E(−2)	1.07E(−9)
K	8.62E(−5)	1	1.38E(−5)	8.32E(−3)	1.99E(−3)	2.084E(−5)	6.95E(−5)	6.37E(−6)	9.26E(−14)
aJ	6.242	7.24E(4)	1	6.02E(2)	1.44E(2)	1.509	5.035	4.59E(−1)	6.70E(−9)
kJ/mol	1.08E(−2)	1.20E(2)	1.65E(−3)	1	2.38E(−1)	2.499E(−3)	8.34E(−3)	7.62E(−1)	1.11E(−11)
kcal/mol	4.34E(−2)	5.031E(2)	6.95E(−3)	4.184	1	1.05E(−2)	3.50E(−2)	3.19E(−3)	4.67E(−11)
PHz	4.136	4.80E(4)	6.63E(−1)	3.99E(2)	9.538	1	3.334	3.04E(−1)	4.44E(−9)
R_∞	13.61	1.58E(5)	1.180	1.31E(3)	3.14E(2)	3.290	10.973	1	1.33E(−9)
u	9.312E(8)	1.080E(13)	1.49F(8)	8.98E(10)	2.417E(10)	2.25E(8)	10.973	5.51E(8)	1

2. 微观能量的单位换算表

对表 B.1.4 中的数据说明如下.

表 B.1.4 中 1 aJ = 10^{18} J, Hz 是单位时间的振动次数, 1 PHz = 10^{18} Hz.

表 B.1.4 中数据取自 [131] 文, 表 3-2, 对近似值略有修改. 其中 R = $N_A k_B$ 是摩尔热容量, u = $1/N_A$, 1 K = 10^{-4} eV.

1 伏特 = 1 焦耳/库仑, 即移动 1 C 电荷做 1 J 功的电位差. 1 eV 是一电子 (e) 在 1 V 电压下做的功.

3. 其他能量单位及其换算关系

除了表 B.1.3, 表 1.4 中的能量单位外, 还有其他的生物能的能量单位. 如 $k_B T_r$ 单位、ATP 单位、葡萄糖能量单位、普朗克–频谱单位 ($p\nu_g$-单位)、电子伏特单位 (eV) 等.

在 $k_B T_r$ 单位中, k_B 是玻尔兹曼参数, T_r 是标准室温 (278 K), 这里记 $k_B T_r$ 单位为 BK.

$$1\text{BK} = 4.1\text{pN} \cdot \text{nm} = 4.1 \times 10^{-21}\text{J} = 4.1 \times 10^{-14}\text{erg} = 2.5\text{kJ/mol}$$

$$= 0.59\text{kcal/mol} = 0.25\text{eV}. \tag{B.1.1}$$

由此可见, 1 eV = 40 BK, 1 BK 的能量很小 (在 E(−21) J 数量级), 但它的摩尔值不小.

在其他能量单位中还有: ATP 当量、葡萄糖当量、振动的波长或频率 (如普朗克–频谱单位, 简称 $p\nu_g$-单位). 它们与 BK 单位与其他生物能的换算关系表如表 B.1.5 所示.

表 B.1.5   不同能量的 BK 单位表示

能量内容	氧化葡萄糖	三价键 C≡N	二价键 C=C	共价键 C—C	绿光	链霉素与生物素的键	标准自由能变化 ΔG	ATP 能量	人体一天消耗的 ATP	原子间的范德华力
BK 单位	1159	325	240	140	98	40	− 12	14	10 (kg)	0.6~1.6

表 B.1.5 中氧化葡萄糖的能量是 1159 BK = 2.5 × 1159 = 2898 kJ/mol. 因此葡萄糖在彻底氧化分解以后释放的能量是 2898 kJ/mol , 其中有 1161kJ 左右的能量储存在 ATP 中, 也就是 36—38 mol 的 ATP, 效率大约是 40 量作为热量散发掉了, 可以为我们保持体温.

4. 压力单位及其换算关系

表 B.1.6 中, 帕的压力是 1 Pa = N/m², 1 标准大气压 (atm) 为 760 毫米汞柱的压力.

表 B.1.6   压力单位的换算关系表

	Pa	atm	mmHg[①]	bar(巴)	dyn/cm(达因/厘米)	bf/m(磅/英寸²)
Pa(帕)	1	9.869E(−6)	7.501E(−3)	E(5)	10	1.450E(−4)
atm(标准大气压)	1.013E(5)	1	760.0	1.013	1.013	14.70
mmHg	133.3	1.316E(−4)	1	1.333E(−3)	1.333	1.934E(−2)
bar(巴)	E(5)	0.8869	750.0	1	E(6)	14.50
dyn/cm(达因/厘米)	E(−1)	9.869E(−7)	7.501E(−4)	E(−6)	1	1.450E(−5)
bf/m(磅/英寸²)	6895	6.805E(−2)	51.71	6.895E(−2)	6.895E(−2)	1

---

① 1 mmHg=0.133 kPa.

物理量的类型很多, 最常见的是大小 (通过距离、半径等表示)、质量、能量、时间等, 各种不同类的物体都有各自的尺度指标. 从它们的分布情况可以大体了解它们的数量级情形.

波长与频率也是一种特殊的物理指标, 它们与其他物理指标都有密切关系, 尤其是在原子、分子等微观粒子中有许多特殊的意义.

B.2 尺度指标

B.2.1 大小、能量与数量的尺度指标

1. 星系、粒子与频率的尺度指标

大小尺度变化很大, 从基本粒子的 pm(10^{-12} m), 到宇宙的上百亿光年 (一光年约十万亿公里, 10^{15} m). 这里有关数据据取自 [41, 100] 等文 (表 B.2.1).

表 B.2.1　物体大小尺度变化的数量级 (由小到大, 单位: m)

	哈勃	超星系	星系	最近星系	银河	太阳系	地球轨道	太阳	地球
名称	半径	团	团	距离	系	直径	半径 (1AU)	半径	半径
长度	E(26)	2.0E(24)	1.5E(23)	1.5F(21)	9.0E(20)	6.5E(12)	2.0E(11)	8.0E(11)	6.5E(6)
	月球	珠峰	红杉树	鲸鱼	人体	老鼠	昆虫	最大分子	细菌
名称	半径	高度	高度	长度	高度	长度	长度	长度	直径
长度	2.0E(6)	8800	150	20	1.8	0.4	0.008	E(−4)	E(−5)
	可见光	小	原	康普顿	原子核	核子			
名称	波长	分子	子	波长	直径	直径			
长度	6.0E(−7)	E(−9)	E(−10)	8.0E(−13)	6.0E(−15)	8.0E(−16)			

2. 在生物学中一些常见物体的长度数量级

对此可由表 B.2.2 说明.

表 B.2.2　一些常见物体的长度数量级 (由小到大)

	氢原子	共价键	水分子	氢键	电子显微镜	糖, 氨基酸	胶原蛋白	DNA
名称	半径	长度	半径	长度	分辨率	核苷酸直径	直径	直径
长度	0.05nm	0.1 nm	0.135nm	0.27nm	0.7nm	0.5—1.0 nm	1.5nm	2nm
	球蛋白	双层膜	机动蛋白	核小体	微管	核糖体	HIV 病毒	可见光
名称	直径	厚度	细丝直径	直径	直径	直径	直径	波长
长度	2—10nm	3nm	5nm	10 nm	25 nm	30 nm	100 nm	400—650nm
	细菌	典型人体	人发	人眼	光学显微镜	人类基因组	大肠杆菌	地球
名称	直径	细胞直径	直径	分辨率	分辨率	总长	直径	半径
长度	1μm	10μm	100μm	200μm	200nm	1 m	1.4 nm	6.4E(6) m

由此可见, 细菌或细胞的大小为 1—100μm, 在普通光学显微镜下可以看到, 因它的质量比重较轻, 故可以直接 (用肉眼) 观察到它在水中所做的布朗运动的效果.

墨水颗粒的大小在人眼的分辨率 200μm 以下, 因此我们不能用肉眼观察到每个颗粒在水中所做的布朗运动, 但可以观察到一滴墨水在水中所做的布朗运动的扩散效果.

有的物质不仅有直径的大小, 还有长度的大小. 如肌动蛋白的细丝直径为 5 nm, 但长度达 70 nm, 而且直径的分布很均匀.

3. 细胞的大小尺度

同一类型的物体, 在不同场合的大小尺度有很大的区别, 见表 B.2.3.

表 B.2.3　有关细胞在不同场合下的一些大小尺度

细胞类型名称	最小细胞支原体	原核与真核	人体最小细胞淋巴细胞 (白细胞)	人体最大细胞卵细胞	人体细胞平均值	精子/卵细胞质量比
数据	50—300	1—30	1—20	100	10	5.7E(−6)
单位	直径 (nm)	直径 (μm)	直径 (μm)	直径 (μm)	直径 (μm)	倍

支原体细胞是不具有细胞壁的原核微生物细胞. 原核细胞的直径小于真核细胞的直径.

B.2.2　大小、能量与数量尺度的其他表示法

1. 基因组的大小尺度数据

基因组的大小经常通过它们所包含的核苷酸数 (bp) 来表达. 由于物种类型的不同, 不同生物基因组的大小尺度变化很大, 对一些不同类型中典型生物体的大小尺度数据列表如表 B.2.4 所示.

表 B.2.4　不同生物体大小尺度 (单位: Mbp) 数据表

物种	名称	大小	物种	名称	大小	物种	名称	大小
原核	生殖道支原体	0.58	无脊椎动物	黑腹果蝇	140	植物	拟南芥	100
原核	大肠杆菌	4.64	无脊椎动物	蚕	490	植物	水稻	565
原核	巨大芽孢杆菌	30	无脊椎动物	海胆	845	植物	豌豆	4800
真菌	酿酒酵母	12.1	无脊椎动物	蝗虫	5000	植物	玉米	5000
真菌	Aspergillus 曲霉菌	25.4	脊椎动物	河豚	400	植物	大麦	17000
原生动物	Tetrahymen 四膜虫	190	脊椎动物	人	3000	植物	平贝母养生植物	120000
无脊椎动物	线虫	100	脊椎动物	家鼠	3300			

表 B.2.4 中除了原核生物之外, 其他都是真核生物.

2. 大肠杆菌细胞中的尺度指标

大肠杆菌细胞在生物学中有标杆性的意义, 它的尺度指标是其他生物体指标的参考数据.

大肠杆菌细胞的总体尺度指标与中包含其他生物体的成分与比例, 如表 B.2.5, 表 B.2.6 所示.

表 B.2.5　大肠杆菌细胞中总体指标的估计

指标名称	体积	总质量	浓度	水的比例	水分子数	碳原子数
指标值	1 fL	1 pg	2 nmol/L	70%	3×10^{10}	10^{10}

表 B.2.6　大肠杆菌细胞中其他生物体的成分与比例表

分子类型	分子名称	干重 (百分比)	分子数	分子类型	分子名称	干重 (百分比)	分子数
高分子	蛋白质	55.0	2.4×10^6	高分子	磷脂	9.1	22×10^7
高分子	23SRNA	10.6	1.9×10^4	高分子	脂多糖	3.4	1.2×10^6
高分子	16SRNA	5.5	1.9×10^4	高分子	胞壁质	2.5	1
高分子	5SRNA	0.4	1.9×10^4	高分子	糖原	2.5	4.36×10^3
高分子	tRNA(4S)	2.9	2.0×10^5	小分子	代谢物等	2.9	
高分子	mRNA	0.8	1.4×10^3	无机分子	无机离子	1.0	
高分子	DNA	3.1	2				

由此可以得到, 高分子总量为 96.1%, 其中 RNA 总量为 20.4%, 小分子所占的比例约为 3.9%. 其中 RNA 中包含不同类型有如

$$
\begin{pmatrix}
\text{RNA 类型} & 23\text{SRNA} & 16\text{SRNA} & 5\text{SRNA} & t\text{RNA(4S)} & \text{mRNA} \\
\text{所占百分比} & 10.6 & 5.5 & 0.4 & 2.9 & 0.8 \\
\text{包含分子数} & 1.9\text{E}(4) & 1.9\text{E}(4) & 1.9\text{E}(4) & 2.0\text{E}(5) & 1400
\end{pmatrix}.
$$

大肠杆菌细胞中不同分子的时间尺度指标如表 B.2.7 所示.

表 B.2.7　大肠杆菌细胞中不同分子的时间尺度指标的估计

指标名称	基因组长度 (bp)	细胞周期	复制速率	葡萄糖获取速率	蛋白质合成速率	脂质合成速率	水分子吸收速率	物质流数量
指标值	3×10^{10}	3000s	2000bp/s	5×10^5/s	1000/s	7000/s	7×10^6/s	1 水分子/nm^2

它所包含的大分子成分及这些大分子合成成本如表 B.2.8 所给.

表 B.2.8   大肠杆菌细胞中不同大分子的合成成本表

生物大分子名称	蛋白质	DNA	RNA	磷脂	脂多糖	肽聚糖	胞壁质	糖原
所占百分比	55	3.1	20.4	9.1	3.4	2.5	2.5	2.5
包含分子数	3.4E(6)	2	2.714E(5)	2.2E(7)	1.2E(6)		2.5	4360
ATP 当量 (有氧)	4.5E(9)	3.5E(8)	1.6E(9)	3.2E(9)	3.8E(8)	1.7E(8)		3.7E(7)

本表数据取自 [100] 文表 5.2. [100] 文表 2.1 是它们的综合.

大肠杆菌的基因操作尺度指标如表 B.2.9、表 B.2.10 所示.

基因操作尺度指标是指它们在分解、复制、对其他分子合成时的速度指标.

表 B.2.9   大肠杆菌基因操作的时间尺度指标表

数据名称	体积	基因组长度	分解时间	复制时间	DNA→RNA转录速率	分解需要碳原子数	需要葡萄糖数	包含蛋白质数	包含脂肪数	吸收水分子数
取值	1.0	5E(6)	1000	3000	40	E(10)	1.67E(9)	3E(6)	2E(7)	2E(10)
单位	μm³	bp	s	s	bp/s	个	个	个	个	个
反应速率			5000	17000		E(6)	1.67E(5)	1000	7000	7E(7)
单位			bp/s	bp/s		个/s	个/s	个/s	个/s	个

这里每个葡萄糖提供 6 个碳原子.

表 B.2.10   人类二十四条染色体上的基因和获专利的数目表

染色体编号	基因数目	专利数目	染色体编号	基因数目	专利数目	染色体编号	基因数目	专利数目	染色体编号	基因数目	专利数目
1 号	2769	504	7 号	1410	232	13 号	477	97	19 号	1715	270
2 号	1776	330	8 号	952	208	14 号	821	155	20 号	762	178
3 号	1445	307	9 号	1086	233	15 号	915	141	21 号	357	66
4 号	1023	215	10 号	1042	170	16 号	1139	192	22 号	106	657
5 号	1261	254	11 号	1626	312	17 号	1471	313	X	1090	200
6 号	1401	225	12 号	1347	252	18 号	408	74	Y	144	14

3. 电磁波的波长 (或频率) 的划分与用途表

表 B.2.11 中 $\mu = c/\lambda$. 能量 E 与频率 ν 的换算公式是

$$E = \frac{h\nu}{k_B T_r} = \frac{6.62606876 \times 10^{-34}\nu}{1.3086503 \times 10^{-23} \times 298} = 1.699 \times 10^{-13}\nu \quad (BK). \qquad (B.2.1)$$

133 铯原子电磁波振动频率与毫米波接近, γ-射线振动频率是它的 E(11) 倍.

4. 频率与星系的大小尺度的分布 (图 B.2.1)

表 B.2.11　电磁波的波长 (或频率) 的划分、能量与用途表

电磁波名称	波长 (λ)	频率 (ν, Hz)	能量 E(单位 BK)	主要用途
极长波	20—2 km	10—150k	2E(−10)—3E(−8)	水下通信
长波	2000—600 m	150—500 k	3E(−8)—8E(−7)	无线电广播
中波	600—200 m	500k—1.5 M	8E(−7)—2.5E(−6)	无线电广播
短波	200—10 m	3—30 M	5E(−6)—E(−5)	无线电广播, 业余电台
极高频	10—1 m	30—300 M	5E(−5)—E(−4)	无线电广播, 特种通信
超高频	1m—10 cm	300—3 M	5E(−4)—E(−3)	电视, 定向通信
厘米波	10—1 cm	3—30 G	5E(−3)—E(−2)	雷达, 定向通信
毫米波	10—1 mm	30—300 G	0.05—0.5	
热辐射 (红外)	1mm —1 μm	3.0E(11)—3.0E(14)	0.5—50	一些动物视觉或仪表通信信号
红光	760 nm	3.95E(14)	53.11	人体视觉信号
黄光	589 nm	5.09E(14)	68.44	人体视觉信号
绿光	527 nm	5.70E(14)	96.8	人体视觉信号
紫光	486 nm	7.65E(14)	129.9	人体视觉信号
紫外光	100—1 nm	3.0E(15)—3.0E(16)	5E(2)—E(3)	杀菌消毒
X 射线	1 nm—1 pm	3.0E(17)—3.0E(19)	5E(4)—E(6)	透视成像
γ 射线	0.1—100 pm	3.0E(19)—3.0E(22)	5E(6)—E(9)	放射医疗

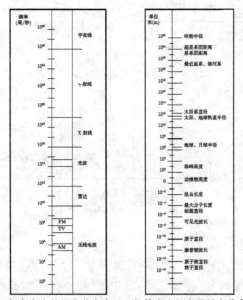

(a) 频率大小的尺度分布表　(b) 物体大小的度量尺度分布表

图 B.2.1

B.2.3　时间与能量尺度

1. 地球与生命演变过程的时间尺度分布指标

图 B.2.2 中的同位素年龄单位: Ma 是百万年.

地质年代				同位素年龄/Ma	生物演化阶段
显生宇	新生代	第四纪	全新世	0.01	
			更新世	2.4	真人 (Homo)
		晚第三纪	上新世	5.3	人类祖先
			中新世	23	近代哺乳类
		早第三纪	渐新世	36.5	
			始新世	53	哺乳类、鸟类、先祖型
			古新世	65	
	中生代	白垩纪		135	被子植物 鸟类出现
		侏罗纪		205	恐龙时代
		三叠纪		250	龟鳖、鱼龙类
	古生代	二叠纪		290	似哺乳爬行类, 裸子植物
		石炭纪		363	两栖类, 种子蕨
		泥盆纪		410	鱼类, 节厥、真厥、石松植物
		志留纪		438	维管植物 (裸厥类)
		奥陶纪		510	有胚植物 (苔藓类)
		寒武纪		570	硬壳动物, 寒武纪生物大爆发 爱迪卡拉生物群 (无硬壳)
隐生宇	元古宇	震旦纪		800	
				2300	真核生物 (绿藻) 的出现
	太古宇			3800	原核生物 (菌类与蓝藻) 的出现 生命现象的出现
	冥古宇			4600	水与一些基本分子官能团的形成 地球从燃烧到冷却

图 B.2.2　地质年代与生物演化年代尺度表

2. 时间尺度的类型

对时间尺度的描述有多种类型, 如实现一个运动过程所需要的时间、单位时间下的发生率、单位时间与单位面积下的发生率等, 不同类型的时间尺度有不同的测量方法, 但它们之间可以相互换算. 对于这些时间长度数据进一步说明如表 B.2.12.

表 B.2.12   一些时间尺度的指标表

生命产生的时间尺度	40 亿年 (E(17) s)	人胚胎干细胞倍增时间	72 h (3×10^5 s)
后生动物的时间尺度	6 亿年 (2 E(16)s)	不稳定蛋白质的半衰期	5 min(300 s)
人与黑猩猩分化的时间尺度	600 万年 (2 E(14)s)	侧链的旋转	500 ps
红杉的寿命	3000 年 (E(11) s)	水中氢键的重排	10 ps
象陆龟的寿命	150 年 (5.0E(9) s)	水中共价键的振动周期	10 fs

其中变化的大小自上而下、从左到右.

3. 时间尺度通过速率来表示

有些时间尺度的变化通过它们的变化速率来表示, 有关数据如表 B.2.13 所示.

表 B.2.13   一些时间尺度的指标表 (续)

溶菌酶的翻转率	0.5/s	蛋白质合成速率	1000 个/s
大肠杆菌复制速率	2000 bp/s	脂质分子合成速率	7000 个/s
碳酸酐酶的翻转率	600 000 次/s	氨基酸连接速率	3E(6) 个/s
通过跨膜蛋白 (长度: 5 nm) 的离子数	2 E(7) 个/(nm^2· s)	细胞周期 中水分子 吸收速率	7E(6) 个/s
通过细胞膜 (截面积: 0.2 nm^2) 的离子数	4 E(6) 个/s	细胞周期 中水分子 吸收速率	1 个/(nm^2· s)
血液通过毛细血管 (直径: 5 μm) 的速率	0.02 cm/s	肉眼的分辨率	大于 1/100 秒

根据这些数据可以核算出每次变化所需要的时间.

B.3   一些特殊的指标尺度

在参与生命过程的分子都有各自的特征指标. 水是与生命过程有关的、最重要的分子它在生命体内外运动都有重要作用, 除了正文中的数据外, 还有许多性质在此作补充说明.

各种生物大分子都有各自的运动规律与周期, 通过大肠杆菌与酵母的分析可以大体了解它们的运动情况, 也可以确定不同的生物体在合成与分解时对能量的需求情形.

在分子与生物分子中, 经常有多种指标尺度是混合的, 对此说明如下.

B.3.1   水与水溶液中的一些尺度指标

水分子的一些特征数据说明如下.

1. 水分子的基本结构尺度 (表 B.3.1)

对其中有关数据说明如下.

1 mol 水分子数略小于阿伏伽德罗常数 $N_A = 6.022 \times 10^{23}/\text{mol}$. 因此水分子的质量是 3.0E(−23) g.

其中平均距离是指相邻的两个水分子中心点的平均距离, 这个平均距离 (4.24 Å) 大于氢键与 H—O 共价键的距离之和 (2.74 Å). 瞬时氢键占有的比例是指有多少个相邻水分子中存在一个氢键.

表 B.3.1   水与水分子的一些基本参数表

数据名称	O—H 键长	H—O—H 键角	两氢原子距离	水分子数	摩尔质量	平均占有体积	电偶矩	pH	黏性系数
数据值	0.97	109°	1.5288	5.93E(23)	18	3.03E(−2)	6.17E(23)	7	1.14E(−3)
单位或说明	Å	角度	Å	1 mol	g/mol	nm³	Cm(库伦米)		

数据名称	半径	体积	分子数	平均占有体积	平均距离	瞬时氢键存在时间	瞬时氢键占有比例	氢键键长	氢键键能
数量值	0.135	7.73E(−3)	3.3E(25)	0.03	4.24	E(−9)	3.4	1.77	20
单位	nm	nm³	个/L	nm³	Å	s		Å	kJ/mol

2. 与水分子有关的热力学尺度 (表 B.3.2)

表 B.3.2 有两个模块组成, 第一个模块是 100℃ 条件下的有关数据, 第二个模块是 0℃ 条件下的有关数据.

表 B.3.2   在标准大气压条件下水溶液的热力学参数

数据名称	水的焓 H_0	水的熵 S_0	水的自由能 $G_0 = H_0 - TS_0$	水蒸气的焓 H_1	水蒸气的熵 S_1	水蒸气的自由能 $G_1 = H_1 - TS_1$	汽化热 $L_1 = T\Delta S_1$
取值	7.8128	24.22	−1.25	45.97	1.76	−16	540
单位	(kJ/mol)	(J/kmol)	(J/mol)	(kJ/mol)	(cal/kg)	(cal/g)	(cal/g)

数据名称	水的密度 ρ_0	冰的密度 ρ_1	冰的溶解热 $L_3 = T\Delta S_3$	熵变 ΔS_3	对外做的功 W	内能变化 $\Delta U = Q - W$	水汽化热 $L = T\Delta S_1$
取值	0.9998	0.917	1.4363	5.26	−0.034	∼ 1.436	600
单位	(g/cm³)	(g/cm³)	(kcal/mol)	(cal/kg)	(cal)	(kcal/mol)	(cal/g)

3. 有关血液、血管的尺度指标

人体内的血液量占体重的 $7\% \sim 8\%$, 血液由四种成分组成: 血浆、红细胞、白细胞、血小板.

血浆约占血液的 55%, 是水、糖、脂肪、蛋白质、钾盐和钙盐的混合物. 血细胞和血小板组成血液的另外 45%.

血液分静脉血和动脉血. 动脉血含氧较多、含二氧化碳较少, 呈鲜红色. 静脉血血液中含较多的二氧化碳, 呈暗红色.

毛细管压差为 $\Delta p = 20 \text{ mmHg} \approx 300 \text{ Pa}$. 血流速率为 $v \approx 0.02 \text{ cm/s}$. 水电黏度为 10^{-3} Pa·s.

B.3.2 与病毒、细胞有关的尺度指标

细胞的类型有许多, 除了它们的大小尺度外, 还有其他多种指标.

1. 细菌细胞中分子成分与比重 (表 B.3.3)

表 B.3.3 细菌细胞中分子成分与比重 (百分比)

名称	小分子	水	离子与无机袛肿	糖类	脂肪类	单氨基酸	单核苷酸	大、中型分子	蛋白质	RNA	DNA	脂	多聚糖
比重	74	70	1.2	1	1	0.4	0.4	26	15	6	1	2	2

表 B.3.3 的 1, 2 行是不同类型分子的名称, 第 3 行是这些分子在细胞中与所占重量的比例数.

2. 有关大肠杆菌的一些尺度指标

酵母是真核生物细胞, 它包含多种细胞器, 其中的有关指标尺度如表 B.3.4 所示.

表 B.3.4 酵母的尺度指标表

数据名称	细胞直径	体积	表面面积	基因组总长度	染色体数目	染色体基因组长度	染色体基因组平均长度	细胞核直径	平均密度
取值	5	60	80	12	16	230—1500	750	2	3 Mbp
单位	μm	倍 (大肠杆菌)	μm²	Mbp	条	kbp	kbp	μm	每立方微米

对这些数据补充说明如下.

酵母内部包含的蛋白质数可按大肠杆菌的比例计算, 它们是大肠杆菌的 60 倍.

酵母内部包含的脂分子约是大肠杆菌的 10 倍. 这是因为脂分子集中在细胞膜上.

酵母内部包含线粒体约有 40 个, 线粒体的直径为 3/4 μm.

酵母总体积为 60 μm³, 线粒体的总体积是 9 μm³, 因此是酵母体积的 15%.

3. HIV 病毒

HIV 是一种球状病毒, 它的一些数据指标如表 B.3.5 所示.

表 B.3.5　HIV 的尺度指标

数据类型	基因组大小	大小直径	膜的厚度	Gag 蛋白截面半径	Gag 数量 Gag 数量	Gag 蛋白质量	Gag 蛋白总质量	膜上脂分子数	对膜脂分子测量结果
数据值	1.2E(4)	120—150	5	4	3500	4.0E(4)	150 M	2.0E(5)	3.0E(5)
单位	bp	nm	nm	nm	个	Da	Da	个	个

HIV 病毒表面的脂分子有多种类型, 它们的成分与宿主细胞膜也不同.

4. λ 噬菌体

噬菌体是一种球状病毒, 它的一些数据指标如表 B.3.6 所示.

表 B.3.6　λ 噬菌体的尺度指标

数据类型	衣壳半径	基因组长度	分子类型	λ 噬菌体	大肠杆菌	精子	真核细胞
数据值	27	大于 10	基因组长度 (bp)	5E(4)	5E(6)	E(9)	
单位	nm	μm	包装率	n0.6	0.1	0.02	0.002

表 B.3.6 由两部分组成, 左边是 λ 噬菌体的有关数据, 右边是不同细胞的有关数据, 其中包装率的计算公式是 包装率 = $\dfrac{\text{基因组长度}}{\text{细胞体积}}$.

5. 细菌细胞中分子成分与比重

6. 与基因组有关的数据

基因组中每个基因发生突变的概率是 3×10^{-9} 次/年, 不同的生物的基因组或基因组中不同的区域突变概率有较大的差别.

由此可以根据不同生物体的进化时间, 并产生进化过程的系统树.

真核生物基因组是 DNA 与核小体混合的绳珠模型, 有关核小体数目为 10^7 个. 如表 B.3.7 所示.

表 B.3.7　真核细胞中 DNA 与核小体的一个数据

数据名称	核小体直径	核小体高度	DNA 绕核小体长度	转动圈数	核小体的间距	组蛋白的体积	酵母基因组中核小体数	人基因组中核小体数
数量大小	7—8	6	140—200	1.75	50—170	225	6.0E(4)	E(7)
单位	nm	nm	bp	圈	bp	nm³	bp	个

B.3.3 与生物能有关的数据

形成某种生物分子需要提供一定的能量, 这就是它们的合成成本.

1. 合成成本的估计计算方法

表 B.3.3, 表 B.3.4 等已经给出组成一些生物大分子的分子结构, 由此估计各生物分子的合成成本.

合成成本计算的主要依据是其中的碳原子数目 (形成一个一些生物大分子中需要 10^{10} 个碳原子), 由需要碳原子的数目可以估计出需要葡萄糖的数目 (一个葡萄糖可提供 6 个碳原子). 由此得到合成一个一些生物大分子所需要的总能量.

在一些生物大分子中包含七种生物大分子, 其中每一种分子都有复杂的形成过程. 生物学中采用物质与能量跟踪的方法, 确定这些碳原子的流行与分配过程.

这种跟踪方法需通过酶的酵解过程来实现, 因此可以通过它们的脉冲电流来进行测量. 详见 [101] 文 5.1.2 节的说明.

2. 氨基酸的合成成本

氨基酸的合成成本在表 B.3.8 中给出.

表 B.3.8 氨基酸合成的能量成本

氨基酸名称	丰度 细胞中的分子数	葡萄糖当量	ATP当量(有氧)	ATP当量(厌氧)	氨基酸名称	丰度 细胞中的分子数	葡萄糖当量	ATP当量(有氧)	ATP当量(厌氧)
丙氨酸 (A)	2.9E(8)	0.5	−1	1	亮氨酸 (L)	2.0E(8)	1	−9	1
精氨酸 (R)	1.7E(8)	0.5	5	13	赖氨酸 (K)	2.0E(8)	1	5	9
天冬酰胺 (N)	1.4E(8)	0.5	3	5	蛋氨酸 (M)	8.8E(7)	2	21	23
天冬氨酸 (D)	1.4E(8)	0.5	0	2	苯丙氨酸 (F)	1.1E(8)	0.5	−6	2
半胱氨酸 (C)	5.2E(7)	0.5	11	15	脯氨酸 (P)	1.3E(8)	0.5	−2	4
谷氨酸 (E)	1.5E(8)	0.5	−7	−1	丝氨酸 (S)	1.2E(8)	0.5	−2	2
谷氨酰胺 (Q)	1.5E(8)	0.5	−6	0	苏氨酸 (T)	1.5E(8)	0.5	6	6
甘氨酸 (G)	3.5E(8)	0.5	−2	2	色氨酸 (W)	3.3E(7)	2.5	−7	7
组氨酸 (H)	5.4E(7)	1	1	7	酪氨酸 (Y)	7.9E(7)	2	−8	2
异亮氨酸 (I)	1.7E(8)	1.5	7	11	缬氨酸 (V)	2.4E(8)	1	−2	2

氨基酸的合成成本同样可以用碳原子数来估计, 例如一个丙氨酸含有三个碳原子, 可以由 0.5 个葡萄糖合成.

在表 B.3.8 中不同氨基酸的合成成本还与它们的摩尔质量、细胞内的丰度有关, 其中丰度是指细胞内的氨基酸数量.

表 B.3.8 中的 "有氧" 是在氧充足的条件下, 作彻底氧化分解, 最终生成大量二氧化碳 (CO_2) 和水 (H_2O). 表中的有氧与厌氧是指在不同的氧化条件下的合成当量.

表 B.3.8 数据取自 [101] 文 K-12 表, 有关数据在该文中有更详细的说明.

3. 其他生物大分子的合成成本

在大肠杆菌中, 不同的生物大分子的合成成本已在表 B.3.8 中给出. 对此补充说明如下.

生物大分子的合成成本不是它们基本单元成本的简单叠加, 而是具有更复杂的计算过程.

就蛋白质而言, 它们的合成成本不仅有单个氨基酸的合成成本, 还有氨基与羧基的连接成本, RNA 转录、转译等成本.

在 [101] 文中估计, 单个氨基酸的平均合成成本约为 4 ATP 当量. 在蛋白质中, 每个氨基酸的平均合成成本约为 5.2 ATP 当量. 因此有

$$蛋白质的合成成本 = 5.2 \times 300 \times 3 \times 10^6 \sim 4.5 \times 10^0 \text{ ATP当量}, \tag{B.3.1}$$

其中 300 是蛋白质的平均长度, 3×10^6 是一些生物大分子中包含蛋白质分子的数目. 这个估计结果与表 B.3.8 的结果符合.

4. 人体需要的 ATP 当量

人体活动需要的能量与 ATP 当量如表 B.3.9 所示.

表 B.3.9   人体需要的能量关系表

能量名称	需要热量	静止功率	ATP 当量	ATP 的摩尔质量	ATP 的转化率	日需 ATP 的质量	人体贮存 ATP 酶	维持剧烈运动时间	其他 ATP
数量	2000	100	12	500	50	80 (mol/d)或 40 (kg/d)	0.5	0.3	通过其他
单位	kcal/d	W	kcal/mol	g/mol	百分比		kg	s	物质转化

表 B.3.9 的左边部分是与人体有关的能量数据, 右边部分是人体贮存、消耗、转化 ATP 的情况.

物质贮存的能量的数据如表 B.3.10 所示.

表 B.3.10   一些物质贮存的能量表

物质名称	米饭	标准面粉	牛奶	瘦猪肉	肥猪肉	牛肉	鸡蛋	葡萄糖	啤酒	汽油
能量 (kJ/g)	1.25	3.35	0.7	2.9	8.2	3.0	1.75	1.7E(4)	0.18E(4)	4.5E(4)

B.4 有关细胞与 NNS 中的一些数据信息

NNS 是生命体中最复杂, 也是最有趣的生理系统. 在各种不同的初、中、高级系统中有多种不同类型的神经细胞, 它们的功能特征与数量分布决定 NNS 的功能性质.

在 NNS 中存在大量的数据信息, 我们将分几部分来介绍这些信息.

B.4.1 有关细胞膜的数据信息

1. 细胞膜的结构成分 (表 B.4.1)

表 B.4.1 细胞膜的结构成分数据表

数据类型	双层膜的厚度	磷脂的分子数	磷脂的比例数	磷脂的分布密度	胆固醇的含量	脂分子数目	脂分子分布密度	Gag 蛋白总质量	膜上脂分子数
数据值	7~8	E(9)	大于 70%	5E(6)	小于 30%	E(9)	5.0E(6)	2.0E(5)	3.0E(5)
单位	nm	个		μm^2		个	个/μm^2	Da	个

2. 细胞膜表面的蛋白质分布

细胞膜表面镶嵌物除了蛋白质外, 还有其他分子, 如糖或脂等. 磷脂分子具有极性头部与中性尾部. 又有双层膜分内、外层次, 其中脂分子的头部分别在内、外夹层的表面, 而尾部在夹层的内部. 由此形成一个夹层的三明治结构.

有关细胞膜的特征数据有多种类型, 如覆盖率、渗透性与扩散速度等.

如果把细胞看作受体, 那么外来分子就是配体, 它们与细胞膜发生相互作用, 这时配体在受体中出现的面积比例就是覆盖率.

除了覆盖率外, 我们更关心的是细胞膜上的蛋白质分布, 对此估计如表 B.4.2 所示.

其中线密度是指 1 μm 长度上分布的蛋白质数目. 一般覆盖率是指细胞膜表面面积与其他分子所占面积之比, 一般细胞的覆盖率约为千分之一.

表 B.4.2 跨膜蛋白的结构成分数据表

数据类型	人体细胞直径	细胞表面面积	蛋白质直径	细胞与蛋白质直径大小比	蛋白质的线密度	直径为 1 μm 球表面的蛋白质数	人体细胞表面包含蛋白质数
数据值	10	10—10000	2—10	1000—500	600	$600^2 \sim E(5)$	E(7)
单位	μm	nm^2	nm	倍	个/(μm)	个	个

因为细胞与蛋白质的大小都有很大的差别, 所以膜上包含的跨膜蛋白数量也会有 1—3 个数量级的差别.

在生物体内不同组织细胞的生存寿命是不同的, 人体中有关细胞的数据如表 B.4.3 所示.

表 B.4.3　人体细胞的有关数据

数据名称	细胞数量	大小直径	细胞类型	肠黏膜	肝	神经(脑与脊髓)	白细胞	人体细胞死亡率	神经信号传递速度
数据单位	4.0~E(13)个	10—20 μm	寿命单位	3天	500天	几十年	几小时	E(8)个/分	> 400公里/小时

不同分子在膜蛋白上通过的数量不同. 称在单位时间、单位面积 (nm^2) 上可以通过的分子数量为膜的渗透性, 不同分子在膜上的渗透性如表 B.4.3 所示.

3. 离子通道的运输速度

把跨膜蛋白看作一个管道, 具有一定的直径长度, 那么当离子从此管道通过时, 在单位时间可通过对离子数量就是离子在通道中的运输速度, 对一个数据估计如表 B.4.4 所示.

表 B.4.4　离子通道的运输速度的参数表

数据名称	通道直径	长度	扩散系数	离子浓度差	离子通过率	通道截面积	通过离子数	电位差
记号	r	ℓ	D	Δc	J	S	$\frac{dN}{dt}$	ΔV
数据值单位	0.5 nm	5 nm	2.0E(9) nm^2/s	100 mmol/L	2.0E(7) 个/(nm^{2}s)	0.2 nm^2	4.0E(6) 个/s	−75 mV
对数据的说明	略大于水离子直径	接近细胞膜厚度	布朗运动的扩散系数	6.0E(−2) 个/nm^3	$= \Delta c/\ell$	$= r^2\pi/4$	$= JS$	能斯特公式

钠、钾离子的扩散系数 $D \approx 2000\ \mu m^2 = 2.0 \times 10^{10}\ nm^2$. 它们的离子通过率为 $J \approx D\dfrac{\Delta c}{\ell}$.

钠、钾离子的浓度差为 $\Delta c \approx 100\ m\ mol/L$(或 6.0×10^{-2} 个离子/nm^3). 因此得到

$$J \approx 2 \times 10^9 \frac{nm^2}{s} \times \frac{6 \times 10^{-2}/(nm^3)}{5nm} = 2 \times 10^7/(nm^2 s). \tag{B.4.1}$$

由该通道的横截面面积为 $S \approx 0.2\ nm^2$, 可得到在单位时间通过该通道的离子数为

$$\frac{dN}{dt} = J \times S \approx 2 \times 10^7/(nm^2 s) \times 0.2 nm^2 = 4 \times 10^6 个/s. \tag{B.4.2}$$

B.4.2　人体初级感知器中的有关数据信息

人体初级感知器包括视、听、嗅、味、触觉中的有关神经细胞的类型、数量与功能等信息.

1. 视觉系统的数据信息

表 B.4.5 数据取自 [101] 文图 11-11 与 [41] 文附录 B.

表 B.4.5 视觉系统中的有关数据表

名称	眼球大小	视杆与视锥	视杆与视锥上的视色素	视网膜的光感应器分布密度	神经神经纤维	黄斑的区域直径	黄斑的区域总弯曲度
数量	24	大于E(8)	E(8)	1.5E(5)	E(6)	1—3	小于80°
单位	mm	个	个/细胞	个/mm²	条	mm	角度
主要特征	接近球形	光感应器双极细胞	间距 <10 nm 吸收光子	多层凹区域 多层凹区域	与大脑连接	凹、圆形区域	中心区域约 15°

2. 听觉与味觉系统的数据信息 (表 B.4.6, 表 B.4.7)

表 B.4.6 听觉与嗅觉系统中的有关数据表

名称	听觉接收声频范围	内、外毛细胞数量	嗅纤毛长度	嗅觉感受神经元	嗅觉鼻腔黏液层厚度	嗅觉黏液层更换时间	动物嗅觉感受器寿命
数量	3—15	2.0E(5)	100—150	E(5)	50	10	1—2
单位	kHz	个	μm	个	μm	min	月
主要特征	空气中的声波	按一定规则排列实现信号转换	存在于黏液之中	在鼻腔内排列	每 10 min 进行更换	更换一次	由嗅上皮基细胞产生

表 B.4.7 味觉与触觉系统中的有关数据表

名称	味蕾的数量	味蕾中的神经细胞	触觉系统感受野直径	触觉系统对冷、热反应轴突的直径	传导速度	触觉系统无髓鞘轴突直径	传导速度
数量	4000	30—100	约 3	1—4	6—25	0.1—1	0.5—2
单位	个	个	μm	μm	m/s	μm	m/s
主要特征	分布在口腔与食道中	处在不断变更中	皮肤受机械刺激	通过一种 Aδ 轴突	由嗅上皮基细胞产生	通过一种 Aδ 轴突	

3. 与 NNS 的有关参数

大脑的记忆分瞬时、短时与长期记忆, 它们的时间分别为 0.2—2 s, 5—3 s 与长期记忆.

经过离子通道的电流是快速的, 一般为 1—20 pA, 相当于每秒有 0.6×10^7 — 12×10^7 个离子通过.

如果离子通道是由酶构成的, 这时酶催化离子的转运, 催化率为 10^2—10^4 (酶的一般催化率为 10^7—10^8).

钠内流域电位变化: 乌贼巨轴突直径 1 mm, 表面积 0.31 cm^2, 进入 3.5×10^{-12} mol/cm^2 的钠总量为 10^{-12} mol.

K^+ 的胞内浓度是胞外的 20 倍, 按 Nernst 公式计算 [60]146 胞内电位 -75 mV, 胞内与胞外的单位差是 75 mV.

一个半径为 10 μm 的神经细胞, 它的表面蛋白质的数量级在 10^7 左右.

每条离子通道传送到离子数为 $10^6 (10^4 \sim 10^8)$/s, 因此进入细胞的离子数是 10^{12}/s 左右.

每个离子在进入细胞后的平均电位差以 50 mV 计, 因此消耗的功率是 5.0×10^{10} eV/s.

一个直径为 1 μm, 长 100 μm 的神经末端, 表面积 3×10^{-6}, 体积 8×10^{-4} L. 在动作电位期间, 有 3.5×10^{-12} mol/cm^2 的内流, 产生 10^{-17} mol 的钠总量, 同样长度的轴突, 容积为 7.8×10^{-12} L 含 10^{-7} mol 的钠 (50 m·mol/L).

通过直径为 0.5 nm, 长度为 5 nm, 的离子通道的钠离子数为 4×10^6 个/s.

B.4.3　一些有趣的尺度数据

1. 大脑的能量消耗

有关人体大脑 (或 NNS) 消耗 ATP 酶的估计值的讨论如下.

1 eV 的能量是 1.6×10^{-19} J, 因此每个神经细胞消耗的功率约为 8.0×10^{-9} J/s. 因此人脑消耗的功率是

$$10^{10} \times 8.0 \times 10^{-9} = 80 \text{ J/s(W)}.$$

人脑消耗的功率是个复杂问题, 因为其中包括有意识条件下耗能量种默认模式下所消耗的能量, 它们总功率与比例值得讨论. 有的文献估计, 人脑消耗的功率是 10—30 W, 占总体静息功耗的 10%—30%.

一个典型体重 (70 kg) 的人, 取坐姿势活动, 在 75 年的生活中, 通过呼吸作用的氧化磷酸化产生的总 ATP 量约为 2000000 kg = 2000 t. 大黄蜂峰值时消耗能量为 0.02 W.

2. 一些与能量有关的数据

太阳能的输出功率是 3.9×10^{26} W, 抵达地球时的能量密度是 1.4×10^3 W/(sm^2), 其中大约有一半被地球大气层反射掉.

一年内被绿色植物合成的有机物约 2.0×10^{11} t, 被绿色植物吸收固定太阳能约 4.0×10^{21} J.

3. 一些常见的尺度数据

关于宇宙的质量的估计. 宇宙物质换算为质子共有 10^{78} 个, 质子静质量为 $1.6726231 \times 10^{-27}$ kg.

由此可得, 宇宙的质量是 10^{51} kg. 其中不包括暗物质与暗能量.

宇宙物质的结构比例如下. 重子 + 轻子 (4.4%), 热暗物质 ($\leqslant 2.0\%$)+ 冷暗物质 ($\sim 20.0\%$)+ 暗能量 ($\leqslant 70.0\%$), 在整个宇宙中我们所看到的星系只占整个宇宙的 4.0% 左右, 其余约 96% 的物质都是我们看不见、不了解的东西.

电子在原子中的运动速度约为 30 公里/s(3.0×10^5m/s).

由此得到原子碰撞时间是 10^{-9} s, 电子绕原子和转动的次数是 10^{16} 次.

日光灯闪光的频率是 100 次/s. 脑电波振荡次数是 25—40 次/s.

2013 年 5 月发布的天河二号超级计算机浮点计算速度是 5.49 亿亿次/秒 (数量级是 5.49×10^{16} 次/s 或 54.9 P 次/s).

水分子共价键的振动时间: 10 fs $= 10 \times 10^{-15}$ s.

附录 3   空间结构分析

空间结构包括拓扑空间、线性空间、张量场和张量分析, 其中线性空间包括有限和无限维线性空间及相应的线性变换理论. 它们是量子场论的理论基础.

C.1   集合论和拓扑空间

数学是讨论数 (或量) 和形的科学, 因此集合论和拓扑学是其他数学分支的理论基础. 集合论又是逻辑学、数理逻辑学的基础. 拓扑学有点集拓扑和代数拓扑的区分. 先讨论有关点集拓扑的理论, 它又称拓扑空间. 这是研究数和量中的有关结构关系的理论.

C.1.1   和拓扑空间有关的一些基本概念

为建立拓扑空间的结构理论, 需引进有关的一些基本概念、名词和记号.

1. 集合论中的基本要素和相互关系

集合论中的有关概念、理论和方法是整个数学、逻辑学的基础. 我们先介绍其中的有关内容.

我们可以把集合看作研究的对象. 我们把集合看作是由总体、局部和个体组成的研究对象.

关于总体、局部和个体在集合论中可分别用集合 (X)、子集合 $(A, B, C, D, \cdots)$ 和元素 $(x, y, z, a, b, c, d, \cdots)$ 表示.

在集合、子集合和元素之间的关系可以用包含和属于的关系来表示. 对这些关系可以用表 C.1.1 来说明.

表 C.1.1   集合论中的关系结构表

关系名称	记号	关系的含义或说明	关系的对象	非关系	记号
包含关系	$A \subset B$	集合 A 中的元素都在 B 中	子集合之间的相互关系	非包含	$A \not\subset B$
属于关系	$a \in A$	元素 a 在集合 A 中	元素和子集合之间的相互关系	非属于	$a \notin A$

$A \subset B$ 是子集合 A 被子集合 B 包含, 或子集合 B 包含子集合 A.

$X, \varnothing$ 是集合 X 中的两个特殊子集合, 其中 X 是集合 X 中的**全部**, 因此对其他任何子集合 A 总有 $A \subset X$ 成立. $\varnothing$ 是集合 X 中的空子集 (不包含任何元素), 因此总有 $\varnothing \subset A$ 成立.

2. 集合论中的运算关系

在子集合 $A, B, C, D, \cdots$ 之间存在的运算关系如表 C.1.2 所示.

表 C.1.2　集合论中的运算关系表

运算名称	交运算	并运算	余运算	差运算	积运算
记号	$A \cap B$	$A \cup B$	A^c	$A - B$	$A \times B$
运算含义	同时是 A, B 中的元	是 A 或 B 中的元	非 A 中的元	是 A、非 B 的元	有序偶 (a, b) 的运算
逻辑学中的含义	与运算	或运算	非运算	是 A 非 B 运算	对偶运算

表中的积运算又称为笛卡儿积

3. 运算关系中的结构关系

在子集合 $A, B, C, D, \cdots$ 之间的运算关系中有以下关系成立.

(1) 包含关系中的关系公理

$$\begin{cases} \text{递推关系} & \text{如果 } A \subset B, B \subset C, \text{那么} A \subset C, \\ \text{自反关系} & \text{如果 } A \subset B, B \subset A, \text{那么} A = B, \text{反之亦然} \end{cases}$$

(2) 交、并运算中的基本定律

$$\begin{cases} \text{交运算的结合律} & (A \cap B) \cap C = A \cap (B \cap C), \\ \text{并运算的结合律} & (A \cup B) \cup C = A \cup (B \cup C), \\ \text{交、并运算的分配律} & A \cap (B \cup C) = (A \cap B) \cup (A \cap C), \\ \text{并、交运算的分配律} & A \cup (B \cap C) = (A \cup B) \cap (A \cup C). \end{cases}$$

(3) 余、差运算中的等价运算 $\begin{cases} \text{余运算的等价运算} & A^c = X - A, \\ \text{差运算的等价运算} & A - B = A \cap B^c. \end{cases}$

4. 数和序的概念

数的类型分自然数 (正整数)、整数、有理数、实数、复数等不同类型, 它们的记号有如有限数 $(Z_n = \{1, 2, \cdots, n\})$、全体自然数 (Z_+)、全体整数 (Z)、全体实数 (R)、全体复数 (C). 在此主要是建立序的概念.

序的概念是指集合之间的对应关系.

定义 C.1.1 (集合的对应关系)　在集合 X, Y 之间, 如果存在一个函数 $f(x)$, 其中 $x \in X$, 而 $f(x)$ 在 Y 中取值, 那么称 $f(x)$ 是 $X \to Y$ 的映射 (或函数), X, Y 分别是该映射的定义域和值域.

在 $X \to Y$ 的映射中, 如果 $f(x)$ 在 Y 中只取一个值, 那么称 $f(x)$ 是一个单值映射.

如果 $f(x)$ 是一个单值运算, 而且对任何 $x \neq x'$ 必有 $f(x) \neq f(x')$, 那么称 $f(x)$ 是一个 1-1 映射.

除了 1-1 映射外, 还有多-1 映射和 1 -多映射, 对此不再详细说明.

C.1.2   拓扑空间的定义和性质

1. 拓扑空间的定义

定义 C.1.2   记 X 是一个非空集合, $\mathcal{T} = \mathcal{T}(X)$ 是 X 的一个子集系 (由子集构成的集合).

拓扑空间的定义   称集合偶 $(X, \mathcal{T})$ 是一个拓扑空间, 如果它满足以下条件.

(1°) 空集合 $\varnothing$ 和 X 本身是 $\mathcal{T}$ 中的元.

(2°) $\mathcal{T}$ 中任意多个元的并是 $\mathcal{T}$ 中的元. 集合并的定义和记号已在表 C.1.2 中说明.

(3°) $\mathcal{T}$ 中有限多个元的交是 $\mathcal{T}$ 中的元. 集合交的定义和记号已在表 C.1.2 中说明.

这时称 $\mathcal{T}$ 是 X 中的一个拓扑.

定义 C.1.3 (拓扑空间中一些名称的定义)   如果 $(X, \mathcal{T})$ 是一个拓扑空间, 那么有以下定义.

(1) **开集的定义**   称 $\mathcal{T}$ 中的元是一个**开集**.

(2) **闭集的定义**   如果 $A \in \mathcal{T}$ 是开集, 那么称 $X - A$ 是一个**闭集**. 该空间中的一切闭集记为 $\mathcal{F}$.

(3) **邻域的定义**   如果 $x \in X, N \subset X$, 如果存在一 $U \in \mathcal{T}$, 使 $x \in N \subset U$, 那么称 N 是 x 点的一个**邻域**.

称 $x \in X$ 的其他邻域为该点的**邻域系**, 把它记为 $\mathcal{N}(x)$.   分别称 $\mathcal{N}(x) \cap \mathcal{T}, \mathcal{N}(x) \cap \mathcal{F}$ 为 x 点的**开邻域**和**闭邻域**.

(4) **闭包的定义**   如果 $A \subset X$, 那么包含 A 的一切闭集为 A 的**闭包**, 对此记为 $\bar{A}$.

(5) **内点的定义** 如果 $A \subset X$, 那么包含 A 一切开集的并是集合 A 的**内部**, 对此记为 $\mathring{A}$. 称内部的点为**内点**.

(6) **边界的定义**   称集合 $\bar{A} \cap \overline{X - A}$ 为集合 A 的**边界**, 称该边界中的点为集合 A 的**边界点**.

2. 拓扑空间的基本性质

性质 C.1.1   如果 $(X, \mathcal{T})$ 是一个拓扑空间, 那么以下性质成立.

(1) 空集合 $\varnothing$ 和 X 本身是 $\mathcal{T}$ 中的元 (定义要求).

(2) 任意多个闭集的交是闭集. 有限多个开集的并是开集.

(3) 有限多个闭集的并是闭集. 任意多个开集的并是开集.

性质 C.1.2 如果 $x \in X$ 是拓扑空间 $(X, \mathcal{T})$ 中的点, 那么对它的邻域系 $\mathcal{N}(x)$ 有以下性质.

(1) $\mathcal{N}(x)$ 一定不空, 而且任何 $N \in \mathcal{N}(x)$, 必有 $x \in N$ 成立.

(2) 如果 $N_1, N_2 \in \mathcal{N}(x)$, 那么必有 $N_1 \cap N_2 \in \mathcal{N}(x)$ 成立.

(3) 如果 $N \in \mathcal{N}(x), N \subset U$, 那么必有 $U \in \mathcal{N}(x)$ 成立.

(4) 如果 $N \in \mathcal{N}(x)$, 存在 $U \in \mathcal{N}(x)$, 使 $U \subset N$, 而且对任何 $y \in U$, 必有 $U \in \mathcal{N}(y)$ 成立.

性质 C.1.3 (有关闭包的性质) 如果 A, B 是 X 的任意子集, 那么以下关系式成立.

$$\bar{\varnothing} = \varnothing, \quad A \subset \bar{A}, \quad \bar{\bar{A}} = \bar{A}, \quad \overline{A \cup B} = \bar{A} \cap \bar{B}.$$

性质 C.1.4 (有关基的性质) 如果 $\mathcal{B} \subset \mathcal{T}$, 那么 $\mathcal{B}$ 成为基的充分必要条件是以下关系式成立.

(1) $X = \cup_{B \in \mathcal{B}} B = X$.

(2) 对任意 $B_1, B_2 \in \mathcal{B}$, 必有 $B_1 \cap B_2 \in \mathcal{B}$ 成立.

C.1.3 拓扑空间的结构类型和它们的分析

在复杂的拓扑空间结构分析中, 首先要确定它们的类型和区别.

1. 子拓扑空间的定义

如果 $(X_1, \mathcal{T}_1), (X_2, \mathcal{T}_2)$ 是两个拓扑空间, 那么有以下定义.

定义 C.1.4 (拓扑子空间的定义) 如果 $X_1 \subset X_2$, 而且 $\mathcal{T}_1 \subset \mathcal{T}_2$, 那么称 $(X_1, \mathcal{T}_1)$ 是 $(X_2, \mathcal{T}_2)$ 的拓扑子空间.

这时又称 $\mathcal{T}_2$ 是 $\mathcal{T}_1$ 的**细分拓扑**. 而且记 $(X_1, \mathcal{T}_1) \leqslant (X_2, \mathcal{T}_2), \mathcal{T}_1 \leqslant \mathcal{T}_2$.

如果 $(X, \mathcal{T})$ 是个拓扑空间, $Y \in \mathcal{T}$, 那么 $(Y, \mathcal{T}_Y)$ 是 $(X, \mathcal{T})$ 的拓扑子空间, 其中 $\mathcal{T}_Y = \{Y \cap A, A \in \mathcal{T}\}$.

2. 拓扑基的定义和性质

定义 C.1.5 (拓扑空间基的定义) 如果 X 是一个集合, 称 $\mathcal{B}$ 是 X 的一个基, 如果它满足以下条件.

(1°) 对任何 $x \in X$, 总有 $B \in \mathcal{B}$, 使 $x \in B$.

(2°) 如果 $x \in B_1 \cap B_2$, 那么总有一个 $B_3 \in \mathcal{B}$, 使 $x \in B_3 \subset B_1 \cap B_2$.

定义 C.1.6 (由基生成 (或诱导) 的拓扑空间)　　如果 $\mathcal{B}$ 是 X 的一个基, 那么由 $\mathcal{B}$ **生成 (或诱导) 的拓扑** $\mathcal{T}(\mathcal{B})$ 定义如下.

对于每一个 $x \in U$, 而且存在一个 $B \in \mathcal{B}$, 使 $B \subset U$, 那么 U 是 $\mathcal{T}$ 中的元. 这时

$$\mathcal{T}(\mathcal{B}) = \{U, \text{对每一个} x \in U, \text{总有一个} B \in \mathcal{B}, \text{使} B \subset U\}.$$

记 $(X, \mathcal{B}, \mathcal{T})$ 是一个以 $\mathcal{B}$ 为基, 而且由 $\mathcal{B}$ 诱导所产生的拓扑空间.

3. 分离性、可数性和可分性

关于拓扑空间可以产生许多不同的类型, 对它们的定义和结构性质讨论、介绍如下.

定义 C.1.7　　(1) **豪斯多夫空间的定义**　　如果 $(X, \mathcal{T})$ 是一个拓扑空间, 如果 $x, y \in X$, 而且 $x \neq y$, 那么必存在开集 $U, V \in \mathcal{T}$, 使 $U \cap V = \varnothing$, 且 $x \in U, y \in V$. 这时称 $(X, \mathcal{T})$ 是一个豪斯多夫空间.

满足该豪斯多夫空间定义的条件是拓扑空间, 又称为满足**分离性条件 (或分离性公理)** 的拓扑空间.

(2) **可数性的定义**　　如果 $(X, \mathcal{B})$ 是拓扑空间 $(X, \mathcal{T})$ 的一个基, 而且 $\mathcal{B}$ 是一个可数集, 那么称拓扑空间 $(X, \mathcal{T})$ 是一个 A_2 空间.

(3) **可分性的定义**　　如果 $D \subset X$, 且 $\bar{D} = X$, 那么称 D 稠定拓扑空间 $(X, \mathcal{T})$. 如果 D 稠定 X, 而且 D 是一个可数集合, 那么称该拓扑空间是可分的.

(4) **第一量纲和第二量纲的定义**　　如果 $A, B \subset X$, 且 $B \subset \bar{A}$, 那么称 A 稠定集合 B.

C.1.4　　有关拓扑空间的一些基本结构

在拓扑空间中, 有一些基本结构的特征, 对此讨论、介绍如下.

拓扑空间中的连续映射和同胚理论　　记 $(X_1, \mathcal{T}_1), (X_2, \mathcal{T}_2)$ 是两个拓扑空间, f 是 $X_1 \to X_2$ 的一个映射, 对任何 $x \in X_1$ 有 $f(x) \in X_2$.

定义 C.1.8 (连续映射的定义)　　在映射 f 的定义中, 如果对任何 $y \in X_2$ 的一个开邻域 $y \in B \subset \mathcal{T}_2$, 必有 $x \in A \subset \mathcal{T}_1$, 使 $f(A) = \{f(x), x \in A\} \subset B$, 那么称 f 是 $(X_1, \mathcal{T}_1) \to (X_2, \mathcal{T}_2)$ 在点 $x \in X_1$ 上的一个连续映射.

如果对任何 $x \in X_1$ 的点, f 都是在这些点上的连续映射, 那么称 f 是拓扑空间 $(X_1, \mathcal{T}_1) \to (X_2, \mathcal{T}_2)$ 的一个连续映射.

该连续性又可写成: 对任何 $B \in \mathcal{T}_2$, 必有 $f^{-1}(B) = \{x, f(x) \in B\} \in \mathcal{T}_1$ 成立.

如果 f 是拓扑空间 $(X_1, \mathcal{T}_1) \to (X_2, \mathcal{T}_2)$ 的一个 1-1 映射 (因此它的逆映射 f^{-1} 存在), f, f^{-1} 都是连续映射, 那么称 $(X_1, (\mathcal{T}_1), X_2, \mathcal{T}_2)$ 是两个**同胚**的拓扑**空间**.

关于拓扑空间还有其他一系列的性质, 例如由度量空间可以产生拓扑空间等, 这时利用距离可以定义极限关系, 由此产生拓扑关系.

因此在下文中我们所遇到的各种度量空间都是拓扑空间.

C.2 线性空间的定义、构造和性质

线性空间是指具有加法运算和数乘运算的向量空间, 这些运算满足一定的基本运算规则 (如结合律、交换律、分配律等). 称这些基本运算规则为线性空间中的公理体系. 由这些运算的定义和公理体系可以得到线性空间的其他性质.

在线性空间的构造中存在许多理论. 如子空间、基、线性变换、内积和距离等有关理论, 由此形成不同类型的线性空间, 如一般线性空间、欧几里得空间、伪欧几里得空间等.

C.2.1 线性空间的定义与构造

关于一般线性空间的构造通过一系列的定义、公理和性质来实现. 其中定义是对一些名词和概念的说明, 而公理是运算中的基本规则, 性质则是由定义和公理所导出的性质.

为了说明公理、定义和性质的区别, 对公理的内容用 $x°$ 标记, 如 3° 是第 3 条公理, 对定义、性质也有专门的说明.

线性空间中的运算规则定义和公理如下所述.

记 $\mathcal{E}$ 是一个固定的集合, 它的基本要素是由点记 $\mathcal{E}$ 是一个固定的集合, 它的元由空间中的点 $a, b, c, \cdots$ 和向量 $\vec{x}, \vec{y}, \vec{z}, \cdots$ 组成.

点与点偶公理 这是有关线性空间 $\mathcal{E}$ 中的基本元素 (点和点偶) 产生和构造的公理.

公理 C.2.1° $\mathcal{E}$ 是一个点和点偶组成的非空集合.

公理 C.2.2° $\mathcal{E}$ 中的有序点偶 (a, b) 为向量, 该向量记为 $\vec{x} = \vec{ab}$, 当点 a 固定时, 点 b 和向量 $\vec{x} = \vec{ab}$ 相互唯一确定.

公理 C.2.3° **点偶的平行四边形公理成立** 在 a, b, c, d 的四点中, 如果 $\vec{ab} = \vec{cd}$, 那么必有 $\vec{ac} = \vec{bd}$ 成立.

定义 C.2.1 (加法的定义) 在集合 $\mathcal{E}$ 中存在一个加法 (+) 运算. 对它的任何向量 $\vec{x}, \vec{y}, \in \mathcal{E}$, 存在一个 $\mathcal{E} \times \mathcal{E} \to \mathcal{E}$ 映射, 记为 $\vec{z} = \vec{x} + \vec{y} \in \mathcal{E}$.

公理 C.2.4° 该加法运算满足**交换律**. 这就是它的任何元 $\vec{x}, \vec{y} \in \mathcal{E}$, 满足关系式 $\vec{x} + \vec{y} = \vec{y} + \vec{x}$.

公理 C.2.5° 该加法运算满足**结合律**. 这就是它的任何元 $\vec{x}, \vec{y}, \vec{z} \in \mathcal{E}$, 满足关系式 $(\vec{x} + \vec{y}) + \vec{z} = \vec{x} + (\vec{y} + \vec{z})$.

公理 C.2.6° 该加法运算满足**零向量的存在**. 这就是存在一个向量 $\vec{0}$, 对任何 $\vec{x} \in \mathcal{E}$, 总有 $\vec{x} + \vec{0} = \vec{x}$ 成立.

公理 C.2.7° 该加法运算满足**逆向量的存在**. 这就是任何一个向量 $\vec{x} \in \mathcal{E}$, 总有一个 $-\vec{x} \in \mathcal{E}$ 存在, 使 $\vec{x} + (-\vec{x}) = (-\vec{x}) + \vec{x} = \vec{0}$ 成立.

这时记 $\vec{y} + -\vec{x} = \vec{y} - \vec{x}$ 为 $\mathcal{E}$ 空间中的减法.

定义 C.2.2 (数乘的定义) 在集合 $\mathcal{E}$ 和数域 R 之间存在一个数乘 (·) 运算. 这就是对任何向量 $\vec{x} \in \mathcal{E}$ 和任何 $\alpha \in R$, 总有 $\alpha \vec{x} \in \mathcal{E}$ 成立 (这实际上是 $R \otimes \mathcal{E} \to R$ 的运算). 关于数乘运算满足**分配律和结合律**. 这就是对它的任何元 $\vec{x}, \vec{y} \in \mathcal{E}, \alpha, \beta \in R$, 满足关系式:

公理 C.2.8° **数乘的分配律 I** $(\alpha + \beta)\vec{x} = \alpha\vec{x} + \beta\vec{y}$.

公理 C.2.9° **数乘的分配律 II** $\alpha(\vec{x} + \vec{y}) = \alpha\vec{x} + \alpha\vec{y}$.

公理 C.2.10° **数乘的结合律** $(\alpha\beta)\vec{x} = \alpha(\beta\vec{x})$.

公理 C.2.11° **与单位数的数乘** $1\vec{x} = \vec{x}$.

由此可见, 线性空间是由点和向量组合的空间, 其中存在加法运算和数乘运算, 这些运算满足公理 C.2.1°—公理 C.2.11° 中的运算.

C.2.2 线性空间中的基本性质

由线性空间的定义和公理体系可以得到它的一系列性质.

1. 零向量的性质

性质 C.2.1 (关于零向量的性质) (1) 在线性空间中, 零向量是唯一的.

(2) 对任何 $\vec{x} \in \mathcal{E}$ 和任何 $\alpha \in R$, 总有 $0\vec{x} = \vec{0}$ 和 $\alpha\vec{0} = \vec{0}$ 成立.

(3) 如果 $\alpha\vec{x} = \vec{0}$, 那么必有 $\alpha = 0$, 或 $\vec{x} = \vec{0}$.

证明 (1) 首先对命题 (1) 的证明. 如果 $\vec{0}, \vec{0}'$ 是两个零向量, 那么它们一定相同. 这是因为由零向量的定义, 一定有 $\vec{0} = \vec{0} + \vec{0}' = \vec{0}'$ 成立.

对命题 (2) 中的 $0\vec{x} = \vec{0}$, 由 $0\vec{x} + \vec{x} = (0+1)\vec{x} = \vec{x}$ 可以得到

$$0\vec{x} + \vec{x} - \vec{x} = \vec{x} - \vec{x} = \vec{0}$$

成立. 因此有 $0\vec{x} = \vec{0}$ 成立.

对命题 (2) 中的 $\alpha\vec{0} = \vec{0}$ 可利用分配律作类似的证明, 对此不再详细说明.

对性质中的命题 (3) 可用反证法证明, 如果 $\alpha \neq 0, \vec{x} \neq \vec{0}$, 那么 $\alpha\vec{x}$ 一定不是零向量, 对此也不再详细说明.

2. 逆向量的性质

性质 C.2.2 (关于逆向量的性质) (1) 对任何 $\vec{x} \in \mathcal{E}$, 它的逆向量 $-\vec{x}$ 唯一存在.

(2) 如果记 $-\vec{x}$ 是 $\vec{x}$ 的逆向量, 那么可以确定一个减法 $\vec{y} + (-\vec{x}) = \vec{y} - \vec{x}$ 唯一确定.

(3) 对任何 $\alpha \in R, \vec{x} \in \mathcal{E}$, 那么必有 $(-\alpha)\vec{x} = -(\alpha\vec{x})$ 成立.

证明 (1) 首先对命题 (1), 如果 $\vec{y}, \vec{y}'$ 是 $\vec{x}$ 的两个逆向量, 那么它们一定相同. 这是因为由逆向量的定义可以得到 $\vec{y} + \vec{x} = \vec{y}' + \vec{x} = \vec{0}$ 成立.

这时有

$$\vec{y}' = \vec{y}' + (\vec{x} + \vec{y}) = (\vec{y}' + \vec{x}) + \vec{y} = \vec{y}$$

成立. 该等式由加法的结合律和零向量的定义得到.

命题 (2), (3) 的证明由命题 (1) 和数乘的分配律得到, 对此不再详细说明.

3. **线性空间的同构理论**

定义 C.2.3 (线性空间同构的定义) 称 $\mathcal{E}, \mathcal{E}'$ 是两个同构线性, 如果它们满足以下条件

(1) 在 $\mathcal{E}', \mathcal{E}$ 空间中的元存在 1-1 对应关系, 这就是对每个 $\vec{x} \in \mathcal{E}$, 在 $\mathcal{E}'$ 中存在一个 $T(\vec{x}) \in \mathcal{E}'$, 如果 $\vec{x} \neq \vec{y} \in \mathcal{E}$, 那么 $T(\vec{x}) \neq T(\vec{y}) \in \mathcal{E}'$.

(2) 对任何 $\vec{x}, \vec{y} \in \mathcal{E}, \alpha, \beta \in R$, 那么此对应关系 T 满足关系式 $\alpha T(\vec{x}) + \beta T(\vec{y}) = T(\alpha\vec{x} + \beta\vec{y})$.

性质 C.2.3 在同构空间 $\mathcal{E}, \mathcal{E}'$ 中以下性质成立.

(1) 如果 $\mathcal{E}, \mathcal{E}'$ 是同构空间, $\mathcal{E}', \mathcal{E}''$ 是同构空间, 那么 $\mathcal{E}, \mathcal{E}''$ 是同构空间.

(2) 如果 $\mathcal{E}, \mathcal{E}'$ 是同构空间, 它们中的零向量相互对应.

(3) 在同构空间 $\mathcal{E}, \mathcal{E}'$ 中, 线性无关的向量组一定和线性无关的向量组对应.

(4) 如果 $\mathcal{E}, \mathcal{E}'$ 是两个在固定域 R 上的有限维线性空间, 那么它们同构的充分必要条件是维数空间.

4. **向量的线性组合**

现在讨论 $\mathcal{E}$ 空间中向量的相互关系问题.

定义 C.2.4 (线性组合的定义) 记 $\vec{x}, \vec{x}_1, \vec{x}_2, \cdots, \vec{x}_m$ 是 $\mathcal{E}$ 空间中的向量, 对此定义如下.

(1) 称 $\vec{x}$ 是 $\vec{x}_1, \vec{x}_2, \cdots, \vec{x}_m$ 的**线性组合 (或线性表达)**, 如果存在一组 $\alpha_1, \alpha_2, \cdots, \alpha_m$, 使 $\vec{x} = \alpha_1\vec{x}_1 + \alpha_2\vec{x}_2 + \cdots + \alpha_m\vec{x}_m$ 成立.

(2) 称向量组 $\vec{x}_1, \vec{x}_2, \cdots, \vec{x}_m$ **线性相关**, 如果存在一非零数组 $\alpha_1, \alpha_2, \cdots, \alpha_m$ (这些数不全为零), 使 $\alpha_1\vec{x}_1 + \alpha_2\vec{x}_2 + \cdots + \alpha_m\vec{x}_m = \vec{0}$ 成立.

性质 C.2.4 如果向量组 $\vec{x}_1, \vec{x}_2, \cdots, \vec{x}_m \in V$ 是线性相关的, 那么其中的任何一个向量一定是其他向量的线性组合.

5. 向量组的线性相关和线性无关性

定义 C.2.5 (线性相关和线性无关的定义)   讨论 $\mathcal{E}$ 空间中的一个向量组 $X = \{\vec{x}_1, \vec{x}_2, \cdots, \vec{x}_m\} \subset V$, V 是集合. 对此有以下定义.

(1) 称向量组 X 是一个**线性无关组**, 如果对任何非零数组 $\alpha_1, \alpha_2, \cdots, \alpha_m$, 总有 $\alpha_1 \vec{x}_1 + \alpha_2 \vec{x}_2 + \cdots + \alpha_m \vec{x}_m \neq \vec{0}$ 成立. 否则是**线性相关的**.

(2) 称向量组 X 是 V 中的一个**极大线性无关组**, 如果它是一个线性无关组, 而且对任何 $\vec{x}_{m1} \in V$, 向量组 $\vec{x}_1, \vec{x}_2, \cdots, \vec{x}_m, \vec{x}_{m+1}$ 总是线性相关的.

(3) 在线性空间 $\mathcal{E}$ 中, 如果存在一个有限向量集合是极大线性无关组, 那么该线性空间 $\mathcal{E}$ 是一个有限维的线性空间. 否则是无限维的线性空间.

(4) 如果 $\vec{x}_1, \vec{x}_2, \cdots, \vec{x}_m \in V$ 是集合 V 中的极大线性无关组, 那么称该集合 V 具有**秩**(或度、维) 为 m, 并记为 $r(V) = m$ 或 $\dim(V) = m$.

在**无限维线性空间**中的维数有**可数维**、**非可数维**的区别. 对此在下文中还有讨论.

由性质 C.2.4 可知, 如果向量组 $G = \{\vec{x}_1, \vec{x}_2, \cdots, \vec{x}_m\}$ 是集合 V 中的极大线性无关组, 那么对任何向量 $\vec{x} \in V$, 总是极大线性无关组 G 的线性组合. 因此 G 是集合 V 的**生成系**(或基).

定义 C.2.6 (基的等价性定义)   在线性空间 $\mathcal{E}$ 中, 称两组基

$$\begin{cases} G = \{\vec{x}_1, \vec{x}_1, \cdots, \vec{x}_m\}, \\ G' = \{\vec{x}'_1, \vec{x}'_2, \cdots, \vec{x}'_m\} \end{cases}$$

相互等价, 如果一组基中的向量一定可以被另一组基中的向量线性表达.

性质 C.2.5   在线性空间 $\mathcal{E}$ 中, 两个相互等价基中的向量个数一定相同. 这就是, 如果 G, G' 是线性空间 $\mathcal{E}$ 中的两个等价基, 那么一定有 $|G| = |G'|$ 成立.

证明   用线性方程求解的关系即可证明.

定义 C.2.7 (子空间的定义)   (1) 称 $\mathcal{E}'$ 是线性空间 $\mathcal{E}$ 的一个**子空间**, 如果 $\mathcal{E}' \subset \mathcal{E}$, 而且 $\mathcal{E}'$ 关于 $\mathcal{E}$ 中的加法运算和数乘运算封闭.

(2) 如果 $\mathcal{E}', \mathcal{E}''$ 是 $\mathcal{E}$ 中的两个子空间, 那么定义

$$\begin{cases} \mathcal{E}' \cap \mathcal{E}'' = \{\vec{x} \text{ 同时是 } \mathcal{E}', \mathcal{E}'' \text{ 中的向量}\}, \\ \mathcal{E}' \cup \mathcal{E}'' = \{\vec{x} \text{ 是 } \mathcal{E}' \text{ 或 } \mathcal{E}'' \text{ 中的向量}\}. \end{cases}$$

这时称 $\mathcal{E}' \cap \mathcal{E}''$, $\mathcal{E}' \cup \mathcal{E}''$ 分别是**子空间的交和并**.

(3) 零向量 $\vec{0} \in \mathcal{E}$, 显然它单独构成 $\mathcal{E}$ 中的一个线性子空间, 我们称它是一个**零子空间**.

性质 C.2.6   对线性空间中的子空间, 以下性质成立.

(1) 关于子空间运算的交、并运算满足**交换律**和**结合律**.

(2) 零子空间是线性空间 $\mathcal{E}$ 中的子空间, 而且是其他一切子空间中的子空间. 这两个性质命题明显成立.

C.2.3 线性内积空间

1. 线性内积空间的定义

定义 C.2.8 (内积的定义) (1) 在线性空间 $\mathcal{E}$ 中定义一个 $\mathcal{E} \times \mathcal{E} \to R$ 的运算函数 $\varphi(\vec{x}, \vec{y}) \in R$. 如果该函数满足以下性质.

(i) **非负性** 对任何 $\vec{x} \in \mathcal{E}$, 总有 $\varphi(\vec{x}, \vec{x}) \geqslant 0$ 成立. 而且等号成立的充分必要条件是 $\vec{x}$ 是零向量.

这时称 $|\vec{x}| = \langle \vec{x}, \vec{x} \rangle^{1/2}$ 为向量 $\vec{x}$ 的模 (或赋范).

(ii) **对称性** 对任何 $\vec{x}, \vec{y} \in \mathcal{E}$, 总有 $\varphi(\vec{x}, \vec{y}) = \varphi(\vec{y}, \vec{x})$ 成立.

(iii) **线性性** 对任何 $\vec{x}, \vec{y}, \vec{z} \in \mathcal{E}$ 和任何 $\alpha, \beta \in R$, 总有 $\varphi(\vec{x}, \alpha \vec{y} + \beta \vec{z}) = \alpha \varphi(\vec{x}, \vec{y}) + \beta \varphi(\vec{x}, \vec{z})$ 成立.

这时称该函数 $\varphi(\vec{x}, \vec{y})$ 是 $\mathcal{E}$ 空间中**向量的内积**, 而称 $\mathcal{E}$ 是一个**线性内积空间**.

(iv) 线性空间中的内积的四种记号 $\varphi(\vec{x}, \vec{y})$, $\langle \vec{x}, \vec{y} \rangle$, $\vec{x} \cdot \vec{y}$, $\vec{x}\vec{y}$ 我们等价使用.

(2) **欧氏空间的定义** 如果 R 是个实数域, 那么相应的线性内积空间为欧氏空间.

(3) **酉空间的定义** 如果 R 是个复数域, 那么相应的线性内积空间为酉空间, 这时相应的对称性关系是 $\langle \vec{x}, \vec{y} \rangle = \overline{\langle \vec{y}, \vec{x} \rangle}$. 其中 $\bar{a}$ 是 a 的共轭复数.

2. 内积空间的性质

性质 C.2.7 关于线性内积空间有以下性质成立.

(1) **内积的平移性质** 在线性内积空间 $\mathcal{E}$ 中, 对任何向量 $\vec{x}, \vec{y}, \vec{z}$, 它们的内积总有关系式 $\langle \vec{x} + \vec{z}, \vec{y} + \vec{z} \rangle = \langle \vec{x}, \vec{y} \rangle$ 成立.

(2) **柯西–施瓦茨**(有的文献中称柯西–布尼亚科夫斯基不等式) 在线性内积空间 $\mathcal{E}$ 中, 对任何向量 $\vec{x}, \vec{y}$, 它们的内积总有关系式 $\langle \vec{x}, \vec{y} \rangle \leqslant \|\vec{x}\| \cdot \|\vec{y}\|$ 成立.

证明 对其中的命题 (1) 利用点偶的平行四边形公理即可证明.

对命题 (2) 利用绝对值的不等式 $\|x + y\| \leqslant \|x\| + \|y\|$ 即可证明.

性质 C.2.8 在线性内积空间 $\mathcal{E}$ 中, 如果定义 $\rho(\vec{x}, \vec{y}) = \|\vec{x} - \vec{y}\|$, 那么 $\mathcal{E}$ 就构成一个线性距离空间 (关于线性距离空间的定义在下文中再详细说明).

定义 C.2.9 (正交向量和正交子空间的定义) (1) 在线性内积空间中的两个向量 $\vec{x}, \vec{y} \in \mathcal{E}$, 如果它们的内积 $\langle \vec{x}, \vec{y} \rangle = 0$, 那么称这**两个向量相互正交**.

(2) 如果 $\mathcal{E}', \mathcal{E}''$ 是线性内积空间 $\mathcal{E}$ 中的两个线性子空间, $\mathcal{E}', \mathcal{E}''$ 中的任何两个向量正交, 那么称 $\mathcal{E}', \mathcal{E}''$ 是 $\mathcal{E}$ 中的两个**相互正交线性子空间**. 这时记 $\mathcal{E}' \perp \mathcal{E}''$.

(3) 如果 $\mathcal{E}', \mathcal{E}''$ 是 $\mathcal{E}$ 中两个相互正交的子空间, 而且有

$$\mathcal{E}' \otimes \mathcal{E}'' = \{(\vec{x}, \vec{y}) : \vec{x} \in \mathcal{E}', \vec{y} \in \mathcal{E}''\} = \mathcal{E} \tag{C.2.1}$$

成立, 那么称 $\mathcal{E}', \mathcal{E}''$ 是 $\mathcal{E}$ 的一个**正交分解**.

性质 C.2.9　在线性内积空间 $\mathcal{E}$ 中, 关于向量模 $\|\vec{x}\|$ 有以下性质成立.

(1) 对于任何 $\vec{x}, \vec{y} \in \mathcal{E}$ 总有三角不等式 $\|\vec{x} + \vec{y}\} \leqslant \|\vec{x}\| + \|\vec{y}\|$ 成立.

(2) 在 (1) 的三角不等式中, 等号成立的充分必要条件是 $\vec{x} \perp \vec{y}$.

3. 标准基的定义和性质

定义 C.2.10 (标准基的定义)　称 $G = \{\vec{e}_1, \vec{e}_2, \cdots, \vec{e}_d\}$ 是 $\mathcal{E}$ 空间中的**标准基**(或**自然基**), 如果它满足以下条件.

(1) G 是 $\mathcal{E}$ 中的极大线性无关组.

(2) 集合 G 中的向量满足关系式 $\langle \vec{e}_i, \vec{e}_j \rangle = \begin{cases} 1, & i = j, \\ 0 & \text{否则}. \end{cases}$

这时对任何 $\vec{x} \in \mathcal{E}$, 总有 $\vec{x} = x_1\vec{e}_1 + x_2\vec{e}_2 + \cdots + x_d\vec{e}_d$ 成立. 这时称 $\vec{x} = (x_1, x_2, \cdots, x_d)$ 是向量 $\vec{x}$ 关于自然基 G 的坐标.

性质 C.2.10　在内积空间 $\mathcal{E}$ 中, 任何基都和一个自然基等价.

对此命题可用归纳法证, 在此不再详细证明.

4. 有关子空间的一些性质

线性子空间的定义已在定义 C.2.7 中给出, 在子空间中的一些性质如下所述.

性质 C.2.11　如果 $\mathcal{E}$ 是一个有限阶 (d 阶) 的内积空间, 那么以下关系成立.

(1) **正交分解的存在性和唯一性**. 如果 $\mathcal{E}'$ 是 $\mathcal{E}$ 的一个线性子空间, 那么一定存在一个线性子空间 $\mathcal{E}''$, 使 $\mathcal{E}', \mathcal{E}''$ 是 $\mathcal{E}$ 的一个正交分解, 而且 $\mathcal{E}''$ 被唯一确定.

这时称 $\mathcal{E}'' = \mathcal{E}/\mathcal{E}'$ 是 $\mathcal{E}$ 关于 $\mathcal{E}'$ 的**商空间**.

(2) **正交分解的阶数性质**. 如果 $\mathcal{E}', \mathcal{E}''$ 是 $\mathcal{E}$ 的一个正交分解, 它们的阶数分别是 d', d'', d, 那么它们之间有关系式 $d' + d'' = d$ 成立.

(3) 空间 $\mathcal{E}$ 的标准基 $\vec{e}_1, \vec{e}_2, \cdots, \vec{e}_d$ 一定存在.

证明　对命题 (3) 的证明如下.

如果 $\mathcal{E}$ 是一个 d 阶的内积空间, 那么它一定存在一个极大线性无关组 $G = \{\vec{x}_1, \vec{x}_2, \cdots, \vec{x}_d\}$.

对极大线性无关组 G 进行正交化, 这就是构筑向量组 $W = \{\vec{w}_1, \vec{w}_2, \cdots, \vec{w}_d\}$. 其中

$$\begin{cases} w_1 = \vec{x}_1, \\ \vec{w}_i = \vec{x}_i - \sum_{i'=1}^{i-1} \frac{\langle \vec{x}_i, \vec{w}_{i'} \rangle}{|\vec{w}_{i'}|^2} \vec{w}_{i'}, & i = 2, 3, \cdots, d. \end{cases} \tag{C.2.2}$$

由 (C.2.2) 式可以依次得到向量组 W 中的各向量, 而且它们一定相互正交. 例如有

$$\begin{cases} \vec{w}_1 = \vec{x}_1, \\ \vec{w}_2 = \vec{x}_2 - \dfrac{\langle \vec{x}_2, \vec{w}_1 \rangle}{|\vec{w}_1|^2} \vec{w}_1 = \vec{x}_2 - \dfrac{\langle \vec{x}_2, \vec{x}_1 \rangle}{|\vec{x}_1|^2} \vec{x}_1, \end{cases}$$

这时有

$$\langle \vec{w}_1, \vec{w}_2 \rangle = \langle \vec{x}_1, \vec{x}_2 \rangle - \frac{\langle \vec{x}_2, \vec{x}_1 \rangle}{|\vec{x}_1|^2} \langle \vec{x}_1, \vec{x}_1 \rangle = \langle \vec{x}_1, \vec{x}_2 \rangle - \langle \vec{x}_2, \vec{x}_1 \rangle = 0$$

成立. 以此类推, 对任何 $i < j$ 都有 $\langle \vec{w}_i, \vec{w}_j \rangle = 0$ 成立. 因此向量组 W 中的各向量一定相互正交.

把向量组 W 中的各向量作标准化的处理, 取 $\vec{e}_i = \vec{w}_i / |\vec{w}_i|, i = 1, 2, \cdots, d$. 这时 $\vec{e}_1, \vec{e}_2, \cdots, \vec{e}_d$ 是一个标准基.

该定理中的命题 (1), (2) 利用命题 (3) 的结论即可证明.

C.3   线性空间中的坐标变换理论

在线性空间中由于坐标基的不同, 向量的坐标也就不同. 不同坐标基的相互关系通过线性变换来表示. 因此在线性变换理论中存在多种理论分析问题, 如由线性变换产生的对偶空间理论、线性变换的等价表示和初等运算理论、这些理论都可通过矩阵表示、矩阵的运算等一系列运算来实现.

如果 $\mathcal{E}$ 是 R 域上的一个 d 阶线性空间, 在不同的坐标系下向量有不同的表示. 这就是不同线性空间中的坐标变换理论.

C.3.1   坐标变换的关系和表示

在线性空间 $\mathcal{E}$ 中, 如果 $\begin{cases} G = \{\vec{e}_1, \vec{e}_2, \cdots, \vec{e}_d\}, \\ G' = \{\vec{e'}_1, \vec{e'}_2, \cdots, \vec{e'}_d\} \end{cases}$ 是它的两组基, 那么同一向量在不同基下有不同的表示. 坐标变换理论就是讨论这种不同表示的关系问题.

1. 线性变换的定义

定义 C.3.1 (线性变换的定义)   (1) 记 A 是一个 $\mathcal{E} \to \mathcal{E}'$ 的映射, 称该映射是线性映射, 如果对任何 $\vec{x}, \vec{y} \in \mathcal{E}$ 和任何 $\alpha, \beta \in R$ 都有 $A(\alpha \vec{x} + \beta \vec{y}) = \alpha A(\vec{x}) + \beta A(\vec{y})$ 成立.

(2) 称线性变换 A 是一个 $\mathcal{E} \to \mathcal{E}'$ 的**满秩线性变换**, 如果 $\mathcal{E}' = A(\mathcal{E}) = \{\vec{y} = A(\vec{x}), \vec{x} \in \mathcal{E}\}$ 中的维数和 $\mathcal{E}$ 的维数相同.

在不同坐标系 G, G' 中, 每个基向量在另一个坐标系中都有相应的坐标表示.

2. 线性变换的表示和性质

利用基向量的定义可以对每一个线性变换进行表示.

每个向量 $\vec{e_i'} \in G$ 在 $\mathcal{E}$ 中的 G 中的表示为

$$\vec{e_i'} = a_{i,1}\vec{e_1} + a_{i,2}\vec{e_2} + \cdots + a_{i,d}\vec{e_d}, \quad i = 1, 2, \cdots, d. \tag{C.3.1}$$

这时称 $A = (a_{i,j})_{i,j=1,2,\cdots,d}$ 是 $\mathcal{E}'$ 关于 $\mathcal{E}$ 的**坐标变换矩阵**.

同样对每个 $\vec{e_i} \in \mathcal{E}$ 在 $\mathcal{E}'$ 中的坐标为

$$\vec{e_j} = b_{j,1}\vec{e_1'} + b_{j,2}\vec{e_2'} + \cdots + b_{j,d}\vec{e_d'}, \quad j = 1, 2, \cdots, d. \tag{C.3.2}$$

这时称 $B = (b_{i,j})_{i,j=1,2,\cdots,d}$ 是 $\mathcal{E}$ 关于 $\mathcal{E}'$ 的坐标变换矩阵.

每一个线性变换存在一个变换矩阵和它对应. 因此我们把线性变换和它的变换矩阵等价考虑.

综合 (C.3.1) 和 (C.3.2) 的结论可以得到关系式

$$\vec{e_i'} = a_{i,1}\left(\sum_{k=1}^{d} b_{1,k}\vec{e_k'}\right) + \cdots + a_{i,2}\left(\sum_{k=1}^{d} b_{2,k}\vec{e_k'}\right) + a_{i,d}\left(\sum_{k=1}^{d} b_{d,k}\vec{e_k'}\right)$$
$$= \sum_{j=1}^{d} a_{i,j}\left(\sum_{k=1}^{d} b_{j,k}\vec{e_k'}\right) = \sum_{j=1}^{d}\left(\sum_{k=1}^{d} a_{i,j}b_{j,k}\vec{e_k'}\right), \quad i = 1, 2, \cdots, d. \tag{C.3.3}$$

因此得到 $\sum_{j=1}^{d} a_{i,j}b_{j,k} = \begin{cases} 1, & i = k, \\ 0, & \text{否则}. \end{cases}$ 这时 $B = A^{-1}$ 是 A 的逆矩阵.

性质 C.3.1   以下性质相互等价.

(1) $\mathcal{E} \to \mathcal{E}'$ 的线性变换 A 是满秩的.

(2) 线性变换 A 在 $\mathcal{E} \to \mathcal{E}'$ 的映射是 1-1 对应的.

(3) 线性变换 A 所对应的变换矩阵行列式不等于零.

性质 C.3.2   线性变换的以下性质成立.

(1) 变换的积存在, 这就是 $(A_1 A_2)\vec{x} = A_1(A_2\vec{x})$ 线性变换的变换积.

(2) 变换积的结合律成立. 对任何线性变换 A_1, A_2, A_3, 有

$$(A_1 A_2)A_3 = A_1(A_2 A_3)$$

成立.

(3) 线性变换的零元和幺元存在. 如果 O 是个零矩阵, 那么对任何线性变换 A 总有 $A + O = A$ 成立.

线性变换的幺元 I 是个对角线矩阵 (对角线上的元素为 1, 而其他元素的取值为零), 那么对任何线性变换 A 总有 $A \otimes I = I \otimes A = A$ 成立.

(4) 任何满秩的线性变换的逆变换一定存在.

(5) 任何满秩的线性变换的线性组合仍然是线性变换. 对任何线性变换 A_1, A_2 和任何 $\alpha, \beta \in R, \vec{x} \in \mathcal{E}$, 有 $(\alpha A_1 + \beta A_2)\vec{x} = \alpha A_1(\vec{x}) + \beta A_2(\vec{x})$ 仍然是一个线性变换.

定义 C.3.2 (线性对偶空间的定义) 记 $\mathcal{E}^*$ 是线性空间 $\mathcal{E}$ 上的全体线性变换, $\mathcal{E}^*$ 也是一个线性空间. 这时称 $\mathcal{E}^*$ 是 $\mathcal{E}$ 的对偶空间.

3. 线性空间中的坐标变换

任何线性变换都可以通过它们的坐标系表示. (C.3.1) 和 (C.3.2) 式给出了坐标系之间的变换关系, 由此可以得到坐标的变换关系.

对一个固定的向量 $\vec{x}$, 它在坐标系 $\mathcal{E}, \mathcal{E}'$ 中的坐标分别为

$$\vec{x} = \begin{cases} x_1\vec{e}_1 + x_2\vec{e}_2 + \cdots + x_d\vec{e}_d, \\ x_1'\vec{e}_1' + x_2'\vec{e}_2' + \cdots + x_d'\vec{e}_d'. \end{cases} \tag{C.3.4}$$

这时 $\vec{x}$ 在坐标系 $\mathcal{E}, \mathcal{E}'$ 中的坐标分别为 $\vec{x} = (x_1, x_2, \cdots, x_d), (x_1', x_2', \cdots, x_d')$. 现在讨论它们的相互关系.

按 (C.3.4) 式的坐标系的坐标定义, 有关系式

$$\vec{x} = x_1' \sum_{j=1}^{d} a_{1,j}\vec{e}_j + x_2' \sum_{j=1}^{d} a_{2,j}\vec{e}_j + \cdots + x_d' \sum_{j=1}^{d} a_{d,j}\vec{e}_j$$

$$= \sum_{j=1}^{d} \left(\sum_{i=1}^{d} x_i' a_{i,j} \right) \vec{e}_j = \sum_{j=1}^{d} x_j \vec{e}_j. \tag{C.3.5}$$

由基的定义可得 $x_j = \sum_{i=1}^{d} x_i' a_{i,j} (j = 1, 2, \cdots, d)$ 成立.

这就是向量的坐标变换公式 $\vec{x} = \vec{x}'A$ 或 $\vec{x}' = \vec{x}B$. 其中 $\vec{x}'A, \vec{x}B$ 是向量和矩阵的积.

$$\begin{cases} x_i = \sum_{j=1}^{d} x_j' a_{i,j}, \quad i = 1, 2, \cdots, d, \\ x_j' = \sum_{i=1}^{d} x_i b_{i,j}, \quad j = 1, 2, \cdots, d, \end{cases} \tag{C.3.6}$$

其中 $A = (a_{i,j})_{i,j=1,2,\cdots,d}$ 是坐标变换矩阵.

4. 不变子空间理论和特征向量空间

定义 C.3.3 (不变子空间的定义) 如果 $\mathcal{E}'$ 是 $\mathcal{E}$ 的子空间, A 是 $\mathcal{E}$ 中的线性变换, 对任何 $\vec{x} \in \mathcal{E}'$, 总有 $A(\vec{x}) \in \mathcal{E}'$ 成立, 那么称 $\mathcal{E}'$ 是 $\mathcal{E}$ 中关于变换 A 的不变子空间.

性质 C.3.3　　如果 $\mathcal{E}$ 是一个 n 维的线性空间, $\mathcal{E}_1, \mathcal{E}_2, \cdots, \mathcal{E}_k$ 是它的线性子空间, 而且有 $\mathcal{E} = \mathcal{E}_1 \oplus \mathcal{E}_2 \oplus \cdots \oplus \mathcal{E}_k$ 是 $\mathcal{E}$ 的直和分解, 那么以下性质成立.

(1) 如果子空间 $\mathcal{E}_1, \mathcal{E}_2, \cdots, \mathcal{E}_k$ 的维数分别是 $n_1, n_2, \cdots, n_k$, 那么有 $n = n_1 + n_2 + \cdots + n_k$ 成立.

(2) 如果子空间 $\mathcal{E}_1, \mathcal{E}_2, \cdots, \mathcal{E}_k$ 是线性变换 A 的不变子空间, 那么可以适当地选择一组基, 使 A 是一个由 A_i 组成的对角线矩阵. 其中 A_i 是 A 在 $\mathcal{E}$ 上的线性变换.

(3) 这时 A 可以表示成 $A = \begin{cases} A_i, & i = j, \\ O, & \text{否则}. \end{cases}$　其中 A_i 是一个 $n_i \times n_i$ 的方阵, 而 O 是一个 $n_i \times n_j$ 的矩阵 (所在第 i 行、第 j 列时).

定义 C.3.4 (特征向量和特征值)　　如果 A 是 $\mathcal{E}$ 上的线性变换, $\vec{x}$ 是 $\mathcal{E}$ 中的非零向量, $A\vec{x} = \lambda\vec{x}$, 那么称 $\vec{x}, \lambda$ 分别是变换 A 的特征向量和特征值.

显然, 特征向量是变换运算中的一种特殊的不变子空间 (一维子空间).

性质 C.3.4　有关特征根的一些性质如下.

(1) 如果 $A = (a_{i,j})_{i,j=1,2,\cdots,n}$ 是线性变换的变换矩阵, 那么全体特征根是特征方程 $|A - \lambda E| = 0$ 的解. 其中

$$|A - \lambda E| = \begin{vmatrix} a_{1,1} - \lambda & a_{1,2} & a_{1,3} & \cdots & a_{1,n-1} & a_{1,n} \\ a_{2,1} & a_{2,2} - \lambda & a_{2,3} & \cdots & a_{2,n-1} & a_{2,n} \\ \vdots & \vdots & \vdots & & \vdots & \vdots \\ a_{n-1,1} & a_{n-1,2} & a_{n-1,3} & \cdots & a_{n-1,n-1} - \lambda & a_{n-1,n} \\ a_{n,1} & a_{n,2} & a_{n,3} & \cdots & a_{n,n-1} & a_{n,n} - \lambda \end{vmatrix} \quad (\text{C.3.7})$$

是矩阵 $A - \lambda E$ 的行列式.

(2) 因为 $|A - \lambda E|$ 是一个 n 阶的多项式, 所以当 R 是个复数域时, 方程 $|A - \lambda E| = 0$ 有 n 个根. 如果 R 是个实数域时, 方程 $|A - \lambda I| = 0$ 的特征根不超过 n 个.

性质 C.3.5 (关于特征根的性质)　　如果记矩阵 A 的全部特征根为 $\lambda_1, \lambda_2, \cdots, \lambda_n$, 那么有以下性质成立.

(1) $\lambda_1 + \lambda_2 + \cdots + \lambda_n = a_{1,1} + a_{2,2} + \cdots + a_{n,n}$ 是矩阵 A 的迹.

(2) $\lambda_1 \cdot \lambda_2 \cdots \cdots \lambda_n = |A|$ 是矩阵 A 的行列式值.

(3) 矩阵 A 是满秩的充分必要条件是所有的特征根 $\lambda_1 \cdot \lambda_2 \cdots \cdots \lambda_n$ 都不为零.

(4) 当矩阵 A 是可逆 (满秩) 时, 它的逆矩阵 A^{-1} 的特征根是 $\dfrac{1}{\lambda_1}, \dfrac{1}{\lambda_2}, \cdots, \dfrac{1}{\lambda_n}$.

(5) 如果 g 是一个多项式函数, 那么多项式矩阵 $g(A)$ 的特征根是 $g(\lambda_1), g(\lambda_2), \cdots, g(\lambda_n)$.

(6) 当 $r(A) = n$ 时, 矩阵 A^* 的全体特征根是 $\dfrac{|A|}{\lambda_1}, \dfrac{|A|}{\lambda_2}, \cdots, \dfrac{|A|}{\lambda_n}$. 其中 A^* 是 A 的共轭转置矩阵, $r(A)$ 是 A 的秩.

(7) 当 $r(A) = m < n$ 时, 矩阵 A^* 的全体特征根是 $A_{1,1}, A_{2,2}, \cdots, A_{m,m}, 0, \cdots, 0$. 其中 $A_{i,j}$ 是 $|A|$ 的代数余子式.

(8) 如果 A, B 分别是 $m \times n, n \times m (n \leqslant m)$ 矩阵时, 那么 $|\lambda I - AB| = \lambda^{m-n} |\lambda I - BA|$. 因此 AB 和 BA 矩阵有相同的非零特征根.

性质 C.3.6 (关于特征向量的性质)   如果记 $\vec{x}_i$ 是矩阵 A 在特征根 λ_i 下所对应的特征向量, 那么有以下性质成立.

(1) 如果 $\vec{x}$ 是矩阵 A 在特征根 λ 下所对应的特征向量, 那么对任何 $\alpha \in R, \alpha\vec{x}$ 都是矩阵 A 在特征根 λ 下所对应的特征向量.

(2) 如果 $\lambda_i \neq \lambda_j$, 那么 $\vec{x}_i \perp \vec{x}_j$ 是相互正交的特征向量.

(3) 如果 $\lambda_i = \lambda_j = \lambda$, 那么对任何 $\alpha, \beta \in R, \alpha\vec{x}_i + \beta\vec{x}_j$ 都是 λ 所对应的特征向量.

因此特征根取值相同 (为 λ) 的所有特征向量构成一个 $\mathcal{E}$ 的线性子空间 $\mathcal{E}_\lambda$, 这时对任何 $\vec{x} \in \mathcal{E}_\lambda$, 都有 $A\vec{x} = \lambda\vec{x}$ 成立, 这时称 $\mathcal{E}_\lambda$ 是一个关于特征根 λ 的特征向量的子空间.

C.3.2   相似变换和相似矩阵的理论

关于线性变换和它所对应的矩阵存在一系列的运算, 对此讨论如下.

1. 相似变换和初等运算

在线性空间中我们已经给出线性变换的定义和它所对应的变换矩阵. 对此我们作等价讨论.

定义 C.3.5 (相似矩阵的性质)   (1) 如果 A, B 是两个 n 阶方阵, 存在一个可逆矩阵 T, 使 $B = T^{-1}AT$, 那么称 A, B 是两个相似矩阵, 并记为 $A \sim B$.

(2) 如果 $B = T^{-1}AT$, 那么称矩阵 B 是矩阵 A 在矩阵 T 条件下的相似变换.

性质 C.3.7 (关于相似矩阵的性质)   (1) 相似矩阵是对称的. 如果有 $A \sim B$, 那么必有 $B \sim A$.

(2) 如果 $A \sim B$, 那么它们的特征方程相同, 因此具有相同的特征根.

定义 C.3.6 (初等运算的定义)   如果 A 是一个 n 阶方阵, 那么对该矩阵作以下初等运算.

(1) 对矩阵中的任何两行 (或列) 的位置进行交换.

(2) 用非零常数 α 乘以矩阵中的某一行 (或列).

(3) 把矩阵中的任何行 (或列) 乘以固定常数后与另一行 (或列) 相加.

(4) 如果矩阵 B 是由矩阵 A 经若干次初等变换所得的矩阵, 那么称矩阵 B 是矩阵 A 的**初等变换矩阵**, 并记 $B \simeq A$.

(5) 矩阵 A 的特征矩阵 $\lambda I - A$ 经初等变换所得到的矩阵是一个带参数 λ 的函数矩阵, 而且是该特征矩阵的等价矩阵.

性质 C.3.8 (施密特标准形)   特征矩阵 $A \sim B$ 经若干初等变换, 最后一定可以化为施密特标准形. 这就是

$$\lambda I - A \simeq [d_{i,j}(\lambda)]_{i,j=1,2,\cdots,n}, \quad 其中 \quad d_{i,j}(\lambda) = \begin{cases} d_i(\lambda), & i = j, \\ 0, & 否则. \end{cases} \quad \text{(C.3.8)}$$

其中 $d_i(\lambda)$ 是关于参数 λ 的多项式, 首项 (最高次项) 的系数为 1, 而且 $d_i(\lambda)|d_{i+1}(\lambda)$, 对任何 $i = 1, 2, \cdots, n-1$ 成立, 其中 $d_i(\lambda)|d_{i+1}(\lambda)$ 表示 $d_i(\lambda)$ 是 $d_{i+1}(\lambda)$ 的因子.

定义 C.3.7   (1) 在施密特标准形中, 称 $d_1(\lambda), d_2(\lambda), \cdots, d_n(\lambda)$ 是特征矩阵 $\lambda I - A$ 的**不变因子**.

(2) 在这些不变因子中, 每个多项式总可以分解成若干一次多项式之积, 这时称这些一次多项式为该特征矩阵的**初等因子**.

2. 方阵的若尔当块分解

定义 C.3.8 (若尔当分块矩阵的定义)   (1) 一个矩阵 $J_0 = (a_{i,j})_{i,j=1,2,\cdots,n_0}$ 被称为是 n_0 阶的若尔当矩阵块, 如果它满足以下条件:

(i) J_0 是一个 n_0 阶的方阵.

(ii) J_0 矩阵中的元 $a_{i,j} = \begin{cases} a_i, & i = j = 1, 2, \cdots, n_0, \\ 1, & j = i+1, i = 1, 2, \cdots, n_0 - 1, \\ 0, & 否则. \end{cases}$

(2) 一个矩阵 $J = (J_{i,j})_{i,j=1,2,\cdots,k}$ 被称为一个若尔当矩阵 (或若尔当标准形), 如果它满足以下条件:

(i) 矩阵 J 是由若干分块矩阵 $J_{i,j}(i, j = 1, 2, \cdots, k)$ 组成的, 其中每个 $J_{i,j}$ 是一个 $n_i \times n_j$ 矩阵.

(ii) 在分块矩阵中, $J_{i,j} = \begin{cases} J_i, & i = j = 1, 2, \cdots, k, \\ O, & 否则. \end{cases}$

其中每个 J_i 是一个 n_i 阶的若尔当矩阵, 而 O 是 $n_i \times n_j$ 矩阵 (当它的位置在分块矩阵的第 i 行、第 j 列时).

(3) 如果矩阵 J 的阶为 n, 那么 $n = n_1 + n_2 + \cdots + n_k$ 成立.

性质 C.3.9 (若尔当矩阵的性质)   (1) 如果 J_0 是一个 n_0 阶的若尔当分块矩阵, 那么它的特征矩阵 $\lambda I - A$ 和一个对角矩阵等价, 该对角线上的元 $1, 1, \cdots, 1$, $(\lambda - a)^{n_0}$.

(2) 因此该对角线上的元为 $1, 1, \cdots, 1, (\lambda - a)^{n_0}$ 是它的不变因子. 而一阶多项式 $\lambda - a$ 是它的初等因子.

(3) 当 R 是复数域时, 任何变换矩阵一定和一个若尔当标准形相似. 而且在不计对角线上的多项式顺序的情况下, 这个若尔当多项式是唯一确定的.

3. 重要的坐标变换或坐标变换矩阵

在线性空间的坐标变换 (或坐标变换矩阵) 中存在一些特殊的变换, 它们的类型如下.

(1) 正交变换 (或正交变换矩阵).

记 $\mathcal{E}, \mathcal{E}'$ 是两个不同的坐标系, 它们的坐标变换矩阵分别为 A, B, 因此产生坐标变换关系如 (C.3.4) 式所示. 这时 B 是 A 的逆矩阵.

定义 C.3.9 (正交变换和正交矩阵的定义) 称 $\mathcal{E} \to \mathcal{E}'$ 的坐标变换矩阵 A 为**正交矩阵**, 如果它的转置矩阵是它的逆矩阵.

性质 C.3.10 在 $\mathcal{E} \to \mathcal{E}'$ 的坐标变换矩阵 A 中, 如果它是正交矩阵, 那么在空间 $\mathcal{E}, \mathcal{E}'$ 中的内积保持不变.

证明 对该性质的叙述和证明如下.

(i) 记在 $\mathcal{E}$ 空间中的两个向量为 $\vec{x}, \vec{y}$, 它们在 $\mathcal{E}'$ 空间中的坐标分别是 $\vec{x}', \vec{y}'$. 它们之间有关系式 (C.3.4) 成立.

(ii) 它们的内积关系有

$$\langle \vec{x}, \vec{y} \rangle = \sum_{k=1}^{d} x_k y_k = \sum_{k=1}^{d} \left(\sum_{i=1}^{d} x_i' a_{i,k} \right) \left(\sum_{j=1}^{d} y_i' a_{j,k} \right)$$

$$= \sum_{i=1}^{d} \sum_{j=1}^{d} x_i' y_j' \left(\sum_{k=1}^{d} a_{i,k} a_{j,k} \right) = \sum_{i=1}^{d} \sum_{j=1}^{d} x_i' y_j' \delta_{i,j} = \sum_{k=1}^{d} x_k' y_k'. \quad \text{(C.3.9)}$$

在此过程中, 因为 A' 是 A 的逆矩阵, 所以有 $\sum_{k=1}^{d} a_{i,k} a_{j,k} = \delta_{i,j} = \begin{cases} 1, & i = j, \\ 0, & \text{否则} \end{cases}$

成立. 由此性质得证.

(2) 酉变换 (或酉矩阵, U-变换和 U-矩阵).

定义 C.3.10 (酉变换和酉矩阵的定义) 在复数域的线性空间变换 $\mathcal{E} \to \mathcal{E}'$ 中, 称坐标矩阵 A 为**酉变换**或**酉变换矩阵**, 如果它的转置、共轭矩阵 $\overline{A'}$ 是它的逆矩阵.

酉变换 (或酉矩阵) 的概念和正交矩阵概念相同, 它们的区别只是数域 R 的取值不同. 因此, 有关正交变换的性质在酉变换 (或酉矩阵) 中都能适用.

(3) 投影变换 (或投影矩阵).

定义 C.3.11 (投影变换的定义) 如果 $\mathcal{E}'$ 是 $\mathcal{E}$ 的线性子空间, E 是 $\mathcal{E} \to \mathcal{E}'$ 的运算子, 称 P 是一个**投影变换**, 对任何 $\vec{x} \in \mathcal{E}$ 总有 $\langle \vec{x}, P(\vec{x}) \rangle = \langle P(\vec{x}), P(\vec{x}) \rangle$ 成立.

C.4   三、四维线性空间

在以上的讨论中, 我们给出了一般有限维线性空间和它们的线性变换理论, 实际上在线性空间的结构理论中存在许多不同的类型. 例如有关三、四维空间的理论. 其中三维欧氏空间是最常见的线性空间, 许多物体都在这样的空间中运动. 而在四维线性空间中出现的伪欧氏空间是狭义相对论的理论基础. 无限维线性空间的有关理论我们在 C.5 节中再详细讨论.

C.4.1   三维欧氏空间中的直角坐标系

三维空间中的直角坐标系记为 $\mathcal{E} = \{o, i, j, k\}$, 其中 o, i, j, k 分别为该坐标系的原点和三个基向量 (或 X, Y, Z 轴上的单位向量).

1. 直角坐标系的不同类型

直角坐标系分原始直角坐标系和活动直角坐标系的两种不同类型, 它们并不完全相同.

(1) **原始坐标系**   记为 $\mathcal{E} = \{o, i, j, k\}$, 其中 o, i, j, k 分别为该坐标系的原点和三个基向量 (或 X, Y, Z 轴上的单位向量).

(2) **活动坐标系**   这是指直角坐标系 $\mathcal{E}$ 中的原点和基向量在运动变化的坐标系. 因此活动坐标系的选择有多种, 如果 a, b, c 为空间中不共线的 3 个点, 由它们在原始坐标系 $\mathcal{E}$ 中的空间坐标分别为

$$\vec{r}_\tau = (x_\tau, y_\tau, z_\tau), \quad \tau = a, b, c. \tag{C.4.1}$$

由此产生活动坐标系 $\mathcal{E}_u = \mathcal{E}(a, b, c) = \{o_u, i_u, j_u, k_u\}$, 它的构造如下.

(i) 取 b 为原点 o_u, 由 b, c 确定的直线为 X_u 轴, 取 $i_u = \overrightarrow{bc}/|bc|$ 为 X_u 轴上的基向量. 记 $\pi_u = \pi(a, b, c)$ 是由 a, b, c 三点确定的平面, 把它取为 $X_u Y_u$ 平面.

(ii) 取过 b 点, 而且在 π_u 平面中和 bc 直线垂直的直线为 Y_u 轴, 取 Y_u 轴上的单位向量为 j_u, 这时要求 j_u 的方向和 $\overrightarrow{ba}$ 保持一致, 也就是使 $\langle \overrightarrow{ba}, j_u \rangle > 0$.

(iii) 取 $k_u = i_u \times j_u$, 且取过 b 点和 k_u 向量保持一致的直线为 Z_u 轴. 由此得到 $\mathcal{E}_u = \{o_u, i_u, j_u, k_u\}$ 就是所求的活动坐标系.

(iv) 这时 o_u 点及三个基向量 i_u, j_u, k_u 在坐标系 $\mathcal{E}$ 中的坐标分别为

$$\begin{cases} o_u = x_{o_u} i + y_{o_u} j + z_{o_u} k \\ i_u = a_{u,1,1} i + a_{u,1,2} j + a_{u,1,3} k, \\ j_u = a_{u,2,1} i + a_{u,2,2} j + a_{u,2,3} k, \\ k_u = a_{u,3,1} i + a_{u,3,2} j + a_{u,3,3} k, \end{cases} \tag{C.4.2}$$

这时称矩阵 $\boldsymbol{A}_u = \begin{pmatrix} a_{u,1,1} & a_{u,1,2} & a_{u,1,3} \\ a_{u,2,1} & a_{u,2,2} & a_{u,2,3} \\ a_{u,3,1} & a_{u,3,2} & a_{u,3,3} \end{pmatrix}$ 为坐标系 $\mathcal{E}_u$ 在 $\mathcal{E}$ 中的坐标变换矩阵.

定义 C.4.1 (活动坐标系的定义)　称由 (C.4.2) 式确定的坐标系 $\mathcal{E}_u = \{o_u, i_u, j_u, k_u\}$ 就是由 a, b, c 三点确定的活动坐标系.

2. 坐标变换的性质

坐标变换 (矩阵) 有以下的性质.

(1) $\boldsymbol{A}_u$ 是一个正交矩阵, 它的转置矩阵就是它的逆矩阵 $\boldsymbol{A}_u^{\mathrm{T}} = \boldsymbol{A}_u^{-1}$. 因此有

$$\begin{cases} \boldsymbol{i} = a_{u,1,1}\boldsymbol{i}_u + a_{u,2,1}\boldsymbol{j}_u + a_{u,3,1}\boldsymbol{k}_u, \\ \boldsymbol{j} = a_{u,1,2}\boldsymbol{i}_u + a_{u,2,2}\boldsymbol{j}_u + a_{u,3,2}\boldsymbol{k}_u, \\ \boldsymbol{k} = a_{u,1,3}\boldsymbol{i}_u + a_{u,2,3}\boldsymbol{j}_u + a_{u,3,3}\boldsymbol{k}_u. \end{cases} \tag{C.4.3}$$

(2) 坐标变换公式. 记点 a 在坐标系 $\mathcal{E}, \mathcal{E}_u$ 中的坐标分别为 $\vec{r} = (x, y, z), \vec{r}_u = (x_u, y_u, z_u)$, 那么它们满足以下关系:

$$\begin{aligned} \vec{r} &= x\boldsymbol{i} + y\boldsymbol{j} + z\boldsymbol{k} = \overrightarrow{oo_u} + \vec{r}_u = x_{o_u}\boldsymbol{i} + y_{o_u}\boldsymbol{j} + z_{o_u}\boldsymbol{k} + x_u\boldsymbol{i}_u + y_u\boldsymbol{j}_u + z_u\boldsymbol{k}_u \\ &= x_{o_u}\boldsymbol{i} + y_{o_u}\boldsymbol{j} + z_{o_u}\boldsymbol{k} + x_u(a_{u,1,1}\boldsymbol{i} + a_{u,1,2}\boldsymbol{j} + a_{u,1,3}\boldsymbol{k}) \\ &\quad + y_u(c_{u,2,1}\boldsymbol{i} + c_{u,2,2}\boldsymbol{j} + c_{u,2,3}\boldsymbol{k}) + z_u(c_{u,3,1}\boldsymbol{i} + c_{u,3,2}\boldsymbol{j} + c_{u,3,3}\boldsymbol{k}) \\ &= x\boldsymbol{i} + y\boldsymbol{j} + z\boldsymbol{k}, \end{aligned} \tag{C.4.4}$$

其中

$$\begin{cases} x = x_{o_u} + x_u a_{u,1,1} + y_u a_{u,2,1} + z_u a_{u,3,1}, \\ y = y_{o_u} + x_u a_{u,1,2} + y_u a_{u,2,2} + z_u a_{u,3,2}, \\ z = z_{o_u} + x_u a_{u,1,3} + y_u a_{u,2,3} + z_u a_{u,3,3}, \end{cases}$$

或 $\vec{r} = \vec{r}_{o_u} + \vec{r}_u \boldsymbol{C}^{\mathrm{T}}$, 称 (C.4.4) 式是坐标系 $\mathcal{E}$ 和 $\mathcal{E}_u$ 之间的坐标变换公式.

3. 坐标变换中的不变量

如果记 $\mathcal{E}, \mathcal{E}'$ 是两个不同直角坐标系, $\boldsymbol{A}_u$ 是它们的正交矩阵, 那么有以下关系成立.

如果记 $\vec{r}$ 和 $\vec{r}'$ 分别是同一空间点在 $\mathcal{E}, \mathcal{E}'$ 中的坐标, 它们的相互关系由 (C.4.3) 和 (C.4.4) 确定. 由正交变换的性质知道, 对空间中的任何两个点 a, b, 它们在不同坐标系 $\mathcal{E}, \mathcal{E}'$ 中的距离相同. 因此是坐标变换的不变量.

在三维欧氏空间中, 由 $\vec{u} = (u_1, u_2, u_3), u = a, b, c, d$ 四点所形成的四面体体积

$$V(\vec{a}, \vec{b}, \vec{c}, \vec{d}) = \frac{1}{6}\left|[\vec{a} - \vec{b}, \vec{a} - \vec{c}, \vec{a} - \vec{d}]\right|, \tag{C.4.5}$$

其中 $\left| [\vec{a} - \vec{b}, \vec{a} - \vec{c}, \vec{a} - \vec{d}] \right|$ 是向量混合积的绝对值. 而混合积

$$[\vec{a} - \vec{b}, \vec{a} - \vec{c}, \vec{a} - \vec{d}] = \begin{vmatrix} a_1 - b_1 & a_2 - b_2 & a_3 - b_3 \\ a_1 - c_1 & a_2 - c_2 & a_3 - c_3 \\ a_1 - d_1 & a_2 - d_2 & a_3 - d_3 \end{vmatrix} \tag{C.4.6}$$

是一个三阶矩阵的行列式的值.

定义 C.4.2 (四面体镜像值的定义)   在三维空间中, 由 $\vec{a}, \vec{b}, \vec{c}, \vec{d}$ 四点所组成的四面体中, 混合积的取值有正负的区别, 这时称

$$\vartheta(\vec{a}, \vec{b}, \vec{c}, -\vec{d}) = \mathrm{Sgn}[\vec{a} - \vec{b}, \vec{a} - \vec{c}, \vec{a} - \vec{d}] \tag{C.4.7}$$

为该四面体的镜像值.

性质 C.4.1   在三维欧氏空间中, 任何正交变换的不变量有如: 任何两点间的距离、两向量间的夹角、四面体的体积等.

在正交变换中, 有关的镜像值可能发生变化.

定义 C.4.3 (几种变换的定义)   在欧氏空间 $\mathcal{E}$ 及它的坐标变换 A 中, 对坐标变换类型有以下定义.

保距变换 的任何两点 $\vec{x}, \vec{y}$ 的距离不变, 即 $|\vec{x}, \vec{y}| = |A(\vec{x}), A(\vec{y})|$.

刚体运动变换 A 是一个保距变换, 而且对任何四点多镜像保持不变.

因此正交变换一定是保距变换, 但不一定是刚体运动变换. 刚体运动是由刚体移动和转动变换组成的, 对它的转动变换在下文中讨论.

C.4.2   直角坐标系和极坐标系

对直角坐标系中的坐标, 除了直角坐标系变换外还可采用极坐标表示.

1. 极坐标的定义

对直角坐标系 $\mathcal{E}$ 中点 d 的极坐标名称和计算公式如下.

(1) 矢径 ρ. 它是 d 点到坐标系 $\mathcal{E}$ 原点 o 的距离.

(2) 辐角 θ. 它是 $\vec{od}$ 向量和基向量 $\boldsymbol{k}$ 的夹角. 因此 θ 的取值范围是 $(0, \pi)$.

(3) 极角 φ. 如果 d' 是 d 点在 $\pi(a, b, c)$ (或 oxy 平面) 上的投影点, 那么 $\varphi = \angle(d'o, x)$, 其中 x 是 ox 轴上的点. 在 oxy 平面中, φ 实际上是 $\vec{od'}$ 和基向量 $\boldsymbol{i}$ 的夹角, 它的取值范围为 $(-\pi, \pi)$, 当 $\vec{od'}$ 转向按 $\boldsymbol{i}$ 的逆时针方向旋转时 φ 取正值, 否则为负值.

直角坐标系和极坐标系的关系式在一般解析几何中都有说明, 对此不再重复.

其中图 (a), (b) 分别是空间点 d 的直角坐标和极坐标关系表示图.

2. 直角坐标和极坐标变换的计算公式

由极坐标的定义即可得到它们之间的变换计算公式

$$
\begin{cases}
\rho = r = |od| = (x^2 + y^2 + z^2)^{1/2}, \\
\varphi = \overrightarrow{od'} \text{ 和 } \boldsymbol{i}_u \text{ 的夹角} = \arctan\left(\dfrac{y}{x}\right), \\
\theta = \overrightarrow{od} \text{ 和 } \boldsymbol{k}_u \text{ 的夹角} = \arccos\left(\dfrac{z}{\rho}\right),
\end{cases}
\qquad
\begin{cases}
x = \rho \cdot \sin(\theta) \cdot \cos(\varphi), \\
y = \rho \cdot \sin(\theta) \cdot \sin(\varphi), \\
z = \rho \cdot \cos(\theta).
\end{cases}
\tag{C.4.8}
$$

在几何学中经常把直角坐标和极坐标等价使用.

3. 活动坐标系中的旋转变换理论

如果 $\mathcal{E}, \mathcal{E}' = \{o', i', j', k'\}$ 是两个不同的直角坐标系, 它们具有相同的原点 $o = o'$ 和镜像, 那么称直角坐标系 $\mathcal{E}'$ 是 $\mathcal{E}$ 中的一个旋转. 现在讨论它们的坐标变换公式.

坐标变换矩阵的定义已在 (C.3.1) 式中给出, 三维情形的记号为

$$
A = \begin{pmatrix} a_{1,1} & a_{1,2} & a_{1,3} \\ a_{2,1} & a_{2,2} & a_{2,3} \\ a_{3,1} & a_{3,2} & a_{3,3} \end{pmatrix}.
$$

矩阵的旋转角和约束条件. 如果记 i' 在坐标系 $\mathcal{E}$ 中的极角和辐角分别为 φ, θ, 我们称这两个角为坐标系 $\mathcal{E}'$ 在 $\mathcal{E}$ 中的旋转角. 这时坐标变换矩阵 A 应满足以下条件.

坐标系 $\mathcal{E}'$ 的 3 基向量的长度为 1, 这时有

$$
a_{1,1}^2 + a_{1,2}^2 + a_{1,3}^2 = a_{2,1}^2 + a_{2,2}^2 + a_{2,3}^2 = a_{3,1}^2 + a_{3,2}^2 + a_{3,3}^2 = 1.
\tag{C.4.9}
$$

坐标系 $\mathcal{E}'$ 的 3 基向量相互正交, 这时有

$$
a_{1,1}a_{2,1} + a_{1,2}a_{2,2} + a_{1,3}a_{2,3} = a_{1,1}a_{3,1} + a_{1,2}a_{3,2} + a_{1,3}a_{3,3}
$$
$$
= a_{2,1}a_{3,1} + a_{2,2}a_{3,2} + a_{2,3}a_{3,3} = 0.
\tag{C.4.10}
$$

坐标系 $\mathcal{E}'$ 的 3 基向量满足右手系的条件, 这时它们的混合积

$$
[i'', j'', k''] = \langle i'' \times j'', k'' \rangle = |C| = \begin{vmatrix} c_{1,1} & c_{1,2} & c_{1,3} \\ c_{2,1} & c_{2,2} & c_{2,3} \\ c_{3,1} & c_{3,2} & c_{3,3} \end{vmatrix} = 1.
\tag{C.4.11}
$$

4. 旋转矩阵的表示

如果向量 i'' 的极角和辐角分别为 φ, θ, 那么它在 $\mathcal{E}$ 中的坐标为

$$(a_{1,1}, a_{1,2}, a_{1,3}) = (\sin\theta\cos\varphi, \sin\theta\sin\varphi, \cos\theta). \tag{C.4.12}$$

将 (C.4.12) 代入其他各式, 即可解得坐标系 $\mathcal{E}'$ 关于 $\mathcal{E}$ 的坐标变换矩阵

$$A = \begin{pmatrix} \sin\theta\cos\varphi & \rho\sin\theta\sin\varphi & \rho\cos\theta \\ \cos\theta\cos\varphi & \rho\cos\theta\sin\varphi & -\rho\sin\theta \\ -\sin\varphi & \rho\cos\varphi & 0 \end{pmatrix}. \tag{C.4.13}$$

该矩阵是坐标系 $\mathcal{E}'$ 和 $\mathcal{E}$ 之间的坐标旋转变换矩阵.

C.4.3　欧拉角和旋转变换

刚体的旋转运动可通过欧拉角 (α, β, γ) 和欧拉变换实现, 它们的有关定义如下.

1. 欧拉角的定义

欧拉角是由三次旋转角产生的, 它们的定义如下.

绕 z 轴旋转 α 角, 产生结点线 $\vec{ow}$. 这时 X, Y 轴变为 X', Y' 轴, 结点线 $\vec{ow}$ 是 XY 平面和 $X'Y'$ 平面的交线.

绕结点线 $\vec{ow}$ 旋转 β 角, 这时 Z 轴变为 Z' 轴.

绕 Z' 轴旋转 γ 角, 使结点线 $\vec{ow}$ 变为 X' 轴.

2. 欧拉变换

通过三次欧拉角的旋转, 使 (x, y, z) 坐标变为 (x', y', z') 坐标, 它们的坐标变换公式如下

$$R(\alpha, \beta, \gamma) = \begin{pmatrix} \cos\alpha & -\sin\alpha & 0 \\ \sin\alpha & \cos\alpha & 0 \\ 0 & 0 & 1 \end{pmatrix} \begin{pmatrix} \cos\beta & 0 & \sin\beta \\ 0 & 1 & 0 \\ -\sin\beta & 0 & \cos\beta \end{pmatrix} \begin{pmatrix} \cos\gamma & -\sin\gamma & 0 \\ \sin\gamma & \cos\gamma & 0 \\ 0 & 0 & 1 \end{pmatrix}$$

$$= \begin{pmatrix} \cos\alpha\cos\beta\cos\gamma - \sin\alpha\sin\gamma & -\sin\gamma\cos\alpha\cos\beta - \sin\alpha\cos\gamma & \cos\alpha\sin\beta \\ \sin\alpha\cos\beta\cos\gamma + \cos\alpha\sin\gamma & -\sin\gamma\sin\alpha\cos\beta + \cos\alpha\cos\gamma & \sin\alpha\sin\beta \\ -\cos\gamma\sin\beta & \sin\beta\sin\gamma & \cos\beta \end{pmatrix}. \tag{C.4.14}$$

这时坐标变换 $\vec{r}' = R(\alpha, \beta, \gamma)\vec{r}$ 为欧拉变换.

3. 欧拉变换的性质

由 (C.4.14) 可以知道, 欧拉变换是由三个旋转变换得到的, 它具有以下性质.

所有的欧拉变换记为 SO(3), 这是一个旋转变换群. 群的一般定义满足: 对乘积的定义和闭合性、对乘积满足结合律、幺元和逆元的存在性. 由此可见, 对坐标系作若干次旋转变换后仍然是一个旋转变换.

在欧拉的旋转变换分解中, 记 $R(\vec{r}, \omega)$ 为绕 $\vec{r}$ 轴旋转一个 ω 角的变换, 而且记 $R(\vec{e}_\tau, \omega)\,(\tau = 1, 2, 3)$ 的旋转变换矩阵分别是

$$
\begin{pmatrix} 1 & 0 & 0 \\ 0 & \cos\omega & -\sin\omega \\ 0 & \sin\omega & \cos\omega \end{pmatrix}, \quad \begin{pmatrix} \cos\omega & 0 & \sin\omega \\ 0 & 1 & 0 \\ -\sin\omega & 0 & \cos\omega \end{pmatrix}, \quad \begin{pmatrix} \cos\omega & \sin\omega & 0 \\ -\sin\omega & \cos\omega & 0 \\ 0 & 0 & 1 \end{pmatrix}.
$$
$$(C.4.15)$$

对 (C.4.15) 中的变换可采用指数函数的表示法 $R(\vec{e}_\tau, \omega) = \exp(-i\omega T_\tau), \tau = 1, 2, 3$. 其中 i 是虚数,

$$
T_1 = \begin{pmatrix} 0 & 0 & 0 \\ 0 & 0 & -i \\ 0 & i & 0 \end{pmatrix}, \quad T_2 = \begin{pmatrix} 0 & 0 & i \\ 0 & 0 & 0 \\ -i & 0 & 0 \end{pmatrix}, \quad T_3 = \begin{pmatrix} 0 & -i & 0 \\ i & 0 & 0 \\ 0 & 0 & 0 \end{pmatrix}. \quad (C.4.16)
$$

记 $\vec{n}(\varphi, \theta)$ 为具有极角 φ, θ 的单位向量, $S(\varphi, \theta)$ 是将 $\vec{e}_3$ 旋转到 $\vec{n}(\varphi, \theta)$ 的旋转变换, 这时

$$
S(\varphi, \theta) = R(\vec{e}_3, \varphi)R(\vec{e}_2, \theta) = \begin{pmatrix} \cos\varphi\cos\theta & -\sin\varphi & \cos\varphi\sin\theta \\ \sin\varphi\cos\theta & \cos\varphi & \sin\varphi\sin\theta \\ -\sin\theta & 0 & \cos\theta \end{pmatrix}. \quad (C.4.17)
$$

定义 $S(\varphi, \theta)$ 矩阵中第三列的向量为

$$
\vec{n} = (n_1, n_2, n_3) = (\cos\varphi\sin\theta, \sin\varphi\sin\theta, \cos\theta). \quad (C.4.18)
$$

如果记 $\vec{T} = \vec{e}_1 T_1 + \vec{e}_2 T_2 + \vec{e}_3 T_3$, 那么有

$$
\begin{aligned}
R(\vec{n}, \omega) &= S(\varphi, \theta)R(\vec{e}_3, \omega)S(\varphi, \theta)^{-1} = \exp(-i\omega S T_3 S^{-1}) \\
&= \exp(-i\omega \vec{n}\vec{T}) = \exp[-i\exp(\omega_1 T_1 + \omega_2 T_2 + \omega_3 T_3)]. \quad (C.4.19)
\end{aligned}
$$

由此得到 $\begin{cases} \omega_1 = \omega n_1 = \omega\cos\varphi\sin\theta, \\ \omega_2 = \omega n_2 = \omega\sin\varphi\sin\theta, \\ \omega_3 = \omega n_3 = \omega\cos\theta. \end{cases}$ 这些关系式给出了不同旋转变换之间有相互关系.

由此产生数学中的一系列群的表示和运动理论, 它们在物理学中有许多应用.

C.4.4　狭义相对论和洛伦兹[①] (Lorentz) 变换

1. 四维空间中的洛伦兹变换

由该变换产生狭义相对论, 这也是从量子力学过渡到量子场论的关键.

如果 $\mathcal{E}'$ 沿 $\mathcal{E}$ 坐标系的 X 轴方向做速度为 v 的匀速运动, 那么在经典物理学中它们的坐标变换关系是 $x' = x - vt, y' = y, z' = z$.

对于速度 $v \sim 1$(光速单位) 的 $\mathcal{E}'$, 它们的坐标变换关系是

$$\begin{cases} t' = \dfrac{t - \beta x}{\sqrt{1 - \beta^2}}. \\ x' = \dfrac{x - \beta t}{\sqrt{1 - \beta^2}}, \\ y' = y, \\ z' = z. \end{cases}$$

这就是著名的狭义相对论和它的洛伦兹变换公式. 其中 $\beta = v/c$.

2. 由此得到, 欧几里得、闵可夫斯基、洛伦兹空间中的度规张量或坐标变换张量分别是

$$\begin{pmatrix} 1 & 0 & 0 & 0 \\ 0 & 1 & 0 & 0 \\ 0 & 0 & 1 & 0 \\ 0 & 0 & 0 & 1 \end{pmatrix}, \begin{pmatrix} c & 0 & 0 & 0 \\ 0 & -1 & 0 & 0 \\ 0 & 0 & -1 & 0 \\ 0 & 0 & 0 & -1 \end{pmatrix}, \begin{pmatrix} \dfrac{1}{\sqrt{1-\beta^2}} & \dfrac{-\beta}{\sqrt{1-\beta^2}} & 0 & 0 \\ \dfrac{-\beta}{\sqrt{1-\beta^2}} & \dfrac{1}{\sqrt{1-\beta^2}} & 0 & 0 \\ 0 & 0 & 1 & 0 \\ 0 & 0 & 0 & 1 \end{pmatrix},$$

$$\tag{C.4.20}$$

其中 $\beta = \dfrac{v}{c}$.

3. 狭义相对论和闵可夫斯基空间[②](Minkowski Space)

由此可知, 在狭义相对论中, 时空是一个统一的整体, 洛伦兹变换给出了系统之间相对运动速度在系统中的作用. 由此得到狭义相对论和闵可夫斯基空间的基本特征如下.

当 $v \ll 1$ 时, $\sqrt{1 - v^2} \approx 0$, 因此在洛伦兹变换中, 有 $x' = x - vt$, 这就是经典物理学中的坐标变换公式.

在此洛伦兹变换中, 空间和时间同时参与了变换, 因此我们定义

$$x^{(4)} = (x_0, x_1, x_2, x_3) = (t, x, y, z) \tag{C.4.21}$$

---

① 亨德里克·安东·洛伦兹 (Hendrik Antoon Lorentz, 1853.7—1928.2), 荷兰物理学家、数学家, 经典电子论的创立者. 获 1902 年诺贝尔物理学奖.

② 赫尔曼·闵可夫斯基 (Hermann Minkowski, 1864—1909), 犹太裔德国数学家、物理学家, 所提出的闵可夫斯基空间理论是狭义相对论的理论基础.

是一个在 $\mathcal{E}$ 空间中的四维时空向量. 同样在 $\mathcal{E}'$ 空间中, 它的四维时空坐标为 $(x^{(4)})' = (x'_0, x'_1, x'_2, x'_3) = (t', x', y', z')$.

因此 $\mathcal{E}'$ 关于 $\mathcal{E}$ 的洛伦兹变换可写为

$$x'_\mu = a_\mu^\nu x_\nu, \quad \mu, \nu = 1, 2, 3, 4, \tag{C.4.22}$$

其中 a_μ^ν 矩阵是 (C.4.20) 式中的第三个矩阵.

C.5　张量和张量运算

张量的概念是向量和矩阵概念的推广, 它的讨论对象不仅和高维空间的结构、变换理论有关, 而且它的指标具有多样性的特征. 在本节中我们先介绍有关张量的基本概念, 如张量的定义、类型和运算, 其中也包括几种重要张量的定义.

C.5.1　张量的定义、类型和运算

张量的概念是向量和矩阵概念的推广, 现在先介绍它的定义和基本性质.

1. 张量的定义和类型

张量的概念产生于高维线性空间, 线性空间的定义和性质是数学中的基本知识, 在此不再说明.

记 $\mathcal{E}^d$ 是一个在 R 域上的 $d \geqslant 3$ 维线性空间. 其中 R 是一个实数 (也可以是复数域或其他有限域, 我们先考虑实数域).

称集合 $D = \{1, 2, \cdots, d\}$ 为空间 $\mathcal{E}^d$ 的**指标集合**. 如果 ν, μ 在集合 D 中取值, 那么它们是该空间中的**指标**.

定义 C.5.1　对固定的空间 $\mathcal{E}^d$, 张量的定义是关于指标集合 D 上定义的多重函数, 它的一般记号是

$$X = x_{\mu^{(m_x)}}^{\nu^{(n_x)}} = x_{\mu_1 \mu_2 \cdots \mu_{m_x}}^{\nu_1 \nu_2 \cdots \nu_{n_x}}, \quad Y = x_{\mu^{(m_y)}}^{\nu^{(n_y)}} = y_{\mu_1 \mu_2 \cdots \mu_{m_y}}^{\nu_1 \nu_2 \cdots \nu_{n_y}}. \tag{C.5.1}$$

其中 x, y 都是在 R 域中取值.

在 (C.5.1) 式的定义中, 张量具有上、下标 $\begin{cases} \nu^{(n)} = (\nu_1, \nu_2, \cdots, \nu_n), \\ \mu^{(m)} = (\mu_1, \mu_2, \cdots, \mu_m). \end{cases}$ 这时称 (n, m) 是该张量的上、下阶的阶数, 而称 $n + m$ 是该张量的总阶数 (或**自由度**).

由此可见, 张量的概念是以指标集合为定义域, 在相空间 R 中取值的多重函数.

因此在张量的定义中, 如果 $n + M = 0$, 那么该张量就是标量 (与指标无关的量).

向量 $X = x_\mu = (x_1, x_2, \cdots, x_d), Y = y^\nu = (y^1, y^2, \cdots, y^d)$ 是一阶张量, 其中 X, Y 分别为行向量和列向量, 它们互为转置向量.

矩阵 $A = a_\mu^\nu$(或 $A = a^{\nu_1, \nu_2}, A = a_{\mu_1, \mu_2}$) 是二阶张量.

2. 张量的运算

对于不同的张量 X, Y, Z, 它们的指标集合分别记为 $(\nu^{(n_\tau)}, \mu^{(m_\tau)}), \tau = x, y, z$. 现在讨论它们的运算问题.

张量的线性组合运算. 如果张量 X, Y 的阶 $(n_x, m_x) = (n_y, m_y)$, 那么称这两个张量为同阶张量. 对于同阶张量存在它们的线性组合运算

$$Z = \alpha X + \beta Y = \alpha x_{\mu_1\mu_2\cdots\mu_{m_x}}^{\nu_1\nu_2\cdots\nu_{n_x}} + \beta y_{\mu_1\mu_2\cdots\mu_{m_y}}^{\nu_1\nu_2\cdots\nu_{n_y}} \tag{C.5.2}$$

对任何 $\nu_1, \nu_2, \cdots, \nu_n, \mu_1, \mu_2, \cdots, \mu_m \in D = \{1, 2, \cdots, d\}$ 成立.

这时 Z 与 X, Y 也是同阶张量.

张量的扩张. 在 X, Y 的张量表示中, x, y 可以是标量, 也可以是张量. 张量扩张的概念就是张量的张量. 这时

$$Z = X_{\mu_1'\mu_2'\cdots\mu_{m_y}'}^{\nu_1'\nu_2'\cdots\nu_{n_y}'} = (x_{\mu_1\mu_2\cdots\mu_{n_x}}^{\nu_1\nu_2\cdots\nu_{n_x}})_{\mu_1'\mu_2'\cdots\mu_{m_y}'}^{\nu_1'\nu_2'\cdots\nu_{n_y}'} = x_{\mu_1\mu_2\cdots\mu_{m_x}\mu_1'\mu_2'\cdots\mu_{m_y}'}^{\nu_1\nu_2\cdots\nu_{n_x}\nu_1'\nu_2'\cdots\nu_{n_y}'}. \tag{C.5.3}$$

这时 Z 是一个张量的张量, 它的阶是 $(n_z, m_z) = (n_x + n_y, m_x + m_y)$.

典型的张量的扩张的例子是**张量的并**. 如果 X, Y 是两个不同的张量, 那么可以定义它们的张量积为

$$Z = X \otimes Y = (x_{\mu^{(m_x)}}^{\nu^{(n_x)}}, y_{\mu^{(m_y)}}^{\nu^{(n_y)}}) = (x_{\mu_1\mu_2\cdots\mu_{m_x}}^{\nu_1\nu_2\cdots\nu_{n_x}}, y_{\mu_1'\mu_2'\cdots\mu_{m_y}'}^{\nu_1'\nu_2'\cdots\nu_{n_y}'}). \tag{C.5.4}$$

对任何 $\nu_1, \nu_2, \cdots, \nu_{n_x}, \mu_1, \mu_2, \cdots, \mu_{m_x}, \nu_1', \nu_2', \cdots, \nu_{n_y}', \mu_1', \mu_2', \cdots, \mu_{m_y}' \in D = \{1, 2, \cdots, d\}$ 成立.

这时 Z 是一个张量的扩张, 它的阶是 $(n_z, m_z) = (n_x + n_y, m_x + m_y)$.

张量扩张的另一个例子是**张量积**. 对 (C.5.4) 中的张量 X, Y, 如果定义

$$Z = X \times Y = x_{\mu^{(m_x)}}^{\nu^{(n_x)}} \cdot y_{\mu^{(m_y)}}^{\nu^{(n_y)}} = x_{\mu_1\mu_2\cdots\mu_{m_x}}^{\nu_1\nu_2\cdots\nu_{n_x}} \cdot y_{\mu_1'\mu_2'\cdots\mu_{m_y}'}^{\nu_1'\nu_2'\cdots\nu_{n_y}'} \tag{C.5.5}$$

对任何 $\nu^{(n_x)}, \mu^{(m_x)}, \nu^{(n_y)}, \mu^{(m_y)}$ 成立.

这时 Z 也是一个张量的扩张, 它的阶是 $(n_z, m_z) = (n_x + n_y, m_x + m_y)$.

张量的缩并. 在张量 $X = x_{\mu^{(m)}}^{\nu^{(n)}}$ 的表示中, 如果有两个指标的取值相同, 如

$\nu_i = \nu_j, i \neq j$, 或 $\mu_i = \mu_j, i \neq j$, 或 $\nu_i = \mu_j$, 那么由此产生一个新的张量

$$Z = \begin{cases} X|_{\nu_i=\nu_j} = \displaystyle\sum_{\nu_i=\mu_j=1}^{d} x^{\nu^{(n_x)}}_{\mu^{(m_x)}}, & i \neq j, \quad \text{张量阶} : (n_x - 2, m_x), \\[3mm] X|_{\mu_i=\mu_j} = \displaystyle\sum_{\nu_i=\mu_j=1}^{d} x^{\nu^{(n_x)}}_{\mu^{(m_x)}}, & i \neq j, \quad \text{张量阶} : (n_x, m_x - 2), \\[3mm] X|_{\nu_i=\mu_j} = \displaystyle\sum_{\nu_i=\mu_j=1}^{d} x^{\nu^{(n_x)}}_{\mu^{(m_x)}}, & \text{张量阶} : (n_x - 1, m_x - 1), \end{cases} \tag{C.5.6}$$

由此得到三种不同类型的缩并. 这时 Z 的阶是 $n_x + m_x - 2$.

张量积的缩并. 记 $Z = X \times Y$ 是张量积, 由此产生它的缩并

$$Z = X \times Y|_{\nu_i=\mu'_j} = \sum_{\nu_i=\mu'_j=1}^{d} x^{\nu^{(n_x)}}_{\mu^{(m_x)}} y^{\nu'^{(n_y)}}_{\mu'^{(m_x)}}. \tag{C.5.7}$$

在坐标变换公式中经常使用张量积的缩并表示. 如

(i) 如果 $\mathcal{E}, \mathcal{E}'$ 是两个维数相同的坐标系, 它们的坐标变换矩阵是 $A = a^\nu_\mu$, 那么它们的坐标变换关系是 $y^\nu = x^\nu A^\nu_\mu$ 或 $y_\mu = x_\nu a^\nu_\mu$.

(ii) 张量的缩并运算一般是在 X, Y 的不同指标中进行. 如在矩阵的运算中,

$$A^\nu_\mu B^{\nu'}_{\mu'}|_{\nu_i=\mu'_j} = \sum_{\alpha=1}^{d} a^\alpha_\mu b^\nu_\alpha, \tag{C.5.8}$$

其中 $A = a^\nu_\mu, B = b^{\nu'}_{\mu'}$ 是两个不同的矩阵.

张量的分解. 张量的分解是张量扩张的逆运算, 在张量 X 的上下标 $\nu^{(n)}$, $\mu^{(m)}$ 中, 如果对向量 $\nu^{(n)}, \mu^{(m)}$ 进行分解 $\nu^{(n)} = \nu^{(n_1)} + \nu^{(n_2)}, \mu^{(m)} = \mu^{(m_1)} + \mu^{(m_2)}$.

这时 $\nu^{(n_1)}, \nu^{(n_2)}$ 是 $\nu^{(n)}$ 的子向量, $\mu^{(m_1)}, \mu^{(m_2)}$ 是 $\mu^{(m)}$ 的子向量. 那么 $x^{\nu^{(n)}}_{\mu^{(m)}} = [x^{\nu^{(n_1)}}_{\mu^{(m_1)}}]^{\nu^{(n_2)}}_{\mu^{(m_2)}}$ 是对张量 $x^{\nu^{(n)}}_{\mu^{(m)}}$ 的一个分解. 这时 $x^{\nu^{(n)}}_{\mu^{(m)}} = x^{\nu^{(n_1)},\nu^{(n_2)}}_{\mu^{(m_1)},\mu^{(m_2)}}$ 是一个张量的扩张.

张量的置换. 如果张量 $X = x^{\nu^{(n_1)},\nu^{(n_2)}}_{\mu^{(m_1)},\mu^{(m_2)}}$ 是它的一个分解, 其中 $|\nu^{(n_2)}| = |\mu^{(m_2)}|$, 那么称 $Z = x^{\nu^{(n_1)},\mu^{(m_2)}}_{\mu^{(m_1)},\nu^{(n_2)}}$ 是张量 X 的一个置换张量.

矩阵转置运算 $A^{\mathrm{T}} = a^\mu_\nu$ 就是这种张量的置换运算. 其中 $A = a^\nu_\mu$.

3. 张量运算的性质

对于这些张量的运算满足以下性质.

(1) 如果 X, Y, Z 是同阶张量, 那么关于它们的加法满足**交换律**($X+Y = Y+X$) 和**结合律** $((X + Y) + Z = X + (Y + Z))$、**分配律**. 如果张量 X, Y 可以分解为

$X = z_\beta^\alpha x_\mu^\nu, Y = z_\beta^\alpha y_\mu^\nu$, 它们是同阶张量, 而且在分解时具有公共部分, 那么它们的和运算满足**分配律**$(X + Y = z_\beta^\alpha(x_\mu^\nu + y_\mu^\nu))$.

在此分配律中, 指标 α, β, ν, μ 均可用指标向量 $\alpha^{(n_\alpha)}, \beta^{(n_\beta)}, \nu^{(n_\nu)}, \mu^{(n_\mu)}$ 取代.

(2) **缩并运算的线性性**. 缩并运算的概念就是向量 $X = x_\mu$ 和向量 $Y = y^\nu$ 的内积: $\langle X, Y \rangle = x_\mu y^\nu$. 因此它们满足内积运算的线性性质条件 $\langle Z, \alpha X + \beta Y \rangle = \alpha \langle Z, X \rangle + \beta \langle Z, Y \rangle$.

此即有 $z_\mu(\alpha x^\mu + \beta y^\nu) = z_\mu(\alpha x^\mu + \beta y^\mu) = \alpha z_\mu x^\mu + \beta z_\mu y^\mu$ 成立.

(3) 当 $d = 3$ 时向量运算有以下关系成立.

(i) **向量内积 (或向量数积) 公式**: $\vec{a} \cdot \vec{b} = |\vec{a}| \cdot |\vec{b}| \cos\theta$, 其中 θ 是 $\vec{a}, \vec{b}$ 向量的夹角.

(ii) **向量积的定义公式**: $\vec{a} \times \vec{b} = \begin{vmatrix} \vec{x} & \vec{y} & \vec{z} \\ a_x & a_y & a_z \\ b_x & b_y & b_z \end{vmatrix}$. 其中 $\vec{x}, \vec{y}, \vec{z}$ 是直角坐标系的基, $\vec{a} = (a_x, a_y, a_z), \vec{b} = (b_x, b_y, b_z)$.

(iii) **乘法规则** 有:
$$\begin{cases} \text{数乘 (或内积的对称性)} & \vec{a} \cdot \vec{b} = \vec{a} \cdot \vec{b}, \\ \text{向量积的反对称性} & \vec{a} \times \vec{b} = -\vec{a} \times \vec{b}, \\ \text{数乘的分配律} & \vec{a} \cdot (\vec{b} + \vec{c}) = \vec{a} \cdot \vec{b} + \vec{a} \cdot \vec{c}, \\ \text{向量积的分配律} & \vec{a} \times (\vec{b} + \vec{c}) = \vec{a} \times \vec{b} + \vec{a} \times \vec{c}. \end{cases}$$

(iv) **拉格朗日恒等式**.

$$(\vec{a} \times \vec{b}) \cdot (\vec{c} \times \vec{d}) = (\vec{a} \cdot \vec{c})(\vec{b} \cdot \vec{d}) - (\vec{a} \cdot \vec{d})(\vec{b} \cdot \vec{c}). \tag{C.5.9}$$

(v) **标量三重积 (或混合积) 公式**.

$$(\vec{a} \times \vec{b}) \cdot \vec{c} = \begin{vmatrix} a_x & a_y & a_z \\ b_x & b_y & b_z \\ c_x & c_y & c_z \end{vmatrix} = (\vec{b} \times \vec{c}) \cdot \vec{a} = (\vec{c} \times \vec{a}) \cdot \vec{b}. \tag{C.5.10}$$

该三重积是平行六面体 (以 $\vec{a}, \vec{b}, \vec{c}$ 为棱的平行六面体) 的体积.

(vi) **向量三重积公式**.

$$\begin{cases} (\vec{a} \times \vec{b}) \times \vec{c} = (\vec{a} \cdot \vec{c})\vec{b} - (\vec{b} \cdot \vec{c})\vec{a}, \\ \vec{a} \times (\vec{b} \times \vec{c}) = (\vec{a} \cdot \vec{c})\vec{b} - (\vec{a} \cdot \vec{b})\vec{c}, \end{cases} \tag{C.5.11}$$

(vii) **倒向量的定义**. $\begin{cases} \vec{a}' = (\vec{b} \times \vec{c})/[(\vec{a} \times \vec{b}) \cdot \vec{c}], \\ \vec{b}' = (\vec{a} \times \vec{c})/[(\vec{a} \times \vec{b}) \cdot \vec{c}], \\ \vec{c}' = (\vec{a} \times \vec{b})/[(\vec{a} \times \vec{b}) \cdot \vec{c}]. \end{cases}$ 它们之间存在的关系是 $(\vec{a} \cdot \vec{a}') = (\vec{b} \cdot \vec{b}') = (\vec{c} \cdot \vec{c}') = 1$.

4. 一些重要的张量

在张量的应用中经常出现一些重要的张量. 有关名称和含义如下.

(1) **对称和反对称张量**. 在张量 $X = x_\mu^\nu$ 中, 如果 $x_\mu = x_\nu^\mu$, 那么称 X 是对称张量.

如果 $x_\mu^\nu = -x_\nu^\mu$, 那么称 X 是反对称张量.

在反对称张量中, 必有 $x_\nu^\nu = 0$ 成立 (对角线上的量的取值为零).

(2) **正定和非负定张量**. 在张量 $A = a_\mu^\nu$ 中, 如果对任何一阶张量 x^ν 总是有 $x_\nu a_\mu^\nu x^\mu > 0$, 那么称 A 是一个正定张量, 如果总是有 $x_\nu a_\mu^\nu x^\mu \geqslant 0$, 那么称 A 是一个非负定张量.

在此定义中, x^ν 是 x_ν 的转置张量, 而 $x_\nu a_\mu^\nu x^\mu$ 是张量的缩并运算.

(3) **度规张量**. 在固定的 $\mathcal{E}$ 空间和正定、对称张量 $G = g_\mu^\nu$ 中, 如果对任何两个一阶张量 x^ν, y_ν 总是有 $d(x_\nu, y_\nu) = (x_\nu, y_\nu)g_\mu^\nu(x^\mu - x^\mu) \geqslant 0$, 而且 $d(x_\nu, y_\nu)$ 是张量 x_ν, y_ν 之间的距离.

张量 x_ν, y_ν 之间的距离 $d(x_\nu, y_\nu)$ 需满足以下条件.

(i) **非负性**. 对任何 x_ν, y_ν, 总是有 $d(x_\nu, y_\nu) \geqslant 0$ 成立. 而且等号成立的充分必要条件是 $x_\nu = y_\nu$.

(ii) **对称性**. 对任何 x_ν, y_ν, 总是有 $d(x_\nu, y_\nu) = d(y_\nu, x_\nu)$ 成立.

(iii) **三角形不等式成立**. 对任何 $x_\nu, y_\nu, z_\nu \in \mathcal{E}$, 总是有 $d(x_\nu, y_\nu) + d(x_\nu, z_\nu) \geqslant d(y_\nu, z_\nu)$ 成立.

5. 一些重要的空间和空间变换

由张量的定义可以产生一些重要的空间和空间变换, 它们的有关名称和含义如下.

度量空间. 在空间 $\mathcal{E}$ 中, 存在度规张量 $G = g_\mu^\nu$, 如果 $\mathcal{E}$ 在任何两点的距离为 $d(x^\mu, y_\nu) = x^\mu y_\nu g_\mu^\nu$, 那么 $\mathcal{E}$ 形成一个**度规空间**.

重要的度规空间有如欧几里得空间、伪欧氏空间、闵可夫斯基空间等已在 C.4.4 节中定义说明.

6. 关于闵可夫斯基空间的讨论

(1) 显然闵可夫斯基空间不是度量空间, 它不满足距离的非负性条件.

在闵可夫斯基空间中, 把光速 c 看作单位距离, 因此产生光锥

$$V = \{(t, x, y, z) : t^2 \geqslant x^2 + y^2 + z^2\}, \tag{C.5.12}$$

物体的运动都是在光锥中进行.

在光锥外部的运动是超光速的运动. 其中的运动特征在物理学中还没有说明.

C.6   张量场和张量分析

在固定空间 $\mathcal{E}$ 中, 如果每个点 $\vec{r}$ 都与一个固定类型的张量相联系, 由此产生张量场. 因此张量场的概念是一种张量函数, 它们可以用函数关系 $A(\vec{r})$ 来表示.

而张量分析包括对这些张量场的各种微分运算及由张量场所产生的空间 (如度量不均匀的空间) 结构等及由此产生的结构变换关系理论和这些空间的变换理论.

C.6.1   张量场中的微分运算

对固定空间 $\mathcal{E}$, 张量场的一般记号是 $A_\beta^\alpha(x^\nu)$(或 $A_\beta^\alpha(y_\mu)$). 张量分析是对张量所产生一系列的微分运算的分析.

只考虑三维空间 $(d = 3)$, 这时每个点 $\vec{r} = (x, y, z)$. 由此产生张量场的微分运算如下.

(1) **梯度 (由标量场 f 产生向量场的微分运算)**. $\nabla f = \dfrac{\partial f}{\partial x}\vec{x} + \dfrac{\partial f}{\partial y}\vec{y} + \dfrac{\partial f}{\partial z}\vec{z}$.

其中 $\vec{x}, \vec{y}, \vec{z}$ 分别是沿 x, y, z 轴的单位向量.

由此可见, 对任何一个标量函数, 由梯度运算可以产生一个在 $\mathcal{E}$ 中的向量场.

(2) **散度 (由向量场 $A = A_\nu$ 产生标量场的微分运算)**. $\nabla \cdot A = \dfrac{\partial A_x}{\partial x} + \dfrac{\partial A_y}{\partial y} + \dfrac{\partial A_z}{\partial z}$.

这时对任何一个 $\mathcal{E}$ 中的向量函数 $\vec{A}(\vec{r})$, 由散度运算可以产生一个在 $\mathcal{E}$ 中的标量场.

(3) **旋度 (由向量场 $A = A_\nu$ 产生向量场的微分运算)**. $\nabla \times A = \begin{vmatrix} \vec{x} & \vec{y} & \vec{z} \\ \partial/\partial x & \partial/\partial y & \partial/\partial z \\ A_x & A_y & A_z \end{vmatrix}$.

(4) **拉普拉斯运算 (由标量场 f 产生标量场的微分运算)**. $\nabla^2 f = \dfrac{\partial^2 f}{\partial x^2} + \dfrac{\partial^2 f}{\partial y^2} + \dfrac{\partial^2 f}{\partial z^2}$.

在以上的张量分析中, 有关的计算公式都是在三维、直角坐标系中的计算公式, 对此补充说明如下.

有关的计算公式都可在球面坐标系、柱面坐标系中给出, 在此不再详细说明.

有关的计算公式都可推广到高维 $(d > 3)$ 的情形, 对此下面还有讨论.

C.6.2   微分运算的有关恒等式

在以上定义的微分运算中, 存在许多计算公式, 对此说明如下.

1. 关于散度的计算公式

散度 ∇ 是关于标量的微分运算, 它的部分计算公式如表 C.6.1 所示.

表 C.6.1 散度和旋度的微分计算公式

函数的微分名称	微分式和计算公式	函数的微分名称	微分式和计算公式
标量积的散度	$\nabla \cdot (fg) = f\nabla g + g\nabla f$	标量和向量积的散度	$\nabla \cdot (f\vec{A}) = f\nabla\vec{A} + \vec{A}\nabla f$
标量和向量积的旋度	$\nabla \cdot \times (f\vec{A}) = f\nabla \times \vec{A} + \nabla f \times \vec{A}$	向量内积的旋度	$\nabla(\vec{A} \times \vec{B}) = \vec{A} \times (\nabla \times \vec{B}) + (\vec{A}\nabla)\vec{B}$
标量散度的散度	$\nabla \cdot (\nabla \cdot f) = \triangle f$		$+\vec{B} \times (\nabla \times \vec{B}) + (\vec{B}\nabla)\vec{A}$
标量散度的旋度	$\nabla \times (\nabla f) = 0$	向量积的旋度	$\nabla \times (\vec{A} \times \vec{B}) = \vec{A}(\nabla\vec{B}) - \vec{B}(\nabla\vec{A})$
向量旋度的散度	$\nabla \cdot (\nabla \times \vec{A}) = 0$		$+\vec{B}(\nabla\vec{A}) - (\nabla\vec{A})\vec{B}$
向量旋度的旋度	$\nabla \times (\nabla \times \vec{A}) = \nabla(\nabla\vec{A}) - \nabla^2\vec{A}$		

其中 f,g 是标量, $\vec{A},\vec{B}$ 是向量, 而 $\nabla\vec{A} = \dfrac{\partial A_x}{\partial x} + \dfrac{\partial A_y}{\partial y} + \dfrac{\partial A_z}{\partial z}$.

关于向量函数 $\vec{r} = (x,y,z)$ 的有关微分运算公式如表 C.6.2 所示.

表 C.6.2 向量场 $\vec{r}$ 的有关微分运算公式表

$\nabla r = \dfrac{\vec{r}}{r}$	$\nabla\vec{r} = 3$	$\nabla r^2 = 2\vec{r}$	$\nabla \cdot (r\vec{r}) = 4r$
$\nabla(1/r) = \dfrac{-\vec{r}}{r^3}$	$\nabla \cdot (\vec{r}/r^2) = \dfrac{1}{r^2}$	$\nabla(1/r^2) = \dfrac{-2\vec{r}}{r^4}$	$\nabla \cdot (\vec{r}/r^3) = 4\pi\delta(\vec{r})$

其中 $\delta(\vec{r})$ 是**狄拉克函数**, 而向量 $\vec{r}$ 的旋度为零.

关于向量场的积分公式如表 C.6.3 所示.

表 C.6.3 向量场的积分性质和计算公式表

公式 (或性质) 名称	计算公式
散度的高斯性质[1]	$\int_V (\nabla\vec{A})dv = \oint_S \vec{A}ds$
旋度的斯托克斯性质[2]	$\int_S (\nabla \times \vec{A})ds = \oint_L \vec{A}dr$
格林第一性质[3]	$\oint_S (f\nabla g)ds = \int_V \nabla(f\nabla g)dv == \int_V [f\nabla^2 g + (\nabla f)(\nabla g)]dv$
格林第二性质	$\oint_S [f(\nabla g) - g(\nabla f)]ds = \int_V (f\nabla^2 g - g\nabla^2 f)dv$

[1] 约翰·卡尔·弗里德里希·高斯 (Johann Carl Friedrich Gauss, 1777. 4—1855. 2), 德国著名数学家、物理学家、天文学家、大地测量学家, 近代数学奠基者之一.
[2] 斯托克斯 (George Gabriel Stokes, 1819. 8—1903. 2), 英国数学家、力学家, 推导出了在曲线积分中最有名的被后人称为 "斯托克斯公式" 的定理, 在数学、物理学等方面都有着重要而深刻的影响.
[3] 乔治·格林 (George Green, 1793.7—1841.5), 英国科学家.

其中的有关记号说明如表 C.6.4 所示.

表 C.6.4　对表 C.6.3 中的有关记号的说明表

$\int_V$: 空间区域 V 中的积分	dv: 体积单元	$\int_S$: 空间曲面 S 上的积分	ds: 面积单元
$\int_L$: 空间曲线 L 上的积分	$d\ell$: 线段单元	$\oint_S$: 闭曲面 S 上的面积分	$\oint_L$: 闭曲线 L 上的线积分

2. 正交矩阵和保距矩阵

在指标变换矩阵 $A = a_\mu^\nu$ 中定义.

(1) **逆矩阵**. 称 $B = b_\mu^\nu$ 是 A 的逆矩阵, 如果有 $a_\alpha^\nu b_\mu^\alpha = e_\mu^\nu$ 成立, 其中 $E = e_\mu^\nu$ 是个**幺矩阵**, $e_\mu^\nu = \begin{cases} 1, & \nu = \mu, \\ 0, & 否则. \end{cases}$ 这时记 $B = A^{-1}$.

如果 B 是 A 的逆矩阵, 那么总有 $AB = BA = E$ 成立.

(2) **正交矩阵**. 记 $A^{\mathrm{T}} = a_\nu^\mu$ 是 $A = a_\mu^\nu$ 的转置矩阵, 如果 $A^{\mathrm{T}} = A^{-1}$, 那么称 A 是一个正交矩阵.

(3) **正交变换**. 如果 $A = a_\mu^\nu$ 是 $\mathcal{E} \to \mathcal{E}'$ 的坐标变换矩阵, 这时 $x'_\mu = x_\nu a_\mu^\nu$ 是 $\mathcal{E} \to \mathcal{E}'$ 的坐标变换; 如果 A 是一个正交变换, 那么称该坐标系的变换 (或 A 变换矩阵) 是一个正交变换.

(4) **保距变换**. 现在讨论度规空间 $\mathcal{E}, \mathcal{E}'$.

如果 $A = a_\mu^\nu$ 是 $\mathcal{E} \to \mathcal{E}'$ 的坐标变换矩阵, 它们的坐标变换是 $x'_\mu = x_\nu a_\mu^\nu$.

如果 x_μ, y_μ 分别是 $\mathcal{E}$ 空间中的两个向量, 经坐标变换 A 得到它们在 $\mathcal{E}'$ 空间中的向量坐标为 x'_μ, y'_μ.

记 $d(x_\mu, y_\mu) = x^\mu g_\mu^\nu y_\nu$ 是这两个向量的距离, 其中 $G = g_\mu^\nu$ 是 $\mathcal{E}$ 空间中的度规张量.

$\mathcal{E} \to \mathcal{E}'$ 的坐标变换, 如果 A 是一个正交变换, 那么称该坐标系的变换 (或 A 变换矩阵) 是一个正交变换.

如果 $A = a_\mu^\nu$ 是空间 $\mathcal{E}, \mathcal{E}'$ 之间的坐标变换矩阵, 那么有 $y_\nu = x^\mu a_\mu^\nu$.

附录 4   空间结构分析 (续)

在附录 3 中我们已经给出了集合论、拓扑
空间、有限维线性空间的一般理论, 在本章继续
讨论有关无限维线性空间、不均匀空间的理论.

D.1   无限维线性空间理论概述

无限维线性空间又称泛函空间, 它有多种不同的结构类型. 如维数有可数型和
连续型的区分, 而空间结构 (或度量结构) 又有多种不同的类型. 泛函数分析的核
心问题是它们的结构和有关算子的理论. 在本章中我们主要介绍这些空间的构造和
类型, 并重点讨论希氏空间中的有关理论. 它们是构建量子场论的基础.

为讨论无限维线性空间中的性质, 需了解其中的一些基本概念.

D.1.1   线性距离空间

我们已经给出线性距离空间的一般定义, 无限维线性空间的概念就是不能用一
组有限基来表达的线性空间, 它们的类型有多种, 在此我们只讨论序列型和函数型
这两种类型.

1. 序列型和函数型的线性空间

序列型的线性空间就是指 $\mathcal{E}$ 空间中的元是由序列 $\bar{x} = (x_1, x_2, \cdots)$ 组成的. 这
时 $\bar{x}$ 是一个无穷序列.

函数型的线性空间就是指 $\mathcal{E}$ 空间中的元是由函数 $f(x), x \in \mathcal{X}$ 组成的. 其
中 $\mathcal{X}$ 是全体实数、复数集合, 或其中的一个固定区域, 也可以是其中的一个多维
区域.

对这两种无限维线性空间的类型分别称为**序列型**和**函数型**. 对其中的元我们
仍统称为向量.

无论是序列型还是函数型的 $\mathcal{E}$ 空间, 它首先是一个线性空间. 这就是对其中
的元 (序列或函数) 和线性运算 (加法和数乘运算) 满足线性运算的公理性质 (公理
C.2.1°— 公理 C.2.11° 和性质 C.2.1— 性质 C.2.11).

2. 线性距离空间 (或线性度量空间) 的一般定义

线性距离空间的一般定义和性质已在上一小节中给出, 现在我们讨论无限维线性空间中的有关理论.

定义 D.1.1 (距离空间的一般定义)   记 $\mathcal{E}$ 是一个非空集合, 对它的任何元 $\vec{x}, \vec{y} \in \mathcal{E}$ 定义它们的距离函数 $\rho(\vec{x}, \vec{y})$, 该函数满足以下性质.

(1) **非负性**   对任何向量 $\vec{x}, \vec{y} \in \mathcal{E}$, 总有 $\rho(\vec{x}, \vec{y}) \geqslant 0$ 成立, 而且等号成立的充分必要条件是 $\vec{x} = \vec{y}$.

(2) **对称性**   对任何向量 $\vec{x}, \vec{y} \in \mathcal{E}$, 总有 $\rho(\vec{x}, \vec{y}) = \rho(\vec{y}, \vec{x})$ 成立.

(3) **三角形不等式成立**   对任何向量 $\vec{x}, \vec{y}, \vec{z} \in \mathcal{E}$, 总有 $\rho(\vec{x}, \vec{z}) \leqslant \rho(\vec{x}, \vec{y}) + \rho(\vec{y}, \vec{z})$ 成立.

定义 D.1.2 (线性距离空间的一般定义)   这就是 $\mathcal{E}$ 是一个在 R 域上的线性空间, 同时又是一个距离空间.

线性距离空间的记号为 $(\mathcal{E}, \rho)$, 对任何 $\vec{x}, \vec{y} \in \mathcal{E}$, 它们之间的距离为 $\rho(\vec{x}, \vec{y})$.

定义 D.1.3 (极限的定义)   一列向量, 称 $\vec{x}_n$ 趋向于 $\vec{y}$(它们的极限), 如果

$$\lim_{n \to \infty} \rho(\vec{x}_n, \vec{y}) = 0.$$

3. 距离空间是一种特殊的拓扑空间 (这就是利用距离空间中极限的定义)

可以引进**聚点**、**开集**、**闭集**、**空间完备性**、**空间的完备化**等一系列定义和性质, 对此不再一一说明.

在线性距离空间中需满足一系列的性质条件.

线性运算的连续性条件 这就是满足以下连续性条件.

$$\begin{cases} \text{当 } \vec{x}_n \to \vec{x} \in \mathcal{E} \text{ 时,} & \text{总有} \rho(\vec{x}_n, \vec{x}) \to 0 \text{成立,} \\ \text{当 } \alpha_n \to \alpha \in R \text{ 时,} & \text{对任何} \vec{x} \in \mathcal{E} \text{总有} \rho(\alpha_n \vec{x}, \alpha \vec{x}) \to 0 \text{成立,} \\ \text{当 } \vec{x}_n \to \vec{x}, \vec{y}_n \to \vec{y} \in \mathcal{E} \text{ 时,} & \text{总有} \rho(\vec{x}_n + \vec{y}_n, \vec{x} + \vec{y}) \to 0 \text{成立.} \end{cases} \quad \text{(D.1.1)}$$

平移不变性   对任何向量 $\vec{x}, \vec{y}, \vec{z} \in \mathcal{E}$, 总有关系式 $\rho(\vec{x} + \vec{z}, \vec{y} + \vec{z}) = \rho(\vec{x}, \vec{y})$ 成立.

定义 D.1.4 (度量空间完备性的定义)   (1) 在度量空间 $\mathcal{E}$ 中, 任何序列 $\vec{x}_n$, 如果任何 $\epsilon > 0$, 只要 m, n 充分大, 那么就有 $\rho(\vec{x}_m, \vec{x}_n) < \epsilon$ 成立, 这时称该序列为**柯西序列**.

在度量空间 $\mathcal{E}$ 中, 柯西序列一定是收敛序列, 那么称该空间是**完备度量空间**.

D.1.2   线性赋范空间

赋范的概念就是每个向量有各自的大小 (或长度), 每个赋范值就是一个 $\mathcal{E} \to R$ 的映射, 由此产生线性赋范空间的理论.

1. 线性赋范空间的定义

定义 D.1.5 (赋范空间和赋范值的定义)　　在线性空间 $\mathcal{E}$ 中, 如果对每个向量 $\vec{x} \in \mathcal{E}$, 定义一个 $\mathcal{E} \to R$ 的映射, $\|\vec{x}\|$ 它满足以下条件.

(1°) **非负性**　对任何向量 $\vec{x} \in \mathcal{E}$, 总有 $\|\vec{x}\| \geqslant 0$ 成立, 而且等号成立的充分必要条件是 $\vec{x}$ 是零向量.

(2°) **半可加性**　对任何向量 $\vec{x}, \vec{y} \in \mathcal{E}$, 总有 $\|\vec{x} + \vec{y}\| \leqslant \|\vec{x}\| + \|\vec{y}\|$ 成立.

(3°) **逆向量赋范的对称性**　对任何向量 $\vec{x} \in \mathcal{E}$, 总有 $\| - \vec{x}\| = \|\vec{x}\|$ 成立.

(4°) **数乘向量的关系性质**　对任何 $\vec{x} \in \mathcal{E}, \alpha \in R$, 总有 $\|\alpha \vec{x}\| = \alpha \|\vec{x}\|$.

这时称 $\mathcal{E}$ 是一个**赋范线性空间**, 称 $\|\vec{x}\|$ 是向量 $\vec{x}$ 的**赋范值**.

定义 D.1.6 (准赋范值和赋范值的定义)　　在定义 D.1.5 中, 如果对每个向量 $\vec{x} \in \mathcal{E}$ 定义 $\|\vec{x}\|$, 它们满足该定义中的条件 (1°)—(3°), 而且满足条件:

(5°) **准赋范性质**　对任何 $\alpha \in R, \vec{x} \in \mathcal{E}$, 总满足关系式

$$\lim_{a_n \to 0} \|a_n \vec{x}\| = 0, \quad \lim_{\vec{x}_n \to \vec{0}} \|a \vec{x}_n\| = 0,$$

这时称 $\mathcal{E}$ 是一个**准赋范线性空间**, 称 $\|\vec{x}\|$ 是向量 $\vec{x}$ 的**准赋范值**.

定义 D.1.7 (线性内积空间的定义)　　在线性空间 $\mathcal{E}$ 中, 如果对任何向量 $\vec{x}, \vec{y} \in \mathcal{E}$ 定义它们的内积 $\langle \vec{x}, \vec{y} \rangle$, 它们满足定义 C.2.8 中的条件, 那么称 $\mathcal{E}$ 是一个**线性内积空间**.

2. 线性赋范空间的基本性质

性质 D.1.1 (线性内积空间的性质)　　如果 $\mathcal{E}$ 是一个内积空间, 那么有以下关系式成立.

(1) **极化恒等式**　$\langle \vec{x}, \vec{y} \rangle = \dfrac{1}{4} \left(\|\vec{x} + \vec{y}\|^2 - \|\vec{x} - \vec{y}\|^2 \right).$

在复数域中的极化恒等式是

$$\langle \vec{x}, \vec{y} \rangle = \frac{1}{4} \left(\|\vec{x} + \vec{y}\|^2 - \|\vec{x} - \vec{y}\|^2 + i\|\vec{x} + i\vec{y}\|^2 - i\|\vec{x} - i\vec{y}\|^2 \right).$$

(2) **平行四边形公式**　$\|\vec{x} + \vec{y}\|^2 + \|\vec{x} - \vec{y}\|^2 = \dfrac{1}{2} \left(\|\vec{x}\|^2 + \|\vec{y}\|^2 \right).$

性质 D.1.2 (线性内积空间的赋范性)　　如果 $\mathcal{E}$ 是一个内积空间, 那么由定义 C.2.8, 对任何 $\vec{x} \in \mathcal{E}$ 可以得到 $|\vec{x}| = \langle \vec{x}, \vec{x} \rangle^{1/2}$, 这时 $|\vec{x}|$ 就称为 $\mathcal{E}$ 空间中的范数 (符合定义 D.1.5 中关于赋范值定义的条件).

这时称 $\|\vec{x}\|$ 为由内积导出范数.

3. 由线性赋范空间产生的距离关系

性质 D.1.3 (由赋范产生的距离)　　无论是线性赋范、准赋范, 还是内积空间

$\mathcal{E}$, 它的任何向量 $\vec{x} \in \mathcal{E}$ 都可定义 $\|\vec{x}\|$ 的值, 对任何向量 $\vec{x}, \vec{y} \in \mathcal{E}$ 都可定义它们的距离 $\rho(\vec{x}, \vec{y}) = \|\vec{x} - \vec{y}\|$, 那么 $\rho(\vec{x}, \vec{y})$ 就是 $\mathcal{E}$ 中的距离函数.

定义 D.1.8 (三种泛函空间的定义)　以下称完备的准赋范空间为弗雷歇空间. 完备的赋范空间为巴拿赫 (Banach) 空间. 完备的内积空间为希尔伯特空间.

对这三种空间统称泛函空间, 并分别简称弗氏 (F) 空间、巴氏 (B) 空间和希氏 (H) 空间.

D.2　希尔伯特空间和它的算子理论

对于 D.1.8 所定义的三种泛函空间都有它们的结构和运算子的理论, 在本节中我们主要讨论希氏空间, 其中包括它们的类型、结构和算子理论. 在算子理论中包含酉算子的谱分解理论和它的扩张理论. 它们都是量子场中的理论基础.

D.2.1　希氏空间的类型和记号

在定义 D.1.8 中已经给出了希氏空间的定义, 现在对它们进行具体构造.

1. 和希氏空间有关的记号

如果记 $\mathcal{E}$ 是一个线性内积空间, 由此产生的度量函数构成完备的距离空间, 那么 $\mathcal{E}$ 就是一个希氏空间.

因为 $\mathcal{E}$ 是一个线性空间, 所以它的元可以是向量、序列或函数, 因此这些元的下标集合 T 可以是有限、无限离散、无限连续等不同类型.

如果把 $\mathcal{E}$ 中的元看作 $T \to R$ 或 $T \to K$ 的映射, 其中 R, K 分别是实数或复数域. 当 T 取不同类型的集合时产生不同类型的空间.

希氏空间的基本类型分离散型 (序列型) 和连续型 (函数型), 它们分别记为 ℓ^2 和 L^2. 它们的元分别是

$$\begin{cases} \ell^2 \text{ 空间中的元 } \bar{a} = (a_1, a_2, \cdots), & \text{满足平方可加条件} \sum_{i=1}^{\infty} a_i^2 < \infty, \\ L^2 \text{空间中的元 } f(x), x \in R, & \text{满足平方可积条件} \int_R |f(x)|^2 dx < \infty, \end{cases} \tag{D.2.1}$$

在关系式 (D.2.1) 中, 连续型自变量 T 可以取 $R = (-\infty, \infty), R_+ = [0, \infty), R^d$ 等不同类型.

对这些不同类型的希氏空间统记为 $\mathcal{H}_T$, 其中 T 可以有多种不同的类型. 它们的元 (向量) 记为 ξ, η, 或在量子物理中记为 ψ, ϕ 等.

这时希氏空间中的内积分别是

$$
\begin{cases}
\ell^2 \text{ 空间 } \langle \bar{a}, \bar{b} \rangle = \displaystyle\sum_{i=1}^{\infty} a_i b_i, \\[2mm]
L^2 \text{ 空间 } \langle f, g \rangle = \displaystyle\int_R f(x) g(x) dx.
\end{cases}
\tag{D.2.2}
$$

2. 希氏空间中的基本性质

关于希氏空间中的一些基本性质说明如下.

性质 D.2.1 在有限维希氏空间中我们已经给出柯西–施瓦茨 (或柯西–布尼亚科夫斯基) 不等式 (见性质 C.2.7), 相应的结论在希氏空间中同样适用.

性质 D.2.2 在希氏空间 $\mathcal{H}_T$ 及内积定义的 (D.2.2) 式中, 有关内积的定义性质 (见定义 C.2.8) 及性质 D.1.1 中的极化恒等式、平行四边形公式都能成立.

性质 D.2.3 (内积空间和赋范空间的关系定理) 我们已经说明, 内积空间一定是赋范空间. 反之, 一个赋范空间如果它的范数满足的极化恒等式和平行四边形公式, 那么这个线性空间可以成为内积空间.

定义 D.2.1 (希氏空间中的子空间) 如果 $\mathcal{H}_T$ 是一个希氏空间, $\mathcal{H}_T' \subset \mathcal{H}_T$ 是它的一个子集合, $\mathcal{H}_T'$ 中的线性运算就是 $\mathcal{H}_T$ 中的运算, 而且它们的内积相同, 那么称 $\mathcal{H}_T'$ 是 $\mathcal{H}_T$ 的子希氏空间.

如果 $\mathcal{H}_T', \mathcal{H}_T''$ 都是 $\mathcal{H}_T$ 的子空间, 对任何 $\xi \in \mathcal{H}_T', \eta \in \mathcal{H}_T''$, 总有 $\langle \xi, \eta \rangle = 0$ 成立, 那么称 $\mathcal{H}_T', \mathcal{H}_T''$ 是 $\mathcal{H}_T$ 中**相互正交的子空间**, 并记为 $\mathcal{H}_T' \perp \mathcal{H}_T''$.

如果 $A \subset \mathcal{H}_T$ 是 $\mathcal{H}_T$ 的线性子空间, 定义

$$
\mathcal{B} = \{\eta \in \mathcal{H}_T, \text{ 对任何 } \xi \in A \text{ 都有} \langle \xi, \eta \rangle = 0 \text{ 成立}\}.
\tag{D.2.3}
$$

对 (D.2.3) 式中的线性子空间记为 $A \perp \mathcal{B}$, 称它们**相互正交**. 并且有

$$
A \oplus \mathcal{B} = \{\alpha \xi + \beta \eta, \text{对任何} \xi \in A, \eta \in \mathcal{B}, \alpha, \beta \in R\}.
\tag{D.2.4}
$$

这时有 $A \oplus \mathcal{B} = \mathcal{H}_T$ 成立. 并称 $A, \mathcal{B}$ 是 $\mathcal{H}_T$ 的**直和分解**.

3. 线性扩张的希氏空间

定义 D.2.2 (线性扩张的子希氏空间) 若 $\mathcal{H}_T$ 是一个希氏空间, $A \subset \mathcal{H}_T$ 是该希氏空间中的一个集合, 称 $\mathcal{H}_0(A)$ 是一个包含集合 A 的最小线性子空间, 如果它满足以下条件.

(1) $\mathcal{H}_0(A) \subset \mathcal{H}_T$ 是一个包含集合 A 的 $\mathcal{H}_T$ 的线性子空间.

(2) 对于任何 $\mathcal{H}(A) \subset \mathcal{H}_T$, 而且是一个包含集合 A 的 $\mathcal{H}_T$ 的线性子空间, 必有 $\mathcal{H}_0(A) \subset \mathcal{H}(A)$ 成立.

关于 $\mathcal{H}_0(A)$ 的产生可以通过集合 A 中向量的线性组合和它们的聚合收敛得到.

4. 希氏空间中的基和完备基

定义 D.2.3 (希氏空间中的基的定义)   如果 $\mathcal{H}_T$ 是一个离散型的希氏空间, 称 $\mathcal{G} = \zeta^T = \{\zeta_1, \zeta_2, \cdots\}$ 是该空间中的一组**基**, 如果对任何 $i, j \in T$, 有 $\langle \zeta_i, \zeta_j \rangle = \begin{cases} 1, & i = j, \\ 0, & \text{否则} \end{cases}$ 成立.

在离散型的希氏空间 $\mathcal{H}_T$ 中, 称 $\mathcal{G}$ 是 $\mathcal{H}_T$ 一组**完备基**, 如果对任何 $\xi \in \mathcal{H}_T$, 总有

$$\xi = c_1\zeta_1 + c_2\zeta_2 + c_3\zeta_3 + \cdots \tag{D.2.5}$$

成立, 其中 $\bar{c} = \{c_1, c_2, \cdots\}$ 是一常数序列, 而该式右边的序列是均方收敛的, 有

$$\left\| \xi - \sum_{i=1}^{n} c_i\zeta_i \right\|^2 \to 0, \quad \text{当} n \to \infty \text{时}. \tag{D.2.6}$$

以上关于基和完备基的定义对连续型的希氏空间同样适用, 这时 $\mathcal{G} = \zeta^T = \{\zeta_\lambda, \lambda \in T\}$, 它们满足关系式 (D.2.4), 对任何 $\lambda, \lambda' \in T$.

如果 G 是完备基, 对任何 $\xi \in \mathcal{H}_T$, 总有 $\xi = \int_T c_\lambda \zeta_\lambda d\lambda$ 成立. 其中 $c_\lambda (\lambda \in T)$ 是 T 上一适当的函数, 而它的积分收敛也是积分的均方收敛.

定理 D.2.1 (完备基的存在定理)   对于任何类型的希氏空间 $\mathcal{H}_T$, 它们总是存在完备基 $\mathcal{G}_T$.

在有限维希氏空间中我们已经给出线性空间中的线性变换定义 (见定义 C.3.1), 相应的定义在希氏空间中同样适用.

D.2.2   希氏空间中的算子理论

线性空间中的线性算子定义已在定义 C.3.1 中给出, 有关补充定义、性质如下.

1. 希氏空间中线性算子的补充定义

线性算子可以在不同的空间进行定义, 如果 $\mathcal{H}_T, \mathcal{H}'_T$ 是两个不同的希氏空间, A 是 $\mathcal{H}_T \to \mathcal{H}'_T$ 的映射, 这时记 $\eta = A(\xi), \xi \in \mathcal{H}_t, \eta \in \mathcal{H}'_T$.

线性算子的含义是对任何 $\xi, \eta \in \mathcal{H}_T, \alpha, \beta \in R$, 总有

$$A(\alpha\xi + \beta\eta) = \alpha A(\xi) + \beta A(\eta) \in \mathcal{H}'_T$$

成立.

定义 D.2.4 (线性算子的连续性定义)   称线性算子 A 是连续型的, 如果对任何 $\xi, \xi_n \in \mathcal{H}_t$, 当 $\xi_n \to \xi$ 时, 就有 $A(\xi_n) \to A(\xi)$ 成立, 其中收敛性分别是在 $\mathcal{H}_T, \mathcal{H}'_T$ 空间上的赋范 (均方) 收敛.

定义 D.2.5 (和线性算子定义有关的记号) 如果 A 是 $\mathcal{H}_T \to \mathcal{H}_T'$ 的线性、连续算子, 那么把它记为 $A(\mathcal{H}_T \to \mathcal{H}_T')$; 如果 $\mathcal{H}_T = \mathcal{H}_T'$, 那么简记为 $A(\mathcal{H}_T)$.

在 $A(\mathcal{H}_T \to \mathcal{H}_T')$ 中, $\mathcal{H}_T$ 是该算子的定义域, 称 $\mathcal{H}_T'$ 是该算子的值域 (或相空间).

线性算子 A 在 $\mathcal{H}_T, \mathcal{H}_T'$ 中可能只取部分值, 它们分别称为该算子的**定义域和值域**, 并分别记为 $\mathcal{D}(A), \mathcal{B}(T)$.

2. **线性算子的运算**

对固定的希氏空间 $\mathcal{H}_T, \mathcal{H}_T'$, 如果 A, B, C 是 $\mathcal{H}_T \to \mathcal{H}_T'$ 的线性算子, 那么它们具有以下运算.

算子的线性组合运算, 如果 $\alpha, \beta \in R$, 那么 $\alpha A + \beta B$ 也是 $\mathcal{H}_T \to \mathcal{H}_T'$ 的线性算子.

算子的积运算, 如果 $\mathcal{H}_T' = \mathcal{H}_T$, 那么 $(AB)(\xi) = A[B(\xi)]$, 对任何 $\xi \in \mathcal{H}_T$ 是积运算算子.

逆运算, 如果 $\mathcal{H}_T' = \mathcal{H}_T$, 而且对任何 $\xi \neq \varnothing$ 时必有 $A(\xi) \neq \varnothing$, 那么 A 的逆运算 A^{-1} 存在, 这时有 $A^{-1}[A(\xi)] = \xi$.

线性算子的扩张, 如果 A_1, A_2 分别是 $\mathcal{H}_T$ 中的线性算子, 它们的定义域分别是 $\mathcal{D}(A_1), \mathcal{D}(A_2)$. 如果 $\mathcal{D}(A_1) \subset \mathcal{D}(A_2)$, 而且对任何 $\xi \in \mathcal{D}(A_1)$, 都有 $A_1(\xi) = A_2(\xi)$ 成立, 那么称 A_2 是 A_1 的扩张算子. 并记为 $A_1 \subset A_2$.

注意 在这些算子的运算中涉及它们的定义域的问题, 对此不再一一说明.

3. **线性赋范空间中的拓扑结构**

如果 $\mathcal{H}_T, \mathcal{H}_T'$ 是线性赋范空间, 那么由它们的赋范产生度量 (或距离), 由此产生这些空间中的拓扑结构.

如果线性算子 A 是 $\mathcal{H}_T \to \mathcal{H}_T'$ 的映射, 那么产生该算子的一系列拓扑变换, 对此说明、介绍如下.

定义 D.2.6 (稠定算子的定义) (i) 如果 $\mathcal{D}$ 是 $\mathcal{H}_T$ 中的一个子集合, 而且它的闭包 $\overline{\mathcal{D}} = \mathcal{H}_T$, 那么称 $\mathcal{D}$ 是 $\mathcal{H}_T$ 的一个稠子集合.

(ii) 如果 A 是 $\mathcal{H}_T$ 中的线性算子, 它的定义域 $\mathcal{D}(A)$ 稠于 $\mathcal{H}_T$, 那么称 A 是 $\mathcal{H}_T$ 的一个稠定算子.

定义 D.2.7 (有界算子和共轭 (或伴随) 空间的定义) 如果 A 是一个 $\mathcal{H}_T \to \mathcal{H}_T'$ 的线性算子, 称 A 是一个有界算子, 如果有关系式

$$\sup\{\|\xi\| \ \text{对任何} \xi \in \mathcal{D}(T), \|A(\xi)\| = 1\} < \infty$$

成立.

在希氏空间 $\mathcal{H}_T\mathcal{H}'_T$ 中的全体线性、连续、有界, 而且 $\mathcal{D}(A) = \mathcal{H}_T$ 的线性算子构成一个线性空间, 这时称该空间为 $\mathcal{H}_T$ 的共轭空间, 并把它记为 $\mathcal{H}_T^*$.

对任何 $A \in \mathcal{H}_T$ 可以定义它的范数为

$$\|A\| = \sup\{\|A(\xi)\| \quad \text{对任何} \, \xi \in \mathcal{D}(T), \|A\xi\| = 1\}, \tag{D.2.7}$$

$\mathcal{H}_T^*$ 形成一个**线性赋范空间**. 这时称 $\mathcal{H}_T^*$ 是 $\mathcal{H}_T$ 的一个**共轭 (或伴随) 空间**.

4. 共轭 (或伴随) 算子、对称算子

定义 D.2.8 (自共轭 (或自伴随) 算子和对称算子的定义)   如果 A 是希氏空间 $\mathcal{H}_T \to \mathcal{H}_T$ 的线性算子, 那么有以下定义.

(自共轭 (或自伴随) 算子的定义) 记 A^* 是 A 的共轭算子, 如果 $A^* = A$, 那么称 A 是一个自共轭 (或自伴随) 算子.

(对称算子的定义) 如果对任何 $\xi, \eta \in \mathcal{H}_T$, 总有 $\langle A(\xi), \eta \rangle = \langle \xi, A(\eta) \rangle$ 成立, 那么称 A 是一个对称算子.

定理 D.2.2 (共轭算子的性质)   如果 A_1, A_2, A_3 是复希氏空间 $\mathcal{H}_T$ 中的线性、稠定算子, 那么以下性质成立.

(1) $(A^*)^* = A, \|A^*\| = \|A\|$.

(2) 如果 I, O 分别是幺算子和零算子, 那么 $I^* = I, O^* = O$.

(3) 对任何 $\alpha \in K$(复数), 有以下关系成立.

$$(\alpha A)^* = \alpha^* A^*, \quad (A_1 + A_2)^* = A_1^* + A_2^*, \quad (A_1 A_2)^* = A_2^* A_1^*, \tag{D.2.8}$$

其中 α^* 是 α 的共轭复数.

(4) 如果 A 的逆运算 A^{-1} 存在, 那么 A^* 的逆运算存在, 而且有 $(A^*)^{-1} = (A^{-1})^*$ 成立.

5. 投影算子

在希氏空间中有许多重要的算子, 我们只能介绍几种特殊的算子.

投影算子的定义和性质如下所述.

定义 D.2.9 (投影算子的定义)   如果 $A, \mathcal{B}$ 是 $\mathcal{H}_T$ 的正交分解的线性子空间, 那么对任何 $\xi \in \mathcal{H}_T$, 总有 $\xi_1 \in A, \xi_2 \in \mathcal{B}$, 使 $\xi = \xi_1 + \xi_2$ 成立.

这时称 $E_A(\xi) = \xi_1, E_\mathcal{B}(\xi) = \xi_2$ 分别是 $\mathcal{H}_T \to A, \mathcal{H}_T \to \mathcal{B}$ 子空间的投影算子. 以下简记 $E_A, E_\mathcal{B}$ 为 E, 它们可能有不同的值域 (在不同子空间中取值).

定理 D.2.3 (投影算子的基本定理)   如果 A 是 $\mathcal{H}_T$ 中的线性闭子空间, $E_A(\xi)$ 是 $\mathcal{H}_T \to A$ 的线性算子, 那么 E_A 是投影算子的充分必要条件是:

(1) **幂等性条件** $E^2 = E$.

(2) **对称性条件**   对任何 $\xi, \eta \in \mathcal{H}_T$, 有 $\langle E(\xi), \eta \rangle = \langle \xi, E(\eta) \rangle$ 成立.

6. 保范算子的定义和性质

定义 D.2.10 (保范算子和酉算子的定义) (1) 如果 A 是 $\mathcal{H}_T \to \mathcal{H}_T$ 的线性算子, 对任何 $\xi, \eta \in \mathcal{H}_T$, 总有 $\langle T\xi, T\eta \rangle = \langle \xi, \eta \rangle$ 成立. 那么称 A 是 $\mathcal{H}_T$ 空间的保范算子.

(2) 如果 A 是希氏空间 $\mathcal{H}_T$ 中的保范线性算子, 而且 $\mathcal{H}_T$ 是一个在复数域上定义的希氏空间, 那么称 A 是 $\mathcal{H}_T$ 空间的酉算子.

D.2.3 希氏空间中的谱分解理论

为讨论希氏空间中的谱分解理论, 先引进两个不同的算子族.

1. 投影算子族

定义 D.2.9 已经给出了投影算子的定义, 对该算子有以下进一步的讨论.

定义 D.2.11 (投影算子族的定义) (1) 记 E_1, E_2 是两个投影算子, 如果对任何 $\xi \in \mathcal{H}_T$ 总有 $E_1 E_2 \xi = E_2 E_1 \xi = E_1 \xi$, 那么称投影算子 $E_1 \leqslant E_2$.

(2) 记 $E(\lambda)(\lambda \in T = R)$ 是一投影算子族, 它满足以下条件.

(i) $E(\lambda)$ 关于 $\lambda \in T$ 是递增的, 对任何 $\lambda \leqslant \mu$ 总有 $E(\lambda) \leqslant E(\mu)$ 成立.

(ii) $E(\lambda)$ 是右连续的, 对任何 $\lambda \in T$ 有 $E(\lambda+) = E(\lambda)$ 成立.

(iii) $E(-\infty) = O, E(\infty) = I$, 其中 O, I 分别是零算子 (对任何 $\xi \in \mathcal{H}_T$ 都有 $O(\xi) = \phi$ 零向量) 和幺算子 (对任何 $\xi \in \mathcal{H}_T$ 都有 $I(\xi) = \xi$).

(3) 对投影算子族 $E(\lambda)(\lambda \in T)$ 可以产生区间 Δ 的投影算子, 当 Δ 取不同类型的区间时产生不同的投影算子, 它们的类型有如

$$\begin{cases} \Delta = [\alpha, \beta] : E(\delta) = E(\beta) - E(\alpha-), \\ \Delta = (\alpha, \beta) : E(\delta) = E(\beta-) - E(\alpha), \end{cases} \qquad \begin{cases} \Delta = (\alpha, \beta] : E(\delta) = E(\beta) - E(\alpha), \\ \Delta = [\alpha, \beta) : E(\delta) = E(\beta-) - E(\alpha-), \end{cases}$$
$$\text{(D.2.9)}$$

其中 $E(a-)$ 是投影算子 $E(\lambda)$ 在 a 点的左极限.

(4) 如果 Δ, Δ' 是 R 中的两个不同的区间, 那么有 $E(\Delta)E(\Delta') = E(\Delta \cap \Delta')$. 如果 $\Delta \cap \Delta' = \varnothing$ 是空集合时, $E(\Delta \cap \Delta') = O$ 是个零算子.

定义 D.2.12 (单位分解的定义) 如果 $E(\lambda)(\lambda \in T)$ 是一个投影算子族, 满足定义 D.2.9 中的各条件, 那么称该投影算子族是投影算子的一个单位分解.

2. 酉算子群

定义 D.2.10 已经给出了酉算子的定义, 现在进一步讨论酉算子群的理论.

定义 D.2.13 记 $U^T = \{U_t, t \in T = R\}$ 是 $\mathcal{H}_T$ 的一线性算子族, 那么它有以下定义.

(1) (酉算子群的定义) 称该算子族为酉算子群, 如果对任何 $s, t \in R$, 有 $U_{s+t} = U_s$ 成立. 而 $U_0 = I$ 是幺算子.

(2) (酉算子群连续性的定义) 称该酉算子群是连续的, 如果对任何 $\xi \in \mathcal{H}_T$, 有 $\lim_{t \to 0} \|U_t\xi - \xi\| = 0$ 成立.

(3) (酉算子群的定义区域) 在本定义的 (1), (2) 中, 对酉算子群是在 $\mathcal{H}_T$ 空间上定义. 对此定义也可推广到 $\mathcal{H}_T$ 空间的任何线性闭子空间 $\mathcal{M}$ 上.

3. 酉算子群的谱展开理论

定理 D.2.4 (Stone 定理, 或酉算子群的谱展开定理)   如果 U^T 是一个在希氏空间 $\mathcal{H}_T$ 的闭子空间上定义的连续酉算子群, 那么它可展开成

$$U_t = \int_R e^{it\lambda} E(d\lambda), \tag{D.2.10}$$

其中 $E(d\lambda)$ 是投影算子的一个单位分解, 由酉算子群 U^R 唯一确定.

D.2.4   泛函空间的理论应用

泛函空间有许多理论应用, 如在微分方程的求解中、随机分析和量子物理的描述中.

在随机分析和量子物理的研究中, 把随机系统中的随机变量、微观粒子的状态函数都看作希氏空间中的向量, 由此产生的一系列分析理论我们在其他的章节中还会详细讨论.

D.3   黎曼几何和微分流形

在空间结构理论中, 前几章节所讨论的结构特征都是均匀的. 在空间中的每一点它们的度量函数都是相同的. 黎曼几何是一种不均匀的空间结构, 它们通过度规张量来描述这种空间.

微分流形就是这种不均匀空间结构的几何理论. 由于这种不均匀性, 它们的空间结构通过局部特征 (微分的特征) 来进行描述. 本节介绍这种空间结构理论, 它们是研究复杂空间结构理论的基础, 因此在理论物理中有许多应用. 如在广义相对论、量子场论中都必须用这种空间结构理论来进行描述. 本节只介绍其中的一些基本概念和基础知识.

D.3.1   微分流形

关于微分流形的概念可以由多种不同的途径产生, 我们采用比较直观的, 有限维欧几里得空间产生.

n 维欧氏空间中的可微函数　为了简单起见, 我们只讨论实欧氏空间中的微分流形.

记 R^n 是一个 n 维欧氏空间, 它的元是 n 维向量 $x^n = (x_1, x_2, \cdots, x_n)$.

如果 $x^n, y^n \in R^n$ 是该 n 维欧氏空间中的向量, 那么它们的内积和距离分别是

$$
\begin{cases}
\langle x^n, y^n \rangle = \displaystyle\sum_{i=1}^{n} x_i y_i, \\
\rho(x^n, y^n) = \|x^n - y^n\| = \left[\displaystyle\sum_{i=1}^{n} (x_i - y_i)^2 \right]^{1/2}.
\end{cases}
\tag{D.3.1}
$$

记 $f = f(x^n)$ 是一个 $U \to R$ 的函数, 其中 U 是 R^n 中的一个开集.

如果 $f(x^n)$ 关于各变量 x_i 的 r 阶偏导数都存在, 那么称 f 是一个 r 阶可微函数.

这里 r 是一个正整数. 如果 $r = 0$, 那么 r 阶可微函数是连续函数. 如果 $r = \infty$, 那么称该函数是解析函数, 这时它的任何阶偏导数都存在.

记 $U \to R$ 的全体 r 阶可微函数的集合为 $C^r(U)$.

如果 k 是一个正整数, 记 $f^k = (f_1, f_2, \cdots, f_k)$ 是一个向量函数, 对其中的每一个分量函数 f_i 都是 r 阶可微的, 那么称 f^k 是 k 维、r 阶可微的向量函数.

附录5 图   论

图论是研究不同事物相互关系的数学理论,因此有许多应用. 本章介绍其中的一些基本概念、基本性质和它的一些发展, 也介绍图论的应用领域, 如网络结构图、电子线路图等.

E.1 图的一般理论

图论中最基本的概念是**点线图**, 它的一般理论是指它的一般定义、性质和记号. 在性质中, 我们重点介绍它们的结构和在运算中的有关性质.

E.1.1 图的一般定义和记号

图的一般定义是从点线图开始. 我们先介绍其中有关定义、名词和记号.

1. 图中的点和弧

点线图的一般记号为 $G = \{E, V\}$, 其中 E 为图中的全体点的集合, $e \in E$ 是图中的点. 而 V 是一个 E 中的点偶集合, V 中的元记为 $v = (a, b), a, b \in E$, 并称之为图中的**弧** (**或线**).

(1) 关于图的类型有**有限图和无限图**(E 是有限或无限集合)、**有向和无向图**(对 V 中的点偶, 有或无前后次序) 的区别.

无向图中的弧 (a, b) 可以看作同时具有双向的弧 $a \Longleftrightarrow b$, 因此无向图是一种特殊的有向图.

如无特别声明, 本书讨论的图都是有限图, 记 $E = \{1, 2, \cdots, q\}$. 而把一般的无向图看作是具有双向弧的有向图.

(2) 在无向图中, 点和弧的关系是**端点**和**连接弧**的关系. 在有向图中, 点和弧的关系分**前端**、**后端** (**首、尾端, 先导和后继**), 弧和点的关系分**出弧**、**入弧**等名称和关系.

(3) 点和弧都有**阶**的概念.

(i) 在无向图中, 点的阶就是和该点连接弧的数目, 因此点 e 的阶数可用正整数 p 表示. 没有弧连接的点为孤立点, 一阶点是图中的**根或梢点**, 二阶点是图中的**节点**. 如果点的阶大于或等于三时就称该点**具有分叉**.

(ii) 在超图中, 弧的概念可推广为**高阶弧**, 也就是由该弧和多个 (三个或三个以上) 点所组成的.

(iii) 在有向图中, 和点连接的弧有入弧和出弧的区别, 因此需用两个正整数 (p,q) 表示, 它们分别是点 e 的入弧数和出弧数.

2. 图中的路

在点线图 $G = \{E, V\}$ 中, 它们有有向、无向的区别, 因此路的概念也有有向、无向的区别.

定义 E.1.1 (和路有关的定义) 在点线图 $G = \{E, V\}$ 中, 有以下定义:

(1)(相连弧的定义) 如果 $v = (a, b), v' = (a', b') \in V$ 是两条不同的弧, 称它们相连, 如果其中一个端点相同 (无向图中), 其中一弧的起点和另一弧的终点相同 (有向图中).

(2)(路的定义) 若干相连的弧是**路**. 因此关于路有以下一系列的定义. 如

起弧和终弧 分别是相连弧中首次出现的弧是起弧、最终出现的弧是终弧,

起点和终点 起弧中的起点是该路的起点, 终弧中的终点是该路的终点,

内点 (或节点) 不是路中的起点或终点的点为内点 (或节点),

全点 (或全弧) 路 经过图中所有点 (或弧) 的路是全点路 (或全弧路),

初等全点 (或全弧) 路 对每个点 (或弧) 只经过一次的全点路 (或全弧路) 为初等全点 (或全弧) 路,

干路 如果路中的起弧和终点是一阶点 (它们只有出弧), 而其他的点都是二阶点 (它们只有出弧或入弧),

回路 称起弧和终点相同的路为回路, 所有点都不相同的回路为圈.

$$\text{(E.1.1)}$$

因此在干路和回路中有相应的全点路、全弧路、初等全点路或初等全弧路等定义. 初等全点路和初等全弧路又分别称为欧拉回路和 Hamilton 圈.

(3)(由起点和终点产生的路) 在点线图 G 中, 如果 $a, b \in E$, 那么有以下定义. 称 a, b 点在该图中是**连通的**, 如果在 G 中存在若干弧, 把 a, b 点连接. 另外还有路族的定义, 如

$$
\begin{cases}
L_{a,b}: & G \text{ 图中以 } a, b \text{ 为起点和终点而且不存在圈的路}, \\
\mathcal{L}_{a,b}: & G \text{ 图中, 所有 } L_{a,b} \text{ 路(所有以 } a, b \text{ 为起点、终点的路)的集合}, \\
\mathcal{L}'_{a,b}: & \mathcal{L}_{a,b} \text{ 中, 所有无公共内点的路 } L_{a,b} \text{ 的集合}, \\
\mathcal{L}''_{a,b}: & \mathcal{L}_{a,b} \text{ 中, 所有无公共弧的路 } L_{a,b} \text{ 的集合}.
\end{cases}
\tag{E.1.2}
$$

显然, 对固定的 $a, b \in E$, 有关系式 $\mathcal{L}'_{a,b} \subset \mathcal{L}''_{a,b}$ 成立, 它们可以从 $\mathcal{L}_{a,b}$ 中筛选得到, 因此可能不是唯一确定的.

这时称集合 $\mathcal{L}'_{a,b}$ 中的路是分离的, 而且称集合 $\mathcal{L}'_{a,b}, \mathcal{L}''_{a,b}$ 中路的最小数目是点 a, b 在 G 图中的**连通度**, 并记为 $\kappa_1(G, a, b), \kappa_2(G, a, b)$.

3. 网络系统容错性的概念

在网络系统中, 如果该系统中有若干元件出现故障, 这就是网络系统容错性的概念.

该容错性的概念在点线图 G 中可以通过点集合 E 的编码结构来实现. 这就是在集合 $E = \{e_1, e_2, \cdots, e_n\}$ 中, 它们的状态可以表示为状态向量 x^n, 这种状态向量的数据结构具有容错的能力, 它们可以通过编码的方式来实现.

4. 点、弧、图的阶

定义 E.1.2 (点和图的阶定义)   在点线图 $G = \{E, V\}$ 中, $e \in E, v \in V$ 分别为图中的点和弧, 那么有以下定义.

(1) 如果 G 是无向图, 那么定义点的阶就是和它连接的弧的数目.

(2) 在无向图 G 中, 如果图中所有点的阶都相同, 为 p, 那么称图 G 的阶是 p. 如果 $v = (a, b)$ 那么有关系式 $d_v = d_a + d_b - 2$ 成立. 其中 d_v 是弧 v 的阶.

(3) 如果 G 是有向图, 那么定义 $\begin{cases} p_e \text{是以} e \text{为终点的入弧的数目}, \\ q_e \text{是以} e \text{为起点的出弧的数目}, \end{cases}$ 这时称 (p_e, q_e) 是点 e 的阶. 如果 $p_e = q_e = p$, 那么称点 e 的阶为 p.

(4) 对有向图 G, 可定义

$$\begin{cases} \Delta_{G,p} = \mathrm{Max}\{p_e, e \in E\} \text{ 为该图最大的入弧阶}, \\ \delta_{G,p} = \mathrm{Min}\{q_e, e \in E\} \text{ 为该图的最小的出弧阶}, \\ \Delta_{G,q} = \mathrm{Max}\{p_e, e \in E\} \text{ 为该图最大的入弧阶}, \\ \delta_{G,q} = \mathrm{Min}\{q_e, e \in E\} \text{ 为该图的最小的出弧阶}. \end{cases} \tag{E.1.3}$$

(5) 如果 $\Delta_{G,p} = \delta_{G,p} = p, \Delta_{G,q} = \delta_{G,q} = q$, 那么称 G 是一个 (p, q) 阶的图.

E.1.2 图的类型

1. 图的不同类型

记 $G = \{E, V\}, G' = \{E', V'\}$ 是两个不同的点线图, 由此产生不同类型图的定义如下.

(1) 全图、子图、倍图的定义:

$\begin{cases} \textbf{全图} \quad \text{如果对任何 } a, b \in E, \text{ 都有 } (a, b) \in V \text{ 成立的图为全图}, \\ \textbf{子图} \quad \text{如果关系式 } E \subset E', V \subset V' \text{ 成立, 那么 } G \text{ 是 } G' \text{ 的子图}, \\ \textbf{倍图} \quad \text{如果关系式 } V = E' \text{ 成立, 那么 } G' \text{ 是 } G \text{ 的倍图}. \end{cases} \tag{E.1.4}$

在子图的定义中, 还有真子图、补图等定义, 这就是说, 如果 G 是 G' 的子图, 而且 V 是 V' 的一个真子集合, 那么 G 是 G' 的真子图.

如果 G 是 G' 的子图, 而且 $E = E'$, 那么称 G 是 G' 的生成子图.

如果 G 是 G' 的生成子图, $G^* = \{E, V' - V\}$, 那么称 G^* 是 G 的补图.

(2) 树图、树丛图、干树图和干枝树图的定义:

连通图　图中任何两点 $a, b \in E$, 总是存在一条路 L 将它们连接,

树丛图　不存在回路的图为**树丛图**, 因此它是一种特殊的图,

梢点和根　树图中, 没有入弧的点是**梢点**, 没有出弧的点是**根**,　　　(E.1.5)

节点　树图中, 不是梢点或根的点是**节点**,

树和树丛图　只有一个根的树丛图为**树图**, 否则是树丛图.

如果 G 是一个树图, 那么记 $G = T$. 在 (E.1.5) 式的定义中, 有关定义都是有向图中的定义, 在无向图中可类似定义.

(3) 连通片和连通片分解的定义:

连通片　如果 G' 是 G 中的一个连通子图, G' 和 G 中的 $E - E'$ 都不连通, 那么称 G' 是 G 中的一个连通片,

连通片分解　如果 G_1, G_2 是 G 中的两个连通子图, 它们之间的点互不连通, 那么称 G_1, G_2 是 G 中的一个连通分解.

(E.1.6)

(4) **割点和桥的定义**. 如果 G 是连通图, e, v 分别是 G 中的点或弧, 从 G 中删除该点 e(也包括删除相关的弧) 或弧 v 后, 变成一个新图 G'.

如果在 G 中删除该点 e(或弧 v) 后, 新图 G' 变为不连通图, 那么称 e 就是 G 图中的一个割点 (或 v 就是 G 图中的一个桥).

2. 有关树图中的一些名称、定义和性质

性质 E.1.1　　G 图是树的等价条件是 G 中任意两点之间有且只有一条路把它们连接.

定理 E.1.1　　以下条件相互等价.

(1) T 是树图.

(2) T 是连通图, 而且 $q(T) = p(T) - 1$, 其中 $q(T), p(T)$ 分别是图 T 中弧和点的数目.

(3) T 中无回路, 而且 $q(T) = p(T) - 1$.

(4) T 连通, 而且 T 中的每条弧都是桥.

(5) T 无回路, 而且对 T 中任何不相邻的两点 $a, b \in E$, 使 $T + (a, b)$ 有且只有一条回路.

性质 E.1.2   如果 T 是一个有限、有向树图 (或树丛图), 那么有一些性质成立.

(1) 在图 T 中, 至少有一个根, 它的全体根的集合记为 $E_0 = \{e_1, e_2, \cdots, e_m\}$, $m \geqslant 1$.

如果 $m = 1$, 那么 T 就是一个树图, 否则就是树丛图.

(2) 在有向树丛图 T 中, 每个点 $a \in E$, 它总可通过若干弧的连接达到一个根 $e_a \in E_0$, 这个根由点 a 唯一确定.

(3) 由此定义如下.

点 a 的层次数   是 a 到 e 的弧长,

树的高   是树 (或树丛图) 中的最大层次数,   (E.1.7)

树 T 的枝 T_a 是树图中所有可以达到点 a 的点和弧.

这时枝 T_a 是 T 的一个以 a 为根的子树图, 该子树图的高度就是该枝的高度.

(4) 这时该树根的层次树为零, 其他点 a 的层次就是该点到根的最长的路长.

在树图中, 从梢点到根的最大层次数是该树的高度.

在有向树图 T 中, 所有可以达到节点 $a \in E$ 的点和弧记为 T_a, 这时 T_a 是 T 的、以 a 为根的子树图. 在子树图 T_a 中, 它的高度就是该枝的高度. 另外在有向树图中, 还有干树图和干枝树图的定义.

干树图   树图中除了根和梢点, 其他的点都是 $(1,1)$ 阶的点,

干枝树图   树图中每个节点所产生枝的长度不超过 2.   (E.1.8)

不同类型树图的结构如图 E.1.1 所示.

对图 E.1.1 说明如下.

(1) 该图由 (a), (b), $\cdots$,(h) 这 8 个子图组成, 它们分别是:

(a), (b) 分别是无向图和有向图, (c), (d) 分别是无向树丛图、有向树丛图, (e), (f), (g), (h) 分别是无向、有向干树图和干枝树图.

(2) 从这些图中可以看到, 不同类型树图结构的基本特征, 如

(i) 图 (a) 是一个无向连通树图, 其中 a, b, d, e, h, i 是梢点 (阶数为 1), c, f, g 是节点, 它们的分叉数分别是 4, 3, 3. 在该图中任意取一点都可为根.

(ii) 图 (b) 是一个有向树图, 其中 a, b, d, e, h 是梢点, i 是根, c, f, g 是节点, 它们的分叉数分别是 $(3,1), (2,1), (2,1)$.

(iii) 图 (c), (d) 分别是无向和有向树丛图, 其中每个树丛图由三个子树图组成, 每个子树图可以有不同的点和弧, 因此相应的梢点、根、节点和节点的分叉数也可不同.

(iv) 图 (e), (g) 分别是无向和有向干树图, 它们共有 $a, b, \cdots, g$ 七个点组成. 在 (e) 中, a, g 是梢点. 在图 (g) 中, a 是梢点, g 是根. 图 (f), (h) 分别是无向和有向干枝树图, 它们在定义 E.1.1 中说明.

(v) 图 (b), (d), (e), (h) 都是有向树图, 如果把它们弧的前后方向改变就是有向反树图.

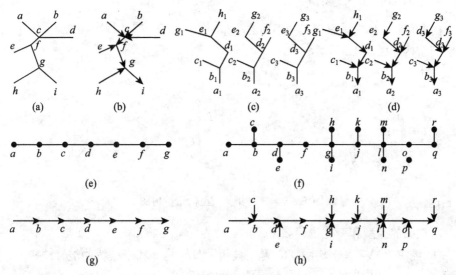

图 E.1.1　不同类型树图的结构示意图

3. 带环的图

在图的结构中, 经常出现环的结构, 因此需要对它们的结构进行考虑.

定义 E.1.3　在一般点线图中, 如果有一条路的起点和终点相同, 那么这条路形成一个环 (或回路). 环的结构有许多类型.

由干树图形成的环为单环, 环中的每个点 b 有而且只有两条弧和它连接 (两个分叉), 形成环中的一个 $a-b-c$ 结构. 这时称 a, c 是 b 相邻点. 在单环中, 每个点 b 除了两个相邻点 a, c 外, 其他的任何点都不可能和点 b 成弧.

单环可以按它的长度 (弧的条数) 来进行分类, 因此可以产生 3, 4, 5 阶的环, 它们相应的图形是三角形、四边形和其他多边形.

由干枝树图形成的环为单枝环, 它的干树图中的两个端点重合, 形成一个单环. 这时该单环中的每个点 b 可能有多个分叉, 如形成一个 $a \!\!-\!\! b \!\!-\!\! c$ 的结构, 称 a, b, c 是单环中的点, 而 d 是干枝树图中的端点 (或梢点).

在两个单环中, 如果存在公共点 a, 那么称这样的环为连通的环, a 是它们的连接点. 在连通的两个环中, 如果存在公共的弧, 那么称这两个环为具有重叠弧的环.

一般情形下, 干枝树图和环图是可以混合的, 如果干枝树图中有些点被环所取代, 那么这个干枝树图被称为带环的干枝图.

4. 不同类型的干枝树图

由此可见, 干枝树图有三种不同的类型, 即干树图、干枝树图和带环的干枝图. 它们的结构如图 E.1.2 所示.

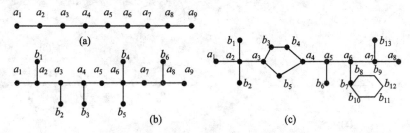

图 E.1.2   三种不同类型的干枝树图

对该图的类型和变化说明如下.

(1) 图 E.1.2(a) 是干树图, (b) 是干枝树图, (c) 是环和干枝树的混合结构, 其中 a_i 点是主干树图中的点, b_j 点是分叉弧上的端点.

(2) 在图 E.1.2(a) 中, 如果 a_1 和 a_9 点相同, 那么就形成一个单环, 它的长度是 8.

(3) 在图 E.1.2(b) 中, 如果 a_1 和 a_9 点相同, 那么就形成一个单枝环, 它的长度也是 8. 而 $b_1, b_2, \cdots, b_6$ 这些点是该干枝树图中的端点 (或梢点).

(4) 在图 E.1.2(c) 中, 如果 a_1 和 a_8 点相同, 那么就形成一个多环结构. 由此形成三个环, 在一个大环中包含两个小环.

在本书中, 我们用点线图来表达 NNS 的结构图, 对此在前面有详细讨论.

E.1.3   点线图的运算

点线图的结构可以通过它们的子图的关系进行分析.

1. 子图的并、交、差运算如下

定义 E.1.4 (子图的并、交、差运算)   如果 $G_1 = \{E_1, V_1\}, G_2 = \{E_2, V_2\}$ 是图 G 的子图, 由此定义

(1) 称 G_1, G_2 是点 (或弧) 不交的, 如果它们之间没有公共的点 (或弧). 如果 G_1, G_2 是点不交的, 那么它们一定是弧不交的. 因此称点不交为不交的.

(2) 称 $G = G_1 \cup G_2$ 是图 G_1, G_2 的并, 如果 $G = \{E_1 \cup E_2, V_1 \cup V_2\}$. 如果 G_1, G_2 是不交的, 那么记 $G_1 \cup G_2$ 为 $G_1 + G_2$.

(3) 如果 $V_1 \cap V_2$ 是非空的, 那么 $E_1 \cap E_2$ 一定也是非空的, 由此定义 $G = G_1 \cap G_2 = \{E_1 \cap E_2, V_1 \cap V_2\}$ 是图 G_1, G_2 的交.

2. 图的扩张和收缩

图的扩张 (或收缩) 是指在图 G 的基础上增加 (或删除) 一些点和弧的运算.

定义 E.1.5 (图的联)   如果图 G_1, G_2 是不交的, 那么在集合 E_1, E_2 之间的弧就是它们的联, 联也是一种图, 把它记为 $G_1 \vee G_2 = \{E_{1,2}, V_{1,2}\}$, 其中 $E_{1,2}$ 是 $E_1 \cup E_2$ 的子集合, 而 $V_{1,2}$ 中的弧 $v = (e_1, e_2)$, 其中 $e_1 \in E_1, e_2 \in E_2$.

由图的联可以产生图的一系列扩张运算, 如

(1) 不同图的**组合运算**. 如果图 G_1, G_2 是不交的, 通过联可以把它们组合成一个图, 这时 $G = G_1 + G_2 + G_1 \vee G_2$.

当图 G_1, G_2 固定时, 它们的联可以有多种不同的类型, 因此图 G_1, G_2 的组合有多种不同的结果.

(2) **弧的细化**在图 $G = \{E, V\}$ 中, 如果 $v = (a, b) \in V, c \notin E$, 用弧 $v_1 = (a, c), v_2 = (c, b)$ 来取代弧 v, 由此产生的图 $G' = \{E', V'\}$ 就是图 G 在弧 v 上的细化. 其中 $E' = E + c, V' = V - v + v_1 + v_2$.

因此弧的细化是图 G 和点 c 的联, 而且还包括弧 v 的删除运算.

定义 E.1.6 (图的删除运算)   如果在图 G 中删除和图 G_1 有关的点和弧, 那么由此产生的子图记为 $G_2 = G - G_1$.

称 $\Delta(G_1, G_2) = G_1 \cup G_2 - G_1 \cap G_2$ 是图 G_1, G_2 的对称差.

定义 E.1.7 (图的分解定义)   (1) 如果图 $G = G_1 \cup G_2 \cup \cdots \cup G_n$, 那么称图 G 是图 $G_1, G_2, \cdots, G_n$ 的组合, 或称图 $G_1, G_2, \cdots, G_n$ 是图 G 的分解.

(2) 如果图 $G_1, G_2, \cdots, G_n$ 是不交的, 图 G 是它们的组合, 那么称这种组合是直和组合, 并记为 $G = G_1 + G_2 + \cdots + G_n$.

3. 树图的分解定理

利用点线图可以对分子结构进行描述和研究, 通过对树图的分解可以简化图结构的表达.

定理 E.1.2 (无向树图的分解定理)   一个无向树图 G 总可分解成若干干枝图的组合, 其中包括一个主干枝树图和其他若干次干枝子图, 在这些不同的干枝树图之间最多只有一个公共点, 该公共点一定是干枝树图的端点.

定理 E.1.2 的证明见 [116] 文. 我们结合以下实例 (图 E.1.3) 对定理 E.1.2 作证明的实例分析.

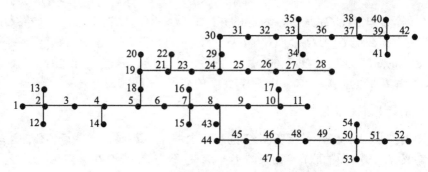

图 E.1.3　点线图组合和分解结构示意图

图 E.1.3 共有 54 个点, 可先选择 1 和 11 作主干树图的两个端点, 由此得到一个主干树图:

$$T_0' = \{1 - 2 - 3 - 4 - 5 - 6 - 7 - 8 - 9 - 10 - 11\}. \qquad (E.1.9)$$

T_0' 中的数字是图 E.1.3 中的点.

从 T_0' 中的点出发, 计算其中各点可能产生新的分叉点、分叉数和分叉长度, 它们是

$$\left\{\begin{array}{l} \text{主干树图中的点}T_0' \quad 1 \ 2 \ 3 \ 4 \quad 5 \quad 6 \ 7 \quad 8 \quad 9 \ 10 \ 11 \\ \text{每个点的分叉数}\quad\ 1 \ 4 \ 2 \ 3 \quad 3 \quad 2 \ 4 \quad 3 \quad 2 \ \ 3 \ \ 3 \\ \text{由分叉延伸的长度}\ 0 \ 1 \ 0 \ 1 \ >1 \ 0 \ 1 \ >1 \ 0 \ \ 1 \ \ 0 \end{array}\right\}. \quad (E.1.10)$$

在该主干树图 T_0' 中, 分叉延伸长度 ≤ 1 的点扩张称为主干枝树图 T_0, 该图除了原来 T_0' 外, 再增加点 $12, 13, 14, 15, 16, 17$, 它们都是梢点, 而且和 T_0' 相连.

在该主干树图 T_0' 中, 分叉延伸长度 > 1 的点是 5 和 8, 由它们延伸产生的主干枝树图是 T_1', T_2', 分别是

$$\left\{\begin{array}{l} T_1' = \{5 - 18 - 19 - 21 - 23 - 24 - - - 28\}, \\ T_2' = \{8 - 43 - 44 - 45 - 46 - 48 - 49 - 50 - 51 - 52\}. \end{array}\right. \quad (E.1.11)$$

对主干树图 T_1', T_2' 继续作扩张、延伸. 其中主干枝树图 T_2' 扩张成主干枝树图 T_2, 在图 E.1.3 的点 46, 50 处是分叉点 47, 53, 54, 但这些分叉点没有继续延伸. 因此 T_2 构成一个主干枝树图.

对主干树图 T_1' 继续作扩张、延伸. 由此产生主干枝树图 $T_1 = \{T_1' + 20, 22\}$. 但在主干树图 T_1' 的点 24 上又产生主干树图 $T_3' = \{24 - 29 - 30 - 31 - 32 - 33 - 30 - 36 - 37 - 39 - 42\}$.

再将主干树图 T_3' 扩张、延伸, 由此产生主干枝树图 $T_3 = \{T_3' + 34, 35, 38, 40, 41\}$. 由此将树图 G 分解成 T_0, T_2, T_1, T_3 这四条干枝树图的组合.

E.2 图理论的推广

图论是一种研究不同事物之间相互关系的理论, 因此有许多应用. 在本书中, 我们主要讨论它在网络结构中的应用. 在近代图论中, 对该理论中的概念和性质有许多推广.

在本章中我们介绍其中的一些新概念和它们的推广理论. 如图的**着色函数理论**、**超图**、**复合图论**等, 并讨论它们在网络结构中的应用.

E.2.1 点线图的着色函数

1. 点线图的着色函数

点线图的着色函数就对点和弧的一些特性进行描述或表达.

点线着色函数图的一般表示是 $G = \{E, V, (f, g)\}$, 其中

$$f = f(e), e \in E, \quad g = g(v), v \in V$$

分别是集合 E, V 上的函数, 由此说明图中一个点和弧的特性.

在点线着色函数图 $G = \{E, V, (f, g)\}$ 中, 弧着色函数 $g = g(v) = g(e, e'), v = (e, e') \in V$ 是个 $E \times E$ 的矩阵.

在点线图 G 中, 如果用 $A(G) = (a_{e,v})_{e \in E, v \in V}$ 表示图中点和弧的关系指标, 那么 A 就是图 G 的关联矩阵.

关联矩阵 A 是个 $E \times V$ 的矩阵.

对不同类型的点线图, 它们的关联矩阵 A 有不同的表示法.

(i) 如在无向图 G 中, $a_{e,v} = \begin{cases} 0, & e \text{ 不是 } v \text{ 的端点}, \\ 1, & e \text{ 不是 } v \text{ 的一个端点}, \\ 2, & e \text{ 是 } v \text{ 的两个端点}. \end{cases}$

(ii) 如在有向图 G 中, $a_{e,v} = \begin{cases} 0, & e \text{ 不是 } v \text{ 的端点}, \\ 1, & v \text{ 是 } a \text{ 的入弧}, \\ -1, & v \text{ 是 } a \text{ 的出弧}. \end{cases}$

这时 $a_{e,v}$ 是图 G 中点 e 和弧 v 的关系指标. 而关联矩阵 A 是图 G 中点和弧的混合着色函数.

又如取 $g(e, e') = w_{e,e'}$ 是点 e, e' 之间连接的强度. 这也是 NNS 中的权系数.

2. 点线图的着色函数在多输出感知器中的表达

我们再以多输出感知器为例说明点线图的着色函数对 NNS 的描述或表达.

多输出感知器的点集合记为 $E = \{A, B\}$, 其中 $\begin{cases} A = \{a_1, a_2, \cdots, a_n\}, \\ B = \{b_1, b_2, \cdots, b_k\}, \end{cases}$ 其中

$a_1, a_2, \cdots, a_n, b_1, b_2, \cdots, b_k$ 是不同层次中的神经元.

记 $V = A \times B = \{(a_i, b_j), a_i \in A, b_j \in B\}$ 是多输出感知器全体弧的集合. 这时 $G = \{E, V\}$ 是多输出感知器 $\mathrm{NNS}(n, k)$ 中的点、线图.

多输出感知器 $\mathrm{NNS}(n, k)$ 的着色点线图记号为 $G = \{E, V, (f, g)\}$, 其中 $f = f(a)(a \in E), g = g(v)(v \in V)$ 分别是点和弧着色函数. 它们分别是点集合 E, V 上的函数.

3. 多输出感知器

$\mathrm{NNS}(n, k)$ 的着色点线图 $G = \{E, V, (f, g)\}$ 中, 相应的点线着色函数定义如下.

$$\begin{cases} \textbf{输入状态向量 } x^n = (x_1, x_2, \cdots, x_n), \quad x_i \in X = \{-1, 1\}, \\ \textbf{神经元的阈值向量} = h^k = (h_1, h_2, \cdots, h_k), \\ \textbf{神经元的电位向量} = u^k = (u_1, u_2, \cdots, u_k), \\ \textbf{神经元的状态向量} = y^k = (y_1, y_2, \cdots, y_k), \end{cases} \quad (\mathrm{E.2.1})$$

其中 $E = \{A, B\}$ 是图 G 中点的集合, x^n 是集合 A 中的着色函数, 而

$$(h^k, u^k, y^k) = ((h_1, u_1, y_1), (h_2, u_2, y_2), \cdots, (h_k, u_k, y_k))$$

是集合 B 中点 (或神经元 b_j) 的着色函数.

在 $\mathrm{NNS}(n, k)$ 中, 弧着色函数是 $g(v) = w_{a_i, b_j} = w_{i,j}$ 是一个权矩阵函数.

由该着色函数 G_A, 可以得到 (E.2.1) 式中不同变量的相互关系, 这时

$$\begin{cases} \textbf{电位整合函数 } u_j = \sum_{i=1} w_{i,j} x_i, \\ \textbf{状态运动函数 } y_j = \mathrm{Sgn}(u_j - h_j) = \mathrm{Sgn}\left[\sum_{i=1} w_{i,j} x_i - h_j\right]. \end{cases} \quad (\mathrm{E.2.2})$$

4. 对 HNNS 同样可以构造它们的着色点线图, 对此说明如下

仿 (E.2.1) 式, 对 HNNS 的点线着色图同样可以用 $G = \{E, V, (f, g)\}$ 表示, 其中 $E = \{e_1, e_1, \cdots, e_n\}$ 是一组固定的神经元, 而 $v = (e_i, e_j)$ 是由任意两个神经元所形成的弧.

在 HNNS 和它的神经元集合 E 中, 由此形成的状态向量、阈值向量、电位向量、状态运动向量的定义和 (E.2.1), (E.2.2) 式中的定义相同, 其中 $y^n = (y_1, y_2, \cdots, y_n)$ 向量是该系统中神经元的状态变化向量.

由此可知, 多输出的感知器和 HNNS 模型的运动特征是不同的, 前者是不同 NNS 的相互作用, 由此形成一个系统对另一个系统的作用, 而后者是系统内部神经元之间的相互作用, 由此形成该系统状态的运动会变化.

E.2.2 超图

超图的概念是点线图的推广, 它把弧的概念推广成一个多点集合, 该理论在多维空间图论中有一系列应用.

1. 超图的定义

定义 E.2.1 (超图的定义)   称 $G = G^k = \{V^1, V^2, \cdots, V^k\}$ 是 R^n 空间中的一个 k 阶超图, 如果它满足以下条件.

(1) k 是一个正整数, $V^\tau(\tau = 1, 2, \cdots, k)$ 是一个 R^n 空间中的子集合的集合, 对它们的定义如下.

(2) $V^1 = \{x_1^n, x_2^n, \cdots, x_{m_1}^n\}$ 是 R^n 空间中的向量的集合, 称 V^1 是超图 G 中点 (向量) 的集合, m_1 是这个超图中包含点的数目.

这时又记这些点 (向量) 的集合为 $A = V^1 = \{a_1, a_2, \cdots, a_{m_1}\}$(其中 $a_i = x_i^n$ 是向量).

(3) 记 $A_{\tau,i} \subset A$ 是 A 的一个子集合, 它的元素数目是 $\tau = \| A_{\tau,i} \|$.

这时记 $V^\tau = \{A_{\tau,1}, A_{\tau,2}, \cdots, A_{\tau,m_\tau}\}$ 是不同的子集合 $A_{\tau,i} \subset A$ 的集合.

(4) 在集合 $V^\tau(\tau = 1, 2, \cdots, k)$ 之间满足条件: 对任何 $1 \leqslant \tau < k, i \in \{1, 2, \cdots, m_\tau\}$, 那么在 $\tau' = \tau + 1$ 中总有一个 $j_i \in \{1, 2, \cdots, m_{\tau+1}\}$, 使 $A_{\tau,i} \subset A_{\tau+1,j_i}$ 成立.

2. 关于超图的说明

超图的背景是 R^n 空间中的多面体, 对其中的有关记号说明如下.

(1) R^n 空间中的多面体, 我们把它记为 Σ^n.

(2) 关于多面体, 在拓扑学中有内点和边界点的区别, 而边界点又有顶点、棱、边界三角形、边界多面体等一系列定义, 我们不再一一说明.

(3) 超图中的弧集合 $V^1, V^2, V^3, \cdots$ 中的弧就是多面体中顶点、棱、边界三角形等的集合.

(4) 在多面体 Σ^n 中, 一个较低阶的边界多面体 $A_{\tau,i}$ 一定是在该多面体中, 由其中较高阶的边界多面体 $A_{\tau+1,j}$ 的交形成. 因此有定义 E.2.1 中关系式 (4) 的性质成立.

3. 超图的意义

E.2.3 复合图论

复合图论的概念是指图中的图, 有关定义和记号如下.

1. 母图 (或初始图)

这就是一个普通的点线图 $G = \{A, V\}$, 如果其中的点和弧具有更复杂的含义时, 可以产生复合图, 称点线图 $G = \{A, V\}$ 是复合图的一个母图.

最简单的复合图就是图中的图, 对它的表示、定义和记号如下.

在点线图 $G = \{E, V\}$ 中, 如果每个点 $a \in E$ 代表一个图 $G_a = \{E_a, V_a\}$, 而弧 $v = (a, b) \in V$ 代表图 G_a, G_b 之间的关系, 如图的联 $g_v = G_a \vee G_b$(见定义 E.1.5).

由此得到的复合图记为 $\mathrm{GG} = \{(G_a, G_v), a \in E, v \in V\}$.

对此复合图也可用图着色函数表示, 这时 $GG = \{E, V, (f, g)\}$, 其中

$$\begin{cases} f(a) = G_a = \{E_a, V_a\}, & a \in E, \\ g(v) = G_v = G_a \vee G_b, & v = (a, b) \in V. \end{cases} \tag{E.2.3}$$

这时称图 GG 是一个由母图 $G = \{E, V\}$ 产生 (或扩展产生) 的复合图, 其中的 G_a 是复合图 GG 中的子图, 而 G_v 是子图 G_a, G_b 之间的关联图.

2. 复合图的应用

我们已经说明, 图论是描述网络结构的有力工具. 在 (E.2.1) 式中, 我们已经给出多输出感知器 $\mathrm{NNS}(n, k)$ 的点线着色图 $G = \{E, V, (f, g)\}$ 中的有关模型和记号的表示式. 现在利用复合图可以表示更复杂的 HNNS 模型.

我们已经说明, 在 NNS 中存在两类不同的 NNS 模型, 即多输出的感知器模型和 HNNS 模型, 它们的运动特征和相互作用是不同的, 它们的混合可以产生一个复杂 NNS.

复杂 NNS 是指在一个 NNS 中, 由许多神经元组成, 这些神经元构成多个不同的子系统, 在这些子系统中, 存在不同的子系统之间的相互作用, 也存在同一子系统内部神经元之间的相互作用.

对这种复杂 NNS 的结构需要通过复合图的方法进行描述.

3. 多重 HNNS 的表达

为了简单起见, 我们只讨论一个三重 HNNS 的结构, 对此描述如下.

对这三个 HNNS 的神经元集合分别记为 A, B, C, 其中神经元分别记为 a, b, c, 它们所包含的神经元的数目分别是 n_a, n_b, n_c.

这些神经元所对应的阈值分别记为 h_a, h_b, h_c, 而这些神经元之间相互作用的权矩阵分别是

$$W_{\tau, \tau'} = (w_{\gamma, \gamma'})_{\gamma \in \tau, \gamma' \in \tau'}, \quad \gamma, \gamma' = a, b, c, \quad \tau, \tau' = A, B, C. \tag{E.2.4}$$

这里 $W_{\tau, \tau'}$(或 $w_{\gamma, \gamma'}$) 是 A, B, C(或 a, b, c) 中各神经元相互作用的权矩阵函数.

由此得到, 这些神经元的电位整合和状态值分别是

$$\begin{cases} u_{\gamma'} = \sum_{\gamma \in \tau_0} x_\gamma w_{\gamma, \gamma'}, \\ x_{\gamma'} = \mathrm{Sgn}[u_{\gamma'} - h_{\gamma'}], \quad \gamma' = a, b, c, \end{cases} \tag{E.2.5}$$

其中 $\tau_0 = A \cup B \cup C$.

在这三个 HNNS 中, 每个系统中的神经元同时受到这三个系统中的各神经元的作用, 它们的表达形式相同, 但是它们的信息处理过程不同.

4. 对应这种多重 HNNS, 可以用一个复合图来进行表达, 其中的要点如下

该复合图的初始图是 $G = \{E, V\}$, 其中 $E = \{A, B, C\}$, 而 V 是 E 中点偶的集合.

对每个 $\tau \in E$, 所对应的 G_τ 是一个 HNNS, 它们所对应的点线图着色我们已在 (E.2.1), (E.2.2) 式中给出.

对任何 $v = (\tau, \tau') \in V$, 这时的弧着色函数是一种关联图, 它们的相互作用如 (E.2.4), (E.2.5) 式定义.

当权矩阵 $W_{\tau, \tau'}$ 作不同选择时, 产生不同类型的自动机, 关于自动机的相互作用等问题我们在下文中还有讨论.

E.3 几种特殊类型的图

无论在数学、物理学还是化学中, 都存在一些具有特殊结构的图. 在本节中, 我们介绍其中的一些图. 如数学中的二分图、立方图等, 物理学中的电子线路图、开关线路图等, 还有化学中的分子结构图、化学反应图等, 由此可以看到图论在多种不同情况下的应用.

E.3.1   在数学定义中的一些图

利用数学结构的定义可以形成一些特殊的图. 图的一般记号仍是 $G = \{E, V\}$, $G' = \{E', V'\}$, 或 $G_i = \{E_i, V_i\}, i = 1, 2, \cdots$.

1. 在数学定义中的一些图

(1) **二分图**. 在 G 图中, 如果 $E = A + B$ 是两个不同集合的并, 而集合 V 是形为

$$v = (a, b), (b, a), \quad a \in A, b \in B$$

的点偶集合. 这时称 G 是一个二分图.

(2) **超立方体网络图**. 在图 G 中取, 如果 $E = X^n$ 是一个 n 维向量空间, 其中 $X = \{0, 1\}$(或 $X = \{-1, 1\}$) 是一个二进制的集合. 它的点是向量 $x^n = (x_1, x_2, \cdots, x_n), y^n = (y_1, y_2, \cdots, y_n)$.

这时在 G 图中弧的集合取为

$$V = \{v = (x^n, y^n), \ d_H(x^n, y^n) = 1\}, \tag{E.3.1}$$

其中 $d_H(x^n, y^n)$ 是向量 x^n, y^n 之间的 Hamming 距离.

(3) **广义超立方体网络图**. 对超立方体网络图可以有许多推广, 如

(i) 如把定义式 (E.3.1) 的约束条件 $d_H(x^n, y^n) = 1$ 改为 $d_H(x^n, y^n) \leqslant d$, 其中 d 是一个适当的正整数.

(ii) **交叉超立方体网络图**. 如果 G_1, G_2 分别是 n 维向量空间 X^n 中的两个超立方体网络图, 其中 E_1, E_2 是 X^n 中的两个超立方体网络图, 由此产生 G_1, G_2 的交叉超立方体网络图

$$G = \{E, V\}, \quad E = E_1 \cup E_2, V = V_1 \cup V_2 V_{1,2}, \tag{E.3.2}$$

其中 $V_{1,2} = \{(x^n, y^n), \quad x^n \in E_1, y^n \in E_2, d_H(x^n, y^n) \leqslant d\}$, 其中 d 是一个适当的正整数.

交叉超立方体网络图实际上是两个超立方体网络图的联结.

(iii) 关于超立方体网络图还有许多推广, 如 Möbius 超立方体图、折叠超立方体图等, 我们不作讨论、说明.

(4) **de Brujin 网络图** $B(d, b)$. 其中的点集合取 $E = Z_d^n$ 是一个 n 维向量空间, 其中 $Z_d = \{0, 1, \cdots, d-1\}$, 而 d 是一个正整数.

现在对一个固定的向量 $x^n = (x_1, x_2, \cdots, x_n) \in Z_d^n$ 和向量 $y^n = (x_2, x_3, \cdots, y_n, \alpha), \alpha \in Z_d$ 构成弧. 因此 $B(d, b)$ 图中的全体弧的定义集合是

$$V = \{(x^n, y^n), y^n = (x_2, x_3, \cdots, y_n, \alpha), \alpha \in Z_d, x^n \in Z_d^n\}. \tag{E.3.3}$$

因此, de Brujin 网络图 $B(d, b)$ 是一个在 Z_d 集合中取值的、n 阶移位寄存器序列的生成图. 对移位寄存器序列的定义我们在下文中有详细说明.

(5) **Kautz 网络图** $K(d, n)$.

Kautz 网络图是附加一些条件的 de Brujin 网络图, 它的定义如下.

(i) $K(d, n)$ 中点的集合 $E \subset Z_d^n$, 其中的向量 $x^n = (x_1, x_2, \cdots, x_n) \in Z_d^n$ 需满足条件

$$E = \{x^n \in Z_d^n, \ x_i \neq x_{i+1}, i = 1, 2, \cdots, n-1\}. \tag{E.3.4}$$

(ii) $K(d, n)$ 中弧的定义和 (E.3.3) 相同, 其中要求 $\alpha \neq x_n$.

(6) **双环网络图**.

双环网络图是单环网络图结构的推广, 有关定义如下.

(i) 单环网络图记为 $C_n = \{Z_n, V_n\}$, 其中 $Z_n = \{0, 1, \cdots, n-1\}$.

(ii) 在此双环网络图中弧的集合定义为 $V_n = \{(j, j) : i, j \in Z_n, j - i \equiv 1 \ (\bmod \ n)\}$.

　　Kautz 网络、de Brujin 网络、双环网络图等都是不同类型的自动机、移位寄存器的不同结构形式, 它们有许多推广、变异形式和等价的数学表示方法. 对此我们不作一一说明.

E.3.2　电子线路和开关电路网络图

　　在物理学中也有一些网络结构图, 它们有许多应用, 在本小节中, 我们介绍几种网络结构图, 如**电子线路**、**开关电路图**等, 它们的产生和发展 (有关性能的研究) 和计算机科学的发展有密切关系. 我们这里先介绍这些图的结构和表达特征.

　　1. 电子线路网络图

　　由不同电子元件连接, 由此构成的电子线路图一般都是网络图, 对它们的描述和定义如下.

　　节点. 这是指电子线路中一些固定的点. 它们在点线图 $G = \{E, V\}$ 中, 就是集合 E 中的点.

　　电子线路中的弧就是连接不同节点之间的弧. 弧 $v = (a, b) \in V$ 一般需通过电子元器件连接.

　　电子元器件的类型有电阻、电感、电容、电源, 它们分别用 R, L, C, E 表示. 这些电子元器件都有各自的物理量及相应的量纲和基本单位.

　　这些物理量、量纲和基本单位在物理学中都已标准化. 在许多物理学用表 (如 [131] 等文) 中都有说明.

　　由此可见. 电子线路图可以用点线图 $G = \{E, V\}$ 表示, 其中集合 E 中的点就是节点, 而弧的特征可以用弧着色函数 $g(v)(v \in V)$ 表示.

　　这时点线图 $G = \{E, V\}$ 中的点着色函数就是它们的状态值, 如电流强度、电位值等.

　　因此在每个节点 $e \in E$ 上的物理量, 如 I_v, V_v 分别是在弧 v 上的电流强度和电位差.

　　2. LCR 电路中的基本定律

　　我们已经说明, 电子线路是由电阻、电感、电容、电源 (R, L, C, E) 这些电子元器件连接的网络线路图 G, 所以称这样的电子线路为 LCR 电路或 LCR 网络图.

　　LCR 网络图中的点和弧中的物理量必须满足 LCR 电路中的有关定律, 如

$$\textbf{克希霍夫定律}\begin{cases} \textbf{电流定律} & \sum_{v=(e,e')} I_v = 0, \\ \textbf{电压定律} & \sum_{\text{在固定环路上}L} V_v = 0, \end{cases} \quad \text{其中 } v \text{ 是环路 } L \text{ 上的弧.}$$

　　在 LCR 电路中, 其他的物理学定律还有很多, 如 R, L, C, E 在不同网络结构条件下的有关定律、公式及这些公式的不同表达方式 (如一般公式, 微分、积分公式等), 我们不一一列举.

E.3.3　开关电路

开关是电子线路中的一种元器件, 它有两个端点和两个状态 (开和关). 由这种元器件构成的电路开关就是开关电路.

1. 开关电路的表示和运算

由开关电路形成的无向点线图同样记为 $G = \{E, V\}$, 其中的点仍然是电路中的节点, 而弧的着色函数就是它们的状态值 (开或关, 连通或关闭的).

记 $E = \{e_1, e_2, \cdots, e_n\}$ 是电路中的节点. 记 $x_v = g(v) \in Z_2 = \{0, 1\}$ 是弧 $v \in V$ 上的开关函数. 它表示弧 v 上的开关处在关闭或连通状态.

集合 Z_2 是个二元域, 当 $x, y \in Z_2$ 时存在运算

$$\begin{cases} x + y = x \vee y = \mathrm{Max}\{x, y\}, \\ x \cdot y = x \wedge y = \mathrm{Min}\{x, y\}. \end{cases} \tag{E.3.5}$$

(E.3.5) 表示弧中开关的运算, 它们表示弧处在并联或串联时线路的状态运算.

这就是: 如果 $L = \{v_1 \to v_2 \to \cdots \to v_m\}$ 是一条由若干相连 (串联) 弧组成的路, 那么该路的状态是

$$x(L) = x_1 x_2 \cdots x_m, \tag{E.3.6}$$

其中 $x_i = g(v_i)$ 是弧 v_i 的开关状态.

路 L 处于连通状态必须是它的弧都处于连通状态, 否则路 L 处于关闭状态.

如果 $e_i, e_j \in E$ 是两个节点, 记 $\mathcal{L}_{i,j}$ 是图中连接 $e_i, e_j \in E$ 两点的所有路的集合. 那么

$$x(a, b) = \sum_{L \in \mathcal{L}_{a,b}} x(L). \tag{E.3.7}$$

在点 a, b 之间, 只要有一条路是连通状态的, 那么这两点的关系就是处于连通状态, 否则所有的路都不连通, 处于关闭状态.

2. 图 G 的状态函数和开关电路的设计问题

对一个固定的无向点线图 $G = \{E, V\}$, 其中的点仍然是电路中的节点, 而弧的着色函数就是 $x_v = g(v)$ 的取值问题.

在点线图 G 中, 对任何两点 $a, b \in E$, 记 $F_{a,b} \in Z_2 (a, b \in E)$ 是一个关于点偶 a, b 之间的一个状态函数.

因此点线图 G 的状态函数 F 是一个 $E \times E \to Z_2$ 的一个映射.

对固定的图 G, 它的开关电路的设计问题是指对一个指定的状态函数 F, 设计 $g(v) \in Z_2 (v \in V)$ 的弧着色函数, 使图 G 的状态函数是指定的 F 函数.

3. 关于开关电路设计问题的讨论

关于图 G 的开关电路的设计问题实际上就是状态函数 $F_{a,b}(a,b \in E)$ 和弧着色函数 $g(v)$ 的关系问题的讨论, 对此问题有;

(1) 如果 $g(v) \in V$ 给定, 那么按 (E.3.6), (E.3.7) 式, 对任何 $a,b \in E$, 相应的函数值 $G_{a,b} = x(a,b)$ 就确定.

(2) 开关电路设计问题就是对固定的图 G 和指定的状态函数 F, 寻找相应的弧着色函数 $g(v)$, 使关系式 $G_{a,b} = F_{a,b}$ 对任何 $a,b \in E$ 成立.

(3) 这样的设计问题首先是存在性、唯一性的问题, 对固定的图 G 和指定的状态函数 F, 相应的弧着色函数 $g(v)$(使关系式 $G_{a,b} = F_{a,b}$ 对任何 $a,b \in E$ 成立) 是否存在、唯一.

(4) 开关的数量关系问题. 除了存在性、唯一性的问题外, 还有弧着色函数 $g(v)$ 中, 使 $g(v) = 0$ 的数量问题.

由此可见, 在开关电路网络中也存在一整套有关网络分析的理论, 对于这种网络图的一系列分析和计算问题, 我们在此不再详细讨论和介绍.

E.3.4 分子点线图、分子空间结构和拓扑空间

分子是由不同的原子组成的, 每个原子又由原子和电子组成, 因此分子是由这些不同的粒子组成的, 这些粒子通过键实现相互连接, 因此它们可以通过点线图来进行描述和表达.

化学反应就是这些键的分解和重组. 它们也可以通过点线图来描述这种反应的变化.

1. 分子的点线着色函数图

点线着色图仍记为 $G = \{E, V, (f, g)\}$, 对一个固定的分子 A, 它的点线图记为 $G_A = \{E_A, V_A, (f, g)\}$, 其中 E_A 是该分子包含的所有原子, 而 V_A 是 E_A 中点偶的集合, 它们是由化学键连接的原子.

为描述分子的这种结构, 我们对点与弧的概念和着色函数的概念进行推广.

首先是对点集合 E_A 的推广. 我们把 E_A 中的点取成原子核和电子. 不同类型的原子核和电子取成

$$\begin{cases} a^{+\tau} = a - \tau e \ (\text{原子 } a \text{ 失去 } \tau \text{ 个外层电子, 成为正离子}), \\ a^{-\tau} = a + \tau e \ (\text{原子 } a \text{ 得到 } \tau \text{ 个外层电子, 成为正离子}), \\ a^{e\tau} \text{在原子 } a \text{ 中, 存在 } \tau \text{ 个外层不成对的电子 (该原子仍然保持中性)}. \end{cases}$$

$$\tag{E.3.8}$$

这些原子都具有活性, 在自然界中不能稳定存在, 也易和其他分子结合. 对这些活性原子点也可作为弧-带电子的弧, 称之为单点弧.

在 (E.3.8) 的表示式中, 这些原子是带电的离子或价原子, 它们易和其他原子形成化学键. 如点偶 $(a^{+\tau}, b^{-\tau})$ 表示原子 a, b 在分子中形成 τ 价离子键, 而点偶 $(a^{e\tau}, b^{e\tau})$ 表示原子 a, b 在分子中形成 τ 价共价键.

由此可见, 在 V_A 中, 点偶可能是离子键或共价键, 而且还有价数的不同. 因此, 弧着色函数 $g(v)(v = (a, b) \in V_A)$ 可以说明这些点偶键的类型.

关于 (E.3.8) 式中, 不同类型的点和弧表示如图 E.3.1.

图 E.3.1   分子点线图中几种不同类型的点和弧

图 E.3.1 中有四种不同类型的点, 即黑点和空心点, 在空心点中又分 $e, +, -$ 三种情形. 其中图 E.3.1 (a) 表示处于稳定状态下由两原子组成的分子. 图 E.3.1(a), (b), (c) 中的三种空心点就是由 (E.3.1) 式定义的不稳定的原子.

有关弧的特性, 除了它们的不同类型外, 还有其他类型的参数表达, 如弧的长度、结合能的大小及变动情况等.

2. 分子点线图的几种不同类型

在分子结构点线图中, 对点和弧有三个不同的类型, 即分叉数、价数和阶数, 它们的含义不同, 由此产生不同类型的图.

在分子结构点线图中, 已经给出阶和价的定义, 如果点偶 $v = (a, b) \in V_A$ 都是化学键, 那么称该图 $G_A = \{E_A, V_A\}$ 是该分子的**骨架图**.

有许多分子官能团具有环状结构, 芳环、杂环、核酸中的碱基、氨基酸中也存在多种环状结构, 它们都可采用点线图表示, 这种表示法较化学分子式表示简单, 但会丢失一些信息, 这需要用着色函数来补充.

利用图的方法还可以对分子的空间结构进行描述和表达, 分子点线图总可以分解成树图或带环的树图, 在这些图中, 依据弧的阶数可以产生弧长、转角、扭角等参数. 在这些参数中有的是稳定的, 有的是不稳定的. 分子的空间结构形态主要是由这些不稳定参数决定的.

附录 6　计算机原理

　　计算机科学是一个庞大的理论和应用的体系, 其中主要包括硬件、软件、算法这三大部分. 在这三部分内容中都有各自的理论基础.

　　在本章中我们主要介绍其中的有关原理, 包括布尔代数、计算机构造和语言中的有关内容.

F.1　布尔代数和布尔函数

　　研究计算机可以有多种不同的出发点, 如集合论、逻辑学、逻辑元件等. 我们这里选择布尔代数和布尔函数. 它们的一个共同点都是从公理化体系出发, 并由此引发其他的一系列性质和计算机构造中的一系列特征. 我们选择布尔理论切入的优点是可以直接和 NNS 理论结合.

F.1.1　布尔代数

　　布尔代数是指一个具有并、积 (或交) 运算, 满足以下**亨廷顿(Huntington)公理**的集合 B.

　　1. 布尔代数的亨廷顿公理体系

记集合 B 中的任意元素为 a, b, c 之间定义并、积运算 $\vee, \cdot$, 并满足以下公理.

(F-1-1) **元素数量公理**. 这就是在集合 B 中, 至少有两个元素.

(F-1-2) **并、积运算闭合**, 如果 $a, b \in B$, 那么 $a \vee b, a \cdot b \in B$.

(F-1-3) **零元、幺元存在**, 即存在 $O, I \in B$, 总有 $a \vee O = a, a \cdot I = a$ 成立. 如果零元、幺元存在, 那么它们一定是唯一确定的.

(F-1-4) **交换律成立**. 这就是有 $\begin{cases} \text{并交换律}: & a \vee b = b \vee a, \\ \text{积交换律}: & a \cdot b = b \cdot a. \end{cases}$

(F-1-5) **分配律成立**. 这就是有 $\begin{cases} \text{并、积分配律}: & a \vee (b \cdot c) = (a \vee b) \cdot (a \vee c), \\ \text{积、并分配律}: & a \cdot (b \vee c) = (a \cdot b) \vee (a \cdot c). \end{cases}$

(F-1-6) **逆元存在**. 如果零元 O、幺元 I 存在, 而且是唯一确定的, 那么对任何 $a \in B$, 它的逆元总是存在的.

　　总有 $\bar{a} \in B$ 存在, 使 $a \cdot \bar{a} = O, a \vee \bar{a} = I$ 成立. 称 $\bar{a}$ 是 a 的**补元**.

　　零元、幺元存在, 即存在 $0, I \in B$, 那么总有 $a \vee 0 = a, a \cdot I = a$ 成立.

2. 布尔代数中公理的等价性质

这 6 条布尔代数的亨廷顿公理直接推出相互等价的性质如下.

(F-1-7) **零元、幺元存在的唯一性**. 如果零元、幺元存在, 那么它们一定是唯一确定的.

(F-1-8) **幂等率**. $a \vee a = a, a \cdot a = a$ 成立.

(F-1-9) **零元、幺元的性质**. $a \vee I = I, a \cdot O = O$.

(F-1-10) **吸收率**. 对任何 $a, b \in B$, 总有 $a \vee (a \cdot b) = a, a \cdot (a \vee b) = a$ 成立.

(F-1-11) **补元的唯一性**. 对任何 $a \in B$, 它的补元 $\bar{a} \in B$ 唯一确定.

(F-1-12) **对合律**. 对任何 $a \in B$, 总有 $\overline{(\bar{a})} = a$. 这就是补元的补就是它自己.

(F-1-13) **并、交的补**. $\overline{(a \vee b)} = \bar{a} \cdot \bar{b}, \overline{(a \cdot b)} = \bar{a} \vee \bar{b}$.

(F-1-14) **并、交的结合律**. $(a \vee b) \vee c = a \vee (b \vee c), \quad (a \cdot b) \cdot c = a \cdot (b \cdot c)$.

(F-1-15) **并、交、补的混合运算性质**. $a \vee (\bar{a} \cdot b) = a \vee b, \quad a \cdot (\bar{a} \vee b) = a \cdot b$.

(F-1-16) **并、交、补的混合运算性质**. $\begin{cases} (a \cdot b) \vee (a \cdot c) \vee (b \cdot c) = (a \cdot b) \vee (a \cdot c), \\ (a \vee b) \cdot (a \vee c) \cdot (b \vee c) = (a \vee b) \cdot (a \vee c). \end{cases}$

(F-1-17) **并、补运算性质**. 如果 $a \vee b = I, a \cdot b = O$, 那么 $b = \bar{a}$.

(F-1-18) **并、积运算性质**. 运算关系 $a = a \vee b$ 和 $a \cdot b = O$ 等价.

3. 布尔代数中的一些关系定理

布尔代数中, 除了公理 (F-1-1)– (F-1-6), 性质 (F-1-7) – (F-1-18) 外, 还有以下关系定理.

定理 F.1.1 (替换定理)   在布尔代数 B 中, 如果它的元素为 $a, b, c, \cdots$, 其中的运算为 $\vee, \cdot$, 如果把所有的元素变为 $\bar{a}, \bar{b}, \bar{c}, \cdots$, 而把运算 $\vee, \cdot$ 进行互换, 那么所形成的集合 $\bar{B}$ 仍然是一个布尔代数.

定理 F.1.2 (对偶原理)   在定理 F.1.1 的替换关系下, 布尔代数 B 中的所有关系式仍然成立 (在替换关系的表示下).

例 F.1.1(二值布尔代数)   如果取 $X = \{-1, 1\}$, 对其中的元 a, b 定义

$$a \vee b = \text{Max}\{a, b\}, \quad a \cdot b = a \wedge b = \text{Min}\{a, b\}, \tag{F.1.1}$$

那么 X 构成布尔代数 (二值布尔代数).

在此定义下, 运算符号 $\cdot$ 和 $\wedge$ 等价.

F.1.2   布尔格

如果集合 B 是一个布尔代数, 在它的任意元素为 a, b, c 之间定义大小比较关系 $\leqslant, \geqslant$, 由此形成一个格 (或半序) 的结构.

1. 布尔格的定义

在布尔代数 B 中, 它的任意元素为 a, b, c.

(1) 如果 $a = a \vee b$, 那么称 $b \leqslant a$ 或 $a \geqslant b$, 这时称 a 覆盖 b.

(2) 在一个集合 B 中, 如果存在这种覆盖 (或半序) 关系, 而且满足关系式, 那么称集合 B 是一个布尔格.

自反律 $a \leqslant a$, **最大、最小律** $O \leqslant a \leqslant I$, **递推律** 如果 $a \leqslant b, b \leqslant c$, 那么必有 $a \leqslant c$.

2. 布尔格的性质

(1) 在布尔格 B 中, 它的任意元素为 a, b 的最大、最小元是 $a \cdot b \leqslant a, b \leqslant a \vee b$.

(2) 在布尔代数 B 中, 对其中的元素 $a \neq O$, 如果对任何 $x \in B$, 总有 $x \cdot a = a$ 或 O, 那么称 a 是该布尔代数中的一个原子.

(3) 如果 B 是一个有限布尔代数, 那么它的元素 x, 总有一个原子 $a \in B$, 而且使有 $a \leqslant x$ 成立.

(4) 如果 B 是一个有限布尔代数, 记 C 是其中所有原子的集合, 那么对任何 $x \in B$, 总有若干个原子 $a_1, a_2, \cdots, a_n \in B$, 使 $x = a_1 \vee a_2 \vee \cdots \vee a_n$ 成立.

(5) 如果 B 是一个有限布尔代数, $\| C \| = m$, 那么 $\| B \| = 2^m$.

(6) 任何有限布尔代数 B 一定和一个有限集合 Ω 同构, 只要 C 和 Ω 中的元素个数相同.

在此同构关系中, 运算关系 $\vee, \cdot$ 和 $\cup, \cap$ 对应.

F.1.3 布尔函数

1. 布尔函数的定义

(1) 如果 X 是二值布尔代数 (见例 F.1.1), X^n 是二进制向量空间, f 是 $X^n \to X$ 的映射, 那么称 f 是一个 n 阶的布尔函数.

(2) 如果 A 是 X^n 空间中的一个子集和, 记 $f_A(x^n) = \begin{cases} 1, & x^n \in A, \\ -1, & \text{否则}. \end{cases}$ 那么 f_A 是一个布尔函数. 这时称集合 A 是该布尔函数的定义集合, 或布尔集合.

(3) 如果 f 是一个 n 阶布尔函数, 那么必有一个集合 $A \subset X^n$, 使 $f(x^n) = f_A(x^n)$ 成立.

2. 布尔函数的等价表示

如果记 F_n 是所有 n 阶布尔函数的集合, 那么以下性质成立.

(1) 如果记 F_n 是所有 n 阶布尔函数的集合, 那么 F_n 中包含布尔函数的数目有 2^n 个.

(2) 如果 $f, g \in F_n$ 是不同的布尔函数, 定义

$$f \vee g = \text{Max}\{f, g\}, \quad f \cdot g = f \wedge g = \text{Min}\{f, g\}, \tag{F.1.2}$$

那么 F_n 是一个布尔代数. 其中

$$f \vee g = \text{Max}\{f, g\} = \text{Max}\{f(x^n), g(x^n)\}, \quad 对任何 \ x^n \in X^n.$$

(3) 如果 $f, g \in F_n$, 那么必有 $A, B \subset X^n$, 使 $f(x^n) = f_A(x^n), g(x^n) = f_B(x^n)$ 对任何 $x^n \in X^n$ 成立. 而且在此对应关系中有

$$f_A \vee f_B = f_{A \cup B}, \quad f_A \cdot f_B = f_A \wedge f_B = f_{A \cap B} \tag{F.1.3}$$

成立.

由此可以建立布尔代数、集合论、布尔函数之间的同构关系.

3. 布尔函数的性质

(1) 单点集的布尔函数. 如果 $A = \{x^n\}(x^n \in X^n)$ 是一个单点集合, 这时它的布尔函数 $f_A(z^n) = \begin{cases} 1, & z^n = x^n, \\ -1, & 否则. \end{cases}$

(2) 如果记 $x_i, z_i \in \{-1, 1\}$ 是二进制集合中的数据, 那么有关系式

$$f_{x^n}(z^n) = \bigwedge_{i=1}^{n} f_{x_i}(x_i) = \prod_{i=1}^{n} f_{x_i}(x_i) = \begin{cases} 1, & z^n = x^n, \\ -1, & 否则. \end{cases} \tag{F.1.4}$$

(3) 由此得到, 对一般布尔集合的表达函数是

$$f_A(z^n) = \bigvee_{x^n \in A} f_{x^n}(z^n) = \bigvee_{x^n \in A} \bigwedge_{i=1}^{n} f_{x_i}(z_i) = \begin{cases} 1, & z^n \in A, \\ -1, & 否则. \end{cases} \tag{F.1.5}$$

(4) 如果 $A \subset X^{n_1}, B \subset X^{n_2}$, 而

$$A \otimes B = \{(x^{n_1}, y^{n_2}) : x^{n_1} \in A, y^{n_2} \in B\} \subset X^n, \tag{F.1.6}$$

其中 $n = n_1 + n_2$. 这时

$$f_{A \otimes B}(z^n) = f_A(z^{n_1}) f_B(z^{n_2}) = \left(\bigvee_{x^{n_1} \in A} \bigwedge_{i=1}^{n_1} f_{x_i}(z_i) \right) \left(\bigvee_{y^{n_2} \in B} \bigwedge_{i=1}^{n_2} f_{y_i}(z_{n_1+i}) \right), \tag{F.1.7}$$

其中 $x^n = (x^{n_1}, y^{n_2}), z^n = (z^{n_1}, z^{n_2})$.

4. 一些基本关系

由此我们有关布尔代数、集合论、布尔函数之间的等价对应关系, 有关名称、定义和记号如表 F.1.1 所示.

表 F.1.1 布尔代数、集合论、布尔函数之间的结构关系表

结构名称	空间	基本变量	基本关系	基本运算	运算规则	导出结构
布尔代数	B	a, b, c 等	$\in, \leqslant$	并、积 $(\vee, \cdot)$	公理 F-1-1 $-$ F-1-6	布尔格
集合论	Ω	子集合 A, B, C	包含关系 $\subset$	交、并、余 $(\cap, \cup, {}^c)$	集合论公理体系	
二进制向量	X^n	向量 x^n 等	$\leqslant, \geqslant$	交、并、余 $(\vee, \wedge, {}^c)$	逻辑运算公理体系	产生四则运算
布尔函数	F_n	函数 f 等	$X^n \to X$ 的映射	并、积、余 $(\vee, \cdot, {}^c)$	和 f_A 的等价关系	子集合的等价关系

这时把 $+, \vee, \cup$ 看作等价运算, 把 $\cdot, \wedge, \cap$ 看作等价运算.

有关这些结构 (如布尔函数等) 还有其他一系列性质, 我们在以后章节会陆续涉及.

F.2 自动机理论

自动机是一种抽象的计算机, 它以布尔代数、布尔函数等数学工具来讨论计算、识别、生成等一系列信息处理的可能性. 因此自动机不仅是计算机的理论基础, 也是和其他信息处理中多种不同学科发生联系的基础和桥梁.

我们已经说明, 人和生物神经系统是一个复杂的、由多种不同类型自动机和 NNS 组成的系统, 因此, 我们对它的状况应该有更多的了解.

自动机有多种不同的类型, 如有限自动机、逻辑自动机、图灵机、组合电路等. 在本节中我们先介绍它的一般构造原理和运算规则, 再介绍这些不同类型自动机的特征、区别和意义.

在本节中, 我们介绍这些情况, 重点讨论有关自动机的功能实现问题.

F.2.1 概论

在本小节中, 我们先介绍其中有关的一些基本情况.

1. 图灵机的产生和工作过程

早在 1936 年, 艾伦·图灵[①] 提出了一种抽象的计算模型—图灵机 (Turing

[①]艾伦·麦席森·图灵 (Alan Mathison Turing, 1912.6.23—1954.6.7), 英国数学家、逻辑学家, 被称为计算机科学之父、人工智能之父.

Machine).

图灵机设计的基本思想是将人们使用纸笔进行数学运算的过程进行抽象表达, 用一个虚拟的机器来替代人的数学运算.

图灵机的基本构造是一条无限长的纸带和具有读写功能的探头. 此纸带分成一串相互连接的小方格, 每个方格用不同颜色标记.

机器的探头在纸带上移动, 内部有一固定的状态和程序, 并在纸带方格上读写信息. 探头依据从纸带上读到的信息, 并结合自己内部的状态和程序, 不断更新自己的状态, 同时在纸带的方格上移动, 并把探头中的信息输出到纸带方格上.

探头在此移动、读写、程序操控、运作过程中实现其中的有关数学运算.

图灵设计的这种计算过程被称为图灵机, 该模型为现代计算机的逻辑工作方式奠定了基础.

图灵的工作除了发明图灵机外, 在可计算理论、发展人工智能等领域还有诸多贡献. 如图灵机的可计算性、机器是否具有智能的判定试验方法等, 这些模型和理论已成为现代计算机、逻辑学中的基本理论.

2. 自动机的产生和形成

对于自动机的产生人们一般把它归结于由 1956 年普林斯顿大学出版社出版的一本名为自动机研究 (*Automata Studies*) 的文集.

该文集由著名的信息论创始人 C. E. Shannon 和人工智能研究者 J. Mc Carthy 主编, 收集了有关的论文.

在该文集中, 有关论文的内容较复杂, 其中有 W. S. McCulloch, W. Pitts 关于神经网络的研究, 也有 G. H. Mealy 关于时序机的研究等.

时序机的理论后来发展成图灵机. 因此关于神经网络的研究和自动机的研究在一开始就有密切关系. 这也说明了该文集所追求的目标是希望建立一种新的目标 (现在看来, 这是一种**智能化**的目标).

3. 自动机的发展

早在 20 世纪 50 年代就有存储式的自动机问世, 这种自动机虽有数据存储和计算的功能, 但没有把逻辑运算原理引入它的基本结构中, 因此还不能成为真正意义下的自动机.

至 1959 年, 自动机理论有了重要进展, M. O. Rabin, D. Scott 提出了有限自动机的理论, 该理论把逻辑语言统一在这种自动机的理论中. 该理论的出现, 说明了自动机和逻辑语言密切相关, 也促进了对自动机的结构和功能的研究. 由此促进了多种自动机模型的出现, 如逻辑自动机、概率自动机等模型和理论.

与此同时, 电子计算机、集成电路、大规模集成电路等电子技术也得以实现, 使计算机科学的理论、技术和应用得到迅速发展.

4. 自动机中的语言理论

关于自动机中的语言理论我们在下文中还有介绍, 现在只说明自动机理论和它的语言理论的发展是相辅相成、相互促进、互相推动的. 由此产生了一大批学术论文, 其中的重要观点是把数学中的逻辑学、代数学、拓扑学中的一系列理论引入自动机理论的研究中, 但是对于这种计算机能做什么却没有讨论

F.2.2 自动机构造的基本特征和类型

计算机的构造模型很多, 它们的名称也不相同, 将来和智能计算都有密切关系, 我们先介绍其中的一些基本概念.

1. 自动机构造的基本结构和特征

自动机的类型有很多, 如有限自动机、逻辑自动机、概率自动机、图灵机等, 我们都可把它们看作一个**系统**. 它们具有以下共同的特征.

它们的基本结构特征就是对这些数据的结构、表达方式及相应运算规则的描述.

系统具有输入、输出的数据 (或信号), **并且在这些数据之间存在相互运算的变换关系或规则**.

在这些结构中, 可以用统一的名称、记号来进行表达, 如对数据的描述名称有

$$
\left.\begin{array}{cccc}
\textbf{名称} & \text{名称的含义} & \text{记号} & \text{等价名称} \\
\textbf{字母} & \text{在信号中可能使用的符号或数字} & a,b,c,x,y \text{ 等} & \text{符号或数字} \\
\textbf{字母表} & \text{可能使用的所有字母的集合} & A,B,C,X,Y \text{ 等} & \text{符号或数字的集合} \\
\textbf{字母串} & \text{若干相连的字母} & a^n=(a_1,a_2,\cdots,a_n) & \text{符号或数字的向量} \\
\textbf{字母序列} & \text{可以不断延长的字母串} & a^\infty=(a_1,a_2,\cdots) & \text{符号或数字的序列}
\end{array}\right)
$$
$$(F.2.1)$$

在系统中的字母、字母表又有输入、输出、状态、状态运行区别我们需对这种区别进行描述和表示.

在系统中, 这些字母、字母表一般都以多维、动态等方式出现, 如

$$
\left\{
\begin{array}{ll}
\textbf{系统的输入向量} & x^n=(x_1,x_2,\cdots,x_n), \quad x_i\in X, \\
\textbf{系统的输出向量} & y^n=(y_1,y_2,\cdots,y_n), \quad y_i\in Y, \\
\textbf{系统的状态向量} & s^m=(s_1,s_2,\cdots,s_m), \quad s_j\in S,
\end{array}
\right.
$$
$$(F.2.2)$$

其中 X,Y,S 分别是系统中的输入、输出、状态字母表.

在系统的输入 (或输出) 向量中, 如果它们的维数 n 无限延长, 那么该系统就是一个动态系统, 相应的输入 (或输出) 向量就成为输入 (或输出) 序列.

2. 运算规则的表达

在这种由自动机所形成的系统中, 各种数据都处在不断的运动和变化中, 这种变化按一定的规则进行.

所谓规则就是映射, 也就是在输入状态向量、输出状态向量和系统的状态向量之间的映射.

如用 δ, λ 来表示这种映射, 其中

$$\delta : S \times X \to S, \lambda : \quad S \times X \to Y, \tag{F.2.3}$$

分别是关于系统的状态和输入、输出字母表之间的映射.

3. 时序和记忆

时序和记忆是自动机、计算机中的两个重要概念, 在图灵机、自动机开始形成时就存在, 并起重要作用.

时序的概念就是自动机的输入、输出和状态变量都是在固定的时间中出现, 因此是一个时间序列函数, 记为

$$[x(i), y(i), s(i)] = [x(t_i), y(t_i), s(t_i)], \quad i = 0, 1, 2, \cdots . \tag{F.2.4}$$

对这些无穷序列记为 (x^*, y^*, s^*). 由此产生一个运动的自动机记为

$$M^* = \{X^*, Y^*, S^*, \delta, \lambda\}, \quad \text{其中} \quad \begin{cases} Z^* = Z(0) \times Z(1) \times Z(2) \times \cdots , \\ Z = X, Y, S. \end{cases} \tag{F.2.5}$$

而 δ, λ 是固定的映射 $\begin{cases} \delta : \ S(i) \times X(i) \to S(i+1), \\ \lambda : S(i) \times X(i) \to Y(i). \end{cases}$

F.2.3　自动机的一般模型和定义

由此产生的一个自动机定义为

$$\begin{cases} M = \{X, Y, S, \delta, \lambda, S_0, F\}, \\ M^* = \{X^*, Y^*, S^*, \delta, \lambda, S_0, F\}, \end{cases} \tag{F.2.6}$$

对该自动机中的记号说明如下.

其中 $\begin{cases} X, Y, S \quad \text{分别是输入、输出和状态字母表}, \\ S_0 \subset S, F \subset X \times Y \times S \quad \text{分别是起始和终止规则}, \\ \delta, \lambda \text{ 是固定的映射}. \end{cases}$

当 $s_0 \in S_0$ 出现时, 自动机开始启动 (实现 (F.2.6) 中的运算), 当 $f \in F$ 出现时, 自动机停止工作.

其中 δ, λ 是映射, 它们的定义是

$$
\begin{cases}
\delta : S(i) \times X(i) \to S(i+1), \\
\lambda : S(i) \times X(i) \to Y(i).
\end{cases}
$$

由此形成一个动态的自动机, 这时 M^* 是 M 的动态的自动机, 其中 $Z^* = Z(0) \times Z(1) \times Z(2) \times \cdots, Z = X, Y, S$.

这些变量的运动规则由映射 δ, λ 确定.

1. 自动机的运动过程

当自动机 M 确定之后, 它的运动过程也就确定.

当自动机的初始状态 $s(0)$ 和输入序列 $x^* = (x(0), x(1), \cdots)$ 给定后, 它的其他数据 (自动机的状态序列和输出序列) 也就确定, 它们的变换关系是

$$
\begin{cases}
s(i+1) = \delta[x(i), s(i)], & i = 0, 1, 2, \cdots, \\
y(i) = \lambda[x(i), s(i)], & i = 0, 1, 2, \cdots,
\end{cases}
\tag{F.2.7}
$$

其中 δ, λ 是自动机 M 中的固定映射.

自动机的运动状态变化的点线图记为 $G_M = \{E_M, V_M\}$. 其中 $E = S_M = \{X, Y, S\}$ 是 M 的输入、输出、状态字母表, V_M 是 E 中的点偶集合.

记 $e = (x, y, s) \in E = (X, Y, S)$ 是图 G_M 中的点.

如果记 $(e, e') = [(x, y, s), (x', y', s')] \in V_M$ 是图中的弧, 那么它们满足关系式

$$
\begin{cases}
s' = \delta(x, s), \\
y = \lambda(x, s).
\end{cases}
$$

因此当自动机的初始状态 $s(0)$ 和输入序列 x^* 给定后, 它的输出序列 y^* 和状态序列 s^* 也就确定.

F.2.4 移位寄存器

我们已经给出有限自动机的定义, 它可以通过 $M = \{X, Y, S, \delta, \lambda, S_0, F\}$ 或 $M^* = \{X^*, Y^*, S^*, \delta, \lambda, S_0, F\}$ 确定, 移位寄存器是一种特殊的自动机, 对它的结构和运行规则说明如下.

1. 移位寄存器的结构特征

移位寄存器是由若干存储单元、一个运算器和一些驱动 (位移) 运算组成的自动机, 对此说明如下.

存储单元是指可以存储数据的单元, 这里存储的数据是有限域 F_q 中的数据.

如果存储单元的数量是 n, 它们依次排列, 那么存储的数据是一个在有限域 F_q 中取值的向量 $x^n \in F_q^n$. 这时称向量 $s^n = x^n \in F_q^n$ 是该寄存器的状态向量.

运算器是指一个 $F_q^n \to F_q$ 的映射, 这种映射可以是线性的, 也可以是非线性的, 由此产生的移位寄存器也有线性和非线性的区分.

驱动 (位移) 运算是指数据在存储单元中移动, 也就是第 i 个单元中的数据 x_i 可以向前移动一个单元, 因此存储单元中的数据在不断变化, 变化的规则是向量 x^n 依次移动的规则.

存储单元中的数据不仅具有前后移动的特征, 而且还有输出、输入的功能, 这就是最前一个单元中的数据, 它的下一个移动位置就是系统的输出变量. 而最后一个单元中的数据, 它在向前移动后, 该单元的状态出现空缺, 这个空缺位置的数据由其他数据来补充, 这就是寄存器的输入变量.

寄存器的输入变量由它的状态向量 x^n 和运算函数 f 确定, 这时记 $x_{n+1} = f(x^n)$ 是最后一个存储单元在下一个时刻的存储数据.

$x_{n+1} = f(x^n)$ 是该寄存器的输入变量, 并称这种输入方式是反馈式的输入 (由前面发生的数据经运算后形成的新输入数据).

因此得到的移位寄存器是一个 n 阶 (有 n 个存储单元)、q 元 (在 F_q 域中取值)、线性或非线性 (由映射函数 f 确定) 的反馈式的移位寄存器.

由此得到, 该移位寄存器在初始状态 $s_0 = x_0^n = (x_0, x_1, \cdots, x_{n-1})$ 和映射函数 f 确定后就可产生一个无穷序列

$$x^* = (x_0, x_1, x_2, \cdots), \quad x_i \in F_q, \tag{F.2.8}$$

而且它们满足关系式 $x_{t+n} = f(x_t^n)$ 对任何 $t \geq 0$ 成立, 其中 $x_t^n = (x_t, x_{t+1} \cdots, x_{t+n-1})$.

2. 移位寄存器的示意图

移位寄存器的构造和运算如图 F.2.1 所示. 对图 F.2.1 的有关记号说明如下.

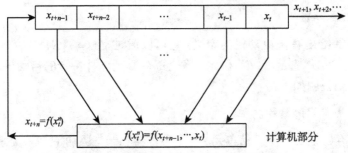

图 F.2.1 移位寄存器的构造和运算意图

移位寄存器的构造由存储单元、运算函数、输出变量三部分组成, 其中存储单元可以保存数据的单元, 如果该移动寄存器有 n 个存储单元, 那么称该寄存器是一个 n 阶寄存器.

该移位寄存器的存储数据是一个 n 阶向量 $x^n = (x_1, x_2, \cdots, x_n)(x_i \in F_q)$ 是有限域 F_q 中的数据.

移位寄存器的运算函数是对存储数据 x^n 的计算, 这时 $f(x^n)$ 是 $X^n \to X$ 的映射.

函数 f 可以是线性的, 也可以是非线性的, 由此形成的移位寄存器就是线性的或非线性的移位寄存器.

由移位寄存器可产生一个数据序列 X^* 如 (F.2.7) 所示.

3. 移位寄存器的运动过程

移位寄存器是一种重要的自动机, 在密码分析、数值计算中有重要应用, 由移位寄存器可以产生多种不同类型的伪随机序列, 如 m - 序列、M - 序列等. 对此不再详细讨论.

F.2.5 图灵机和逻辑网络

现在计算机的构造原理是图灵机 (Turing Machine) 的原理, 它也是一种自动机. 它的构造和工作原理如下.

1. 图灵机的构造和工作原理

图灵机是 1936 年由图灵首次提出的, 它的构造和工作特征如下.

图灵机的构造是通过一条 (或多条) 无限长的格子带, 可以在该格子带上存储信息. 还有个控制读、写头, 在格子带上移动, 并在带上读、写信息.

此控制头可左、右移动, 称之为读写头.

图灵机处在不停的工作状态 (读写头在不停地读写和移动) 中, 只有当它进入预先设计好的状态 (输入和输出状态) 时, 才会停机.

图灵机的这种构造过程可用记号 $M = \{Q, \Sigma, \Gamma, \delta, q_0, q_a, q_r\}$ 来进行表达.

在图灵机 M 中包含 7 个要素, 它们分别是

$$
\left\{
\begin{array}{l}
Q, \Sigma \text{ 分别是状态和输入字母表, 在 } \Sigma \text{ 中不包括空格 } \sqcup \text{ 符号,} \\
\Gamma \text{ 是格子带字母表 } \{\sqcup, \Sigma\}, \\
\delta \text{ 是 } Q \times \Gamma \to Q \times \Gamma \times \{R, L\} \text{ 的映射,} \\
\text{其中 } L, R \text{ 分别是读头向左、右移动的记号,} \\
q_0, q_a, q_r \text{ 分别是 } Q \text{ 中的起始、拒绝、接受状态, 且 } q_a \neq q_r.
\end{array}
\right. \tag{F.2.9}
$$

2. 图灵机的工作过程

图灵机的工作过程通过以下算法步骤实现.

初始状态. 在格子带上输入向量 $\omega = \{\omega_1, \omega_2, \cdots\}$, 其中

$$\begin{cases} \omega_i \in \Sigma & (i = 1, 2, \cdots, n), \text{是输入字母}, \\ \omega_i = \sqcup & \text{是空格}, i > n. \end{cases} \tag{F.2.10}$$

其中 n 是一个固定的正整数.

因为 Σ 不包含空格 $\sqcup$, 所以当空格出现时表示输入结束.

图灵机 M 的读写头在格子带上进行读写, 从第 0 号格子开始, 按照转移函数 δ 所确定的规则运动.

$\delta(q, x) = (q', x', L/R)$ 表示由当前的状态和格子中的符号 q, x 变为新的状态 $(q', x', L/R)$, 其中 L/R 是读写头左右移动的记号.

这时的读写头将输入符号写入格子带. 由此在格子带上形成一条二进制的序列, 这个序列通过 ASCII 码、计算机的语言, 将带上的信息转化成计算机的一系列操作、计算.

3. 逻辑网络的定义

逻辑网络是以图论为基础的逻辑结构, 有关图论的一些基本知识在附录 5 中给出, 这里只讨论其中的逻辑关系.

以下记 $Z_q = \{1, 2, \cdots, q\}$ 是一个有限集合, 其中 $q \geqslant 2$ 是正整数. 记 $G_q = \{E, V\}(E = Z_q)$ 是一个有向点线图.

定义 F.2.1 (逻辑网络的定义)   一个图 G_q 如果满足以下条件, 那么称该图是一个 q-值逻辑网络图.

(1) 对图中每个节点 $b \in E$, 如果有 $k \geqslant 0$ 条入弧, 这时 $a_1, a_2, \cdots, a_k \in E, (a_1, b), (a_2, b), \cdots, (a_k, b) \in V$, 当 $k > 0$ 时存在赋值, 否则可有可无.

(2) 当点 b 同时具有入弧和出弧时, 称 b 是集合 E 中的节点. 称只有入弧、没有出弧的点是该图的根点. 称只有出弧、没有入弧的点是该图的梢点.

(3) 在一般情况下, 如果点 $e \in E$ 在图 $G = \{E, V\}$ 中有 p 条入弧、q 条出弧, 那么称该点是图 G 中的一个 (p, q) 阶的点.

(4) 在逻辑网络的定义中, 除了输入、输出字母外, 还包括系统的状态 s 及状态的集合 S. 它们分别表示系统的输入、输出数据及这些数据之间的相互运算的规则.

F.2.6   组合电路的结构和设计

组合电路是由若干逻辑元件组成的电路, 在逻辑元件中又有基本逻辑元件和一

些标准逻辑元件的区分. 我们这里讨论的组合电路结构是讨论它们和布尔函数的关系问题, 而组合电路的设计问题是讨论这种布尔函数的表达和优化问题.

1. 布尔函数的元件

我们已经说明, 布尔函数是 $X^n \to X$ 的映射, 由此形成的电路是组合电路.

组合电路中的基本元件是布尔代数 X 的基本运算, 一般表示所产生的基本元件, 如

$$
\begin{cases}
\text{AND 元件} = x_1 \wedge x_2 \wedge \cdots \wedge x_n, \\
\text{OR 元件} = x_1 \vee x_2 \vee \cdots \vee x_n, \\
\text{NAND 元件} = \overline{x_1 \wedge x_2 \wedge \cdots \wedge x_n}, \\
\text{NOR 元件} = \overline{x_1 \vee x_2 \vee \cdots \vee x_n},
\end{cases}
\tag{F.2.11}
$$

这些元件具有输入 $x^n = (x_1, x_2, \cdots, x_n)$, 输出 $y = f(x^n)$, 其中 f 是相应的布尔函数.

(F.2.11) 式中的元件所对应的布尔函数如下式所示.

$$
\begin{cases}
\text{AND 元件} f(x^n) = \text{Min}\{x_1, x_2, \cdots, x_n\}, \\
\text{OR 元件} f(x^n) = \text{Max}\{x_1, x_2, \cdots, x_n\}, \\
\text{NAND 元件} f(x^n) = \text{Max}\{x_1, x_2, \cdots, x_n\}, \\
\text{NOR 元件} f(x^n) = \text{Min}\{x_1, x_2, \cdots, x_n\},
\end{cases}
\tag{F.2.12}
$$

在 (F.2.12) 式中, 布尔函数 $f = f_A$ 所对应的集合 A 如下式所示.

$$
\begin{cases}
\text{AND 元件中布尔函数} f_A(x^n) \text{ 所对应的集合} A = \{\phi^n\} \text{是个零向量}, \\
\text{OR 元件中布尔函数} f_A(x^n) \text{所对应的集合} A = \{I^n\} \text{是个幺向量}, \\
\text{NAND 元件中布尔函数} f_A(x^n) \text{所对应的集合} A = \{I^n\} \text{是个幺向量}, \\
\text{NOR 元件中布尔函数} f_A(x^n) \text{ 所对应的集合} A = \{\phi^n\} \text{是个零向量},
\end{cases}
\tag{F.2.13}
$$

其中 $I^n = (1, 1, \cdots, 1)$ 是个幺向量.

如果记式 (F.2.13) 中的逻辑元件为 Z, 那么它所对应的布尔函数是 f_{A_z}, 称其中的 A_z 是布尔集合. 我们给出了它们之间的对应关系.

2. 布尔函数的一般表示

一般布尔函数的结构描述如下.

在 (F.2.10)—(F.2.12) 式中, 每个函数是 X^n 空间中的一个小片段, 参数 τ 是这些片段的长度或元件的长度.

记 Z^n 是这些元件的记号, 其中 $Z = \text{AND, OR, NAND, NOR}$, 而 τ 是这些元件的长度.

元件的排列是指由一列元件 $Z_1, Z_2, \cdots$ 所排列的序列, 其中 $Z_i = Z_i^{\tau_i}$ 是一个长度为 τ_i 的元件, 而 $Z =$ AND, OR, NAND, NOR 是这些元件的类型.

在这些元件的排列中还存在连接关系, 也就是在序列 $Z_1, Z_2, \cdots$ 中还存在与、或、非的连接关系. 称这种连接为逻辑元件的连接.

如 $Z_1 \vee \overline{Z_2 \wedge Z_3} \wedge Z_4$, 表示 Z_1, Z_2, Z_3, Z_4 这四个元件在排列过程中的逻辑运算关系.

F.2.7　组合电路的表达

组合电路就是由逻辑单元所组成的电路, 它们的计问题就是讨论一般布尔函数组合电路的关系问题.

1. 逻辑元件的性质

在 (F.2.10)—(F.2.12) 式给出的逻辑元件中, 实际上只有三种运算, 即 AND, OR 和 NOR 运算.

有关系式 NAND = OR, NOR = AND 成立.

这些逻辑元件的取值只有 $Z =$ AND, OR 及 $\bar{Z}$(或 Z^c).

每个逻辑元件具有长度 τ, 因此逻辑元件 Z 所对应的布尔集合 $A = \{\phi^\tau\}$ 或 $A = \{I^\tau\}$ 都是单点集合.

2. 基本逻辑单元和逻辑元件的连接

分别用 $z \in \{-1, 1\}, Z \in \{\phi^\tau, I^\tau\}$ 表示基本逻辑单元和逻辑元件, 那么有以下性质关系成立.

$$\begin{cases} f(z^n) = z_1^{c_1} o_1 z_2^{c_2} o_2 \cdots o_{n-2} z_{n-1}^{c_{n-1}} o_{n-1} z_n^{c_n}\}, \\ F(Z^k) = Z_1^{c_1} o_1 Z_2^{c_2} o_2 \cdots o_{k-2} Z_{k-1}^{c_{k-1}} o_{k-1} Z_k^{c_k}, \end{cases} \tag{F.2.14}$$

对该式中的有关记号说明如下.

式中 f, F 分别是关于基本逻辑符号和逻辑元件符号 z_i, Z_i 的运算, 其中 $z_i \in \{-1, 1\}, Z_i \in \{AND,OR\}$.

每个元件 Z_i 包含基本逻辑单元的长度是 τ_i. 因此 Z^k 包含基本逻辑单元的总长度 $n = \sum_{i=1}^k \tau_i$.

其中 c_i 是补运算的记号, $c_i = 1$ 或 c, 如果 $c_i = 1$, 那么 $z_i^{c_i} = z_i$, 如果 $c_i = c$, 那么 $z_i^{c_i}$ 是 z_i 的非运算.

对逻辑元件 $Z_i^{c_i}$ 也有类似定义.

其中 o_i 是变量连接运算中的运算符号. 这就是 $o_i = \vee$ 或 $\cdot$, 它表示不同变量在连接过程时的运算符号.

由此可见, 该式中 f, F 不仅和其中的状态向量 z^n, Z^k 有关, 而且和其中的运算向量

$$\begin{cases} c^n = (c_1, c_2, \cdots, c_n), \\ c^k = (c_1, c_2, \cdots, c_k), \end{cases} \quad \begin{cases} o^n = (o_1, o_2, \cdots, o_n), \\ o^k = (o_1, o_2, \cdots, o_k) \end{cases}$$

有关. 因此 $f(z^n) = f[z^n | (c^n, o^n)], F(Z^k) = F[Z^k | (c^k, o^k)]$.

3. 布尔函数的表达

我们已经说明, 布尔函数是 $X^n \to X$ 的映射, 每一个布尔函数 f 和一个布尔集合 $A \subset X^n$ 对应, 使 $f(x^n) = f_A(x^n)$ 对任何 $x^n \in X^n$ 成立.

布尔函数的电子线路表达就是把该函数的运算用逻辑元件的运算进行表达.

F.2.8 组合电路的设计

一般布尔函数的组合电路表达在 (F.2.4) 式中给出, 利用并、交运算的分配律可以作同类项的合并, 由此达到简化运算式的目标.

1. 实例分析

例 F.2.1 为了说明这种组合电路设计的特征, 我们用以下实例说明它们的计算过程.

取 $n = 3, A = \{(0,0,0), (0,0,1), (1,0,0), (1,0,1), (1,1,0)\}$ 是一个 5 点的集合.

由 (F.2.4) 式得到相应的布尔函数, 并利用分配律做同类项的合并, 由此得到

$$f_A(z^3) = \begin{cases} f_{(0,0,0)}(z^3) \\ \vee f_{(0,0,1)}(z^3) \\ \vee f_{(1,0,0)}(z^3) \\ \vee f_{(1,0,1)}(z^3) \\ \vee f_{(1,1,0)}(z^3) \end{cases} = \begin{cases} f_{(0,0)}(z_1, z_2) \\ \vee f_{(1,0)}(z_1, z_2) \\ \vee f_{(1,1,0)}(z, z_2, z_3) \end{cases} = f_0(z_2) \vee f_{(1,1,0)}(z^3). \quad (\text{F.2.15})$$

这表示在 $z_2 = 0$ 或 $z^3 = (1,1,0)$ 时, $f_A(z^3) = 1$.

在 (F.2.15) 的表达式中, 最后一式显然比前几两式简单. 由此实现布尔函数的逻辑电路的设计.

2. 组合电路设计的优化标准

我们已经说明, 一个布尔函数的组合电路表达是通过若干逻辑运算构成的, 逻辑设计的目的是尽量简化这种运算的表达式. 由此产生组合电路设计的优化标准问题.

一个布尔函数的逻辑电路表达成若干项的并, 其中每一项中的变量数就是该项的长度.

如果一个布尔函数的逻辑电路表达可分解成 m 项的并, 而其中每一项的变量长度是 $\tau_i, i = 1, 2, \cdots, m$.

这时该布尔函数的逻辑电路表达的复杂度就是 $M_f = \sum_{i=1} \tau_i$. 要使它的逻辑电路简单, 就是使 M_f 的取值尽可能小.

在例 F.2.1 中, (F.2.15) 式中, 右边的第一式中的 $M_f = 15$, 而右边最后一式中的 $M_f = 4$. 显然右边最后一式要比第一式简单.

关于组合电路设计有多种优化算法, 我们在此不再讨论.

F.2.9　几种重要的组合电路

在计算机中, 实际采用的组合电路可以用函数关系进行表达每个函数是一个 X^τ 空间中的一个映射, 其中参数 τ 是这些片段的长度或元件的长度.

和组合电路都是特定的电子器件, 但它们都可用数学的结构模式 j 进行表达.

如 $Z_1 \vee \overline{Z_2 \wedge Z_3} \wedge Z_4$, 这表示在 Z_1, Z_2, Z_3, Z_4 这 4 个元件在排列过程中的逻辑运算关系.

布尔函数 $f = f_A$ 所对应的集合 A 如下式所示.

F.3　自动机的其他问题的讨论

对自动机理论的研究是个重大课题, 对它的研究包括对各种不同类型的自动机的研究外, 还有对其中的一些理论问题的研究. 在自动机的模型中, 除了已讨论过的有限自动机、图灵机、逻辑电路网络、开关电路网络这些模型外, 还有其他多种模型和理论, 如树自动机、概率自动机、细胞自动机、线性有界自动机、时序机等不同类型的模型和理论.

本节中我们继续介绍并讨论这些自动机的特征和性质.

自动机理论中还存在一系列的理论问题, 如其中的代数、拓扑学的结构问题, 字母表的选择和变换等问题. 在本节中我们进一步介绍和讨论这些问题.

F.3.1　有关自动机的其他模型

除了已介绍过的有限自动机、图灵机、逻辑电路网络、开关电路网络这些自动机模型外, 还有其他多种自动机的模型存在, 我们继续讨论如下.

1. 概率自动机

在 (F.2.5) 式中, 我们已给出有限自动机定义, 它的记号是 $M = \{X, Y, S, \delta, \lambda, S_0, F\}$, 或 $M^* = \{X^*, Y^*, S^*, \delta, \lambda, S_0, F\}$. 这些符号的含义已在 (F.2.5) 式中说明.

概率自动机的定义是在有限自动机 M 的定义中增加一个转移概率矩阵

$$\begin{cases} \mathcal{P} = \{P(x), x \in X\}, \\ P(x) = \{p_{i,j}(x), x \in X, s_i, s_j \in S\}, \end{cases} \tag{F.3.1}$$

其中 $P(x)$ 表示在输入变量是 $x \in X$ 固定时, 系统的状态从 s_i 转移到 $s_j \in S$ 的概率.

记这样的概率自动机为 M_p, 其中 $\mathcal{P}$ 是一个转移概率矩阵族.

由此可见, 概率自动机 M_p 是用概率转移概率矩阵族 $\mathcal{P}$ 来取代有限自动机 M 中的状态转移映射 δ (见 (F.2.3) 式的定义).

2. 概率自动机的状态移动过程

概率自动机 M_p 的状态的变化是一个随机运动过程, 我们对此描述如下.

如果我们用随机序列 $\begin{cases} \xi_t : \text{自动机在时刻 } t \text{ 的输入变量}, \\ \eta_t : \text{自动机在时刻 } t \text{ 的状态变量}. \end{cases}$

其中 ξ_t, η_t 分别是在字母表 X, S 中取值的随机变量.

记自动机在不同时刻的输入和状态变量为 $\begin{cases} \xi_T = \{\xi_0, \xi_1, \xi_2, \cdots\}, \\ \eta_T = \{\eta_0, \eta_1, \eta_2, \cdots\}. \end{cases}$

其中 ξ_T 是一个输入序列 (可以是随机的, 也可以是确定的序列), 而且 η_T 是按照概率自动机规则产生的随机序列.

这时 η_T 的运动是一个随机运动, 它的概率分布为

$$P_r\{\eta_{t+1} = s_j | \eta_t = s_i, \xi_t = x\} = p_{i,j}(x). \tag{F.3.2}$$

在时刻 t, 自动机的输入变量和状态变量分别是 x, s_i 时, 在时刻 $t+1$, 它的状态变化可以通过转移概率来进行描述.

因此 η_T 的运动是一个随机过程, 在随机过程理论中, 对它的运动情况也有一系列讨论, 我们在此不再展开.

3. 时序网络机

我们已经给出移位寄存器的定义, 这是一种自动机, 它的状态在不断变化, 而且这种变化是一种简单的位移变化. 时序网络机是这种模型的推广.

我们以多重移位寄存器模型说明这种推广, 我们已经给出移位寄存器的定义, 它是一种状态在不断变化的时序机.

多重移位寄存器是移位寄存器模型和理论的推广, 对此说明如下.

把图 F.2.1 中的变量 x_i 看作一个列序列 $\bar{x}_i = \begin{pmatrix} x_{i,1} \\ \vdots \\ x_{i,m} \end{pmatrix}$.

因此图 F.2.1 中的存储单元、输出序列都是相应的存储阵列和输出阵列.

图 F.2.1 中的运算函数 $f = \bar{f} = \begin{pmatrix} f_1 \\ \vdots \\ f_m \end{pmatrix}$ 也是个列向量. 这时

$$f_i(x_{i,t}^n) = f_i(x_{i,t+n-1}, x_{i,t+n-2}, \cdots, x_{i,t}), \quad i = 1, 2, \cdots, m. \tag{F.3.3}$$

图 F.2.1 中的运算函数

$$\bar{x}_{t+n} = \bar{f} = \begin{pmatrix} f_1(x_{1,t}^n) \\ \vdots \\ f_m(x_{m,t}^n) \end{pmatrix} \tag{F.3.4}$$

也是个列向量. 该列向量就是多重移位寄存器的多重输入向量.

该多重移位寄存器是移位寄存器的推广, 是一种时序网络机.

在时序网络机的定义中, 关于数据的驱动 (位移) 方向、运算函数的类型都可有不同的选择, 由此产生不同类型的时序网络机, 对此我们不再一一说明.

F.3.2   自动机理论中的数学结构

如果在自动机的理论中, 可以对其中的变量引入数学结构, 如 q 进制的运算结构、代数、拓扑结构, 由此形成不同类型的自动机.

1. 数字的 q 进制

在 q 进制中, 最常见的是二进制. 各种不同类型数的表达在 15.2 节中已详细说明.

二进制数据的表达采用集合 $Z_2' = \{0, 1\}$ 或集合 $Z_2 = \{-1, 1\}$, 它们 1-1 对应, 等价使用.

我们在数字转换时用 $Z_2' = \{0, 1\}$ 集合, 而在逻辑运算、NNS 运算时用 $Z_2 = \{-1, 1\}$ 集合. 这时称 Z_2, Z_2' 是二进制表示的等价数据集.

计算机中常用的 ASCII 码表是一种美国信息交换标准代码, 在本书附录 6 的表 F.4.1 中给出, 它们是 8 bit 的二进制数字.

因此, 计算机中的运算是这种 ASCII 码表的运算.

2. 数字二进制表示的四则运算

在 15.2 节中已给出这种二进制数字的四则运算. 这种四则运算可以通过基本逻辑运算或一般逻辑运算实现. 基本逻辑运算是并、交、补和位移运算. 它们都可以在自动机中实现.

数字在二进制表示时的四则运算, 如果用逻辑运算中的并、交、补和位移运算来表达, 那么要进行数据集 Z_2 和 Z_2' 的转换.

F.4 语言学概论

我们已经说明, 在计算机科学中存在一种特殊的语言 (有人把它称为人工语言), 这种语言与人们经常使用的自然语言不同, 它们之间主要的区别是这种人工语言是一种能为计算机、自动机读懂、并能执行其中命令的语言. 因此人工语言是计算机科学中的重要组成部分. 另一种是生物信息中的语言, 它是由不同类型的生物分子形成的生物大分子 (最常见有如由核酸组成的基因组序列、由氨基酸组成的蛋白质序列, 还有糖、脂等其他生物大分子).

这些语言的研究和应用对象是不同的, 但其中存在许多共同点, 如它们的结构都是由**字母、字母表、字母串**构成的, 在自动机的理论中, 这些语言要素和自动机的结构要素一致, 而且它们的运行规则也必须一致. 这就是在计算机理论中, 它的运行规则、语言规则必须一致, 而且都与逻辑学中的规则一致. 因此逻辑学是它们的共同基础, 逻辑学的规则也是它们共同的规则.

F.4.1 语言学中的一些共同的结构和运动规则的特征

为此我们先讨论有关语言的一些公共的结构特征.

1. 语言结构中的基本要素

在分析语言结构和其中规律时, 首先要确定其中的基本要素, 语言结构中的基本要素如下.

字母和字母表. 这是语言结构中的第一要素. 所有的语言都有它们可能使用的基本单位或基本符号, 我们把它们统称为字 (或字母).

在自动机理论中, 我们已经说明, 字母和字母表是它们结构的基本特征, 因此在这些字母、字母表也是人工语言的基本特征, 它们必须一致.

对某种固定的语言, 它所可能使用字母的集合为**字母表**.

字母表可用一有限集合 $V = V_q = \{1, 2, \cdots, q\}$ 表示, 其中 q 是该字母表中可能使用字母的总数.

现在的计算机所使用的字母表是 ASCII 码表, 这种码表有 126 字母, 可以通过 8 bit(一字节) 的数字进行表达. 对此码表我们在下文中给出.

在有的语言中, 对字母或字母表也可以进行组合或分解, 例如汉字字母表可以以字为单位, 也可以以笔画为基本单位.

对一种固定的语言, 如果它的字母表确定, 那么该字母表就是该语言中的又一基本要素.

若干相连的字母构成**字母串** (或向量), 用 $b^{(\ell)} = (b_1, b_2, \cdots, b_\ell)(b_j \in V, j = 1, 2, \cdots, \ell)$ 表示, 其中 V 是字母表, ℓ 是该字符串的长度或阶. 全体 $b^{(\ell)}$ 的集合称为向量空间, 并记为 $V_q^{(\ell)}$.

语言的文库. 如果把语言中的字母给以一些具体的含义, 那么这个字母串就成为**词或句**.

各种语言由大量的词和句组成, 由此形成语言中的词典、文库等概念.

一个文库用 $\Omega = \{A_1, A_2, \cdots, A_m\} = \{a_1, a_2, \cdots, a_{n_0}\}$ 表示, 其中

$$A_i = (a_{i,1}, a_{i,2}, \cdots, a_{i,n_i}) \quad (i = 1, 2, \cdots, m) \tag{F.4.1}$$

是该词典 (或文库) 中可能出现的词 (或句), 其中 $a_{i,j} \in V$ 是该语言中的字母, 它在字母表 V 上取值. n_i 是词 (或句) A_i 的长度, m 是该词典 (或文库) 中出现的词 (或句) 的数目.

如果 $\Omega = \{A_1, A_2, \cdots, A_m\} = \{a_1, a_2, \cdots, a_{n_0}\}$ 是一个在字母表 V 上取值、带句号的固定语言, 其中 m 是该语言包含句的数目, 而 n_0 是该文库中包含文字 (包括标点符号) 的总长度.

由此可见, 字母、字母表、字母串、词典、文库是构成一种语言结构的基本要素, 当字母串包含一定含义时就是词或句, 它们是在字母表中取值的向量.

语言中的字母、字母表有更广泛的含义. 它还可以是人类的各种自然语言、甚至是生物大分子结构语言中的特征. 但在这里我们只讨论自动机、计算机中的人工语言.

2. 语言结构中的运动 (或变化) 特征 (或规则)

在所有语言的结构运动 (或变化) 中, 普遍存在两大基本特征 (或规则), 即**逻辑学的特征**和统计学的特征.

所谓逻辑学的特征就是逻辑学中的运算规则, 它们可以用有限集合 $V = V_q$ 上的布尔代数来进行表达.

所谓统计学的特征就是在文库 Ω 中, 有关字母串的统计特征.

对一个固定的向量 $b^{(\ell)}$, 分别记它在语言中出现的次数为频数, 出现的比例数

为频率, 由此得到它们的计算公式为

$$\begin{cases} \text{频数计算公式} \quad \nu(b^{(\ell)}) = \| \{i : a_i^{(\ell)} = b^{(\ell)}, \ i = 0, 1, \cdots, n_0 - \ell\} \|, \\ \text{频率计算公式} \quad p(b^{(\ell)}) = \nu(b^{(\ell)})/(n_0 - m\ell). \end{cases} \quad (\text{F.4.2})$$

当 ℓ 固定时, 称 $P^{(\ell)}(\Omega) = \{p(b^{(\ell)}), b^{(\ell)} \in V^{(\ell)}\}$ 为该语言的 ℓ 阶频率分布.

这时对任何 $b^{(\ell)} \in V^{(\ell)}$, 总有 $p(b^{(\ell)}) \geqslant 0$ 和 $\sum_{b^{(\ell)} \in V^{(\ell)}} p(b^{(\ell)}) = 1$ 成立.

对同一类型的语言, 因为它在不断更新, 所以它的规模在不断变化, 各字母串的频数和频率分布也在不断地变化和更新中. 但对规模较大的语言, 其中的频率分布相对比较稳定.

3. 语言中的统计特征数

我们可以把语言中的序列看作一个统计样本, 因此称函数 $f(b^{(\ell)})$ 是该字符串的统计量, 它的特征数的定义和记号如下式所示

$$\begin{cases} f\text{的均值} = \mu(f) = \sum_{b^{(\ell)} \in V^{(\ell)}} p(b^{(\ell)}) f(b^{(\ell)}), \\ f\text{的方差} = \sigma^2(f) = \sum_{b^{(\ell)} \in V^{(\ell)}} p(b^{(\ell)}) [f(b^{(\ell)}) - \mu(f)]^2, \\ f\text{的标准差} = \sigma(f) = [\sigma^2(f)]^{1/2}, \\ f\text{的相对标准差} = w(f) = \dfrac{\sigma(f)}{|\mu(f)|}, \end{cases} \quad (\text{F.4.3})$$

其他协方差矩阵、相关矩阵等统计量也类似定义. 这些统计量也是语言中的基本要素.

由此可知, 语言结构和运动特征是由它的逻辑规则和统计特性组成的. 其中逻辑规则在人工语言中有十分确切的定义, 它们是自动机的运行规则. 而在自然语言、生物信息语言中, 这种逻辑关系不十分清楚, 它们的相互关系是一种统计特征数的关系. 我们曾试图用信息动力学的观点来分析它们之间的相互关系[①]. 在本章中, 我们讨论的重点是人工语言中的逻辑学规则. 并讨论它们和 NNS 理论的关系.

F.4.2 逻辑语言结构和计算机语言结构

1. 人类自然语言的结构特征

为了讨论人工语言结构特征, 我们先对人类自然语言的结构特征进行分析

---

① 信息动力学的方法是利用字母串在语言中的频数、频率分布和信息论中的 Kullback-Leibler 互熵 (KL- 互熵) 密度, 构造它们的**信息动力函数** (Information Dynamic Function, IDF), 并由此讨论这些语言的统计特征.

由生物信息数据库所形成的生物信息语言及它们的结构特征我们在 [94] 文中已有讨论, 但在本章中我们不作重点问题的讨论.

说明.

虽然人类自然语言的类型与多种, 但它们的结构特征有许多相似之处. 如

(1) 结构层次相同. 它们的层次都可分为

$$
\begin{pmatrix} 字 (或字母) \\ 在字母表中取值 \end{pmatrix} \Rightarrow \begin{pmatrix} 字母串 \\ 形成词 \end{pmatrix} \Rightarrow \begin{pmatrix} 词的组合 \\ 形成句 \end{pmatrix} \Rightarrow \begin{pmatrix} 句的组合 \\ 形成文 \end{pmatrix}.
$$

(F.4.4)

对它们的分析形成词法、句法、文法 (或语法).

(2) 词法分析.

在 (F.4.4) 式中已经说明, 当字母串有了具体的含义时, 就成为词. 词法分析的内容包括: 词的类型和它们的变化, 不同类型的词有不同的变化方式, 它们的变化方式有

$$
\begin{pmatrix} 词的类型 & 名词 & 动词 & 形容词 & 副词 & 代词 & 冠词 & 联结词 \\ 变化类型 & 单数、复数 & 时式 & 比较格 & 比较格 \end{pmatrix}
$$

(F.4.5)

词典是对这些词的类型和它们的变化情况的说明, 因此也是词法分析的组成部分.

(3) 句法分析.

不同类型词的组合形成句, 句法分析的内容包括: 句的类型和它们的变化模式.

句的类型分: 基本结构、结构扩张、复合句等. 其中基本结构的成分: 主语、谓语, 扩张句的成分: 主语、谓语、宾语. 扩张句的组合形成复合句, 它们通过联结词连接.

(4) 句法分析和词法分析的结合.

在句法分析中, 它必须和词法分析结合. 在不同类型词的组合中, 这些词有不同的类型和变化, 这些词的变化也是句法的组成部分.

如主语由名词、代词组成, 它们有数的变化, 还有形容词、副词、冠词的修饰. 而谓语由动词、直接宾语组成, 它们有时式 (正在进行、过去、将来式) 的变化.

(5) 在句法分析和词法分析的结合中, 所涉及的词都是一个词的集合, 如主语所涉及的名词、代词、形容词、副词、冠词都是由许多词组成的集合, 因此这种结构可以表示为

$$
\begin{aligned} 基本结构句的集合 &= 主语的集合 \times 谓语的集合 \\ &= \begin{pmatrix} 形容词、副词的集合 \\ 代词、冠词的集合 \end{pmatrix} \times 动词或直接宾语的集合, \end{aligned}
$$

(F.4.6)

它们是一种复杂的树状结构, 我们不再一一说明.

2. 人工语言结构的起源和特征

我们已经说明, 人工语言是一种能为自动机读懂, 而且可以执行的语言, 对它的起源和结构特征说明如下.

人们把人工语言结构的产生归结于 1965 年, N. Chomsky 的一系列研究工作的结果.

N. Chomsky 的工作最初是把**数学方法引入语言结构**. 之后由 Y. Har Hillel, K. Samuelson, L. Bauer 等 1960 年发现, N. Chomsky 的这些语言结构的理论**可以和自动机结合**, 由此形成后来的这种人工语言结构.

人工语言结构的主要特征是一种**字母串**的运行规则. 我们已经说明, 在各种语言中存在字母、字母表、字母串, 而字母串就是在字母表中取值的向量或序列.

人工语言的结构是指在字母串的形成时, 需遵守一定的规则, 这些规则就是**语法 (或文法)**.

定义 F.4.1 (人工语言语法的定义) 人工语言的语法记为 $G = \{V_N, V_T, P, S\}$, 它们的含义分别满足以下条件:

(1) V_N, V_T 分别是非终止和后终止字母表, 它们互不相交.

(2) P, S 分别是运算规则 $((V_N \cup V_T)^* \to (V_N \cup V_T)^*$ 的映射), 其中 $V^* = (V_N \cup V_T)^*$ 是由字母表 V 产生的不等长的字母串的集合.

(3) 运算规则 P, S 的区别是在映射 $P = P(\alpha), \alpha \in (V_N \cup V_T)^*$ 中, 在字母串 α 中总是存在 V_N 集合中的字母.

定义 F.4.2 (语法规则的定义) 在人工语言语法的定义 F.4.1 中, 称映射 P 为**语法规则**.

在映射 P(语法规则) 中, 如果 $\alpha, \beta \in V^*, \beta = P(\alpha), \gamma, \delta \in V^*$, 那么由此产生

$$\upsilon = \gamma \alpha \sigma, \quad \omega = \gamma \beta \sigma = \gamma P(\alpha) \sigma. \tag{F.4.7}$$

这时称 υ 是由 γ, σ 和语法规则 $P(V^* \to V^*$ 的映射) 产生的 ω.

这时的 $\upsilon \to \omega$ 是一个 $V^* \to V^*$ 的映射, 称这种映射是**直接推导 (或归约) 映射**.

3. 人工语言结构的结构特征

按 N. Chomsky 的分类法, 将人工语言结构中的语言结构分为**正规、左线性、右线性文法**, 它们都被称为**正规文法** (或**正则语言**), 我们对此作概要说明.

我们已经给出自动机的构造和运动原理, 它是由输入、输出信号、状态集合组成的, 而按一定规则运动的机器 (电子设备).

关于正规语言的定义可以理解为一种可以被有穷自动机识别的语言.

在这种语言中具有和自动机相同的字母表、相同的运算规则, 这样自动机就可以按照这种语言来进行工作 (运算).

在自动机中, 如果把字母、字母表、字母串看作是特定的字和词 (词是字的组合), 那么这些词就要有名称、动词、形容词等区别.

例如, 在计算机的 ASC-II 码表的 128 个码字中就有数字、英文字母 (大小写)、标点符号、计算机的操作命令. 这就是计算机中的基本语言.

计算机中的基本语言并不等于它的全部语言, 由这些基本语言的组合产生其他多种高级语言, 如汇编语言、C 语言等.

4. 正则语言的性质

因为正则语言是按照自动机的运动规则而产生的语言, 所以它也有一系列的性质.

如**封闭性**. 在正规操作条件下所变换产生的语言仍然是正则语言.

正规操作是指符合数量逻辑运算的运算, 如逻辑中的交、并、差、补运算等. 经这些操作所得到的语言仍然是正则语言.

可判定性. 对此在该语言中有固定的判定方法, 如迈希尔–尼罗德定理给出了判定正则语言的充要条件.

由于这些语言和自动机、计算机的这一系列关系与性质, 产生一门新的数学学科数理逻辑. 对该学科的有关内容在下文中我们要进一步的介绍.

5. ASCII 码表

ASCII 码的全称是美国信息交换标准代码 (American Standard Code for Information Interchange)(表 F.4.1). 这是一种基于拉丁字母的电脑编码系统, 主要用于显示现代英语和其他西欧语言结构的代码, 是现今最通用的单字节编码系统, 它等同于国际标准 ISO/IEC 646, 其中 II 是 Information Interchange 的缩写, 而不是罗马数字 2(II).

表 F.4.1   ASCII 码表

Bin(二进制)	Oct(八进制)	Dec(十进制)	Hex(十六进制)	缩写/字符	解释
0000 0000	0	0	00	NUL(null)	空字符
0000 0001	1	1	01	SOH(start of head-line)	标题开始
0000 0010	2	2	02	STX (start of text)	正文开始
0000 0011	3	3	03	ETX (end of text)	正文结束
0000 0100	4	4	04	EOT (end of transmission)	传输结束

续表

Bin(二进制)	Oct(八进制)	Dec(十进制)	Hex(十六进制)	缩写/字符	解释
0000 0101	5	5	05	ENQ (enquiry)	请求
0000 0110	6	6	06	ACK (acknowl-edge)	收到通知
0000 0111	7	7	07	BEL (bell)	响铃
0000 1000	10	8	08	BS (backspace)	退格
0000 1001	11	9	09	HT (horizontal tab)	水平制表符
0000 1010	12	10	0A	LF (NL line feed, new line)	换行键
0000 1011	13	11	0B	VT (vertical tab)	垂直制表符
0000 1100	14	12	0C	FF (NP form feed, new page)	换页键
0000 1101	15	13	0D	CR (carriage return)	回车键
0000 1110	16	14	0E	SO (shift out)	不用切换
0000 1111	17	15	0F	SI (shift in)	启用切换
0001 0000	20	16	10	DLE (data link es-cape)	数据链路转义
0001 0001	21	17	11	DC1 (device con-trol 1)	设备控制 1
0001 0010	22	18	12	DC2 (device con-trol 2)	设备控制 2
0001 0011	23	19	13	DC3 (device con-trol 3)	设备控制 3
0001 0100	24	20	14	DC4 (device con-trol 4)	设备控制 4
0001 0101	25	21	15	NAK (negative acknowledge)	拒绝接收
0001 0110	26	22	16	SYN (synchronous idle)	同步空闲
0001 0111	27	23	17	ETB (end of trans. block)	结束传输块
0001 1000	30	24	18	CAN (cancel)	取消
0001 1001	31	25	19	EM (end of medium)	媒介结束
0001 1010	32	26	1A	SUB (substitute)	代替
0001 1011	33	27	1B	ESC (escape)	换码 (溢出)
0001 1100	34	28	1C	FS (file separator)	文件分隔符
0001 1101	35	29	1D	GS (group separa-tor)	分组符

Bin(二进制)	Oct(八进制)	Dec(十进制)	Hex(十六进制)	缩写/字符	解释
0001 1110	36	30	1E	RS (record separa-tor)	记录分隔符
0001 1111	37	31	1F	US (unit separator)	单元分隔符
0010 0000	40	32	20	(space)	空格
0010 0001	41	33	21	!	叹号
0010 0010	42	34	22	”	双引号
0010 0011	43	35	23	#	井号
0010 0100	44	36	24	$	美元符
0010 0101	45	37	25	%	百分号
0010 0110	46	38	26	&	和号
0010 0111	47	39	27	'	闭单引号
0010 1000	50	40	28	(	开括号
0010 1001	51	41	29	)	闭括号
0010 1010	52	42	2A	*	星号
0010 1011	53	43	2B	+	加号
0010 1100	54	44	2C	,	逗号
0010 1101	55	45	2D	—	减号/破折号
0010 1110	56	46	2E	.	句号
0010 1111	57	47	2F	/	斜杠
0011 0000	60	48	30	0	数字 0
0011 0001	61	49	31	1	数字 1
0011 0010	62	50	32	2	数字 2
0011 0011	63	51	33	3	数字 3
0011 0100	64	52	34	4	数字 4
0011 0101	65	53	35	5	数字 5
0011 0110	66	54	36	6	数字 6
0011 0111	67	55	37	7	数字 7
0011 1000	70	56	38	8	数字 8
0011 1001	71	57	39	9	数字 9
0011 1010	72	58	3A	:	冒号
0011 1011	73	59	3B	;	分号
0011 1100	74	60	3C	<	小于
0011 1101	75	61	3D	=	等号
0011 1110	76	62	3E	>	大于
0011 1111	77	63	3F	?	问号
0100 0000	100	64	40	@	电子邮件符号
0100 0001	101	65	41	A	大写字 A
0100 0010	102	66	42	B	大写字母 B
0100 0011	103	67	43	C	大写字母 C
0100 0100	104	68	44	D	大写字母 D
0100 0101	105	69	45	E	大写字母 E

续表

Bin(二进制)	Oct(八进制)	Dec(十进制)	Hex(十六进制)	缩写/字符	解释
0100 0110	106	70	46	F	大写字母 F
0100 0111	107	71	47	G	大写字母 G
0100 1000	110	72	48	H	大写字母 H
0100 1001	111	73	49	I	大写字母 I
0100 1010	112	74	4A	J	大写字母 J
0100 1011	113	75	4B	K	大写字母 K
0100 1100	114	76	4C	L	大写字母 L
0100 1101	115	77	4D	M	大写字母 M
0100 1110	116	78	4E	N	大写字母 N
0100 1111	117	79	4F	O	大写字母 O
0101 0000	120	80	50	P	大写字母 P
0101 0001	121	81	51	Q	大写字母 Q
0101 0010	122	82	52	R	大写字母 R
0101 0011	123	83	53	S	大写字母 S
0101 0100	124	84	54	T	大写字母 T
0101 0101	125	85	55	U	大写字母 U
0101 0110	126	86	56	V	大写字母 V
0101 0111	127	87	57	W	大写字母 W
0101 1000	130	88	58	X	大写字母 X
0101 1001	131	89	59	Y	大写字母 Y
0101 1010	132	90	5A	Z	大写字母 Z
0101 1011	133	91	5B	[	开方括号
0101 1100	134	92	5C	\	反斜杠
0101 1101	135	93	5D	]	闭方括号
0101 1110	136	94	5E	∧	脱字符
0101 1111	137	95	5F	_	下划线
0110 0000	140	96	60	'	开单引号
0110 0001	141	97	61	a	小写字母 a
0110 0010	142	98	62	b	小写字母 b
0110 0011	143	99	63	c	小写字母 c
0110 0100	144	100	64	d	小写字母 d
0110 0101	145	101	65	e	小写字母 e
0110 0110	146	102	66	f	小写字母 f
0110 0111	147	103	67	g	小写字母 g
0110 1000	150	104	68	h	小写字母 h
0110 1001	151	105	69	i	小写字母 i
0110 1010	152	106	6A	j	小写字母 j
0110 1011	153	107	6B	k	小写字母 k
0110 1100	154	108	6C	l	小写字母 l
0110 1101	155	109	6D	m	小写字母 m

续表

Bin(二进制)	Oct(八进制)	Dec(十进制)	Hex(十六进制)	缩写/字符	解释
0110 1110	156	110	6E	n	小写字母 n
0110 1111	157	111	6F	o	小写字母 o
0111 0000	160	112	70	p	小写字母 p
0111 0001	161	113	71	q	小写字母 q
0111 0010	162	114	72	r	小写字母 r
0111 0011	163	115	73	s	小写字母 s
0111 0100	164	116	74	t	小写字母 t
0111 0101	165	117	75	u	小写字母 u
0111 0110	166	118	76	v	小写字母 v
0111 0111	167	119	77	w	小写字母 w
0111 1000	170	120	78	x	小写字母 x
0111 1001	171	121	79	y	小写字母 y
0111 1010	172	122	7A	z	小写字母 z
0111 1011	173	123	7B	{	开花括号
0111 1100	174	124	7C	—	垂线
0111 1101	175	125	7D	}	闭花括号
0111 1110	176	126	7E	~	波浪号
0111 1111	177	127	7F	DEL(delete)	删除

F.4.3　ASCII 码表的意义

1. ASCII 码表是形成计算机语言的基础

表 F.4.1 给出了 128 个不同符号的 ASC-II 码, 这是计算机语言中的字母表, 对它的意义说明如下.

(1) 凡是在计算机上可以表达的语言、逻辑命题、计算公式等都可通过 ASCII 码表示, 把它们转化成一个二进制的序列.

(2) 由此通过人工语言 (或数理逻辑理论), 把这些不同类型的语言、命题、公式, 通过这些二进制序列实现它们的运算 (如语言、命题的判定, 公式的计算等).

(3) 在人工语言 (或逻辑语言) 中, 这些运算通过基本逻辑运算或一般逻辑运算, 实现这种二进制序列的运算.

(4) 对这些基本逻辑运算、一般逻辑运算, 都可用 NNS 的运算来取代. 在 NNS 的运算中, 它们可以通过学习、训练的方法实现逻辑学中的这些推导规则或实现人的高级思维, 这是本书写作的根本目的, 也是我们作理论探讨的根本目的.

2. 汉字在计算机中的表达

既然 ASCII 码表已是计算机语言中的字母表, 因此它可以产生一系列其他的应用. 其中汉字在计算机中的表达是它的重要应用.

1980 年, 我国颁布了汉字编码的国家标准: GB2312—80 信息交换用汉字编码字符集基本集, 这个字符集是我国中文信息处理技术的发展基础, 也是目前国内所有汉字系统的统一标准.

该国标码简称国标码和区位码. 它们分别是一个四位的十六进制数、一个四位的十进制数, 其中每个码都对应着一个唯一的汉字或符号.

但因为我们很少用到十六进制数, 所以大家常用的是区位码, 它的前两位叫做区码, 后两位叫做位码. 这就是国标码与区位码之间的关系.

该码所包含的汉字: 一、二、三级和自定义汉字、四个区域, 所定义的区号分别是: 16—55, 56—87, 1—9, 10—15 区.

因此, 汉字的编码方式是

$$\text{汉字} \to \text{区位码} \to \text{ASCII 码} \to \text{二进制序列}. \tag{F.4.8}$$

3. 计算机高级语言的产生

在计算机的运算中, 存在多种不同类型的语言, 如

汇编语言. 这是直接由 ASCII 码产生的语言, 它是计算机语言中的基础.

高级语言. 为针对各种不同类型的应用问题, 在汇编语言的基础上形成多种不同类型的语言, 如 C 语言、C++ 语言等, 它们都被称为高级语言.

高级语言的类型和它们的应用范围很广, 而且在不断地更新、发展. 对此我们不再详细讨论说明.

附录 7　形式逻辑和数理逻辑

逻辑学是哲学的重要组成部分, 其中由多个门类组成. 因此逻辑学是一个庞大的理论体系. 在本章中我们不打算全面讨论这些问题, 而只讨论在人类的自然语言和计算机的人工语言中, 有关思维和推理的过程和规则. 因此涉及这些逻辑学中的经典论述和近代理论. 在本章中, 我们对这些问题作简单讨论和介绍.

G.1　逻辑学简介

我们已经说明, 逻辑学是个经典、古老的哲学理论, 它由多个分支、门类组成, 由此形成一个庞大的理体系. 逻辑学中的哲人、先贤也是人类思想发展史中的哲人、先贤. 其中所形成的思维、推理过程和规则也是我们发展智能计算机中的理论基础. 因此我们先介绍其中的基本内容和概念. 尤其是其中具有经典性的、里程碑意义的论述.

G.1.1　逻辑学中的基本概念和发展历史

1. 基本概念

逻辑学中存在 (或出现) 的基本概念或名词我们列表 G.1.1 说明如下.

如: "猫是一种动物" 是个命题, 也是个谓词, 其中 "猫" 是客体, 因此该命题是一个一元谓词.

又如: "3 大于 2" 是个命题, 也是个谓词, 其中 "3, 2" 是客体, 因此该命题是一个二元谓词.

2. 主要内容和发展历史

逻辑学的主要内容有形式逻辑和辩证逻辑之分, 对它们的主要内容和发展历史说明如下.

形式逻辑的创始人是被称为逻辑学之父的古希腊哲学家亚里士多德 (Aristotle, 公元前 384—前 322), 他为逻辑学提出**逻辑学三段论**.

表 G.1.1 逻辑学中有关概念、名词的说明表

名词名称	对名词的说明	名词名称	对名词的说明	名词名称	对名词的说明
逻辑或逻辑学	评价或论证的科学	否命题	前提否定下的命题	说项	对陈述的说明
陈述	可能是真或假的句	因果	前提和结论	例解	用实例说明命题
命题	是真或假的陈述句	蕴涵	由前提确定结论	演绎	系列命题的前后推导
结论	关于结果的陈述	充分条件	前提 (条件) 蕴涵结论	归纳	系列命题的类比推导
前提	关于原因的陈述	必要条件	结论蕴涵前提 (条件)	矛盾	前提和结论互不相容
条件	结论成立的前提	充要条件	前提和结论相互蕴涵	比较	确定对象的异同点
前条	出如果产生的结论	判定	确定命题的真伪	归类	根据异同点, 确定对象的类别
后条	由结论产生的那么	论证	对判定过程的说明		
真值	陈述的一种结果	推导	蕴涵关系的论证	概括	把本质, 规律的特征进行推广的方法
逆命题	由结论确定前提的陈述	论证 (或证明)	对命题真伪的判定		
矛盾	不能同时成立的命题	常元	取值固定不变的量	变元	不同情形下取不同值的量
映射	集合间的对应关系	函数	变元间的相互关系	复合函数	函数的函数
谓词	即命题	客体	谓词中的主语词	元数	谓词中客体的数目

三段论由**大前提**、**小前提**、**结论**三个部分组成, 它们是演绎、推理中的一种简单推理判断.

其中大前提是一般性的原则, 而小前提是附属于大前提的特殊化陈述, 由此引申出特殊化的、符合这些前提的结论. 这种大、小前提和结论相一致的思维和判定就是可靠而正确的判定, 由此形成的思维过程就是正确的思维. 这种逻辑学的术语就是三段论的推理.

麦加拉学派 (Megaric School), 又称小苏格拉底学派和斯多阿学派, 是古希腊-罗马时期 (约公元前 300 年) 的逻辑学学派. 创立者是麦加拉人欧几里得, 代表人物还有欧布里得、斯底尔波等.

他们在逻辑学、自然哲学 (物理学)、伦理学中有许多讨论和贡献. 他们在逻辑学中发现了若干与命题相关的联结词, 由此建立了**有关的推理形式和规律, 发展了演绎逻辑**.

古希腊的另一位哲学家伊壁鸠鲁 (Epicurus, 公元前 341—前 270 年) 创立的**伊壁鸠鲁学派**, 代表人物有伊壁鸠鲁、菲拉德谟、卢克莱修, 代表著作有准则学、物性论.

伊壁鸠鲁提出的准则学相当于认识论中的准则和真理的关系, 其中的标准有感觉、前定观念和感情这三条. 其中前定观念是指名称最初所依赖的基础, 是知识的先决条件, 前定观念并不是先于感觉而存在的天赋观念, 相反, 它们是在感觉的基础上, 经过重复和记忆的过程而获得的.

伊壁鸠鲁还有原子学说等唯物主义思想.

在中国, 形式逻辑产生的时间与欧洲基本相同. 代表学派有墨家与名家、儒家. 墨家对于逻辑的认识集中在墨经中, 该书对于逻辑已有了系统的论述. 例如提出区分充分条件、必要条件等逻辑学的概念.

墨子、荀子之后又有名家的公孙龙、惠施等人提出了有关诡辩论的原则和命题.

中世纪的著名逻辑学家有如罗杰·培根 (Roger Bacon, 约 1214—1293), 英国哲学家和自然科学家, 在逻辑学中进一步发展了归纳法. 该理论发展和丰富了形式逻辑理论.

G.1.2   归纳推理和演绎推理

一些逻辑学家认为归纳法是科学研究中的唯一方法. 这种说法是否正确暂且不论, 但由此可见归纳法的重要性. 因此我们对它作专门研究和讨论.

1. 逻辑学的推理方法

这就是归纳推理和演绎推理的方法, 它们既有区别, 又有联系.

归纳推理是归纳法中的重要组成部分, 这是一种由个别到一般的推理.

而演绎推理的思维进程不是从个别到一般, 而是一个必然地得出的思维进程.

演绎推理不是从个别到一般的推理, 但也不仅仅是从一般到个别的推理. 它也可以是从个别到个别、一般到一般的推理.

它们对推理前提真实性的要求不同. 演绎推理要求大前提, 小前提必须为真. 而归纳推理则没有这个要求.

2. 归纳法

这就是对个别事物进行观察, 总结其中的特征和规律, 再把这些结果过渡到范围较大的其他事物中. 这就是由特殊的、具体的事例推导出一般原理、原则的解释方法, 使它们在更多的范围内实现或确定.

这就是通过对个别事物的观察、了解、认识和总结, 概括出带有一般性的原理或规则, 在更大范围内实现或确定.

这种从个别到一般的认识、推理过程就是归纳法的方法.

3. 演绎法

演绎推理是由一般到特殊的推理方法, 它的推论前提是在结论之间的联系是必然的, 因此是一种确定性的推理.

演绎推理是严格的逻辑推理, 因此必须符合逻辑推理的条件 (如三段论模式等规则). 因为演绎推理是严格的逻辑推理, 所以这种推理结果具有递推性. 由演绎推理所得到的结果可以作为新推理中的前提, 在其他演绎推理中使用.

在实际上使用的归纳推理、演绎推理的方法还很多, 如在数学中, 用归纳法来证明定理已成为一种特殊逻辑推理的方法.

自从出现概率论的概念和理论后, 还出现随机推理、随机归纳、随机演绎等方法. 由随机演绎又产生 Markov 随机过程理论, 对这些问题我们就不再展开讨论.

G.1.3 辩证逻辑概述

辩证逻辑和形式逻辑是逻辑学中的两大分支, 它们都是人们认识世界的重要理论.

1. 发展历史

辩证逻辑的产生由人类的辩证思维方式而来, 人的这种辩证思维在古代就已自发产生. 我国古代, 先秦时期的哲学家就有这种辩证的思维方式. 如老子中的正反说, 就包含着对立、统一的思想. 惠施、公孙龙、荀子对这种观点又有进一步的讨论, 提出它们在一定程度上具有分析、综合的统一, 归纳与演绎的意义.

古印度哲学在生与灭、断与常、有与无、一与异等概念及它们之间的相互关系讨论中, 已形成辩证法的认识和研究过程.

古希腊对辩证思维的认识, 主要表现在论辩中. 一些哲学家通过辩论发现其中的矛盾, 由此探求真理. 辩证法的名称由此而来.

古希腊哲学家的辩证法是从爱利亚学派开始. 在亚里士多德时期达到逻辑学高峰, 就有后人开始研究辩证逻辑的方法. 但由于当时的科学发展和人们的认识水平限制, 它们对辩证思维的本质规律还不能给出系统的说明. 形式逻辑仍然在思维形式研究中占主导地位, 并发展为比较成熟的学科理论.

到 15 世纪下半叶, 近代自然科学逐渐兴起, 人们在对自然现象的研究中发现, 形而上学的思维方式妨碍了对辩证思维的研究. 这不符合科学发展中的研究, 尤其是不同科学、各种现象综合联系、综合考察的研究.

辩证思维、辩证法理论由此产生. 德国古典哲学家开始了对这种理论的探讨, 如康德①. 尤其是黑格尔②.

他们是辩证法的奠基人和创造者.

2. 基本原理

辩证逻辑的三条原则是: 对立统一原理、否定之否定原理、质量互变原理.

另外, 辩证逻辑还有五个维度说, 即

原因维度: 内因外因、根本原因－主要原因－次要原因维度.

主次维度: 主次矛盾、主次方面的维度.

一般－特殊、相对－绝对、整体－局部的维度.

这三原则与五个维度理论集中体现了辩证逻辑中的基本原理和思考方式. 辩证逻辑要求用全面的、发展的、联系的、矛盾的观点看待问题和事物. 对这些理论在哲学中有许多讨论. 在此不再展开.

G.2   数理逻辑中的预备知识

我们已经说明, 逻辑学是一种对语言中有关规则的研究和讨论方法, 因此对这些规则的描述和表达需要有一定的、定量化的理论工具和方法, 这就是数学中的序、格、代数结构等数学理论. 在本节中, 我们先介绍这些预备知识.

G.2.1   序、格和布尔代数

这都是数学中常见的名称, 有关定义和性质如下.

1. 序的定义

记 A, B 是集合, 其中的元记为 $a, b, z \in A$ 等, 有关定义如下.

序的定义. 对集合 A 中的元定义关系 $a \leqslant b$(或 $b \geqslant a$), 如果它们满足以下性质

$$\begin{cases} \textbf{自反性} & \text{如果 } a \leqslant b, b \leqslant a, \text{那么必有 } a = b \text{ 成立.} \\ \textbf{递推性} & \text{如果 } a \leqslant b, b \leqslant c, \text{那么必有 } a \leqslant c \text{ 成立.} \end{cases} \tag{G.2.1}$$

---

① 伊曼努尔·康德 (Immanuel Kant, 1724.4.22—1804.2.12), 德国作家, 哲学家.

② 格奥尔格·威廉·弗里德里希·黑格尔 (Georg Wilhelm Friedrich Hegel, 1770. 8. 27—1831. 11. 14), 德国哲学家.

一个集合 A, 如果对它的定义这种 $a \leqslant b$ 的关系, 它们满足这种自反性和递推性的性质, 那么称这种 $a \leqslant b$ 的关系是集合 A 的**半序关系**.

一个具有半序关系的集合是**半序集合**.

半序的概念可以理解为**部分大小比较**的概念. n 维实数空间 R^n 中的向量 x^n 之间的关系就是这种半序关系.

在 n 维实数空间 R^n 中, 其中的向量 x^n, y^n 之间, 不一定都有这种 "$\leqslant$" 的关系, 因此是一种半序关系.

在 A 集合中, 如果对其中不同的元 $a \neq b$, 它们之间一定存在大小比较关系, $a < b$ 或 $b > a$, 那么称这种集合为全序集合.

整数集合、一维实数集合都是全序集合.

如果 A 是一个半序集合, 对任何 $a, b \in A$, 称 Sup (a, b) 是 a, b 的上确界; 如果 Sup $(a, b) \geqslant a, b$, 而且对任何 $a, b \leqslant c \in A$, 那么都有 Sup$(a, b) \leqslant c$ 成立.

类似定义 a, b 的下确界 Inf (a, b).

2. 格的定义

如果 L 是一个半序集合, 对任何 $a, b \in L$, 它们的上、下确界 Sup (a, b), Inf (a, b) 一定存在, 那么称半序集合 L 是一个**格**.

在格 L 中, 分别记 $a \vee b = $ Sup $(a, b), a \wedge b = $ Inf (a, b) 是**格中的并和交运算**.

如果 L 是一个格, 对任何子集合 A, B, 它的上、下确界 Sup A, Inf B 一定存在, 那么称 L 是一个**完备格**.

如果 L 是一个格, 对它的运算 $\vee, \wedge$, 如果对任何 $a, b, c \in L$ 有关系式

$$\begin{cases} c \wedge (a \vee b) = (c \wedge a) \vee (c \wedge b), \\ c \vee (a \wedge b) = (c \vee a) \wedge (c \vee b) \end{cases} \tag{G.2.2}$$

成立, 那么称 L 是一个**分配格**. 称 (G.2.2) 式是格中的**分配律**.

如果 L 是一个完备格, 那么它的运算 $\vee, \wedge$ 的分配律对任何子集合 $A \subset L$ 成立, 称 L 是一个满足**无限分配律**的**完备格**.

3. 由格产生的结构和性质

如果 F 是格 L 的子集合, 由此产生的定义有如

格的上 (下) 子集　如果 $a \in F$, 且 $a \leqslant b$(或 $a \geqslant b$), 那么必有 $b \in F$,
　　　　　　　　　　这时称 F 是格 L 的上 (或下) **子集合**.

格的下定向集　如果 F 是格的下子集, $a, b \in F$, 那么总有 $c \in F$, 使 $c \leqslant a, b$
　　　　　　　　成立, 这时称 F 是格 L 的**定向集**或**下滤子**.

格的真滤子　如果 F 是格的滤子, 而且 $F \neq L$, 那么称 F 是格 L 的
　　　　　　　真滤子

$$\text{(G.2.3)}$$

如果 I 是格 L 的非空子集, 由此产生的定义有如

格的界　　　　如果 L 是格, $a, b \in L$, 对任何 $c \in L$ 都有 $a \leqslant c \leqslant b$,
　　　　　　　　这时称 L 是一个有界格, a, b 分别是 L 的下、上界.

格的下理想　如果 I 是格 L 的下集, 而且是下定向集, 那么称 I 是格 L 的
　　　　　　　下理想.

格的真理想　如果 I 是格 L 的理想, 而且 $I \neq L$, 那么称 I 是格 L 的**真理想**.

格的素理想　如果 I 是 L 的真理想, 而且当 $a \wedge b \in I$ 时, 那么必有 $a \in I$ 或
　　　　　　　$b \in I$, 这时称 I 是格 L 的**素理想**.

主理想　　　如果 $a \in I$, 使 $I_a = \{b \in L, b \geqslant a\}$, 那么称 $I_a I$ 是 L 的主理想,
　　　　　　　这时称 a 是主理想 I_a 的**生成元**.

$$\text{(G.2.4)}$$

在格中, 对这些结构有一系列的性质, 在此不一一说明.

4. 布尔代数

关于布尔代数的定义和性质已在 F.1 节中讨论说明, 现在从序的关系同样可以给出它们的定义和性质, 如下所述.

定义 G.2.1 (布尔代数的定义)　如果 L 是一个有界分配格, 记它的上下界分别为 $1, 0$, 对每个 $a \in L$, 总有 $a' \in L$ 存在, 使 $a \vee a' = 1, a \wedge a' = 0$, 那么称 L 是一个**布尔代数**(Boole 代数).

称 a' 是 $a \in L$ 的余 (或补), 有时记 $a' = a^c$.

由此可见, 布尔代数是一种具有两种关系 (序和余) 的集合, 这些关系满足相应的结构性质.

定义 G.2.2 (布尔代数中等价关系 ($\approx$) 的定义)　在布尔代数中关于并、与、补运算保持一致的元素或集合.

如果 $a \approx b$, 对任何 $c \in L$, 都有

$$a \vee c = b \vee c, \quad a \wedge c = b \wedge c, \quad a^c = b^c$$

成立.

如果 $a \approx b$, 那么称 a, b 在布尔代数 L 中是 **等价关系或同余关系**.

定义 G.2.3 (布尔代数 L 中的同余类的定义) 在布尔代数中, 如果集合 A 中所有的元都等价, 而且 L 和 A 中等价的元都在 A 中, 那么称 A 是 L 中的一个同余类.

如果 A 是 L 中的一个同余类, 而且 $a \in A$, 那么 A 中的元都和 a 等价. 这时记 $A = [a]$, 并称 A 是由 a 生成的同余类.

在生成的同余类 $[a], [b]$ 中, 称 $[a] \leqslant [b]$, 如果 $a \leqslant b$, 这时对任何 $a' \in [a], b' \in [b]$ 一定有 $a' \leqslant b'$ 成立.

这些定义和性质可以和 F.1 中的定义和性质建立等价关系, 在此不再详细讨论.

G.3 数理逻辑和其中的一阶语言

一阶语言是数理逻辑中, 关于语言的主要描述方式, 它有确切的定义 (确切的数学表达方式). 在本节中我们介绍它的结构和性质.

G.3.1 语言学概说

语言、语言学是大家所熟悉的. 语言学和逻辑学发生关系也是个经典的话题, 两千多年前的古代哲人对此就有许多论述. 由计算机、自动机的产生而产生的人工语言是近百年事.

由于智能计算的发展, 人们对语言问题又有了新的思考. 有关要点如下.

关于语言问题不仅是个语言学中的问题. 我们把它看作人类的思维、智能发展的过程, 最后, 乃至于和计算机构造、人工语言的产生和发展都有密切关系.

语言的类型有很多, 从广义而言, 我们把它分为三大类型, 即人类的自然语言; 由计算机、自动机而产生的人工语言; 由生物大分子所形成的生物信息语言. 在这些不同的语言中, 又有多种不同的语言. 如在人的自然语言中, 不同地区、民族又有各自的语言.

在分析这些不同类型语言的结构特征时首先要了解它们之间的异同点. 它们之间存在的这个共同点就是逻辑学中的理论基础和其中的运行规则, 这是这些语言都必须具有的特征和规则. 而它们的区别是表现形式的不同.

对这个共同点的讨论是神秘而又有趣的, 它关系到人、生物神经系统的结构和运行特征问题. 这是一个生命现象和生物分子中的问题, 这就是这种分子运动是如何与逻辑学的形成和发展发生这种必然联系的, 它们又如何在计算机、自动机的语言中形成. 这种关系的讨论是神秘而又有趣的, 其中涉及生物学、逻辑学、语言学中的一系列问题.

数理逻辑及其中的一阶语言体现了这种三位一体 (语言学、逻辑学、生物学) 的重要特征, 它们的结合是发展智能计算的根本. 我们将从这个角度和观点来研究这些问题.

1. 人类自然语言的结构特征

人的自然语言是大家所熟悉的, 为说明人工语言的结构特征, 我们先对人的自然语言作讨论和说明.

每一种固定的自然语言都有各自的**字母**、**字母表**, 对它们的定义我们已经说明.

自然语言中的词即**字母串**, 当字母串具有一定的含义时就成为**词**.

因此词有多种不同的类型, 如名词、动词、代词、形容词、副词、联结词、冠词等.

这些不同类型的词又有它们的结构特征, 对这种结构特征的说明就是**词法**.

不同类型词的汇总, 并对它们做进一步的说明就是**词典**.

不同类型词的组合就是句, 因此不同类型的词就是句中的结构成分. 这就是不同类型的词在句中代表不同的成分.

如句中的成分一般包含**主语**、**谓语**、**宾语**等.

2. 语法分析和句法分析

我们已经说明, 不同类型词的组合就是**句**. 因此在句子中, 词与词之间有一定的组合关系, 对这种关系的分析就是句法分析.

不同类型和含义的句的组合就是**文**. 大量文的组合就是**文库**.

关于词、句、文、文库中的结构和关系就是**语法分析**. 对于这些语法分析都有各自的内容和要求.

关于词法分析的主要内容是确定**词的类型**, 如有名词、动词、代词、形容词、副词、联结词、冠词等.

在词的类型中, 不同类型的词还有各自的格. 如名词有单数、重数, 动词有过去、将来、现在, 形容词、副词有比较级, 联结词、冠词、代词也有它们的不同类型.

在这些词法的分析中, 对这些不同的类型都有各自确定的含义和表达方式.

对句法分析, 它的主要内容是句的结构成分和它们的变化形式, 这就是句是词的组合, 在此组合过程中, 不同类型的词按一定的次序排列、按一定的规则变化, 并由此产生各种不同类型的句.

我们已经说明, 句的类型有如陈述句、命令句、疑问句、惊叹句等不同类型. 这些类型通过句的结构和一些特定类型确定.

句的组合就是文, 文是某种情形的叙述. 它的类型有如对文学、科技、社会等各种现象的讨论和说明.

词、句、文的产生和形成与它们的结构特征都是人的思维反映, 这就是各种外部信息在人的思维 (神经系统结构) 中的反映. 即使是不同的民族, 他们的语言形式不同, 但是语言的结构相同. 这种相同的逻辑结构关系是人类神经系统中神经细胞运动规律的反应.

在不同的生物体中, 它们的神经系统会有很大的差别, 但也有许多共同点. 智能计算是用电子器件的运动和工作来模拟人或其他生物神经系统的运动和功能的特征. 了解这种细胞功能、逻辑学和语言学的关系对我们发展智能计算有重要意义.

3. 一阶语言的定义

定义 G.3.1 (一阶语言的定义)   一阶语言是由两类符号组成的语言, 也就是由逻辑符号和非逻辑符号组成的语言.

对此定义我们补充说明如下.

(1) **逻辑符号**的类型和记号如下.

$$
\left\{
\begin{array}{ll}
\textbf{变元符号集合}V & \text{变元符号和它的字母表为 } V = \{x_1, x_2, \cdots\}, \\
& V \text{ 是一个有限或可数集合.} \\
\textbf{联结词符号集合}C & \text{如表 G.3.1 所给的联结词,} \\
& \text{其中 } \forall, \exists \text{ 又称量词符号.} \\
\textbf{等于符号和括号} & \text{等于符号 } (=) \text{ 和大、中、小括号 } (\{\ \}, [\ ], (\ )).
\end{array}
\right. \tag{G.3.1}
$$

(2) **非逻辑符号**的类型和记号如下.

$$
\left\{
\begin{array}{ll}
\textbf{常元符号集合}\mathcal{L}_c, & \mathcal{L}_c = \{c_1, c_2, \cdots\}. \\
\textbf{函数符号集合}\mathcal{L}_f, & \mathcal{L}_f = \{f_1, f_2, \cdots\}. \\
\textbf{谓词符号集合}\mathcal{L}_P, & \mathcal{L}_P = \{P_1, P_2, \cdots\}.
\end{array}
\right. \tag{G.3.2}
$$

谓词, 我们这里把命题都看作谓词. 如: "3 大于 2" 中的 "大于" 是一个谓词. 在现代汉语中, 把有关的名词、数词、量词、动词和形容词都作为谓词.

4. 一阶语言的结构

我们已经说明, 一个一阶语言可以看作一个**句**. 如果其中包含 m 个逻辑符号,

n 个非逻辑符号, 那么这个句记为 $P(m, n)$, 并称之为一个 n 元的句. 对它的结构说明如下.

1) 项

一阶语言的一般记号是 $\mathcal{L}$. 其中的结构单元是**项**.

定义 G.3.2 (项的定义)   在一阶语言 $\mathcal{L}$ 中, 符合以下条件的符号是项.

(i) $\mathcal{L}$ 中常元、变元是项.

(ii) $\mathcal{L}$ 中, 有常元、变元产生的函数是项.

(iii) $\mathcal{L}$ 中, 由项产生的函数也是项.

因此在一阶语言 $\mathcal{L}$ 中, 函数的记号可以重复使用, 这就是**复合函数**.

2) **逻辑公式**

定义 G.3.3 (逻辑公式的定义)   (1) 在一阶语言 $\mathcal{L}$ 中, 符合以下类型的规则为**公式**.

(i) 如果 t_1, t_2 是项, 那么 $t_1 = t_2$ 是公式 (**相等公式**).

(ii) 如果 $t_1, t_2, \cdots, t_n$ 是项, P_n 是个 n 元的谓词, 那么 $P_n(t_1, t_2, \cdots, t_n)$ 是公式 (**谓词公式**).

(iii) 如果 A 是公式, 那么 $\neg A$ 是公式 (**否定句公式**).

(iv) 如果 A, B 是公式, 那么

$$A \vee B, \quad A \wedge B, \quad A \to B, \quad A \longleftrightarrow B$$

是公式 (**由逻辑符号产生的公式**).

(v) 如果 A 是公式, x 是变元, 那么 $\forall x A, \exists x A$ 是公式 (**约束关系公式**).

在这些公式的定义中, 称其中的 (i), (ii) 为**原子公式**, (iii), (iv), (v) 为**复合公式**. 这些公式统称为**F-规则**.

3) **项和公式中的变元**

如果记 t 是语言 $\mathcal{L}$ 中的一个项, $FV(t)$ 是该项中变元的集合, 关于 $FV(t)$ 的语法结构规定如下.

$$\begin{cases} FV(x) = \{x\}, & \text{如果 } x \text{ 是一个变元}, \\ FV(c) = \varnothing \text{ 是空集}, \text{如果 } c \text{ 是一个常元}, \\ FV(f_{t_1, t_2, \cdots, t_n}) = FV(t_1) \cup FV(t_2) \cup \cdots \cup FV(t_n). \end{cases} \tag{G.3.3}$$

定义 G.3.4 (项中自由变元的定义)   (1) 如果 t 是一阶语言 $\mathcal{L}$ 中的项, 称 $FV(t)$ 是 $\mathcal{L}$ 中的语法结构规定, 如果它满足关系式 (G.3.3).

(2) 如果 $x \in FV(t)$, 那么称 x 是 t 中的自由变元.

(3) 如果 $FV(t) = \varnothing$, 那么称 t 是一个基项或闭项.

定义 G.3.5 (公式中自由变元的定义)   如果 A 是 $\mathcal{L}$ 中的公式, 这时有定义:

(1) 称 $FV(A)$ 是 $\mathcal{L}$ 中关于公式 A 的语法结构, 如果它满足以下关系式

$$
\begin{cases}
V(t_1 = t_2) = FV(t_1) \cup FV(t_2), \\
V(\neg A) = FV(A), \\
V(A * B) = FV(A) \cup FV(B),
\end{cases}
\begin{cases}
V(\forall x A) = FV(A) - \{x\}, \\
V(\exists x A) = FV(A) - \{x\}, \\
V(P_{t_1, t_2, \cdots, t_n}) = FV(t_1) \cup \cdots \cup FV(t_n),
\end{cases}
\tag{G.3.4}
$$

其中运算 $*$ 是 $\vee, \wedge, \rightarrow, \longleftrightarrow$ 运算.

(2) 如果 $x \in FV(A)$, 那么称 x 是 A 中的自由变元.

(3) 如果 $FV(A) = \varnothing$, 那么称 A 是一个语句.

因此语句是一个不含自由变元的公式.

G.3.2 命题和命题的判定

我们已经说明, 命题在不同的学科中有不同的表达方式, 对它的概念讨论、说明如下.

1. 命题的含义

命题是指一个具有判断的陈述句, 也就是命题是一种**语句**或是一种可以实际表达的概念, 这个概念是可以被定义、观察或论证的.

命题在逻辑学中**是一个非真即假 (不可兼) 的陈述句**. 这种陈述句和**命令句**、**疑问句或感叹句**都不同, 因此这也是一种语言学中的表达, 在语言学中如何通过语法 (词法、句法等) 结构, 对这种不同的句型进行区分.

在有的逻辑学中把**论证**作为它的主要研究对象. 论证较命题有更多的含义, 其中还包括命题真伪的判定、分析过程.

这种非真即假的命题, 在逻辑学中被称为二值逻辑. 在逻辑学中还有多值逻辑的理论, 在此不展开讨论.

因此, 关于命题的概念在逻辑学、语言学、哲学和数学中都有讨论, 我们这里采用数理逻辑的语言进行讨论.

2. 命题的结构和分类

由此产生命题的结构, 这就是命题的基本结构由三部分组成, 即

前提 (或条件) + 联结词 (推导词) + 结论 .

如果分别记前提 (或条件) 为 A, 推导词为 $\rightarrow$, 结论为 B, 那么一个命题就是 $P = A \rightarrow B$.

在命题的基本结构 $P = A \rightarrow B$ 中, 分别称前提 (或条件) A 和结论 B 为命题中的客体, 推导词 $\rightarrow$ 为命题 P 中的**谓词**.

这时记 $\mathcal{P}$ 是关于命题的集合, 其中 $P \in \mathcal{P}$ (或 $p_i \in \mathcal{P}$) 是命题.

3. 命题的分类

命题的概念是个古典哲学的概念, 早在公元前 300 多年的亚里士多德就研究了命题的不同形式及其相互关系, 并进行分类.

这就是当命题中的成分出现不同的情况时产生不同类型的命题.

最早, 亚里士多德把命题分为简单的和复合的两类. 他把简单命题的属性又分为肯定、否定、全称、特称和不定的类型.

这种分类法说明命题具有多重属性, 亚里士多德以后的哲学家在此基础上作了更多的讨论.

如中世纪著名哲学家康德从质 (肯定、否定、无限)、量 (全称、特称、单称)、关系和模等不同方面进行分类.

所谓命题的关系分类是指**主、谓项之间的关系**, 它的四种相互关系是**原命题、逆命题、否命题和逆否命题**.

4. 命题的判定

命题的判定就是对一个命题是否成立的判定. 这就是给出一个映射 $\mathcal{P} \to X = \{0,1\}$, 即给出一个关于命题集合 $\mathcal{P}$ 的函数 $F(\mathcal{P}) = \{F(P), \P \in \mathcal{P}\}$, 其中 $F(P) \in Z_2 = \{0,1\}$ 表示对命题 P 是否成立的判定.

因此, 关于命题的判定是一个在命题集合 $\mathcal{P}$ 上确定一个布尔函数 F.

逻辑学的基本内容, 除了关于命题的定义、分类外, 一个重要内容就是关于命题的判定问题, 这时要求命题判定的布尔函数满足布尔代数的一系列性质.

关于布尔代数的定义和它的一系列性质我们已在 G.2 节中已讨论说明.

这种关于命题的定义、结构的讨论和关于布尔代数性质的规定是产生数理逻辑的基础. 但数理逻辑是相对更复杂的讨论.

G.3.3 命题在数理逻辑学中的表达

我们现在讨论命题在数理逻辑学中的表达问题.

1. 有关符号的定义

我们已经说明, 数理逻辑学的特点是把命题、命题之间的关系符号化, 即用符号来表达命题、命题之间的关系.

在数理逻辑中, 首先把命题分为**原子命题和复合命题**两种不同的类型. 其中原子命题是只有是或非的命题, 因此这种命题不可再作分解. 而复合命题是由多个不同的原子命题组成的, 因此会有多种不同的情况发生.

一个逻辑系统, 它由若干原子命题组成, 把它记为 $S = \{p_1, p_2, \cdots\}$ 是一个可数集合. 由这些原子命题可以产生复合命题和递推命题. 如果 $A, B \subset S$ 是子集合,

那么 A, B 就是一些复合命题. 这时命题的一般记号是 P.

在命题之间存在一些联结词, 如果在原子命题之间存在联结词连接就产生递推命题. 常见的联结词和它们的记号有如表 G.3.1 所示.

表 G.3.1 命题中的逻辑联结词和它们的记号表

联结词名称	否定	并且	或者	蕴涵	当且仅当	所有 (或任何)	存在	递推
布尔代数	$\neg$	$\vee$	$\wedge$	$\rightarrow$	$\longleftrightarrow$	$\forall$	$\exists$	$T^{\pm\tau}$

其中 $T^{\pm\tau}$ 是对序列变量做前后移动 (移动 $\pm\tau$ 个位置) 的运算.

有时把 $+, \vee, \cup$ 看作等价运算, 把 $\cdot, \wedge, \cap$ 看作等价运算.

2. 公式与赋值

如果把命题记号 P 和联结词记号连接起来就是句.

例如一个逻辑句

$$\forall x \forall y \forall z ((P(x,y) \wedge P(y,z)) \rightarrow P(x,z), \tag{G.3.5}$$

那么对它的解读就是: 对任何 x, y, z, 如果命题 $P(x,y), P(y,z)$ 成立, 那么命题 $P(x,z)$ 成立.

在 (G.3.5) 中, 对命题 P 可以进行赋值, 即把该式中的三个 P 改成 p_1, p_2, p_3, 那么该句就解读成: 对任何 x, y, z, 如果命题 $p_1(x,y), p_2(y,z)$ 成立, 那么命题 $p_3(x,z)$ 成立.

这时的 p_1, p_2, p_3 就是具有具体赋值的逻辑句. 各种计算公式、定理、引理等都是具有具体赋值的逻辑句. 这就是它们的赋值.

因此, 关于命题的定义、性质和判定是数理逻辑中关于**一阶语言**的定义和判定, 这时关于一阶语言的判定就是在集合 $\mathcal{L}$ 上定义布尔函数 $F(\mathcal{L})$.

因此, 关于一阶语言的判定是一个在一阶语言集合 $\mathcal{L}$ 上确定一个布尔函数 F, 它们同样要求满足 G.2 节中关于布尔代数的定义和性质, 由此形成数理逻辑的理论. 对此我们不再详细讨论.

数理逻辑的语言对命题具有确切的表达方式, 而且可以在计算机的运算中得到实现, 因此可以避免陷入大量的概念或符号的说明中.

G.3.4 一阶语言的判定

我们已经给出一阶语言的定义, 如果记 $\mathcal{L}$ 是一个一阶语言的集合, 那么它的判定问题就是一个 $\mathcal{L} \rightarrow Z_2$ 的映射 (是或非的判定). 记这个映射为 $F(\mathcal{L})$, 由此形成一个关于一阶语言的判定规则. 该规则是由一系列逻辑运算规则确定的.

在本节中, 我们介绍这些判定规则, 即它们的表示、表达、运行方式和有关概念的定义、记号, 它们是数理逻辑的重要组成部分.

G.3.5　一阶语言中的推理方法

现在给出有关命题证明的几种典型方法.

1. 归纳法

一个与 n 一个的命题 $P(n)$, 为证明该命题对任何 $n \in Z_+ = \{1, 2, 3, \cdots\}$ 成立, 为此只需证明:

(i) 命题 $p(1)$ 为真.

(ii) 如果命题 $p(n)$(或命题 $p(n'), n' \leqslant n$) 为真, 那么命题 $p(n+1)$ 为真.

那么命题 $p(n)(\forall n)$ 为真.

这就是归纳法. 这里 Z_+ 是归纳法中的变元集合, 对此集合可以有多种推广, 对此不再一一说明.

2. 反证法

(1) 如果 A 是前提, B 是结论, 那么命题 $A \to B$.

(2) 如果 A 与 $\neg B$ 矛盾, 那么命题 $A \to B$ 成立.

3. 等价命题

(1) 表 G.1.1 中已经给出逻辑学中的一些命题的构造结构, 有关四种不同类型的命题, 即

$$\begin{pmatrix} \text{命题类型} & \text{命题} & \text{逆命题} & \text{否命题} & \text{逆否命题} \\ \text{记号} & A \to B & B \to A & A^c \to B^c & B^c \to A^c \end{pmatrix}, \tag{G.3.6}$$

其中 A^c 即 $\neg A$.

(2) 其中的等价关系是

$$\begin{cases} \text{命题}(A \to B) \longleftrightarrow \text{逆否命题}(B^c \to A^c), \\ \text{逆命题}(B \to A) \longleftrightarrow \text{否命题}(A^c \to B^c). \end{cases} \tag{G.3.7}$$

利用数理逻辑中有关变量、逻辑符号, 这些关系式在数理逻辑中都有更一般的表示式, 我们在此不一一说明.

参 考 文 献

[1] LeCun Y, Bengio Y, Hinton G. Deep learning. Nature, doi:9.1.038/14539.

[2] Goodfellow I, Bengio Y, Courville A. 深度学习. 赵申剑, 黎彧君, 符天凡, 李凯译. 北京: 人民邮电出版社, 2018.

[3] Shen S Y, Yang J, Yao A H, Wang P I. Super pairwise alignment (SPA): An efficient approach to global alignment for homologous sequences. J. Comput. Biol., 2002, 9: 477-486.

[4] Woan G. The Cambridge Handbook of Physics Formulas. 喀兴林译. 上海: 上海科技教育出版社, 2006.

[5] Emc Education Services. 数据科学与大数据分析——数据的发现、分析、可视化与表示. 曹逾, 刘文苗, 李枫林译. 北京: 人民邮电出版社, 2016.

[6] Shwartz S S, David S B. 深入理解机器学习——从原理到算法. 张文生, 等译. 北京: 机械工业出版社, 2017.

[7] 马超. 深度学习轻松学: 核心算法与视觉实践. 北京: 电子工业出版社, 2017.

[8] 钟义信. 高等人工智能原理——观念·方法·模型·理论. 北京: 科学出版社, 2014.

[9] 钟义信等. 智能科学与技术导论. 北京: 北京邮电大学出版社, 2006.

[10] 钟义信. 机器知行学原理——信息、知识、智能的转换与统一理论. 北京: 科学出版社, 2007.

[11] 陈树柏. 网络图论及其应用. 北京: 科学出版社, 1984.

[12] Patterson D A, Hennessy J L. 计算机组成与设计——硬件/软件接口. 王党辉, 康继昌, 安建峰, 等译. 北京: 机械工业出版社, 2017.

[13] Sipser M. 计算机理论导引. 3 版. 段磊, 唐常杰, 等译. 北京: 机械工业出版社, 2015.

[14] Lantz B. 机器学习与 R 语言. 李洪成, 许金炜, 李舰译. 北京: 机械工业出版社, 2015.

[15] 曲英杰. 人体功能学. 北京: 中国医药科技出版社, 2012.

[16] 李建会, 张江. 数字创世纪——人工生命的新科学. 北京: 科学出版社, 2006.

[17] 史忠植. 神经计算. 北京: 电子工业出版社, 1993.

[18] 李开泰, 黄艾香. 张量分析及其应用. 北京: 科学出版社, 2004.

[19] 王国俊. 数理逻辑引论与归结原理. 北京: 科学出版社, 2003.

[20] 冯琦. 数理逻辑导引. 北京: 科学出版社, 2017.

[21] 李未. 数理逻辑——基本原理与形式演算. 北京: 科学出版社, 2016.

[22] Huriey P J. 逻辑学基础. 郑伟平, 刘新文译. 北京: 中国轻工业出版社, 2017.

[23] 徐俊明. 组合网络理论. 北京: 科学出版社, 2007.

[24] 张文修, 梁怡, 吴伟志. 信息系统与知识发现. 北京: 科学出版社, 2003.

[25] 徐宗本. 计算智能: 模拟进化计算. 北京: 高等教育出版社, 2004.

[26] 莫绍揆. 递归论. 北京: 科学出版社, 1987.

[27] 管纪文. 线性自动机. 北京: 科学出版社, 1984.

[28] 鲍际刚, 夏树涛, 刘鑫吉, 等. 信息·熵·经济学——人类发展之路. 北京: 经济科学出

版社, 2013.

[29] Cover T M, Thomas J A. 信息论基础. 阮吉寿, 等译. 北京: 机械工业出版社, 2007.

[30] Pearson W R, Wood T, Zhang Z, Miller W. Comparison of DNA sequences with protein sequences. Genomics, 1997, 46(1): 24-36.

[31] Endres D M, Schindelin J E. A New Metric for Probability Distributions. IEEE - IT, 2003, 49(7): 1858-1860.

[32] Huang J Y, Brutlag D L. The EMOTIF database. Nucleic. Acids. Res., 2001, 29(1): 202-204.

[33] Sellers P H. On the Theory and Computation of Evolutionary Distances. J. Appl. Math., 1974, 26(4): 787-793.

[34] 陈希孺. 数理统计引论. 北京: 科学出版社, 1997.

[35] 费勒 W. 概率论及其应用 (第二卷). 李志阐, 郑元禄, 等译. 北京: 科学出版社, 1994.

[36] 郝柏林, 张淑誉. 生物信息学手册. 2 版. 上海: 上海科学技术出版社, 2002.

[37] 郝柏林, 刘寄星. 理论物理与生命科学. 上海: 上海科学技术出版社, 1997.

[38] 吴喜之. 复杂数据统计方法: 基于 R 的应用. 北京: 中国人民大学出版社, 2012.

[39] 菲利普·纳尔逊. 生物物理学: 能量、信息、生命. 黎明, 戴陆如译. 上海: 上海科学技术出版社, 2006.

[40] 陈石根, 周润琦. 生物信息学. 上海: 复旦大学出版社, 2001.

[41] 陈晓亚, 汤章城. 植物生理与分子物学. 北京: 高等教育出版社, 2007.

[42] 蔡谨, 孟文芳. 生命的催化剂——酶工程. 杭州: 浙江大学出版社, 2002.

[43] Dayhoff M O, Schwartz R M, Orcutt B C. 1978. A model of evolutionary change in proteins. In Atlas of Protein Sequence and Structure Vol. 5 suppl. 2 (ed. M.O. Dayhoff), pp. 345-352. National Biomedical Research Foundation, Washington DC.

[44] Mount D W. 生物信息学. 钟扬, 王莉, 张亮译. 北京: 高等教育出版社, 2003.

[45] Doob J L. Stochastic Processes. New York: John Wiley and Sons, 1953.

[46] Durbin R, Eddy S, Krogh A, Mitchison G. Biological Sequence Analysis-Probabilistic Models of Proteins and Nucleic Acids. New York: Oxforel University. Press(引进版, 清华大学出版社, 2002).

[47] Devlin Thomas M. Textbook of Biochemistry with Clinical Correlations. John Wiley and Sons, 2006(王红阳, 等译, 科学出版社, 2008).

[48] Nelson D L, Cox M M. Lechninger Principles of Biochemistry. W.H.Freeman and Company, 2000(周海梦, 等).

[49] 现代数学编委会. 现代数学计算数学卷. 武昌: 华中科技大学出版社, 2001.

[50] Kabsch W, Sander C. Dictionary of protein secondary structure: Pattern recognition of hydrogen-bond and geometrical features. Biopolymers, 1983, 22: 2577-2637.

[51] Liu R Y. On a notion of data depth based on random simplices. Ann. Statist.,1990, 18: 405-414.

[52] Liu R Y, Singh K. A quality index based on data depth and multivariate rank tests.

J. Amer. Statist. Assoc., 1993, 88: 252-260.

[53] Mount D W. Sequence and genome analysis. Bioinformatics: Cold Spring Harbour Laboratory Press: Cold Spring Harbour, 2004.

[54] Oja H. Descriptive statistics for multivariate distributions. Statist. Probab. Lett., 1983, 1: 327-333.

[55] Rousseeuw P J, Struyf A. Computing location depth and regression depth in higher dimensions. Statistics and Computing, 1998, 8: 193-2.

[56] Tukey J W. Mathematics and picturing data // James R D, ed. Proceedings of the International Congress on Mathematics. 1975, 2: 523-531 Canadian Math. Congress.

[57] Zuo Y. A note on finite sample breakdown points of projection based multivariate location and scatter statistics. Metrika, 2000, 51 (3): 259-265.

[58] Zuo Y, Serling R. General notions of statistical depth function. The Annals of Statistics, 2000, 28 (2): 461-482.

[59] Zuo Y. Multivariate monotone location estimators. Sankhyã, Series A, 2000, 62 (2): 161-177.

[60] FASTA. http://www.cbc.med.umn.edu/MBsoftware/GCG/Manual/fasta.html.

[61] Fitch W M. Toward defining the course of evolution: minimum change for a specified tree topology. Systematic Zoology, 1971, 20: 406-416.

[62] 范康年. 物理化学. 北京: 高等教育出版社, 2005.

[63] 傅献彩. 物理化学 (上、下册). 5 版. 北京: 高等教育出版社, 2006.

[64] 傅鹰. 化学热力学导论. 北京: 科学出版社, 2010.

[65] 冯琦. 数理逻辑导引. 北京: 科学出版社, 2017.

[66] Benson D A, Karsch-Mizrachi I, Lipman D J, Ostell J, Wheeler D L. GenBank. Nucleic Acids Res., 2003, 31: 23-7.

[67] Benson D A, Karsch-Mizrachi I, Lipman D J, Ostell J, Wheeler D L. GenBank: update. Nucleic. Acids. Res., 2004, 32: 23-26.

[68] Georg F. A Gentle Guide to Multiple Alignment Version 2.03. 1997.

[69] Gokel G W. Dean's Handbook of Organic Chemistry. 2nd ed. New York: McGraw-Hill Companies, Inc., 2004.

[70] Gusfield D. Efficient methods for multiple alignment with guaranteed error bounds. Bull. Math. Biol., 1993, 55: 141-145.

[71] Tavar S. Some probabilistic and statistical problems in the analysis of DNA sequences // Miura R M. ed. Lectures in mathematics in the life sciences, American Mathematical Society, Providence, RI, 1986, 17: 57-86.

[72] Yang Z. Estimating the pattern of nucleotide substitution. J. Mol. Evol., 1994, 39: 105-111.

[73] CLUSTAL-W. http://www.ebi.ac.uk/clustalw/.

[74] Claude Berge. Hypergraphs-Combinatorics of Finite Sets. (卜月华, 张克民译, 东南大

学出版社, 2001).

[75] Eisenberg D, Schwarz E, Komaromy M, Wall R. Analysis of membrane and surface protein sequences with the hydrophobic moment plot. J. Mol. Biol., 1984, 179: 125-142.

[76] Gallo G, Longo G, Nguyen S, Pallottino S. Directed hypergraphs and applications. Discrete Applied Mathematics, 1993, 42: 177-201.

[77] Hu G D. On Shannon theorem and its converse for sequence of communication schemes in the case of abstract random variables. Transactions of the third Prague conference on Information Theory (1962b), Statistical Decision Function, Random Processes, 1964: 285-332.

[78] Hasegawa M, Kishino H, Yano T. Dating of the human-ape splitting by a molecular clock of mitochondrial DNA. J. Mol. Evol., 1985, 22: 160-174.

[79] Henikoff S, Henikoff J G. Amino acid substitution matrices from protein blocks. Proc. Natl. Acad. Sci. USA, 1992, 89: 10915-10919.

[80] Hood L. Systems biology: Integrating technology, biology and computation. Mech. Ageing. Dev., 2003, 124(1): 9-16.

[81] Huang X Q. A Context Dependent Method for Comparing Sequences. Proceedings of the 5th Symposium on Combinatorial Pattern Matching. Lecture Notes in Computer Science 807, Springer-Verlag, 1995: 54-63.

[82] Hopfield J J. Neural networks and physical systems with emergemt collective computational abilities. Proc. Natl. Aead. Seci., 1982, 79: 2554-2558.

[83] 高月英, 戴乐蓉, 程虎民. 物理化学 (生物类). 北京: 北京大学出版社, 2000.

[84] Amari H I. Mathermatical Foundations on Neurocomputing. 28. New York: Springer-Verlag.

[85] Xu L, Yang Y. Learning// The Handbook of Brain Theory and Neural Networks, 2nd ed. Arbib M A ed. Cambridge, MA: The MIT Press, 2002: 1231-1237.

[86] Xu L. BYY harmony learning, structural RPCL and topological self-organizing on mixture modes. Neur. Networks, 2002, 15 (8-9): 1231-1237.

[87] Xu L. Best harmony, uniLed RPCL and automated model selection for unsupervised and supervised learning on Gaussian mixtures, three-layer nets and ME-RBF-SVM models. Internat. J. Neur. Syst., 2001, 11: 43-69.

[88] Li L, Ma J W. A BYY scale-incremental EM algorithm for Gaussian mixture learning. Applied Mathematics and Computation, 2008, 205: 832-840.

[89] Wang H Y, Li L, Ma J W. The competitive EM algorithm for Gaussian mixtures with BYY harmony criterion. Lecture Notes in Computer Science, 2008, 5226: 552-560.

[90] Li L, Ma J W. A BYY split-and-merge EM algorithm for Gaussian mixture learning. Lecture Notes in Computer Science, 2008, 5263: 600-609.

[91] 沈世镒. 生物序列突变与比对的结构分析. 北京: 科学出版社, 2004.

[92] 沈世镒. 多重序列比对 Alignment 的信息度量准则. 工程数学学报, 2002, 19(4): 1-10.

[93] 沈世镒. 组合密码学. 杭州: 浙江科学技术出版社, 1992.

[94] 沈世镒. 神经网络系统理论及其应用. 北京: 科学出版社, 1998.

[95] Shen S Y, Yang J, Yao A, Hwang P I. Super pairwise alignment (SPA): An efficient approach to global alignment for homologous sequences. J. Comput. Biol., 2002, 9: 477-486.

[96] Shen S Y, Hu G, Tuszynski J A. Analysis of protein three-dimension structure using amino acids depths. The Protein Journal, 2007, 26(3): 183-192.

[97] Shen S Y, Kaia B, Ruana J, Torin Huzilb J, Eric Carpenter, Tuszynskib J A. Probabilistic analysis of the frequencies of amino acid pairs within characterized protein sequences. Physica A: Statistical and Theoretical Physics, 2006, 370(2): 651-662.

[98] 菲利普斯 R, 康德夫 J, 塞里奥特 J. 细胞的物理生物学. 涂展春, 王柏林, 等译. 北京: 科学出版社, 2012.

[99] Watson J D. 基因的分子学 · 生物学. 杨焕明, 等译. 北京: 科学出版社, 2005.

[100] Goonet G H, Korostensky C, Benner S. Evaluation measures of multiple sequence alignments. J.Comput. Biol., 2000, 7: 261-276.

[101] Shen S Y, Tuszynski J A. Theory and Mathematical Methods for Bioinformatics-BIOLOGICAL AND MEDICAL PHYSIC, BIOMEDCAL ENGINEERING. Berlin: Springer-Verlage, 2008.

[102] Vardi Y, Zhang CH. The multivariate L1-median and associated data depth.Proc Natl Acad Sci U S A, 2000, 97(4):1423-1426.

[103] Voelkerding K V, Dames S A, Durtschi J D. Next-generation sequencing: from basic research to diagnostics. Clin Chem., 2009, 55(4): 641-658.

[104] Watson James D. Molecular Biology of the Gene. 杨焕明, 等译. 北京: 科学出版社, 2005.

[105] 孙啸, 陆祖宏, 谢建明. 生物信息学基础. 北京: 清华大学出版社, 2005.

[106] 张成岗, 贺福初. 生物信息学——方法与实践. 北京: 科学出版社, 2002.

[107] 赵国屏, 等. 生物信息学. 北京: 科学出版社, 2002.

[108] Simon H. 神经网络原理. 叶世伟, 史忠植译. 北京: 机械工业出版社, 2004.

[109] Shannon C E. A mathematical theory of communication. Bell Sys. Tech. Journal, 1948, 27: 379-423.

[110] 茆诗松, 王静龙, 濮晓龙. 高等数理统计. 北京: 高等教育出版社, 1998.

[111] 沈世镒, 陈鲁生. 信息论与编码理论. 北京: 科学出版社, 2003.

[112] 黄席樾, 张著洪, 何传江, 胡小兵, 马笑潇. 现代智能算法理论及应用. 北京: 科学出版社, 2005.

[113] 沈世镒. Shannon 定理中信息准则成立的充要条件. 数学学报, 1962, 12(4): 389-407.

[114] 沈世镒. 生物大分子的动力学分析和应用——生命科学在定量化和信息化研究中的理论核心问题. 北京: 科学出版社, 2018.

[115] 沈世镒, 胡刚, 王奎, 高建召. 信息动力学与生物信息学——蛋白质与蛋白质组的结构分析. 北京: 科学出版社, 2011.

[116] 沈世镒, 胡刚, 王奎, 高建召, 张拓. 蛋白质分析与数学——生物、医学与医药卫生中的定量化研究 (上、下册). 北京: 科学出版社, 2014.

[117] 沈世镒. 神经网络系统理论及其应用. 北京: 科学出版社, 2000.

[118] 万哲先. 代数与编码. 2 版. 北京: 科学出版社, 1978.

[119] 万哲先, 代忠铎, 刘木兰, 冯绪宁. 非线性移位寄存器. 北京: 科学出版社, 1978.

[120] 王梓坤. 随机过程论. 北京: 科学出版社, 1978.

[121] 杨晶, 胡刚, 王奎, 沈世镒. 生物计算——生物序列的分析方法与应用. 北京: 科学出版社, 2010.

[122] 徐科. 神经生物学纲要. 北京: 科学出版社, 2003.

[123] 王静龙. 多元统计分析. 北京: 科学出版社, 2008.

[124] 王勇献, 王正华. 生物信息学导论——面向高性能计算的算法与应用. 北京: 清华大学出版社, 2011.

[125] 寿天德. 神经生物学. 北京: 高等教育出版社, 2001.

[126] 左明雪. 细胞和分子神经生物学. 北京: 高等教育出版社, 2000.

[127] Päun G, Rozenberg G, Salomaa A. DNA 计算: 一种新的计算模式. 许进, 等译. 北京: 清华大学出版社, 2004.

[128] 徐龙道, 等. 物理学词典. 北京: 科学出版社, 2007.